数学是美的

数学为美

我的教研探索与实践

朱华伟◎著

中国人民大学出版社
·北京·

2018 年在哈尔滨工程大学主持中国教育数学年会时与张景中院士（右）合影

2018 年在深圳中学与林六十教授（中）和何小亚（左）合影

2002年在珠海希望之星实验学校合影

从左到右：裘宗沪　刘江枫　朱华伟　张百康　孙文先

2000年在美国做访问学者时与同学合影

2009 年陶哲轩与 IMO 中国国家队在德国不来梅合影
从左到右：林　博　赵彦霖　朱华伟　郑　凡　韦东奕　陶哲轩　郑志伟
付云皓　黄骄阳　Chenshuai Sui（向导）熊　斌　冷岗松

2009 年 IMO 中国国家队载誉归来
前排（左起）：郑志伟　黄骄阳　林　博　赵彦霖　韦东奕　郑　凡
后排（左起）：冷岗松　朱华伟　王　杰　熊　斌　付云皓

2016 年在执信中学给学生上数学培优课

2016 年带部分高研一期学员参加中国教育数学年会

前排（左起）：吴　坚　蒋强军　程汉波　朱华伟　吴平生　庞新军　张利亚

后排（左起）：王卫国　胡晓伟　王　彪　何　智　张　倩　冯　燕

2018 年为深圳中学高一新生开设讲座《数学学习漫谈》(该讲座每年为新生开办一次)

2022 年与部分硕士研究生和博士研究生教师在深圳中学合影

前排（左起）：张红兵 郑 焕 朱华伟 蔡 琳 付云皓

后排（左起）：罗 芳 杨 姗 宋艳红 刘 洋 周 阳 徐洺浙
程汉波 邱际春 许苏华 黄国春 廖佛成 曹路路

2004 年中国数学会举办的首届数学奥林匹克高级教练员培训班合影，我任班主任

前排右五为裘宗沪教授，右六为美国国家队领队冯祖鸣博士

2022 年荣获全国五一劳动奖章

Preface | 前　言

我从 19 岁就开始教书，到如今已经在教育领域走过 41 个年头. 自学生时代喜欢数学，到从教后喜欢数学课堂、数学教育，延伸至喜欢教育，40 多年以来，我一直倾心于自己热爱的数学与教育事业.

我的中小学时代是在“文化大革命”中度过的，几乎没有机会读书学习. 1978 年是“科学的春天”，也终于迎来了我学习生涯的春天，这一年我读到徐迟的报告文学《哥德巴赫猜想》，数学家陈景润的故事让我激动不已，对我影响极深. 1979 年高考填报志愿，我将 4 个专业全都填成了数学，并如愿以偿入读家乡的汝南师范学校数学专业. 因为对数学感兴趣，读一年级时就获得全校数学竞赛第一名，这对我是极大的鼓舞. 毕业后分配到县里的农村中学——红光高中（现汝南一中），教高中毕业班数学，第二年担任学校团委书记，由于工作踏实勤奋，被评为汝南县教育系统先进个人. 这是我教育生涯的起点，也是在这里，我从喜欢数学发展到喜欢数学教学，直到后来喜欢教育、思考教育、研究教育. 这段经历使我对教书育人产生了特别浓厚的兴趣并以此作为自己的事业追求.

1989 年 9 月，我考取湖北大学数学系硕士研究生，师从林六十教授. 其间我夜以继日、如饥似渴地学习钻研，先后担任北京数学奥林匹克集训队教练兼班主任、国际数学奥林匹克中国国家集训队教练. 1992 年研究生毕业后，我入职武汉市教学研究室，担任数学教研员、湖北省奥校副校长、《中学数学》杂志编委. 当时，高考和竞赛资料都比较稀缺，我在教研资料的编写方面花了很多工夫，做了一些创新，出版了著作，发表了 20 余篇论文. 同时，在辅导学生参加数学竞赛和指导青年教师成长方面也取得了较好成绩，如担任第 4 届、第 5 届全国华罗庚金杯赛武汉队主教练，武汉队获全国个人冠军、团体冠军. 1993 年，在湖北省许多数学前辈的支持下，31 岁的我被破格评为特级教师. 这段经历使我对数学教育事业产生了扎根一生的热爱与执着.

1995 年 9 月，我被调任武汉市江岸区教委副主任，主管全区教科研工作. 1996 年担任汉城国际数学竞赛中国队主教练，中国队获团体冠军. 我上任江岸区教委副主任后做的第一件事，就是筹办理科实验班，探索资优生培养方法和成才规律，这也是我探索培养拔尖创新人才的开始. 在开办理科实验班过程中，坚持每周一、周六骑着自行车到武汉六中、武汉二中义务上课，风雨无阻. 在此期间，我努力学习先进理论，以理论指导自己的教学实践，在教学实践和竞赛指导过程中总结提高，以积累经验、丰富理论，并将数学竞赛的教学经验、心得体会写成论文，出版了第一本专著《奥林匹克数学教程》. 其间，获评武汉市学科带头人、湖北省十大杰出青年、首届湖北省教育科研学术带头人、湖北省有突出贡献中青年专家、享受国务院政府特殊津贴专家. 这段经历为我后来探索拔尖创新人才的培养实践奠定了扎实的基础.

2000 年 3 月，我赴美国加利福尼亚州立大学洛杉矶分校做高级访问学者，其间，除了完成大学规定的学习、研究和考察之外，夙兴夜寐，收集整理了大量的数学和教育资料，让我进一步找到了学术上的兴趣和成就感，确信自己不太适合做行政官员，更适合做数学教育研究，或者更适合做教育，办好一所中学. 因此，从美国回来后，我辞去江岸区教育党委书记职务，次年 7 月担任人大附中珠海校区校长，办学三年，得到珠海市教育局及人大附中刘彭芝校长的大力支持，学校办得有声有色，赢得了良好的社会声誉. 为了提高教育学养、提升格局、开阔视野，2001 年 9 月，我开始攻读华中科技大学教育科学研究院教育学博士，师从副校长冯向东教授. 这段经历使我在教育研究、中外教育史、学校建设和管理等方面积累了丰富且宝贵的经验.

2004 年 2 月，应张景中院士之邀，我入职广州大学计算机教育软件研究所，同年评为研究员，接替张景中院士担任软件研究所所长，2007 年兼任计算机学院党委书记. 张先生学高为师、德高为范，在做人做事和学术研究方面，都是我的榜样和楷模. 在张先生的指导下，我潜心致力于拔尖创新人才培养、教育数学、数学教育、数学教育人才培养等方面的研究——将现代数学的知识、思想和方法融入数学创新人才培养中，探索数学拔尖创新人才的早期发现和培养规律，构建竞赛数学的学科体系，主要成果形成专著《从数学竞赛到竞赛数学》《数学解题策略》等；2007 年担任第 48 届国际数学奥林匹克中国国家队副领队，2009 年担任第 50 届国际数学奥林匹克中国国家队领队、主教练，率中国队获团体冠军，指导多名学生获国际金牌；担任中国教育数学学会常务副理事长兼秘书长、国际教育数学协会常务副会长，连续多年主持中国教育数学学会理事会暨学术年会；针对国际数学教育界长期争论的几何教学改革难题，指导 10 名硕士研究生基于张景中院士的教育数学思想，开展初中数学教材改革的理论研究和教学实践；指导数学教育方向硕士生、博士生 30 余名，开设“竞赛数学研究”“教育数学概论”“数学方法论”等课程，参加研发《普通高中课程标准实验教科书数学》(24 册)，经全国中小学教材审定委员会审查通过，并作为同类教材中唯一代表被引入台湾地区. 这是我学术生涯最好的 10 年，这段经历让我在数学教学、教研和管理方面实现了质的提升.

2014 年 1 月，我受广州市教育局局长屈哨兵教授之邀，任广州市教学研究室主任、广州市教育科学研究所负责人，负责筹办广州市教育研究院并担任院长、党委书记. 屈局长对市教研院的工作给予了高度评价：在继承与整合方面，克服了很多困难，非常成功；在创造与跨越方面，已经初现大格局. 在此期间，我申报了广东省教育科研十二五规划重点项目“教育数学创新教学实验——以初中数学为例”，在广州市 15 所中学开展教育数学创新教学实验研究，在《课程・教材・教法》《数学教育学报》等刊物上发表相关论文 10 余篇，主要成果入选教育部 2016 年课程改革典型案例，获国家级教学成果奖二等奖（2018 年）；在张先生带领下，我参加了《普通高中教科书数学》的研发与编写工作，担任副主编，该教科书广受好评，2021 年获首届全国教材建设奖全国优秀教材二等奖. 为了培养青年教师，我组织开办了“广州市高中数学青年教师高级研修班”，在广州市最好的 10 余所中学和区教研机构遴选 30 余名优秀青年教师，以国际化视野，结合学员实际和高中数学教学实践制定培训规划、设计培训课程及各门课程教学大纲，指导学员自学，示范典型课例等. 欣慰的是，三年的培训下来，我与这批学员结下深厚情谊，他们如今都已成为各学校或区教研机构骨干教师. 这段经历使我对教育理论、政策与实践的平衡有了更进一步的认识.

2017 年 1 月，我就任深圳中学校长. 基于多年的工作经历，我尤其重视教研工作. 教研水平与教学水平是成正比的，深中最终能不能建成国内领先、世界一流的高中，一个至关重要的因素就是我们的教研组能不能成为国内领先、世界一流. 我时常鼓励老师们要积极做教科研，申报课题、发表文章、著书立说. 我一直在学校倡导：深中不仅要成为学生成长的乐园，也要成为教育家成长的摇篮. 我们通过“青蓝工程”等项目，为每个青年教师配备教学导师；以学科研究室、树人工作室等为平台，培养了一批师德高尚、业务精通、创新能力强的教学骨干和优秀班主任. 学不可以已，这段经历是对我数十年教研理论和经验积累很好的实践与检验，也激发了我进一步学习、研究和实践的动力.

2021 年 5 月覃伟中市长到深圳中学调研时，希望我把多年从事教育事业的经验汇编成书，让更多人共享深中教育智慧，于是就有了《上善之教——我的办学思考与实践》《数学为美——我的教研探索与实践》这两本书. 《数学为美——我的教研探索与实践》基本上展现了我学习、教学和研究数学教育的历程，由于这些文章是在不同时期、不同岗位和不同角色时撰写，回看难免会有一些局限性，但都是我过去每个阶段学习、研究、工作珍贵记忆和宝贵经验的有力印证. 经过精心的整理和挑选，我将其按内容分为数学教育教学、数学思想方法、数学解题研究、数学奥林匹克、数学背景研究和数学问题探索六个部分，各有侧重地编选一些已发表的文章，为了编排与阅读的方便，我将部分文章的标题和内容做了一些修改与调整. 另外，书后添加了 5 个附录：附录 1 按时间与内容两条主线收录了公开发表的数学或数学教育论文索引详细信息，附录 2 按时间与内容两条主线收录了公开出版的著作索引详细信息（基于篇幅考虑，一些旧版图书未列全），附录 3 是我家乡的前辈、乡贤老康先生对我的褒奖和鼓励，附录 4 和附录 5 为 2009 年我担任国际数学奥林匹克中国队领队、主教练时，《长江日报》的两篇相关新闻报道.

这些文章既有与师长的合作，也有与学友的交流，还有对学生的指导. 整理文集的这段时间，很多人与事在记忆深处被唤醒. 我不禁想起 19 岁时初为人师执教高中毕业班的激动与向往；30 岁时为讲好评特级教师参评课“三角函数的周期性”而查阅了几乎所有关于三角函数周期性的文献，从创设问题情境、引入概念、例题讲解、方法总结到数形结合思想的渗透，精心编写教案，还特地从汉口骑自行车、坐轮渡去武钢三中向全国著名特级教师钱展望老师请教，得到钱老师画龙点睛的指导，经过这一节课的锤炼，我对课堂教学有了更深刻的认识和层次上的升华，后来这篇教案由《中学数学》主编汪江松先生约稿发表——这也成为我和亦师亦友的钱老师交往中值得回忆的一段佳话，后来我们一起合作撰写了 20 余部竞赛图书；不禁想起 33 岁时在《中学数学》杂志发表 10 余篇连载文章时的忙碌与喜悦；46 岁时为写好专著《从数学竞赛到竞赛数学》，废寝忘食，每晚熬至深夜的情形仿如昨日.

感恩生逢伟大的时代，感恩从教以来 41 年曾给予我关心、指导和帮助的各位师友，因为有你们，才会有《数学为美——我的教研探索与实践》的破壳而生.

数学是美的，著名数学家 M. 克莱因说："数学是人类高超的智力成就，也是人类心灵最独特的创作. 音乐能激发和抚慰情怀，绘画使人赏心悦目，诗歌能动人心弦，哲学使人获得智慧，科学可改善物质生活，但数学能给予以上一切."

书中难免有疏漏或错误之处，诚挚欢迎读者批评与指正.

朱华伟

2022 年 10 月

于深圳中学新校区斯善楼

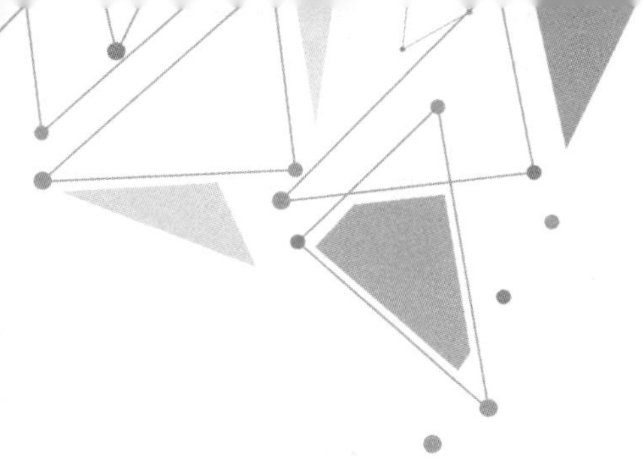

Contents | 目　录

第三辑 数学解题研究 137

第四辑 数学奥林匹克 187

第五辑 数学背景研究 277

第六辑 数学问题探索 355

附录 429

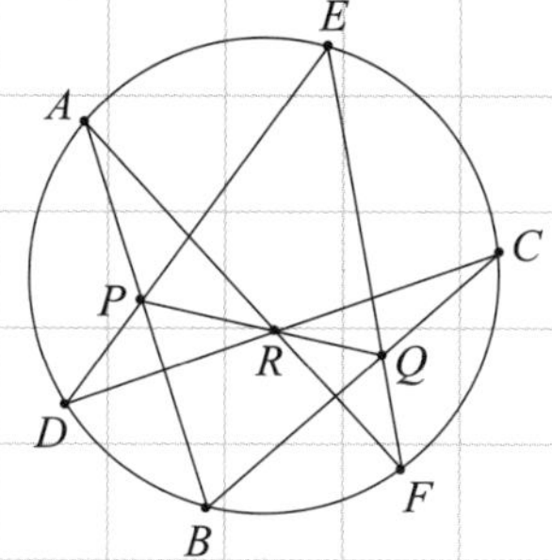

第一辑

数学教育教学

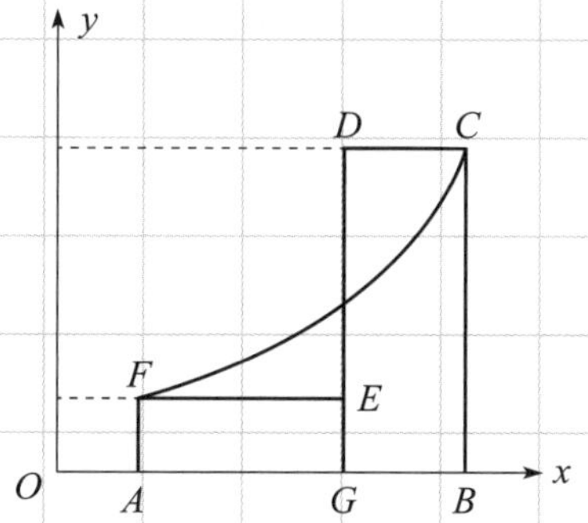

1

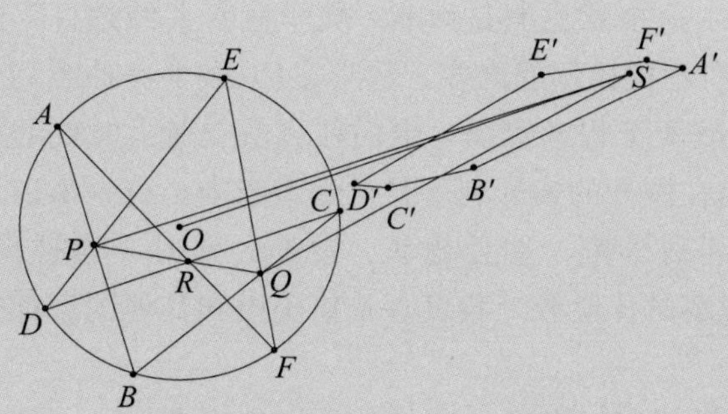

1-1 试论数学奥林匹克的教育价值

摘要：自世界上第一次真正有组织的数学竞赛——匈牙利数学竞赛（1894 年）以来，数学竞赛已有一百多年的历史. 国际数学奥林匹克（IMO）已举办了 47 届，也有四十多年的历史. 如今，世界上中学数学教育水平较高的国家大多数举办了数学竞赛，并参加国际数学奥林匹克. 数学奥林匹克在其发展的历史上，对于发现和培养青少年数学人才，提高学生学习数学的兴趣和能力，培养学生的思维品质等方面，发挥了积极的作用.

关键词：数学奥林匹克；教育价值；兴趣；能力

所谓数学奥林匹克的教育价值，即数学奥林匹克教育对人的发展价值. 如何认识数学奥林匹克的教育价值，是数学奥林匹克的一个基本理论问题. 目前，国内外举办了一系列的数学奥林匹克活动，那么，为什么要举办这些活动？要回答这个问题，有赖于对数学奥林匹克教育价值的认识和理解.

1 有利于发现和培养青少年数学人才

数学奥林匹克的初始目的就是及时发现和选拔具有优秀数学才能的青少年，并通过适当的方式加以特殊培养，因材施教，促进人才健康的成长. 正如国际数学教育委员会（ICMI）在其研究系列丛书之二——《九十年代的中小学数学》中所述："中学生能够像数学家一样地从事活动，这一点已经由国际数学奥林匹克选手证明得十分清楚了. 如果给予机会，就是极为普通的学生也可以表明这一点. 在国际数学奥林匹克中，选手们作为问题的解决者在活动，这是杰出的天才最容易显露的地方."

著名数学大师陈省身教授在《九十初度说数学》一书中指出："中国在国际数学奥林匹克竞赛中，连续多年取得很好的成绩. 这项竞赛是高中程度，不包括微积分. 但题目需要思考，我相信我是考不过这些小孩子的. 因此有人觉得，好的数学家未必长于这种考试，竞赛胜利者也未必是将来的数学家. 这个意见似是而非. 数学竞赛大约是百年前在匈牙利开始的；匈牙利产生了同它的人口不成比例的许多大数学家!"数学奥林匹克为匈牙利造就了一大批世界著名学者. 美国航天工程学家冯·卡门在《航空航天时代的科学奇才》一书中指出："根据我所知，目前在国外的匈牙利著名科学家当中，有一半以上都是数学竞赛的优胜者，在美国的匈牙利科学家，如爱德华、泰勒、列夫·西拉得、G. 波利亚、冯·诺伊曼等几乎都是数学竞赛的优胜者. 我衷心希望美国和其他国家都能倡导这种数学竞赛."

在历届 IMO 的优胜者中，有 13 位获得相当于诺贝尔奖的数学界最高荣誉——菲尔兹奖（Fields Medal），他们是：

1959 年银牌得主格雷戈里·马古利斯（Gregory Margulis，俄罗斯）于 1978 年获得菲尔兹奖；

1969 年金牌得主 V. 德林费尔德（Valdimir Drinfeld，乌克兰）于 1990 年获得菲尔兹奖；

1974 年金牌得主让-克里斯托夫·约科兹（Jean-Ghristophe Yoccoz，法国）于 1994 年获得菲尔兹奖；

1977 年金牌、1978 年银牌得主理查德·博赫兹（Richard Borcherds，英国）于 1998 年获得菲尔兹奖；

1981 年金牌得主蒂莫西·高尔斯（Timothy Gowers，英国）于 1998 年获得菲尔兹奖；

1985 年银牌得主洛朗·拉福格（Laurant Lafforgue，法国）于 2002 年获得菲尔兹奖；

1982 年金牌得主格里戈里·佩雷尔曼（Grigori Perelman，俄罗斯）于 2006 年获得菲尔兹奖；

1986 年铜牌、1987 年银牌、1988 年金牌得主陶哲轩（Terence Tao，澳大利亚）于 2006 年获得菲尔兹奖；

1988 年和 1989 年两次金牌得主吴宝珠（Ngo Bao Chau，越南）于 2010 年获得菲尔兹奖；

1988 年铜牌得主埃隆·林登施特劳斯（Elon Lindenstrauss，以色列）于 2010 年获得菲尔兹奖；

1986 年和 1987 年两次金牌得主斯坦尼斯拉夫·斯米尔诺夫（Stansilav Smirnov，俄罗斯）于 2010 年获得菲尔兹奖；

1994 年金牌，1995 年满分金牌得主米尔札哈尼（Mirzakhani，伊朗）于 2014 年获得菲尔兹奖，是首位女性菲尔兹奖得主；

1995 年金牌得主阿图尔·阿维拉（Artur Avila，巴西）于 2014 年获得菲尔兹奖；

2004 年银牌、2005 年金牌、2006 年金牌、2007 年金牌得主彼德·舒尔茨（Peter Scholze，德国）于 2018 年获得菲尔兹奖；

1994 年铜牌得主阿克萨伊·文卡特什（Akshay Venkatesh，印度）于 2018 年获得菲尔兹奖；

还有多位 IMO 优胜者获得其他数学大奖，如：

1963—1966 年金牌、银牌得主拉兹洛·洛瓦兹（Laszlo Lovasz）于 1999 年获得数学最高大奖——沃尔夫奖（Wolf Prize），他于 1965 年及 1966 年连续两年获得 IMO 特别奖；

1977 年银牌得主彼德·休尔（Peter Shor）于 1998 年获得与计算机和信息科学有关的数学大奖——奈瓦林纳奖（Nevanlinna Prize）；

1986 年金牌得主斯坦尼斯拉夫·斯米尔诺夫（Stansilav Smirnov）获得 2001 年克莱数学研究奖；

1990 年金牌得主 V. 拉福格（V. Lafforgue）获得 2000 年欧洲数学联盟数学奖.

我国自 1986 年开始参加 IMO，相信若干年以后，这批选手亦可以大放异彩.

美国普特南（Putnam）大学数学竞赛的优胜者，大多数成为杰出的数学家、物理学家和工程师. 例如：

理查德·费曼（Richard Feynman）获得 1965 年诺贝尔物理学奖；

肯尼斯·威尔逊（Kenneth Wilson）获得 1982 年诺贝尔物理学奖；

约翰·米尔诺（John Milnor）获得 1962 年菲尔兹奖；

戴维·曼福德（David Mumford）获得 1974 年菲尔兹奖；

丹尼尔·奎伦（Daniel Quillen）获得 1978 年菲尔兹奖.

上面这些事实足以说明数学奥林匹克教育确实具有良好的发现、培养人才的功能，是引导具有数学天赋的青少年步入科学殿堂的阶梯，是发现和培养新一代学者和科技人才的重要手段. 连任两届 IMO 主席的苏联数理化奥林匹克中心委员会主席、苏联科学院通信院士雅科夫列夫教授说："现在参赛的学生，10 年后将成为世界上握着知识、智慧金钥匙的劳动者，未来属于他们."

和奥运会不同的是：IMO 绝不是找出"世界上最优秀的数学家"，而是强调参与精神，希望借以鼓励更多的有数学才能的青少年成长，这是一项十分广泛的群众性活动.

2 有利于激发学生学习数学的兴趣，形成锲而不舍的钻研精神和科学态度

由于计算机的出现，数学已不仅是一门科学，还是一种普适性的技术. 从航空到家庭，从宇宙到原子，从大型工程到工商管理，无一不受惠于数学科学技术. 高科学技术本质上是一种数学技术. 美国科学院院士格里姆（J. Glimm）说："数学对经济竞争力至为重要，数学是一种关键的、普遍使用的，并授予人能力的技术." 时至今日，数学已兼有科学与技术两种品质，这是其他学科少有的. 数学对国家的贡献不仅在于富国，而且在于强民. 因此，青少年学好数学对于他们将来学好一切科学、从事任何职业，几乎都是必要的.

孔子曰"知之者不如好之者，好之者不如乐之者"，"好"和"乐"就是愿意学、喜欢学，就是学习兴趣. 这对于数学学习尤其重要，"乐"是主动性、积极性的起点，随着学习的深入及思想的发展，兴趣就可能上升为志趣和志向.

数学奥林匹克将公平竞争、重在参与的精神引进青少年的数学学习之中，激发他们的竞争意识，激发他们的上进心和荣誉感，特别是近年来我国中学生在 IMO 中"连续获得团体冠军，个人金牌数也名列前茅，消息传来，全国振奋. 我国数学，现在有能人，后继有强手，国内外华人无不欢欣鼓舞".[1] 这对青少年学好数学无疑是极大的鼓舞和鞭策，将激发青少年学习数学的极大兴趣.

数学奥林匹克问题具有挑战性，有利于增强学生的好奇心、好胜心，有利于激发学生学习数学的兴趣，有利于调动学生学习的积极性和主动性. 正如美国著名数学家 G. 波利亚所言："如果他（指老师）把分配给他的时间都用来让学生操练一些常规运算，那么

他就会扼杀他们的兴趣，阻碍他们的智力发展，从而错失他的良机. 相反地，如果他用和学生的知识相称的题目来激发他们的好奇心，并用一些鼓励性的话语去帮助他们解答题目，那么他就能培养学生对独立思考的兴趣，并教给他们某些方法.”[2]

新颖而有创意的数学奥林匹克问题使学生有机会享受沉思的乐趣，经历“山重水复疑无路，柳暗花明又一村”的欢乐，“解数学题是意志的教育，当学生在解那些对他来说并不太容易的题目时，他学会了面对挫折且锲而不舍，学会了赞赏微小的进展，学会了等待灵感的到来，学会了当灵感到来后的全力以赴. 如果在学校里有机会尝尽为求解而奋斗的喜怒哀乐，那么他的数学教育就在最重要的地方成功了”.[3] 在学生遇到困难问题时，帮助他们树立战胜困难的决心，不轻易放弃对问题的解决，鼓励他们坚持下去，这样做可以使学生逐步养成独立钻研的习惯、克服困难的意志和毅力，进而形成锲而不舍的钻研精神和科学态度.

3 有利于促进学生人性的完善

数学奥林匹克是奥林匹克精神在数学领域的体现，虽然从形式上看是一种智力的竞技活动，但其实质是体现奥林匹克的基本精神，发展人的创造性，最终实现人性的彰显和完善.

使人成其为人，这是教育的基本任务，也是数学奥林匹克教学的基本责任. “把一个人在体力、智力、情绪、伦理各方面的因素综合起来，使他成为一个完善的人，这就是对教育目的的一个广义的界说”.[4] 不能否认，数学奥林匹克教育是一种专业的智力教育，然而，数学奥林匹克教育作为一种教育活动不仅仅是要培养某一领域的“专家”，而是首先要促进学生人性的完善. 正如爱因斯坦所说：“学校目标始终应当是：当青年人离开学校时，是作为一个和谐的人，而不是作为一个专家.”[5] “和谐的人”就是人性完善的人.

完善的人性是人的自然属性与社会属性的统一，它涉及人的德、智、体、美等各方面的素养，是人的整体的品性. 人性完善的过程，必然是人的身体和精神各方面全面、统一、协调发展的过程.

促进学生人性的完善，是中国教育的优良传统. 儒家经典《大学》中指出：“大学之道，在明明德，在新民，在止于至善.”“明明德”就是“明其至德”，它的体现就是人格整体的修养，是“真、善、美”和“知、情、意”的统一；“新民”就是“苟日新，日日新，又日新”，就是要创新和发展人的创造性，而发展创造性的基础就是“明明德”. “明明德”既是“新民”的基础，又是“新民”的内容，两者统一于创造性这个整体之中. 只有这样，才能达到人性的完善和人的主体性的发展，从而建立一个理想的社会，达到“止于至善”的最高目标. 可见，提升人的创造性是完善人性的题中之义.

数学奥林匹克教育中促进学生的人性完善的具体体现就是在智力的竞技活动中发展丰富的情感，发展合作、互助、团结意识，锻炼坚忍不拔、敢于挑战、敢于创新的意志和品质.

4 有利于促进学生全面创造性的发展

学生的创造性是其完善人性的集中体现，而完善的人性也是学生创造性发展的基础和保障. 因而，培养学生的以完善人性为基础的创造性，是数学奥林匹克教育的根本任务，通过数学奥林匹克教育促进学生创造性的发展，应该是其全面发展的重要内涵和数学奥林匹克教育价值的集中体现.

人的全面发展的核心是劳动能力的发展. 在全面发展的教育中，德育、智育、体育、美育等全面、统一、协调地发展，正是体现了人的身体和精神的全面发展，也就是集中体现了人的劳动能力的发展. 创造性是人的劳动能力的最重要标志. 因为，这种劳动能力在不同的历史时期和不同的社会条件下有着不同的含义，其发展的内涵和侧重点也就必然有所不同. 随着社会的发展和生产力水平的提高，人类劳动的含义在不断地变化，劳动能力的内涵也不断丰富. 在农业经济社会里，由于低下的生产力水平，人的劳动能力以体力为主，体力是劳动能力的主要标志. 在工业经济社会，由于科学技术的进步和工业的发展，人的劳动能力的主体由体力转化到技能、智能，智力成为劳动能力的决定要素. 而在知识经济社会中，由于人的工作方式是创造性的，人的创造力才是劳动能力的重要标志. 同时，由于科学技术的高度综合以及工业、经济的全球化趋势，合作变得越来越重要，它要求人们具有更高的社会化水平. 可见，在知识经济时代，人的全面发展的核心就是人的创造性的发展. 数学奥林匹克教育中所体现的创造能力，是学生劳动能力的特殊体现.

在数学奥林匹克教育中促进学生创造性的发展是其教育功能的集中体现. 从本质上看，教育是培养人的社会现象. 从培养人的角度分析，教育既要满足人的素质性和发展性要求，又要满足人的功能性和社会性要求. 这就要求教育将人的全面发展和社会发展有机统一起来. 促进人的全面发展从而促进社会的进步也正是教育功能的根本体现，而发展人的创造性不仅能满足人性发展和完善的需要，同时也是社会进步的必然要求. 因此，数学奥林匹克教育对学生的创造性的发展，集中体现了教育的个体发展功能和社会性功能.

5 有利于学生数学能力的提高

学生学习和掌握数学奥林匹克知识、方法及其过程，对发展其数学能力具有重要的教育作用和意义. 数学奥林匹克是智力的竞赛，它的一个重要目的是尽早地发现并培养有数学才能的青少年，它考查的是学生的研究能力、综合素质和创新精神，每年的题目都是新的，没有考纲，没有界定范围，学生必须具备过硬的基本功和很强的思维能力. 因此，数学奥林匹克的命题和培训选手的宗旨以数学能力为重点. 正如华罗庚教授所指出的：“数学竞赛的性质和学校中的考试是不同的，和大学的入学考试也是不同的，我们的要求是参加竞赛的同学不但会代公式、会用定理，而且更重要的是能够灵活地掌握已

知的原则和利用这些原则去解决问题的能力，甚至创造新的方法、新的原则去解决问题.”关于这方面的论述详见另一篇文章[6].

6 有利于中学数学教育的改革和发展

数学奥林匹克有利于中学数学课程内容的改革，数学奥林匹克教育作为较高层次的基础教育，从一定意义上说是某种数学教育试验，是中学数学课程改革的“试验区”. 一些现代化的数学知识、思想、方法、技巧，通过数学奥林匹克教育进行“试验”，得以筛选、过滤和简化，逐步普及和传播，再逐渐为中学师生所接受，再稳妥地渗透和部分地移植到中学数学课本中. 这就为现代数学知识向中学数学课程渗透架设了桥梁，也为中学数学课程内容的改革提供了科学的测度，近十年、二十年数学奥林匹克中的热点问题和方法，如集合、映射、归纳、类比、分类讨论、24 点、一笔画、数字谜、数阵排布、奇偶分析、向量、覆盖、开放性问题、探索性问题等，今天已经开始走进中小学数学课堂，“旧时王谢堂前燕，飞入寻常百姓家”，这也反映了数学普及的过程. 20 世纪 60 年代在欧美国家兴起的“新数学运动”，没有达到预期的目的，一个重要的原因就是急于求成，缺少渐变的过程.

数学奥林匹克有利于中学数学教师的专业发展，是提高数学教师业务素质的重要途径，是数学教师继续教育的课堂.

数学奥林匹克内容广泛，不仅包含中学数学，还涉及趣味数学、数学分析、高等代数、近世代数、初等数论、组合数学、传统的初等数学内容和现代数学的思想方法，这就要求任课教师自身应该达到更高的水平，“有时候的确遇到这种情况，即学生比他的老师不仅更有才智，而且知识更加丰富，并且能够提出他自己不能解释的解决问题的直觉途径，这些途径教师简直不明白，也不能仿做一遍，要教师给这样的学生以正确的奖励或纠错，这是不可能的.”[7] 在另一方面，“教师不仅是知识的传播者，而且是模范. 看不到数学妙处及威力的教师，就不见得会促使别人感到这门学科内在的刺激力. 不愿或者不能表现他自己的直觉能力的教师，要他在学生中鼓励直觉就不大可能有效.”[8] 面对这样的矛盾，教师必须积极地投身知识更新的自觉学习之中，并且在自学能力和数学教研能力上下功夫. 由于数学奥林匹克中所涉及的题目更新速度快、难度较高，这就要求教师不断搜集国内外最新资料、了解最新动态、研究命题趋势，通过不断自学探索和总结，“教学相长”，教师的自学能力和数学教研能力也就随之提高.

数学奥林匹克教学面对的是智力超常的学生，生硬、死板、灌输、说教的教学方式无疑会与学生富于创意、生动活泼的思维形式形成巨大的落差，这就要求教师在数学奥林匹克教学中应用新的教学方式，如数学交流、发现法教学、创造性教学等，激发学生学习数学的兴趣，为学生提供自主探究的学习空间，让学生体验数学创造的激情. 因而数学奥林匹克教学要求教师树立教育新理念，灵活运用教育、教学规律，掌握科学、活泼的教学艺术，大胆尝试现代教学方式，提高数学教学技艺. 因此，数学奥林匹克为中学数学教师提供了发展、充实、提高和完善自己课堂的途径. 二十多年的实践证明，许多对数学奥林匹克有研究的中学教师都是数学教学的名师，数学教学水平高的学校或地区同时又是数学奥林匹克人才辈出的地方，如湖北省武钢三中、黄冈中学等.

7 有利于高师培养合格的中学数学教师

在高师数学专业教学计划的培养目标中，对于培养“合格中学数学教师”有明确的要求，即培养的学生不仅能胜任中学常规的数学教育工作，而且应具有承担数学“第二课程”教学的本领，有负责组织中学有关“活动课程”的能力，能担负数学竞赛的辅导工作. 目前，各高师数学专业相继开设的数学奥林匹克课程无疑是实现这一培养目标的有力措施.

G. 波利亚在论述培养未来的中学数学教师时强调应“为未来的中学数学教师（也为已经任教的数学教师）提供从事适当水平的创造性工作的机会”. 所谓适当水平的创造性工作，对大多数未来的中学教师而言，就是解题，尤其是解非常规的数学问题. “一个没有亲身体验过某种创造性工作的教师绝不能期望他能够去启发、引导、帮助，甚至鉴别他的学生的创造性活动. 我们不能要求一般的数学教师从事某个非常高深的课题的研究，不过非常规的数学问题的求解也是真正的创造性工作…… 应该列入中学数学教师的课程. 事实上，在解这种问题时，未来的教师有机会获得中学数学的全面的知识…… 这样他可能掌握运用中学数学的某种窍门、某种技巧以及对于解题关键的某种洞察力，这实际上更为重要，所有这些将使他能有效地引导并判断他学生的作业. ”[9] 数学奥林匹克课程所具有的特征使得这门课程完全可以为大学生提供“创造性工作的机会，提高解题能力”. 让大学生在这门课程的学习过程中，尝试创造性的工作，培养大学生的解题能力，培养大学生的创造性，培养大学生对数学奥林匹克的兴趣，并打下从事中学数学奥林匹克研究与实践的基础. 事实上，G. 波利亚在许多师范学院中指导过的“解题讨论班”所选择的许多问题取自斯坦福大学的数学竞赛题.

数学奥林匹克可以提高未来中学数学教师的数学鉴赏力，数学奥林匹克题没有生硬地引入中学生难以接受的概念与术语，却巧妙地把新的数学知识和新的数学思想融入其中，既联系中学数学又高于中学数学，既有一定的困难又非高不可攀，其中有许多回味无穷、令人陶醉的好题目. 通过对这些问题的求解与探讨，大学生建立学习数学、发现数学、运用数学、理解数学的思想，进而提高其对数学问题、数学知识、数学思想、数学方法的鉴赏水平.

综上所述，数学奥林匹克的教育价值是毋庸置疑的. 但是，事物都有两面性，凡事超过了一定的度，则会走向其反面. 最近一段时间，各种媒体对数学奥林匹克批评得较多，笔者认为这并不是数学奥林匹克本身的错，而是由于我们给数学奥林匹克挂上太多的“功利”符号，如升学、办班、“奥数应试”、“奥数经济”、诺贝尔奖、菲尔兹奖等，这就超出了教育的范畴. 为数学奥林匹克“松绑”，让数学奥林匹克回归“自然”，回归到科学的发展轨道上来，才是我们的正确选择.

On the Educational Value of Mathematics Olympiad

ZHU Hua-wei

Institute of Educational Software, Guangzhou University, Guangzhou 510405, China

Abstract: It has been over a hundred years since the first organized competition on maths in the world, the Hungarian Maths Competition in 1894. With a history of more than forty years, there have been 45 International Mathematics Olympiad. At the present time, those countries with a comparatively high level in middle school maths education have held various mathematic competitions and also attended the International Mathematics Olympiad. Mathematics Olympiad has played an active role in discovering and cultivating young talents in maths, enhancing the interest and ability in learning maths and improving the students' reasoning.

Key words: Mathematics Olympiad   Educational Value   Interest   Ability

注释：

[1] 王梓坤．今日数学及其应用．数学通报，1994（7）．

[2] G波利亚．怎样解题．涂泓，等译．上海：上海科技出版社，2002：序．

[3] G波利亚．怎样解题．涂泓，等译．上海：上海科技出版社，2002：95．

[4] 联合国教科文组织国际教育发展委员会．学会生存：教育世界的今天和明天．北京：教育科学出版社，1996：195．

[5] 阿尔伯特·爱因斯坦．爱因斯坦文集．许良英，等译．北京：商务印书馆，1976：146．

[6] Zhu Huawei. Abilities Tested by Mathematics Olympiads. Mathematics Competitions，2002，15（2）：66－82．

[7] 布鲁纳．教育过程．邵瑞珍，译．北京：文化教育出版社，1982：77．

[8] 布鲁纳．教育过程．邵瑞珍，译．北京：文化教育出版社，1982：97．

[9] G波利亚．数学的发现．欧阳绛，译．北京：科学出版社，1982：309．

作者：朱华伟．原载：《数学教育学报》2007年第16卷第2期．

1-2 论数学教学中的迁移

1 迁移概述

迁移是一种学习对另一种学习的影响，先前学习对后继学习的影响称为顺向迁移，后继学习对先前学习的影响称为逆向迁移，凡是一种学习对另一种学习起促进作用的称为正迁移，起干扰或抑制作用的称为负迁移. 凡是有学习的地方都存在着迁移，从数学教学的目的来讲，就应该努力追求一种数学学习对另一种数学学习的促进作用，即正迁移，学习的正迁移量越大，说明学生通过学习所产生的适应新学习情境或解决新问题的能力越强，教学效果也就越好.

在数学教学中，产生正迁移的现象是很多的，例如学习“数”的运算规则有助于学习“式”的运算规则；学习了平面上求轨迹的方法，就有助于学习空间求轨迹的方法；学习了二元函数，就有助于学习多元函数等. 这些都是数学学习中的顺向正迁移. 同时，数学学习中还存在许多逆向正迁移，例如学习了“式”的概念和运算之后，能促进学生对“数”概念的理解和运算的掌握；学习了解析几何，学生再重新思考平面几何中的一些问题就变得容易了；学习了高等数学之后，学生对初等数学一些问题的认识就会更为深刻.

在数学教学中也经常会产生负迁移. 例如，学生有时将实数的一些性质和运算用到复数中，结果出现错误. 再如学生求函数定义域、极值和求导等时，往往习惯于显示 $y=f(x)$，而遇到隐函数求导时，首先就要解出 y，这样不仅限制了思路，而且使解法烦琐甚至行不通；还有学生在学习无穷大量与无穷小量时，习惯地将它们看成很大的数或很小的数，这些都是负迁移的结果，教学中应重视这些现象.

无论是数学学习的正迁移和负迁移，还是顺向迁移或逆向迁移，从学习之间相互影响的对象来看，数学学习又有知识技能的迁移、思维方法的迁移、学习态度的迁移等.

2 教学中运用类比促进迁移

迁移可理解为“认知结构（即学生头脑里的知识结构）对新的学习的影响”，数学教学的目标归根到底是实现有效地正迁移. 通过某种途径将新的学习或问题纳入原有的认知结构，使知识在新的问题情境中产生正迁移. 我们把沟通认知结构与新的学习的途径看成是“认知桥梁”，为扩大知识的正迁移量，设计好认知桥梁是关键. 在数学教学中，类比不失为一种好的认知桥梁，即通过类比把新的学习或问题纳入原有的认知结构，产生知识的迁移. 下面讨论数学教学中如何运用类比促进迁移.

2.1 通过数式与图形类比产生迁移

“数”与“形”是数学研究中的两个主要对象，也是反映数学问题的两个侧面，它们既是对立又是统一的. “数”与“形”结合，相互类比、相互迁移、相互转化是数学学习与研究中运用广泛的方法.

数形迁移的表现方式有：(1) 从数式向图形的迁移，即把“形”的问题转化为“数”的问题；(2) 从图形向数式的迁移，即用几何的方法解决代数、三角分析中的问题或借助图形的直观性通过类比寻求解题途径.

例 已知 $f(x)$ 是 $[a, b]$ 上递增的连续函数，证明至少存在一点 $\xi\in[a, b]$，使得

$$\int_a^b f(x)\mathrm{d}x=f(a)(\xi-a)+f(b)(b-\xi). \qquad ①$$

分析 类比几何问题，如图 1 所示，函数 $f(x)$ 的图形是一条从左到右上升的连续曲线. $f(a)(\xi-a)$ 表示矩形 $AGEF$ 的面积，$f(b)(b-\xi)$ 表示矩形 $BCDG$ 的面积. 因此，①式的右端表示台阶形 $ABCDEF$ 的面积. 当点 ξ 在 $[a, b]$ 中变动时，台阶形 $ABCDEF$ 的面积是变化的，且从图形中可以看出，当点 $\xi=a$ 时，它的面积最大，当点 $\xi=b$ 时，它的面积最小. 而曲边梯形 $ABCF$ 的面积恰好在台阶形的最大面积与最小面积之间. 要证明的①式表示这样一个事实：有一个台阶形的面积恰好等于曲边梯形 $ABCF$ 的面积.

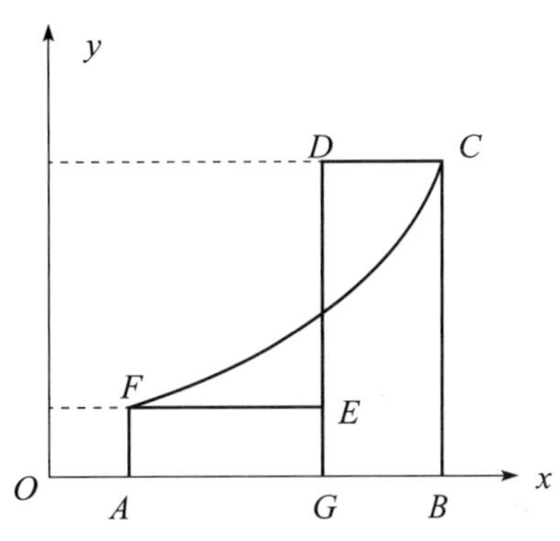

图 1 连续增函数介值定理的几何意义

由此，我们可以运用连续函数的介值定理，并通过选取台阶形的面积函数 $F(x)=f(a)(x-a)+f(b)(x-b)$ 作为辅助函数来实现.

2.2 通过离散与连续类比产生迁移

离散与连续之间并没有不可逾越的鸿沟，作为数学概念，它们是互相独立、互相渗透、在一定条件下可以互相转化的. 对连续的量取极限（某点的极限），即考察某个瞬间或某个点的状态就得到离散的量；而用描点法作某个函数的图像时又由离散的量得到了连续的量. 在数学教学中，数列极限与函数极限的类比是较为普遍应用的（实质上是离散与连续的类比）教学方式.

例如，由数列极限的唯一性、不等式性、迫敛性、四则运算法则、柯西（Cauchy）收敛准则，可以用类比法猜测出函数极限的相关性质. 实际上函数极限的许多性质与数列极限是相应的，它们不仅有类似的结论，而且有类似的证明方法. 这样就实现了“旧知”向“新知”的迁移.

2.3 通过有限与无限类比产生迁移

有限与无限类比的方式通常有：直与曲类比，$\sum_{k=1}^{n}a_k$ 与 $\sum_{k=1}^{\infty}a_k$，$\sum_{i=1}^{n}f(\xi_i)\Delta x_i$ 与 $\int_a^b f(x)\mathrm{d}x=\lim\limits_{\lambda\to 0}\sum_{i=1}^{n}f(\xi_i)\Delta x_i$ 类比，$\int_a^b f(x)\mathrm{d}x$ 与 $\int_a^{+\infty}f(x)\mathrm{d}x$ 类比等. 通过上述类比，运用极限的手段，实现有限和无限的转化，即在原有“有限”认知结构的基础上，达到“有限”的知识、技能向“无限”迁移.

例如，由有限不等式

$$\left(\sum_{k=0}^{n-1}f(\xi_k)g(\xi_k)\Delta x_k\right)^2\leqslant\sum_{k=0}^{n-1}f^2(\xi_k)\Delta x_k\sum_{k=0}^{n-1}g^2(\xi_k)\Delta x_k, \tag{②}$$

将：$\sum_{k=0}^{n-1}f^2(\xi_k)\Delta x_k$ 与 $\int_a^b f^2(x)\mathrm{d}x$，$\sum_{k=0}^{n-1}g^2(\xi_k)\Delta x_k$ 与 $\int_a^b g^2(x)\mathrm{d}x$，$\sum_{k=0}^{n-1}f(\xi_k)g(\xi_k)\Delta x_k$ 与 $\int_a^b f(x)g(x)\mathrm{d}x$ 类比，得到如下猜想：

$$\left(\int_a^b f(x)g(x)\mathrm{d}x\right)^2\leqslant\int_a^b f^2(x)\mathrm{d}x\int_a^b g^2(x)\mathrm{d}x. \tag{③}$$

③式可以在②式两端取极限直接给出证明，也可以采用证明柯西不等式的判别法证明. 用类似的方法也可以将许多关于有限和的不等式推广到积分的情形.

2.4 通过低维与高维类比产生迁移

低维与高维类比的表现方式有：（1）少元与多元类比；（2）低次与高次类比；（3）直线与平面类比；（4）平面与空间类比等. 通过上述类比，在原有“低维”认知结构的基础上，达到“低维”的知识、技能、方法向“高维”的迁移.

例如，由直线点集的区间套定理、聚点定理、有限覆盖定理等，运用类比的方法可以猜想出平面点集的相应定理；由一元函数极限的归结原则、四则运算法则，运用类比的方法可以猜测出二元函数极限的归结原则及四则运算法则；由闭区间上的一元连续函数的性质，可类比出有界闭区域上的二元连续函数的性质；由定积分的性质，可类比出二重积分、三重积分、第一型曲线积分、第一型曲面积分也具有一系列与定积分相类似的性质；由牛顿-莱布尼茨公式，可类比出格林公式；由定积分的换元法，可类比出二重积分的换元法：将直角坐标换为极坐标，从而使运算简化，进一步可得二重积分的一般换元法，则：

$$\iint_D f(x,y)\mathrm{d}x\mathrm{d}y=\iint_D f[x(n,r),y(n,r)]\left|\frac{\partial(x,y)}{\partial(n,r)}\right|\mathrm{d}n\mathrm{d}r.$$

这种换元思想同样可类推到三重积分，即用柱面坐标和球面坐标来计算积分.

3 利用迁移优化数学认知结构

作为科技基础的数学，是一个有力的工具，利用它可从事科技的学习和研究. 如何使学生具备良好的认知结构是极其重要的，下面说明如何利用迁移使高等数学的认知结构优化.

3.1 驾驭教材内容并掌握知识内在结构

根据同化理论，认知结构中是否有适当的、起固定作用的概念可以利用，是决定新的学习与保持的重要因素. 美国心理学家布鲁纳提出，为了促进迁移，教材中那种具有较高概括性、包摄性和强有力的解释效应的基本概念和原理，应放在教材的中心. 在数学教学中，教师应启发学生找出这样的基本概念和原理，掌握知识内在结构的相互联系，这样既可简化知识，又可灵活运用知识和产生新知识.

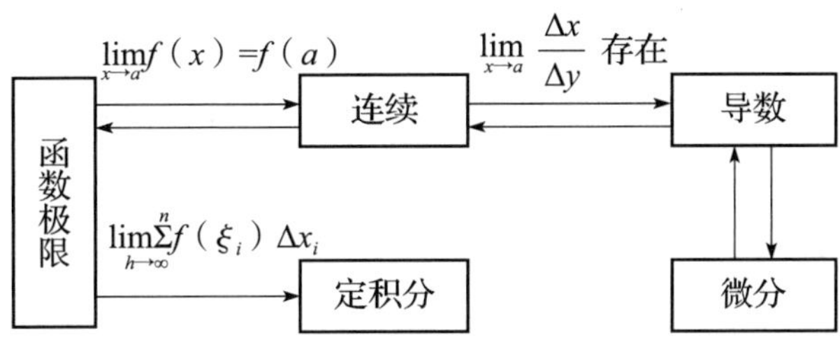

图 2 微积分概念主要关系

例如，高等数学一元微积分最核心的概念是极限，此外，连续、导数、微分、积分都是主要的概念，其存在关系如图 2 所示.

再如，各种积分的关系可用图 3 表示.

从以上两例可以看出，起固定作用的概念，如极限微元法，是极其重要的知识核心，是掌握其他概念的前提，这些概念掌握了，其他概念（方法）也容易接受和掌握.

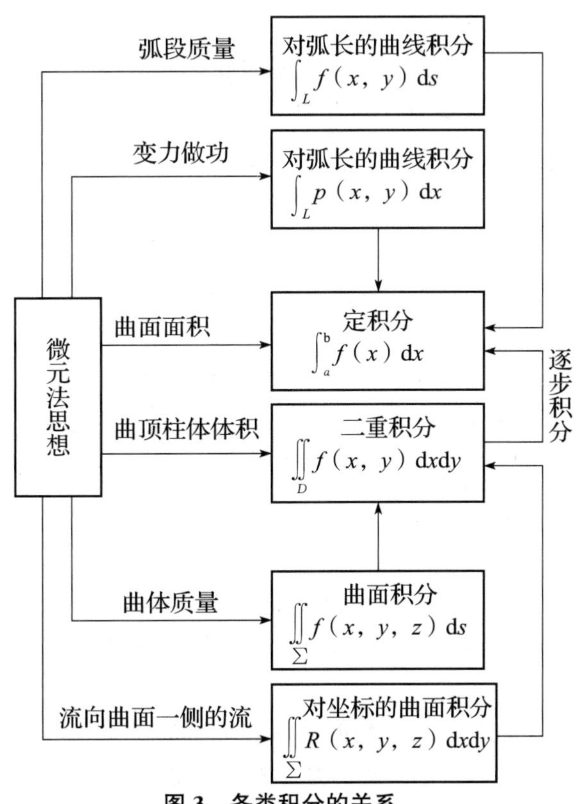

图 3 各类积分的关系

3.2 从教材呈现程序方面促进迁移

认知心理学认为，当人们接触一个完全不熟悉的知识领域时，从已知的、较一般的整体中分化细节，要比从已知的细节中概括整体容易一些. 人们关于某学科的知识在头脑中组成一个有层次的结构，最具包摄性的观念处于这个层次结构的顶点，它下面是包摄范围较小和越来越分化的命题概念和具体知识. 根据人们认识新事物的自然顺序和认知结构的组织顺序，教材的呈现也相应遵循由整体到细节的顺序.

例如，在介绍函数的求导方法时，应先介绍一般的求导方法：求出 Δy，再计算$\frac{\Delta y}{\Delta x}$，最后计算$\lim\limits_{\Delta x\to 0}\frac{\Delta y}{\Delta x}$. 将这一基本方法运用于初等函数，可得公式法. 至于复合函数、反函数、隐函数及参数方程函数的求导，都是以此为基础的.

除了要从纵的方面遵循由一般到具体、不断分化的原则外，还要从横的方面加强概念、原理、课题乃至章节之间的联系，如果不弄清这些联系，则给学生设置了人为的障碍，使他们看不清许多相关的课题或隐蔽的重要特征之间的共同性. 例如，曲面积分$\iint\limits_{\Sigma} f(x, y)\mathrm{d}s$，当$\sum$为 XOY 平面上的区域时就变成了二重积分$\iint\limits_{D} f(x, y)\mathrm{d}x\mathrm{d}y$. 可见，二重积分是曲面积分的一个特例；再如，微分与积分可用下列公式联系起来：$\left(\int_a^x f(t)\mathrm{d}t\right)'=f(x)$，其中 $f(x)$ 在 $[a, b]$ 上连续，$a\leqslant x\leqslant b$.

4 利用迁移产生创造

利用迁移还可以产生创造，下面给出一个由迁移而发现新定理的案例——连续归纳法的发现.

实数，是从自然数系演变扩充而得到的. 自然数是全序集，实数也是全序集. 那么，对自然数系而言的有力工具，能不能“迁移”过来，用于实数系呢？具体地说，能不能把大家熟悉的数学归纳法搬到实数系里去“一试身手”呢？

数学归纳法的正确性，由自然数的一个性质而来——“非空的自然数集里必有最小数”. 从这一点着眼，又建立了超限归纳法，它可以用于任一个“良序集”. 因为，“良序集”正是这样的全序集：“它的任一非空子集，有最小元素”.

实数集，按自然大小顺序，它的子集不一定有最小数，这给归纳推理造成了困难. 也许正是这个原因，这个很容易想到的工具始终没有被人们使用过.

确实，我们的思想常受古圣先哲的限制，因而很少去追求珍贵遗产中的不足之处. 其实，变通一下归纳法的形式，就能绕过实数集按自然大小非良序集的困难.

让我们比较一下两种归纳法.

(1) 关于自然数的数学归纳法.

设 P_n 是一个涉及自然数 n 的命题，如果：①有某个 n_0，使对一切 $n<n_0$，有 P_n 真. ②若对一切 $n<m$ 有 P_n 真，则 P_n 对一切 $n<m+1$ 也真. 那么，对一切自然数 n，P_n 真.

(2) 关于实数的数学归纳法.

设 P_x 是一个涉及实数 x 的命题，如果：①有某个 x_0，使对一切 $x<x_0$，有 P_x 真.

②若对一切 $x<y$ 有 P_x 真，则存在 $\delta_y>0$，使 P_x 对一切 $x<y+\delta_y$ 也真，那么，对一切实数 x，P_x 真.

上述（1）是大家熟知的数学归纳法，（2）是我们提出来的连续归纳法.

两种归纳法，何其相似！

这种新的归纳法一提出来，就产生了必须回答的问题：第一，它是否正确？第二，它是否有用？是否好用？第三，它与现在常用的关于实数的命题是什么关系？

总之，迁移理论在数学中有广泛的应用，它不仅能促进知识、技能和方法的迁移，而且能揭示知识间的联系，优化数学认知结构，对学生基础知识和基本技能的掌握及创造思维能力的培养都具有重要意义.

On the Application of Transfer Theory to Mathematics Teaching

ZHU Hua-wei，ZHANG Jing-zhong

Institute of Educational Software，Guangzhou University，Guangzhou 510405，China

Abstract: This paper expounded the application of transfer theory to mathematics teaching, put forward an important approach to promote the positive transfer-analogy, which included achieving positive transfer by comparing numbers and graphs, achieving positive transfer by making analogy between discreteness and continuousness, achieving positive transfer by making analogy between finite and infinity and achieving positive transfer by making analogy between lower-dimensional problems and higher-dimensional problems. The paper also discussed how to optimize the cognitive structure in learning mathematics by applying transfer theory, and showed us the instance created by the transfer theory—Continuous Induction.

Key words: transfer analogy cognitive structure creation

作者：朱华伟，张景中. 原载：《数学教育学报》2004 年第 13 卷第 4 期.

人大复印资料《中学数学教与学（高中读本）》2005 年第 3 期.

1-3 如何在高中数学课堂激发优等生对高等数学的学习兴趣

1 高等数学与初等数学

中学生在数学课堂学习的初等数学是一门在理论和实践方面都很有意义的课程，同时也是高等数学的基础．很多学有余力的数学优等生对初中、高中的数学很有兴趣，知识和方法也掌握得相当牢固，如果他们能进一步认真学习高等数学，其中会有很多人能够胜任理工科的研究与工作．但是，这些学生到了大学后，有很大一部分缺乏对高等数学的激情，并未发挥出他们在数学上的天赋，这使培养了大量数学优等生的中学数学教师们不无惋惜．学生们对高等数学的望而却步普遍归因为以下三点：

（1）高等数学与初等数学在思维方式上存在差异．学习初等数学，重点在于将已有的知识与方法技巧有机地结合，而学习高等数学更需要的是系统分析能力与想象能力，从整体上把握所学的知识体系．有些数学优等生接触高等数学后，不能很快地适应高等数学的思维方式，认为高等数学太难，与初等数学脱节，学习没有成就感，无法很好地领会高等数学中的思想．

（2）高等数学与初等数学在内容和学习方法上存在差异．初等数学中概念的抽象程度和系统性远远比不上高等数学中的概念．因此，在学习初等数学时，往往通过机械的训练也能熟练掌握其中的知识和方法技巧，但这样的机械训练不一定能提高学生的抽象性思维和整体性思维．很多中学生迫于高考的压力，每天重复做着机械的训练，他们容易在这种机械的训练中消磨掉学习数学的激情，迷失学习数学的方向．

（3）从就业角度考虑，人们普遍认为在大学应该学习实用的技术，但学习每门技术只有达到一定的深度和高度才能真正了解到高等数学在其中的应用．所以很多学生在学习的开始阶段并不重视高等数学的学习．

但实际上，高等数学并没有想象中的那么难，它在结构上比初等数学更优美．高等数学更是所有理工科学习的基础，是理科生必须熟练掌握的知识体系．在中学阶段，过度的机械练习会扼杀优等生对数学的兴趣，阻碍他们认识数学的实质和数学的美．因此，针对数学优等生的高中数学教学，在保证完成教学目标的前提下，应尽量摆脱无用的重复演练，引导他们从更高的角度来把握所学的知识，注重知识的整体性．只有让他们看到问题的本质，才能跳出框框，减少无谓的重复练习．面对这些学生时，高中的数学教师不但应做好连接初中数学的“承上”工作，还应尽量做好“启下”的工作，帮助他们摆脱上面的问题，从而在数学这条路上走得更远．

要想激发学生对高等数学的学习兴趣，提高数学思维水平，首先要找到高等数学与初

等数学的连接点，让学生认识到两者是一个连贯整体的不同部分，很多的问题是互相呼应的.

教师若能在这些连接点处向学生引入少量的高等数学知识和观点，让学生能近距离接触高等数学，则学生们自然能较早得到高等数学的熏陶. 下面我们通过几个教学案例来说明这个问题.

2 教学案例

案例 1：从一道求最小多项式的问题开始

师：我们在初中已经学习过解一元二次方程，现在来看一个反向的问题（在黑板上写下数$\sqrt{2}+1$）. 哪位同学能够写出一个系数都是整数的二次方程，有一个根是$\sqrt{2}+1$?

（学生们在纸上进行演算.）

生甲：我算出的二次方程是 $x^2-2x-1=0$.

师：你是怎么计算的?

生甲：我先写出最终的解 $x=\sqrt{2}+1$，将解方程的方法反过来使用，得到 $x-1=\sqrt{2}$，平方得到 $x^2-2x+1=2$，整理得 $x^2-2x-1=0$.

师：非常好，还有同学有别的方法吗?

生乙：我用求根公式 $x=\dfrac{-b\pm\sqrt{b^2-4ac}}{2a}$，因此$\dfrac{-b}{2a}=1$，$\dfrac{\sqrt{b^2-4ac}}{2a}=\sqrt{2}$. 假设 $a=1$，可以解出 $b=-2$，$c=-1$.

师：非常好. 这两种方法是分别将配方法和公式法反向使用得到的. 下面我们来看一个难一点的问题（在黑板上写下数$\sqrt{2}+\sqrt{3}$），能不能写出一个系数都是整数的二次方程，有一个根是$\sqrt{2}+\sqrt{3}$?

生：不能. 如果关于 x 的二次方程 $ax^2+bx+c=0$ 的系数都是整数，那么在求根公式 $x=\dfrac{-b\pm\sqrt{b^2-4ac}}{2a}$中，化简后只有$\dfrac{\sqrt{b^2-4ac}}{2a}$一项可能为根式，$\dfrac{-b}{2a}$一项必然是整数或分数，不可能出现两个根式相加的情况.

师：如果方程的次数可以高一些呢?

（学生开始思考，教师提示用平方来去根式.）

生甲：先将 $x=\sqrt{2}+\sqrt{3}$ 两边平方，得到 $x^2=5+2\sqrt{6}$，移项得 $x^2-5=2\sqrt{6}$，再平方得 $x^4-10x^2+25=24$，因此 $x^4-10x^2+1=0$ 这个方程就是系数都是整数，且以$\sqrt{2}+\sqrt{3}$为一个根的方程.

师：还有不同的解法吗?

生乙：我从 $x-\sqrt{2}=\sqrt{3}$ 开始，两边平方，得到了相同的结果.

生丙：我从 $x-\sqrt{3}=\sqrt{2}$ 开始，两边平方，得到了相同的结果.

师：很好. 我们来看 $x^4-10x^2+1=0$ 这个方程，它的根都有哪些？

生甲：将我构造方程的过程反过来就是解方程的过程，第一次开方得到 $x^2-5=\pm2\sqrt{6}$，因此 $x^2=5+2\sqrt{6}$ 或 $x^2=5-2\sqrt{6}$，再开方得到四个根分别为 $\sqrt{2}+\sqrt{3}$，$\sqrt{2}-\sqrt{3}$，$-\sqrt{2}+\sqrt{3}$，$-\sqrt{2}-\sqrt{3}$.

师：现在我们已经会构造以 $\sqrt{2}+\sqrt{3}$ 为一个根，并且系数都是整数的方程了. 如果问题再复杂一点，例如以 $\sqrt{2}+\sqrt[3]{3}$ 为一个根呢？（在黑板上写下 $\sqrt{2}+\sqrt[3]{3}$.）

生：直接乘方不行了，两个根式的次数不一样，越乘越复杂.

师：对，所以我们找找有没有其他办法. 像上一个问题一样，我们可以先移项. 在式子 $x=\sqrt{2}+\sqrt[3]{3}$ 中，移哪一项到左边去好一些？

（学生尝试计算.）

生甲：移动 $\sqrt{2}$ 到左边去好一些，两边三次方之后，右边的三次根号就消掉了，左边还剩一些带 $\sqrt{2}$ 的项，可以合并同类项. 如果移动 $\sqrt[3]{3}$ 到右边去，两边平方的话，会得到带 $\sqrt[3]{3}$ 和 $\sqrt[3]{9}$ 的项，无法进一步化简.

师：整理后的结果如何？写在黑板上.

（生甲在黑板上写下三次方后得到的方程 $x^3-3\sqrt{2}x^2+6x-(2\sqrt{2}+3)=0$.）

师：如何进一步化简，将根号全部去除？

生甲：将带 $\sqrt{2}$ 的项全部移动到右边去，再两边平方.

师：很好，同学们都动笔计算一下.

（待学生们基本计算完毕后，教师在黑板上写出最终化简得到的方程 $x^6-6x^4-6x^3+12x^2-36x+1=0$，并与学生答案比较验证.）

师：现在是一个六次方程了，谁能解这个六次方程？

生乙：应该从最后平方的地方进行考虑，最后的平方之后，未整理之前的式子为 $(x^3+6x+3)^2=(3\sqrt{2}x+2\sqrt{2})^2$，因此 $x^3+6x+3=\pm(3\sqrt{2}x+2\sqrt{2})$. 将正负的式子分别写出，将 3 移动到右边，其余项移动到左边，分别得到 $(x-\sqrt{2})^3=3$ 和 $(x+\sqrt{2})^3=3$，所以这个方程的六个根分别为

$$\sqrt{2}+\sqrt[3]{3},\ \sqrt{2}+\omega\cdot\sqrt[3]{3},\ \sqrt{2}+\omega^2\cdot\sqrt[3]{3},\ -\sqrt{2}+\sqrt[3]{3},\ -\sqrt{2}+\omega\cdot\sqrt[3]{3},\ -\sqrt{2}+\omega^2\cdot\sqrt[3]{3},$$

其中 $\omega=\dfrac{-1+\sqrt{3}i}{2}$ 是 1 的三次方根.

师：大家观察一下这六个根，谁能发现其中有什么规律？结合前面的四次方程能总结出什么结论？

生丙：这 6 个根分别是方程 $x^2-2=0$ 的每个根与方程 $x^3-3=0$ 的每个根之和.

师：很好. 事实上，用这样的方法可以构造出以更加复杂的根式的和、差为根，且系数都是整数的方程. 我们今天讲的这个问题，放在大学数学中，就是一个数域上的代

数元的问题. 有理数集对加、减、乘、除（除数不能为 0）封闭，它称为一个数域，但是有理数域上的一些方程，例如 $x^2-2=0$，它的根不是有理数，这些根就称为有理数域上的代数元. 像 $\sqrt{2}$ 就称为 2 次代数元，因为以它为根的有理系数多项式（方程）的最低次数是 2 次，类似地，$\sqrt[3]{3}$ 是 3 次代数元. 因为尺规作图能做出任意两条线段的比例中项，我们可以用此来做出任意 2 次代数元、4 次代数元、8 次代数元，等等. 对于 $\sqrt{2}+\sqrt[3]{3}$，我们用一个例子说明了它是代数元，而且次数不超过 6 次，在未来的学习中，有了更多工具后我们可以证明它的次数就是 6 次，而且构造出来的方程的 6 个根就是原来 2 次方程的每个根加上 3 次方程的每个根而得到的.

学生理解到这个问题的背后是抽象代数中的一个更一般化的问题，会加深对今后学习的兴趣.

案例 2：组合数与正态分布

学习了组合与概率后，教师提出这样的问题.

师：全班一共有 40 名同学，在一次投票中，每名同学都以 $\frac{1}{2}$ 的概率投赞成票，$\frac{1}{2}$ 的概率投反对票，且彼此不影响，那么最终投赞成票的人数大约会是多少？

生甲：每个人有一半概率投赞成票，因此投赞成票的应该是 20 人.

生乙：不对，这只是平均的人数，是期望值，投赞成票的人数从 0 人到 40 人都有可能.

生丙：我感觉 20 人左右出现的概率比较大.

师：那同学们能不能写出有 m 人投赞成票的概率呢？

（学生们写出答案 $\frac{\mathrm{C}_{40}^{m}}{2^{40}}$.）

师：因为 40 太大了，组合数不好求，同学们算一下 10 人投票的同样问题中，每种结果出现的概率，并把概率标在平面直角坐标系中. 因为概率都是小于 1 的，我们可以把纵坐标拉伸一个倍数，例如 20 倍. 最后，试着用描点法把这些点画在一个连续函数的图像中.

（学生们计算出每个结果出现的概率.）

师：大家来看大屏幕（展示作图软件中的结果，见图 1），黑色的线就是我用描点法画出的图像，那么灰色的线是什么呢？它就是我们今天要介绍的正态分布的图像. 正态分布是一种连续的概率分布，与它的分布相关的变量只有两个：峰值（即平均值）和方差. 任何一个事件重复多次后的结果分布都趋近于正态分布. 同学们也能看到，10 个人的投票结果分布与正态分布的误差就已经很小了.

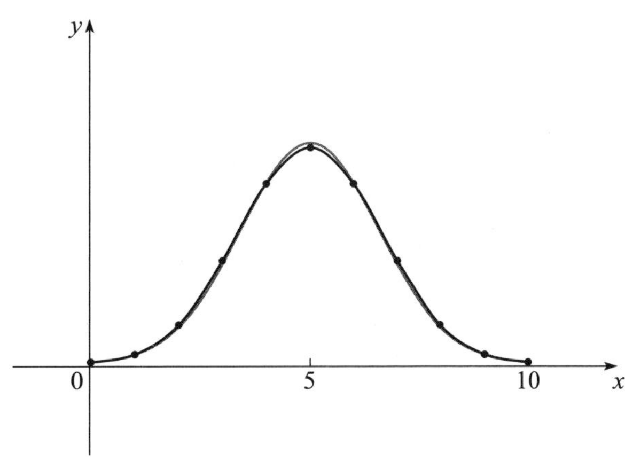

图 1　正态分布与组合数分布的比较

（灰色线为正态分布 $y=\frac{1}{\sqrt{5\pi}}e^{-\frac{(x-5)^2}{5}}$ 的图像，黑色线为用描点法画出的 $y=\frac{C_{10}^x}{2^{10}}$ 的近似图像，为了视图清晰，纵坐标被拉伸到原来的 20 倍.）

师： 那么 40 个人的投票分布又会怎样呢？事实上，由 40 个人的投票分布描点画出的曲线已经和正态分布之间的误差已经无法用肉眼分辨了（见图 2）.

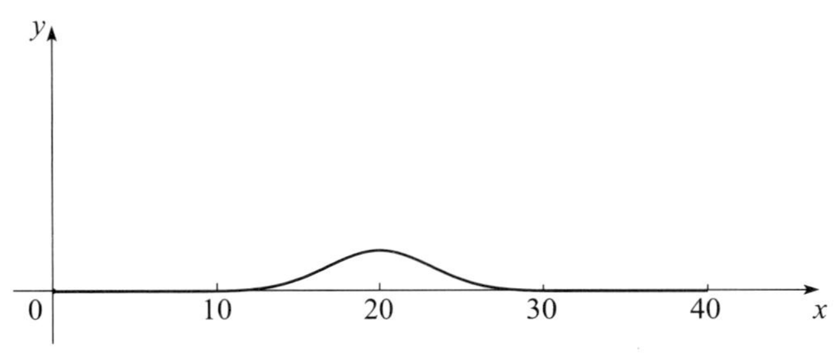

图 2　正态分布 $y=\frac{1}{\sqrt{20\pi}}e^{-\frac{(x-20)^2}{20}}$ 的图像（纵坐标被拉伸到原来的 20 倍）

师： 这两个分布有什么关系呢？它们具有相似的形状，注意看（在作图软件上演示）. 将第一个图像横向压缩至原来的一半，纵向拉伸到原来的 2 倍，就成了第二个图像. 一个随机变量重复足够多次之后求和，其最终分布就如上面两个图像一样，随机变量可以是简单的，如同今天讨论的是非问题，也可以是复杂的，例如每位同学可以随机选择一个 0～1 之间的实数，再求和. 这正是概率论中的中心极限定理：不论是连续还是离散的变量，在一定条件下累加求和，其最终结果的抽样分布均近似服从正态分布.

最后，教师拿出高尔顿钉板的示意图，并向学生解释小球从高尔顿钉板上掉下后的分布正是与前面函数相同的分布.

经过此番讲解，学生们建立了组合数与概率论之间的一些联系，了解到了连续变量和离散变量在重复足够多次后并没有多大差别，并会对以后概率论的学习产生兴趣.

除了在连接点处引入高等数学之外，教师也可以在一些具有高等数学的背景或定理处向学生展示高等数学的魅力. 很多的问题和定理，放在初等数学中，解法是曲折的，或者是看似没有道理的，但放在高等数学中，解法和结论可以一目了然. 正如小学的“行程问题”“工程问题”等在引入了一元一次方程后变得平凡，很多中学数学的问题在引入了高等数学的知识或观点后也会变得平凡. 如果把学习数学比作爬山，那么初中、高中阶段的学生正如站在云雾缭绕的半山腰. 教师若能告诉学生，学习了高等数学，就等于爬上了山峰，可以将半山腰的景色看得清清楚楚，那学生自然就有了继续向前的兴趣和动力. 同时，教师也应向学生提示，高等数学很少纠缠于方法和技巧上的组合，多数问题解决的关键都在于看问题的角度和对整个领域的理解. 这里举两个有高等数学背景的定理作为例子.

案例 3：柯西不等式

教师在黑板上写下柯西不等式最简单的形式：$(a^2+b^2)(c^2+d^2)\geqslant(ac+bd)^2$，并写下两个向量 $\boldsymbol{\alpha}=(a, b)$ 和 $\boldsymbol{\beta}=(c, d)$.

师：同学们，黑板上是柯西不等式的简单形式，大家看看它和两个向量 $\boldsymbol{\alpha}=(a, b)$，$\boldsymbol{\beta}=(c, d)$ 有什么关系？

生：左边的两项分别表示 $|\boldsymbol{\alpha}|^2$ 和 $|\boldsymbol{\beta}|^2$，而右边则表示 $[\boldsymbol{\alpha}, \boldsymbol{\beta}]^2$，这个柯西不等式事实上说明的是 $|\boldsymbol{\alpha}|\cdot|\boldsymbol{\beta}|\geqslant[\boldsymbol{\alpha}, \boldsymbol{\beta}]$.

师：那么这样一来，这个不等式好证明吗？

生：好证明，因为我们已经学过内积的三角形式 $[\boldsymbol{\alpha}, \boldsymbol{\beta}]=|\boldsymbol{\alpha}|\cdot|\boldsymbol{\beta}|\cdot\cos\langle\alpha, \beta\rangle$.

师：好. 我们现在把问题推广到三项的形式

$$(a_1^2+a_2^2+a_3^3)(b_1^2+b_2^2+b_3^2)\geqslant(a_1b_1+a_2b_2+a_3b_3)^2,$$

这还能用内积的方式去证明吗？更多项的情况呢？

生：三维空间中，内积不像平面那么简单，不可能直接证明，更不用说现实中不存在的高维空间了.

师：对. 所以在高维空间中，我们要先定义内积. 内积恰好定义为不等式右边括号里的式子的值. 但是，这个地方的内积是否具有三角形式还没证明，不能用这种方法，我们换一种方法考虑. 同学们想一想，什么样的式子里能同时出现 $|\boldsymbol{\alpha}|^2$，$|\boldsymbol{\beta}|^2$ 和内积 $[\boldsymbol{\alpha}, \boldsymbol{\beta}]$？

生：（经过简单计算和试验），形如 $[\boldsymbol{\alpha}+\boldsymbol{\beta}, 2\boldsymbol{\alpha}+\boldsymbol{\beta}]$ 这样的式子展开之后.

师：好. 这样的式子中能出现 $|\boldsymbol{\alpha}|^2$，$|\boldsymbol{\beta}|^2$ 和内积 $[\boldsymbol{\alpha}, \boldsymbol{\beta}]$. 为了研究它们间的不等关系，我们需要等式另一边有一定的性质. 随便选取两个向量作内积，大小肯定不能保证，那么什么样的两个向量作内积，有一定的范围？

生：两个相同的向量. 由内积的定义，两个向量相同的时候，内积一定大于等于 0.

师：很好. 这个相同的向量应该是 $\boldsymbol{\alpha}$，$\boldsymbol{\beta}$ 各自的某个倍数相加，由于倍数是平凡的，这里可以去掉一个系数，我们来考虑 $|\boldsymbol{\alpha}+k\boldsymbol{\beta}|^2=[\boldsymbol{\alpha}+k\boldsymbol{\beta}, \boldsymbol{\alpha}+k\boldsymbol{\beta}]$. 同学们，请试着展开这个内积，将它化成 $|\boldsymbol{\alpha}|^2$，$|\boldsymbol{\beta}|^2$ 和 $[\boldsymbol{\alpha}, \boldsymbol{\beta}]$ 的倍数之和的形式.

（在学生计算展开的时候，教师可穿插讲解线性代数中对称双线性函数的概念，并说明这样定义的内积是一个对称双线性函数.）

生：结果是 $|\boldsymbol{\alpha}+k\boldsymbol{\beta}|^2=|\boldsymbol{\alpha}|^2+k^2|\boldsymbol{\beta}|^2+2k[\boldsymbol{\alpha}, \boldsymbol{\beta}]$.

师：注意，这个式子里 k 可以取任意的实数，所以 $|\boldsymbol{\alpha}|^2$，$|\boldsymbol{\beta}|^2$ 和 $[\boldsymbol{\alpha}, \boldsymbol{\beta}]$ 之间的关系是怎么得出的？

生：将 $|\boldsymbol{\alpha}|^2+k^2|\boldsymbol{\beta}|^2+2k[\boldsymbol{\alpha}, \boldsymbol{\beta}]$ 看成关于 k 的二次函数，这个二次函数的值永远非负，所以判别式小于等于 0，化简就得到了 $|\boldsymbol{\alpha}|\cdot|\boldsymbol{\beta}|\geqslant[\boldsymbol{\alpha}, \boldsymbol{\beta}]$.

师：很好，我们用这样的办法证明了柯西不等式. 同学们打开课本，看看课本上的证明和我们的证明方式，有没有什么发现？

生：两个证明实际上是一致的！

师：是的. 这两个证明实际上是同一个证明. 使用内积的证明更加自然，同时也揭示了考虑 $(a_1+b_1x)^2+(a_2+b_2x)^2+\cdots+(a_n+b_nx)^2$ 的原因. 在线性代数中，柯西不等式的形式就是 $|\boldsymbol{\alpha}|\cdot|\boldsymbol{\beta}|\geqslant[\boldsymbol{\alpha},\boldsymbol{\beta}]$，它的证明也更加自然. 在高等数学的观点下，初等数学中一些复杂的问题都会变简单.

经过对柯西不等式的学习，学生们看到了高等数学应用在初等数学中的威力，也明白了高等数学更加注重对整个体系的理解，会对未来的高等数学产生更加浓厚的兴趣.

案例 4：帕斯卡定理的高等证明

教师在黑板上介绍帕斯卡定理并画出示意图（见图 3）.

帕斯卡定理：设 A，B，C，D，E，F 是同一个圆上的六个点，直线 AB，DE 相交于点 P，直线 BC，EF 相交于点 Q，直线 CD，FA 相交于点 R，则 P，Q，R 三点共线.

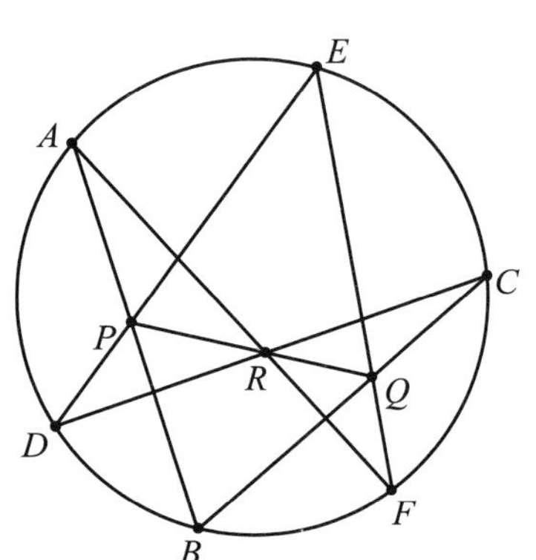

图 3　帕斯卡定理

定理中的圆可以改为其他二次曲线，即抛物线、双曲线，或者两条直线.

教师直接介绍使用射影几何和代数几何来证明帕斯卡定理的方法.

（1）使用射影几何的证明方法.

过圆心 O 作一条垂直于圆所在平面上的直线，在其上任取一点 S，考虑以 S 为顶点，该圆为底面的圆锥，用一个与 S，P，Q 三点确定的平面平行的平面 α 截这个圆锥，得到一个椭圆. 设 A' 是直线 SA 与平面 α 的交点，同理定义 B'，C'，D'，E'，F'，这样 A'，B'，C'，D'，E'，F' 都在同一个椭圆上（这实际上是以 S 为透视中心的中心射影）. 由 A，B，P 共线知 A，B，P，S 共面，故 A，B，P，S，A'，B' 共面，所以 $A'B'/\!/SP$（因 $SP/\!/\alpha$），同理 $D'E'/\!/SP$，故 $A'B'/\!/D'E'$. 同理，$B'C'/\!/E'F'$.

下面证明 $C'D'/\!/F'A'$，即证明：一个椭圆的内接六边形，若两组对边分别平行，则第三组对边也平行. 这可以通过将椭圆的长轴方向“压缩”使椭圆变成一个圆来证明，可用解析几何的方式证明压缩的过程中平行关系保持不变（这个“压缩”实际上是射影几何中以无穷远点为透视中心的中心射影），而圆内同样的结论是显然成立的.

由 C，D，R 共线知 C，D，R，S 共面，故 C，D，R，S，C'，D' 共面，设此面为 β，同理可假设过 F，A，R，S，F'，A' 的面为 γ. 由 $C'D'/\!/F'A'$ 知 $C'D'/\!/\gamma$，$F'A'/\!/\beta$，因此 β，γ 的交线 RS 也与它们平行，故 $RS/\!/\alpha$，结合 α 的定义可知 P，Q，R，S 四点共面，于是 P，Q，R 三点共线，证毕. 帕斯卡定理的射影几何证明见图 4.

上述证明中，第一段和第三段在射影几何中也是显然的，无须这样细致的解释. 也就是说，在射影几何中仅需做两次中心射影变换，即可证明帕斯卡定理.

（2）使用代数几何的证明方法.

建立平面直角坐标系 xOy，考虑直线 AB，CD，EF 所对应的一次式，将它们乘起来得到一个三次曲线的方程 $f(x, y)$；考虑直线 BC，DE，FA 所对应的一次式，将它

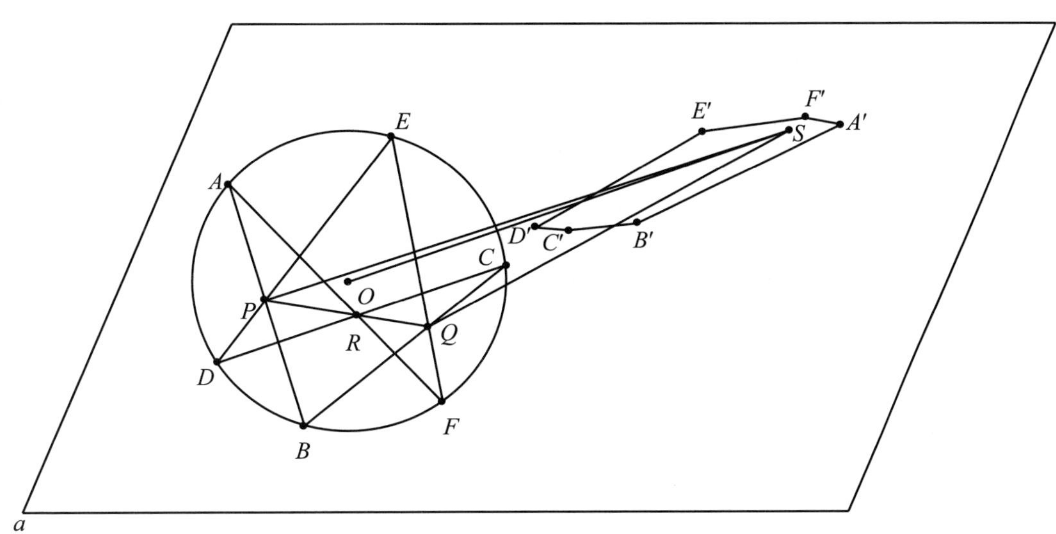

图 4 帕斯卡定理的射影几何证明

们乘起来得到一个三次曲线的方程 $g(x, y)$. 在圆上任取不同于 A, B, C, D, E, F 的一点 K, 设它的坐标为 (x', y'). 显然 $f(x', y')$, $g(x', y')$ 都不等于 0, 适当选取非零参数 u, v, 使得 $u \cdot f(x', y')+v \cdot g(x', y')=0$.

设 $u \cdot f(x, y)+v \cdot g(x, y)=h(x, y)$, 则 $h(x, y)$ 显然不是零多项式 (任取 AB 上除 A, B, P 外的任一点 M: (x_m, y_m), 则 $f(x_m, y_m)=0$ 但 $g(x_m, y_m)\neq 0$). $h(x, y)$ 代表一个不超过三次的曲线, 但它却与 $ABCDEF$ 的外接圆 (这是一个二次曲线) 有 A, B, C, D, E, F, K 七个公共零点. 由贝祖 (Bezout) 定理, 代表这两个曲线的多项式一定有公共因式, 但代表圆的多项式不可能拆成两个一次因式的乘积 (否则将是两条直线而不是圆), 所以 $h(x, y)$ 一定是代表圆的多项式再乘上一个一次多项式所得. 注意将 P, Q, R 三点的坐标代入 f, g, 结果都是零, 故将它们的坐标代入 h, 结果也是零. 由于 P, Q, R 三点都不在圆上, 所以它们必然都是那个一次多项式的零点, 这也说明 P, Q, R 三点共线, 证毕.

相比射影几何, 用代数几何的证明还是需要一个小技巧, 即取圆上第七个点 K, 并构造 f, g 的线性组合使其以 K 为零点, 这样构造出一个三次曲线与一个二次曲线有 $3\times 2+1=7$ 个公共零点, 从而恰到好处地使用了贝祖定理. 贝祖定理的证明不可能对学生完全讲清, 但是三次和二次曲线的特例则可以通过消元降次解方程的方法来说明.

通过讲解帕斯卡定理的高等证明, 学生意识到在中学数学中非常有技巧的定理, 在高等数学的观点下实际是平凡的, 是不需要任何技巧的. 高等数学有“重剑无锋, 大巧不工”的意境, 从而使学生对即将到来的高等数学的学习产生憧憬和向往.

3 结束语

在高中数学教学中, 适时引入高等数学的知识和观点, 能让数学优等生看清问题的本质和方向，为他们节省在一些数学问题的不同变式中做大量重复、机械、练习的时间，将他们从中解放出来. 教师在课堂上适当引入更高的观点，配合信息技术直观地进行展示和讲解，可以让数学优等生体会数学的美感，提高他们对数学学习的兴趣.

最后，关于实用性的问题，因为现在的科学技术已经发展到了一定的高度，学生在日常生活中基本看不到初等数学的应用，导致很多学生觉得数学纯粹是思维上的操练，学习数学只是为了应付考试. 这样他们容易在无休止的机械训练中产生厌倦情绪. 到了大学以后，很多学生觉得终于可以摆脱数学的学习了，于是不再重视高等数学的学习. 为此，教师可以在课余时间向学生介绍和展示高等数学对社会的重要性. 高等数学的各个分支在各行各业中都有应用. 例如：微积分可应用于天文学、力学、化学、工程学、经济学等学科；计算机的算法设计与分析需要组合数学、图论和概率论等；计算物理中物体的运动、化学反应的稳定状态等都需要用到微分方程；生物学、经济学中对一些事物的预测需要建立数学模型，应用概率与统计等.

诚然，在高中数学课堂中向学生引入高等数学，激发学生对高等数学的学习兴趣，是否真的能鼓励数学优等生继续在高等数学上深造，还需要后期的跟踪调查和研究. 本文的内容也只是笔者抛砖引玉的一些见解，还要在不久的将来进行不断的完善.

参考文献：

[1] 张景中. 从数学教育到教育数学. 北京：中国少年儿童出版社，2005.

[2] 沈文选. 走进教育数学. 北京：科学出版社，2009.

[3] F 克莱因. 高观点下的初等数学（第一、二、三卷）. 舒湘芹，陈义章，等译. 武汉：湖北教育出版社，1989.

作者：付云皓，朱华伟，郑焕. 原载：《数学通报》2015 年第 54 卷第 7 期.

1-4 教育数学：缘起、旨趣、现状和意蕴

摘要：改造数学使之更适宜于教学和学习，是教育数学的缘起和旨趣所在. 教育数学的研究分三条路径展开：在难点和新点处下功夫，重构数学体系；围绕教育数学的研究成果，开展数学教育研究；对教育数学是什么展开思辨研究. 教育数学的发展将有助于数学教育理论的发展，有助于提高数学教育工作者的学术素养，有助于推动数学教育学学科的发展.

关键词：教育数学；数学教育

1 引言

自从20世纪80年代以来，数学教育开始研究学科内容知识在教师工作中的重要作用. 学科教学知识（Pedagogical Content Knowledge，PCK）和面向教学的数学知识（Mathematical Knowledge for Teaching，MKT）理论都十分重视学科内容在教学中的重要性. 又如，章建跃指出[1]，“理解数学，理解教学，理解学生”是做好数学教学的重要前提之一，而且“理解数学”是首要的. 如果教师“理解数学”不到位，那么教好数学是不可能的. 这些理论和认识正在逐渐打破数学教育潜在的理论假设：数学教师对所教的知识都是了如指掌的，都已具备“理解数学”的能力，不需要对数学内容进行深入的研究. 特别是近年来教育数学理论的提出，对学科内容的重视到了一个新的高度，认识到了数学内容在教育活动中的整合和创新的可能性和重要性. 要彻底防止“去数学化”的数学教育研究，以及真正地把数学教育作为数学的二级学科，必须要重视对数学内容本身的研究，但这种研究是教育取向的，是为教育服务的，不是为数学服务的. 教育数学从理念提出到实践探索，再到逐渐形成一个研究方向是数学教育发展的使然. 为了进一步提升教育数学的研究水准，有必要梳理教育的缘起、旨趣、现状以及发展趋势等.

2 缘起

“把数学本身变得容易些”是教育数学理念的缘起. 数学难学，历来是一个不分地域、不分时代的难题. 如平面几何虽有很高的教育价值[2]，有利于形成科学的世界观和理性精神，有助于培养良好的思维习惯，有助于发展演绎推理和逻辑思维能力等，但平面几何的学习对大多数学生来说就是一个很大的障碍. 张景中在中学执教时，发现用面积方法讲授几何和三角学颇受学生欢迎，且有助于学生成绩的提高. 然后，张景中把面积方法发扬光大，提出了面积解题方法，不仅使技巧多、思路难找，有时有如杂耍的几何问题有了统一解法，而且还用于机器证明的研究，使几何定理可读证明的自动生成这个多年来进展甚小的难题得到突破．改革数学教育的难点催生了教育数学．

教育数学不满足于仅仅对数学材料进行教学法加工，而是致力于对数学本身进行再加工、再创造，使之更好反映客观世界的空间形式与数量关系，并进一步改革数学课程，这是教育数学实践的缘起．在二十世纪八十年代，张景中把面积方法和教材改革联系在了一起，提出了建立更合理、更容易学习的教材的标准．这样的教材应当直观、生动，内容丰富；在逻辑结构上，应当有明确的中心，有俯瞰全局的制高点；应当提供有通用效能的解题方法与解题模式，应当兼有几何的直观性和代数的简洁性，既像坐标法那样有章可循，又像综合法那样耐人寻味；在和其他课程的关系上．它应当瞻前顾后，照顾“左邻右舍”[3]．用面积法改革平面几何教材正是这方面的出色实践．课程教材是数学教育研究的重点领域，教育数学首先从课程教材着手，显示出教育数学克难攻坚、重构数学教育体系的恢宏气势．

《从数学教育到教育数学》的出版以及 2003 年中国高等教育学会教育数学专业委员会的成立，标志着教育数学作为一个研究方向产生了．

3 旨趣

知识旨趣是启动、维持与强化认识活动，推动知识生产的内在力量与根本动力．掌握知识旨趣有助于强化学习目标，激发求知热情，有助于理解知识的实质内容与探究形式[4]．教育数学认为，把数学家的研究成果，仅仅是进行教学法上的加工，而不进行数学上的再创造，难以形成好教材．教育数学的旨趣是对数学家的已有成果，进行数学上的再创造，使之成为“经典”的教程，使之有更简单的逻辑结构、更有力的解题方法、更平易近人的数学概念．只有对教育数学的“经典”教程再经教学法的加工之后，才能形成好的教学教材．改造数学使之更适宜于教学和学习，是教育数学的旨趣所在．

知识的概念，知识的价值、类型与获得等知识论问题先于知识的选择、组织、传递和评价，知识观是知识教育的基础性、根源性问题[5]．教育数学三原理认为[6]：在学生头脑里找概念，从概念里产生方法，方法要形成模式．这事实上从知识论的角度阐明了教育数学的旨趣．教育数学认为，利用学生已有经验或前科学概念，进行扬弃，能使学生学得亲切．这事实上说明了知识的来源，知识是什么的问题——知识是对学生已有经验的改造．教育数学认为，知识要技能化，形成方法，不能从概念到概念；知识技能化实质上是要形成程序化的知识，这种程序化的知识应有一条鲜明的主线彩线串珠般地贯通起来，不能杂乱无章．教育数学把知识分成概念与技能，与现代信息加工理论的观点不谋而合．

下列话语形象地揭示了教育数学的旨趣：把学数学比作核桃，核桃仁美味而富有营养，但要砸开才能吃到它．数学教育要研究的，是如何砸核桃吃核桃．教育数学呢，则要研究改良核桃的品种，让核桃更美味、更营养、更容易砸开吃净．教育数学着眼于学生心理，改造数学本身；数学教育着眼于学生心理，使现有的数学更容易学习．两者的

目标取向一致，但路径和方式不一样，两者可以互补. 数学教育有了教育数学的支持，将不再走一条“去数学化”的数学教育之路；教育数学有了数学教育的支持，将有利于教育数学的最新成果引介到课堂教学之中.

4 现状

自教育数学产生之后，引起了许多学者的注意. 教育数学的研究分三条路径展开：第一条路径是在数学的大后方进行教育数学的改造工作，在难点和新点处下功夫，重构数学体系；第二条路径是围绕教育数学的研究成果，开展数学教育研究；第三条路径是对教育数学是什么展开思辨研究.

在第一条路径上做得出色的有林群院士和张景中院士. 林群让数据说话，从计算的角度重构微积分，并把微积分归结到一个哲学公式[7]；张景中从两个数的平均数落在两个数之间这样一个浅显的事实出发，构建起通俗易懂而又具有严格的理论基础的第三代微积分[8]. 张景中的成果已被写进了大学数学教材[9]. 上述工作是高等数学初等化的研究. 在初等数学方面，张景中用面积法重构了平面几何，用面积法定义了正弦，又重构了三角[10]，进而又把代数、几何、三角融为一体了[11]. 这是教育数学的出色工作，把初等数学进行了简化与统整. 这条路径的工作可用张景中的话来总结：想的是教育，做的是数学. 通过提出新概念新定义，建立新方法新体系，发掘新问题新技巧，寻求新思路新趣味.

第二条路径是围绕上述研究成果进行教育学研究. 2008 年，崔雪芳在初中一年级两个普通班进行了角的正弦的教学实验课（1 课时），结果表明，初一学生能够较好地掌握用“菱形面积定义正弦概念”. 后来又在更多学校进行了 6 个课时的教学实践，获得了好的效果[12]. 王文俊以高中学生和教师为研究对象，做了更详细的实验与调查，结果表明，大部分学生和老师比较欣赏和认可三角函数新定义体系[13]. 广州大学的研究生基于第一条路径的研究，开展了课程方面的研究，探讨了初中数学课程结构的改革及教科书的编写[14-17]. 这条路径的工作主要是检验、验证教育数学提出的方案的可行性. 赖虎强在这方面做出了突出的成绩，其根据教学改革实验的实践，编著出版了《妙用正弦学数学》，在行动研究中践行了教育数学的思想.

第三条路径是对教育数学是什么做思辨研究. 张奠宙指出[18]，教育数学是教学的教育形态，主张体现数学本质要做到返璞归真，平易近人，言之有理，感悟真情. 在数学教学中，应突出数学的文化本质，以本原问题驱动展现数学本质，利用数学史加深学生对数学本质的理解. 沈文选认为[19]，整合创新优化数学是走进教育数学研究的行动纲领，需要现实地改造并组织好数学材料，需要恰当地改变数学内容的呈现方式；返璞归真优化数学是走进教育数学研究的主要途径，需要从各方面展现数学价值，增强数学眼光，渗透数学建模意识，从数学史的角度加深对数学本质的理解，以本原问题溯源展现数学方法的本质，将火热的思考提高到“数学思想”的高度. 这些见解或主张引起了美国童增祥教授的注意，其在长期的数学实践和数学教育研究中，认识到数学内容本身优化的重要性，不仅撰写了一系列有关教育数学的论文，而且成立美国第一个教育数学研究生班，从事教育数学的研究与实践[20].

教育数学将着重点放在改良数学上，最终是为了服务数学教育. 这个主张将巩固数学教育的“铁三角”——课程论、教学论和学习论，有可能在“铁三角”在中心安置一个点，这个点就是教育数学的着力点. 在吃透、优化、重构数学内容的本身的过程中，阐发教育教学上的见解. 这样一来，教育数学的主张和 MKT 的主张就不谋而合了[21].

5 意蕴

教育数学的发展将有助于数学教育理论的发展. 张景中的另一主张“信息技术要深入学科”，也得到多方面的认同[22]. 同样，对学科教育而言，需要有“深入学科的教育理论”. 如果一般教学理论、学习理论和课程理论能完完全全地指导学科教育的发展，那么学科教育就没有发展空间了. 普适的教育理论在于能启迪人们的思维，开阔人们的眼界，但当把普适的教育理论用之于学科教育时，就要考虑学科的特点. 要在深入学科的基础上发现教学与学习的规律，反过来丰富发展一般的教育理论. 教育数学并不反对数学教育研究，只是强调要在“数学”上下功夫，不能认为对数学的理解已经完成了，要能吃透数学，能重构数学. 当然能重构数学，需要相当的数学功力，并非人人能为，但努力理解数学本质，在此基础上阐发教育上的见解，却是人人皆可为之. 每个数学教育的研究者都应当有自己的学术信念，不能为了迎合一般性理论而进行“去数学化”的数学教育研究. 上面谈到 MKT 的主张和教育数学的见解是一致的，这样在教育数学和数学教育之间就有了沟通之桥. 教育数学更有可能实现“上通数学，下达课堂”的恢宏目标，而这正是数学教育所追求的.

教育数学的发展将有助于提高数学教育工作者的学术素养. 数学教育是一门具有相当综合性的研究领域，需要研究者有多方面的素养. 任何一个数学家一旦转而谈论数学教育时，他未必就是当然的数学教育家；也并非任何一个教育家转而议论数学教育时，就能理所当然地成为数学教育家[23]. 理想的情况是，数学教育的研究者不仅要有扎实的数学功底，能进行数学的研究，还应当有深厚的教育理论功底，能从事教育的研究，还应当有丰富的教学实践经验，能指导教学实践活动. 数学教育的研究课题的多样性、研究对象的复杂性、研究方法的多样性、研究成果表述的规范性，要求数学教育的研究者能努力提高自己的学术素养. 以研究方法为例，数学教育研究者不仅要了解定量研究、定性研究、思辨研究、实证研究、质的研究的异同，还要能熟练地运用这些研究方法，特别是量的研究方法和质的研究方法. 数学教育研究者所从事工作的难度并不亚于社会学、心理学、教育学及数学研究者所从事的行业. 这更需要数学教育研究者有扎实的数学功底，能把数学方法创造性地运用到数学教育研究中去，发展量的研究方法，教育数学取向的研究就是提高数学研究者数学素养的一条途径.

教育数学的发展将有助于推动数学教育学学科的发展. 数学教育成了数学的二级学科了，这无疑是一个非常令人振奋的消息，这标志着数学教育的影响力在提升，学科地位在上升. 进入数学行列之后，如何评价这个学科的研究工作，如何评价这个行业的从业者的学术水平，是一个相当复杂的社会问题. 简单点说，如果数学教育研究者既能发表 SSCI 或 CSSCI 的作品，又能发表 SCI 的作品，那么其他领域的研究者就不能无视这个领域的存在. 教育数学的研究取向勾勒了数学教育工作者可能的研究路径：先做教育数学的研究，发表 SCI 作品；再把在做教育数学的过程中获得的见解，用教育学的术语表达出来，做数学教育的研究，发表 SSCI 或 CSSCI 的作品. 对任何一个学科或学者而言，没有高质量的作品问世，很难赢得应有的学术地位.

6 展望

数学教育的本质是教育，但是，数学教育更本质的是一种特殊的教育[24]. 参考文献[23] 和 [24]，提出了数学教育的逻辑起点问题，指出，学科教育不但要遵循“教与学对应”原则，还应该遵循“教与数学对应”的原则. 按这种观点，教育数学更是“教与数学对应”的典范，应当成为数学教育工作者的一个重要的研究领域，这也是数学教育不可被大教育或心理学研究所替代的重要理据之一. 未来的数学教育将更加重视对学科内容本身的研究，建立更有数学学科特点的数学教育学理论.

参考文献：

[1] 章建跃，陈向兰. 数学教育之明道取势优术. 数学通报，2014 (10)：1-7.

[2] 鲍建生. 几何的教育价值与课程目标体系. 教育研究，2000 (4)：53-58.

[3] 张景中，曹培生. 从数学教育到教育数学. 成都：四川教育出版社，1989.

[4] 潘洪建. 知识旨趣：基本蕴涵、教育价值与教学策略. 当代教育与文化，2014 (7)：50-55.

[5] 潘洪建. 教学知识论. 兰州：甘肃教育出版社，2004.

[6] 张景中. 什么是“教育数学”. 高等数学研究，2004 (6)：2-6.

[7] 林群. 微积分：让数据说话. 数学教育学报，2010 (5)：1-3.

[8] 张景中，冯勇. 微积分基础的新视角. 中国科学 A 辑：数学，2009 (2)：247-256.

[9] 鲁东大学函数论研究室. 高等数学新讲（上册). 北京：科学出版社，2008.

[10] 张景中. 重建三角 全局皆活. 数学教学，2006 (10)：封二-10.

[11] 张景中. 一线串通的初等数学. 北京：科学出版社，2009.

[12] 崔雪芳. 用“菱形面积”定义正弦的一次教学探究. 数学教学，2008 (11)：40-43.

[13] 王文俊. 高中阶段“用面积定义正弦”教学初探. 上海：华东师范大学，2008.

[14] 杨姗. 初中数学课程结构性改革的可行性研究. 广州：广州大学，2011.

[15] 黄国春. 基于教育数学思想的初中数学教科书编写研究. 广州：广州大学，2011.

[16] 李苹芳. 现有初中数学体系与初等数学新体系的整合研究. 广州：广州大学，2013.

［17］ 曹路路．基于教育数学思想的初中数学教材体系研究．广州：广州大学，2013.
［18］ 张奠宙．教育数学是具有教育形态的数学．数学教育学报，2005（4）：1－4.
［19］ 沈文选，吴仁芳．走进教育数学．数学教育学报，2009（4）：5－8.
［20］ 童增祥．在美国传布教育数学的理念．深圳：中国教育数学年会书面报告，2014－08.
［21］ 徐章韬．面向教学的数学知识．北京：科学出版社，2013.
［22］ 姚姿如，王以宁．教育技术知识学科化研究．课程·教材·教法，2013（12）：106－115.
［23］ 涂荣豹．论数学教育研究的规范性．数学教育学报，2003（4）：2－5.
［24］ 单墫，喻平．对我国数学教育研究的反思．数学教育学报，2001（4）：4－8.

Education Mathematics: Origin, Purport, Status and Implication

Zhu Huawei[1]　Xu Zhangtao[2]

(1. Guangzhou Institute of Education, Guangzhou 518001;
2. College of Mathematics and Statistics, Central China Normal University, Wuhan 430079)

Abstract: The transformation of mathematics makes it more suitable for teaching and learning, which is the origin and purport. The researches on education mathematics launched three paths. The reconstruction of mathematical system is carried out around the difficulties and the new knowledge point. Some researchers carry out mathematics education around the outcome of the education mathematics. What is education mathematics is the third research. The development of education mathematics will contribute to the development of the theory of mathematics education, and help improve the academic literacy of mathematics education researches, and help to promote the development of the disciplines of mathematics education.

Keywords: Education Mathematics; Mathematics Education

作者：朱华伟，徐章韬．原载：《数学教育学报》2015 年第 24 卷第 4 期．
人大复印资料《初中数学教与学》2016 年第 1 期．

1–5 教育数学的行动：寻找初中数学课程的焦点

摘要：改造初中数学课程，减轻学生学习负担是一个现实教育问题. 教育数学先从技术上攻克课程改造的难题，再从个案到小范围实验再到规模实践，稳妥地推进课程改革. 直面教育难题，采用全新的技术路线改造学科，“自下而上，由点到面，规模实践，行动反思”；根据数学教育的目标，以优化学生的数学认知结构为旨归，对学术形态的数学进行概念重构与体系重建，形成结构简明、内聚力强的特色数学教材，直指数学教育改革的关键与核心是教育数学在课程改革方面的理论成果.

关键词：教育数学；课程改革；数学教育

1 学科教材编制中面对的教育难题

教材承载的是人类文明的精华，如何寻找课程焦点，合理编制教材，推动课程改革的顺利进行，是一个非常重大的问题. 课程以其逻辑性、系统性和简约性的精神特质，在传承学科的旨趣精神、思想方法、知识技能等方面发挥了巨大的作用. 教材是课程标准的下位材料，教材编制是课程改革的先行基本工作. 教材是实现课程标准理念的载体，是实施教学的重要资源，在课程实施中具有重要作用. 在学科教材的具体编制方面，还是常常出现这样或那样的问题，引发了各种教育问题. 如，马立平基于美国小学教学的实践，批评美国小学数学课程在内容和结构上有缺陷，学科结构瓦解，定义体系涣散. 她认为，数学概念体系、内在结构与基本原理的掌握，直接关乎小学生数学学习的成败得失.[1] 抓准能辐射全局的核心概念，找到贯穿课程主线的核心思想，不仅是一个技术问题，还对课堂教学改革的顺利推进、学生的学习成效有着巨大影响. 我国学者在这方面进行了卓有成效的工作，推动了课程改革沿正确有效的方向发展. “以方程为纲，以元为序”揭示了初中数学代数知识的重建过程，及其跨时空的教育教学意义.[2] 代数和几何是初中数学的两大板块，几何课程历来难学，也需要重新建构. 国家课程标准研制组组长史宁中教授在《义务教育数学课程标准（2011 年版）解读》中明确指出：“一个重要问题就是几何的改造. 现在平面几何的教学内容比较多，这样设计的一个重要理由是培养学生的演绎推理思维. 去掉平面几何如何教学生演绎思维是一个难点. 平面几何怎样改造？有没有可以替代平面几何培养学生演绎思维的东西？……这些问题需要我们进行长期的研究.”教育数学在这方面做出了有影响的工作.

课程传承的是人类思想的精华，应该不断地简化和统一. 仅以初中学段为例，这种必要性就显得很清楚. 初中学段对学生成长具有重要意义. 在身体上，他们迅速发育，需要有充分的休息和运动时间，课程负担不能过重；在思维上，正由经验思维向逻辑推理过渡，正在逐步学会形式运算，课程承载的使命很重；在观念上，正在初步形成人生观、世界观和各种学科观念，课程的教育意义显得尤为突出. 教材的编写应充分考虑这些基本因素. 以数学课程的学习为例，从教学时间上看，每个学期大约有四个月的学习时长，扣除每周的双休时间及法定节假日，一个学期的学习时间不足百天，而每个学期的教学任务最少是 4 章，最多是 6 章. 也就是说，每月的学习内容都是全新的，复习巩固、反思调整的时间明显不足. 学生的学习任务重，不仅有社会学的原因，课程内容庞杂也是其中的重要因素之一. 教科书采用混排方式，时而代数，时而几何. 代数课程内容在教材中时断时续地出现，从字母表示数、因式分解，到具体地解在次数、元和结构上发生变化的各种方程，再到以方程为认知的固着点，引入不等式和函数的知识. 根据已有的研究结果，若以方程作为初中数学的核心概念，并作为贯穿课程的主线，那么代数课程的难点就消解了. 几何课程内容按照简化了的欧几里得模式展开，从初一学到初三，让学生学会演绎证明依然是课程的重要目标之一，这也是学生学习的一个难点. 初中数学两大板块知识任务重，展开的逻辑不同，需要关注它们之间的关联，用简单而基本的概念解释它们，使之变得容易些. 学代数，没有直观引路，有时难免隐入琐碎的细节；学几何，常感毫无头绪，一题一法，有时难免产生畏难情绪. 故而，初中学段是学生发生分化最严重的时期，很多学生就是从初中开始掉队的，故而国际上一些数学教育研究总以初中学生为研究对象. 学时有限，内容有难度，如何“把数学变得容易些，让学生学得轻松些”是一个现实的教育难题，也是教育数学的重要关注点.

这项工作首先聚焦现实教育难题，然后从技术上攻克课程编制的难题，再次进行规模实践，最后是反思与总结，为课程的重新编制及基础教育课程改革提供重要的决策参考. 挖掘与继承我国数学教育改革的成本经验与特色，为当下的数学教育教学及其改革提供借鉴与启示是本研究的主要目标.

2 教育数学的行动

教育数学在解决课程教材编制的难题时，遵循了如下的可以复制操作的技术路线.

2.1 攻克技术难点、寻找课程焦点

教育数学以减轻学生负担为旨归. 在技术手段上，以面积为基本核心概念，以面积法为手段，不引进新知识，而是将现有知识重新统整. 通过重建三角，把代数、几何、三角熔铸为一体，使三角、几何和代数紧密联系、彼此渗透、交互影响、共同向前. 教育数学的发展已有三四十个年头，从数学上攻克了很多技术难题.

对课程内容的科学实质进行深度挖掘，用面积统领几何内容. 面积是一个基本概念，是一种测度，不需要过多地定义，具有观点高而起点低的特点. 在平面几何中，点的地位相当于代数中的元，以消点为目标，以面积为手段，可以“手工”地进行几何定理的机械证明. 其中，共边定理和共角定理是两个重要的基本定理. 用这两个定理把线段比化为面积比，把面积比化为线段比，在两种几何量的反复转化中解决问题. 面积还可以

写成二阶行列式的形式，而面积之比也就是两个行列式之比，面积消点法的实质是直观地解二元一次方程组，从而达到消元的目的，进而达到消点的目的. 这样，初中代数内容可以用方程统领起来，初中几何内容可以用面积统领起来，其实是说它们都可以用方程统领起来. 面积与方程可以互为表里. 如，可以用面积法表示无理数、乘法公式及因式分解，可以用面积法揭示一元二次方程解决的实质，等等.

把对课程内容的深度科学认识转化为教育上的见解和实践. 重建三角，全局皆活. 面积法实现了几何定理的可读性机器证明，在数学及计算机科学发展史上具有重要意义. 科学研究上的成果是否可以走进教育，以减轻学生的负担，则成了一个教育问题. 经过十多年探索，这个问题首先在课程重构的技术上取得了突破. 在中学数学课程中，三角内容至关重要. 三角是联系几何与代数的一座桥梁，是沟通初等数学和高等数学的一条通道. 函数、向量、坐标、复数等许多重要的数学知识与三角有关，大量实际问题的解决要用到三角知识. 三角是解决几何问题的有力工具，是训练代数变换能力的天然平台. 如果三角下放成功，对几何和代数的学习必有好处. 问题的症结在于重建三角.[3]面积法不应当仅仅作为解题的"屠龙宝刀"，更应该将之作为迅速展开初等数学体系的一条主线. 在这条主线中有个核心，那就是含正弦的三角形面积公式. 此公式是联系角度、线段、面积几何三大基本元素的唯一公式，也是学生遇到的，把几何（图形）、代数（运算）、分析（函数）联系起来的第一个公式. 由此公式可以引进第一个"算"不出来的函数——正弦，即用单位菱形的面积来定义正弦. 正弦相当于单位正方形面积的"折扣"，具有鲜明的几何意义. 其他三角函数可以由正弦导出，把注意力放在正弦上，重点突破是一个重要策略. 由面积法可以导出正弦定理，共边定理与共角定理可以看作正弦定理的几何表现形式，而余弦定理在逻辑上和正弦定理等价. 因此，问题的突破口在于重新定义正弦，从而使得正弦定理的推导、和角公式的推导，以及正弦增减性的探究都成为直观简易的计算型推理. 传统的教学难点无形中消失了，几何知识宝库门户洞开. 不论是用几何引出三角，还是用三角推导几何，都要用到字母运算，用到代数. 三角、几何和代数的联系更加紧密，课程简化具有可行性. 重建三角，使得计算、推理和作图等数学活动融为一体，学生能从中获得诸多数学基本活动经验.

重建三角，不仅仅是个技术问题，还具有教育教学意义. 根据已有的研究，初中的三角函数与高中的三角函数在意义上具有本质上的不同，高中的三角函数是"量天测地的学问"，是用来描述周期运动的；初中的三角函数是依托直角三角形而定义的，用来解三角形的. 高中三角函数不应看作初中三角函数的形式推广. 不用比值法定义三角函数，而采取单位圆上点的坐标重新定义三角函数，正是这种观点的反映.[4]仔细研读教材就会发现，锐角三角函数在初中教材体系中非常的"孤单"，不仅出现得晚，与其他内容的联系也很薄弱. 说它是函数，其与一次函数、反比例函数又具有显著的不同，是角与两变量的比值之间的一种对应；说它是工具，代数、几何等课程已经学完，用武之地不算太大. 课程间的割裂实是课程编制的大忌. 重建三角，使得代数、几何、三角融为一个整体，使得课程的内聚力得到增强. 在中学里定义三角函数，无非是给三角函数提供一个几何模型. 重建三角不仅给三角选择了一个更简单的便于推理论证的几何模型，还把传统的三角函数模型学包含在里面了（在直角三角形应用面积公式，也能导出三角函数的比值定义法），还尊重了教师的原有知识结构. 这样，通过内容分析法，课程体系重构成为现实. 初中数学教材体系有两大核心概念：方程和面积，“以方程为序，以元为纲”使得初中代数课程体系秩序井然，条理分明；“以面积为基础，以含正弦的三角形面积公式为核心”重构了初中几何课程，欧氏几何的魅力依然得到保留，课程间的联系得到强化. 如图 1 所示.

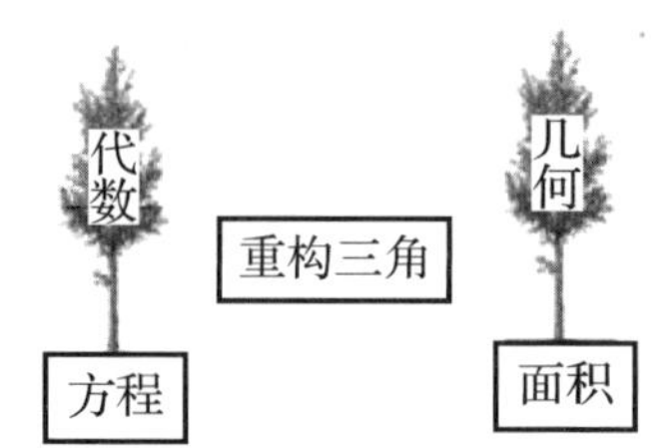

图 1　初中数学课程基础及关联

朱华伟、张东方等人以人教版初中数学教材为依托，选准适当的切入点，将《一线串通的初等数学》中的主要内容整合到了现行教材之中，形成了一种创新知识体系，并进行了实验.

2.2　组织教学实践、检验课程改革成效

教育数学先从数学体系上阐明了课程体系重构的内在理据，获得了一线教师的认同，由点到面地展开了教学实验.

先进行“小”“微”教学实验，检证概念的教育价值. 尝试性的课堂教学实践表明，用面积定义正弦具有可行性. 概念对于数学科学及数学教育都有着不言而喻的重要性. 教育数学在攻克初中数学重组的难题时，其关键之处在于重新定义了正弦. 新定义的正弦概念的合理性在科学性上已经得到了证明，其教育性如何，还要进行检验. 故而，崔雪芳首先在初一年级的两个普通班进行了角的正弦的教学实验课，实验结果表明，用直观的“面积”“折扣”引入较为抽象的正弦概念，能降低教学台阶，学生掌握新概念比较顺利[5]. 从教育、心理的研究方法看，仅仅是 1 课时的实验还不能说明问题. 故崔雪芳及其合作者又用两年时间在生源不同的 4 所初中做了 6 个课时更深入的教学实验. 实验表明，在初中一年级用菱形面积引入正弦是可行的，有利于促进学生形数结合的数学思维[6]. 新正弦定义的教育性不因研究对象的变化而变化. 王文俊在一所省重点高中的高一、高二学生中进行了用面积定义正弦的教学尝试，发现大部分学生和教师是比较欣赏和认可三角函数新定义体系，认为新定义体系可以让学生更容易地掌握三角部分内容[7].

再进行小规模的三年一贯制教学实验，探索性检验三角重构的教育价值，以项目为依托进行实验. 2012 年 6 月，广州市青少年科技中心通过了“千师万苗工程”项目，依据自觉自愿的原则确定实验教师，并在广州市海珠外国语实验中学设立了“院士数学教育创新实验班”. 实验班的生源主要是数学相对薄弱但语文、英语等成绩尚可的学生. 入学时数学平均分为实验一班（6 班）62.5 分和实验二班（5 班）64 分，几乎列海珠区的末尾. 实验班张东方老师以《一线串通的初等数学》书中主要内容作为调整的依据，结合人教版初中数学教材中的知识脉络，适时地穿插整合，形成一种创新的知识体系结构[8]. 根据以上调整方案，在 4 个学期中，用 92 课时基本上讲完《一线串通的初等数学》书中内容，再用 218 课时完成课程标准要求的其余教学任务. 总共用了 310 课时，

剩下 48 个课时用于中考复习. 在实践周期三年内，两个实验班从刚开始的排名在海珠区末尾，到之后每个学期末都排名在海珠区前列，学生成绩显著提高. 数学成绩的提升带来了全学科的提升，2015 年中考实验一班平均分 733.96（仅低华南师大附中奥班 5.6 分），实验二班平均分 730.25. 张老师认为，两个实验班为期三年的实验教学表明，学生提前接触了正弦、正弦定理等知识，更早更多地体会方程和函数的思想，有利于学生今后学习，有助于提升用数学知识及方法解决问题的能力. 对教师来说，融入“知识的一线串通”思想，使教学更有生气、更多变化，更能够充分地调动学生的积极性. 广州市第二中学、广州白云广雅实验学校也进行了类似的实验，随着实验的进行，与非实验班相比，实现班的优势越来越明显.

启动大规模教学实验，凝聚实践工作者与理论工作者的智慧，检验教育数学的教育价值. 试点实验的结果令人满意. 为了推广经验，把教学实验升华为教育实验研究，从 2014 年起，广州教育研究院成立广东省教育科学“十二五”规划课题强师工程重点项目组，组织部分学校深入研读《一线串通的初等数学》，启动更大规模的教育实验研究《教育数学创新实验——以初中数学为例》. 目前，广州市 5 个区共 15 所中学进行了教学实践，实践过程和结果表现较为良好. 广东省其他地区，以及成都、重庆、上海、北京等地，也有学校在不同的程度上进行类似的教学改革实验. 课题组理论工作者不但深入课堂中进行了实地研究，和教师一起解决课堂教学中的技术性问题；还编印了内部课题研究简讯，及时通报课题进展情况，选编理论性指导文章对教师进行指导，提升已有的研究成果[9].

3 寻找可以复制的本土教育经验

课程改革及教学改革难度很大，不容易成功，教育数学对初中数学课程及教学的改革汲取了前人的经验与教训，有着科学的技术路线. 沿着“改造数学—师资培养—有序推进”的路径渐次展开.

教育教学对课程及教学改革的技术路线不同于以往的改革. 从根本上讲，学科教育涉及两个因子：学科＋教育. 以往的课程改革，不免顾此失彼. 史上轰轰烈烈的“新数学”运动，在启动之初就注定了它的失败. 道理很简单，由数学家主导的课程改革在潜意识里认为中小学课程应当是科学数学课程的浓缩版或精简版，忽略了或根本没有考虑儿童的认知，没有考虑课程内容对儿童心理的适切性. 儿童眼中的数学截然不同于数学家眼中的数学，儿童也不会按数学家设定的方向前行，因为儿童的生命是多姿多彩的. 新数学课程改革失败的影响是深远的，后来的课程改革几乎或很少从学科上着眼，多从教学法上入手. 21 世纪初启动的义务阶段课程改革运动，遭到了很多数学家、一线教师的强烈反对，其中的原因有很多，但可以肯定的是，仅仅关注了教育理念的更新，而忽视了学科本身的特点，注定行之不远. 教育数学从萌芽到初具体系，再到规模实践，经过了时间积淀. 教育数学从数学着眼，目标指向教育. 教育数学从改造数学本身入手，不粗暴式地简化、割裂数学科学课程，首先在数学科学上取得巨大成功，然后用之于教育上．这条技术路线远高明于“新数学”课程改革的技术路线．教育数学有着鲜明的教育理念：从学生头脑找概念（这比关注学生的活动经验等教育理念更具体）、从概念里产生方法（这比知识技能化更具体）、方法要形成模式（这比构建知识体系更具体），这些理念不同于口号式、未经本土实践检验的西方教育理念，其操作性更强．教育数学的这些教育理念是在吃透了数学精神实质，又经过实践检验之后产生的．这与MKT（面向教学的数学知识）的观点不谋而合．这与附加式地引进教育理念到学科教育的技术路线也截然不同．教育数学的基本点是把数学本身变容易，然后内生出一系列教育理念，指导数学教育改革．

课程改革的推进需要一线教师的认同，教师教育显得尤为重要．教育数学非常注重对教师的培训，先后出版了《平面三角解题新思路》《新概念几何》《从数学教育到教育数学》《一线串通的初等数学》《几何新方法和新体系》以及大量的普及性期刊论文．前面提到，教育数学尊重教师已有的知识结构，同时，教育数学教给教师一些看问题的新观点，做数学的经验和方法，教育数学的思想和方法，已为许多教师所熟知，不少教师认同教育数学的理念，并做了大量的研究．例如，美国奥特本大学童增祥教授举办教育数学研究生班进行教学实践，并发表论文阐述教育数学的观点，认为美国数学教育也需要引入教育数学．成都市学科带头人赖虎强对教育数学进行了深入的研究并付诸实践，出版了专著《妙用正弦学数学》《妙用面积学数学》，及内部培训教材《教育数学实验方案与新课程标准“四基四能”解读》，使教育数学有了自己的校本教材．初中数学课程中重建三角的教学实践活动，几乎都是这些数学教师们自发的行动．这在我国历来的教学改革中是不多见的．这表明，“自下而上”地进行师资培训，适时再进一步组织教学实验，从教师自发的行动发展为教育行政主导的改革可能是课程改革的一条正确路径．

教育数学倡导的课程改革有方法论上的意义．直面教育难题，采用全新的技术路线改造学科，“自下而上，由点到面，规模实践，行动反思”是教育数学创新数学实验在课程改革方法论上给我们的启示．根据数学教育的目标，以优化学生的数学认知结构为旨归，对学术形态的数学进行概念重构与体系重建，形成结构简明、内聚力强的特色数学教材，直指数学教育改革的关键与核心是教育数学在教材编制方面给我们启发．

参考文献：

[1] 马立平．美国小学数学内容结构之批评．数学教育学报，2012（4）：1－15．

[2] 徐建星．“以方程为纲，以元为序”：初中代数知识结构重建．数学通报，2015（1）：4－8．

[3] 张景中．一线串通的初等数学．北京：科学出版社，2015．

[4] 章建跃．为什么用单位圆上点的坐标定义任意角的三角函数．数学通报，2007（1）：15－18．

[5] 崔雪芳．用“菱形面积”定义正弦的一次教学探究．数学教学，2008（11）：40－43．

[6] 崔雪芳．数学中用“菱形面积”定义正弦的教学实验．宁波大学学报（理工版），

2014 (4): 128 - 132.
[7] 王文俊. 高中阶段“用面积定义正弦”教学初探. 上海：华东师范大学，2008.
[8] 朱华伟，徐章韬. 教育数学：缘起、旨趣、现状和意蕴. 数学教育学报，2015 (4): 30 - 32.

Education Mathematics in Action: Finding the Focus of the Junior Middle School Mathematics Curriculum

ZHU Hua-wei[1]　XU Zhang-tao[2]
(1. Guangzhou Institute of Education Research, Guangdong Guangzhou 510030, China;
2. College of Mathematics and Statistics, Central China Normal University, Hubei Wuhan 430079, China)

Abstract: It is a realistic education problem that the mathematics curriculum of the junior middle school should be reconstructed so that to reduce middle school students' learning loads. Firstly, education mathematics overcomes the problem of curriculum reform, and then carries out a series of education experiments, from a case study to a small scale experiments and to a large scale experiments. We can draw some beneficial conclusions from these experiments. Facing the difficult education problem and adopting a new technology route to reconstruct discipline is a basic work. And put the idea into action and have reflection. Reconstructing mathematical and rewriting textbooks with simple structure and cohesion in logic is to optimize students' mathematical cognitive structure, which is the key and core of mathematics education reform.

Keywords: education mathematics; curriculum reform; mathematics education

基金项目：广东省教育科学“十二五”规划课题强师工程重点项目——教育数学创新教学实验——以初中数学为例（2014ZQJK001）

作者：朱华伟，徐章韬. 原载：《课程·教材·教法》2016年第36卷第9期.
人大复印资料《初中数学教与学》2017年第1期.

1-6 初等数学新体系的教学实验调查与分析

摘要：张景中院士结合自身多年的教学实践和科研探索提出了初等数学新体系，广州市海珠实验中学的“院士数学教育创新实验班”在张景中团队的指导下，认真实施初等数学新体系与现有初中数学体系的整合教学．我们对此次教学实验进行了跟进与调查分析，调查结果表明学生可以较好地掌握初等数学新体系中正弦新定义以及正弦的基本性质等知识．

关键词：初等数学新体系；正弦新定义；整合教学

1 引言

张景中院士结合自身多年的教学实践和科研探索提出了初等数学新体系，它涵盖了大部分现在初中数学教材中的内容．张院士给正弦以新的定义，将许多有关三角函数的知识下放到初中阶段，让三角函数成为解决几何问题的有力工具，同时又为代数变换提供天然的训练平台．张景中院士在《三角下放，全局皆活——初中数学课程结构性改革的一个方案》一文中，比较详细地介绍了适用于初中数学教学的新逻辑体系[1]．

近年来，北京、宁波、邛崃、上海、台北等市已经陆续展开了有关初等数学新体系的教学实践[2,3,4]．2012 年 6 月 24 日，“院士数学教育创新实验班”（以下简称实验班）在广州市海珠实验中学正式成立，该班在张景中团队的指导下，以《一线串通的初等数学》[5] 为教材参考，认真实施初等数学新体系与现有初中数学体系的整合教学．我们对此次教学实验进行了跟进并从两个方面进行了调查分析：一是从教师角度深入了解该班学生对初等数学新体系的接受情况，还有教师本身对初等数学新体系的学习情况及评价建议；二是从学生角度了解学生对初等数学新体系的学习情况及评价建议．

2 研究过程

2.1 调查对象

调查对象为广州市海珠实验中学“院士数学教育创新实验班”的 53 名 7 年级学生和该实验班的数学教师兼班主任张老师．

2.2 调查工具和方法

采用自编“初等数学新体系实施状况调查教师访谈提纲”、“初等数学新体系实施状

况调查学生问卷”和“正弦新定义及性质的水平测试题”. 对教师的调查主要包括实验班的基本情况、初等数学新体系的教学现状及今后的教学计划、学生对新体系的接受情况、教师对新体系的评价及建议等. 对学生的调查问卷共 5 个单选题，主要反映学生对新体系的评价情况. 问卷共发放 53 份，回收 53 份，回收率 100%，其中 52 份为有效问卷，有效率为 98.11%. 水平测试题共 8 题，包括 4 个单选题、2 个填空题、2 个解答题，总计 100 分. 测试时间 40 分钟. 测试卷共发放 53 份，回收 53 份，回收率 100%[6,7].

2.3 调查过程

我们与张老师进行了多次交流，并根据张老师对实验班的情况介绍，我们有针对性地编制了调查问卷及测试题. 在实验班的某次班会课上，我们首先说明问卷调查的目的及问卷作答的注意事项，再将调查问卷集体发放，然后统一回收，学生大约在 10 分钟内完成问卷. 当实验班学习完“正弦新定义及性质”内容后，我们在班主任张老师的帮助下，先向学生说明测试题的大致结构和答题时的注意事项等，接着向学生发放测试题，测试时间 40 分钟.

3 研究结果与分析

3.1 从教师角度评价初等数学新体系的实施情况

张老师从现有的教学进度和今后的教学计划两方面谈了初等数学新体系在实验班实施的基本情况，并且从自身角度评价了初等数学新体系的内容和自己遇到的困难，同时介绍了实验班学生学习初等数学新体系的效果及体会[8].

3.1.1 教学实验实施的基本情况

据张老师介绍，实验班在学习完七年级上册所有内容后补充了初等数学新体系中的“关于三角形面积公式的思考”，其中涉及的内容有共高定理、共边定理、平行线面积判定法、共角定理及平行线的面积性质等. 因为这些内容需要的预备知识学生在小学阶段已经学过，而且当学生学完七年级上册这本书后，基本上已经适应了初中阶段的学习方式，所以选择此时间段补充初等数学新体系的知识.

进入七年级下学期以来，教师对实验班现有人教版初中数学七年级下册的“相交线与平行线”和“三角形”的内容与初等数学新体系中的“三角形内角和与平行线”进行了整合教学. 整合教学之后，实验班又补充了“正弦定义与性质”的内容. 接下来，实验班计划继续补充初等数学新体系中“直角三角形锐角的正弦”、“正弦定理”和“正弦增减性”等内容.

有关实验班学习初等数学新体系内容的进度及教学设计等问题，张老师一直都在与张景中团队进行联系和沟通，并且以《一线串通的初等数学》为教材参考，进行整合教学.

3.1.2　教师对初等数学新体系的理解

张老师在进行初等数学新体系教学之前，已经深入学习了《一线串通的初等数学》，并且多次向张景中院士请教自己遇到的有关新体系中的教学问题. 她遇到的问题诸如：具体来说，在哪一章节（人教版初中数学教材）更适合加入新体系的内容？新增的初等数学新体系内容，如何更好地与学生已学的数学知识相联系？当然，最大的困难就是她对超级画板操作软件的不熟练，以至于不能更形象生动地向学生展现初等数学新体系中某些知识的形成过程，从而影响了启发学生观察和思考的效果.

张老师对初等数学新体系中的“正弦新定义”给予了肯定，同时也赞扬了新体系内容的连贯性和整体性. 她觉得用面积定义正弦比现有人教版九年级教材中的正弦定义更生动形象，更易于让学生理解正弦的本质，更容易与高中的正弦性质相联系. 同时，她认为教学中结合新体系所涉及的内容与方法，更能够促进教学. 比如平行线的知识，用新体系的方法，从三角形内角和出发，引导学生探究平行公理，平行线的概念、性质、判定等，学生们学起来更容易，对概念的理解更深刻，她的讲解也更轻松、更生动.

当然，张老师对新体系本身和新体系的实施情况也给出了一些建议. 她认为新体系中有部分内容偏难且初中阶段教学大纲不做要求，故不宜整合进入现有初中数学教材. 比如：正切、余切以及有关圆的一些定理等. 另外，张老师希望能够有更多关于初等数学新体系的教师学习与培训机会，同时也期望增加有关超级画板的教师培训[9].

3.1.3　教师对实验班学生学习初等数学新体系的评价

据张老师介绍，实验班的教学进度与学校同年级的其他班基本保持一致. 从学校平时统一测试的成绩来看，实验班已经明显优于其他班. 从有关初等数学新体系内容的测试来看，张老师认为学生都基本掌握了其中的概念和定义，大部分同学能熟练应用初等数学新体系中的知识解决相应的数学问题. 在张老师与实验班学生的交流中，大部分学生觉得新体系中的概念新颖而有趣，推理过程简单而自然，大家对学习初等数学新体系内容的兴趣较高.

张老师认为，在计算能力的要求方面，从整体上看，初等数学新体系要高于现有人教版初中数学教材，这会给学生补充学习初等数学新体系的知识带来一定困难. 但是由于现在补充的初等数学新体系知识中所涉及的计算都是较简单的乘法和比值运算，因此学生现有的计算能力完全能够达到学习初等数学新体系知识的要求，后期的整合教学需要先加强学生计算能力的培养.

另外，张老师还认为整合学习新体系的内容更有助于学生学好现有人教版初中数学教材中的内容. 比如：相交线与平行线一节，结合新体系中所提出的“从三角形内角和出发探究平行线的定义、性质、判定及平行公理”，学生们对相应人教版的“相交线与平行线”及“三角形”知识的理解更加透彻了.

3.2　从学生角度评价初等数学新体系的实施情况

学生是学习初等数学新体系的主体，他们能否接受初等数学新体系的内容？是否对初等数学新体系感兴趣？他们对初等数学新体系内容的学习情况如何？这些问题都是评

价初等数学新体系实施情况的关键因素.

3.2.1 问卷调查

此份问卷共5个单选题，主要反映学生对初等数学新体系的评价情况.

(1) 对于平行线的内容，你觉得初等数学新体系与现有人教版初中数学教材相比，哪个更容易理解?

由图1得知，有68%的学生认为初等数学新体系中平行线的内容更容易理解，14%的学生认为理解两者在有关平行线的内容上差别并不大，18%的学生认为现有人教版初中数学教材中平行线的内容更容易理解. 这表明了大部分学生认为初等数学新体系中有关平行线这节的内容更容易理解，同时也说明了初等数学新体系中有关平行线的内容能促进学生更好地学习人教版初中数学教材中有关平行线的定义、判定及性质.

(2) 你觉得初等数学新体系中“正弦定义及性质”一节内容的难易程度如何?

由图2得知，有64%的学生认为此节内容难度适中，36%的学生认为此节内容较容易，没有学生认为初等数学新体系中的“正弦定义及性质”难学. 这说明了大部分学生可以理解此节课学习的内容，即七年级的学生基本可以接受“正弦定义及性质”这一节内容的学习.

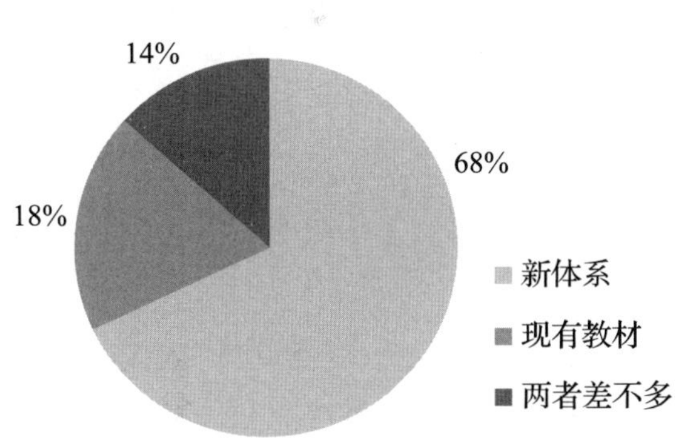

图1 问题1的统计结果

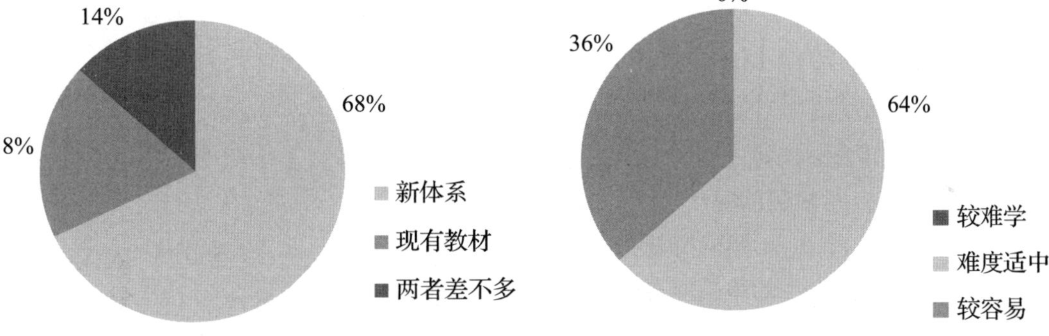

图2 问题2的统计结果

(3) 你觉得初等数学新体系的内容对你学习现有人教版初中数学教材中的内容有什么影响?

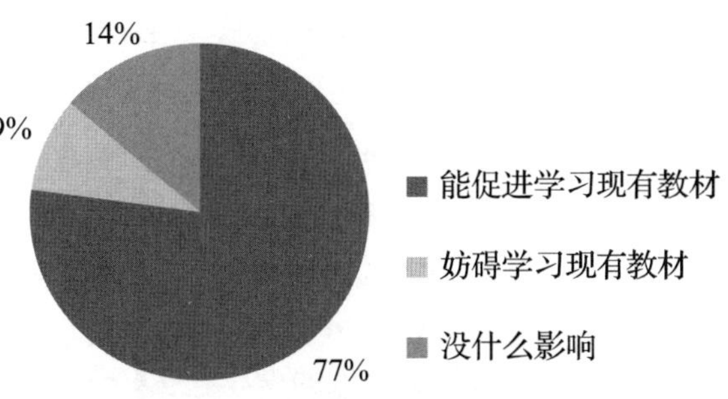

图3 问题3的统计结果

由图3得知，有77%的学生认为学习初等数学新体系的内容有助于学习现有人教版初中数学教材的内容，有14%的学生认为初等数学新体系的内容并没有对现有人教版初中数学教材内容的学习产生影响，另外还有9%的学生认为初等数学新体系的内容会妨碍自己对现有数学教材内容的学习. 这表明了大部分学生认为学习初等数学新体系的内容可以有效促进学习现有初中数学教材的内容.

(4) 补充的初等数学新体系的内容对你们数学学习负担有什么影响?

由图 4 得知，有 20%的学生认为初等数学新体系内容的补充减轻了他们的学习负担，有 57%的学生认为初等数学新体系内容的补充并没有增加他们的数学学习负担，有 23%的学生认为初等数学新体系内容的补充加重了他们的数学学习负担. 这表明了大部分学生认为新增加的初等数学新体系内容并不影响他们的数学学习负担，这是因为新体系的主旨是把数学变得更容易，所以即使是新增加学习内容，也不会增加学生的数学学习负担.

(5) 你喜欢学习新体系的内容吗?

由图 5 得知，有 77%的学生表示喜欢学习初等数学新体系的知识，有 23%的学生对学习初等数学新体系的知识既不喜欢也不讨厌，没有学生讨厌学习初等数学新体系的内容. 这表明了初等数学新体系得到了学生们的认可.

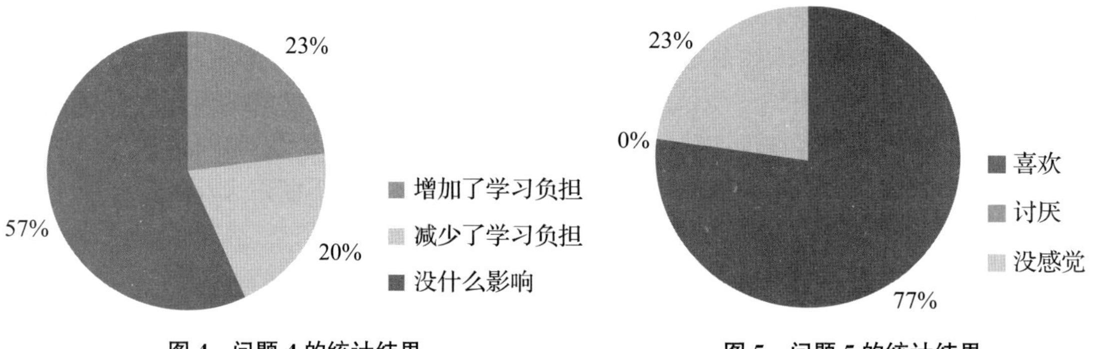

图 4　问题 4 的统计结果　　**图 5　问题 5 的统计结果**

3.2.2　水平测试

我们针对实验班刚学习过的“正弦定义及性质”一节编制了一份测试卷，用来检验学生对这部分内容的掌握情况.

(1) 对第 1、2、3、4 题的分析.

第 1 题：顶角为 90°的单位等腰三角形的面积是________.

此题考查了学生对单位等腰三角形的认识和顶角为 90°的特殊单位等腰三角形面积的求值. 这一题可以用“底×高÷2”的方法来求三角形的面积，也可以通过新学习的“已知两边和夹角的三角形面积公式”来计算面积，其中涉及计算 90°角的正弦值. 此题难度较低. 从图 6 得知，学生已经熟悉了单位等腰三角形的定义，并且已经掌握了对顶角为 90°的单位等腰三角形面积的求值.

第 2 题：比较 sin52°与 sin128°的大小关系.

此题考查了学生对正弦符号的理解及正弦基本性质中互补角正弦值相等的理解和运用，难度适中. 此题的 52°与 128°相加的和是 180°，两个角互补，所以它们的正弦值相等. 从图 6 得知，实验班的学生已经认识了正弦的符号，并且已经掌握了互补角正弦值相等的基本性质.

第 3 题：在 $\triangle ABC$ 中，$AB=c$，$AC=b$，$BC=a$，下面表示$\triangle ABC$ 面积的公式中哪个是正确的?

A. $\frac{1}{2}ab\sin C$　　B. $ab\sin C$　　C. $\frac{1}{2}ab\sin A$　　D. $ab\sin A$

此题考查了学生对计算三角形面积新公式的理解，难度适中. 关键在于考查学生是否理解了“已知两边和夹角的三角形面积公式”中的“两边”是指相邻的两边，“夹角”是指两相邻边的夹角. 若已知三角形的三边及三个角，则有 3 个不同的计算三角形面积的新公式. 从图 6 得知，大部分学生已经掌握了这一知识.

第 4 题：如下图所示，请比较$\triangle AOD$与$\triangle COB$的面积大小（　　）.

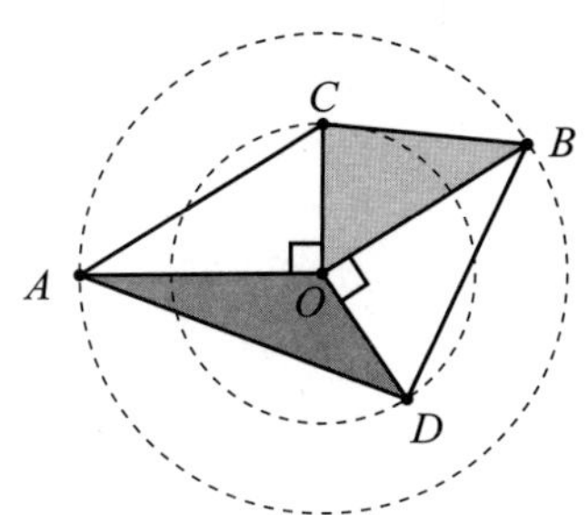

A. $\triangle AOD>\triangle COB$　　B. $\triangle AOD=\triangle COB$　　C. $\triangle AOD<\triangle COB$　　D. 无法确定

此题考查了学生对计算三角形面积新公式的运用及互补角正弦相等的知识的理解及运用，难度较大. 解答此题时，还需要用到同一个圆的半径相等的知识以及圆周角为 360°的知识. 题中要比较大小的两个三角形虽然形状不同，但是各有两条边对应相等，且对应相等的这两组边所夹的角互补，因此，利用新学习的“已知两边和夹角的三角形面积公式”及“互补角正弦值相等”的基本性质，便可得到两个三角形的面积相等. 从图 6 得知，78%的学生已经能熟练运用所学的知识解决数学难题了.

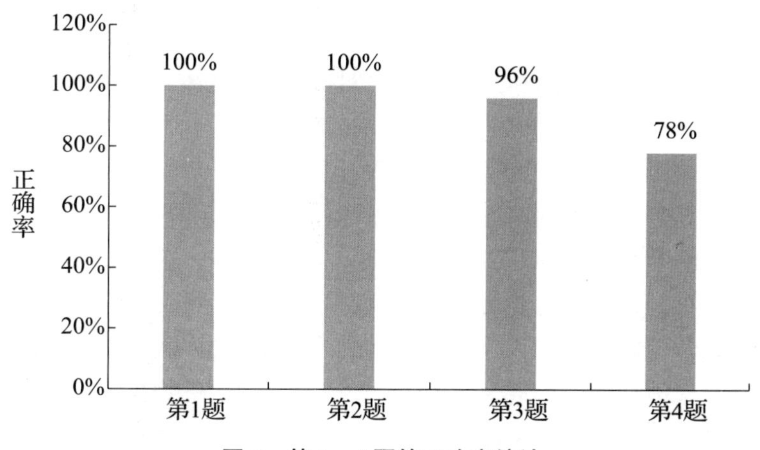

图 6　第 1～4 题的正确率统计

(2) 对第 5、6 题的分析.

第 5 题：请写出正弦的定义.

此题考查了学生对概念的理解及表述能力，较为容易. 从回收的试卷得知，全部学生都可以将正弦定义完整地表述出来. 这说明学生已掌握了正弦的定义，同时也反映了正弦定义易于被学生理解.

第 6 题：计算 $\sin 0^\circ=$________；$\sin 180^\circ=$________.

此题考查了学生对正弦基本性质中的特殊角 $0°$ 和 $180°$ 角的正弦值的识记，较为容易. 从回收的试卷得知，所有学生都写出了正确答案. 这说明学生们已经识记了 $0°$ 和 $180°$ 角的正弦值.

（3）对第 7、8 题的分析.

第 7 题：已知三角形的两条边长分别为 8cm 和 10cm，这两条边的夹角为 $30°$，求这个三角形的面积.（$\sin 30°=\frac{1}{2}$）.

此题考查了学生对计算三角形面积新公式的运用，较容易. 从回收的试卷得知，93%的学生答对了这道题. 这说明了学生已经基本掌握了“已知两边和夹角的三角形面积公式”的简单运用.

第 8 题：已知 $\sin 30°=\frac{1}{2}$，$\triangle ABC$ 的面积为 33 平方米，$\angle ABC=150°$，$AB=9$ 米. 求 BC 的长度.

此题考查了学生对两种不同的三角形面积公式（“底×高÷2”和“已知两边和夹角的三角形面积公式”）的综合运用以及对互补角正弦值相等的基本性质的运用，难度较大. 从回收的试卷得知，有 67%的学生完全做对了此题. 其中，还有 89%的学生能够首先根据互补角正弦值相等的知识得到了所求角的正弦值. 这说明了部分学生可以运用已学的知识解决较复杂的数学问题.

4 结论

本文的调查分析表明，教师和大部分学生对初等数学新体系的整合教学给予了肯定.

首先，教师一直在张景中院士的指导下认真实施初等数学新体系的整合教学，并且所教的实验班成绩领先于同年级的其他班. 教师认为补充初等数学新体系的知识有助于学生学习现有初中数学教材中的内容，并且可以使一些数学内容更简单、更有趣.

其次，从发放给学生的问卷调查结果得知，大部分学生能从心理上和学习上接受初等数学新体系的内容，并且认为初等数学新体系把现有初中数学的部分内容变得更容易了，补充的初等数学新体系的知识不仅没有增加他们的数学学习负担，反而对他们学习现有初中数学教材中的部分内容起到了促进作用，在一定程度上减轻了他们的数学学习负担. 从学生的测试反馈情况可知，大部分学生已经基本掌握了初等数学新体系中计算三角形面积的新公式、正弦定义以及正弦的基本性质等知识.

最后需要说明的是，初等数学新体系的实施才是起步阶段，有关它的经验介绍和培训项目相对较少，这在一定程度上给了实施者很大挑战，在探索前进的道路上，难免会出现种种问题，给初等数学新体系的整合教学带去困难. 虽然在这次调查中教师和学生对现阶段初等数学新体系的教学给予了肯定，但是后续需要整合的内容还有很多，还需要专家、教师和学生们的进一步努力，才能将初等数学新体系的整合教学做得更好，才能将初等数学新体系的优越性体现得更全面[10].

参考文献：

［1］ 张景中. 三角下放，全局皆活——初中数学课程结构性改革的一个方案. 数学通报，2007（1）.

［2］ 崔雪芳. 用“菱形面积”定义正弦的一次教学探究. 数学教学，2008，（11）:40－43.

［3］ 王文俊. 高中阶段“用面积定义正弦”教学初探. 上海：华东师范大学，2008.

［4］ 杨姗. 初中数学课程结构性改革的可行性研究. 广州：广州大学，2011.

［5］ 张景中. 走进教育数学：一线串通的初等数学. 北京：科学出版社，2009.

［6］ 周仕荣，唐振松. 新课程理念下初中生数学学习情况的调查与分析. 数学教育学报，2003，12（4）：24－26.

［7］ 吕世虎，郭秀娟. 甘肃省义务教育阶段7～9年级数学新课程实施现状调查——从教师视角的研究. 数学教育学报，2008，17（5）：31－35.

［8］ 牛惠芳，王淑玉. 教学效果评价方法研究. 数学教育学报，2010，19（2）：89.

［9］ 吕国良. 新课程实施中数学教师面临的现实性挑战. 数学教育学报，2005，14（2）：41－43.

［10］ 景敏，谢慧. 影响初中数学教师实施新课程的归因分析. 数学教育学报，2005，14（2）：64－65.

Investigation and Analysis on Experimental of the New System of Elementary Mathematics

Li Ping-fang[1], Zhu Hua-wei[2]

(1. The High School Affiliated to Guangzhou University, Guangzhou Guangdong 510006; 2. College of Computer Science and Educational Software Guangzhou University, Guangzhou Guangdong 510006)

Abstract: Based on years of teaching practice and a considerable number of researches, Prof. Zhang Jingzhong has put forward the new system of elementary mathematics. Under the guidance of Zhang Jingzhong team, the innovation experimental class in Haizhu Experimental School has implemented the integration teaching of the new system of elementary mathematics and the existing junior high school mathematics system. We have found that students can better master the basic properties and the new definition of sine in the new system of elementary mathematics through further investigating and analyzing the teaching practice.

Key words: New System of Elementary Mathematics; New Definition of Sine; Integration of Teaching

作者：李苹芳，朱华伟. 原载：《数学教育学报》2015年第24卷第2期.

1-7 吉尔福特的创造力理论与奥林匹克数学学习

摘要：在智力结构中，最能体现创造性思维的因素是思维的发散性加工. 发散性思维“是沿着各种不同的方向去思考的，即有时去探索新运算，有时去追求多样性”.“发散思维能力有助于提出新问题，孕育新思想，建立新概念，构筑新方法”，“数学家创造能力的大小应和他的发散思维能力成正比”. 发散性思维在思维方向上具有逆向性、横向性和多向性，在思维内容上具有变通性和开放性. 它对推广原问题、引申旧知识、发现新方法等具有积极的开拓作用. 因此，创造能力更多地寓于发散性思维之中.

关键词：智力结构说；创造性；创造力；发散性思维

美国心理学家吉尔福特是科学创造心理学的创始者，他的智力结构说、创造性思维等理论使美国及其他各国兴起了创造力研究和开发的高潮. 吉尔福特关于创造力的普遍性的认识，特别是关于发散性思维的理论，为创造性的研究奠定了重要的心理学基础. 他的理论为发展学生的创造能力尤其是创造性思维能力提供了科学依据.[1]

1 创造力的基本特征

1.1 创造力的普遍性

在吉尔福特以前，人们通常认为，一种创造性行为必然会导致一种有形的产品，如艺术作品、技术发明、科学理论等，而且这种产品对所有的人来说是新颖的，并且对社会是有用的. 对此，吉尔福特认为：“心理学家所要求的新颖性，是指这个观念在拥有该观念的那个人的心理生活中是新的，或那个人以前在同样的情况下不曾想到过这个观念.”[2] 至于对社会的有用性这一要求，吉尔福特也认为，从科学心理学的角度看，这种要求也是过分的.

吉尔福特关于创造力的普遍性论述具有深远的意义，它使人们从广泛的领域和研究对象上对创造力进行研究，这对创造性的研究与推广、普通人创造力的开发特别是推动学校的创造力培养起到了巨大的作用.

1.2 创造力与人格的关系

吉尔福特认为，创造性才能决定个体是否有能力在显著水平上显示出创造性行为. 具有种种必备能力的个体，实际上是否能产生具有创造性质的结果，还取决于他的动机和气质特征. 有时具有创造力的人表现并不出色，其原因就在于他们不具有良好的人格特征.

对于教育来说，有关创造性人格的两个问题尤为重要：一是什么样的人格特征是有益于创造的；二是有益于创造的人格特征是否可以培养. 在这个问题上，吉尔福特的研究极有价值. 吉尔福特用因素分析的方法考察了有助于创造性表现的各种人格因素，并且这些人格因素可以通过环境和教育条件的种种变化而得到改善. 吉尔福特提出了许多重要的人格特征，例如，“场独立性”的认知风格，即一种寻找转化的倾向，它对转化有促进作用；兴趣的倾向性，即对多样性有高需求的兴趣特征，也就是渴望新的体验、不愿重复等倾向. 这些倾向有助于思维的首创性. 除此之外，能力倾向的“冲动性”和自信心等品质都与发散性加工正相关；对问题持开放态度的气质特征也是有助于创造性的发展.

吉尔福特的这些研究引起了教育者在发展学生创造力的过程中对人格因素的关注，从而为学生创造性发展提供了更为广阔的途径. 另外，这一理论也为创造力的评价打下了基础，使人们将创造性人格作为创造性的一个重要组成部分，这样学生创造性测量的内容就更为广阔.

2 智力结构与创造性思维的实质

吉尔福特在南加州大学进行了 5 年之久的“能力倾向研究方案”，研究了 40 多种理智能力以及它们之间的逻辑关系，运用因素分析法提出了著名的“智力结构说”.[2] 他认为：智力是用各种对不同种类的信息进行加工的能力和功能的系统组合. 智力不仅仅是学习的能力，它应该包括对创造性表现特别重要的种种能力，它是由多种能力组成的；而每一种能力都有三个维度的属性，即运演、内容和产品.

所谓运演，就是人们操作信息内容的方式，这种方式共有五种，即认知、记忆、发散性加工、幅合性加工及评价. 内容指加工的信息内容，共有视觉、听觉、符号、语义和行为五种. 产品就是操作信息的结果或信息的形式，包括单位、门类、关系、系统、转化和含义六种. 因此，人的基本能力共有 150(5×5×6) 种.

在此基础上，吉尔福特将创造力界定为“多种能力的组织方式”. 他还进一步指出，尽管创造性活动在不同领域的表现方式不尽相同，但创造力一般都具有思维的灵活性、对问题的敏感性、观念的流畅性与首创性. 他认为，对创造性思维来说，智力结构中最为重要的功能是运演这一类别中的发散性加工，和产品这一门类中的转化. 其他类别中的各种功能也许是起作用的，但在没有明确特征的情况下不能说是出现了创造性思维. 运演和产品这两个类别是思维的多产性和新颖性的源泉. 创造性思维与信息内容的种类无关，在所有信息内容中都会出现创造性思维.[2]

从吉尔福特的智力结构说中可以看出，创造性思维的实质体现在思维具有发散性和转化的特征. 发散性主要体现为从不同的角度来认识问题，强调观念的数量. 而转化主要体现为从一个新颖的角度来认识问题，强调观念的质量. 发散性和转化是两种密切相关的思维方式，但是，发散性与转化在创造性思维中所起的作用是不一样的. 流畅性问题通常涉及发散性加工，而灵活性问题一般既涉及转化，同时也属于发散性加工. 而观念的首创性基本能力的测验分数，与语义转化、发散性加工的转化有关．因此，在智力结构中，最能体现创造性思维的因素是思维的发散性加工．

但是，发散性加工能力并不能代表智力因素中的所有创造性方面．发散性加工的能力与思维的流畅性有关，即它的目的是满足某一特定需要而产生许多可供选择的信息项目，因而只注重观念的数量而忽视了观念的质量．

转化实际上是对于问题的意义的重新认识，它可以使思维摆脱定式影响，从多种新的角度考虑问题，这样就能减少观念的重复性，保证所需观念的质量．因而，转化和发散性加工的结合，即发散性加工的转化，是创造性思维的实质．

3 发散性思维

发散性思维“是沿着各种不同的方向去思考的，即有时去探索新运算，有时去追求多样性”[3]．“发散思维能力有助于提出新问题，孕育新思想，建立新概念，构筑新方法”，“数学家创造能力的大小应和他的发散思维能力成正比”[4]．发散性思维在思维方向上具有逆向性、横向性和多向性，在思维内容上具有变通性和开放性．它对推广原问题、引申旧知识、发现新方法等具有积极的开拓作用．因此，创造能力更多地寓于发散性思维之中．

发散思维主要有逆向思维、横向思维和多向思维三种表现形式．

3.1 逆向思维

逆向思维是从已有的习惯思维的反方向去思考和分析问题．逆向思维反映了思维过程的间断性、突变性和反联结性，它是摆脱思维定式、突破旧有思想框架、产生新思维、发现新知识的重要思维方式．数学史上非欧几何的诞生就是运用逆向思维做出数学发现的范例．自欧几里得几何产生以来，许多人都在探索欧几里得第五公设的证明，却都因为不严格而失败．到了 19 世纪，匈牙利数学家波尔约、德国数学家高斯和俄国数学家罗巴切夫斯基从不同角度逆向思维，指出欧几里得第五公设不可能在其他几何公设和公理基础上作为定理被推导出来，换言之，这是一条独立的公理，因而完全可以用相反的命题来代替．波尔约等人利用逆向思维，提出了非欧几何平行公理，从而开拓出一个全新的研究领域——非欧几何．

奥林匹克数学解题中常用的分析法、反证法、逆推法、排除法、同一法、常量与变量的换位法、补集法等都是逆向思维的方法．

另外，逆向思维在奥林匹克数学命题中也可大显身手．例如：

由裴波那契恒等式

$$(x^2+z^2)(y^2+t^2)=(xy-zt)^2+(xt+yz)^2 \quad ①$$

反向提出问题有：

【题 1】（第 43 届 IMO 试题）求出所有函数 $f:R\to R$，使对所有 x，y，z，$t\in$

R，有

$$(f(x)+f(z))(f(y)+f(t))=f(xy-zt)+f(xt+yz).$$

一般而言，函数方程都可以看成给定函数，再讨论其性质这一问题的反问题. 这类问题往往比较复杂.

3.2　横向思维

横向思维是从知识之间的横向相似联系出发，从横向的联系中得到暗示或启发，即从数学的不同分支——代数、几何、三角或分析等角度去考察对象，或者从不同学科知识，如物理学、生物学等有关原理或规律出发去模拟、仿造或分析问题的思维方式.

【题 2】（第 18 届全苏数学奥林匹克试题）设正数 x，y，z 满足方程

$$\begin{cases} x^2+xy+\dfrac{y^2}{3}=25, \\ \dfrac{y^2}{3}+z^2=9, \\ z^2+zx+x^2=16. \end{cases}$$

试求 $xy+2yz+3zx$ 的值.

分析　本题若按常规解三元二次方程组，求出 x，y，z 的值，再求代数式的值，势必陷入烦琐的计算之中，我们将原方程变形为

$$\begin{cases} x^2+\left(\dfrac{y}{\sqrt{3}}\right)^2-2x\dfrac{y}{\sqrt{3}}\cos 150^\circ=5^2, \\ \left(\dfrac{y}{\sqrt{3}}\right)^2+z^2=3^2, \\ z^2+x^2-2zx\cos 120^\circ=4^2. \end{cases}$$

上述三式与余弦定理及勾股定理结构相似，因此利用横向思维考虑把三个等式赋予几何意义，构造出图 1. 分别算出△ABO，△BCO，△CAO 和△ABC 的面积，即可求得 $xy+2yz+3zx=24\sqrt{3}$.

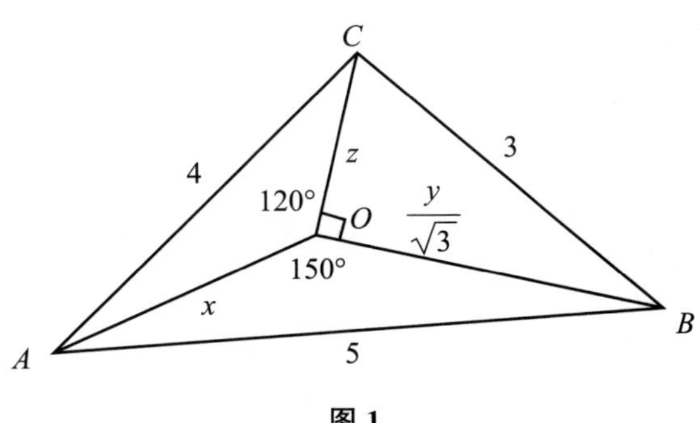

图 1

3.3 多向思维

多向思维是从尽可能多的方面来考察同一问题，使思维不局限于一种模式或一个方面，从而获得多种解答或多种结果的思维方式. 在奥林匹克数学学习中，一题多解是培养选手发散性思维、发展数学创造性思维的一条有效途径.

【题 3】（第 25 届 IMO 试题）设 x，y，z 为非负数，且 $x+y+z=1$，求证：

$$0\leqslant yz+zx+xy-2xyz\leqslant\frac{7}{27}. \quad ②$$

这道题是德国命题专家恩格尔（Arthur Engel）教授提供的，这个问题源于数学研究. 这里我们给出式②四种不同的证法.

【证一】（综合法）根据柯西不等式，得

$$(x+y+z)\left(\frac{1}{x}+\frac{1}{y}+\frac{1}{z}\right)\geqslant 9,$$

即 $yz+zx+xy\geqslant 9xyz\geqslant 2xyz$，即式②左端成立.

由对称性，不妨设 $x\geqslant y\geqslant z$. 于是 $0\leqslant z\leqslant\frac{1}{3}$. 即 $1-2z>0$. 根据平均值不等式有 $xy\leqslant\left(\frac{x+y}{2}\right)^2$，从而得

$$(1-2z)xy\leqslant(1-2z)\left(\frac{x+y}{2}\right)^2=\frac{1}{4}(1-2z)(1-z)^2.$$

于是

$$\begin{aligned} yz+zx+xy-2xyz&=z(y+x)+(1-2z)xy\leqslant z(1-z)+\frac{1}{4}(1-2z)(1-z)^2\\ &=\frac{1}{4}[1+z^2(1-2z)]\leqslant\frac{1}{4}\left\{1+\left[\frac{1}{3}(z+z+1-2z)\right]^3\right\}=\frac{7}{27}. \end{aligned}$$

即式②右端成立.

【证二】（构造法）由 $x+y+z$，$yz+zx+xy$，xyz 使我们联想到三次方程韦达定理（或 x，y，z 的初等对称函数），据此构造等式

$$\frac{1}{4}(1-2x)(1-2y)(1-2z)=\frac{1}{4}-\frac{1}{2}(x+y+z)+(xy+yz+zx)-2xyz.$$

显然 $1-2x$，$1-2y$，$1-2z$ 至少有一个为非负，不妨设 $1-2x$，$1-2y$，$1-2z$ 均为正（否则，也不难证明下式成立)，由平均不等式得

$$\text{上式左边}\leqslant\frac{1}{4}\left(\frac{1-2x+1-2y+1-2z}{3}\right)^3=\frac{1}{4}\times\frac{1}{27}.$$

所以

$$yz+zx+xy-2xyz\leqslant\frac{1}{4}\times\frac{1}{27}-\frac{1}{4}+\frac{1}{2}=\frac{7}{27}.$$

另一方面，x，y，z 均$\leqslant 1$，所以

$$yz+zx+xy-2xyz\geqslant yz+zx+xy-yz-xy\geqslant 0.$$

【证三】（增量法）由对称性，不妨设 $x\geqslant y\geqslant z$，则 $z\leqslant\frac{1}{3}$，$x+y\geqslant\frac{2}{3}$．故可设 $z=\frac{1}{3}-\lambda$，$x+y=\frac{2}{3}+\lambda$，其中 $0\leqslant\lambda\leqslant\frac{1}{3}$．于是

$$yz+zx+xy-2xyz=z(y+x)+xy(1-2z)=\left(\frac{1}{3}-\lambda\right)\left(\frac{2}{3}+\lambda\right)+xy\left(\frac{1}{3}+2\lambda\right).$$

这显然是一个非负数．故 $yz+zx+xy-2xyz\geqslant 0$．又 $\frac{1}{3}+2\lambda\geqslant 0$，$xy\leqslant\left(\frac{x+y}{2}\right)^2$，所以

$$\begin{aligned}yz+zx+xy-2xyz&\leqslant\left(\frac{1}{3}-\lambda\right)\left(\frac{2}{3}+\lambda\right)+\frac{1}{4}\left(\frac{2}{3}+\lambda\right)^2\left(\frac{1}{3}+2\lambda\right)\\&=\frac{7}{27}-\frac{1}{4}\lambda^2(1-2\lambda)\leqslant\frac{7}{27}.\end{aligned}$$

【证四】（放缩法）由对称性，不妨设 $x\geqslant y\geqslant z$，则 $x\geqslant\frac{1}{3}$，$y\leqslant\frac{1}{2}$，$z\leqslant\frac{1}{3}$，有

$$yz+zx+xy-2xyz=y(z+x)+zx(1-2y)\geqslant 0,$$

$$\begin{aligned}yz+zx+xy-2xyz&\leqslant y(z+x)+zx(1-2y)+\left(x-\frac{1}{3}\right)(1-2y)\left(\frac{1}{3}-z\right)\\&=y(1-y)+(1-2y)\left(\frac{1}{3}x+\frac{1}{3}z-\frac{1}{9}\right)\\&=y(1-y)+\frac{1}{9}(1-2y)(2-3y)\\&=-\frac{1}{3}\left(y-\frac{1}{3}\right)^2+\frac{7}{27}\leqslant\frac{7}{27}.\end{aligned}$$

不等式②还有四种证法，见文 [5]，这八种证法几乎涉及了证明不等式的所有方法、技巧，使学生思路开阔，这已经产生了思维的发散性．而以下研究使发散性思维的思考到了一个更高的层次．由证一可以看出

$$yz+zx+xy-9xyz\geqslant 0,$$

换句话说，我们可以估计 $yz+zx+xy-9xyz$ 的上、下界．

由此启发，我们把式②中 xyz 项的系数一般化为任意实数 λ，得到：

（1）设 x，y，z 为非负数，且 $x+y+z=1$，λ 为实数，对于函数 $f=yz+zx+xy+\lambda xyz$ 有

$$f \geqslant \min\left(0, \frac{\lambda+9}{27}\right), \tag{③}$$

$$f \leqslant \max\left(\frac{1}{4}, \frac{\lambda+9}{27}\right). \tag{④}$$

其中式③中等号成立的条件：当且仅当$\lambda \geqslant -9$，且x，y，z中任两个为零；或$\lambda \leqslant -9$，$x=y=z=\frac{1}{3}$. 式④中等号成立的条件：当且仅当$\lambda \leqslant -\frac{9}{4}$，且$x$，$y$，$z$中一个为零，另两个均为$\frac{1}{2}$；或$\lambda \geqslant -\frac{9}{4}$，$x=y=z=\frac{1}{3}$.

把$x+y+z=1$这一条件拓广为$x+y+z=s>0$，用$\frac{x}{s}$，$\frac{y}{s}$，$\frac{z}{s}$，λs分别代替式②中的x，y，z，λ，则得到：

（2）设x，y，z为非负数，且$x+y+z=s>0$，λ为实数，对于函数$f=yz+zx+xy+\lambda xyz$有

$$f \geqslant \min\left(0, \frac{s^2(\lambda s+9)}{27}\right), \tag{⑤}$$

$$f \leqslant \max\left(\frac{s^2}{4}, \frac{s^2(\lambda s+9)}{27}\right). \tag{⑥}$$

其中式⑤中等号成立的条件：当且仅当$\lambda \geqslant -\frac{9}{s}$，$x$，$y$，$z$中任两个为0；或$\lambda \leqslant -\frac{9}{s}$，且$x=y=z=\frac{s}{3}$. 式⑥中等号成立的条件：当且仅当$\lambda \leqslant -\frac{9}{4s}$，$x$，$y$，$z$中一个为零，另两个均为$\frac{s}{2}$；或$\lambda \geqslant -\frac{9}{4s}$，$x=y=z=\frac{s}{3}$.

还可将三个变数x，y，z推广到n个变数的情况，限于篇幅，不再论述.

最后，让我们来看式②与几个常见不等式的联系. 从中也可以看出式②的另一种来源.

若a，b，c为三角形三边长，则

$$a^2(b+c-a)+b^2(c+a-b)+c^2(a+b-c) \leqslant 3abc. \tag{⑦}$$

这是第6届IMO的第2题，事实上，式⑦对任意非负数a，b，c都成立. 式⑦可改写为

$$a^3+b^3+c^3+3abc \geqslant a^2(b+c)+b^2(c+a)+c^2(a+b). \tag{⑧}$$

由式⑧不难推出当x，y，z为非负数时，有

$$\frac{7}{6}(x^3+y^3+z^3)+\frac{5}{2}xyz \geqslant x^2(y+z)+y^2(z+x)+z^2(x+y). \tag{⑨}$$

式⑨可改写为

$$(x+y+z)(xy+yz+zx)-2xyz \leqslant \frac{7}{27}(x+y+z)^3. \tag{⑩}$$

取 $x+y+z=1$，即得式②.

由平均值不等式得

$$(x+y+z)(xy+yz+zx)\geqslant 9xyz,$$

故

$$(x+y+z)(xy+yz+zx)-2xyz\geqslant 7xyz\geqslant 0.$$

因此

$$0\leqslant(x+y+z)(xy+yz+zx)-2xyz\geqslant\frac{7}{27}(x+y+z)^3. \quad ⑪$$

实践证明，按如图 2 所示模式延拓发散思考，多方提出问题，对培养发散性思维、提高创造性思维能力是有效的.

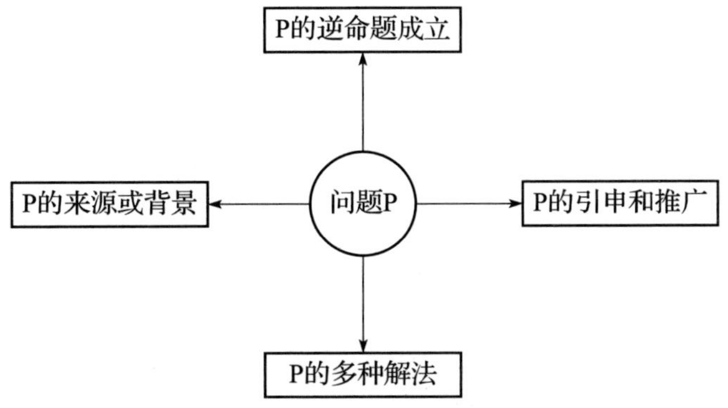

图 2　发散性思考模式

参考文献：

[1]　李小平. 创造技法的理论与应用. 武汉：湖北教育出版社，2002：70－75.

[2]　吉尔福特. 创造力与创造性思维新论. 华东师范大学学报（教育科学版），1990（4）：9－18.

[3]　吉尔福特. 1959 年 4 月 13 日在斯坦福大学的演讲. 心理科学文摘，1980（3）.

[4]　徐利治. 数学方法论选讲. 武汉：华中工学院出版社，1988：182.

[5]　朱华伟，钱展望. 奥林匹克数学方法与研究. 武汉：湖北教育出版社，2001：229－234.

作者：朱华伟，李小平. 原载：《湖北师范学院学报（自然科学版）》2005 年第 25 卷第 1 期.

1-8 用教育数学思想改革初中数学课程的研究与实践成果报告

1 问题的提出

1.1 主要问题

如何改革优化数学教育，提高学生学习数学的热情和实际效果，是国际上六十多年来未能找到解答的大难题. 例如，美国从 20 世纪 50 年代开始，高度重视这方面的研究和实践，提出并实践了“新数学运动”“回到基础”“问题解决”“建构主义”等一系列理论和方案，至今莫衷一是，未见效果.

数学教育的症结是什么？这方面的主要共识是数学确实难了.

如何把数学变容易？能否把数学变容易？这需要提出有理有据的系统性架构，还要把架构具体落实为可操作的教学方案.

初中是数学成绩显著分化的阶段. 本成果希望能够针对初中数学教与学的全过程，对上述问题提出理论上的回答，并将理论思想体现为方法，形成可操作的教学方案.

1.2 问题的背景

19 世纪中叶以前，《几何原本》一直是中学里的主要教材. 1900 年，英国培利（Perry）曾发动了一场数学教育改革运动，认为《几何原本》内容过多过繁，不能直接作为学校的教材. 此后，中学里的几何课本会根据《几何原本》的思想进行重新编写，主要目标是使平面几何的教学更加直观化、动态化. 这种改造一要有利于学生的学习，二要在数学上有严密的逻辑.

一直到 20 世纪末，几何教学问题仍然引起了广泛的世界性争议，并且出现了许多方案和各种改革措施. 在我国，平面几何的教学就使用过很多种不同的公理体系. 比如 20 世纪 30 至 50 年代，我国普遍使用过的 3S 几何，基本延续了欧氏几何的原始体系；20 世纪 50 年代直到 21 世纪初，我国中学课本使用的扩大化公理体系，兼顾了学生的接受能力和公理的完备性两个方面. 这一个多世纪以来，在几何教育教学方面，其学科的公理体系、知识点结构、教学侧重点等诸多方面，都在不断地发生变化和调整.

史宁中（2007）在《数学通报》撰写的《〈平面几何〉改造计划》一文中提出“保留优点、克服缺点；保留逻辑”等相应的观点，并强调了调整和完善知识点结构的必要性，“无论怎样，平面几何知识的改造是必要的. 有这么多新的知识不讲，用了这么多时间讲两千年前的知识是不行的”. 充分表明了目前平面几何的知识和教材需要调整与改革.

这项改造计划的初衷与本成果持有成员张景中的想法不谋而合. 张景中在 1989 年指出，数学本身难学，只靠教学方法的研究不可能完全解决数学难学的问题. 如果数学知识本身有缺陷，就应当进行数学上的再创造，使数学适应教育的需要. 为数学教育而对数学成果进行再创造，是教育数学的任务. 它追求的目标是：简单明快的逻辑结构，平易直观的概念，有力而通用的解题方法.

经过多年的探索，张景中于 2006 年在《数学通报》和《数学教学》上发表文章，主张“重建三角”，用三角串联几何与代数，达到“全局皆活”的效果.

张奠宙（2006）撰文对张景中的建议给予热情支持，指出“回顾中国的现代数学教育，先学日本，再学英美，续学苏联. 博采众长之后，也应该有一点中国人自己的创造了. 初等数学虽然浅显，但是经过千锤百炼，已经非常成熟，很难再有一个重大的突破. 张景中先生关于三角学的处理建议，就是一个难得的创意，值得我们高度重视. 我们期望，经过有计划地论证和实验之后，使得一些顺应时代潮流的新观念，特别是具有中国特色的研究成果，能在神州大地生根开花，并进一步走向世界”.

2 解决问题的过程与方法

遵循教育数学研究的一般技术路线：先进行数学上的研究；把研究成果转化成课程；进行教育教学实践；发展研究团队，进行大范围推广.

本成果是以教育数学思想为指导，以《一线串通的初等数学》为依据，将人教版初中数学教材（下称“教科书”）进行重新整合的初中数学教学实验方案. 朱华伟指导的 10 位研究生在他们的学位论文中对本方案做了详细的论证调研，这些研究为本方案的教学实践准备了主要理论基础.

本方案与传统课程体系的不同之处在于：传统上是学完几何到初三学三角，而且仅仅讲锐角三角函数，一次引入四个三角函数. 本方案则在初一讲三角，但开始只讲一个三角函数，把三角、几何、代数串连起来，逐步深入.

本方案从小学生所掌握的知识出发，用比较通俗易懂的面积法来重新定义“正弦”，新定义的正弦及“三共定理”串通初中数学中的一大批知识点. 对照《义务教育数学课程标准（2011 版）》，大多数知识点是一致的，不同之处表现在知识点的结构发生了很大的变化.

在本方案中，知识点间的联系发生了改变，变得更为密切和互为所用. 这种知识点结构的变化，犹如在城市交通系统中将道路重新进行规划和设计，这样能够直接导致城市交通状况的不同. 我们可以把“三角”、“几何”及“代数”等内容比作城市交通系统中的地铁、公交及轮渡等不同的交通方式. 在原有的教材体系中，这三者几乎没有或较少发生联系，这样的知识点状况在交通系统中表现为地铁、公交和轮渡没有很好的对接，势必影响交通的效率. 而在新的教学方案中，将这三者尽可能地进行串通和对接，犹如将这三个公交系统进行无缝对接，将会大大提升交通效率.

理论必须接受实践的检验. 本项目成果的另一重要组成部分是教学组织安排和教学操作层面上的具体方案.

海珠外国语实验中学（下称“海实”）在两个实验班进行了周期为三年的教学实验，这样能够在教学环节中检验出本方案的真实效果. 另有广州市的14所中学所进行的实验，主要是选取方案中的部分章节或板块进行，一方面检验新的定义方式能否让学生轻松地理解和掌握，另一方面，考虑到常规教学进程的需要，将其中的部分知识板块作为常规知识内容的补充和衍生.

在检验本方案的教学效果时，通过设立实验班和对照班的方式，对学生进行相应的测试，再对测试的结果进行分析和比较，从而得出相关的数据和信息.

3 成果的主要内容

本成果的主要内容是教科书的知识体系按照“重建三角”方案进行重新整合，具体章节安排与措施如下：

（1）七年级上册.

人教版教科书七年级上册共安排了四章内容，分别是有理数、整式的加减、一元一次方程、几何图形初步（见表1）. 这个阶段还没有进行内容整合，而是根据相关资料，为学生们补充了九九乘法表、两个点如何相加、月历上的数字，其中九九乘法表可以延伸学习第十四章整式的乘法与因式分解、发现平方差公式，从而可以引申发现其几何形态，并观察多项式乘以多项式、单项式乘以单项式. 七年级上册课程整合情况见图1.

表1　七年级上册课时安排

人教版初中数学教材
七年级上册（62） 第一章　有理数（19） 第二章　整式的加减（8） 第三章　一元一次方程（19） 第四章　几何图形初步（16）

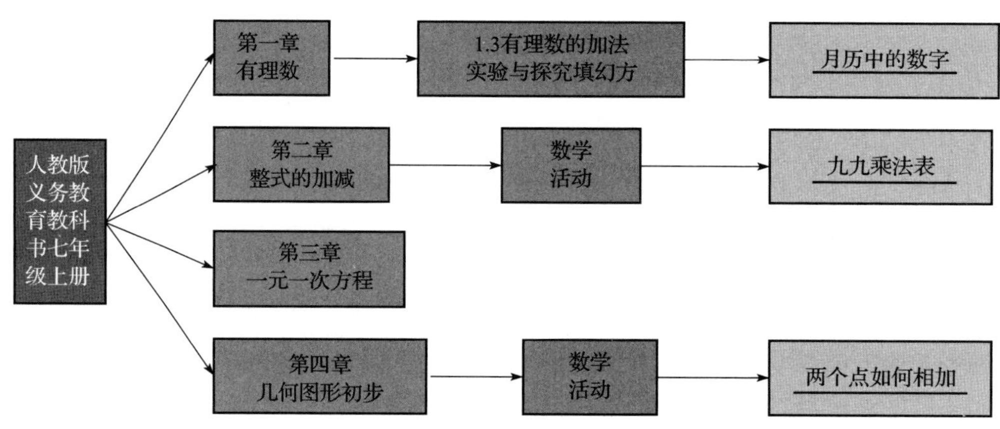

图1　七年级上册课程整合情况

注：加下划线部分为整合补充内容，下同.

(2) 七年级下册("重建三角"方案课程整合的关键学期).

人教版教科书七年级下册,第五章相交线与平行线,八年级上册第十一章三角形,根据"重建三角"方案,将这两章的教学顺序互换,先进行三角形的教学,运用学生小学学过的两个命题进行知识的串联和拓展. 根据教科书的知识安排,把"重建三角"方案中的正弦和正弦定理整合进来,不仅完成了正常的第五章相交线与平行线的教学,同时也完成了其他学段共六章相关内容的学习,即第十二章全等三角形、第十三章轴对称中的等腰三角形、第二十三章旋转、第二十七章相似三角形、第二十八章锐角三角函数. 七年级下册课时安排见表 2,课程整合情况见图 2.

表 2 七年级下册课时安排

原计划课时安排及内容	整合后课时安排及内容
七年级下册(62) 第五章 相交线与平行线(14) 第六章 实数(8) 第七章 平面直角坐标系(7) 第八章 二元一次方程组(12) 第九章 不等式与不等式组(11) 第十章 数据的收集整理与描述(10)	七年级下册(62) 第五章 正弦和正弦定理(23) 第六章 实数(5) 第七章 平面直角坐标系(6) 第八章 二元一次方程组(12) 第九章 不等式与不等式组(10) 第十章 数据的收集整理与描述(6)

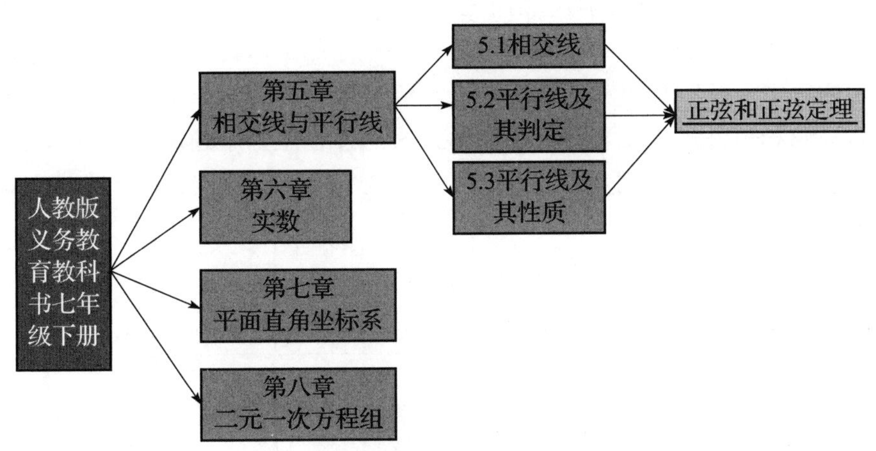

图 2 七年级下册课程整合

正弦的提前引入改变了整个初中数学教学内容的格局,学生学习的不再是各部分相对独立的知识,而是用正弦巧妙地串联起来. 于是,直角三角形中的实际测量问题也得以解决,对于任意三角形的问题,又可以根据三角形面积公式推导出正弦定理.

正弦定理的引入也为解任意三角形提供了有力的工具,而且可以证明"三角形两边之和大于第三边"以及类似的几何问题. 七年级下册正弦和正弦定理的课程设置见图 3.

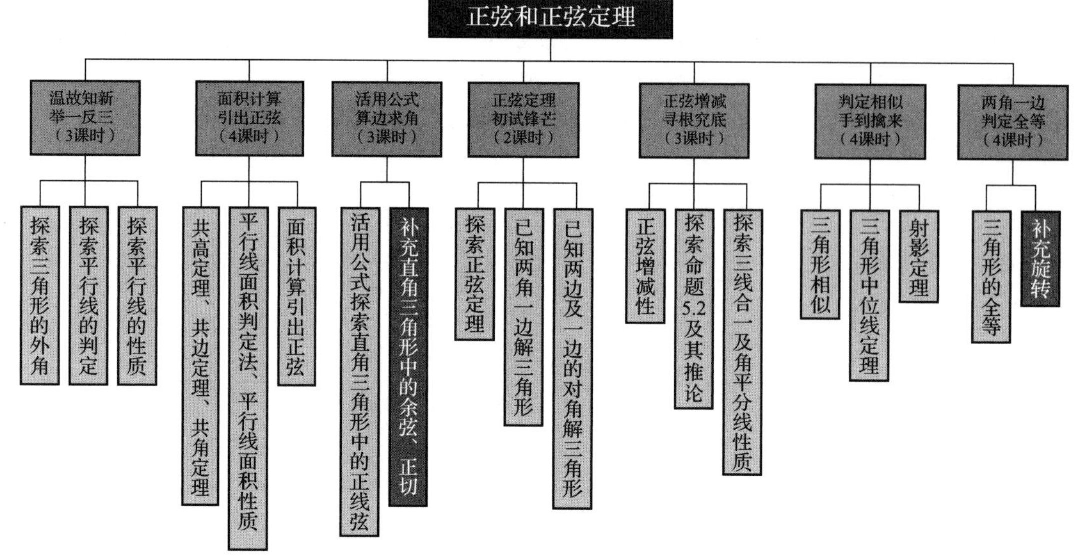

图 3　七年级下册正弦和正弦定理的课程设置

（3）八年级上册.

人教版教科书八年级上册共有五个章节的教学内容，分别是第十一章三角形（已学）、第十二章全等三角形（已学）、第十三章轴对称（已学等腰三角形）、第十四章整式的乘法与因式分解（已学多项式乘以多项式、单项式乘以单项式）、第十五章分式. 在这五章的教学内容中，已经有两章的内容在七年级下学期内完成. 因此，在复习旧知识的同时，引入正弦和角公式. 在学习正弦和角公式的过程中，串通起来学习八年级下册第十七章勾股定理和九年级上册第二十一章一元二次方程. 八年级上册课时安排见表 3，课程整合情况见图 4.

表 3　八年级上册课时安排

原计划课时安排及内容	整合后课时安排及内容
八年级上册（62）	八年级上册（62）
第十一章　三角形（8）（已学）	第十一章　正弦和角公式（24）
第十二章　全等三角形（11）（已学）	第十二章　轴对称（9）
第十三章　轴对称（14）（已学等腰三角形）	第十三章　整式的乘法与因式分解（10）
第十四章　整式的乘法与因式分解（14）	第十四章　分式（10）
第十五章　分式（15）	第十五章　二次根式（9）（增加的章）

整合后的第十一章（见图 5）内容主要是通过正弦和角公式的学习，让学生将正弦的知识更为连贯地运用，在探索的过程中引导学生用已经掌握的方法来解决新问题. 在本学期中能够较好地做到“拓展新知、推陈出新”. 补充八年级下册第十七章勾股定理，首先，根据教材的内容引入毕达哥拉斯发现勾股定理的过程，再和学生们一起推导“弦图证明勾股定理”的方法，其次介绍“总统证法”，最后引导学生用已学的正弦定理推出勾股定理. 在学习和推导过程中，学生掌握了不同的推导方法，亲身感受了一题多解的

魅力，在实现拓展新知的同时体会推陈出新的转变，极大地提升了学生的自信.

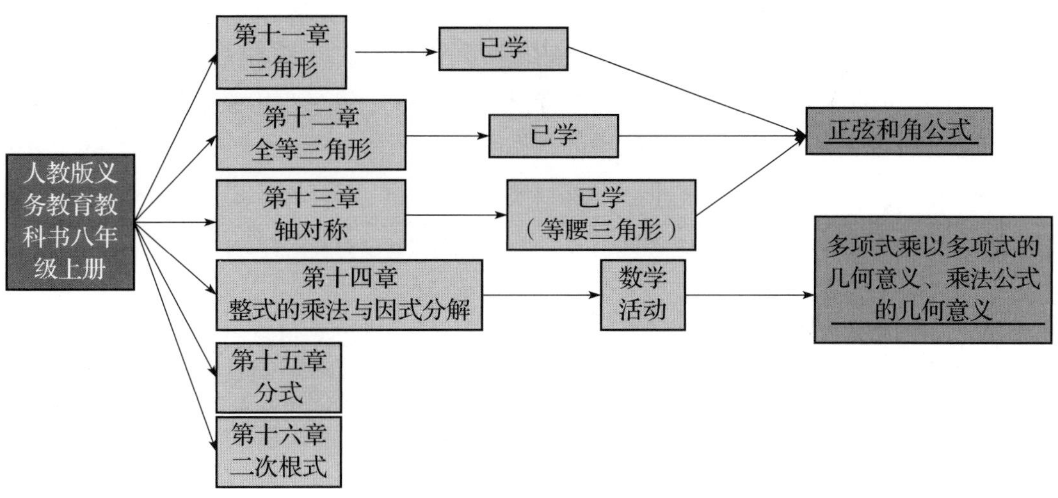

图 4 八年级上册课程整合情况

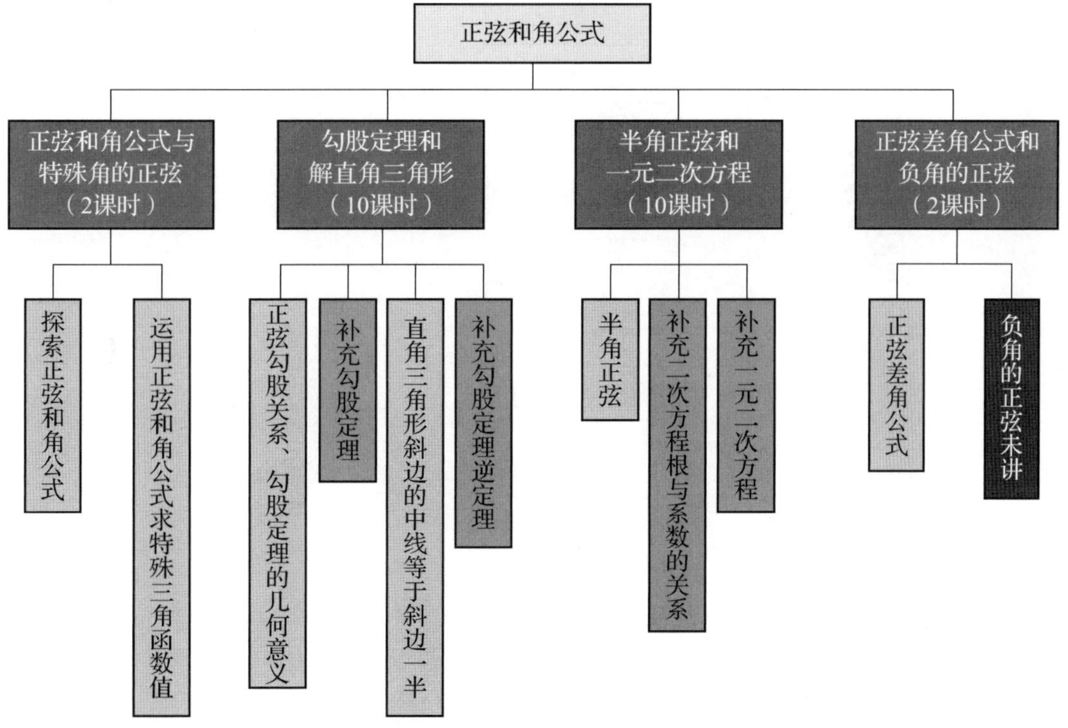

图 5 八年级上册正弦和角公式的课程设置

(4) 八年级下册.

人教版教科书八年级下册五章的教学内容，分别是第十六章二次根式（已学），第十七章勾股定理（已学），第十八章平行四边形，第十九章一次函数，第二十章数据的分析. 经过整合，将“重建三角”方案中的“四边形”放在第十六章. 教科书中证明平行四边形的性质时，多数采用的是已学的等边三角形、勾股定理及全等三角形的知识进行探索，而“重建三角”方案中除了以上方法以外，还增加了相似三角形的判定方法、正弦定理的判定方法、共角定理的判定方法. 对这样简单的结论，给出了五种判定方法，其中运用平行线面积性质的方法，所需要的预备知识较少，推导简洁明了. 学生在探索中体会不同方法的优势，对解题能力培养有很好的促进作用. 八年级下册课时安排见表4，课程整合情况见图6. 四边形的课程设置见图7.

表 4 八年级下册课时安排

原计划课时安排及内容	整合后课时安排及内容
八年级下册（62） 第十六章　二次根式（9）（已学） 第十七章　勾股定理（9）（已学） 第十八章　平行四边形（15） 第十九章　一次函数（17） 第二十章　数据的分析（12）	八年级下册（62） 第十六章　四边形（15） 第十七章　一次函数（17） 第十八章　数据的分析（12） 第十九章　反比例函数（8）（增加章） 第二十章　投影与视图（10）（增加章）

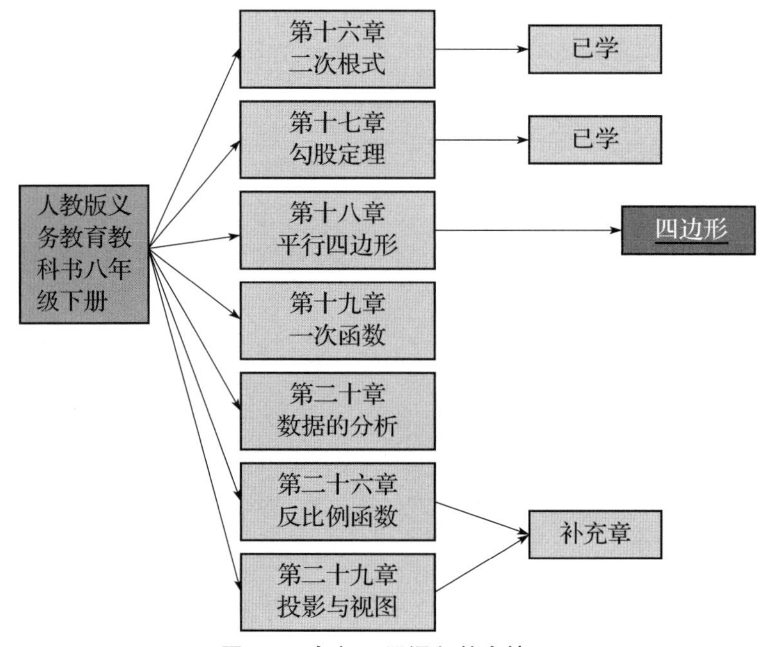

图 6 八年级下册课程整合情况

（5）九年级上册.

人教版教科书九年级上册共有五章（见表5），分别是第二十一章一元二次方程（已学）、第二十二章二次函数、第二十三章旋转（已学）、第二十四章圆、第二十五章概率初步. 其中，第二十一章和第二十三章已经在前面的学期中学习过，这两章就与“重建三角”方案中的余弦和余弦定理、圆和正多边形的相关内容整合（见图8、图9、图10）. “重建三角”方案中圆和正多边形的某些内容（例如正切余切和差角公式），由于《义务教育数学课程标准（2011版）》没有涉及，因此未整合进来，对于圆幂定理和圆的其他性质调整为活动课选学内容，这对于学有余力的学生拓展知识有一定的益处.

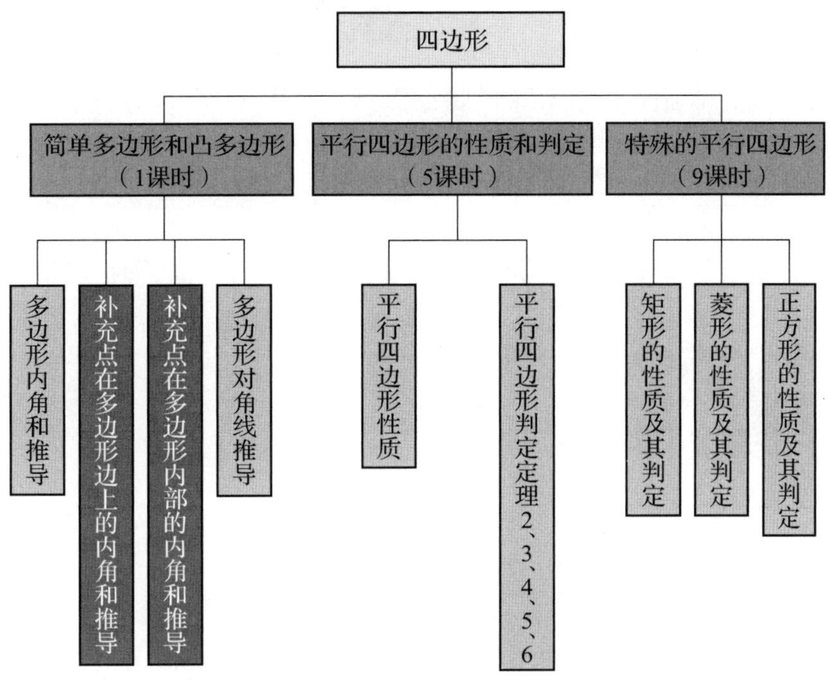

图 7　八年级下册四边形的课程设置

表 5　九年级上册课时安排

原计划课时安排及内容	整合后课时安排及内容
九年级上册（62） 第二十一章　一元二次方程（13）（已学） 第二十二章　二次函数（12） 第二十三章　旋转（9）（已学） 第二十四章　圆（16） 第二十五章　概率初步（12）	九年级上册（62） 第二十一章　余弦和余弦定理（14） 第二十二章　二次函数（12） 第二十三章　反比例函数（8） 第二十四章　圆和正多边形（16） 第二十五章　概率初步（12）

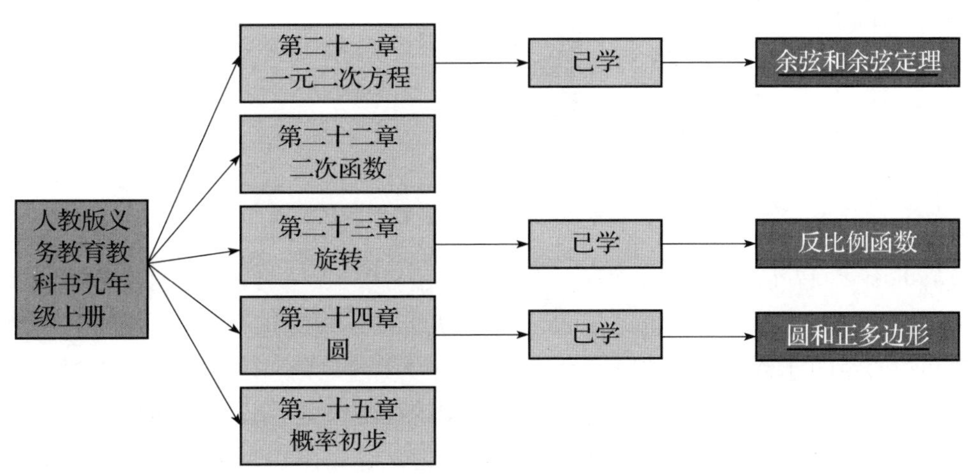

图 8　九年级上册课程整合

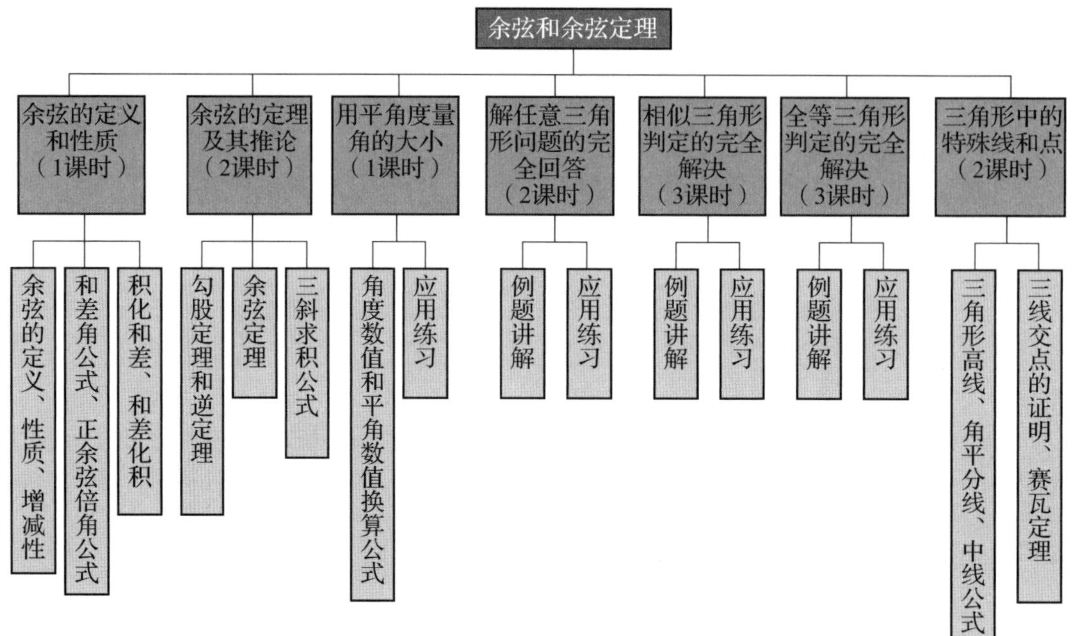

图 9　九年级上册余弦和余弦定理课程设置

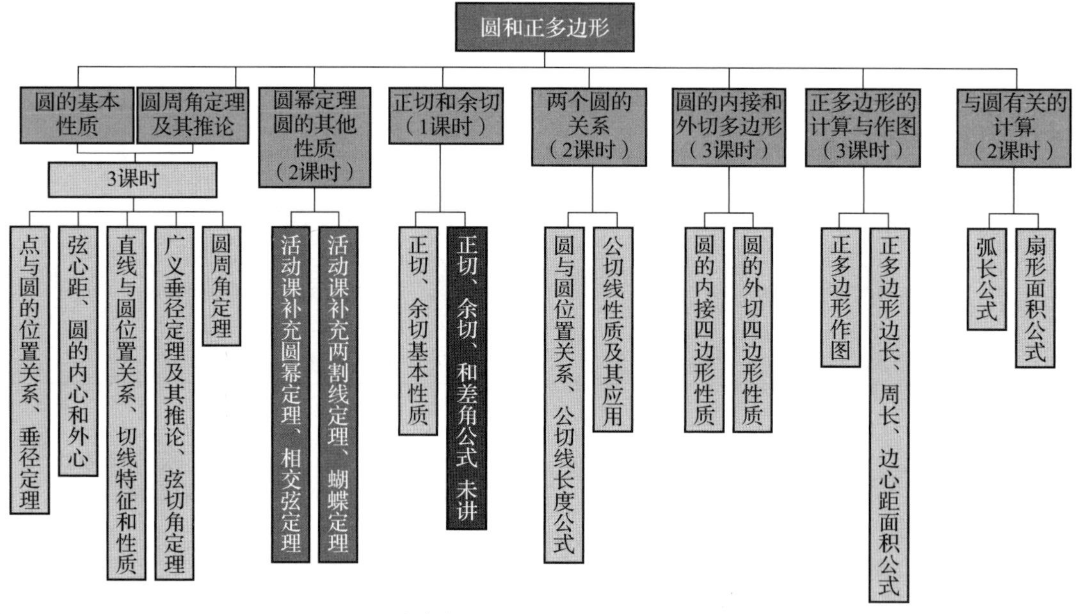

图 10　九年级上册圆和正多边形课程设置

教科书中“圆”所涉及的内容有：点与圆的位置关系、直线与圆的位置关系、圆与圆的位置关系、圆心角、圆周角、垂径定理、切线长定理、正多边形与圆的位置关系、中心角和边心距的计算、弧长和扇形面积的计算；“重建三角”中除了包括教材中的所有内容，还添加了弦心距公式、弦切角定理、公切线长度公式、公切线的性质. 根据上述知识，学生可以更为轻松地推出正多边形的边长公式、正多边形的周长公式、正多边形的边心距公式、正多边形的面积公式；“重建三角”中还用平角度量角的大小，不仅简化了教科书中的弧长公式和扇形面积公式，更为高中的弧度制学习打下了基础.

圆的知识是中考压轴题的热点，学生掌握的工具多，推导探索的机会也会多，那么分析问题和解决问题的能力也可逐步提升.

（6）九年级下册.

根据两种教材的整合，九年级下学期的内容基本提前学完，所以教师和学生都有充足的备考时间. 九年级下册课时安排见表 6.

表 6　九年级下册课时安排

原计划课时安排及内容	整合后课时安排及内容
九年级下册（48） 第二十六章　反比例函数（9）（已学） 第二十七章　相似（15）（已学） 第二十八章　锐角三角函数（13）（已学） 第二十九章　投影与视图（11）（已学）	九年级下册（48） 中考第一轮复习（14） 中考第二轮复习（16） 中考第三轮复习（8） 中考第四轮复习（10）

以上即在实际教学实践过程中根据“重建三角”来调整的方案，并且该方案已经完成了初中阶段为期三年的全周期的教学实践.

4　效果与反思

有人认为，这样的教学调整增加了很多教学内容，费时较多，有时可能会无法完成教学进度. 但根据实践过程和实际的观察得出结论，这样的调整只要处理得当，将新内容与原内容有机地结合起来，合理搭配，适当整合，并且教学体系变化贯彻了“重建三角”方案中“知识的一线串通”思想，教学进度是不会受到影响的. 海实在两个实验班上对本方案已经进行了三年的全周期实验教学，下面简要概括这两个实验班实施本方案的教学效果.

在教学过程中，所有的课时与原教学计划中的课时保持一致，学生提前接触了正弦、正弦定理等知识，屡次调研和考试都表明学生能够较好地掌握和运用. 我们选取了在该校内小升初入学考试时数学成绩相当的两个班，将其作为对照一班和对照二班. 在实施了新方案进行教学后，根据每个期末区统一测试成绩，将实验班与对照班相比（见表 7），差异比较明显.

表 7　两个实验班与两个对照班的四次区统测的班平均分对照

班别	七年级上期末	七年级下期末	八年级上期末	八年级下期末
实验一班	136.15	142.94	137.85	144.96
实验二班	132.46	138.63	133.60	140.62
对照一班	93.88	106.66	80.71	105.55
对照二班	115.31	119.98	116.58	126.14
区平均分	94.38	91.02	87.76	96.83

在实验班教学进行了一年之后，实验一班和二班在七年级下学期结束的时候（2013 年 7 月）就取得了较好的成绩，在海珠区统一测试中，分别以平均分 142.94 分和 138.63

分遥遥领先于区平均 91.02 分的成绩，名列区第一名和第八名. 在八年级上学期末（2014 年 1 月）的区统一测试中，又以平均分 137.85 分和 133.60 分领先于区平均分 87.76 分，名列第一名和第五名. 在 2014 年 7 月的八年级下学期的区统一测试中，两个实验班更是以 144.96 分和 140.62 分领先于区平均分 96.83 分，名列区第一名和第三名. 在成绩优秀率（135 分以上人数比例）方面，两个实验班也一直遥遥领先. 近几年来，此类成绩的取得让海实在广州市内闻名遐迩，并能与广州市内有名的重点中学相比肩. 表 8 是实验班的另一组对比数据.

表 8　两个实验班与海珠区平均分对照表

<table>
<tr><th>考试名称</th><th>实验一班</th><th>实验二班</th><th>区平均分</th><th>区名次</th><td rowspan="8">备注：数学成绩的提升带了全学科的提升，中考实验一班平均分 733.96（仅低于华附奥班 5.6 分）；实验二班平均分 730.25. 实验一班位列全市第四名.</td></tr>
<tr><td>初一入学</td><td>62.5</td><td>64</td><td></td><td></td></tr>
<tr><td>七年级下</td><td>142.94</td><td>138.63</td><td>91.02</td><td>第一、第八</td></tr>
<tr><td>八年级上</td><td>137.85</td><td>133.60</td><td>87.76</td><td>第一、第五</td></tr>
<tr><td>八年级下</td><td>144.96</td><td>140.62</td><td>96.83</td><td>第一、第三</td></tr>
<tr><td>九年级上</td><td>137.5</td><td>129.75</td><td>93</td><td>第一、第五</td></tr>
<tr><td>中考</td><td>131.47</td><td>131.11</td><td>99.29</td><td>第一、第二</td></tr>
</table>

实验班的学生使用了本方案，探索和解题的能力大大提升，尤其是解决综合题的能力大大增强. 在历次测试考中，完成试卷最后一题（大综合题）的学生绝大部分都在这两个实验班，以八年级下学期为例，全区一共有 15 名同学成功解答大综合题，其中有 12 名同学就来自这两个实验班. 美国教育心理学家布鲁纳的"任何知识都能以任何方式教给任何年龄的人"论断似乎有些绝对和夸张，但是努力通过适度提前学习及整合知识的学习策略和方案，并遵循量力性原则，有些事情是能够做到的.

海实完成三年的全周期实验教学后，马上启动下一轮的教学实践. 表 9 是海实新一轮教学实验的数据. 表中的实验班从七年级开始一直使用本方案，每次期末考试的成绩在区里都遥遥领先. 另外，一个派位班和一个特色班使用本方案各做了一个学期的教学实验（即表 9 中标注的"中途学习"），对比学习本方案前（即表 9 中标注的"未学习"）的成绩，都有了明显的提高.

表 9　海实新一轮教学实验的数据

	七年级上	七年级下	七年级下	八年级上
对比班级	派位班（未学习）：73	派位班（中途学习）：82	特色班（未学习）：118.1	特色班（中途学习）：128.3
实验班	133	136.2	136.2	133.6
区平均分	86	93	93	97
备注			全区公办无满分，140 分以上 191 人，特色班 8 人，实验班 23 人	全区公办 4 人满分，实验班有 4 人

这组实验数据表明，数学能力较差的学生的成绩有所提高；数学素养好的学生的成绩也有较为明显的提高.

另外，根据广州市其他14所实验学校在四年的教学过程中的反映，也说明学生都能够较好地掌握正弦的新定义，并且新补充的知识能够提升学生的成绩、锻炼学生的思维，学生分析和解决问题的能力得到了提升. 例如，广州二中实验小组的学生在各项学习测验和比赛中表现突出；实验组的学生在全国初中数学联赛等比赛中表现突出，多人获得一、二、三等奖；实验组同学的中考数学平均分为138.6分，比对照组的中考平均分高22.3分.

以上取得的成绩和效果，值得我们进一步的思考，课程知识结构的变化，对教师的教授产生了不同的影响，同时也使学生的学习发生了改变. 本方案的建立和实践，不仅赋予更多数学知识前后联系的关系，融合了在教学过程中本来割裂的知识，更重要的是，它改变了教与学的理念和方式，这些方面的改变都出现在我们教学的实践环节中.

本方案的实验学校取得的成绩极大地增强了我们的信心，实践所取得的成果是客观的、有说服力的. 成果的直接受益者是学生，他们经过三年系统的学习新方案，对初中数学知识有了更深的理解和认识，所取得的成绩将对其以后的发展有着重要的影响. 在成果的背后，有着很多的教学研究者和教师，他们为之付出了辛勤的劳动. 同时，成果还有很多地方值得进一步研究和探讨，还需要进一步的发展和推广.

目前，本方案在国内外已有一定的影响力，例如，此方案提出后，美国奥特本大学童增祥（2013）举办教育数学研究生班进行教学实践，并发表论文阐述教育数学的观点，认为美国的数学教育也需要引入中国人提出的教育数学. 宋乃庆（2018）说，“初中数学实验和实施是可行的，可操作的，而且效果是好的. 建议下一步工作中，要将实验进一步扩大，三共（共高定理，共角定理，共边定理）四弦（正弦定理，余弦定理，正弦和角公式，余弦和角公式）能够写入课标，允许学生学习”. 此外，贵州、四川、上海、沈阳等省市的部分中学也开展了基于“重建三角”的初中数学教学改革实验.

本课题组将进一步沿着前进的方向将成果培育好，形成一种创新的初中数学教材体系结构，以期能够让更多的学生受益，更好地推动初中数学教学改革工作.

作者：朱华伟，张景中，张东方，郑焕，温晖，俞健.

本成果获2018年第二届国家级教学成果奖二等奖.

第二辑

数学思想方法

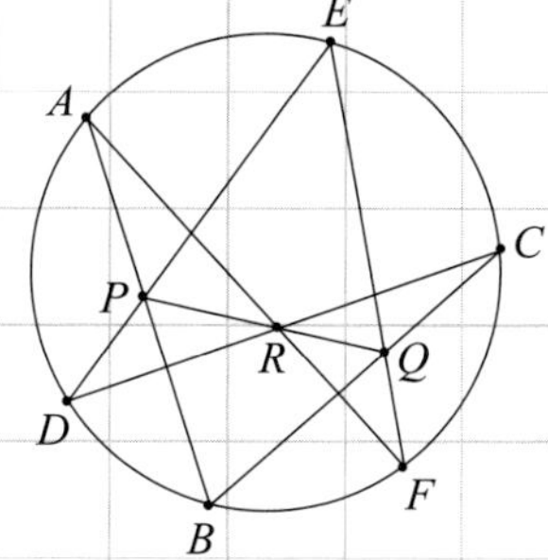

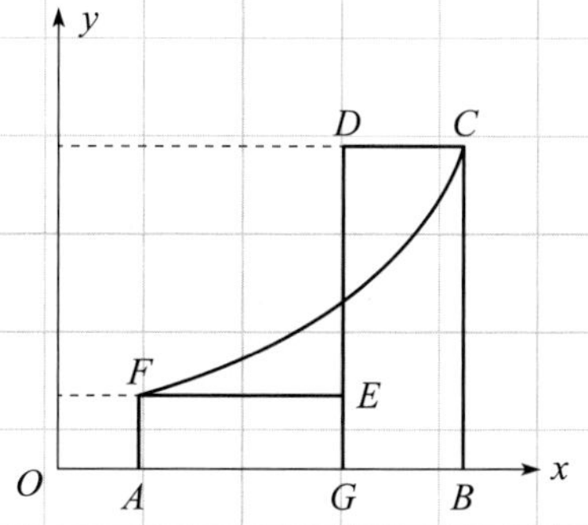

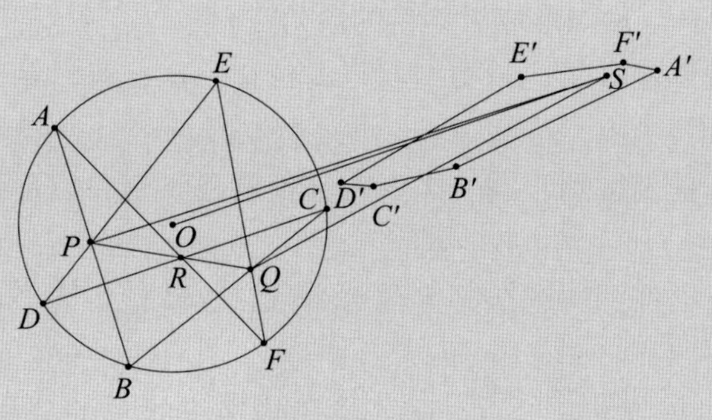

2

2-1 《中小学生数学能力心理学》中蕴含的解题思想

摘要： 苏联心理学家克鲁捷茨基在其著作《中小学生数学能力心理学》中对有数学天赋的学生在解题过程中体现出来的数学能力做了精辟的论述．例如，对题目最初定向的能力，概括数学材料的能力，简缩推理过程的能力，记忆数学材料的能力等．这对解题研究来说是一份令人难忘的资源．

关键词： 解题思想；数学能力；有数学天赋的学生

苏联心理学家克鲁捷茨基的著作《中小学生数学能力心理学》以其研究方法的多样化和实验题目的丰富多样而著名．由于这本书讨论的主要是中小学生数学能力的结构，因此人们常常在讨论数学教育哲学或心理学的时候才会提及它．其实，这本书蕴含着丰富的数学解题思想，因为克鲁捷茨基并不盲目地相信测验结果的数学处理，他更注重过程本身的研究．书中列举的许多对不同数学能力学生解题过程的观察是一个令人难忘的资源．学生是否有数学能力往往表现为能否顺利解决数学问题，所以我们能够从有数学天赋的学生顺利解题和数学能力低的学生不能成功解题的特点上发现解题的一些思想方法．

在克鲁捷茨基看来，解一道数学题有三个基本的心理活动阶段：收集解题所需的信息，对信息进行加工从而得出解法，以及保持这个解法的信息．下面分别讨论这三个阶段所包含的解题思想．

1 信息的收集

按照克鲁捷茨基的说法，这个阶段是对题目的最初定向，也就是说，这个阶段并没有推出任何新数据或表达式，只是产生对原始数据的一种解释，对题目内容的一种定向．这种定向来自对题目条件的分析-综合感知．为了能顺利地解出一道数学题，这种分析-综合感知必须从题目条件中分离出三组量来，从而形成对题目的最初定向．

第一组量，相对于其他类型的题目来说，这是这一类型题目的特征，这在以后制约着解题所用的一般方法．

第二组量，是给定题目的具体特征，它们区别于同一类型的其他题目，这在以后制约着具体的解题．

第三组量，要能从众多的数量中分离出那些解题所必需的数量来，也就是要舍弃不必要的数据．

本文讨论的主要是解标准数学题的思想方法，所以一般不会考虑第三组量的分离．

所谓标准数学题，是指条件和结论完整，不会出现多余数据的数学题. 下面举例说明这种分析-综合感知是如何从题目的条件中分离出这些量来的.

例 1（2007 年全国高中数学联赛试题）设 $a_n=\sum_{k=1}^{n}\frac{1}{k(n+1-k)}$，求证：当正整数 $n\geqslant 2$ 时，$a_{n+1}<a_n$.

分析 首先分离出第一组量，也就是识别题目的类型. 这道题要证明的不等式的形式使我们想起一道非常熟悉的题目：

例 2 求和：$\frac{1}{1\times 2}+\frac{1}{2\times 3}+\cdots+\frac{1}{(n-1)\times n}$.

这两道题形式上很相似. 我们知道例 2 是裂项求和的典型例子，这就决定了我们将要尝试用裂项法去证明例 1.

其次分离出第二组量，也就是题目的具体特征. 虽然我们看出例 1 和例 2 形式上很相似，但它们毕竟是有明显区别的：一个是不等式证明，另一个是式子求值，并且例 1 的每一项的分母并不是两个数相差 1，而是和为 $n+1$. 这就决定了两道题目在具体的解题方法上有所区别.

前面说过标准数学题的数据一般是完整的，所以我们在此不必考虑第三组量的分离.

从题目条件中分离出的这些量将是后面解题顺利进行的基础，但并不是每个学生都可以毫无困难地分离出这些量来. 不同数学能力的学生的这种分析-综合感知的特点是有很大区别的.

有数学天赋的学生不仅能感知个别元素，而且能感知那些特殊的“有数学意义的结构”，相互联系着的一些数学量的复合体，以及函数性依赖关系的类型. 他们把题目作为一个整体来“掌握”，所以他们能迅速分离出三组量. 例如，有数学天赋的学生对例 1 的感知不是停留在具体的元素 k 和 $n+1-k$ 上，他们能从 k 和 $n+1-k$ 所构成的式子的结构上迅速地联想到例 2 这道结构相似的熟悉题目.

而数学能力一般的学生通常只能感知题目个别的数学元素，“落在”知觉范围之外的元素往往就“丢失”了. 他们同等地感知一切具体的数量，不能建立它们的“层次”. 因此，他们对题目的最初分析-综合定向，朝向分离出使他们能把给定的题目从其他题目中识别和区分出来的特点. 例如，如果同时给出例 1 和例 2，他们往往能够发现这两道题不同的地方，却不能发现它们是同一类型的题目. 为了使数学能力一般的学生能够顺利解题，他们必须在老师的指导下做适量的变式练习.

2 信息的加工

经过第一个阶段收集题目的信息，并且对题目做出最初的定向后，我们开始对收集到的信息进行加工，也就是做各种尝试. 不同于一般人所认为的是，这种尝试不是漫无目的的试误，即由于偶然的猜测产生了各种操作，那些经过证实并加以强化的有效操作保留下来，而那些无效的操作就被逐渐淘汰. 苏联心理学家指出，人的各种尝试活动原则上是不同的，是被一个自觉的目的所指引，常常以一个明确的假设为先导，是自觉地加以组织的，组成一个明确的系统并经常以一种心理实验的形式出现的．只有在极低的水平上，这些尝试活动才是盲目的猜测，这时学生并不确切地意识到为什么要做这样的尝试，以及他们应该得出怎样的结果．

在第一个阶段对题目内容做出的定向中就包含着各种假设，所以接下来所做的尝试总是有目的、有系统的，并且指向所做出的假设．这种尝试不但是作为解题的直接企图，而且想借助每次尝试中得出的辅助信息来彻底弄清题目．这时，有数学天赋的学生常常意识到为什么要进行这一尝试、想达到什么目的，以及下一步怎么办．

在尝试的过程中，有三种主要的因素影响着解题的顺利进行，它们分别是概括数学材料、简缩推理过程和思维的灵活性与可逆性．

2.1 概括数学材料

对数学材料的概括是掌握好数学的必备要素．在解题中，对数学材料进行概括有助于我们找到解某种特定类型题目的一般原则，所以当我们在一道题中理解了这种类型题目的一般原则后，就容易把这个解题原则移用到同一类型的其他题目上，因为这一类型的其他题目只是这道题的一个变式．例如，为了证明上面所举的例 1，让我们先回顾一下例 2 的解法．这种类型的题目以前属于竞赛中的内容，数学新课程改革后，它已经作为初中教材的拓展创新题：

$$
\begin{aligned}
&\frac{1}{1\times2}+\frac{1}{2\times3}+\frac{1}{3\times4}+\cdots+\frac{1}{(n-1)\times n}\\
=&\left(\frac{1}{1}-\frac{1}{2}\right)+\left(\frac{1}{2}-\frac{1}{3}\right)+\left(\frac{1}{3}-\frac{1}{4}\right)+\cdots+\left(\frac{1}{n-1}-\frac{1}{n}\right)\\
=&\frac{1}{1}-\frac{1}{2}+\frac{1}{2}-\frac{1}{3}+\frac{1}{3}-\frac{1}{4}+\cdots+\frac{1}{n-1}-\frac{1}{n}\\
=&1-\frac{1}{n}.
\end{aligned}
$$

因为是分数相加，我们首先想到的是通分，但是相加的项数太大，不宜通分进行直接计算．通过观察每一项，还有相邻两项的特点，我们利用恒等式$\frac{1}{k(k+1)}=\frac{1}{k}-\frac{1}{k+1}$进行裂项，相邻两项相消便可得到结果．我们从例 2 的解法中概括出解这种类型题目的一般原则：当分数相加时，如果项数很多不宜进行通分直接计算，可以考虑先裂项后再相加．

有了这个一般原则，我们可以对例 1 做这样的尝试：对和式 $\sum\limits_{k=1}^{n}\frac{1}{k(n+1-k)}$ 进行裂项，使其成为分数$\frac{1}{1}$，$\frac{1}{2}$，…，$\frac{1}{n}$的和或差．

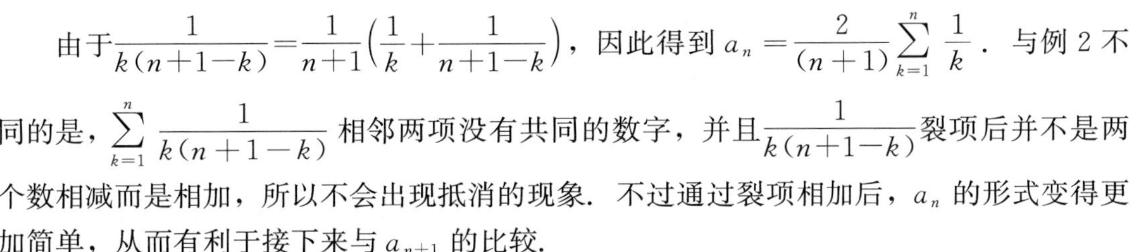

由于$\frac{1}{k(n+1-k)}=\frac{1}{n+1}\left(\frac{1}{k}+\frac{1}{n+1-k}\right)$，因此得到$a_n=\frac{2}{(n+1)}\sum_{k=1}^{n}\frac{1}{k}$．与例2不同的是，$\sum_{k=1}^{n}\frac{1}{k(n+1-k)}$相邻两项没有共同的数字，并且$\frac{1}{k(n+1-k)}$裂项后并不是两个数相减而是相加，所以不会出现抵消的现象．不过通过裂项相加后，a_n的形式变得更加简单，从而有利于接下来与a_{n+1}的比较．

于是，对于任意正整数$n\geqslant 2$，有

$$\begin{aligned}\frac{1}{2}(a_n-a_{n+1})&=\frac{1}{n+1}\sum_{k=1}^{n}\frac{1}{k}-\frac{1}{n+2}\sum_{k=1}^{n+1}\frac{1}{k}\\&=\left(\frac{1}{n+1}-\frac{1}{n+2}\right)\sum_{k=1}^{n}\frac{1}{k}-\frac{1}{(n+1)(n+2)}\\&=\frac{1}{(n+1)(n+2)}\left(\sum_{k=1}^{n}\frac{1}{k}-1\right)>0,\end{aligned}$$

所以$a_{n+1}<a_n$．

对数学材料的概括使我们能够抓住题目的本质，从一些具体的数据中抽象出题目的一般形式，大大简化了解题的过程．

接下来的问题是，对数学材料的概括是怎样形成的呢？苏联心理学中有这样的论点：任何概括，包括数学的概括，依赖于对特殊事例的比较以及逐渐地分离出一般性质，并且这些特殊事例中无关特性要有广泛的变化，而有关特性则保持不变．

克鲁捷茨基认为在非常有能力的学生中，他们乐意主动地去做这种概括，并且把新遇到的一类题目中的第一个具体问题当作一般的典型题目去解．例如，他们可能在解出上面的例2后，就把解决这一类型的题目的一般原则概括出来了．而数学能力一般的学生必须在特别选择的材料上进行长期的训练才能达到，并且这些特别选择的材料包括所有可能的情况．

2.2 简缩推理过程

苏联教学法专家S.I.索霍尔-特洛茨基及F.A.埃思在他们的关于算术教学法论的著作中指出，学生反复解同一类型的题目时，他们简缩了而且不再意识到心理过程中的一些个别阶段，但是在必要时学生能重新进行充分而细致的推理．

例如，我们在例1和例2的解答过程中，分别用到恒等式$\frac{1}{k(n+1-k)}=\frac{1}{n+1}\left(\frac{1}{k}+\frac{1}{n+1-k}\right)$和$\frac{1}{k(k+1)}=\frac{1}{k}-\frac{1}{k+1}$，这是因为我们已经熟知这两个恒等式的推导过程．

简缩推理过程的实质就是直接利用我们已经知道的结论进行推理，而无须再对这些结论重新作推导．简缩推理过程的价值主要是因此确定了信息加工的速度，从而大大加速和简化了解决问题的过程，“节省”了脑力．如果没有这种对推理过程的简缩，学生可

能会毫无希望地纠缠在烦琐的演绎链中. 这也意味着我们在后面要讨论到的数学记忆(解法信息的保持)的重要性.

2.3 思维的灵活性和可逆性

心理学家 N. R. F. 梅伊尔在研究过去经验对于问题解决过程的作用时指出:“一个人不会解一道题,不是因为他不能找到一种解法,而在于他们习惯的运算方法妨碍了他去想出恰当的解题方法.”这也是为什么我们有时能看懂别人的解法,但自己却想不到的原因. 因此,他引用一种突出的思维灵活性作为顺利地解决问题的前提.

在解题过程中,思维的灵活性表现为当尝试出现错误或无法进行下去的时候,能够从已经确定的思路中跳出来去发现新的思路;或者在觉得第一种解法冗长笨拙的情况下,没有受其抑制地去寻找其他解法. 所以在解题过程中,不但要自觉地使用以前积累的解题模式,而且更应努力突破在过去经验中形成的思维定式. 下面是体现思维灵活性的一个好例子.

例 3 (罗马尼亚数学奥林匹克试题) 已知 $a>0$,解方程 $x=\sqrt{a-\sqrt{a+x}}$.

解:由原方程,显然有 $x\geqslant 0$. 方程两边平方去掉第一层根号,整理得到

$$a-x^2=\sqrt{a+x}. \qquad ①$$

由 $a-x^2=\sqrt{a+x}>0$,可知 $0\leqslant x\leqslant\sqrt{a}$. 方程①两边平方去掉根号,整理得到

$$x^4-2ax^2-x+a^2-a=0. \qquad ②$$

这是一个关于 x 的四次方程,按照一般的解方程规则,我们试图用手工的方式对方程②的左边进行因式分解,但过程比较复杂. 但如果我们把 a 看作是未知数,而 x 作为参数,那么方程②就成为关于 a 的一元二次方程

$$a^2-(2x^2+1)a+x^4-x=0. \qquad ③$$

我们知道一元二次方程有使用方便的求根公式,方程③的判别式为

$$\Delta=(2x^2+1)^2-4(x^4-x)=(2x+1)^2,$$

恰好是一个完全平方式,用求根公式可得 $a_1=x^2-x$,$a_2=x^2+x+1$,所以得到分解式

$$\begin{aligned}&x^4-2ax^2-x+a^2-a\\=&(a-x^2+x)(a-x^2-x-1)\\=&(x^2-x-a)(x^2+x+1-a).\end{aligned}$$

方程 $a-x^2+x=0$ 的正根不满足条件 $a-x^2\geqslant 0$,因为 $a-x^2=-x$. 方程 $a-x^2-x-1=0$ 的根为 $x_1=(-1+\sqrt{4a-3})/2$ 和 $x_2=(-1-\sqrt{4a-3})/2$. 只有 x_1 可能是非负的,并且当且仅当 $a\geqslant 1$ 时 x_1 是非负的.

在解题过程中,思维的可逆性表现为倒推或双向推导. 所谓倒推,就是一种从答案或结论到原始数据的逆向推导过程. 不同于一般地从条件推出结论的推理方式,倒推是

从结论着手，找出能推导出这些结论的前提条件，再从这些前提条件着手，找出能导出它们的新的前提条件，如此继续往前找，希望在某一步新的前提条件会和已知条件一致. 这种倒推方法常常在由于已知条件太多而不知道从何下手的情况下发挥作用. 在这种情况下，倒推的起点只有一个，即唯一的终点结论，而且这个起点往往是会引导你找出与问题的解答有关的那些已知信息. 例如在不等式的证明中就常用到倒推方法.

在上面所说的倒推方法中，终点结论不是作为已知条件的一部分，也就是说，并没有从终点结论推导出新结论，而是推导出它成立的条件. 在双向推导中，则把终点结论作为已知条件，并由此推导出其他某些条件. 所以双向推导就是推导题目信息的相互关系，下面的两道题就是训练双向推导的例子（解答略）：

例 4 已知$\triangle ABC$中，$AB=AC$，求证：$\angle ABC$的角平分线等于$\angle ACB$的平分线.

例 5 已知$\triangle ABC$中，$\angle ABC$的角平分线等于$\angle ACB$的平分线，求证：$AB=AC$.

由此可见，思维的可逆性是彻底弄清题目的一个重要条件. 这种从一个方向转向相反方向的思维运动，给许多学生带来一定的困难，从而阻碍了他们解题的顺利进行. 因此，这些学生必须经常做一些逆向思维训练题，方可提高解题的能力.

上面谈到的三种因素在解题过程中常常作为一个整体影响着对题目信息的加工. 它们是相互联系的，对数学材料的概括能让我们发现题目中熟悉的模式，所以才能够利用已知的结论进行推理，简缩了推理的过程；对推理过程的简缩反过来又有助于概括出更一般的解题原则；而在熟悉的解题原则行不通的情况下，思维的灵活性能够让我们不受其阻碍地去寻找其他解法.

3 信息的保持

在得到了题目的解答，并将其写下来以后，解题便进入了最后的回顾阶段. 几乎所有关于数学解题理论的著作在这个阶段都会建议学生去检验这个结果，改进解题的过程，用不同的方法推导这个结果，或者在其他题目中利用这个结果和方法. 很少有著作讨论如何在记忆中保持这个结果或方法，或者说这个结果在记忆中是以怎样的形式保持才能方便以后提取.

波利亚在他的名著《怎样解题》中提到："你能一眼就看出它（指论证过程——本文作者注）来吗?"和"当我们回顾一个题目的解答时，我们自然有机会来考察这个题目与其他事物之间的相互联系."这两个说法和我们这里要讨论的对解法的记忆有一定的联系，因为当一个解法在记忆中以良好的形式保存时，我们往往能够一眼就看出这个解法的整个过程. 但波利亚也没有讨论对解法的记忆.

首先，数学记忆的本质在于对典型的推理和运算模式的概括的记忆力. 至于具体数据和数值参数的记忆，对数学能力来说是"中性"的，就像苏联科学院士柯尔莫戈罗夫所指出的，数学上的成就很少依赖于对大量事实、数字、公式等的机械记忆.

所以我们在回顾一道题的解法时，大脑保持的并非全部数学信息，而主要是保持那些由具体数据"精炼成的"信息和表示概括而简缩的结构的信息，如题目类型的标志、解题的概括的方法、推理的概要以及证明的基本线索等，这是保持数学信息最方便和最经济的方法. 以概括和简缩的形式保持信息，而不让多余的信息去充塞大脑，这样可以使这些信息保持得更久，用起来也方便些. 例如，在回顾例 1 的解答过程时，我们对从例 2 中总结出来解这类型题目的一般原则的认识就变得更加清晰了，而例 1 证明的基本线索是：先对和式进行裂项相加化简，然后比较 a_n 和 a_{n+1} 的大小. 所以我们只要记住解这一类型题目的一般原则和这道题证明的基本线索，这道题的解答过程就一目了然了. 如果我们把证明过程的每个式子都记住，那么我们的记忆将因多余的信息而负载过重.

当我们记住了解某一类型题目的一般原则时，如果以后再遇到这一类型的题目，即使不是我们曾经做过的题目，也会有一种熟悉的感觉，就像曾经解过这道题. 例如，解过例 2 后再看以下问题：

例 6（罗马尼亚大学准入考试试题）证明不等式：$\sum\limits_{n=1}^{\infty}\dfrac{1}{(n+1)\sqrt{n}}<2$.

证明 裂项 $\dfrac{1}{(n+1)\sqrt{n}}=\dfrac{\sqrt{n}}{n(n+1)}=\dfrac{\sqrt{n}}{n}-\dfrac{\sqrt{n}}{n+1}$,

所以 $\sum\limits_{n=1}^{\infty}\dfrac{1}{(n+1)\sqrt{n}}=1+\sum\limits_{n=2}^{\infty}\dfrac{\sqrt{n}-\sqrt{n-1}}{n}$.

而 $\sum\limits_{n=2}^{\infty}\dfrac{\sqrt{n}-\sqrt{n-1}}{n}<\sum\limits_{n=2}^{\infty}\dfrac{\sqrt{n}-\sqrt{n-1}}{\sqrt{n}\sqrt{n-1}}=\sum\limits_{n=2}^{\infty}\left(\dfrac{1}{\sqrt{n-1}}-\dfrac{1}{\sqrt{n}}\right)=1$,

所以 $\sum\limits_{n=1}^{\infty}\dfrac{1}{(n+1)\sqrt{n}}<2$.

即使它不同于例 2，但我们也有“似曾相识”的感觉，这是因为我们保持了例 2 这道题的类型和解题的概括模式.

上述讨论的是《中小学生数学能力心理学》中蕴含的基本解题思想. 当然，顺利地解决一道数学题目还受到其他许多个人因素的影响，例如，对数学的主动和积极态度，对数学的兴趣和研究数学的爱好，勤奋以及坚持不懈等. 本文只讨论了与题目信息的处理有关的思想方法.

参考文献：

[1] 克鲁捷茨基. 中小学数学能力心理学. 李伯黍，洪宝林，等译. 上海：上海教育出版社，1983.

[2] G 波利亚. 怎样解题：数学教学法的新面貌. 涂泓，冯承天，译. 上海：上海科技教育出版社，2002.

[3] W A 威克尔格伦. 怎样解题. 汪贵枫，袁崇义，译. 北京：原子能出版社，1981.

The Thought of Problem-solving in "Psychology of Mathematical Competence in High Schools and Primary Schools"

Zhu Hua-wei[1], Zheng Huan[1]

(1. Institute of Educational Softwares Guangzhou University, Guangdong Guangzhou 510006, China)

Abstract: In the book of "Psychology of Mathematical Competence in High Schools and Primary Schools", Soviet psychologist P. A. Крутецкий looked deeply into the mathematical genius students' mathematical competence which showed in the problem-solving process. For example, the competence of problem initial direction, the competence of generalization, the competence of concentrated reasoning, the competence of memorizing mathematical material, etc. All these are precious resource to the study of problem-solving.

Key words: the thought of problem-solving; mathematical competence; mathematical genius student

作者：朱华伟，郑焕．原载：《数学教育学报》2010 年第 19 卷第 2 期.

2-2 例谈欧拉的数学思想

欧拉（Leonard Euler）1707 年生于瑞士巴塞尔，1783 年卒于彼得堡，是 18 世纪首屈一指的大数学家、物理学家和天文学家. 他深湛渊博的知识，无穷无尽的创造力和空前丰富的著作令后人叹为观止，自 18 岁起开始写作，直到 76 岁，半个多世纪里大部分年代都以每年 800 页稿纸左右的产量发表高质量、独创性的研究文章. 他所著的现代版《欧拉全集》有 886 页之多，在其去世后的 40 多年里，彼得堡科学院学报发表的几乎全是他的文章. 甚至每一个数学分支都可以看到他的名字，从初等几何的欧拉线、多面体的欧拉定理、立体解析几何欧拉变换公式、四次方程的欧拉解法，到数论中的欧拉函数、微分方程的欧拉方程、级数论中的欧拉常数、变分学的欧拉方程、复变函数的欧拉公式，处处都留下欧拉的足迹. 另外，用 $\sum$ 表示求和，用 i 表示$\sqrt{-1}$，用 e 表示自然对数的底，用 π 表示圆周率等，也都源于欧拉. 因此，他被誉为“最多产的数学家”“数学界的莎士比亚”，著名数学家纽曼称他是“数学家之英雄”. 就连著名数学王子高斯也曾说过：“研读欧拉的著作，永远是学习数学的不二法门.”法国数学家拉普拉斯也曾说过：“读读欧拉，他是我们所有人的老师.”本文拟结合具体案例谈谈欧拉强大的数学思想.

1 勤于观察、实验的能手

人类的一切知识都是从观察入手而得到的. 观察和实验在人类认识过程中非常重要，没有观察和实验就没有科学. 正如欧拉所言，数学这门学科，需要观察，还需要实验，因为流行的观点认为观察只局限于能产生感性印象的具体对象，因此，认为观察在数学这门学科中也极为重要是荒谬的. 的确，若必须把数仅仅看作是纯理性的概念，我们的确很难理解观察和假想实验怎么能用于研究数的本质. 事实上，众所周知，今天人们所知道的数的性质，几乎全都是通过观察所发现的，并且早在严格论证确认其真实性之前是我们所熟悉而不能证明的，观察才使我们知道这些性质. 因此，在仍然不完善的数论中，还得把最大的希望寄托于观察之中，这些观察将导致我们继续获得以后尽力予以证明的新的性质”.

例 1 法国著名数学家费马（Fermat）考察了如下数列并观察到

$$2^{2^1}+1=5,2^{2^2}+1=5,2^{2^3}+1=17,2^{2^4}+1=65\,537$$

都是质数，于是他用归纳推理提出猜想：任何形如 $2^{2^n}+1(n\in\mathbf{N}^*)$ 的数都是质数，这就是著名的费马猜想.

然而，半个多世纪之后，善于计算的欧拉通过观察、实验发现：当 $n=5$ 时，

$$2^{2^5}+1=4\ 294\ 967\ 297=641\times 6\ 700\ 417$$

不是质数，从而推翻了费马猜想.

值得一提的是，又过了半个多世纪之后，82 岁的兰德里（F. Landy）经过艰苦的努力后发现：当 $n=6$ 时，

$$2^{2^6}+1=274\ 177\times 67\ 280\ 421\ 310\ 721$$

也不是质数. 而且，随着计算机的发展，人们发现：在 $n>4$ 时，尚未发现使得 $2^{2^n}+1(n\in\mathbf{N}^*)$ 是质数的 n. 因此，甚至有人提出了一个与费马猜想相反的猜想：除了有限个 n 外，$2^{2^n}+1(n\in\mathbf{N}^*)$ 都是合数.

毫无疑问，第一个举出反例进而否定费马猜想的欧拉是最受关注的.

2 善于运用归纳法的大师

G. 波利亚对欧拉的归纳思想做了如下精辟的论述：“他（欧拉）是数学研究中善于运用归纳法的大师. 他用归纳法，也就是说，他凭观察、大胆猜测和巧妙证明得出了许多重要的发现（在无穷级数、数论和其他数学分支中）……他总是下功夫把有关的归纳证据细心地、详尽地、有条理地写出来，他讲得令人心悦诚服，但只是如实反映他的思想，就像一个真正的科学家应做的那样，他的讲解能坦率表述那些使他引向发现的思想，而又是一种特别感人的魅力.” 下面我们给出欧拉利用归纳法得出的两个重大发现的详尽过程，欧拉归纳思想于此可见一斑.

例 2 多面体的欧拉定理的发现.

从欧拉在 1750 年发表的一篇论文里可以看到欧拉定理的端倪. 他说：“在平面几何中把多边形分类是容易的，只用看它有多少条边，也就有多少个角. 在立体几何中把多面体分类，却困难多了，单看它有多少面并不足够.” 例如，估计很少人愿意将图 1 中三个六面体看作同类. 它们的外观感觉相差实在太大，且顶点数和棱数均不一样. 那如果用面数和顶点数分类又如何呢？显然，图 2 中两个几何体均是有八个顶点的六面体，但直觉上也不能看作同类.

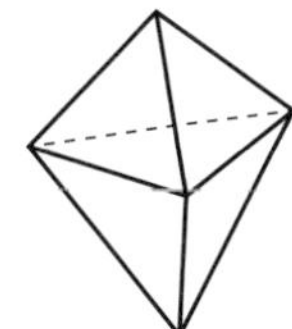
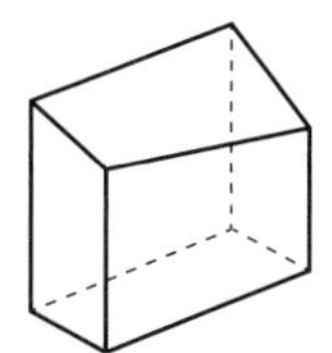
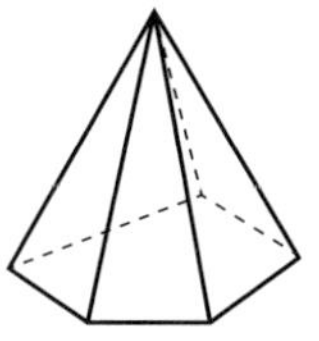

图 1 顶点不同而不同类的六面体

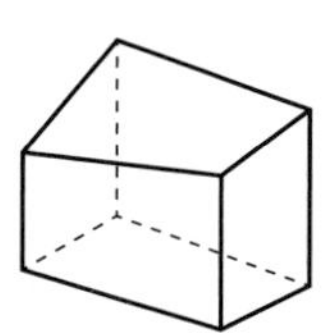
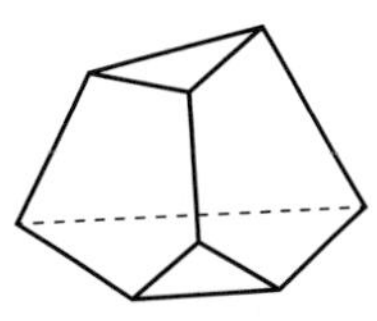

图 2 顶点相同而不同类的六面体

欧拉的英明之处在于他更细致地考察了多面体面数 F、顶点数 V、棱数 E 之间的定量关系. 具体地，他继续做实验，观察一些特殊的多面体，并将其面数 F、顶点数 V、棱数 E 具体数出来. 制作出如表 1 所示的表格.

表 1　几种多面体的面数、顶点数及棱数

序号	多面体	F	V	E
(1)	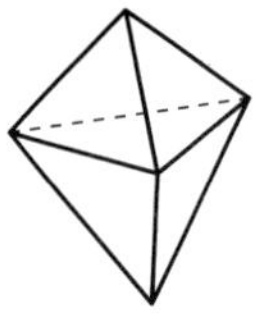	6	5	9
(2)	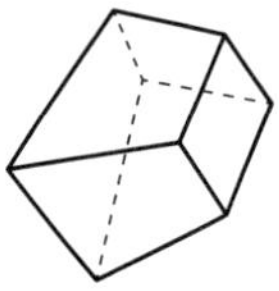	6	8	12
(3)	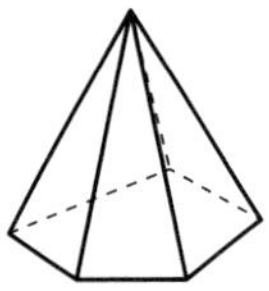	6	6	10
(4)	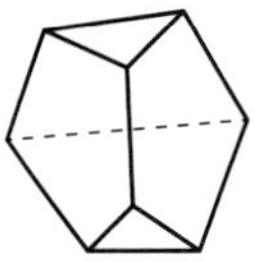	6	8	12
(5)	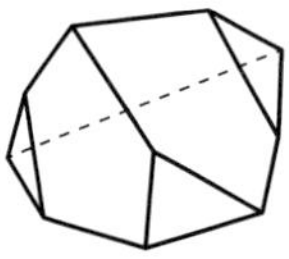	7	10	15
(6)	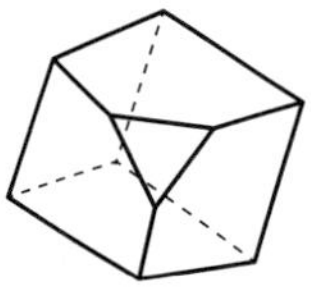	7	10	15
(7)	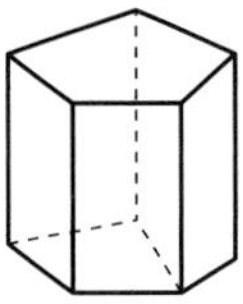	7	10	15

有相同的 F 和 V 的多面体．也有相同的 E．对多面体分类问题来说，这是令人失望的．不过欧拉并不甘心，塞翁失马，焉知非福？这项实验揭示了另一项更有趣的发现，即 E 也许是关于 F 和 V 的函数，从而能用 F 和 V 的值计算出 E 的值．

经历一番观察、猜测、验证，欧拉惊奇地发现多面体面数与顶点数之和与棱数之差总是 2，即 $V+F-E=2$．在对猜想证明之前，欧拉还检验了很多实例，如十二面体、二十面体等，发现都满足 $V+F-E=2$．其实这就是其发现的多面体欧拉定理．

欧拉利用归纳的思想还发现了多面体的另一猜想：多面体的面角和等于 $(2V-4)\pi$．

例 3　整数因子和的一个奇数规律的发现．

首先我们用 $\sigma(n)$ 表示 n 的因子和．例如 $\sigma(1)=1$，$\sigma(12)=1+2+3+4+6+12=$

28，同样有 $\sigma(60)=168$，$\sigma(100)=217$，又因 0 能被所有的数除尽，故 $\sigma(0)$ 理应为∞.

若 p 是素数，则 $\sigma(p)=1+p$，而 $\sigma(1)=1$（不是 $1+1$），若 n 是合数，则 $\sigma(n)>1+n$.

当 n 为合数时，可由其因子求得 $\sigma(n)$，若 a，b，c，d，…是不同的素数，则

$$\sigma(ab)=1+a+b+ab=(1+a)(1+b)=\sigma(a)\sigma(b),$$
$$\sigma(abc)=(1+a)(1+b)(1+c)=\sigma(a)\sigma(b)\sigma(c),$$
$$\sigma(abcd)=\sigma(a)\sigma(b)\sigma(c)\sigma(d).$$

如此等等，对素数多次乘方，需要特别法，则如

$$\sigma(a^2)=1+a+a^2=\frac{a^3-1}{a-1},\sigma(a^3)=1+a+a^2+a^3=\frac{a^4-1}{a-1}.$$

一般地，有

$$\sigma(a^n)==\frac{a^{n+1}-1}{a-1}.$$

利用以上关系，可得任一合数的因子和，如

$$\sigma(a^2b)=\sigma(a^2)\sigma(b),\sigma(a^3b^2)=\sigma(a^3)\sigma(b^2),\sigma(a^3b^4c)=\sigma(a^3)\sigma(b^4)\sigma(c).$$

一般地，有

$$\sigma(a^\alpha b^\beta c^\gamma d^\sigma e^\varepsilon)=\sigma(a^\alpha)\sigma(b^\beta)\sigma(c^\gamma)\sigma(d^\sigma)\sigma(e^\varepsilon).$$

例如：为求 σ（360），因 $360=2^3\cdot 3^2\cdot 5$，故有

$$\sigma(360)=\sigma(2^3)\sigma(3^2)\sigma(5)=15\cdot 13\cdot 6=1\ 170.$$

为了显示出因子和序列，我们列出从 1 到 99 各数的因子和序列，如表 2 所示.

表 2　1 到 99 各数的因子和序列

n	0	1	2	3	4	5	6	7	8	9
0	—	1	3	4	7	6	12	8	15	13
10	18	12	28	14	24	24	31	18	39	20
20	42	32	36	24	60	31	42	40	56	30
30	72	32	63	48	54	48	91	38	60	56
40	90	42	96	44	84	78	72	48	124	57
50	93	72	98	54	120	72	120	80	90	60
60	168	62	96	104	127	84	141	68	126	96
70	144	72	195	74	114	124	140	96	168	80
80	186	121	126	84	224	108	132	120	180	90
90	234	112	168	128	144	120	252	98	171	156

若仅粗略地考察这个序列，我们几乎会感到失望，不能发现有什么规律，这同素数的不规则性有关，以致使我们觉得除非发现素数规律，否则不可能发现这个序列的规律，甚至也许以为这个序列比素数序列更具奥妙.

尽管如此，欧拉却洞悉一切，发现了这个序列有完全确定的规律，甚至可以说是一种递推序列. 事实上，若设 $\sigma(n)$ 是这个序列中的某项，而 $\sigma(n-1)$，$\sigma(n-2)$，$\sigma(n-3)$，$\sigma(n-4)$，$\sigma(n-5)$，…是其前面各项，则有下面公式：

$$\begin{aligned}\sigma(n)=&\sigma(n-1)+\sigma(n-2)-\sigma(n-5)-\sigma(n-7)+\sigma(n-12)+\sigma(n-15)-\\&\sigma(n-22)-\sigma(n-26)+\sigma(n-35)+\sigma(n-4)-\sigma(n-51)-\sigma(n-57)+\\&\sigma(n-70)+\sigma(n-77)-\sigma(n-92)-\sigma(n-100)+\cdots\end{aligned}$$

对这个公式需要说明以下几点：

(1) 每两个加号之后有两个减号.

(2) 要从 n 减去的数 1，2，5，7，12，15…诸数，若取其差，则易见其规律：

数 1，2，5，7，12，15，22，26，35，40，51，57，70，77，92，100，…

差 1，3，2，5，3，7，4，9，5，11，6，13，7，15，8，…

事实上，在这差的序列里根据交替出现的全部整数 1，2，3，4，5，6，…与奇数 3，5，7，9，11，…可把这个序列无限往下写得任意长.

(3) 这个序列虽然无穷，但每次只取到 $\sigma()$ 中的数大于零为止，不取 $\sigma()$ 中数为负数.

(4) 若公式中出现 $\sigma(0)$，则因 $\sigma(0)$ 不定，应以 n 代 $\sigma(0)$.

3 大胆应用类比和联想的巧匠

数学家希尔伯特曾经强调："数学知识终究是依赖于某种类型的直觉洞察力."这里的直觉洞察力包括观察法、归纳法、类比和联想等. 无论是俄罗斯数学家罗巴切夫斯基创立非欧几何，还是希尔伯特推广二次互反律的工作都离不开类比和联想. 下面以欧拉发现"自然数倒数平方和的公式"为例说明他是应用类比和联想的巧匠.

例 4 比欧拉稍早的杰出数学家雅克·伯努利 (Jacques Bernoulli) 对无穷级数的研究做了出色贡献，得出一些方法并求出几类特殊无穷级数的和，但他无法计算出如下级数的和：

$$\sum_{n=1}^{\infty}\frac{1}{n^2}=1+\frac{1}{2^2}+\frac{1}{3^2}+\frac{1}{4^2}+\cdots+\frac{1}{n^2}+\cdots$$

于是，他公开征求解法，当时雅克·伯努利写道："假如有人能够求出这个我们直到现在还未求出的和并能把它通知我们，我们将会很感谢他."但令人遗憾的是，直到他去世，都没有人给出解答. 数十年后，欧拉开始考虑这个问题，经多方尝试之后，经过巧妙的构造，采用把三角方程与代数方程相类比的方法，避开了从有限到无限类比所埋伏着的危险陷阱，圆满地得到了答案.

首先，他联想到只含偶次项的 $2n$ 次多项式方程

$$a_0-a_1x^2+a_2x^4-\cdots+(-1)^na_nx^{2n}=0(a_n\neq0).$$

假设其 $2n$ 个不同的根为 $\pm\beta_1$，$\pm\beta_2$，…，$\pm\beta_n$，则

$$a_0-a_1x^2+a_2x^4-\cdots+(-1)^n a_n x^{2n}=a_0\left(1-\frac{x^2}{\beta_1^2}\right)\left(1-\frac{x^2}{\beta_2^2}\right)\cdots\left(1-\frac{x^2}{\beta_n^2}\right).$$

比较上式两端 x^2 的系数，得到

$$a_1=a_0\left(\frac{1}{\beta_1^2}+\frac{1}{\beta_2^2}+\cdots+\frac{1}{\beta_n^2}\right).$$

这里出现了根的平方的倒数和形式，这与所求解的级数和问题有些类似，为了把这有限项的和推广到无限项的和，欧拉通过有限与无限的类比，利用自己推出的关于 $\sin x$ 的幂级数展开式，又研究三角方程

$$\frac{\sin x}{x}=1-\frac{x^2}{3!}+\frac{x^4}{5!}-\frac{x^6}{7!}+\cdots+(-1)^n\frac{x^{2n}}{(2n+1)!}+\cdots=0.$$

欧拉将以上方程看作只含有偶数次项的无限多次多项式方程，其根为 $\pm\pi$，$\pm2\pi$，$\pm3\pi$，…，于是他大胆地采用类比方法，即仿照上述 $2n$ 次多项式方程由其根分解成乘积的形式，将以上无限次多项式方程分解成乘积形式，得

$$\begin{aligned}&1-\frac{x^2}{3!}+\frac{x^4}{5!}-\frac{x^6}{7!}+\cdots+(-1)^n\frac{x^{2n}}{(2n+1)!}+\cdots\\&=\left(1-\frac{x^2}{\pi^2}\right)\left(1-\frac{x^2}{4\pi^2}\right)\left(1-\frac{x^2}{9\pi^2}\right)\left(1-\frac{x^2}{4\pi^2}\right)\cdots\left(1-\frac{x^2}{n^2\pi^2}\right)\cdots\end{aligned}$$

比较上式两端 x^2 的系数，得到

$$\frac{1}{3!}=\frac{1}{\pi^2}+\frac{1}{2^2\pi^2}+\frac{1}{3^2\pi^2}+\cdots+\frac{1}{n^2\pi^2}+\cdots$$

所以

$$\sum_{n=1}^{\infty}\frac{1}{n^2}=1+\frac{1}{2^2}+\frac{1}{3^2}+\frac{1}{4^2}+\cdots+\frac{1}{n^2}+\cdots=\frac{\pi^2}{6}.$$

欧拉深知他的结论是大胆的，也曾仔细地对 $\sum\limits_{n=1}^{\infty}\frac{1}{n^2}$ 和 $\frac{\pi^2}{6}$ 做了精确度较高的计算，然后确信这个猜想是正确的. 欧拉写道："这种方法是新的并且还从来没有这样用过."

4 使用母函数方法的先驱

母函数的名称是拉普拉斯取的，但是在拉普拉斯还没有给出这个名称之前，欧拉在他的文章中已经使用了母函数的方法，他应用这种方法解决了组合分析和数据论中的若干问题.

母函数就像口袋，可以装许多零碎的东西. 我们把携带方便的零碎的东西都放在口袋里，就只需携带单独一个对象了. 完全类似地，分别处理数列 a_0，a_1，a_2，…中的各

项不方便，但把它们都放在幂级数（母函数）$\sum a_n x^n$ 里，就只需处理一个数学对象了.

严格地说，给定无穷级数 a_0，a_1，a_2，…，a_n，…构成形式幂级数

$$f(x)=a_0+a_1x+a_2x+\cdots+a_nx^n+\cdots$$

则称 $f(x)$ 为数列 $\{a_n\}$ 的母函数.

因此，母函数法实质上是一种变换法，它把数列 $\{a_n\}$ 变换为形式幂级数

$$f(x)=\sum_{n=0}^{\infty}a_nx^n,$$

从而有可能把对数列的研究转化为对函数的研究，如果形式幂级数收敛于某一函数的话，则这种方法可在数学的许多领域内广泛地被采用.

例 5 欧拉最先使用母函数方法得到例 3 中指出的“整数因子和的一个奇特规律”，限于篇幅，本文不再重复其推导过程，有兴趣的读者可查看在 G. 波利亚的名著《数学与猜想——数学中的归纳和类比》中记录的欧拉的一篇研究报告：关于整数因子和的一个非常奇特规律的发现.

5 图论和拓扑思想的启蒙者

拓扑学是一门年轻而富有生命力的学科. 它萌发于 17 或 18 世纪，但到 19 世纪才开始得到发展. 20 世纪以来，拓扑学是数学中发展最迅猛、研究成果最丰富的领域，成为十分重要的基础学科. 而欧拉对哥尼斯堡七桥问题的研究和多面体欧拉定理的发现在该学科诞生之初就画上浓墨重彩的一笔，具有极其重要的意义.

例 6 在 18 世纪普鲁士的哥尼斯堡镇有这样一则故事，那里有一个“奈发夫”的小岛，风景优美，景色宜人，普莱格尔河绕流其旁，将小岛自然分割成两个部分，在被分开的两部分中，一部分与陆地两边各有两座桥相通，另一部分与陆地两边各有一座桥相通，两部分之间有一座桥相连，这就是哥尼斯堡的七座桥（见图 3 左）. 当时，那里的居民热衷于这样一个问题：一个旅游者在这里逍遥散步，怎样才能一次走遍七座桥而不重复，这便是著名的“哥尼斯堡七桥问题”，他们试了很久都没有成功，便向当时最负盛名的数学家欧拉求助.

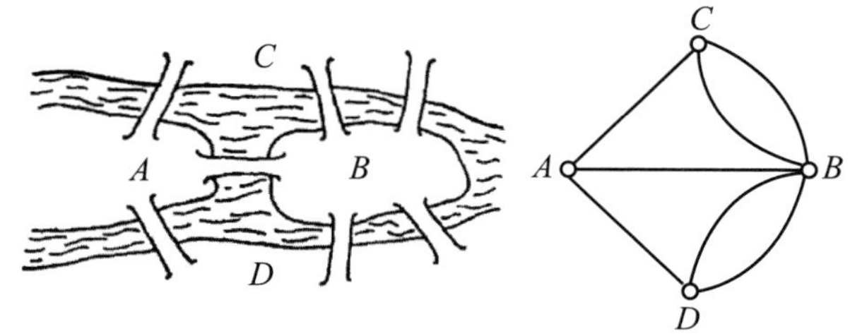

图 3　哥尼斯堡七桥问题

问题到了欧拉那里，他把陆地用一个点来代替，而每一座桥用一条线来表示，从而得到一个网络图（见图 3 右），这就建立起哥尼斯堡七桥问题的一个数学模型，通过这个模型，用纸笔即可研究原问题，极大地提高了工作品质与效率.

1736 年，欧拉在彼得堡科学院的《哥尼斯堡七座桥》的论文报告中提出并解决了一

个推广的问题：给定任意一个河道图与任意多座桥，要判断是否可能每座桥恰好走过一次且走遍所有的桥. 他的结论是：如果通奇数座桥的地方不止两个，所要求的路线是找不到的；然而如果只有两个地方通奇数座桥，可以这两个地方之一为出发点，找出所求的路线；如果没有一个地方通奇数座桥，那么无论从哪里出发，所求的路线总能实现. 这个判别准则，就是网络中的一笔画定理. 欧拉用这个判别准则，很快地就判断了要一次不重复走遍哥尼斯堡的七座桥是不可能的.

欧拉用一笔画定理作为判别准则，显然是十分重要的，尤其是他解决这个难题的方法更是出奇制胜. 以往，人们在试图解决这个难题的过程中关注的是桥，运用穷举法，企图尝试所有可能性，但所有可能性的组合数目又太大，实际做起来太困难了. 欧拉则另辟蹊径，他的着眼点放在被河道分开的不同陆地上. 如果通往这块陆地有偶数座桥，那么进来后总可以出去. 如果通往这块陆地有奇数座桥，那么只能作为步行的开始或结尾. 如果通奇数座桥的陆地多于两块，那么一次走完所有的桥而不重复是不可能的，而哥尼斯堡的七座桥连接的四块陆地都通奇数座桥，故一次走完七座桥的散步方式根本不存在. 欧拉解决这一难题时，所表现出来的彻底、精辟、完美的见解，使很多人望尘莫及. 人们把欧拉的思想进一步抽象，即得到树、枝、圈、网等图论的概念.

欧拉从哥尼斯堡的七座桥把问题引了出来，但是他却着眼于更一般的问题，他把陆地当作顶点，把连接两陆地的桥作为路而形成一个网，这就抓住了问题的实质，使问题立即转化为一个几何问题. 当然，这种几何与欧氏几何不同，它只讨论与位置有关的因素，而不管尺寸的长短与大小，这就给莱布尼茨早先提出的“位置几何学”找到一个实际模型，科学需要抽象，正确的抽象更接近于事物的本质，数学更要借助于抽象，数学的抽象更好地揭示了量与量之间的关系，许多人对七座桥问题产生了浓厚的兴趣，但又不能解决它，因为他们的出发点只是把七座桥问题当作一种具体游戏，看到和想到的仍然是岛、桥、河、陆，而欧拉则从中跳了出来，换一个角度去思考，他看到和想到的则是点、弧、圈、网、奇偶搭配，把一个实际问题抽象为数学模型，运用数学推理给出一般的解答（称为数学模型法或抽象度分析法）. 因此，他不仅顺利解决了具体的问题，而且能够提出更一般的概念、提出新的数学思想（图论思想）、开创新的数学方法（抽象度分析法）.

欧拉并没有满足于上述解答，他继续向前走，将其演变成多面体理论，得到前述的多面体的欧拉定理的证明，它也成为拓扑学的第一个定理，开创了拓扑思想之先河. 这个定理的证明使我们看到了几何问题的一种更内涵的性质，即只要在任何不致造成图形各部分断裂和粘连的变形下，这些性质依然被保留着. 我们称图形的这种性质为拓扑不变性质，它可以被比较严格地描述为“几何图形在一对一的双方连续变换（同胚）下保持不变的性质”，拓扑学就是研究这些拓扑不变性质和不变量的数学分支.

作者：朱华伟. 原载：《数学通讯》2004 年第 13 期.

2-3 归纳的引入、应用、练习与反例[①]

在《普通高中数学课程标准（实验）》（以下简称《标准》）选修 1-2、选修 2-2“推理与证明”中，要求“结合已学过的数学实例和生活中的实例，了解合情推理的含义，能利用归纳和类比等进行简单的推理，体会并认识合情推理在数学发现中的作用”. 本文依据《标准》的内容与要求、说明与建议，对“归纳”这一节的内容安排做一些探讨.

1 归纳的引入

用手扔出一枚石子，它会掉下来，又扔一个玻璃球，它也会掉下来，再扔一个苹果，它还是会掉下来. 我们会想到：不管扔的是什么东西，它都是会掉下来的；进一步去想这是为什么，想到最后，认为是由于地球有引力. 但是，我们并没有把每件东西都扔上去试一试，试了若干次，就认为这是普遍规律.

像这样由一系列有限的特殊事例得出一般结论的推理方法叫作归纳（Induction）.

农谚“瑞雪兆丰年”“霜下东风一日晴”等，就是农民根据多年的实践经验进行归纳的结果.

在物理、化学、生物、医学等许多实验科学的研究中，用归纳推理来验证一条定理、一个假说是常有的事，理论上对不对，可用实验来验证.

2 归纳的应用

归纳常常从观察开始. 一个生物学家会观察鸟的生活，一个晶体学家会观察晶体的形状，一个数学家会观察数和形.

例 1 观察下列等式：

$1=1^2$,

$1+3=2^2$,

$1+3+5=3^2$,

$1+3+5+7=4^2$,

$1+3+5+7+9=5^2$,

…

① 本文原名《高中数学新课程标准中的归纳》，此处略有改动.

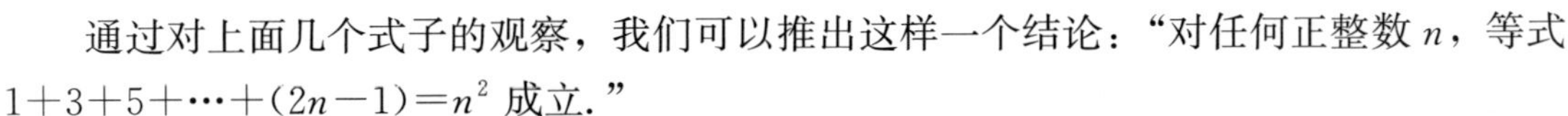

通过对上面几个式子的观察，我们可以推出这样一个结论：“对任何正整数 n，等式 $1+3+5+\cdots+(2n-1)=n^2$ 成立.”

例 2 哥德巴赫猜想.

观察

$$6=3+3,$$
$$8=3+5,$$
$$10=3+7=5+5,$$
$$12=5+7,$$
$$14=3+11=7+7,$$
$$16=3+13=5+11,$$
$$\cdots$$

归纳猜想：任何一个大于 4 的偶数都可以表示成两个奇素数之和. 这就是著名的哥德巴赫猜想，这个猜想至今没有得到证明.

例 3 费马大定理.

我国早在商周时代（约公元前 1100 年）就已经知道了不定方程 $x^2+y^2=z^2$ 至少有一组正整数解：$x=3$，$y=4$，$z=5$.

法国数学家费马（Fermat，1601—1665）在阅读古希腊数学家丢番图《算术》一书的第Ⅱ卷第 8 命题“将一个平方数分为两个平方数的和”时，他想到了更一般的问题，在页边空白处写下了如下一段话：

“将一个立方数分为两个立方数的和，一个四次方数分为两个四次方数的和，或者一般地，将一个 n 次方数分为两个同次方数的和，这是不可能的. 关于此，我确信已找到了一个真正奇妙的证明，可惜这儿的空间太小，写不下.”

这段叙述用现代数学语言来说，就是

“当整数 $n>2$ 时，方程

$$x^n+y^n=z^n$$

没有正整数解”.

这就是著名的费马大定理. 这个结论费马认为可以证明，但并没有给出证明过程. 这个困惑了世间智者 358 年的猜想，终于在 1996 年获证.

运用归纳推理的一般步骤为：首先，通过观察特例发现某些相似性（特例的共性或一般规律）；然后，把这种相似性推广为一个明确表述的一般性命题（猜想）；最后，对所得出的一般性命题进行检验.

3 可供选择的练习

练习：

(1) 观察下面的几个算式，找出规律：

$1+2+1=4$，

$1+2+3+2+1=9$，

$1+2+3+4+3+2+1=16$，

$1+2+3+4+5+4+3+2+1=25$，

…

利用上面的规律，请你迅速算出：

$1+2+3+\cdots+99+100+99+\cdots+3+2+1=$________.

（2）观察下列等式：

$1^3=1^2$，

$1^3+2^3=3^2$，

$1^3+2^3+3^3=6^2$，

$1^3+2^3+3^3+4^3=10^2$，

…

想一想，等式左边各项幂的底数与右边幂的底数有什么关系？猜一猜可以引出什么规律，并把这个规律用等式写出来.

（3）等差数列的通项公式.

设等差数列 $\{a_n\}$ 的公差是 d，那么

$a_1=a_1+0d$，

$a_2=a_1+d=a_1+1d$，

$a_3=a_2+d=a_1+2d$，

$a_4=a_3+d=a_1+3d$，

…

由此，猜想等差数列的通项公式是 $a_n=$________.

（4）等比数列的通项公式.

设等比数列 $\{a_n\}$ 的公比是 q，那么

$a_2=a_1q$，

$a_3=a_2q=a_1q^2$，

$a_4=a_3q=a_1q^3$，

…

由此，猜想等比数列的通项公式是 $a_n=$________.

（5）下面由火柴杆拼成的一列图形中，第 n 个图形由 n 个正方形组成：

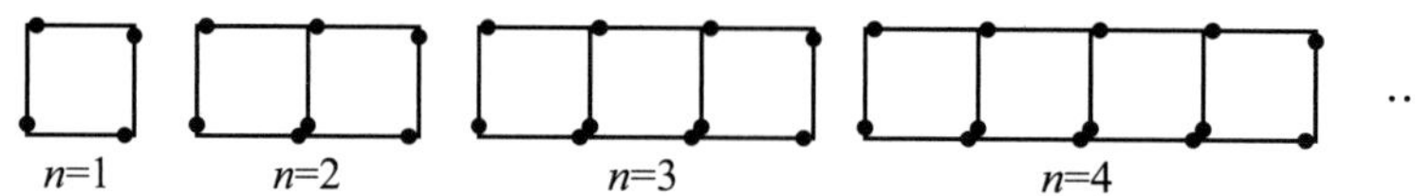

通过观察可以发现：第 4 个图形中，火柴杆有________根；第 n 个图形中，火柴杆有________根.

(6) 观察下列各正方形图案，每条边上有 $n(n\geqslant 2)$ 个圆点，每个图案中圆点的总数是 S.

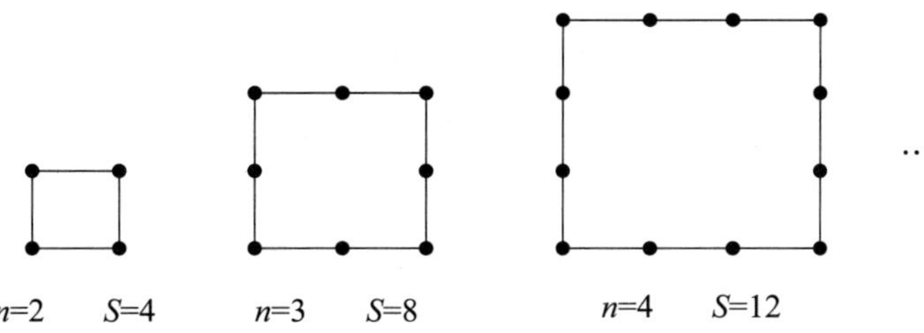

按此规律推断出 S 与 n 的关系式为________.

(7) 1) 图 (a)、(b)、(c)、(d) 为四个平面图. 数一数，每个平面图各有多少个顶点？多少条边？它们围成了多少个区域？请将结果填入下表（按填好的样子做）.

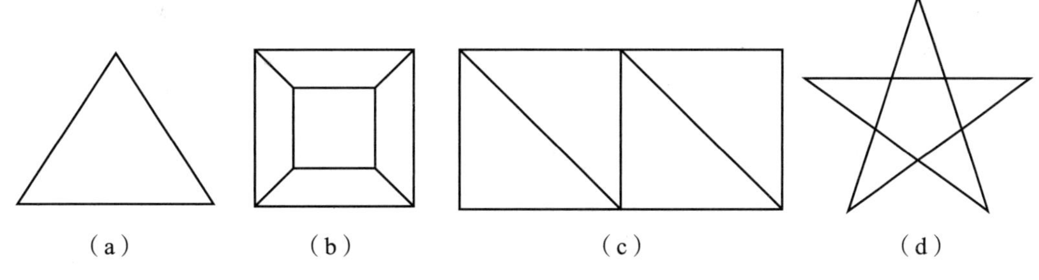

第 7 题图

	顶点数	边数	区域数
(a)	3	3	1
(b)			
(c)			
(d)			

2) 观察上表，推断一个平面图的顶点数、边数、区域数之间有什么关系.

3) 现已知某个平面图有 999 个顶点，且围成了 999 个区域，试根据以上关系确定这个图有多少条边.

(8) 角谷猜想.

任取一个大于 2 的自然数，反复进行下述两种运算：

1) 若是奇数，就将该数乘以 3 再加上 1；

2) 若是偶数，则将该数除以 2.

例如，对 3 反复进行这样的运算，有：

$$3\to10\to5\to16\to8\to4\to2\to1.$$

对 4，5，6 反复进行上述运算，其最终结果也都是 1，再对 7 进行这样的运算，有：

$$7\to22\to11\to34\to17\to52\to26\to13\to40\to20\to10\to5\to16\to8\to4\to2\to1.$$

运用归纳推理建立猜想：从任意一个大于 2 的自然数出发，反复进行 1)、2) 两种运算，最后必定得到 1. 这个猜想后来被人们多次检验，发现对 7 000 亿以下的数都是正确的，究竟是否对大于 2 的一切自然数都正确，至今还不得而知.

(9) 已知数列

$$\frac{1}{1\times2},\frac{1}{2\times3},\frac{1}{3\times4},\cdots,\frac{1}{n(n+1)},\cdots,$$

S_n 为其前 n 项和，计算 S_1，S_2，S_3，由此推测计算 S_n 的公式，并用数学归纳法给出证明.

(10) 已知数列

$$\frac{8\times1}{1^2\times3^2},\frac{8\times2}{3^2\times5^2},\cdots,\frac{8n}{(2n-1)^2(2n+1)^2},\cdots,$$

S_n 为其前 n 项和，计算得

$$S_1=\frac{8}{9},\quad S_2=\frac{24}{25},\quad S_3=\frac{48}{49},\quad S_4=\frac{80}{81}.$$

观察上述结果，猜测计算 S_n 的公式，并用数学归纳法加以证明.

(11) 在平面上有 n 条直线，任何两条都不平行，并且任何三条都不交于同一点，问这些直线把平面分成多少部分?

4 反例

用归纳推理可以帮助我们从具体事例中发现一般规律. 但是应该注意，仅根据一系列有限的特殊事例所得出的一般结论不一定可靠，这只是一种合情推理，其结论正确与否，还需要经过理论的证明和实践的检验.

例 4 设 $f(x)=x^2+x+11$，取 $x=1$，2，3，…，9，则

$$\begin{aligned}&f(1)=13,f(2)=17,f(3)=23,\\&f(4)=31,f(5)=41,f(6)=53,\\&f(7)=67,f(8)=83,f(9)=101.\end{aligned}$$

可以看出，这些值都是质数.

从这些特殊情况可以归纳出：当 x 为正整数时，$f(x)=x^2+x+11$ 的值都是质数，那就是错误的.

事实上，当 $x=10$ 时，$f(10)=10^2+10+11=121$，这是个合数.

尽管由归纳推理所得的结论虽然未必是可靠的，还需要进一步检验，但它由特殊到一般，由具体到抽象的认识功能，对于科学的发现是十分有用的. 观察、实验，对有限的资料作归纳整理，提出猜想，乃是科学研究的最基本的方法之一.

作者：朱华伟，史亮. 原载：《数学通讯》2005 年第 13 期.
人大复印资料《初中数学教与学》2005 年第 11 期.

2-4 类比的引入、应用、练习与危险①

在《普通高中数学课程标准（实验）》（以下简称《标准》）选修 1－2、选修 2－2“推理与证明”中，要求“结合已学过的数学实例和生活中的实例，了解合情推理的含义，能利用归纳和类比进行简单的推理，体会并认识合情推理在数学发现中的作用”．本文依据《标准》的内容与要求、说明与建议，对“类比”这一节的内容安排做一些探讨．

1 类比的引入

传说木工用的锯子是鲁班发明的．有一天，鲁班到山上去，手指突然被一根丝毛草划破了一道口子．一根小草怎么会这样厉害呢？鲁班仔细一看，发现草叶子的边缘生着许多锋利的小齿．他立即想到，如果照着丝毛草叶子的模样，用铁片打制一把带利齿的工具，用它在树上来回拉，不就可以很快地将树割断吗？回去后，鲁班马上打造了一把这样的工具，这就是锯子．

聪明的鲁班在这里所使用的推理方法称为类比（Analogy）．类比是根据两个不同的对象在某方面的相似之处，推测出这两个对象在其他方面也可能有相似之处，如根据带齿的草叶与带齿的铁片结构相似，由前者能划破手指，推出后者能割断树木．到了近代，这种仿照生物机制的类比便发展成了一门新兴的学科，即近代仿生学．例如，潜水艇的设计思想来自鱼类在水中浮沉之生物机制的类比．

2 类比的应用

类比是一种相似，即类比的对象在某些部分或关系上相似．文学艺术与科学研究都充满了类比．类比用得好，在文学作品中可使文章大为生色，在科学研究中可引出新的发现．

“问君能有几多愁，恰似一江春水向东流”用的就是类比．

代数中根据分式与分数都具有分子、分母这个相同的形式，从而推出分式具有与分数相似的性质，分式可以如分数一样进行化简和运算，这就是类比．

我们在学习立体几何时常常类比平面几何，将在平面几何中成立的结论进行推广，得到许多类似的结论．

例 1 长方形和长方体，如图 1 所示．

长方形的每一边恰与另一边平行，而与其余的边垂直．

长方体的每一面恰与另一面平行，而与其余的面垂直．

---

① 本文原名《高中数学新课程标准中的类比》，此处略有改动．

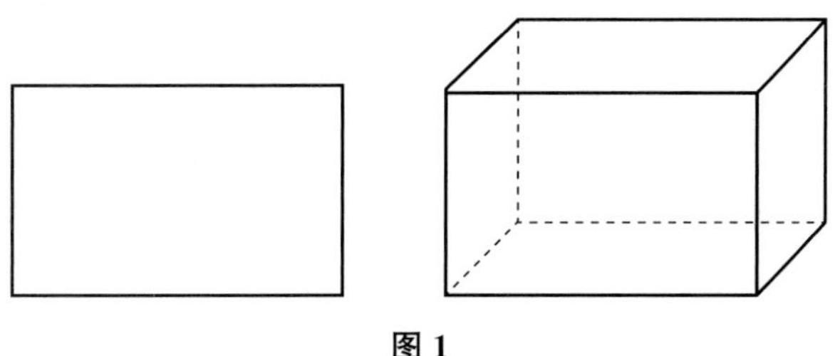

图 1

这两种几何图形间可以建立类比关系，如表 1 所示.

表 1　长方形与长方体性质类比

长方形	长方体
每相邻两边互相垂直	每相邻两棱互相垂直 每相邻两面互相垂直
对边互相平行	对棱互相平行
对边长度相等	对棱互相相等
两条对角线相等	四条对角线相等
对角线互相平分	对角线互相平分
对角线的平方等于长和宽的平方和	对角线的平方等于长、宽、高的平方和
面积等于两邻边的乘积 $S=ab$	体积等于长、宽、高的乘积 $V=abc$

例 2　平面上的圆与空间中的球的类比，如表 2、表 3 所示.

表 2　圆与球概念的类比

平面几何中的概念	立体几何中的类似概念
圆	球
圆的切线	球的切面
圆的弦	球的截面圆
圆的周长	球的表面积
圆的面积	球的体积

表 3　圆与球性质的类比

圆的性质	球的性质
圆心与弦（非直径）中点的连线垂直于弦.	球心与截面圆（不经过圆心的小截面圆）圆心的连线垂直于截面圆.
与圆心距离相等的两弦相等；与圆心距离不等的两弦不等，距圆心较近的弦较长.	与球心距离相等的两个截面圆相等；与球心距离不等的两个截面圆不等，距球心较近的截面圆较大.
……	……

例 3 医药试验不宜直接在人体上进行. 老鼠、猴子与人在身体结构上具有类似之处，于是，有理由相信，在这些动物身上的试验结果类似于在人体上试验的结果.

类比是从人们已经掌握的事物的属性，推测正在研究中的事物的属性，它以旧有认识为基础，类比出新的结果. 运用类比推理的一般步骤为：首先，找出两类比对象之间可以确切表述的相似性；然后，用一类对象的性质去推测另一类对象的性质，从而得出猜想；最后，检验猜想.

3 可供选择的练习

(1) 线段、三角形与四面体，如图 2 所示.

线段是直线（一维空间）上的最简单的封闭图形，它由两点围成.

三角形是平面（二维空间）上的最简单的封闭图形，它由三条直线围成；在平面上，两条直线围不成封闭图形.

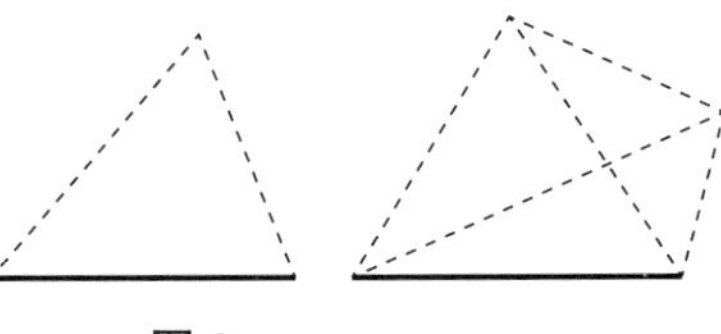

图 2

四面体是空间（三维空间）上的最简单的封闭图形，它由四张平面围成；在空间上，三张平面围不成封闭图形.

这三种图形之间可以做类比，这种类比是在不同维数的空间之间进行的.

如果我们把线段叫 1 维单形，三角形叫 2 维单形，四面体叫 3 维单形，那么单形的概念可以推广到高维空间中，例如我们可以考虑 4 维单形、5 维单形等.

(2) 将椭圆与双曲线相应概念、性质作类比，见表 4.

表 4 椭圆与双曲线中概念与性质的类比

椭圆：$\frac{x^2}{a^2}+\frac{y^2}{b^2}=1$	双曲线：$\frac{x^2}{a^2}-\frac{y^2}{b^2}=1$
对称性（x 轴，y 轴、原点）	对称性
焦点（$\pm c$，0），$c=\sqrt{a^2-b^2}$	焦点
离心率 $e=\frac{c}{a}<1$	离心率
准线 $x=\pm\frac{a^2}{c}$	准线
长轴长 $2a$	实轴长
短轴长 $2b$	虚轴长
椭圆上一点 $M(x_0, y_0)$ 处的切线方程$\frac{x_0x}{a^2}+\frac{y_0y}{b^2}=1$	双曲线上一点 $M(x_0, y_0)$ 处的切线方程

(3) 著名的欧姆定律就是德国物理学家欧姆在 1826 年把电传导系统与热传导系统作

类比而得出的. 电流 I 与热量 Q 相当，电压 V 同温差 ΔT 相当，电阻 R 与比热 c 的倒数相当. 电传导与热传导系统的类比见表 5.

表 5 电传导与热传导系统的类比

电传导系统	热传导系统
I（电流）	Q（热量）
V（电压）	ΔT（温差）
R（电阻）	$\frac{1}{c}$（比热的倒数）

在热传导系统中有关系式：

$$Q=mc\Delta T(m\text{ 是质量}),$$

于是，就可猜想在电传导系统中有关系式：

$$I=\frac{1}{R}V,$$

这就是欧姆定律.

（4）已知正三角形内任一点 P 到三个边的距离之和等于三角形的高. 我们可以猜测：正四面体有什么性质呢？如果我们把三角形的边和正四面体的棱对应起来，正三角形有三条边，而正四面体有六条棱是不对称的. 同样，三角形的高是一个顶点到对边的距离，那么正四面体是一个顶点到对棱的距离也是不对称的. 但是我们可以建立以下的对应关系，见表 6.

表 6 正三角形与正四面体性质的类比

正三角形	正四面体
有三条边	有四个面
顶点到对边的距离为高	顶点到对面的距离为高
平面上封闭图形	空间中封闭图形
点到线的距离	点到面的距离

于是，类比正三角形，我们可以得到正四面体的什么性质？请给出证明.

（5）将直角三角形与直四面体进行类比，把勾股定理推广到三维空间.

（6）在等差数列 $\{a_n\}$ 中，若 $a_{10}=0$，则有等式

$$a_1+a_2+\cdots+a_n=a_1+a_2+\cdots+a_{19-n}(n<19,n\in N^+)$$

成立. 在等比数列 $\{b_n\}$ 中，若 $b_9=1$，类比上述性质，写出相应成立的等式，并给出证明.

4 类比的危险

应用类比推理应当注意：只有本质上相同或相似的事物才能进行类比. 如果把仅仅形式上相似而本质上都不相同的事物不分青红皂白地乱类比，就会造成错误.

例如把 $a(a+b)$ 与 $\log_a(x+y)$ 或 $\sin(x+y)$ 类比，把 $(ab)^n$ 与 $(a+b)^n$ 类比，常造成下列错误：

$$\log_a(x+y)=\log_a x+\log_a y,$$
$$\sin(x+y)=\sin x+\sin y,$$
$$(a+b)^n=a^n+b^n.$$

在数学教学中要注意防止这种形式主义的类比，其方法主要是使学生对于符号所表示的内容做到深刻理解. 类比与归纳一样，也是一种合情推理，是一种发现的方法而不是论证的方法，其结论正确与否，必须经过严格证明.

作者：朱华伟，史亮. 原载：《数学通讯》2006 年第 1 期.

2-5 演绎的引入、应用与练习

在《普通高中数学课程标准（实验）》（以下简称《标准》）选修1-2、选修2-2“推理与证明”中，要求“结合已学过的数学实例和生活中的实例，体会演绎推理的重要性，掌握演绎推理的基本方法，并能运用它们进行一些简单推理. 通过具体实例，了解合情推理和演绎推理之间的联系和差异.”本文依据《标准》的内容和要求、说明与建议，对“演绎推理”这一节的内容安排做一些探讨.

1 演绎推理的引入

演绎推理与归纳推理的过程相反，它是从一般到特殊的推理.

演绎推理的主要形式就是由大前提、小前提推出结论的三段论式推理.

例1 大前提：马有四条腿；

小前提：白马是马；

结　论：白马有四条腿.

这是三段论式推理常用的一种格式，可以用以下公式来表示：

$$\begin{array}{l}\text{M—P(M 是 P)}\\ \underline{\text{S—M(S 是 M)}}\\ \text{S—P(S 是 P)}\end{array}$$

三段论的公式中包含三个判断：

第一个判断称为大前提，它提供了一个一般的事实或道理；

第二个判断称为小前提，它指出了一个特殊情况；

这两个判断联合起来揭示了一般事实或道理和特殊情况的内在联系，从而产生了第三个判断——结论.

三段论式推理的根据，用集合的观点来讲，就是：若集合M的所有元素都具有性质P，S是M的子集，那么S中所有元素都具有性质P.

演绎推理是一种必然性推理，演绎推理的前提与结论之间有蕴涵关系，因而，只要大前提、小前提都是真实的，推理的形式是正确的，结论就必是真实的. 但错误的前提可能导致错误的结论.

2 演绎推理的应用

数学理论都是用演绎推理组织起来的. 每一个数学理论都是一个演绎体系. 最典型的例子就是欧几里得几何，它是建立在五组公理之上的演绎体系.

例 2 用三段论证明：

直角三角形两锐角之和为 90°.

证明 因为任意三角形三内角之和为 180^0， （大前提）

而直角三角形是三角形， （小前提）

所以直角三角形三内角之和为 180^0. （结论）

设直角三角形两锐角为 α 和 β，则上面结论可表示为：

$$\alpha+\beta+90^0=180^0.$$

因为等量减等量差相等， （大前提）

而（$\alpha+\beta+90^0$）$-90^0=180^0-90^0$ 是等量减等量， （小前提）

所以 $\alpha+\beta=90^0$ 成立. （结论）

这里用了两次三段论来进行推理，在数学中有时要用很多次的三段论来证明一个命题，数学命题的证明过程就是一连串三段论的有序组合. 只是为了简洁，往往略去大前提或小前提，甚至有的大前提、小前提全省略. 如：

完整式：

一切直角都相等， （大前提）

这两个角是直角， （小前提）

所以，这两个角相等. （结论）

省略式：

因为这两个角是直角， （小前提）

所以这两个角相等. （结论）

或省略式：

两个直角相等. （结论）

例 3 用三段论证明：$C_n^0+C_n^1+C_n^2+\cdots+C_n^n=2^n$.

证明 二项展开式

$$(a+b)^n=C_n^o a^n+C_n^1 a^{n-1}b+C_n^2 a^{n-2}b^2+\cdots+C_n^n b^n,$$ （大前提）

取 $a=b=1$，有 （小前提）

$$\begin{aligned}2^n&=(1+1)^n\\&=C_n^o 1^n+C_n^1 1^{n-1}1+C_n^2 1^{n-2}1^2+\cdots+C_n^n 1^n\\&=C_n^o+C_n^1+C_n^2+\cdots+C_n^n.\end{aligned}$$ （结论）

3 可供选择的练习

把下列各个推理还原成三段论：

(1) 因为$\angle ABC$和$\angle ACB$是等腰$\triangle ABC$的两底角，所以$\angle ABC=\angle ACB$.

(2) A、B、C三点可以确定一个圆，因为它们不在同一直线上.

(3) 一圆周角所对的弦是直径，则它是一直角.

用三段论证明：

(1) 矩形的两条对角线互相平分.

(2) 如果两条直线都和第三条直线垂直，那么，这两条直线平行.

(3) 在梯形$ABCD$中，$AD/\!/BC$，$AB=DC$，求证：$\angle B=\angle C$.

(4) 圆内两条非直径的弦相交，试证它们不能互相平分.

(5) 1) $C_n^0-C_n^1+C_n^2-C_n^3+\cdots+(-1)^nC_n^n=0$;

2) $C_n^0(1-x)^n+C_n^1x(1-x)^{n-1}+C_n^2x^2(1-x)^{n-2}+\cdots+C_n^nx^n=1$.

(6) 若a是不等于1的实数，则函数$y=\dfrac{x-a}{ax-1}$的图像关于直线$y=x$对称.

4 合情推理与演绎推理的关系

古希腊亚历山大城有一位久负盛名的学者——海伦. 有一天，一位远道而来的将军向他请教一个问题：

从A地出发到河边饮完马再到B地去，在河边哪个地方饮马可使路途最短？如图1所示.

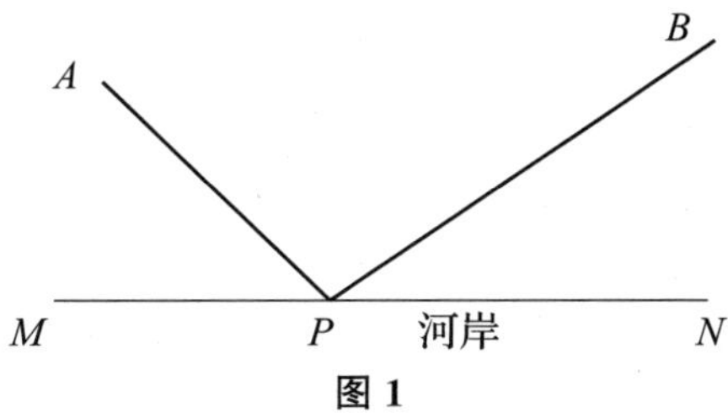

图1

海伦巧妙地类比光的反射原理给出了下面的解法：

要解决的问题是：如何在MN上选出一个点P，使$AP+BP$最短.

用合情推理的方法设想答案：从A到直线上一点P，再从P到B恰似光线的反射，因为光走最短路线，由此猜想，最短路线应该像光的反射线.

用合情推理构思证明：如果把MN看成镜子，把B点看作一只眼睛，从镜子里看A点的像点A^1，A^1点应该在镜子的背后，并且点A^1在BP的延长线上.

由此先作点A关于MN的对称点A^1，连接BA^1，交MN于P，P点即为所求.

用演绎法证明如下：

在 MN 上任取一点 P^1（异于点 P），如图 2 所示，则 $AP^1=P^1A^1$，$AP=PA^1$，从而

$$AP^1+P^1B=A^1P^1+P^1B>A^1B=A^1P+PB=AP+PB$$

由此可知：A 到 B 经 P 点距离最短.

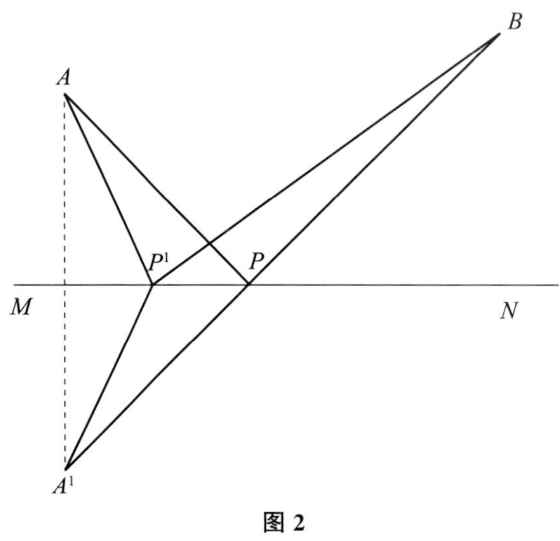

图 2

在探索自然规律时，首先要确定一个目标，或者提出一个要解决的问题；然后通过日常的实践、分析和合情推理，总结出一个预期的解决方案或猜想；最后还需对此猜想做出严格的证明. 证明的过程中则需要按演绎推理的规则进行，证明完一步，下一步又该如何演绎，仍需依靠合情推理提供思路，直至完成全部证明.

G. 波利亚曾指出："数学的创造过程与其他知识的创造是一样的，在证明一个定理之前，你先得猜想这个定理的内容，在你完全作出详细的证明之前，你先得猜想证明的思路. 你要先把观察到的结果加以综合，然后加以类比，你得一次又一次地去尝试. 数学家的创造性成果是论证推理（演绎推理），即证明，但这个证明是通过合情推理，通过猜想而发现的."G. 波利亚还认为："论证推理（演绎推理）是可靠的、无疑的和终决的. 合情推理是冒险的、有争议的和暂时的. 它们相互之间并不矛盾，而是相互补充的."

作者：朱华伟. 原载：《普通高中课程标准实验教科书 数学》选修 2-2（理科），湖南教育出版社，2005 年 6 月.

2-6 论推广

推广是数学研究中极其重要的手段之一，数学自身的发展在很大程度上依赖于推广. 数学家总是在已有知识的基础上，向未知的领域扩展，从实际的概念及问题中推广出各种各样的新概念、新问题.

一个数学命题由条件和结论两个部分组成，正确的数学命题揭示了条件与结论之间的必然联系. 一个数学命题的条件改变了，其结论也往往随之发生相应的变化. 推广就是扩大命题条件中有关对象的范围，或扩大结论的范围，即从一个事物的研究过渡到包含这一类事物的研究. 在数学命题推广的过程中，所使用的主要方法是归纳和类比. 从推广的方向看，有纵向推广和横向推广. 学科命题在本学科内深入发展叫作纵向推广；将本学科命题移植或类比引申到别的学科中叫作横向推广. 具体操作推广时，主要从考查命题的条件、结论或解题方法入手获得启发推广.

1 从低维到高维的推广

在初等数学中，我们习惯上把直线叫作一维空间，平面叫作二维空间，立体几何中所说的“空间”叫作三维空间. 除此之外，“维数”还泛指未知数的个数、变量的个数、方程的次数、不等式的次数、行列式的阶数、数表的阶数等. 数学家喜欢将数学问题从低维推广到高维，高维的问题往往比低维的问题要困难、复杂一些，因此将低维问题推广到高维问题也是数学竞赛命题者所喜爱的命题方法之一.

1963 年第 26 届莫斯科数学竞赛有这样一道试题：

若 a，b，c 为任意正数，求证：

$$\frac{a}{b+c}+\frac{b}{c+a}+\frac{c}{a+b}\geqslant\frac{3}{2}. \qquad ①$$

而下面的题目是流传甚广的（1988 年被移用为第二届友谊杯数学竞赛题）：

若 a，b，c 是三角形的三边，且 $2s=a+b+c$，则

$$\frac{a^2}{b+c}+\frac{b^2}{c+a}+\frac{c^2}{a+b}\geqslant s. \qquad ②$$

这样一来，通过观察①、②式的结构特点，可归纳出不等式：

【题 1】（第 28 届 IMO 预选题）试证：若 a，b，c 是三角形的三边，且 $2s=a+b+c$，则

$$\frac{a^n}{b+c}+\frac{b^n}{c+a}+\frac{c^n}{a+b}\geqslant\left(\frac{2}{3}\right)^{n-2}s^{n-1}\quad(n\geqslant 1).\qquad ③$$

运用归纳、类比的方法还可将③式做进一步推广.

观察②式，其左边是二阶循环的形式，我们联想到，若循环一阶会有怎样的结果？通过推敲得到：

$$\frac{x_1^2}{x_2}+\frac{x_2^2}{x_3}+\frac{x_3^2}{x_1}\geqslant x_1+x_2+x_3,\qquad ④$$

其中 x_1，x_2，$x_3>0$.

又容易联想到：$\frac{x_1^2}{x_2}+\frac{x_2^2}{x_1}\geqslant x_1+x_2$. ⑤

由④、⑤式归纳出更一般的不等式：

【题 2】（1984 年全国高中数学联赛试题）设 x_1，x_2，…，x_n 都是正数. 求证：

$$\frac{x_1^2}{x_2}+\frac{x_2^2}{x_3}+\cdots+\frac{x_{n-1}^2}{x_n}+\frac{x_n^2}{x_1}\geqslant x_1+x_2+\cdots+x_n.$$

再考虑将①式从三元（a，b，c）向 n 元（a_1，a_2，…，a_n）推广：

若 a_1，a_2，…，a_n 为正数，$n>1$，则

$$\frac{a_1}{a_2+a_3+\cdots+a_n}+\frac{a_2}{a_1+a_3+\cdots+a_n}+\cdots+\frac{a_n}{a_1+a_2+\cdots+a_{n-1}}\geqslant\frac{n}{n-1}.\qquad ⑥$$

⑥式左边分式都是一次的，我们猜测能否升次，于是有

【题 3】（第 30 届 IMO 预选题）设 $k\geqslant 1$，a_i（$i=1$，2，…，n）是正实数，证明：

$$\left(\frac{a_1}{a_2+a_3+\cdots+a_n}\right)^k+\left(\frac{a_2}{a_1+a_3+\cdots+a_n}\right)^k+\cdots+\left(\frac{a_n}{a_1+a_2+\cdots+a_{n-1}}\right)^k\geqslant\frac{n}{(n-1)^k}.$$

关于这个问题的进一步研究，详见《一道 IMO 备选题的溯源与推广 》[朱华伟. 中学数学，1991（3）].

2003 年 IMO 保加利亚国家队选拔考试有一道和不等式①、②结构类似的问题：

【题 4】 已知 a，b，c 是正实数，且 $a+b+c=3$，求证：

$$\frac{a}{b^2+c}+\frac{b}{c^2+a}+\frac{c}{a^2+b}\geqslant\frac{3}{2}.$$

考虑从三元（a，b，c）向 n 元（a_1，a_2，…，a_n）推广则有：

【题 5】（2007 年女子数学奥林匹克试题）设整数 $n>3$，非负实数 a_1，a_2，…，a_n 满足

$$a_1+a_2+\cdots+a_n=2.$$

求$\frac{a_1}{a_2^2+1}+\frac{a_2}{a_3^2+1}+\cdots+\frac{a_n}{a_1^2+1}$的最小值.

我们知道，平面上给定 n 个点（$n\geqslant 3$），任意三点不共线，则这 n 个点中一定存在两点 A，B，使其余 $n-2$ 个点都在直线 AB 外，这太平凡了，不过让我们耐心一点，看能否做一点推广.

若将两点 A，B 扩充为三点 A，B，C 会有什么结果呢？任意三点不共线，则是否存在三点 A，B，C 构成一个三角形，使得其余 $n-3$ 个点一定在$\triangle ABC$ 之外呢？回答是肯定的. 于是有

【题 6】 平面上给定 n 个点（$n\geqslant 3$），任意三点不共线. 求证：在这 n 个点中存在三个点 A，B，C，使其余 $n-3$ 个点都在$\triangle ABC$ 之外.

在此基础上，再向空间推广，将$\triangle ABC$ 与四面体 $ABCD$ 做类比，有

【题 7】 空间给定 n 个点（$n\geqslant 4$），任意三点不共线，任意四点不共面. 求证：在这 n 个点中存在四个点 A，B，C，D，使其余 $n-4$ 个点都在四面体 $ABCD$ 之外.

在平面几何中有下述结论：

AB，CD 分别是两个圆的外公切线和内公切线，且满足点 A，C 位于同一个圆上，点 B，D 位于另外一个圆上. 求证：AC，BD 在两圆心的连线上的射影长相等.

对平面上的情形，这个问题是简单的，我们将这个问题推广到空间，则得到：

【题 8】 AB，CD 分别是两个球的切线，且满足点 A，C 位于同一个球上，点 B，D 位于另外一个球上. 求证：AC，BD 在两球心的连线上的射影长相等.

这道题的解答依赖于这样一个事实：两球的公切线的中点位于同一个平面上，且该平面与两球心的连线垂直.

2 从特殊向一般的推广

特殊与一般是数学研究中经常遇到的一对矛盾，当解决一个特殊的数学问题之后，人们往往力图把这一结果扩展开来，从不同角度加以推广. 从特殊向一般推广的主要类型有以下几种.

2.1 概念型

先找出已知命题中的条件或结论中的某个对象，把它作为类概念，然后扩展到与它邻近的种概念.

新加坡 1988 年有这样一道数学竞赛题（叙述略有改动）：

一个梯形被两条对角线分成四个三角形. 若 S_1，S_2 分别表示以梯形上、下底为底边且有公共顶点的两个三角形的面积，则梯形的面积 $S=(\sqrt{S_1}+\sqrt{S_2})^2$，即$\sqrt{S}=\sqrt{S_1}+\sqrt{S_2}$.

将此题条件中的对象——梯形作为类概念，扩展到与它邻近的种概念——凸四边形，其他条件不变，会有什么结论呢？经过推演可得：

【题 9】 设凸四边形 $ABCD$ 的对角线相交于 O，$\triangle AOB$ 和$\triangle OCD$ 的面积分别为 S_1，S_2，四边形 $ABCD$ 的面积为 S，求证：$\sqrt{S_1}+\sqrt{S_2}\leqslant\sqrt{S}$，其中等号成立当且仅当 $AB/\!/CD$.

2.2 状态型

把一个仅对某种或几种特殊状态（位置）成立的命题，推广到对一般状态（位置）都成立.

2 300 多年前，古希腊学者欧几里得系统地整理了当时的数学知识，写成了千古流传的名著《几何原本》.《几何原本》共 13 卷，包含了 465 条命题. 有趣的是，有一条非常基本的重要命题，它没有受到欧几里得时代数学家们的注意和重视（之后的 2 000 多年中也没有得到应有的重视）. 如果当初欧几里得或别的数学家重视了，几何学的历史有可能被改写，几何难学、几何解题无定法的局面早就改观了.

这是《几何原本》第 6 卷的命题一：

"等高三角形或平行四边形，它们彼此相比如同它们的底的比."

这里所谓的"它们彼此相比"指的是两个三角形或平行四边形的面积比. 命题中最有用的部分，是现在小学生都知道的事实，我们把它当作一个基本命题：

等高三角形的面积比等于底之比（见图 1).

具体地，若 P，A，Q 三点在一直线上，则对任一点 B 有：

$$\frac{\triangle PAB}{\triangle QAB}=\frac{PA}{QA}$$

这里$\triangle XYZ$ 也用来表示三角形 XYZ 的面积.

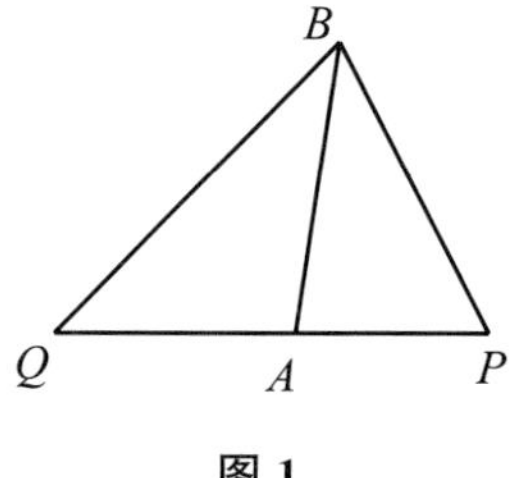

图 1

从基本命题只要再前进一步，就得到了在平面几何中举足轻重的共边定理.

若直线 PQ 和 AB 交于点 M（见图 2，有 4 种情形），则

$$\frac{\triangle PAB}{\triangle QAB}=\frac{PM}{QM}$$

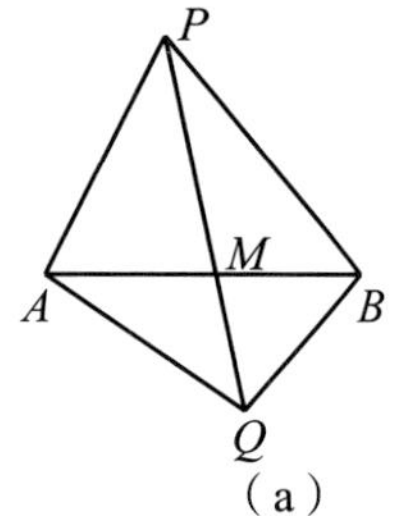

(a)

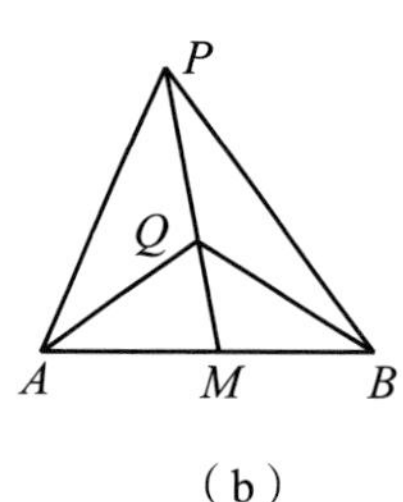

(b)

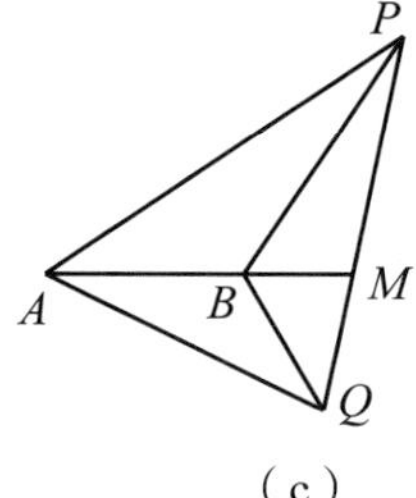

(c)

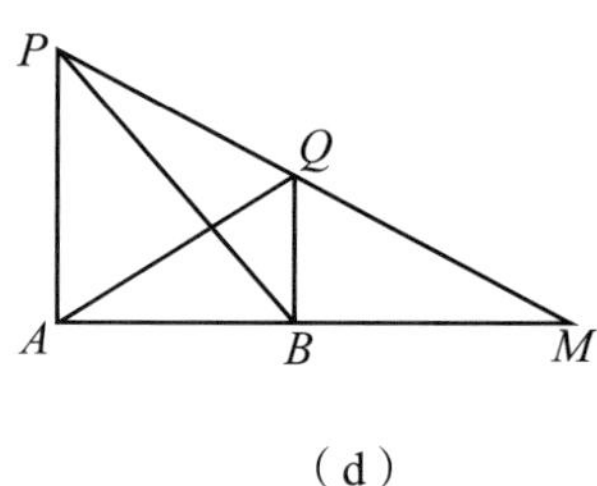

(d)

图 2

共边定理和基本命题的共同点，都是把两个三角形的面积比化成共线线段之比. 共边定理中若，B 在直线 PQ 上，就回到了基本命题. 所以，它是基本命题的推广. 基本命题如图 1 中的线段 PQ，AB 的位置变得更一般些，使 A 不在直线 PQ 上，再添上交点 M，就成了共边定理的图形了. 这一点改变很重要. 欧几里得时代的几何学家们，就是没有注意到这一点改变，才失去了这条无比重要的共边定理，也错过了发现平面几何机

械化解题方法的机会.

共边定理涉及平面几何构图中最常见的一个步骤：两直线 AB，PQ 交于一点 M. 要确定交点 M 的位置，本是一件不容易的事，它相当于解二元一次联立方程组. 而共边定理却用两个三角形的面积比简单地表示出 M 在线段 PQ 上的位置. 等式右端的 M，在左端不出现了，也就是被消去了. 这个事实，在几何问题的机械求解中起到了关键作用[①].

1990 年印度向第 31 届 IMO 提供了如下的题目（叙述及字母记号与原题略有改动）：

如图 3，设圆 P 外接于锐角 $\triangle ABC$，且 $AB\neq AC$，$CE\perp AB$，交 AB 于 E，交圆 P 于 D，过 D、E 及边 BA 的中点 M 作圆，再过 E 做此圆的切线分别交直线 BC、AC 于点 F、G. 求证：$EF=GE$.

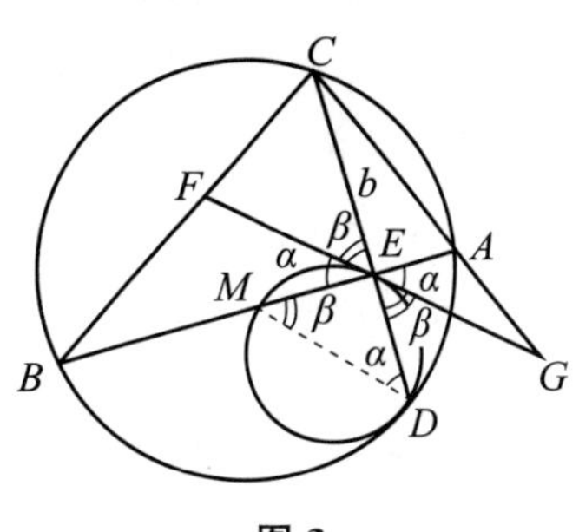

图 3

据第 31 届 IMO 选题委员会委员张景中教授介绍，他利用面积方法对此题进行了如下推导：

$$\frac{BE}{AE}=\frac{kb}{a}=\frac{S_{\triangle BEC}}{S_{\triangle AEC}}=\frac{S_{\triangle BEF}+S_{\triangle CEF}}{S_{\triangle CEG}-S_{\triangle AEG}}=\frac{S_{\triangle BEF}+S_{\triangle CEF}}{S_{\triangle CEG}-S_{\triangle AEG}}\cdot\frac{S_{\triangle MDE}}{S_{\triangle MDE}}$$

$$=\frac{\dfrac{S_{\triangle BEF}}{S_{\triangle MDE}}+\dfrac{S_{\triangle CEF}}{S_{\triangle MDE}}}{\dfrac{S_{\triangle CEG}}{S_{\triangle MDE}}-\dfrac{S_{\triangle AEG}}{S_{\triangle MDE}}}=\frac{\dfrac{FE\cdot BE}{MD\cdot DE}+\dfrac{EF\cdot CE}{ME\cdot MD}}{\dfrac{GE\cdot CE}{ME\cdot MD}-\dfrac{GE\cdot AE}{MD\cdot ED}}=\frac{\dfrac{FE\cdot kb}{MD\cdot ka}+\dfrac{EF\cdot b}{ME\cdot MD}}{\dfrac{GE\cdot b}{ME\cdot MD}-\dfrac{GF\cdot a}{MD\cdot ka}}$$

$$=\frac{FE}{GE}\cdot\frac{\dfrac{b}{a}+\dfrac{b}{ME}}{\dfrac{b}{ME}-\dfrac{1}{k}}.$$

于是

$$\frac{k}{a}=\frac{FE}{GE}\cdot\frac{\dfrac{ME+a}{a\cdot ME}}{\dfrac{bk-ME}{ME\cdot k}},$$

进而得

$$1=\frac{FE}{GE}\cdot\frac{MA}{MB}.$$

至此还没有用到条件 $CE\perp AB$，$AM=MB$，因而张景中先生考虑向一般推广，将特殊位置关系：$CE\perp AB$，$AM=MB$ 扩展为：CD 与 AB 相交于 E，M 为 AB 上一点（即 $AM=tAB$），结论变为求 $\dfrac{GE}{EF}$，于是有第 31 届 IMO 选题委员会向主试委员会提供的备选题：

【题 10】 设圆内两弦 AB，CD 交于圆内一点 E，在弦 AB 内取不同于 E 的点 M，

① 张景中. 计算机怎样解几何题. 北京：清华大学出版社，2000.

过点 D，E，M 做圆，再过 E 做此圆的切线分别交直线 BC，CA 于点 F、G，若 $AM=tAB$，试求比值 $\frac{GE}{EF}$.

2.3 数值型

把一个仅对某些自然数成立的命题，推广到对所有的自然数成立，或者把题目的条件或结论中的某些数值扩展到更一般的情形.

《趣味的图论问题》（单墫，上海教育出版社，1980）第 37 页第 10 题为：10 个学生参加一次考试，试题 10 道，已知没有两个学生做对的题目完全相同，证明在这 10 道试题中可以找到 1 道试题，将这道试题取消后，每两个学生所做对的题目仍然不会完全相同.

考虑更一般的情况，将数值 10 推广为任意自然数 n，并将考试做题改述为乒乓球赛，就有：

【题 11】（1987 年全国高中数学联赛试题）$n(n>3)$ 名乒乓球选手单打比赛若干场后，任意两个选手已赛过的对手恰好都不完全相同. 试证明，总可从中去掉一名选手，而使在余下的选手中，任意两个选手已赛过的对手仍然不完全相同.

有些数学问题可以从不同角度，沿着多种途径推广.

例如，很久以前有这样一道题：在边长为 1 的正方形内，任意放置 5 个点，求证：其中一定可以找到两个点，它们的距离不大于 $\frac{\sqrt{2}}{2}$.

设想把两点改为 3 点，两点之间的距离用 3 点作为顶点的三角形面积来代替，则有

【题 12】（1963 年北京市数学竞赛试题）在一个边长为 1 的正方形内任意放置 9 个点，证明：在以这些点为顶点的三角形中必有一个三角形，它的面积不大于 $\frac{1}{8}$.

设想将 9 点推广至 101 点，则有

【题 13】（第 27 届莫斯科数学竞赛试题）在边长为 1 的正方形中任取 101 个点（不一定都在正方形内部），其中任意 3 点不共线. 证明：其中必定存在某 3 点，以它们为顶点的三角形的面积不大于 0.01.

还可将 101 个点推广到 $2n+1$ 个点，而 0.01 变为 $\frac{1}{2n}$.

将正方形与立方体类比，三角形与四面体类比，题 13 还可从平面向空间推广，把 3 点改为 4 点，三角形的面积用任 4 点为顶点的四面体的体积来代替，则有

【题 14】 在一个边长为 1 的立方体内任意地给定 25 个点. 证明：在以这些点为顶点的四面体中必有一个四面体，它的体积不大于 $\frac{\sqrt{3}}{48}$.

平面几何中有一个非常有名的维维亚尼（Viviani）定理：

【题 15】 等边三角形内任意一点到各边的距离之和是定值（三角形的高）.

这个定理的逆命题也成立. 题 15 可以很容易地推广到任意凸等边多边形的情况，也

可以比较显然地推广到任意凸等角多边形的情况. 事实上，令 $A_1A_2\cdots A_n$ 是等角多边形（如图 4，$n=5$ 的情形）. 考虑正 n 边形 $A'_1A'_2\cdots A'_n$，它的每条边分别与原 n 边形的每条边平行，对多边形 $A_1A_2\cdots A_n$ 内任意一点 M，它到 $A'_1A'_2\cdots A'_n$ 边的距离之和是个定值. M 点到原 n 边形任意一边的距离小于该点到正 n 边形 $A'_1A'_2\cdots A'_n$ 边的距离，且两者的距离之差是个定值. 因此 M 点到 $A_1A_2\cdots A_n$ 边的距离之和是异于 M 点到 $A'_1A'_2\cdots A'_n$ 边距离之和的一个定值. 因此它本身也是一个定值. 于是得到：

【题 16】 任意凸等角多边形内任意一点到各边的距离之和是定值.

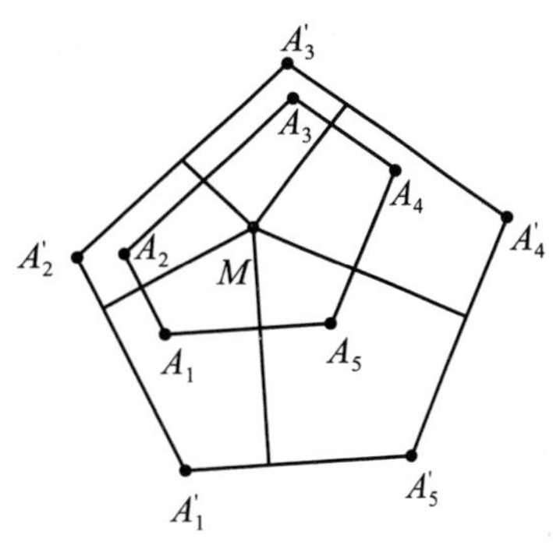

图 4

还可以更进一步地推广为：

【题 17】 平面上 n 个不相同的单位向量，它们的和为 0，考虑边分别与这些单位向量垂直的凸 n 边形，那么这个凸 n 边形内部的任意一点，到这个凸多边形边的距离之和相同.

关于等边三角形这个著名定理，还可以考虑推广到三维空间的情形：

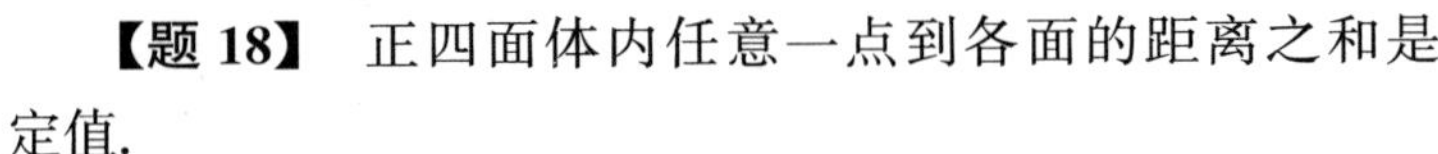

【题 18】 正四面体内任意一点到各面的距离之和是定值.

题 18 的逆命题也成立.

【题 19】 正多面体内任意一点到各面的距离之和是定值.

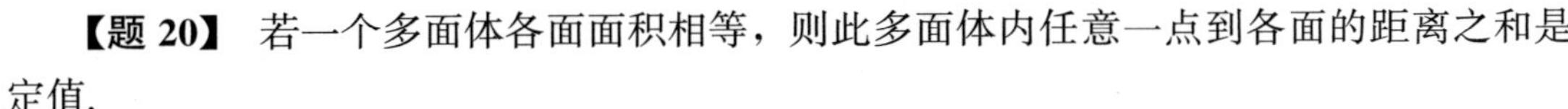

【题 20】 若一个多面体各面面积相等，则此多面体内任意一点到各面的距离之和是定值.

如果对于三维空间题 17 成立，那将是很有意思的.

1981 年第 11 届美国数学奥林匹克第 5 题是一个漂亮的数论不等式：

【题 21】 如果 x 是正数，n 为正整数，求证：

$$[nx]\geqslant\frac{[x]}{1}+\frac{[2x]}{2}+\cdots+\frac{[nx]}{n}.$$

其中 $[x]$ 表示不超过实数 x 的最大整数.

题 21 可以推广为：

给定正整数 n，及实数 $z_1\leqslant z_2\leqslant\cdots\leqslant z_n$ 满足 $\sum\limits_{i=1}^{n}iz_i=0$，证明：对任意实数 α，有

$$\sum_{i=1}^{n}z_i\,[i\alpha]\geqslant 0.$$

特殊的，当 $z_1=-1$，$z_2=-\frac{1}{2}$，…，$z_{n-1}=-\frac{1}{n-1}$，$z_n=1-\frac{1}{n}$时，即为题 21.

再稍加包装，记 $z_i=x_i-y_i$，则得到我提供给 2008 年 CMO（中国数学奥林匹克）的第 3 题：

【题 22】 给定正整数 n，及实数 $x_1\leqslant x_2\leqslant\cdots\leqslant x_n$，$y_1\geqslant y_2\geqslant\cdots\geqslant y_n$，满足

$$\sum_{i=1}^{n} ix_i=\sum_{i=1}^{n} iy_i.$$

证明：对任意实数 α，有

$$\sum_{i=1}^{n} x_i[i\alpha]\geqslant\sum_{i=1}^{n} y_i[i\alpha].$$

这里，$[\beta]$ 表示不超过实数 β 的最大整数.

由于推广命题的过程中，所使用的方法主要是归纳和类比，因此推广后的命题有真有假，对于假命题，一方面可考虑增加条件构造出真命题，另一方面可要求寻求反例.

观察 $\quad |x|+|y|-|x+y|\geqslant 0$，

及

$$|x|+|y|+|z|-|x+y|-|y+z|-|z+x|+|x+y+z|\geqslant 0.$$

不难想到把这个不等式推广为：

$$\sum_{i=1}^{n}|x_i|-\sum_{1\leqslant i<j\leqslant n}|x_i+x_j|+\sum_{1\leqslant i<j<k\leqslant n}|x_i+x_j+x_k|$$
$$-\cdots+(-1)^{n-1}|x_1+x_2+\cdots+x_n|\geqslant 0.$$

不幸的是，它甚至对于 $n=4$ 就是不成立的，一个反例是 $x_1=2$，$x_2=x_3=x_4=-1$.

下述不等式是极为常见的：

$$a^2b^2+b^2c^2+c^2a^2\geqslant abc(a+b+c),$$

即

$$\frac{ab}{c}+\frac{bc}{a}+\frac{ca}{b}\geqslant a+b+c.$$

若考虑变元，将三元推广到（$2n+1$）元，则有

【题 23】（第 32 届 IMO 加拿大训练题）设 $n\geqslant 1$，对于 $2n+1$ 个正数 x_1，x_2，$\cdots$，x_{2n+1}，证明和否定

$$\frac{x_1x_2}{x_3}+\frac{x_2x_3}{x_4}+\cdots+\frac{x_{2n+1}x_1}{x_2}\geqslant x_1+x_2+\cdots+x_{2n+1}$$

等号成立当且仅当 x_i 都相等.

当 $n=1$ 时，不等式成立.

当 $n>1$ 时，不等式不一定成立. 例如，取 $x_1=x_2=1$，$x_3=150$，$x_4=3$，$x_5=9$，其余的都等于 1，则

$$\frac{x_1x_2}{x_3}+\frac{x_2x_3}{x_4}+\frac{x_3x_4}{x_5}+\frac{x_4x_5}{x_6}+\frac{x_5x_6}{x_7}+\cdots+\frac{x_{2n+1}x_1}{x_2}=2n+132+\frac{1}{150}<2n+133,$$

$$x_1+x_2+\cdots+x_{2n+1}=2n+160.$$

所以，当 $n>1$ 时，不等式不一定成立.

考虑一个很简单的平面几何命题：任意三角形至少有一条高的垂足落在相应的边上（而不是边的延长线上），把这个命题推广到三维空间就得到下列问题：

【题 24】 任意四面体至少有一条高的垂足落在相应的面上，这个命题正确吗？

答案是否定的，反例的构造留给读者.

推广，对数学学习、数学竞赛及数学研究都十分重要. 在数学学习中，推广可以加强对学生观察、分析、比较、综合、概括、归纳、类比和发现能力以及创新精神的培养，是开展研究性学习的有力助手；在数学竞赛中，推广可以产生新问题、新方法，可以加深选手对问题本身的认识和理解；在数学研究中，推广可以引导数学发现，可以产生新定理、新方法、新理论.

作者：朱华伟，张景中. 原载：《数学通报》2005 年第 44 卷第 4 期.

2-7 集合思想解题浅说

集合论是现代数学的基石，其创始人是德国数学家康托尔（G. Cantor）. 用集合语言可以准确地表达数学概念，简洁地进行数学推理. 高中阶段函数的定义域、值域，立体几何的推理符号体系，概率论中事件及其运算等都采用了集合的表示和运算形式.

其实，数学中有些问题，并不是用集合的形式呈现的，但是仍然可以用集合的思想去分析，且往往会得到简洁明快、富有新意的解法. 本文拟结合具体实例，谈谈交集、并集、包含、补集和韦恩图的集合思想在解题中的应用.

1 交集法

所有属于集合 A 且属于集合 B 的元素组成的集合叫作 A 与 B 交集，记作 $A\cap B=\{x\mid x\in A，且 x\in B\}$. 在解题实践中，我们经常将一个数学问题的条件分解为若干子条件（以便暂时解除它们之间的制约关系），然后分别探求只满足子条件的对象的集合，再利用制约关系求出这些子条件的对象的集合之交，即为所求问题的解. 这种思想方法叫作交集法. 用框图表示如下：

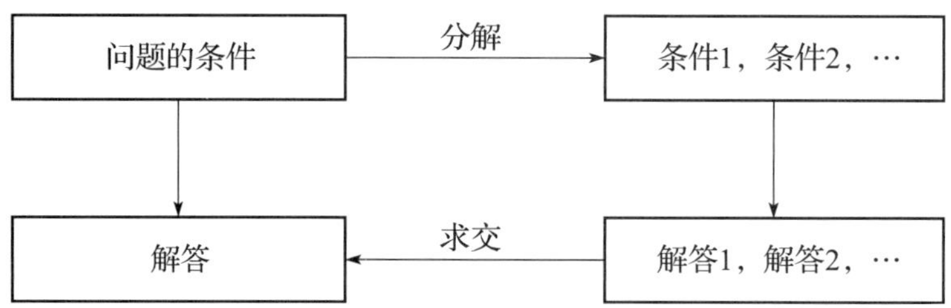

例如，求公约数，求公因式，求函数的定义域，列方程组（不等式组）解应用题，几何作图中的交轨法等都是交集法的应用.

例 1 （1）求 $y=\sin x+\cos x+\sin x\cos x$ 的最大值.

（2）求证：$x\ln x-\dfrac{x}{e^x}>-\dfrac{2}{e}$.

分析 （1）常见的处理思路是：设 $t=\sin x+\cos x=\sqrt{2}\sin\left(x+\dfrac{\pi}{4}\right)\in[-\sqrt{2},\sqrt{2}]$，则 $\sin x\cos x=\dfrac{t^2-1}{2}$，则 $y=\dfrac{1}{2}t^2+t-\dfrac{1}{2}$，然后可求得其在 $[-\sqrt{2},\sqrt{2}]$ 的最大值为 $\sqrt{2}+\dfrac{1}{2}$.

其实，若注意到 $y=\sin x+\cos x+\sin x\cos x=\sqrt{2}\sin\left(x+\frac{\pi}{4}\right)+\frac{1}{2}\sin 2x$，且 $\sqrt{2}\sin\left(x+\frac{\pi}{4}\right)$ 的最大值为 $\sqrt{2}$，$\frac{1}{2}\sin 2x$ 的最大值为 $\frac{1}{2}$，且当 $x=\frac{\pi}{4}+2k\pi$（$k\in Z$）时，两个最大值同时取得，所以 $y=\sin x+\cos x+\sin x\cos x$ 的最大值为 $\sqrt{2}+\frac{1}{2}$.

（2）若直接将不等式左端记作函数 $f(x)$，然后对其求导数，判断单调性，再求其最小值，并证明大于 $-\frac{2}{e}$，思路着实自然，但是 $f(x)$ 表达式中同时含有指数函数 e^x、对数函数 $\ln x$ 和幂函数 x 的四则运算，其导函数零点不能求出，故单调性的具体判断渺茫，策略受阻.

其实，若令 $g(x)=x\ln x$，则 $g(e^{-x})=e^{-x}\ln e^{-x}=-\frac{x}{e^x}$，于是原不等式等价于证明：$f(x)=g(x)+g(e^{-x})>-\frac{2}{e}$. 又因为 $g'(x)=\ln x+1$，故 $g(x)$ 在 $\left(0,\frac{1}{e}\right)$ 上单调递减，在 $\left(\frac{1}{e},+\infty\right)$ 上单调递增，故 $g(x)_{\min}=g\left(\frac{1}{e}\right)=-\frac{1}{e}$，于是 $f(x)=g(x)+g(e^{-x})\geqslant-\frac{2}{e}$. 注意到 $g(x)$，$g(e^{-x})$ 不能同时取到最小值，所以 $f(x)=x\ln x-\frac{x}{e^x}>-\frac{2}{e}$.

评注 将原函数拆分为两个部分，再分别求其最值，然后将求出的两个最值进行运算. 这与先分别求出两个集合 A、B，再求交集 $A\cap B$ 的思想如出一辙.

2 并集法

所有属于集合 A 或属于集合 B 的元素组成的集合叫作 A 与 B 并集，记作 $A\cup B=\{x\mid x\in A，或 x\in B\}$. 类似于交集法，在解题实践中，我们也经常将一个数学问题分解为若干简单的子问题，分别求解这些子问题，再把所有这些子问题的解叠加或求并，即为所求问题的解，这种思想方法叫作并集法，用框图表示如下：

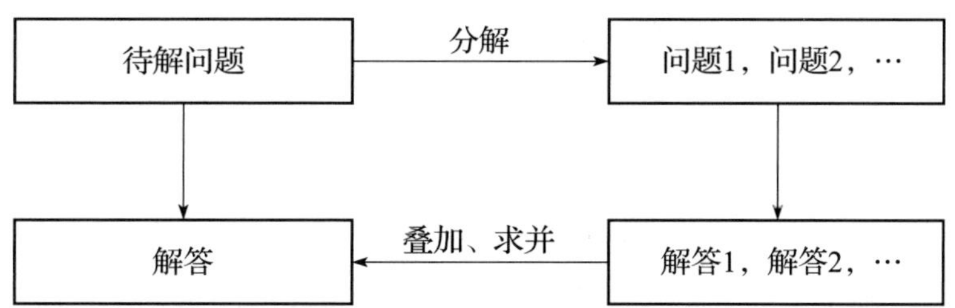

例如，求公倍数（式），解方程，解不等式，分类讨论，几何中的形体分割法都是并集法的应用.

例 2 求证：当 $x>-\frac{5\pi}{4}$ 时，$f(x)=e^x-\sin x-\cos x\geqslant 0$.

证明 当 $x>\frac{3\pi}{4}$ 时，$f(x)>e^{\frac{3\pi}{4}}-1-1>0$；

当 $-\frac{5\pi}{4}<x\leqslant-\frac{\pi}{4}$ 时，$f(x)>-\sin x-\cos x=-\sqrt{2}\sin\left(x+\frac{\pi}{4}\right)\geqslant0$；

当 $-\frac{\pi}{4}<x\leqslant0$ 时，$f'(x)=e^x-\cos x+\sin x$，$f''(x)=e^x+\sin x+\cos x=e^x+\sqrt{2}\sin\left(x+\frac{\pi}{4}\right)>0$，则 $f'(x)$ 在 $\left(-\frac{\pi}{4},\ 0\right]$ 上单调递增，故 $f'(x)\leqslant f'(0)=0$，则 $f(x)$ 在 $\left(-\frac{\pi}{4},\ 0\right]$ 上单调递减，故 $f(x)\geqslant f(0)=0$；

当 $0<x\leqslant\frac{3\pi}{4}$ 时，$f'(x)=e^x-\cos x+\sin x>1-\cos x+\sin x>0$，则 $f(x)$ 在 $\left(0,\ \frac{3\pi}{4}\right]$ 上单调递增，故 $f(x)\geqslant f(0)=0$.

综上可知，当 $x>-\frac{5\pi}{4}$ 时，$f(x)=e^x-\sin x-\cos x\geqslant0$.

评注 利用区间分解

$$\left(-\frac{5\pi}{4},+\infty\right)=\left(-\frac{5\pi}{4},-\frac{\pi}{4}\right]\cup\left(-\frac{\pi}{4},0\right]\cup\left(0,\frac{3\pi}{4}\right]\cup\left(\frac{3\pi}{4},+\infty\right),$$

然后在每一个小区间上证得原不等式成立，进而原不等式得证. 其中区间的分解方式又取决于问题的感知与分析，尤其是“式感”要敏锐. 值得指出的是，若注意到 $f(x)$ 的一些性质，区间分解方式可简化一些. 这与先分别求出两个集合 A、B，再求并集 $A\cup B$ 的思想如出一辙（这里还不止两个集合 A、B，其实有四个集合）.

3 包含法

如果集合 A 中任意一个元素都是集合 B 中的元素，就称集合 A 为集合 B 的子集，记作 $A\subseteq B$. 在解题实践中，我们经常从一个数学问题的必要性或充分性出发，将问题的条件进行特殊化或者一般化处理，求得一部分结果后，再争取证得其充分性或必要性，也即先必要后充分或者先充分后必要的思维模式及处理策略，这种思想方法叫作包含法，用框图表示如下：

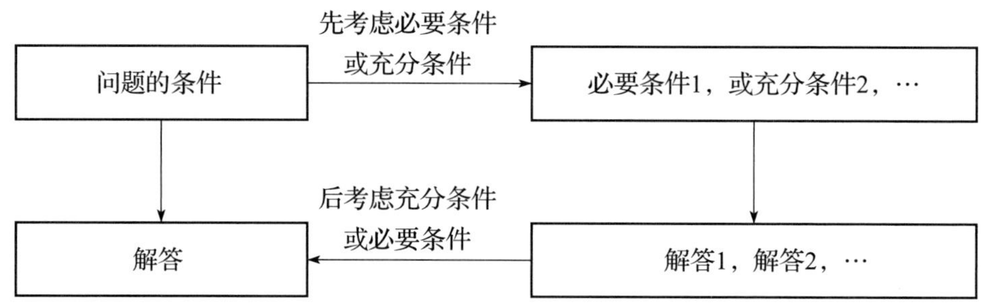

包含法就是利用集合之间的包含关系去分析处理数学问题. 包含法可以应用在分析方程的增失根、轨迹问题、曲线与方程、充要条件的判定等方面.

例 3 已知对任意的实数 x 均有 $a\cos x+b\cos 2x\geqslant -1$ 恒成立，求 $a+b$ 的最大值.

分析 若按照常规思路，将 $a\cos x+b\cos 2x\geqslant -1$ 变形为：

$$a\cos x+b(2\cos^2 x-1)+1\geqslant 0$$

令 $t=\cos x\in[-1,1]$，则 $f(t)=2bt^2+at-b+1\geqslant 0$ 恒成立，再讨论二次函数开口方向及对称轴 $t=-\dfrac{a}{4b}$ 与区间 $[-1,1]$ 的位置关系，思路自然但过程曲折繁杂，得到 $a+b$ 的最小值更是难上加难.

但是，若先考虑必要条件，取特殊的 x_0，使得 $\cos x_0=\cos 2x_0<0$，于是由 $a\cos x_0+b\cos 2x_0\geqslant -1$ 可得，$a+b\leqslant -\dfrac{1}{\cos x_0}$，再验证充分条件，即验证存在 a，b，使得 $a+b$ 取得最大值 $-\dfrac{1}{\cos x_0}$，即可获得原问题的圆满解决. 具体地：

令 $\cos x_0=\cos 2x_0<0$，即 $2\cos^2 x_0-\cos x_0-1=0$，则 $\cos x_0=-\dfrac{1}{2}$ 或 $\cos x_0=1$（舍去），则 $a+b\leqslant 2$.

令 $a=\dfrac{4}{3}$，$b=\dfrac{2}{3}$，$a\cos x+b\cos 2x=\dfrac{4}{3}\cos x+\dfrac{2}{3}\cos 2x=\dfrac{4}{3}\cos x+\dfrac{2}{3}(2\cos^2 x-1)=\dfrac{4}{3}\left(\cos x+\dfrac{1}{2}\right)^2-1\geqslant -1$ 恒成立.

所以，$a+b$ 的最大值为 2.

评注 先利用必要条件得到 $a+b\leqslant 2$，再通过充分性说明 $a+b$ 可取到最大值 2. 这与通过证明两个集合 A、B 相互包含于对方而证得 $A=B$ 的思想如出一辙.

4 补集法

全集 U 中不属于集合 A 的所有元素组成的集合称为集合 A 相对于全集 U 的补集，记作 $\complement_U A=\{x\mid x\in U,\text{且 } x\notin A\}$. 在解题实践中，当直接求解某问题有困难时，我们经常用补集法考虑其对立问题，从而达到化难为易、化繁为简的目的，这种思想方法叫作补集法，用框图表示如下：

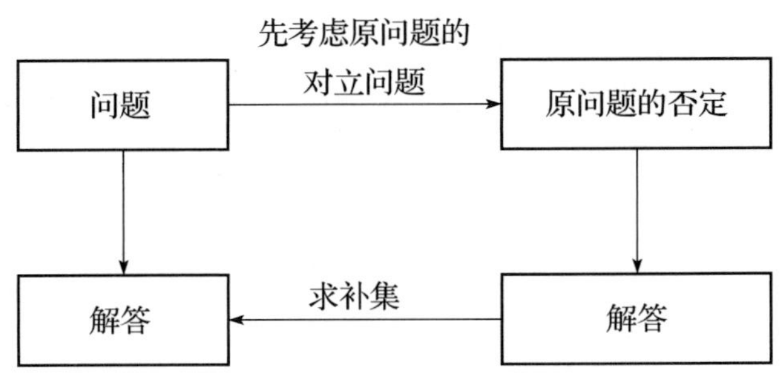

补集法可以用来转化命题，即当直接求解某问题有困难时，我们可以用补集法考虑其对立问题，从而达到化难为易、化繁为简的目的. 反证法、容斥原理、排列组合中的排除法和几何中的补形法都是补集法的具体运用.

例 4 甲有 $n+1$ 枚硬币，乙有 n 枚硬币，双方投掷之后进行比较，求甲掷出的正面数比乙掷出的正面数多的概率.

分析 若直接处理，则需按照甲掷出的正面数 k（$k=1$，2，3，…，$n+1$）进行分类，而且，对给定的 k，乙抛出的正面数可以是 0，1，2，…，$k-1$，则原问题的概率计算必然涉及复杂的求和问题.

其实，若将事件“甲的正面数>乙的正面数”记为 A，则 $\overline{A}$ 表示“甲的正面数≤乙的正面数”，但是考虑到条件中甲只比乙多 1 枚硬币这一特殊条件，则 $\overline{A}$ 也表示“甲的反面数>乙的反面数”. 再由硬币的对称性，显然 $P(A)=P(\overline{A})$，再由事件 A 与 $\overline{A}$ 互为对立事件，即 $P(A)+P(\overline{A})=1$，可得 $P(A)=\frac{1}{2}$.

评注 先构造事件 A 的对立事件 $\overline{A}$，然后又注意到甲只比乙多 1 枚硬币的隐含条件，结合硬币的对称性，推得 $P(A)=P(\overline{A})$，故 $P(A)=\frac{1}{2}$. 这与先求出集合 $\complement_U A$（或得到关于它的等式条件）再求出集合 A 的思想如出一辙.

5 韦恩图法

韦恩图是研究集合的重要工具，韦恩图法就是将集合用韦恩图表示，利用韦恩图的直观性，使抽象的问题直观化，使得问题易于求解.

例 5 已知集合 A，B，C（不必相异）的并集

$$A\cup B\cup C=\{1,2,3,\cdots,2022\},$$

求满足条件的有序三元组（A，B，C）的个数.

分析 因为集合 A，B，C 中元素可重复，于是若直接着手构造集合 A，B，C，使得其并集为$\{1，2，3，…，2022\}$，再计算其总个数则会相当烦琐.

其实，可以反客为主，考虑将集合$\{1，2，3，…，2022\}$中每一个元素如何分配到 $A\cup B\cup C$ 中.

如下图所示，集合 A，B，C 的韦恩图交出了 7 个区域. 要使得 $A\cup B\cup C=\{1，2，3，…，2022\}$，只需将 1，2，3，…，2022 分别填入这 7 个区域中，每一种填法均对应着一种满足条件的三元组（A，B，C）. 因为每个数有 7 种填法，故满足条件的三元组（A，B，C）共有 7^{2022} 个.

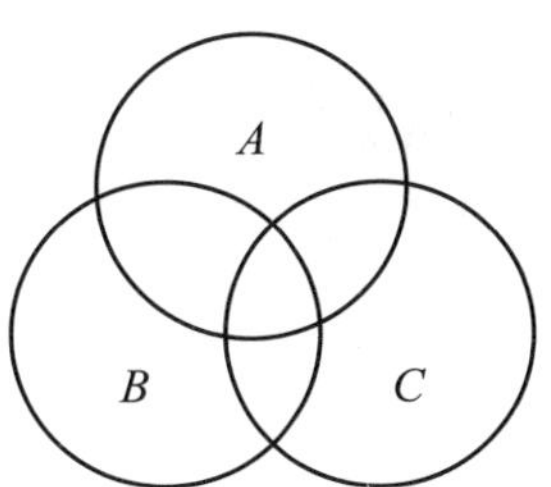

评注 将原来先有集合 A，B，C，再有其并集为$\{1, 2, 3, \cdots, 2022\}$的思路迅速摒弃调整，转化为如何将$\{1, 2, 3, \cdots, 2022\}$分配到 $A\cup B\cup C$ 中，这类似于“信投邮筒”的经典分步乘法计数问题，而且借韦恩图以形助数，格外简洁.

作者：朱华伟. 原载：《中学数学》1990 年第 8 期.

2-8 从不同角度看问题

"横看成岭侧成峰，远近高低各不同." 我们在求解数学问题时往往需要从不同角度考察. 例如：对于一个初等数学问题，既可以从初等观点看，也可以从高等观点看，观点越高问题可能变得越简单；既可以从代数的角度审视，也可以从几何的角度审视，这样往往导致同一问题的不同解法；也可能将从几个角度对考查的结果进行综合分析，才能对问题的本质有透彻的理解.

许多数学问题要用两种不同的方法去计算同一个量，即将同一个量"算两次". 如果计算的结果不产生矛盾，那么就得到一个等式；如果所得的结果不同，那么就产生矛盾；后者正是采用反证法所期望的. 如果有两种方法计算同一个量时，至少有一种方法采取的是估计的方法，那么得出的是不等式. 下面就结合若干典型竞赛题对以上三种方面进行讨论.

1 横看侧看，建立等式

例 1 （第 2 届全俄数学奥林匹克试题）在 $n\times n$（n 为奇数）的方格表里的每一个方格中，任意填上一个 $+1$ 或 -1，在每一列的下面写上该列所有数的乘积，在每行的右面写上该行所有数的乘积. 证明：这 $2n$ 个乘积的和不等于 0.

证明 设 p_1，p_2，…，p_n 是各行的乘积，q_1，q_2，…，q_n 是各列的乘积.

我们用两种方法计算，得到表中所有的乘积

$$p_1p_2\cdots p_n=q_1q_2\cdots q_n.$$

这说明 p_1，p_2，…，p_n 和 q_1，q_2，…，q_n 中有偶数个 -1，即在全部 $2n$ 个数 p_1，p_2，…，p_n，q_1，q_2，…，q_n 中有偶数个 -1，同样有偶数个 $+1$.

设有 $2k_1$ 个 -1，$2k_2$ 个 $+1$，则 $2k_1+2k_2=2n$，即 $k_1+k_2=n$. 因为 n 为奇数，所以 $k_1\neq k_2$（否则有偶数=奇数），即 $2k_1\neq 2k_2$.

故 $p_1+p_2+\cdots+p_n+q_1+q_2+\cdots+q_n\neq 0$.

例 2 （第 26 届 IMO 预选题）x_1，x_2，…，x_n 中每一个取值 1 或 -1，且

$$x_1x_2x_3x_4+x_2x_3x_4x_5+\cdots+x_{n-3}x_{n-2}x_{n-1}x_n+x_{n-2}x_{n-1}x_nx_1+x_{n-1}x_nx_1x_2+x_nx_1x_2x_3=0. \qquad (*)$$

求证： x 被 4 整除.

证明 先证明 $2|n$. 由于（*）式左边共 n 项，每一项为 $+1$ 或 -1，总和为 0，因此其中 -1 与 $+1$ 各有 k 项，从而 $n=2k$.

其次证明 $4|n$. 也就是 $2|k$，为此考虑（$*$）中左边 n 项的乘积，一方面，这积为 $(x_1x_2\cdots x_n)^4=1$.

另一方面，由于其中 k 项为 -1，这积为 $(-1)^k$.

用两种不同的方法去计算同一个量（n 项的乘积），结果应当相等，所以 $(-1)^k=1$，从而 k 为偶数，所以 $4|n$.

例 3 正整数 n 的一个单调剖分定义为 n 的一种表示：$n=m_1+m_2+\cdots+m_k$，其中 m_1，m，$\cdots$，$m_k\in N^+$，且满足 $m_1\geqslant m_2\geqslant\cdots\geqslant m_k\geqslant1$. 试证：把 n 分成最大项为 k 的单调剖分的个数等于把 n 分成 k 项的单调剖分的个数.

如：$n=7$ 与 $k=4$，7 分为最大项为 4 的剖分为 $4+1+1+1$，$4+2+1$，$4+3$，7 分为 4 项的剖分为 $4+1+1+1$，$3+2+1+1$，$2+2+2+1$.

证明 对于 n 的剖分，我们引入对应的 Ferrer 图表，它的第一行含 m_1 个方格，第二行含 m_2 个方格，$\cdots$，第 k 行含 m_k 个方格，方格总数是 n.（横看！如图 1 所示）

现将 Ferrer 图表中行列交换得共轭图表，它对应的剖分成为原剖分的共轭部分，它是将 n 分成 $m_1=k$ 项的剖分.（竖看！如图 2 所示）

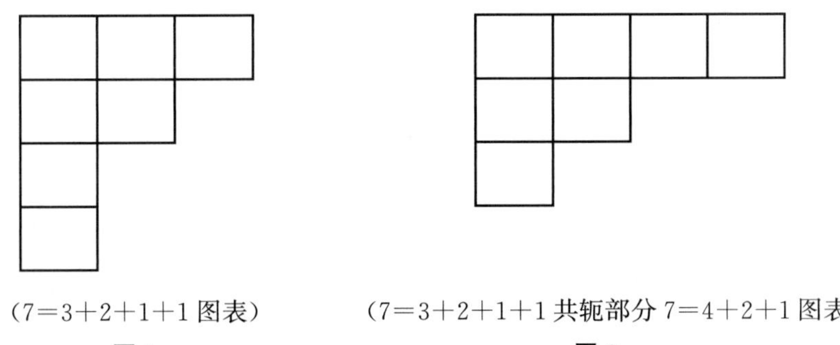

（7=3+2+1+1 图表）

图 1

（7=3+2+1+1 共轭部分 7=4+2+1 图表）

图 2

这种共轭运算是一种映射，它是把 n 分为最大项是 k 的剖分全体与 n 分为 k 项的剖分全体间的一一对应，所以这两剖分数是相等的.

例 4 求满足以下条件的正整数 r 的最大值：对集合 $\{1, 2, \cdots, 1\,000\}$ 的任意五个 500 元子集，均存在两个子集至少有 r 个相同的元素.

解 假设这五个子集为 A_1，A_2，A_3，A_4，A_5，而对于每个 $i\in\{1, 2, \cdots, 1\,000\}$，设 i 在 A_1，A_2，A_3，A_4，A_5 中出现了 a_i 次. 由算两次可知 $a_1+a_2+\cdots+a_{1\,000}=2\,500$.

对于每个 i，它在 $C_{a_i}^2$ 对集合中出现，我们先计算 $\sum\limits_{i=1}^{1\,000}C_{a_i}^2$ 的最小值.

因为 a_i 是整数，所以 $(a_i-2)(a_i-3)\geqslant0$，因此 $a_i(a_i-1)\geqslant4a_i-6$，故 $C_{a_i}^2\geqslant 2a_i-3$，因此

$$\sum_{i=1}^{1\,000}C_{a_i}^2\geqslant\sum_{i=1}^{1\,000}(2a_i-3)=2\times2\,500-3\,000=2\,000,$$

等号在有 500 个 a_i 等于 2、另外 500 个等于 3 的时候取到.

我们计算每对集合的相同元素个数并求和，由算两次可知这个和就是 $\sum_{i=1}^{1\,000} C_{a_i}^2$. 由于有 $C_5^2=10$ 个集合对，由平均值原理，必有一对集合有至少$\frac{2\,000}{10}=200$ 个相同的元素，因此 $r=200$ 满足题目条件.

下面我们构造一个例子.

$A_1=\{10m-r\,|\,m\in\{1,2,\cdots,100\},r\in\{0,1,2,5,7\}\}$;

$A_2=\{10m-r\,|\,m\in\{1,2,\cdots,100\},r\in\{1,2,3,6,8\}\}$;

$A_3=\{10m-r\,|\,m\in\{1,2,\cdots,100\},r\in\{2,3,4,7,9\}\}$;

$A_4=\{10m-r\,|\,m\in\{1,2,\cdots,100\},r\in\{0,3,4,5,8\}\}$;

$A_5=\{10m-r\,|\,m\in\{1,2,\cdots,100\},r\in\{0,1,4,6,9\}\}$.

容易验证这 5 个集合中的任意两个都恰有 200 个相同的元素.

综上所述，所求最大的 $r=200$.

2 横看侧看，导出矛盾

例 5 （第 10 届全俄数学奥林匹克）如图 3，给定两张 3×3 方格纸，并且在第一方格内填上“+”“−”号，现在对方格纸中任何一行或一列作全部变号的操作. 问可否经过若干次操作，使图 3(a) 变成图 3(b)?

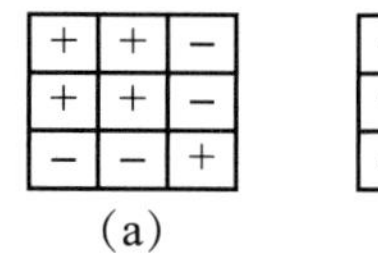

(a)

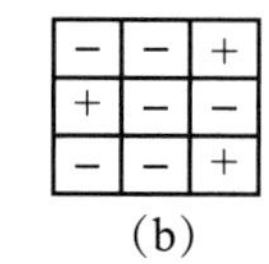

(b)

图 3

解 答案是否定的. 用反证法. 假设图 3(a) 在第一、二、三行经过 m_1，m_2，m_3 次操作，而第一、二、三列经过 n_1，n_2，n_3 次操作变成了图 3(b).

由于图 3(a) 和图 3(b) 左上角符号相反，而从“+”变到“−”要进行奇数次变号，故 m_1+n_1 是奇数.

同理，m_2+n_1 为偶数，m_1+n_2，m_2+n_2 都为奇数.

则

$$(m_1+n_1)+(m_1+n_2)+(m_2+n_1)+(m_2+n_2)$$

是奇数.

但这个和又等于 $2(m_1+m_2+n_1+n_2)$，是偶数. 得出矛盾.

例 6 一次集会有 2 021 个人参加，某些人之间互相握了手. 试证明，可以从参与集会的人中找到一个人，此人在集会中恰与偶数个人（可能是 0 个人）握了手.

证明 假设有 k 对人握了手，每个人握手的人数分别为 a_1，a_2，$\cdots$，$a_{2\,021}$.

由于每一对人握手时，这两个人握过手的人数各自增加 1，故总和增加 2.

因此 $a_1+a_2+\cdots+a_{2\,021}=2k$.

如果 a_1，a_2，$\cdots$，$a_{2\,021}$ 都是奇数，那么左边是奇数，右边是偶数，矛盾!

因此 a_1，a_2，$\cdots$，$a_{2\,021}$ 中至少有一个偶数，即存在一个人恰与偶数个人握了手.

例 7 （第 19 届 IMO 试题）在一个有限的实数列中，任何 7 个连续项的和是负的，任何 11 个连续项的和是正的. 试问这样一个数列最多能包含多少项？

解 我们证明这个数列至多含 16 项.

首先证明 17 项就不能具有所述的性质，用反证法，假设有一个 17 项的数列 a_1，a_2，a_3，…，a_{17} 具有所述性质，将每连续 11 项写成一行

$$
\begin{array}{cccccc}
a_1 & a_2 & a_3 & \cdots & a_{10} & a_{11} \\
a_2 & a_3 & a_4 & \cdots & a_{11} & a_{12} \\
\cdots\cdots & & & & & \\
a_7 & a_8 & a_9 & \cdots & a_{16} & a_{17}
\end{array}
$$

共写成七行（恰好写成 a_{17} 为止）.

横求和，得 $S=\sum\limits_{i=1}^{11}a_i+\sum\limits_{i=2}^{12}a_i+\cdots+\sum\limits_{i=7}^{17}a_i>0$.

竖求和，得 $S=\sum\limits_{i=1}^{7}a_i+\sum\limits_{i=2}^{8}a_i+\cdots+\sum\limits_{i=11}^{17}a_i<0$.

这一矛盾说明 $n\leqslant 16$.

构造数列 6，6，−15，6，6，6，−16，6，6，−16，6，6，6，−15，6，6 知 $n=16$ 的数列是存在的.

例 8 （第 1 届 CMO 试题）能否把 1，1，2，2，3，3，…，1 986，1 986 这些数排列成一行，使得两个 1 之间夹着 1 个数，两个 2 之间夹着 2 个数，…，两个 1 986 之间夹着 1 986 个数？请证明你的结论.

解 假设能将上述 2×1 986 个数排成一列满足要求，这时任一个数 $i\in\{1,2,\cdots,1\,986\}$ 有两个“坐标”，前一个坐标 x_i 是 i 第一次出现时的位置，后一个坐标 y_i 是 i 第二次出现的位置，显然

$$y_i=x_i+i+1, i=1,2,\cdots,1\,986.$$

现在用两种方法考虑所有坐标的和.

一方面，坐标的和为

$$1+2+3+\cdots+2\times1\,986=\frac{2\times1\,986\times(2\times1\,986+1)}{2}=1\,986\times(2\times1\,986+1)$$

是一个偶数.

另一方面，每一个 $i\in\{1,2,\cdots,1\,986\}$ 的两坐标之和为 $x_i+y_i=2x_i+i+1$.

因而所有坐标之和为

$$\sum_{i=1}^{1986}2x_i+\sum_{i=1}^{1986}(i+1)=\text{偶数}+\frac{1\,986\times(1\,987+2)}{2}=\text{偶数}+993\times1\,989$$

是一个奇数，矛盾. 故答案是否定的.

3 横看侧看，建立不等式

例 9 一次比赛有 m 名选手和 n 名评委，其中 n 是奇数. 每名评委都对每名选手给出“通过”或“不通过”两种成绩之一. 已知任意两名评委最多对 k 名选手给出的成绩相同，证明：$\frac{k}{m}\geqslant\frac{n-1}{2n}$.

证明 我们考查任意一名选手，假设有 a 名评委给他“通过”，$n-a$ 名评委给他“不通过”. 那么给他相同成绩的评委对子数为

$$\mathrm{C}_a^2+\mathrm{C}_{n-a}^2=\frac{a(a-1)+(n-a)(n-a-1)}{2}=a^2-an+\frac{n^2}{2}-n.$$

注意：这是关于 a 的一个二次函数，对称轴为 $a=\frac{n}{2}$，由于 a 必须是整数，故上述二次函数在 $a=\frac{n+1}{2}$ 或 $a=\frac{n-1}{2}$ 处取到最小值，最小值为

$$\left(\frac{n+1}{2}\right)^2-\frac{n+1}{2}\cdot n+\frac{n^2}{2}-n=\frac{(n-1)^2}{4}.$$

我们计算每一对评委对选手给出的成绩相同的次数之和. 一方面，由条件知每个次数均不超过 k，故这个和不超过 kC_n^2；另一方面，由于每名选手至少被 $\frac{(n-1)^2}{4}$ 对评委给出相同的成绩，故这个和不少于 $\frac{m(n-1)^2}{4}$.

因此，$kC_n^2\geqslant\frac{m(n-1)^2}{4}$，化简得 $\frac{k}{m}\geqslant\frac{n-1}{2n}$.

例 10 （第 39 届普特南数学竞赛试题）给定平面上 n 个相异点. 证明其中距离为单位长的点对少于 $2n^{\frac{3}{2}}$ 对.

证明 对于平面上的点集 $\{p_1, p_2, p_3, \cdots, p_n\}$，令 e_i 表示与 p_i 相距为单位长的点 p_i 的个数，则相距为单位长的点对的对数是

$$E=\frac{e_1+e_2+\cdots+e_n}{2}.$$

设 C_i 表示以 p_i 为圆心，1 为半径的圆.

因为每对圆至多有 2 个交点，故所有 $C_1, C_2, \cdots, C_n$ 至多有

$$2\mathrm{C}_n^2=n(n-1)$$

个交点.

只需讨论每一 $e_i\geqslant 1$ 的情形就够了. 点 p_i 作为 C_j 的交点出现 $\mathrm{C}_{e_j}^2$ 次，因此

$$n(n-1) \geqslant \sum_{j=1}^{n} \mathrm{C}_{e_j}^2 = \sum_{j=1}^{n} \frac{e_j(e_j-1)}{2} \geqslant \frac{1}{2}\sum_{j=1}^{n}(e_j-1)^2.$$

由柯西不等式知

$$\left[\sum_{j=1}^{n}(e_j-1)\right]^2 \leqslant \left(\sum_{j=1}^{n}1\right)\left[\sum_{j=1}^{n}(e_j-1)^2\right] \leqslant n \cdot 2n(n-1) < 2n^3.$$

于是

$$\sum_{j=1}^{n}(e_j-1) < \sqrt{2}n^{\frac{3}{2}}.$$

所以

$$E = \sum_{j=1}^{n}\frac{e_j}{2} \leqslant \frac{(n+\sqrt{2}n^{\frac{3}{2}})}{3} < 2n^{\frac{3}{2}}.$$

例 11 （第 30 届 IMO 试题）设 n 和 k 是正整数，S 是平面上 n 个点的集合，满足：

（1）S 中任何三点不共线.

（2）对 S 中的每一点 P，S 中存在 k 个点与 P 距离相等.

求证： $k<\frac{1}{2}+\sqrt{2n}$.

证明 为方便起见，不妨将以 S 中的点为两个端点的线段称为“好线段”. 一方面，好线段的条数显然为 C_n^2；另一方面，由（2）知：以 S 中任一点 P 为圆心可以作一个圆，这个圆上至少有 k 个 S 中的点. 因此，这个圆至少有 C_n^2 条弦是好线段. S 中有 n 个点，因而可作 n 个圆，每个圆有 C_n^2 条弦是好线段，共有 $n\mathrm{C}_n^2$ 条. 不过其中有一些被重复地计算了两次或更多次，这种线段是两个圆或几个圆的公共弦，由于每两个圆至多有一条公共弦. 所以 n 个圆至多有 C_n^2 条公共弦（重复计算在内），从而至少有 $n\mathrm{C}_k^2-\mathrm{C}_n^2$ 条弦是好线段.

综合以上两个方面得

$$n\mathrm{C}_k^2-\mathrm{C}_n^2 \leqslant \mathrm{C}_n^2.$$

化简得

$$k^2-k-2(n-1) \leqslant 0.$$

解得

$$\frac{1}{2}-\sqrt{2n-\frac{7}{4}} \leqslant k \leqslant \frac{1}{2}+\sqrt{2n-\frac{7}{4}}.$$

从而

$$k<\frac{1}{2}+\sqrt{2n}.$$

作者：朱华伟. 原载：《中学数学》1991 年第 11 期.

2-9 从整体上看问题

解数学题，常常化“整”为“零”，使问题变得简单，以利于问题的解决. 不过有时则反其道而行之，需要我们由“局部”到“整体”，站在整体的立场上，从问题的整体考虑，综观全局研究问题，通过研究整体结构、整体形式来把握问题的本质，从中找到解决问题的途径.

成语“一叶障目”和“只见树木，不见森林”的意思就是如果过分注意细节，而忽视全局，我们就不会真正地理解一个东西. 解数学题也是这样，有时候不能过分拘泥于细节，要适时调整视角，注意从整体上看问题，即着眼于问题的全过程，抓住其整体的特点，往往能达到化繁为简、变难为易的目的，促使问题的解决.

我国著名数学家苏步青教授，有一次到德国去，遇到一位有名的数学家，在电车上出了一道题目让苏教授做. 这道题目是：

例 1 甲、乙两人同时从两地出发，相向而行，距离是 50 千米. 甲每小时走 3 千米，乙每小时走 2 千米，甲带着一只狗，狗每小时跑 5 千米. 这只狗同甲一起出发，碰到乙的时候它就掉头往甲这边跑，碰到甲时又往乙这边跑，碰到乙时再往甲这边跑……直到甲、乙二人相遇为止. 问这只狗一共跑了多少路?

分析 我们设狗从甲出发第一次碰到乙时所用时间为 t_1，所走路程为 S_1；再往回跑遇见甲所花时间为 t_2，所走路程为 S_2；这样依次有 t_3，S_3，t_4，S_4……；直到甲、乙两人相遇为止，此时有 t_n，S_n. 显然狗所花时间为 $t_1+t_2+t_3+\cdots+t_n$，所走路程为 $S_1+S_2+S_3+\cdots+S_n$. 只要逐个算出，总能算出最终结果. 这是通常的算法，然而绝非好方法.

苏步青教授略加思索，就把答案告诉了这位高斯故乡的同行. 这位数学家满意地笑了. 苏步青教授是这样思考的：狗不断地跑，从出发到甲、乙相遇为止，这样狗就以每小时 5 千米的速度整整跑了 $50\div(3+2)=10$ 小时，答案是：$5\times10=50$ 千米.

评注 苏步青教授的高明之处就在于着眼于“狗不断地跑”这个全过程，抓住“直到甲、乙相遇为止”这个整体去分析，这就把局部看来（如狗来回每次与甲、乙相遇）十分烦琐的问题变得十分简便了.

有时候，当我们从局部入手难以处理问题时，可以试着从整体上去考虑问题. 站得高，看得远，有利于把握问题的本质，找到内在规律，从而使问题得到解决.

例 2 有甲、乙、丙三种货物，若购甲 3 件，购乙 7 件，购丙 1 件，共需要 315 元. 若购甲 4 件，购乙 10 件，购丙 1 件，共需 420 元. 问购甲、乙、丙各一件共需多少元?

分析 通常的想法是先求出甲、乙、丙三种货物的单价是多少. 但是由于题目所给的已知条件少于未知数的个数，要求单价势必就得解不定方程，能否不求单价，而直接求甲、乙、丙各一件的价格当成一个整体来求呢? 这就要求从整体上把握条件与结论之

间的联系.

解 设甲、乙、丙的单价分别为 x，y，z 元，则由题意得

$$\begin{cases}3x+7y+z=315,\\4x+10y+z=420.\end{cases}$$

题目实际上只要求 $x+y+z$ 的值，而不必一一求出 x，y，z 的值，因此将 $x+y+z$ 看作一个整体，从方程组中分离出 $x+y+z$，得到：

$$\begin{cases}2(x+3y)+(x+y+z)=315,\\3(x+3y)+(x+y+z)=420.\end{cases}$$

从而，$x+y+z=105$，即购得甲、乙、丙各一件共要 105 元.

例 3 求 $M=(x+1)(x+2)(x+3)\cdots(x+n)$ 的展开式中 x^{n-2} 的系数.

分析与解 M 中 x^{n-2} 的系数为 1，2，3，$\cdots n$ 中取出 2 个作积的总和，即 $A=1\cdot2+1\cdot3+\cdots+1\cdot n+2\cdot3+2\cdot4+\cdots+2\cdot n+\cdots+(n-1)\cdot n$.

上式看上去较复杂，但若把这些和视为整体，观察其各局部的特征，联想到 $(a_1+a_2+\cdots+a_n)^2$ 的展开式，不难发现下面的解法.

由 $(1+2+3+\cdots+n)^2=1^2+2^2+3^2+\cdots+n^2+2A$ 得

$$\begin{aligned}A&=\frac{1}{2}[(1+2+3+\cdots+n)^2-(1^2+2^2+3^2+\cdots+n^2)]\\&=\frac{1}{24}(n-1)n(n+1)(3n+2).\end{aligned}$$

评注 例 3 中要求的是一个整体量. 由于无法（实际上也没必要）先将其中每个局部量先求出来后再求整体量，但这些局部量却有着整体上的联系，所以直接从整体出发去分析问题解决问题.

在数学变形中，有时将某一个解析式看作一个整体，并用一个字母来替换，使得计算化繁为简，这种方法通常称为整体代换.

例 4 已给数表

$$\begin{pmatrix}-1 & 2 & -3 & 4\\-1.2 & 0.5 & -3.9 & 9\\\pi & -12 & 4 & -2.5\\63 & 1.4 & 7 & -9\end{pmatrix}$$

将它的任一行或任一列中的所有数同时变号，称为一次“变换”. 问能否经过若干次变换，使表中的数全变为正数.

解 因为每次变换改变数表中 4 个数的符号，但是 $(-1)^4=1$，因此变换不会改变所变动的那行（或列）中 4 个数乘积的符号.

开始时，数表中 16 个数的乘积是负数（整体），于是无论作多少次变换，数表中的

16 个数的乘积总是负的. 因而，要使数表中的数全变为正数，这是办不到的.

评注 在本题的分析中，我们把局部的变化（某一行或列的所有数同时变号）对整体（数表中所有乘积的符号）的影响联系起来考虑，从而使问题迎刃而解.

当我们面临一道按常规思路进行局部处理难以奏效或计算冗繁的题目时，要适时调整视角，把问题作为一个有机整体，从整体入手，对整体结构进行全面、深刻的分析和改造，以便从整体特性的研究中，找到解决问题的途径和办法.

例 5 在 10×10 的方格表中写着自然数 1～100：第 1 行从左到右依次写着 1～10；第 2 行从左到右依次写着 11～20；如此下去. 安德烈试图把方格表全部分割成 1×2 的矩形，并计算每个矩形中两个数的乘积，再把所得的乘积相加. 他应当怎样分割，才能使所得和数尽可能地小？

解 将 1×2 的矩形称为“多米诺”，将所分出的多米诺编号. 设在第 i 号多米诺中所写的两个数为 a_i，b_i，则

$$a_ib_i=\frac{a_i^2+b_i^2}{2}-\frac{(a_i-b_i)^2}{2}.$$

对每个多米诺都写出这样的表达式. 求和后得知，所要考察的 50 个乘积的和 S 为

$$S=\frac{a_1^2+a_2^2+\cdots+a_{50}^2+b_1^2+b_2^2+\cdots+b_{50}^2}{2}-\frac{(a_1-b_1)^2+(a_2-b_2)^2+\cdots+(a_{50}-b_{50})^2}{2}.$$

上式右端的第一个分式等于

$$\frac{1^2+2^2+\cdots+100^2}{2},$$

其值与分割方式无关. 而第二个分式的分子中的每一项，都或者为 1^2，或者为 10^2，这取决于多米诺是横向的还是纵向的.

因此，当所有的多米诺都为纵向时，其中每一项都是 100，第二个分数达到最大，此时，S 为最小.

例 6 (1) 问能否将集合{1，2，…，96}表示为它的 32 个三元子集的并集，且每个三元子集的元素之和都相等.

(2) 问能否将集合{1，2，…，99}表示为它的 33 个三元子集的并集，且每个三元子集的元素之和都相等.

分析 题目首先考查的是我们对问题整体的判断，我们可以先从每个集合元素和这个点去考虑是否能如题所述地去分解. 在一番简单的计算后，我们肯定了 (1) 是不能做到的，而 (2) 是有可能做到的. 为了进一步考虑 (2) 的正确性，我们考虑应当如何分组才能使得每个三元子集的元素和都相等.

不难算得每个三元子集的元素和应当是 150，即三数平均值为 50. 我们可以将三数设为 $50+a$，$50+b$ 与 $50+c$，那么 a，b，c 中有两个符号相同，另一个与它们不同，而符号不同的那个的绝对值恰好等于另两个的绝对值之和. 因此可以想到，如果将每两个

和为 100 的数称作一对数的话，那么三对数 $50\pm a$，$50\pm b$，$50\pm(a+b)$ 恰好能组成两个满足题目要求的三元集合. 那么剩下的工作就是如何将从 1 到 49 的自然数配成尽量多的加法算式. 而这对于掌握了差量法的学生来说应当不是件难事.

解 (1) 不能. 假设可以，则每个三元子集的三个元素和应当为 $(1+2+\cdots+96)\div 32=145.5$，这与所有元素均为整数矛盾！

(2) 可以，我们将所有数如下分组，则每组三个数之和均为 150：

$$(50+42,50-41,50-1);(50+43,50-40,50-3);\cdots;(50+49,50-34,50-15)$$
$$(50-42,50+41,50+1);(50-43,50+40,50+3);\cdots;(50-49,50+34,50+15)$$
$$(50+26,50-24,50-2);(50+27,50-23,50-4);\cdots;(50+33,50-17,50-16)$$
$$(50-26,50+24,50+2);(50-27,50+23,50+4);\cdots;(50-33,50+17,50+16)$$
$$(50+25,50-25,50).$$

评注 此题是 2008 女子数学奥林匹克试题，第一问的否定结论比较容易得到，相比来说，第二问更加具有难度，它考查了参赛学生对于数字组合和重排的基本功，是一道看起来很麻烦，实际却有深意的题目. 此题的一般情况是：

设集合 $M=\{1, 2, 3, \cdots, 3n\}$ 的三元子集族 $A_i=\{x_i, y_i, z_i\}$，$i=1, 2, \cdots, n$ 满足 $A_1\cup A_2\cup\cdots\cup A_n=M$. 记 $s_i=x_i+y_i+z_i$，求所有的整数 n，使对任意 i，j $(1\leqslant i\neq j\leqslant n)$，$s_i=s_j$.

证明如下：

首先，$n\mid 1+2+3+\cdots+3n$，即

$$n\left|\frac{3n(3n+1)}{2}\right.\Rightarrow 2\mid 3n+1.$$

所以，n 为奇数.

又当 n 为奇数时，可将 1，2，3，…，$2n$ 每两个一组，分成 n 个组，每组两数之和可以排成一个公差为 1 的等差数列：

$$1+\left(n+\frac{n+1}{2}\right),3+\left(n+\frac{n-1}{2}\right),\cdots,n+(n+1);$$

$$2+2n,4+(2n-1),\cdots,(n-1)+\left(n+\frac{n+3}{2}\right).$$

其通项公式为

$$a_k=\begin{cases}2k-1+\left(n+\dfrac{n+1}{2}+1-k\right), & 1\leqslant k\leqslant\dfrac{n+1}{2},\\[2ex] [1-n+2(k-1)]+\left[2n+\dfrac{n+1}{2}-(k-1)\right], & \dfrac{n+3}{2}\leqslant k\leqslant n.\end{cases}$$

易知 $a_k+3n+1-k=\dfrac{9n+3}{2}$ 为一常数，故如下 n 组数每组三个数之和均相等：

$$\left\{1,n+\frac{n+1}{2},3n\right\},\left\{3,n+\frac{n-1}{2},3n-1\right\},\cdots,\left\{n,n+1,3n+1-\frac{n+1}{2}\right\};$$

$$\left\{2,2n,3n+1-\frac{n+3}{2}\right\},\cdots,\left\{n-1,n+\frac{n+3}{2},2n+1\right\}.$$

当 n 为奇数时，依次取上述数组为 A_1，A_2，…，A_n，则其为满足题设的三元子集族．故 n 为所有的奇数．

例 7 设四个整数 a，b，c，d 不全都相等．从四数组（a，b，c，d）出发并反复地把（a，b，c，d）变成（$a-b$，$b-c$，$c-d$，$d-a$）．求证：四数组中至少有一个数最终会变得任意地大．

证明 设 $P=(a_n, b_n, c_n, d_n)$ 是 n 次迭代后的四数组．从整体上考虑有不变量 $a_n+b_n+c_n+d_n=0$（对任何 $n\geqslant1$）．我们尚未看到怎样利用这个不变量．但几何解释通常是有用的．对四维空间中的点 P_n 来说，一个十分重要的函数是它到原点（0，0，0，0）的距离的平方，它就是 $a_n^2+b_n^2+c_n^2+d_n^2$．如果能证明它没有上界，我们就完成了证明．

我们试图找出 P_{n+1} 和 P_n 之间的关系：

$$\begin{aligned}&a_{n+1}^2+b_{n+1}^2+c_{n+1}^2+d_{n+1}^2\\=&(a_n-b_n)^2+(b_n-c_n)^2+(c_n-d_n)^2+(d_n-a_n)^2\\=&2(a_n^2+b_n^2+c_n^2+d_n^2)-2a_nb_n-2b_nc_n-2c_nd_n-2d_na_n.\end{aligned}$$

由 $a_n+b_n+c_n+d_n=0$ 得：

$$\begin{aligned}0&=(a_n+b_n+c_n+d_n)^2\\&=(a_n+c_n)^2+(b_n+d_n)^2+2a_nb_n+2a_nd_n+2b_nc_n+2c_nd_n.\end{aligned}\qquad ①$$

把①和前面式子相加，对于 $a_{n+1}^2+b_{n+1}^2+c_{n+1}^2+d_{n+1}^2$，得到它等于

$$2(a_n^2+b_n^2+c_n^2+d_n^2)+(a_n+c_n)^2+(b_n+d_n)^2\geqslant2(a_n^2+b_n^2+c_n^2+d_n^2).$$

从这个不变的不等式关系就得出：当 $n\geqslant2$ 时，有

$$a_n^2+b_n^2+c_n^2+d_n^2\geqslant2^{n-1}(a_1^2+b_1^2+c_1^2+d_1^2).$$

P_n 到原点的距离无界地上升，这就意味着至少有一个坐标的分量必定变得任意地大．

评注 这里，我们知道到原点的距离是很重要的函数．每当有一列点时，应该考虑该函数．

例 8 在半径为 1 的圆周上，任意给定两个点集 A 和 B，它们都由有限多条互不相交的弧组成，B 中每段弧的长度都等于 $\frac{\pi}{m}(m\in N^*)$．用 A^j 表示将集合 A 按逆时针方向在圆周上转动 $\frac{j\pi}{m}(j=1,2,\cdots)$ 弧度而得到的集合，证明：存在正整数 k，使得

$$\ell(A^k \cap B) \geqslant \frac{1}{2\pi}\ell(A)\ell(B).$$

这里 $\ell(M)$ 表示组成点集 M 的互不相交的弧段的长度之和.

证明 设集合 B 由 t 段弧 B_1，B_2，…，B_t 组成，每段弧长均为 $\ell(B_i)=\frac{\pi}{m}(i=1,2,\cdots,t)$.

用 M^{-j} 表示将圆周上的点集 M 绕圆心按顺时针方向转动$\frac{j\pi}{m}(j=1,2,\cdots)$而得到的点集. 于是

$$\begin{aligned}\sum_{k=1}^{2m}\ell(A^k \cap B) &= \sum_{k=1}^{2m}\ell(A \cap B^{-k}) = \sum_{k=1}^{2m}\ell\left[A \cap \left(\bigcup_{i=1}^{t} B_i\right)^{-k}\right] \\ &= \sum_{k=1}^{2m}\ell\left[A \cap \left(\bigcup_{i=1}^{t} B_i^{-k}\right)\right] = \sum_{k=1}^{2m}\ell\left[\bigcup_{i=1}^{t}(A \cap B_i^{-k})\right] \\ &= \sum_{k=1}^{2m}\sum_{i=1}^{t}\ell(A \cap B_i^{-k})\ (\because A \cap B_i^{-k}(i=1,2,\cdots,t)\text{互不相交}) \\ &= \sum_{i=1}^{t}\sum_{k=1}^{2m}\ell(A \cap B_i^{-k}) = \sum_{i=1}^{t}\ell\left[\bigcup_{k=1}^{2m}(A \cap B_i^{-k})\right] \\ &= \sum_{i=1}^{t}\ell\left(A \cap \left(\bigcup_{k=1}^{2m} B_i^{-k}\right)\right).\end{aligned}$$

由于 $\bigcup_{k=1}^{2m} B_i^{-k}$ 为整个单位圆周，故 $A \cap \left(\bigcup_{k=1}^{2m} B_i^{-k}\right)=A$，从而

$$\sum_{k=1}^{2m}\ell(A^k \cap B) = \sum_{i=1}^{t}\ell(A) = t\ell(A) = \frac{m}{\pi}\cdot\ell(A)\cdot\ell(B).$$

由平均值原理知，存在正整数 k （$1\leqslant k\leqslant 2m$），使得

$$\ell(A^k \cap B) \geqslant \frac{1}{2m}\sum_{k=1}^{2m}\ell(A^k \cap B) = \frac{1}{2\pi}\ell(A)\cdot\ell(B).$$

即原命题成立.

评注 存在性问题中，先计算整体，再利用平均值原理说明某个局部的存在性，是一种重要的方法.

作者：朱华伟. 原载：《中等数学》2011 年第 7 期.

2-10 正整数剖分的存在性问题

在数学历史发展的长河中，传颂着许多关于正整数剖分的趣话，其中最著名的当属哥德巴赫猜想. 1742 年，德国人哥德巴赫给著名数学家欧拉的信中写道：“我的问题如下：任给一奇数，例如 77，它可分解为三个素数之和，即 $77=53+17+7$，再取另一奇数 461，有 $461=449+7+5$，这三个数也是素数……现在我已十分清楚：任一奇数都可分解为三个素数之和. 但是，如何证明呢?”欧拉给哥德巴赫的复信中指出：你的猜想很可能是正确的，但我不能给出严格的证明. 接着欧拉在此基础上提出了一个新的猜想，这就是现在大家所熟知的哥德巴赫猜想：

每一个不小于 6 的偶数都是两个奇素数的和.

这是一个典型的正整数剖分的存在性问题，二百多年以来，她好像一颗璀璨夺目的明珠，吸引了无数数学家和数学爱好者为之奋斗.

所谓正整数的剖分，就是把正整数 n 表示成若干个正整数之和. 正整数剖分的存在问题就是研究符合某种条件的剖分是否存在. 在国内外数学竞赛中，有关正整数剖分的题目时有出现，本文将结合国内外数学竞赛题及其变形题，介绍处理正整数剖分的存在性问题的若干初等方法.

1 构造法

就是把符合要求的剖分构造出来，从而证得剖分存在.

例 1 试证：不是 2 的乘幂的自然数 n 可以表示成两个或两个以上连续正整数的和.

证明 证明的最好办法是构造一个恒等式，把表示式写出来.

依题意设 $n=2^r(2t+1)$，$r\leqslant 0$，$t\leqslant 1$.

当 $t=2^r$ 时，可写

$$n=(2^r-t)+(2^r-t+1)+\cdots+(2^r-1)+2^r+(2^r+1)+\cdots+(2^r+t).$$

当 $t>2^r$ 时，可写

$$n=(t-2^r+1)+(t-2^r+2)+\cdots+(t+2^r).$$

这样 n 就表示成连续正整数的和.

若构造无一般方法，可以将求证存在问题，改为等价的求解题，将满足条件的剖分求出来.

例 2 试证：当 n 和 k 都是给定的正整数且 $k\geqslant 2$ 时，n^k 可以写成 n 个连续奇数

的和.

证明 此题等价于一个连续奇数列，使其和等于 n^k.

设 n 个连续奇数 $2a+1$，$2a+3$，…，$2a+2n-1$，则由

$$(2a+1)+(2a+3)+\cdots+(2a+2n-1)=n^k,(2a+n)n=n^k$$

知

$$a=\frac{n^{k-1}-n}{2}=\frac{n(n^{k-2}-1)}{2}.$$

现在 n，$k\in \mathrm{N}$，且 $k\geqslant 2$，如果 n 是奇数，则 $n^{k-2}-1$ 是偶数，于是 a 是整数；如果 n 是偶数，则 $\frac{n}{2}$ 是整数，于是 a 仍为整数.

因此 n^k 可写成 n 个连续奇数之和.

2 分类讨论法

任何整数都可按除以 m 所得余数分为 m 类：余数为 0，为 1，为 2，…，为 $m-1$，分类讨论法就是利用整数的剩余类，把正整数分为若干类，逐一讨论其剖分的存在性，各个击破之.

例 3 试证：大于 11 的自然数必可表示成两个合数之和.

证明 任何大于 11 的自然数 n，可以表示成 $n=3k+r$（其中 $k\geqslant 4$，$r=0$，1，2）.

当 $r=0$ 时，$n=3(k-2)+6$；

当 $r=1$ 时，$n=3(k-1)+4$；

当 $r=2$ 时，$n=3(k-2)+8$.

所以，命题成立.

例 4 试证：某商品有 5 斤和 7 斤两种包装，如果需要 n（$n>23$）斤这种商品，无须拆散包装，用这两种包装就可以搭配成.

分析 此题实质上也是正整数剖分的存在问题，即要证明任何大于 23 的自然数 n 都可以剖分为若干个 5 与若干个 7 之和.

当 $n=24$ 时，$n=2\times 7+2\times 5$，结论成立；若设 $n\geqslant 25$，n 可以表示成 $n=5k+r$（其中 $k\geqslant 5$，$r=0$，1，2，3，4），以下证明与例 3 类似，读者自证.

3 反证法

反证法常用于证明剖分不存在.

例 5 试证：2^n 不可能表示成两个或两个以上连续正整数的和（$n\in \mathrm{N}$）.

证明 反设 2^n 是 $m+1$ 个连续自然数的和，即存在正整数 k 及 $m\geqslant 1$，使得

$$2^n - k + (k+1) + (k+2) | \cdots | (k+m),$$

即

$$2^{n+1} = (m+1)(2k+m).$$

为满足上式，$m+1$ 和 $2k+m$ 都必须是偶数，且无 2 以外的因数. 当 m 为偶数时，$m+1$ 为奇数，矛盾；当 m 为奇数时，$2k+m$ 为奇数，矛盾. 所以命题成立.

4 逻辑推证法

逻辑推证法就是按题设条件通过适当的分析、推理、计算，在理论上证明其存在性.

例 6 已知对任意正整数 n，恒有质数 p 存在，使得：$n \leqslant p \leqslant 2n$.

试证下列命题成立：假如存在一个大于 2 的最小偶数 $2m_0$，它不能表示成两个质数之和，则 $4m_0$ 必能表示成三个或四个质数之和.

证明 由题设存在质数 p，使得

$$m_0 \leqslant p \leqslant 2m_0,$$

即

$$2p \text{ 或 } 2m_0 \leqslant p+p \leqslant 4m_0.$$

由于 $2m_0$ 不能表为两个质教之和，因此，$2m_0 \neq p+p$.

又由于大于 2 的质数都是奇数，若 $4m_0 = p+p$，必有 $p=2m_0$，又由题设 $2m_0 > 2$，这是不可能的，因此 $4m_0 \neq p+p$.

所以，$2m_0 < p+p < 4m_0$.

令 $4m_0 = p+p+n$，则 n 是正整数，且 n 为偶数，$n = 4m_0 - 2p < 4m_0 - 2m_0 = 2m_0$，由于 $2m_0$ 为不能表为两质数之和的最小偶数，故 n 或为 2 或可表为两质数之和，故 $4m_0 = p+p+n$ 可表为三个或四个质数之和.

例 7 试证：1 000 克以下的任何整数克重量的药品都能由以下砝码唯一地称出. 砝码共有 15 个：1 个 1 克的，1 个 2 克的，1 个 4 克 的，4 个 8 克的，4 个 40 克的，4 个 200 克的.

证明 由 1，2，4 可以称 8 以下的重量，其称法是：

$$1=1, 2=2, 3=1+2, 4=4,$$
$$5=1+4, 6=2+4, 7=1+2+4.$$

所以，添一个 8 就可称 $7+8=15$ 以内（包括 15）的重量：再添一个 8 就能称 $15+8=23$ 以内（包括 23）的重量，依此类推，再添一个 8 就能称 $23+8=31$ 以内的重量，再添一个 8 就能称 $31+8=39$ 以内的重量，仿此，逐次添上 1 至 4 个 40，1 至 4 个 200，就能称 999 以内（包括 999）的任何重量，其计算过程为：

$39+40=79$，$79+40=119$，

$119+40=159$，$159+40=199$，

$199+200=399$，$399+200=599$，

$599+200=799$，$799+200=999$.

唯一性可用反证法证明，此略.

5 数学归纳法

例 8 试证：用面值为 3 分和 5 分的邮票可以支付任何 $n(n>7,\ n\in\mathbf{N})$ 分的邮资.

证法 1 当 $n=8$ 时，结论显然成立.

假设当 $n=k(k>7,\ k\in\mathbf{N})$ 时命题成立，即这 k 分邮资可以用 3 分和 5 分的邮票支付.

若这 k 分邮资全部是用 3 分邮票来支付的，则至少有 3 张，将其中 3 张 3 分邮票换成 2 张 5 分邮票就可支付 $k+1$ 分邮资；

若这 k 分邮资中至少有一张 5 分邮票，只需将其中一张 5 分邮票换成 2 张 3 分邮票就可支付 $k+1$ 分邮资.

故当 $n=k+1$ 时命题也成立.

综上，对 $n>7$ 的任何正整数命题都成立.

评注 第二步证明的关键是注意到 $2\times3=5+1$ 以及 $3\times3=2\times5+1$，分类讨论即可. 另外，注意到若 k 分邮资可以按题设要求支付，则 $k+3$ 与 $k+5$ 分邮资均可以支付，从而只需检验$n=8$，9，10 与 $n=8$，9，10，11，12 时 n 分邮资可以支付，即用跳跃数学归纳法也可证明本题.

证法 2 当 $n=8$，9，10 时，由 $8=3+5$，$9=3+3+3$，$10=5+5$ 知命题成立；假设当 $n=k(k>7,\ k\in N)$ 时命题成立，即这 k 分邮资可以用 3 分和 5 分的邮票支付. 则当$n=k+3$ 时，显然成立. 综上，对 $n>7$ 的任何正整数命题都成立.

例 9 1，2，3，5，8，13，21，…，这些数中从第三个起每一个数都等于前面两个数之和，称为斐波那契数. 试证：每一个自然数 n 都可表示成某些不同的斐波那契数之和.

证明 当 $n=1$ 时，结论正确，因为 1 本身就是斐波那契数. 设结论对 $n<m$ 成立，要证明对 m 结论也成立，如果 m 是斐波那契数，那么结论是显然成立的. 反之，设 k 是不大于 m 的最大的斐波那契数，则 $m-k<n$，所以 $m-k$ 可表示为若干个小于 k 的不同的斐波那契数之和：$m=k_1+k_2+\cdots+k_n+k$.

6 利用抽屉原则

例 10 试证：100 可以分成满足下列条件的若干个自然数的和：

（1）这若干个自然数取自 100 个自然数.

（2）这 100 个自然数的和等于 200.

证明 设这 100 个数为 a_1，a_2，…，a_{100}，若所有数彼此相等，则结论显然成立，若这 100 个数中至少有两个不同，如 $a_1 \neq a_2$，则研究以下 100 个数：

$$a_1, a_2, a_1+a_2, a_1+a_2+a_3, \cdots, a_1+a_2+\cdots+a_{99}.$$

它们彼此不等，且都大于零小于 200，若有一个被 100 整除，则此数等于 100，结论成立，否则被 100 除的余数分为 99 类，必有两数属于同一类，则这两数不为 a_1，a_2，这两数之差是 $a_{k+1}+a_{k+2}+\cdots+a_n$ 的形式，且等于 100.

作者：朱华伟. 原载：《中学数学》1990 年第 10 期.

2-11 正整数剖分问题的计数方法

正整数 n 的一个剖分就是把 n 表示成若干个正整数之和：

$$n=m_1+m_2+\cdots+m_k \quad (m_i\in\mathbf{N},i=1,2,\cdots k)$$

其中 m_1 称为此剖分的项，k 为剖分的项数，所有不同的剖分个数称为剖分数．剖分也称划分或分拆.

剖分可以分为无序剖分和有序剖分，不允许重复的剖分和允许重复的剖分．例如按照上述分类可将 4 的剖分列成下表：

	有序	无序
不允许重复	4=4，4=1+3，4=3+1	4=4，4=1+3
允许重复	4=4，4=1+3，4=3+1 4=2+2，4=2+1+1 4=1+2+1，4=1+1+2 4=1+1+1+1	4=4，4=1+3 4=2+2，4=1+1+2 4=1+1+1+1

在国内外数学竞赛中时常出现一些正整数剖分的计数问题，这类题目难度大、方法新颖、技巧性强，渗透了现代数学思想，并不需要高深的数学知识，但要求敏锐的思考与深入细致的分析，因此常常受到命题者的青睐．本文拟通过一些典型例题归纳出处理正整数剖分问题的若干计数方法.

1 枚举法

枚举法就是把符合条件的所有不同剖分一一列举出来，不遗漏，不重复，从而求出剖分数.

例 1 将正整数 n 写成三个正整数之和，顺序不同作为不同写法，共有多少种不同写法？

解 设 n 的一个有序剖分 $n=x+y+z$，则此题等价于方程 $x+y+z=n$ 有多少组正整数解.

当 $x+y=2$，$z=n-2$ 时，$(1，1，n-2)$是唯一的一组正整数解；

当 $x+y=3$，$z=n-3$ 时，$(1，2，n-3)$，$(2，1，n-3)$是两组解；

当 $x+y=4$，$z=n-4$ 时，$(1，3，n-4)$，$(2，2，n-4)$，$(3，1，n-4)$是三组解；

当 $x+y=n-1$，$z=1$ 时，$(1, n-2, 1)$，$(2, n-3, 1)$，…，$(n-2, 1, 1)$ 是 $n-2$ 组解.

所以，共有

$$1+2+3+\cdots+(n-2)=\frac{1}{2}(n-2)(n-1)=C_{n-1}^{2}$$

（组）正整数解. 即有 C_{n-1}^{2} 种写法.

2 对应法

对应法就是将正整数 n 的所有符合条件的剖分所组成的集合 A 与另一易于计数的集合 B 之间建立一个对应，将求 $|A|$ 的问题转化为求 $|B|$.

应用对应法求 $|A|$ 的关键是：构造一个便于计数的集合 B，使 A 的元素与 B 的元素之间一一对应. 如何寻求 B，如何建立 A 到 B 上的双射，往往需要相当的技巧. 望读者认真体会下述例题中建立双射的过程.

例 2 用对应法求解例 1.

解法 1 设 n 的一个有序剖分 $n=x+y+z$，其中 x，y，$z\in\mathbf{N}$，则此题等价于方程 $x+y+z=n$ 有多少组正整数解.

因为 $z\geqslant1$，所以 $x+y=n-z\leqslant n-1$. 每一满足给定方程的解 (x, y, z) 与坐标平面上满足

$$x+y\leqslant n-1, x>0, y>0$$

的格点（坐标为整数的点）之间一一对应. 这些格点分别在 $n-2$ 条线段上，$x+y=k$ $(k=2, 3, \cdots, n-1)$，所以这些格点共有

$$1+2+3+\cdots+(n-2)=\frac{1}{2}(n-1)(n-2)=C_{n-1}^{2}$$

个，即方程 $x+y+z=n$ 共有 C_{n-1}^{2} 组正整数解，故有 C_{n-1}^{2} 种写法.

解法 2 把 n 写成 n 个 1 的和：

$$n=\underbrace{1+1+\cdots+1}_{n\text{个}1}.$$

在上式中的 $n-1$ 个加号中任意挑选 2 个加号，就得到 n 的一个符合条件的写法，反之亦然. 这种对应是一对一的，于是所求写法种数等于从 $n-1$ 个加号中挑选 2 个的选法数 C_{n-1}^{2}.

评注 将 n 写成 m 个正整数之和（顺序不同作为不同写法）称为正整数的有序分拆问题.

把 n 写成 m 个正整数之和的所有写法种数记作 $P(n, m)$，把 n 写成若干个正整数之和的所有写法种数记作 $r(n)$. 仿例 2 可以求得：$P(n, m)=C_{n-1}^{m-1}$，从而

$$r(n)=C_{n-1}^{0}+C_{n-1}^{1}+\cdots+C_{n-1}^{n-1}=2^{n-1}.$$

例 3 证明周长 $2n$，边长为整数的三角形的个数，等于把数 n 剖分成三项的有序剖分数.

证明 设 n 的一个有序剖分 $n=x+y+z$，那么

$$2(x+y+z)=(x+y)+(y+z)+(x+z)=2n,$$

其中 $(x+y)+(x+z)=2x+(y+z)>(y+z)$.

同理可得

$$(y+z)+(x+z)=x+y,\ (x+y)+(y+z)=x+z.$$

因此 $x+y$，$x+z$，$y+z$ 可以组成一个三角形，且周长为 $2n$.

反之，设一个周长为 $2n$ 的三角形，其三条边长 a，b，c 是整数，则 $n=\frac{1}{2}(a+b+c)$. 设 $x=n-a$，$y=n-b$，$z=n-c$. 显然 x，y，z，都是正整数，而 $x+y+z=n-a+n-b+n-c=3n-(a+b+c)=n$，即构成 n 的一个剖分. 命题得证.

例 4 求证：将 n 剖分成至多 r 项（之和）的剖分的数目，等于将 n 剖分成任意多项且每项最大为 r 的剖分的数目.

证明 如果 $n=a_1+\cdots+a_s$ 是 n 的一个剖分，$a_1\geqslant\cdots\geqslant a_s$，那么我们可以按如下的方式构造一个图表，就是所谓的剖分的 Ferrer 图表：从底部开始，在第 i 列上放 a_i 个实点，如图 1所示.

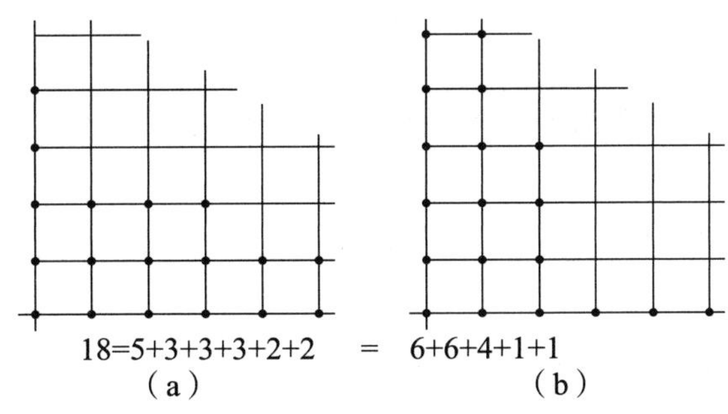

图 1

这个构造给出了数 n 的剖分与按如下方式排列的由 n 个点构成的阵列之间的一个一一对应：连续的两列中点的数目是（并非严格的）递减的. 我们也可以将这些点作为格点来考虑，这样的话，我们有一个格点的集合 S，这些格点满足：如果 $(i,\ j)\in S$，那么 $i\geqslant 0$，$j\geqslant 0$；如果 $(i,\ j)\in S$，$0\leqslant i'\leqslant i$，$0\leqslant j'\leqslant j$，那么 $(i',\ j')\in S$. 因此，在直线 $x=y$ 上反射一个 Ferrer 图表，我们可以得到另一个 Ferrer 图表. 如果一个 Ferrer 图表至多有 r 列，那么这个反射的 Ferrer 图表在任意一列上最多有 r 个点，即它表示一个每项至多为 r 的剖分. 这就给出了剖分成至多 r 项的剖分与剖分成每项至多为 r 的剖分之间的一个一一对应.

例 5 设 $p(n)$ 表示自然数 n 的无序剖分数，一个剖分的离散度是指这个剖分中的不同加数的个数，离散度的和记为 $q(n)$.

求证：(1) $q(n)=1+p(1)+p(2)+\cdots+p(n-1)$.

(2) $1+p(1)+p(2)+\cdots+p(n-1)\leqslant 2\sqrt{n}p(n)$.

证明 (1) 记数 n 含有 i 的剖分数为 $p_i(n)$. 对于 $n-i$ 的任一剖分加入 i，得到 n 的含 i 的剖分. 将 n 的含 i 的任一剖分去掉 i，得到 $n-i$ 的剖分. 所以 $p_i(n)=p(n-i)$，$1\leqslant i\leqslant n$（不妨设 $p(0)=1$）. 由 $q(n)$ 定义得，

$$\begin{aligned}q(n)&=p_1(n)+p_2(n)+\cdots+p_{n-1}(n)+p_n(n)\\&=p(n-1)+p(n-2)+\cdots+p(n)+1.\end{aligned}$$

(2) 设 n 的所有剖分中，离散度最大为 m，即 n 可化为 m 个不同正整数之和，则有

$$n\geqslant 1+2+3+\cdots+m=\frac{1}{2}m(m+1),$$

则

$$m^2<2n,\text{即 } m<\sqrt{2n}.$$

所以

$$q(n)\leqslant m\cdot p(n)<\sqrt{2n}\,p(n).$$

3 递推法

递推法就是想办法导出欲求剖分数所满足的递推关系. 如有可能进而推出表达剖分数的公式.

例 6 假设将正整数 n 进行无序剖分，使得每项小于或等于 m 的剖分数为 $p(n, m)$，证明：

$$p(n,m)=p(n,m-1)+p(n-m,m).$$

证明 我们把 $p(n, m)$ 个剖分分成两类：一类是剖分的每一项都小于 m，它有 $p(n, m-1)$ 个；另一类是在剖分中至少有一项是 m. 因为在剖分中至少有一项是 m，所以问题就变成 $n-m$ 的每一项小于或等于 m 的剖分，这种剖分有 $p(n-m, m)$ 个. 由加法原理得

$$p(n,m)=p(n,m-1)+p(n-m,m).$$

4 母函数法

设欲求剖分数与 n 有关，它的解 F_n 是函数 $F(x)$ 幂级数展开式中 x^n 的系数，则称 $F(x)$ 是生成 F_n 的母函数. 如果对剖分数问题，能找到母函数 $F(x)$，则它的解 F_n 也

易求得了.

例 7 设正整数 n 表为若干个 1 与 2 的和的有序剖分数为 $a(n)$，又设 n 表为大于 1 的整数和的有序剖分数为 $b(n)$. 证明：对每个 n，$a(n)=b(n+2)$.

证明 首先找出关于 $a(n)$，$b(n)$ 的两个母函数. n 分为 k 个 1 与 2 的有序剖分数显然等于 $(x+x^2)^k$ 展开式中 x^n 的系数. 所以

$$1+\sum_{n=1}^{\infty}a(n)x^n=\sum_{k=1}^{\infty}(x+x^2)^k=\frac{1}{1-x-x^2}.$$

又 n 分为 k 个大于 1 的整数的有序剖分数是

$$(x^2+x^3+\cdots)^k=\left(\frac{x^2}{1-x}\right)^k$$

的展开式中 x^n 的系数. 所以

$$1+\sum_{n=1}^{\infty}b(n)x^n=\sum_{k=1}^{\infty}\left(\frac{x^2}{1-x}\right)^k=\frac{1}{1-\dfrac{x^2}{1-x}}=1+\frac{x^2}{1-x-x^2}.$$

于是

$$\sum_{n=1}^{\infty}b(n)x^n=x^2+x^2\sum_{n=1}^{\infty}a(n)x^n.$$

所以

$$a(n)=b(n+2).$$

例 8 记 $P(n)$ 为正整数 n 不同划分的种数，即把 n 写成正整数和的形式的方法数(不计顺序). 求证：$\sum\limits_{n=0}^{\infty}P(n)x^n=\dfrac{1}{(1-x)(1-x^2)(1-x^3)\cdots}$，其中 $P(0)=1$.

证明 显然 n 只能写成$\leqslant n$ 的正整数的和. 设 n 的表达式中，有 r_1 个 1，r_2 个 2，……，r_n 个 n，则 r_1，r_2，…，$r_n\geqslant 0$，且 $r_1+2r_2+\cdots+nr_n=n$. 因此 $P(n)$ 就是上述方程的非负整数解的个数. 考虑

$$\begin{aligned}&\frac{1}{(1-x)(1-x^2)(1-x^3)\cdots}\\&=(1+x+x^2+\cdots+x^n+\cdots)(1+x^2+x^4+\cdots+x^{2n}+\cdots)\cdots(1+x^n+x^{2n}+\cdots)\cdots\end{aligned}$$

中 x^n 项的系数. 注意从$\dfrac{1}{1-x^{n+1}}=1+x^{n+1}+x^{2(n+1)}+\cdots$这一项开始，后面的项除了 1 之外再也没有 x 的次数$\leqslant n$ 的项，故要形成 x^n，后面的项只能选 1. 因此$\dfrac{1}{(1-x)(1-x^2)(1-x^3)\cdots}$中 x^n 项的系数就等于

$$(1+x+x^2+\cdots)(1+x^2+x^4+\cdots)\cdots(1+x^n+x^{2n}+\cdots)$$

中 x^n 项的系数.

假设在 $(1+x+x^2+\cdots)$ 中选择了 x^{r_1}，$(1+x^2+x^4+\cdots)$ 中选择了 x^{2r_2}，$(1+x^n+x^{2n}+\cdots)$ 中选择了 x^{nr_n}，则它们的乘积等于 x^n 当且仅当 $r_1+2r_2+\cdots+nr_n=n$. 因此 $(1+x+x^2+\cdots)(1+x^2+x^4+\cdots)\cdots(1+x^n+x^{2n}+\cdots)$ 中 x^n 项的系数等于 $P(n)$，这样就证明了 $\sum\limits_{n=0}^{\infty}P(n)x^n=\dfrac{1}{(1-x)(1-x^2)(1-x^3)\cdots}$.

评注 类似的，可以证明：对任意正整数 n，将 n 写成不同正整数和的方法数等于将 n 写成奇数的和的方法数.

对正整数 n，设将 n 写成不同正整数和的方法数为 a_n，将 n 写成奇数的和的方法数为 b_n. 定义 $a_0=b_0=0$，并设

$$f(x)=a_0+a_1x+a_2x^2+\cdots+a_nx^n+\cdots,$$
$$g(x)=b_0+b_1x+b_2x^2+\cdots+b_nx^n+\cdots.$$

类似例 8 可得，$g(x)=\dfrac{1}{(1-x)(1-x^3)(1-x^5)\cdots}$.

而
$$\begin{aligned}f(x)&=(1+x)(1+x^2)(1+x^3)\cdots(1+x^n)\cdots\\&=\frac{(1-x^2)(1-x^4)(1-x^6)\cdots(1-x^{2n})\cdots}{(1-x)(1-x^2)(1-x^3)\cdots(1-x^n)\cdots}\\&=\frac{1}{(1-x)(1-x^3)(1-x^5)\cdots}\\&=g(x).\end{aligned}$$

因此，$a_n=b_n$.

另外，容斥原理也是处理正整数剖分计数问题的一个有力工具，限于篇幅不再介绍.

作者：朱华伟. 原载：《湖南数学通讯》1991 年第 2 期.

第 三 辑

数学解题研究

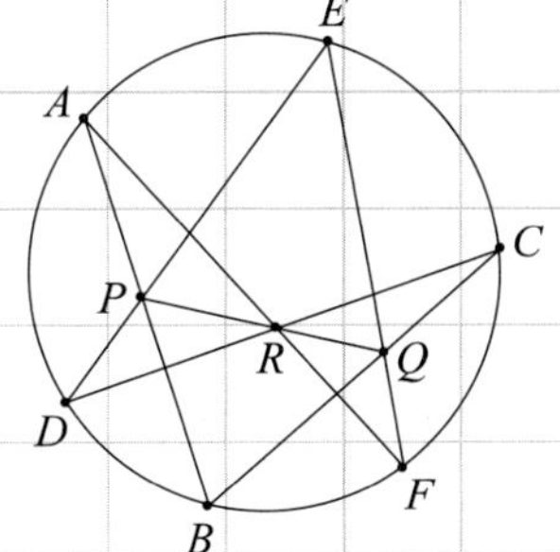

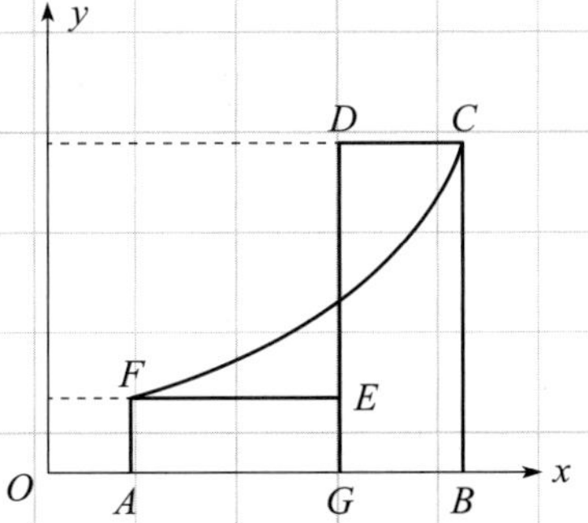

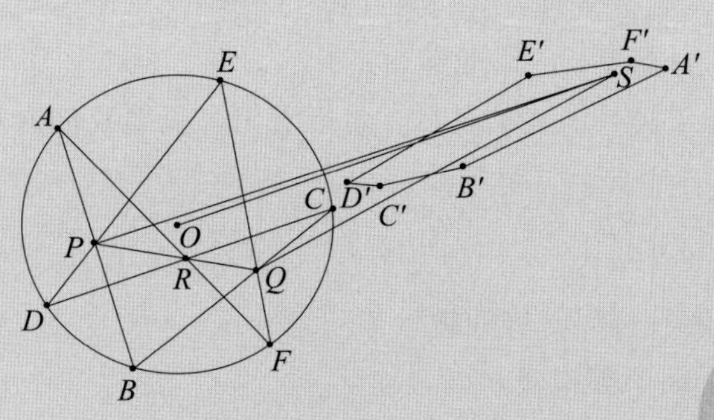

3

3-1 如何在解题过程中积累例子

数学大师陈省身教授曾经说过："一个好的数学家与一个蹩脚的数学家，差别在于前者有很多具体的例子，后者则只有抽象的理论."这句话对一般的解题者来说也是正确的，可以这么说：一个好的解题者与一个蹩脚的解题者，差别在于前者有很多具体的例子，后者则只有抽象的公式和定理.

1 为何要积累例子

莫斯科大学教授 C. A. 娅诺夫斯卡娅有一次对数学奥林匹克竞赛参加者发表了题为《解题意味着什么?》的演讲. 她的回答显得惊人的，而且多少出乎听众意料之外的简单："解题——就是意味着把所要解的问题转化为已经解过的问题."

数学教育家波利亚在他的"怎样解题表"中，为了激发学生找出已知数据与未知量之间的关系，列了一类问题：你以前见过它吗？或者你见过同样的题目以一种稍有不同的形式出现吗？尽量想出一道你所熟悉的具有相同或相似未知量的题目等.

由此可以看出积累例子（也就是解过的题目）的重要性. 单个例子会使得某种方法或某个概念变得具体，多个方法类似的例子就形成一种解题模式. 解题模式一旦形成，以后在解类似的问题时就可以作为模仿，这样可以大大提高解题的速度. 下面结合两个具体的问题来说明积累例子的重要性.

例 1 已知 $\alpha^{2005}+\beta^{2005}$ 可表示成以 $\alpha+\beta$，$\alpha\beta$ 为变元的二元多项式，求这个多项式的系数之和.

解 在 $\alpha^k+\beta^k$ 的展开式中，令 $\alpha+\beta=1$，$\alpha\beta=1$，其所求系数之和为 S_k. 由 $(\alpha+\beta)(\alpha^{k-1}+\beta^{k-1})=(\alpha^k+\beta^k)+\alpha\beta(\alpha^{k-2}+\beta^{k-2})$，有

$$S_k=S_{k-1}-S_{k-2}.$$

从而，$S_k=(S_{k-2}-S_{k-3})-S_{k-2}=-S_{k-3}$. 同理，$S_{k-3}=-S_{k-6}$.

所以，$S_k=S_{k-6}$. 于是，数列$\{S_k\}$是周期为 6 的周期数列. 故 $S_{2005}=S_1=1$.

这是笔者提供给 2005 年第 5 届西部数学奥林匹克的题目，可以看出，只要我们熟悉递推式

$$(\alpha+\beta)(\alpha^{k-1}+\beta^{k-1})=(\alpha^k+\beta^k)+\alpha\beta(\alpha^{k-2}+\beta^{k-2}),$$

就可以一下子抓住解题的关键，接下来的解答过程就势如破竹了.

例 2 求证：对任意正数 a，b，c，下面不等式成立

$$\frac{(a+b)^2}{c^2+ab}+\frac{(b+c)^2}{a^2+bc}+\frac{(c+a)^2}{b^2+ca}\geqslant 6.$$

证明 由柯西-许瓦尔兹不等式得到

$$\sum\frac{(a+b)^2}{c^2+ab}=\sum\frac{((a+b)^2)^2}{(a+b)^2(c^2+ab)}\geqslant\frac{\left(\sum(a+b)^2\right)^2}{\sum(a+b)^2(c^2+ab)}.$$

所以只要证明 $\dfrac{\left(\sum(a+b)^2\right)^2}{\sum(a+b)^2(c^2+ab)}\geqslant 6$，即可得出原不等式成立.

化简，上式等价于

$$\begin{aligned}&2(a^4+b^4+b^4)+2abc(a+b+c)+ab(a^2+b^2)+bc(b^2+c^2)+ca(c^2+a^2)\\&\geqslant 6(a^2b^2+b^2c^2+c^2a^2).\end{aligned}\qquad ①$$

由算术-几何平均不等式可得

$$ab(a^2+b^2)\geqslant 2a^2b^2, bc(b^2+c^2)\geqslant 2b^2c^2, ca(c^2+a^2)\geqslant 2c^2a^2.$$

所以只要证明

$$(a^4+b^4+b^4)+abc(a+b+c)\geqslant 2(a^2b^2+b^2c^2+c^2a^2),\qquad ②$$

即可得出不等式①成立. 而由这个不等式的形式，我们想到海伦公式的变式

$$\begin{aligned}&2(a^2b^2+b^2c^2+c^2a^2)-(a^4+b^4+b^4)\\&=(a+b+c)(a+b-c)(b+c-a)(c+a-b).\end{aligned}\qquad ③$$

所以不等式②等价于

$$abc\geqslant(a+b-c)(b+c-a)(c+a-b).\qquad ④$$

不妨设 $c\leqslant b\leqslant a$，所以有 $a+b-c>0$，$c+a-b>0$.

如果 $b+c-a<0$，则④显然成立；

如果 $b+c-a>0$，则由算术-几何平均不等式可得

$$2a=(a+b-c)+(c+a-b)\geqslant 2\sqrt{(a+b-c)(c+a-b)},$$
$$2b=(a+b-c)+(b+c-a)\geqslant 2\sqrt{(a+b-c)(b+c-a)},$$
$$2c=(b+c-a)+(c+a-b)\geqslant 2\sqrt{(b+c-a)(c+a-b)}.$$

三式相乘便可得到不等式④，所以原不等式成立.

在例 2 的证明过程中，我们分别利用了两个著名的不等式：柯西-许瓦尔兹不等式与算术-几何平均不等式，还用到了海伦公式的变式. 如果我们不知道这些公式，这道例题的证明将变得异常复杂，甚至无法进行下去. 而④式的证明也可以作为一道独立的题目，如果我们之前也曾经证明过它，那么例 2 的证明过程就是由几个著名的公式和一个曾经

证明过的结果串连起来的. 当我们把握住这一点，证明过程就一目了然了.

上面的例子都说明了积累例子的重要性，这在解数学竞赛题中表现得更加明显，许多数学竞赛教程都是按模式来编排内容的，例如：极端性原理，局部调整法，对应原理，抽屉原理等. 只要你熟悉那个原理或方法，就可以解决一类问题. 所以大多数参加过数学竞赛的学生，对于一般的题目，他们往往能一眼就看出它的解法，而没有必要预先弄清所有的细节. 因为他们看到了题目中很多熟悉的东西，并且一下子就把握住它们的关系.

2 如何积累例子

积累例子并不是要把做过的题目死记硬背下来，而是通过对例子的整体把握来理解和消化它，把它纳入已有的知识结构中. 因为任何事物有了合理的结构才会牢固. 这里所说的整体把握例子就是：

1. 如果是一个公式，我们不但要想办法使得这个公式变得形象好记，而且要记住这个公式所表达的思想方法. 例如，柯西不等式：

设 a_i，$b_i\in R(i=1, 2, \cdots, n)$，则

$$\left(\sum_{i=1}^{n}a_i^2\right)\left(\sum_{i=1}^{n}b_i^2\right)\geqslant\left(\sum_{i=1}^{n}a_ib_i\right)^2,$$

当且仅当 $a_i=\lambda b_i(i=1, 2, \cdots, n)$ 时，不等式等号成立.

我们可以这样记这个公式：左边是平方和的乘积，右边是乘积和的平方. 但是仅仅这样记还不够，还要记住这个公式比较经典的证明：

证明 作关于 x 的二次函数

$$f(x)=\left(\sum_{i=1}^{n}a_i^2\right)x^2-2\left(\sum_{i=1}^{n}a_ib_i\right)x+\sum_{i=1}^{n}b_i^2.$$

若 $\sum\limits_{i=1}^{n}a_i^2=0$ 时，即 $a_1=a_2=\cdots=a_n=0$，显然不等式成立.

若 $\sum\limits_{i=1}^{n}a_i^2\neq 0$ 时，则有

$$f(x)=(a_1x-b_1)^2+(a_2x-b_2)^2+\cdots+(a_nx-b_n)^2\geqslant 0.$$

且 $\sum\limits_{i=1}^{n}a_i^2>0$，所以 $\left[2\left(\sum\limits_{i=1}^{n}a_ib_i\right)\right]^2-4\left(\sum\limits_{i=1}^{n}a_i^2\right)\left(\sum\limits_{i=1}^{n}b_i^2\right)\leqslant 0$.

故 $\left(\sum\limits_{i=1}^{n}a_i^2\right)\left(\sum\limits_{i=1}^{n}b_i^2\right)\geqslant\left(\sum\limits_{i=1}^{n}a_ib_i\right)^2$.

从上面的证明过程可以看出，当且仅当 $a_i=\lambda b_i(i=1, 2, \cdots, n)$ 时，不等式等号成立.

这个证明先构造一个二次函数，然后利用二次函数的判别式给出柯西不等式的一个简洁的证明. 我们要记住这个证明，是因为这种用二次函数的判别式证明不等式的方法

十分常见，并且通过这个证明过程我们可以清楚地知道，不等式的等号为什么当且仅当 $a_i=\lambda b_i(i=1, 2, \cdots, n)$ 时成立，从而对这个不等式的理解更加透彻.

2. 如果是一道命题，则要理解和掌握解题过程的逻辑结构和所用到的方法，以至于当你看到这道题目时，脑海里出现的是一条清晰的逻辑链，每个环节是形象具体的. 下面结合一个例子来谈谈本文作者在这方面的体会.

例 3 在一块平地上有 n 个人，n 为奇数，每个人到其他人的距离均不相等，每个人手中都有一支水枪，当发出信号时，每人用水枪击中距离他最近的人. 证明：至少有一个人身上是干的.

证明 用图论方法证，假设平地上的 n 个人对应平面上 n 个点，这些点的距离均不相等，如果 A 击中 B，就在 A 与 B 对应的点之间连一条有向线段，这样构成一个有向图. 用反证法，假设每个人都是湿的，由此可得不可能有人至少被两人击中，因此图中每个顶点度数为 2，且有一个出度和一个入度，又因为 n 为奇数，所以图中必存在一个长度大于 2 的有向圈（否则只能两两配对，推出 n 能被 2 整除），不妨设为 $A_1A_2A_3\cdots A_iA_1$，由题目条件可知

$$|A_1A_2|>|A_2A_3|>\cdots>|A_iA_1|,$$

从而 $|A_1A_2|>|A_iA_1|$，这与 A_1 射向 A_2 而不是射向 A_i 矛盾. 所以至少有一个人身上是干的.

回顾分析：平地上的人，还有他们的相互射击，容易使人想到图论中的点和这些点之间的连线，从而把现实中的问题转化为图论中的问题（就像大数学家欧拉把哥尼斯堡七桥问题转化成图论问题一样）. 再者，遇到“至少有一个”这样的问题，一般考虑用反证法，这样就使得所有的对象都具有相同的性质，从而可以整体地考虑它们. 在这道题中假设每个人都是湿的，很容易就可以得出相应的图中每个顶点有一个出度和一个入度，这样的图肯定存在有向圈（这是图论最基本的知识），又由题目条件可得，至少有一个长度大于 2 的圈且相邻两点的连线是越来越短的，这马上就推出矛盾来.

当我把解题过程弄清楚后，再看到这道题时，脑海里首先出现的是一个图：每个顶点都有一个出度和一个入度，接着是一个两点连线越来越短的有向圈. 只要出现这两个图，我对这道题的解答就一目了然了，而不用记住解题过程的每个细节. 当然不同的人可能有不同的记忆方式，但都是为了把例子作为一个整体来积累，以便下次遇到同样或类似的题目时，它以完整的形式一下子呈现在你的脑海里，而不是模糊不清的、若隐若现的、一不留神就会消失的.

整体把握例子也要讲究时机，波利亚在他的著作《数学的发现》中谈道：“领会方法的最佳时机，可能是读者解出一道题的时候，或是阅读它的解法的时候，也可能是阅读解法形成过程的时候. 当读者完成了任务，而且他的体验在头脑中还是新鲜的时候，去回顾他所做的一切，可能有利于探究他刚才克服的苦难的实质.” 很多学生都抱怨和害怕题海战术，以至于一提到做练习就反感. 其实题海战术的主要问题不在于做大量的练习，而在于做完练习后没有及时回顾的机会，除了一些出现频率非常高的题目被强化而记下

来外，其他题目很快就被遗忘了. 所以学生做练习时，一定要养成及时回顾的习惯，这样才会积累下更多的例子.

3 结束语

上面讨论了积累例子的重要性和如何积累例子，也许有人会问：“积累例子和模式的模仿会不会造成思维定式或者只会做见过的题目?”我们认为亲自应用是解决思维定式的最好方法，譬如一个人如果只是见过别人拿砖块来砌墙或铺路，而自己没有亲手搬过砖块，他可能就不会想到砖块还可以用来拍钉子、砸核桃等. 不能变通是因为了解得不够，应用会使得同样的命题或方法在学生的脑海里变得越来越具体和形象. 在解题中具有创造性的方法之一是类比法. 类比就是在以前解过的例子中找到类似的东西，而这个类似的东西对解题者来说必须是很具体的，否则类比很难实现. 很多学生往往只会做课后的习题，这并不是因为模仿例题造成的，而是因为他连例题都还没有掌握好.

参考文献：

[1] 朱华伟，钱展望. 奥林匹克数学方法与研究. 武汉：湖北教育出版社，2002.

[2] 陈传理，张同君. 竞赛数学教程. 北京：高等教育出版社，2005.

[3] 罗增儒. 数学解题学引论. 西安：陕西师范大学出版社，2001.

[4] G 波利亚. 怎样解题：数学教学法的新面貌. 涂泓，冯承天，译. 上海：上海科技教育出版社，2002.

[5] G 波利亚. 数学的发现：对解题的理解、研究和讲授. 欧阳绛，译. 北京：科学出版社，1982.

[6] 弗里特曼. 怎样学会解数学题. 梁法驯，译. 湖北：湖北教育出版社，1985.

作者：郑焕，朱华伟. 原载：《中学数学》2008 年第 9 期.

3-2 简评威克尔格伦的《怎样解题》

波利亚的名著《怎样解题》已广为流传，但很少有人知道美国学者 W. A. 威克尔格伦也写了一本同名的关于解题理论的书. 1959 年，威克尔格伦在哈佛大学读书的时候，第一次了解到艾伦·纽厄尔、克立夫·肖和赫伯特·西蒙在计算机模拟思维方面的开创性工作，于是开始努力了解和系统收集解题法. 后来他到加州大学伯克利分校做研究生，就把解题法作为他的主要研究领域. 威克尔格伦到麻省理工学院心理系任教不久，就决定开一门讲授解题技巧的课. 学生们很喜欢这门课，三年之内，选课的学生从 20 人增加到 80 人. 这时威克尔格伦的主要研究兴趣已经转移到人类记忆，就不再开设这门课. 几年后，他来到俄勒冈大学任教，决定花些时间写本书，把学来的和自己的有关解题法的所有想法都包括进去.

威克尔格伦在该书的序言中就开宗明义地阐述了他写这本书的目的：通过学习书中介绍的通用解法，使得学生在解数学习题和其他科学问题时，绝不会脑子空空，束手无策，即使在难题面前，也有许多方法可以试用. 书中并没有直接给出通用解法的定义，但从给出的通用解法看来，所谓的通用解法就是解题策略. 本文将对威克尔格伦的《怎样解题》中的解题思想作简短的评论.

1 这本书的风格

虽然在写这本书的时候，威克尔格伦也参考了波利亚这方面的著作，但威克尔格伦主要是受到人工智能和用计算机模拟人的思维这两门科学的影响，所以这本书的风格与波利亚的著作的风格很不相同. 这本书所讲的解题策略与数学机械化的思想方法很相近. 书中举的例子多数是操作性问题，也就是每完成一步，下一步有哪些操作是几乎完全明了的，解决问题的关键就是在这些已知的操作上作出正确的选择. 这些问题在计算机上一般能得到很好的解决，因为计算机能够不辞劳苦地搜索一些合适的信息. 例如，书中讲到的“行动序列分类”这一解题策略，我们必须清楚问题的每一项操作和这些操作的结果，才能对它们进行分类. 这好比我们用计算机解题时，必须为它设计好一些步骤，并且每一步在哪些范围内搜索和可能达到什么样的状态，都要作出预测. 因此，与波利亚用形象生动的语言来描述解题思维过程相比，这本书的表达方式显得有些刻板. 这也许是很少有人提及这本书的原因之一，就像用计算机证明几何定理一样，一位澳大利亚的数学教授听到用举例检验的方法能证明几何定理时，愤怒地抗议说，这破坏了几何的美!

2 这本书的不足

书中介绍通用解法时，也存在一些不足的地方，但并不能因为它们不能解决所有的问题而指责它们. 威克尔格伦在这本书的引言中也说过："解题理论目前还很不完善，不要指望它会像食谱一样，你只需要照办就行." 本文想指出的是威克尔格伦在讨论通用解法时的一些疏忽.

就像前面所说的那样，书中所举的例子大多都是操作性问题. 威克尔格伦在讨论这些问题的时候，往往把重点放在给所有可能的行动序列分类，并从中找出正确的行动路径上，而对一些非操作性的关键想法的出现则轻描淡写，所以在许多例子的解答过程中，威克尔格伦常常给读者一些关键性的提示，而对所提示的关键性想法的出现，他却认为是迟早的事. 例如，在"行动序列分类"一章中有个例子：

已知锐角 UVW 和角内一点 P，用圆规直尺过 P 点作一直线段 QR，使 $QP:PR=2:1$，其中 Q，R 分别在直线 UV 和 VW 上（见图 1).

在解答这道题时，威克尔格伦提示读者："只有在 $QR:PR=3:1$ 成立时，$QP:PR=2:1$ 才成立"，"要使 $QR:PR=3:1$，一个办法就是作两个相似三角形，使得 QR 和 PR 为一对对应边，同时两个三角形的相似比为 $3:1$." 其实如果有了这两个想法，这个问题就已经解决. 也许这两个想法对有经验的解题者来说太过于自然，所以威克尔格伦把讨论的重点放在接下来的作平行线和比例线段上. 但对没有经验的解题者来说，解决这个问题的关键就是怎么想到利用相似三角形，这也是这道题的命题者所要达到的目的.

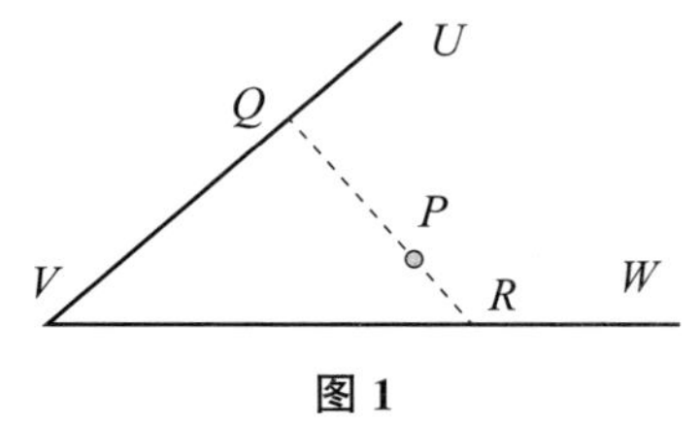

图 1

威克尔格伦在举例说明"中途点法"的应用时，常常顺着解题的思路设中途点，也就是在解题思路出现后才告诉读者哪一步骤可作为中途点，或者在没有事先分析的情况下就告诉读者把中途点设为什么. 这样，读者在阅读的时候，常常跟着威克尔格伦的思路走，并且认为一些解题思路的出现是理所当然的.

3 这本书的价值

即使存在上面所说的一些不足，这本书对于问题的解决还是有许多值得借鉴的地方，尤其是在用计算机解决问题时，书中提到的一些解题策略就显得特别重要.

威克尔格伦在讲"推理法"时，暗含的一个前提假设就是：解题者在看到题目以后会回忆起与问题有关的所有知识. 所谓的"推理法"，就是对已知条件作符合以下两条标准之一的推理：(1) 过去对同类信息常做的推理；(2) 与目标或已知条件或已推导出的结论等的性质（变量、术语、表达式等）有关的推理. 所以在推理的过程中会得到越来越多关于题目的信息，然后再从这些信息中找到正确的解题路径. 这与计算机解决几何

问题所用的几何信息搜索系统的原理是一致的.

1997 年 5 月，一场别开生面的国际象棋比赛在纽约举行，世界冠军卡斯帕罗夫面对的是 IBM 公司的“深蓝”超级并行计算机. 当看到卡斯帕罗夫最终输给“深蓝”时，许多人感到人类受到了前所未有的挑战，他们也许没有想到计算机下棋时用的策略就是“状态估值与爬山法”. 由此可见“状态估值与爬山法”是人工智能的一个很有效的策略.

书中介绍的“中途点法”，其实质就是用两个或多个较简单的问题代替一个难题. 这种解题策略在计算机程序设计和软件开发（两者其实就是用计算机解决问题）中经常用到. 例如计算机程序设计中的模块化设计就是把一个大的程序按照功能划分为许多个大小适当的模块. 因此，复杂的问题可以分解为多个容易解决的、简单的子问题.

上面所举的例子皆与计算机有关，可见这本书对学习计算机或者人工智能的学生来说是一本不可多得的好书. 对想学习解决一般数学问题的学生来说，读这本书也是有所裨益的，书中介绍的通用解法能够在一定程度上帮助学生从记忆中找到与问题相关的知识.

参考文献：

[1] W A 威克尔格伦. 怎样解题. 汪贵枫，袁崇义，译. 北京：原子能出版社，1981.

[2] G 波利亚. 怎样解题：数学教学法的新面貌. 涂泓，冯承天，译. 上海：上海科技教育出版社，2002.

[3] G 波利亚. 数学的发现：对解题的理解、研究和讲授. 欧阳绛，译. 北京：科学出版社，1982.

[4] 张景中. 计算机怎样解几何题：谈谈自动推理. 广州：暨南大学出版社，2000.

作者：郑焕，朱华伟. 原载：《中学数学研究》2008 年第 7 期.

3-3 简评《怎样学会解数学题》

弗里特曼等人不满当时教授解题的唯一方法：给出某些类型问题的解题方法，并且为了掌握这些方法做相当数量的练习. 并且他们觉得一些叙述关于解题和寻找解题方法的参考书（包括波利亚的解题理论著作，还有某些编得比较好的升学参考书），对于与解数学题有关的问题，叙述得不够完全，缺乏所必需的系统性，也没有考虑到难度是否符合于学生的实际，于是他们编著了《怎样学会解数学题》这本书.

1 基本内容

为了使学生在解题过程中形成一般的解题能力，这本书的第一部分对解题过程本身作了系统的分析，第二部分则给出中学数学课程中常见的问题类型的解题方法. 其中值得一提的是，第二部分在叙述解题的方法时，并不是把不同年级各个阶段的解题方法按顺序罗列出来，而是按照这本书的第一部分所作的问题分类，把中学不同年级所学的数学问题合并在一个类型来讲. 例如，他们把在中学被分开来学习的代数恒等式的证明和三角恒等式的证明合并为恒等式的证明，这有利于学生对解题方法有更一般化的理解.

弗里特曼等人认为解数学题的实质就是找出这样一个数学的一般原理（定义，公理，定理，规则，定律，公式）的序列，当应用它们到问题的条件或者条件的推论（解法的中间结果）时，我们就得到了问题所要求的答案. 他们根据解题思维的规范程度把数学问题分为常规问题和非常规问题. 前者是指在中学数学课程中已经存在用来确定解这种问题的准确程序的一般规则和原理，例如分解因数和解方程等；后者则是指在中学数学课程中没有用来确定解这种问题的准确程序的一般规则和原理，需要运用思维策略灵活地进行具体分析，使其转化为常规问题.

在这本书中，他们把常规问题看作基本的数学问题，所有其他问题最后总是可以归结为它们. 为了方便解决常规问题，他们建议学生必须牢牢记住中学所有学过的定义、定理、公式等，所以他们在这本书的第二部分总结出中学数学课程中最经常用到的公式和变换法则，以供学生参考.

对解决非常规问题，由于没有一般的规则，也没有一种准确的规则可以把非常规问题转化为常规问题，弗里特曼等人建议应该遵循一些启发式的规则，这些启发式的规则是许多著名的数学家和教育家找到的一系列一般的提示性建议. 书中举了一些有趣的令人回味无穷的例子，如“在一堆石头中捕捉老鼠”形象生动地说明了在寻找问题的解法时，或者把原来的问题分解成几个容易解决的小问题，或者在以前解过的问题中找出类

似的问题.

2 存在问题

从这本书的解题理论部分（也就是第一部分）来看，读过波利亚在这方面的著作的人（弗里特曼等人也读过）都会觉得这本书在解题理论上并没有提出多少新的见解. 书中许多关于解题理论的观点，只不过是波利亚观点的不同叙述方式罢了. 例如，书中提到的“转化为以前解过问题的方法来寻找解题计划”，波利亚在他的著作中就讲到“这里有一道题目和你的题目有关而且以前解过”，并且多次提到“你以前见过它吗?”这类问题.

这本书中，弗里特曼等人认为是新观点的地方，在讨论的时候恰恰出现了问题. 他们在讨论解题过程的结构时，把解题过程分为以下八个阶段：

第一个阶段——分析问题；

第二个阶段——问题的简略写法；

第三个阶段——寻找解题方法；

第四个阶段——实行解法；

第五个阶段——校核解法；

第六个阶段——研究问题；

第七个阶段——简明地陈述答案；

第八个阶段——分析解法.

在举例说明这些解题阶段时，弗里特曼等人所举的都是一些比较简单的例子，例如，不查表，计算下面表达式的值

$$\cot 9^\circ+\cot 15^\circ+\tan 9^\circ+\tan 15^\circ-\cot 27^\circ-\tan 27^\circ.$$

这种例子用最常用的变换法则就可以把问题顺利解决，以致弗里特曼等人自己也看不出解题的心理过程，否则他们就不会在解完这道题后写下这样的话：“正像我们所看到的，在这个解题的过程中把各个阶段分开是困难的，因为分析问题，寻找解法和校核解法都是在实行解法的过程中进行的. 问题的简略写法和研究问题的阶段，在这里也完全显得不必要. 至于分析解法，尽管为了加深记忆所利用得到的方法，对解法作某些研究是有益的，但在本题的情况下，同样也不一定需要.”

所以后来他们又把解题过程的八个阶段简缩成五个必不可少的阶段：分析问题，寻找解题方法，实行解法，校核解法和简明地陈述答案. 其余的三个阶段不是一定必要的，而且在很多问题的解答中没有这些阶段. 与波利亚把解题过程分成四个阶段，再对这四个阶段进行详细说明相比，弗里特曼等人显得有些不够坚定.

我们同意把解题过程的各个阶段分开有时很困难的观点，特别是到了熟练解题的程度的时候. 不过只要做些努力（例如阅读一些关于数学思维和解题心理学方面的著作），我们还是可以分出各个阶段来的，只是有时界限不是很明显而已.

前面也提到过，为了方便解决常规问题，弗里特曼等人要求学生牢牢记住中学数学课程中所有学过的一般规则和一般原理，但他们并没有谈到怎样才能够把这些公式定理牢牢记住. 实际上，根据克鲁捷茨基关于中小学生数学能力的观点，不同能力的学生记忆公式的特点是有很大区别的，数学能力强的学生在记忆中保存这一个公式的最主要的函数意象，也就是没有细节的，只反映函数依赖关系的最一般的性质，其次才是这个公式本身. 这个特点使得数学能力强的学生就算忘了这个公式的具体表达式，他们也容易从函数的依赖关系的一般性质中推导出它. 而能力比较低的学生可能已经牢牢记住了这些具体的公式，但他们却不能估计在某些具体情况中运用这些已知公式的可能性. 所以对定理公式的记忆不能一概而论.

3 结论

从上面的讨论可见，这本书纯粹是为普通中学生而写的解题参考书，并且其难度不会超出普通中学数学课程的内容. 书中对解题过程作了系统的分析，并且对一些常见的问题类型总结出一般的有效解题方法. 这确实有助于普通中学生在解题中形成一般的解题能力. 虽然书中的讨论也存在一些问题，这本书还是值得普通中学生一读的.

参考文献:

[1] 弗里特曼. 怎样学会解数学题. 梁法驯，译. 湖北：湖北教育出版社，1985.

[2] G 波利亚. 怎样解题：数学教学法的新面貌. 涂泓，冯承天，译. 上海：上海科技教育出版社，2002.

[3] 克鲁捷茨基. 中小学数学能力心理学. 李伯黍，洪宝林，等译. 上海：上海教育出版社，1983.

作者：郑焕，朱华伟. 原载：《中学数学》2008 年第 8 期.

3-4 一个与正 n 边形面积有关问题的几何证法

文献 1 中有如下题目：如图 1 所示，在等边三角形内任意取一点，分别连接该点与三角形的三个顶点，并连接该点与它在三边上的射影. 这些连线将该三角形分成六个小三角形，它们的面积分别用 A，B，C，D，E，F 表示. 求证：$A+C+E=B+D+F$.

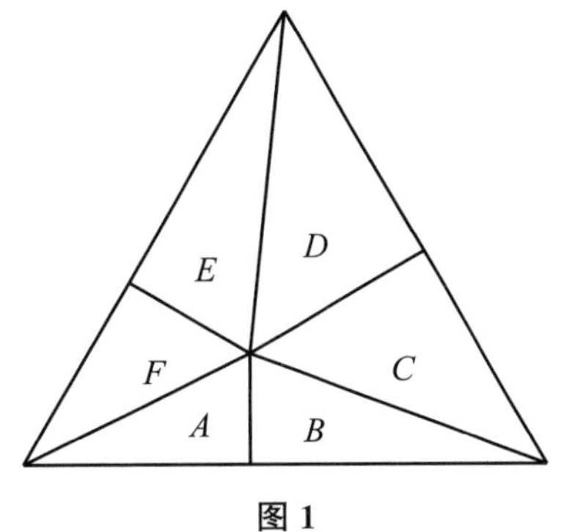

图 1

证明 如图 2 所示，过该点分别作三边的平行线，这三条直线将该三角形分成三个平行四边形和三个小等边三角形. 因为平行四边形的面积被它的对角线平分，等边三角形的面积被它的高线平分，所以

$$A+C+E=x+a+y+b+z+c=B+D+F.$$

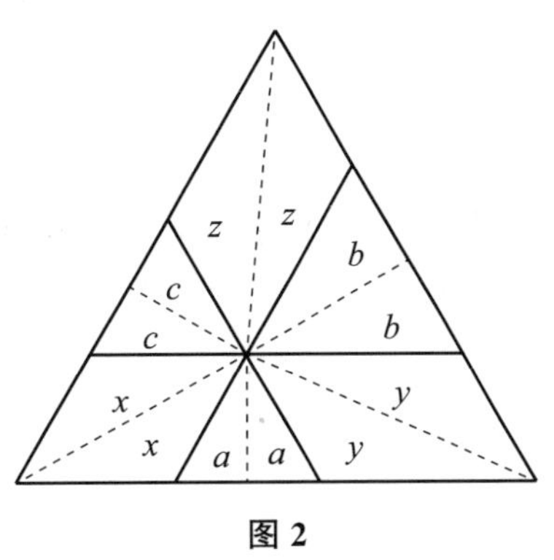

图 2

文 [1] 用几何的方法证明对于正三角形内任意一点这个结论成立，文献 2 用代数的方法证明了：对于平面上任意一点 P 和正 n 边形，都有 $\sum_{j=1}^{n}|S_{\triangle PA_jB_j}|\geqslant\frac{1}{2}|S_{A_1A_2\cdots A_n}|$，当且仅当点 P 在正 n 边形内部或边上时，等号成立. 下面我们用平面几何方法来证明这个结论，这里我们只考虑等号的情况，故只取点 P 在正 n 边形内部或者边上.

由文 [2] 可知：如果正 n 边形的内角大于 $90°$，那么 P 点在各边上的射影有两种情况：在边上或者在边的延长线上（如图 3），当射影在边的延长线上时，三角形在正 n 边形的外部，这样的三角形应该减去，因此为了使结论更具有一般性，这里也引入带号面积的概念. 一个简单多边形的面积的正负，依照所规定的边界“走向”而定：如果指定边界走向为逆时针方向，那么面积为正；如果边界走向为顺时针方向，那么面积为负，其中边界的走向可以用顶点的排列顺序表示. 即，如果$\triangle ABC$ 的三个顶点 A，B，C 按逆时针方向排列，那么$\triangle ABC$ 是正向三角形，面积为正；如果$\triangle ABC$ 的三个顶点 A，B，C 按顺时针方向排列，那么$\triangle ABC$ 是负向三角形，面积为负. 如无特殊说明，本文的面积均为带号面积.

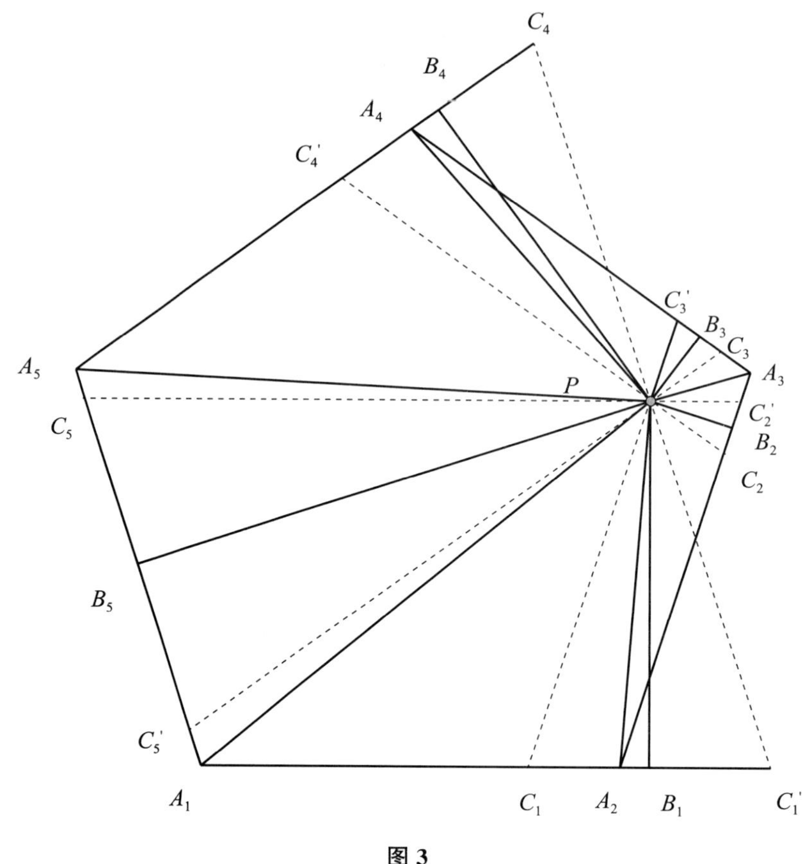

图 3

受文［1］的启发，我们用作平行四边形的方法来证明如下命题.

命题 在正 n 边形 $A_1A_2\cdots A_n$ 内（或者边上）任取一点 P，分别连接 P 点和正 n 边形的 n 个顶点，再连接 P 点与它在 n 条边上的射影 B_1，B_2，…，B_n，得到 $2n$ 个小三角形，它们的面积分别用 a_1，a_2，…，a_n 和 b_1，b_2，…，b_n 表示，其中 $S_{\triangle PA_iB_i}=a_i$，$S_{\triangle PB_iA_{i+1}}=b_i$（$i=1$，2，…，$n$，$A_{n+1}=A_1$）. 求证：

$$a_1+a_2+\cdots+a_n=b_1+b_2+\cdots+b_n.$$

证明 如图 4 所示，分别以 PA_1，PA_2，PA_3，…，PA_n 为对角线，作平行四边形 $PC_nA_1C_1'$，$PC_1A_2C_2'$，$PC_2A_3C_3'$，…，$PC_{n-1}A_nC_n'$，平行四边形的两条邻边分别落在与 PA_n 相交的两条边上，交两条邻边（或其延长线）于点 C_n，C_1'，C_1，C_2'，C_2，C_3'，…，C_{n-1}，C_n'，这 n 个平行四边形的面积分别记为 S_1，S_2，S_3，…，S_n.

$$a_1=\frac{1}{2}S_1-S_{\triangle PB_1C_1'},\cdots,a_k=\frac{1}{2}S_k-S_{\triangle PB_kC_k'},\cdots,a_n=\frac{1}{2}S_n-S_{\triangle PB_nC_n'}.$$

$$a_1+a_2+\cdots+a_n=\frac{1}{2}(S_1+S_2+\cdots+S_n)-(S_{\triangle PB_1C_1'}+S_{\triangle PB_2C_2'}+\cdots+S_{\triangle PB_nC_n'}).$$

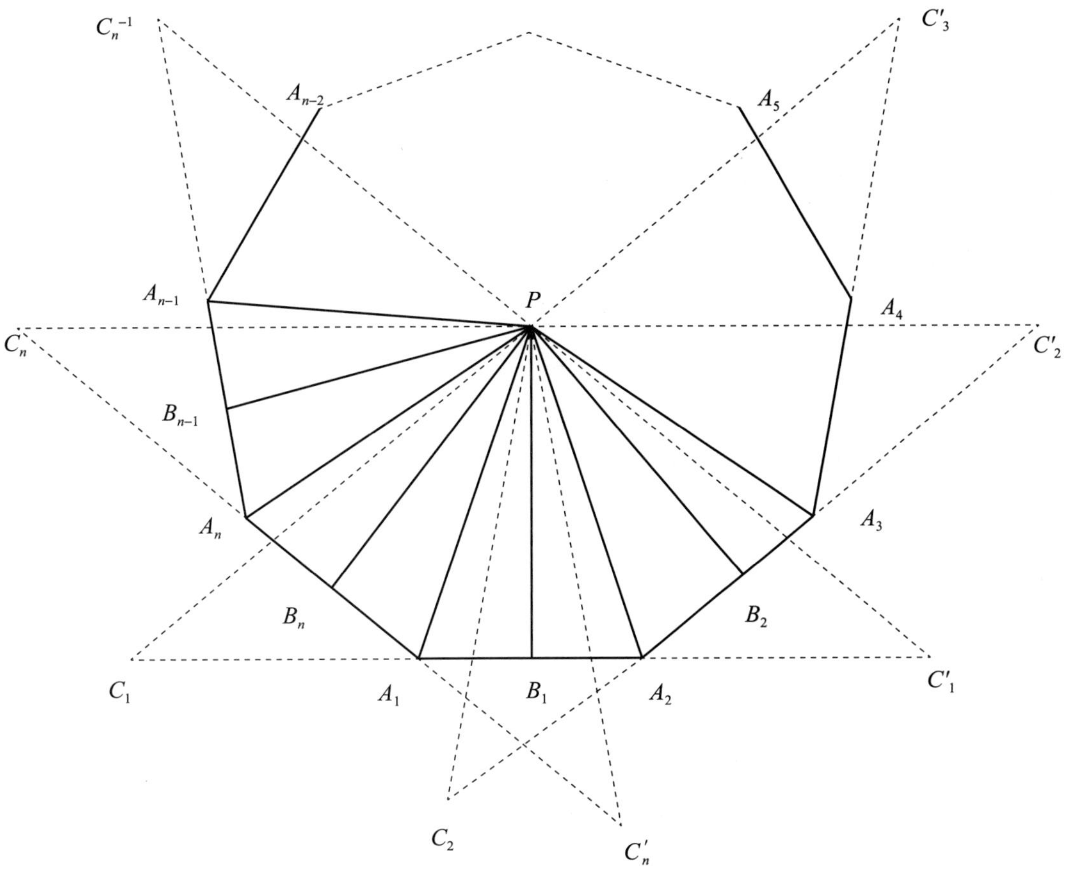

图 4

同理，$b_1=\frac{1}{2}S_2-S_{\triangle PC_1B_1}$，…，$b_{k-1}=\frac{1}{2}S_k-S_{\triangle PC_{k-1}B_{k-1}}$，…，$b_n=\frac{1}{2}S_1-S_{\triangle PC_nB_n}$.

故

$$b_1+b_2+\cdots+b_n=\frac{1}{2}(S_1+S_2+\cdots+S_n)-(S_{\triangle PC_1B_1}+S_{\triangle PC_2B_2}+\cdots+S_{\triangle PC_nB_n}).$$

因为四边形 $PC_1A_2C_2'$ 是平行四边形，所以

$$\angle C_1+\angle A_1A_2A_3=180°.$$

同理，$\angle C_1'+\angle A_nA_1A_2=180°$.

又因为$\angle A_1A_2A_3=\angle A_nA_1A_2=\frac{180°(n-2)}{n}$，所以$\angle C_1=\angle C_1'$，故$\triangle PC_1C_1'$ 是等腰三角形，又 PB_1 是$\triangle PC_1C_1'$ 底边上的高，所以 $S_{\triangle PC_1B_1}=S_{\triangle PB_1C_1'}$.

同理，$S_{\triangle PC_2B_2}=S_{\triangle PB_2C_2'}$，$S_{\triangle PC_3B_3}=S_{\triangle PB_3C_3'}$，…，$S_{\triangle PC_nB_n}=S_{\triangle PB_nC_n'}$.

因此可得：

$$a_1+a_2+\cdots+a_n=b_1+b_2+\cdots+b_n,$$

结论得证.

评注 上面我们用平面几何的方法对命题给出一种证明，对于正 n 边形构造平行四边形，得到 n 个平行四边形和 n 个等腰三角形，每个 a_i 和 b_i 的面积都可以表示成一个平行四边形面积的一半减去等腰三角形面积的一半，最后整理得到左边和右边相等. 相比代数的方法，几何方法更加简洁，容易被中学生接受. 另外我们发现证明等腰三角形的过程只用到了正 n 边形角相等的性质，并没有用到边相等，因此对等角多边形，也可以得到同样的性质.

推论 如果在等角 n 边形内或者边上任取一点，分别连接该点与 n 个顶点，并连接该点与它 n 条边上的射影. 这些连线将等角 n 边形分成 $2n$ 个小三角形，这 $2n$ 个小三角形的面积依次为 a_1，b_1，a_2，b_2，…，a_n，b_n，则

$$a_1+a_2+\cdots+a_n=b_1+b_2+\cdots+b_n.$$

参考文献：

[1] ROSS HONSBERGER. Mathematical chestnuts from around the world. Washington: Mathematical Association of America，2001.

[2] 王兴东. 一个与正 n 边形面积有关问题的研究. 高等函数学报（自然科学版），2012，25（6）.

[3] 张景中. 面积关系帮你解题. 合肥：中国科学技术大学出版社，2013.

作者：刘洋，朱华伟. 原载：《中学数学》2014 年第 7 期.

3-5 不等关系帮你解题

一个数学问题中，往往同时存在若干个量，研究它们彼此间的关系，常常归结于不等式问题. 作为一种工具，不等式广泛用于解决数学问题，如我们熟悉的求函数的定义域、值域，函数的单调性、有界性、凹凸性的判定，直线与二次曲线位置关系的确定，方程根的分布等. 这种在解题过程中，根据题设条件设法建立不等式，控制变量，经过讨论，从而获得结论的方法，可用于研究众多的数学问题.

运用不等关系解决数学问题，不仅要求解题者谙熟常用不等式，具有灵活、敏捷地进行不等式变换（放大、缩小等）的能力，而且要有深刻的洞察力，善于依据已知条件建立不等关系. 正因为如此，在国内外数学竞赛中，不仅有传统的不等式证明题、讨论题，还经常出现利用不等式估计去解决多项式、方程、几何、组合、数论的题目. 下面分三个方面讨论.

1 由不等导出矛盾

曾有位数学家赞扬反证法是“数学家最精良的武器之一”. 它在数学解题尤其是在解数学竞赛题中有奇效. 如果你在运用这一武器时，有意识地挖掘问题中潜在的不等关系，使两者联手，往往可以及时找到矛盾点——由不等导出矛盾.

例 1 求证：当 $n\geqslant 4$ 时，多项式 $f(x)=x^n+x^3+x^2+x+5$ 不能分解成两个（非常数的）整系数多项式的乘积.

证明 假如存在首项系数为 1 的整系数多项式 $g(x)$ 和 $h(x)$，使 $f(x)=g(x)\cdot h(x)$，次 $(g(x))\geqslant 1$，次 $(h(x))\geqslant 1$，则 $5=f(0)=g(0)h(0)$.

由于 $g(0)$，$h(0)$ 是整数，而 5 是素数，不失一般性，可设 $g(0)=\pm 1$，$h(0)=\pm 5$，令 $g(x)$ 在 C 上可分解为 $g(x)=\prod\limits_{j=1}^{r}(x-\beta_j)$，则 $\pm 1=g(0)=\prod\limits_{j=1}^{r}(-\beta_j)$，两边取模得

$$1=|g(0)|=\prod_{j=1}^{r}|\beta_j|.$$

故至少有一个 $|\beta_j|$ 不大于 1，例如 $|\beta_k|\leqslant 1$，$1\leqslant k\leqslant r$. 因此

$$\begin{aligned}&|f(\beta_k)|=|\beta_k^n+\beta_k^3+\beta_k^2+\beta_k+5|\\ \geqslant\ &5-|\beta_k|-|\beta_k|^2-|\beta_k|^3-|\beta_k|^n\\ \geqslant\ &5-1-1-1-1=1.\end{aligned}$$

这与 $f(\beta_k)=g(\beta_k)\cdot h(\beta_k)=0\cdot h(\beta_k)=0$ 矛盾，所以结论成立.

评注 （1）在此题的证明过程中，为了便于应用不等关系分析，我们将复数取模，这一技巧在利用不等关系解题中常常用到.

（2）由等式 $=\prod\limits_{j=1}^{r}|\beta_j|=1$ 有意识地导出不等式 $|\beta_k|\leqslant 1$，从而将 $|f(\beta_k)|$ 适当缩小，以便推出矛盾，这种放大或缩小的手法在解题中经常遇到，但切记要放缩适度.

例 2 设 z_1，z_2，…，z_n 是方程

$$z^n+a_1z^{n-1}+a_2z^{n-2}+\cdots+a_{n-1}z+a_n=0$$

的 $n(n\geqslant 1)$ 个复数根，其中 a_1，a_2，…，a_n 为复数，令 $A=\max\limits_{1\leqslant k\leqslant n}|a_k|$.

求证：$|z_j|\leqslant 1+A$，$j=1$，2，…，n.

证明 令 $f(z)=z^n+a_1z^{n-1}+a_2z^{n-2}+\cdots+a_{n-1}z+a_n$，反设存在某个 z_k，$1\leqslant k\leqslant n$，使 $|z_j|>1+A$，则有

$$\begin{aligned}
0=|f(z_k)|&=\left|z_k^n\left(1+\frac{a_1}{z_k}+\cdots+\frac{a_2}{z_k^{n-1}}+\frac{a_n}{z_k^n}\right)\right|\\
&=|z_k^n|\left|1+\frac{a_1}{z_k}+\cdots+\frac{a_2}{z_k^{n-1}}+\frac{a_n}{z_k^n}\right|\\
&\geqslant|z_k^n|\left(1-\frac{|a_1|}{|z_k|}-\cdots-\frac{|a_2|}{|z_k|^{n-1}}-\frac{|a_n|}{|z_k|^n}\right)\\
&\geqslant|z_k^n|\left(1-\frac{A}{|z_k|}-\cdots-\frac{A}{|z_k|^{n-1}}-\frac{A}{|z_k|^n}\right) \qquad ①\\
&\geqslant|z_k^n|\left(1-\frac{A}{|z_k|}-\cdots-\frac{A}{|z_k|^{n-1}}-\frac{A}{|z_k|^n}-\cdots\right) \qquad ②\\
&=|z_k^n|\left(1-\frac{A}{|z_k|-1}\right)\\
&=|z_k^n|\left(\frac{|z_k|-(A+1)}{|z_k|-1}\right)>0,
\end{aligned}$$

这是不可能的，所以 $f(z)$ 的所有根 z_j，$1\leqslant j\leqslant n$ 都满足 $|z_j|\leqslant 1+A$.

评注 从①到②式的缩小（从有限向无限过渡）是解答本题的难点和关键所在.

例 3 设有复变量方程 $11z^{10}+10iz^9+10iz-11=0$. 求证：$|z|=1$.

证明 由已知得 $z^9=\dfrac{11-10iz}{11z+10i}$.

令 $z=a+bi$（a，$b\in\mathbf{R}$），则 $|z^9|=\left|\dfrac{11-10iz}{11z+10i}\right|=\sqrt{\dfrac{11^2+220b+10^2(a^2+b^2)}{11^2(a^2+b^2)+220b+10^2}}$.

记 $f(a,b)=\sqrt{11^2+220b+10^2(a^2+b^2)}$，$g(a,b)=\sqrt{11^2(a^2+b^2)+220b+10^2}$.

若 $a^2+b^2>1$，则 $g(a,b)>f(a,b)$，于是 $|z^9|<1$，矛盾；若 $a^2+b^2<1$，则 $f(a,b)>g(a,b)$，于是 $|z^9|>1$，矛盾. 故 $|z|=1$.

例 4 试证：对任何整系数多项式 $p(x)$，不存在不同的整数 x_1，x_2，…，$x_n(n\geqslant 3)$，使得

$$p(x_1)=x_2,p(x_2)=x_3,\cdots,p(x_{n-1})=x_n,p(x_n)=x_1.$$

证明 反设结论不成立，易证当 $a\neq b$ 时，必有 $(a-b)|[p(a)-p(b)]$，所以 $|a-b|\leqslant|p(a)-p(b)|$.

依次取 a，b 为 x_i，x_{i+1}，$i=1$，2，…，n（记 $x_{n+1}=x_1$），则得

$$|x_1-x_2|\leqslant|x_2-x_3|\leqslant\cdots\leqslant|x_{n-1}-x_n|\leqslant|x_n-x_1|\leqslant|x_1-x_2|.$$

所以只有 $|x_1-x_2|=|x_2-x_3|=\cdots=|x_n-x_1|$.

当 $n\geqslant3$ 时，若 i 使得 $x_{i-1}-x_i$ 与 x_i-x_{i+1} 异号，则由上式即知

$$x_{i-1}-x_i=-(x_i-x_{i+1}).$$

从而 $x_{i-1}=x_{i+1}$，这与题设矛盾. 因而对于任何 i，均有 $x_{i-1}-x_i=x_i-x_{i+1}$，此时，若 $x_1\geqslant x_2$，则 $x_1\geqslant x_2\geqslant\cdots\geqslant x_n\geqslant x_1$，因此与 $x_1=x_2=\cdots=x_n$ 矛盾. 若 $x_1<x_2$，则与 $x_1<x_2<\cdots<x_n<x_1$ 也矛盾. 得证.

评注 在解题中我们由整除关系导出不等关系，又由不等关系导出相等，值得认真回味. 在此题中取 $n=3$，即为第 3 届美国数学奥林匹克第 1 题.

例 5 如果 a_1，a_2，…，a_n 是任何实的或复的量，它们满足方程

$$x^n-na_1x^{n-1}+C_n^2a_2^2x^{n-2}+\cdots+(-1)^iC_n^ia_i^ix^{n-i}+\cdots+(-1)^na_n^n=0.$$

试证：$a_1=a_2=\cdots=a_n$.

证明 设 $|a_i|=\rho_i(i=1,\ 2,\ \cdots,\ n)$，首先证明所有的 ρ_i 有相同的值. 若 ρ_1，ρ_2，…，ρ_n 不全相等，则必有 $\rho_k=\max\{\rho_1,\ \rho_2,\ \cdots,\ \rho_n\}$（$k$ 为某个自然数）. 由根与系数的关系得

$$a_k^k=\frac{\sum\limits_{1\leqslant i_1<i_2<\cdots<i_k\leqslant n}a_{i_1}a_{i_2}\cdots a_{i_k}}{C_n^k}.$$

$$\text{故 }|a_k|^k=\rho_k^k\leqslant\frac{\sum\limits_{1\leqslant i_1<i_2<\cdots<i_k\leqslant n}|a_{i_1}a_{i_2}\cdots a_{i_k}|}{C_n^k}\equiv\frac{\sum\limits_{1\leqslant i_1<i_2<\cdots<i_k\leqslant n}\rho_{i_1}\rho_{i_2}\cdots\rho_{i_k}}{C_n^k}<\rho_k^k\text{，矛盾.}$$

令 $\rho_1=\rho_2=\cdots=\rho_k=\rho$，若 $\rho=0$，则结论显然成立.

设 $\rho\neq0$，我们证明所有的 a_i 有相同的值.

由于 $na_1=\sum\limits_{i=1}^n a_i$，则 $|na_1|=n\rho=\left|\sum\limits_{i=1}^n a_i\right|=\sum\limits_{i=1}^n|a_i|$，由不等式 $\left|\sum\limits_{i=1}^n a_i\right|\leqslant\sum\limits_{i=1}^n|a_i|$ 中等号成立的充要条件知 $a_1=a_2=\cdots=a_n$.

评注 本题中为证明 $a_1=a_2=\cdots=a_n$，我们采用了先退一步的策略，先证明较弱的结论 $|a_1|=|a_2|=\cdots=|a_n|$，然后再利用这个结论及不等式中等号成立的条件推出 $a_1=a_2=\cdots=a_n$.

2 由不等导出相等

由不等导出相等在解题中的表现形式主要有如下两种：

(1) 利用已知不等式（如算术-几何平均值不等式、柯西不等式、三角不等式等）中等号成立的充要条件，导出相等．例如，若 $a_i\in\mathbf{R}^*$，$i=1$，2，…，n，$\frac{a_1+a_2+\cdots+a_n}{n}=\sqrt[n]{a_1a_2\cdots a_n}$，则必有 $a_1=a_2=\cdots=a_n$．

(2) 两边夹逼，导出相等．即 $b\leqslant a\leqslant b\Rightarrow a=b$，这种形式下的一个重要特例是利用极限概念，由 $|f(x)|$ 小于任意正数 ε 推出 $f(x)=0$．

例 6 设 $n\geqslant 2$ 为一固定整数，确定在区间 $(0, a)$ 上有界且适合函数方程

$$f(x)=\frac{1}{n^2}\left[f\left(\frac{x}{n}\right)+f\left(\frac{x+a}{n}\right)+\cdots+f\left(\frac{x+(n-1)a}{n}\right)\right] \qquad ①$$

的所有函数．

证明 设 $f(x)$ 是在 $x\in(0, a)$ 上有界且适合①的函数，由于 $f(x)$ 在 $(0, a)$ 上有界，因此存在正常数 M，使得

$$|f(x)|<M, 0<x<a. \qquad ②$$

对于 $k=0$，1，…，$n-1$ 有 $0<\frac{x+ka}{n}<a$，故由②得

$$\left|f\left(\frac{x+ka}{n}\right)\right|<M, 0\leqslant k\leqslant n-1, 0<x<a.$$

于是由①，对于 $0<x<a$ 有

$$\begin{aligned}|f(x)|&=\frac{1}{n^2}\left|f\left(\frac{x}{n}\right)+f\left(\frac{x+a}{n}\right)+\cdots+f\left(\frac{x+(n-1)a}{n}\right)\right|\\&\leqslant\frac{1}{n^2}\left[\left|f\left(\frac{x}{n}\right)\right|+\left|f\left(\frac{x+a}{n}\right)\right|+\cdots+\left|f\left(\frac{x+(n-1)a}{n}\right)\right|\right]\\&<\frac{1}{n^2}(\underbrace{M+M+\cdots+M}_{n}).\end{aligned}$$

即 $|f(x)|<\frac{M}{n}$.

用 $\frac{M}{n}$ 代替 M 并重复上面的论证得

$$|f(x)|<\frac{M}{n^2}, 0<x<a.$$

按此方法继续作下去，则有

$$|f(x)|<\frac{M}{n^m},0<x<a,m=0,1,2,\cdots$$

令 $m\to+\infty$ 便得 $f(x)=0$，$0<x<a$.

评注 此题利用有界条件 $|f(x)|<M$ 导出 $|f(x)|<\frac{M}{n}$，然后多次重复这一过程，由常数 M，$\frac{M}{n}$，$\frac{M}{n^2}$，…，导出变量，再利用极限，令 $M\to+\infty$ 得出 $f(x)=0$.

例 7 设递增的正整数数列 $f(n)(n\geqslant1)$ 满足条件：

(1) $f(2)=4$.

(2) 对任意正整数 m，n，有 $f(mn)=f(m)f(n)$.

试证：$f(n)=n^2$.

证明 显然 $f(1)=1^2$，我们用数学归纳法证明，对 $n\geqslant2$，有 $f(n)=n^2$. 条件 (1) 表明当 $n=2$ 时结论成立，假设对 $n\geqslant3$，有 $f(n-1)=(n-1)^2$，下证 $f(n)=n^2$.

现在的困难在于 $f(n)$ 与 $f(n-1)$ 之间没有简单适用的递推关系，直接证明 $f(n)=n^2$ 并不容易，因此我们考虑分别证明较弱一点的结论：$f(n)\leqslant n^2$ 及 $f(n)\geqslant n^2$，由此导出结论.

现设 k (参数) 为正整数并考虑 $f(n^k)$，由于 $n-1\geqslant2$，故有正整数 l 满足 $(n-1)^l<n^k\leqslant(n-1)^{l+1}$.

于是，由条件 (2)，$f(n)$ 的递增性及归纳假设得

$$\begin{aligned}f^k(n)&=f(n^k)\leqslant f((n-1)^{l+1})=f^{l+1}(n-1)\\&=(n-1)^{2(l+1)}=(n-1)^{2l}(n-1)^2<n^{2k}(n-1)^2.\end{aligned}$$

从而 $f(n)<n^2(n-1)^{\frac{2}{k}}$. ①

在①中，令参数 $k\to+\infty$，得 $f(n)\leqslant n^2$.

完全相同地可以证明 $f(n)\geqslant n^2$，于是 $f(n)=n^2$.

评注 (1) 若要回避使用极限的概念，可利用下面的论证：假设 $f(n)>n^2$，即 $f(n)\geqslant n^2+1$，由①得：$\left(1+\frac{1}{n^2}\right)^k<(n-1)^2$. 但 $1+\frac{1}{n^2}>1$，故当 k 充分大时上式不能成立，所以 $f(n)\leqslant n^2$. 同理 $f(n)\geqslant n^2$，于是 $f(n)=n^2$.

(2) 以上两例都采用了引入参数的手法，它使我们在论证中保持着某些灵活性.

(3) 此题稍加变化可以编拟出第 1 届日耳曼数学奥林匹克第 3 题：

设 $f:N\to N$ 是一个严格递增函数，且 $f(2)=a>2$，对任意 m，$n\in N$，$f(mn)=f(m)f(n)$，求 a 的最小值.

例 8 设 n 次多项式

$$P(x)=ax^n-ax^{n-1}+c_2x^{n-2}+\cdots+c_{n-2}x^2-n^2bx+b$$

恰有 n 个正根，求这些根.

解 设 $P(x)$ 的 n 个根为 x_1，x_2，…，x_n，则 x_1，x_2，…，$x_n>0$.

由韦达定理得

$$x_1+x_2+\cdots+x_n=1,$$

$$x_1x_2\cdots x_{n-1}+\cdots+x_1x_3\cdots x_n+x_2x_3\cdots x_n=(-1)^n\frac{n^2b}{a},$$

$$x_1x_2\cdots x_n=(-1)^n\frac{b}{a},$$

从而

$$\frac{1}{x_1}+\frac{1}{x_2}+\cdots+\frac{1}{x_n}=n^2,$$

$$(x_1+x_2+\cdots+x_n)\left(\frac{1}{x_1}+\frac{1}{x_2}+\cdots+\frac{1}{x_n}\right)=n^2,$$

但 $(x_1+x_2+\cdots+x_n)\left(\frac{1}{x_1}+\frac{1}{x_2}+\cdots+\frac{1}{x_n}\right)\geqslant n^2$，且等号成立当且仅当 $x_1=x_2=\cdots=x_n$.

故 $x_1=x_2=\cdots=x_n=\frac{1}{n}$.

例 9 考虑多项式

$$P(x)=x^n+nx^{n-1}+a_2x^{n-2}+\cdots+a_n,$$

若 $|r_1|^{16}+|r_2|^{16}+\cdots+|r_n|^{16}=n$，这里 r_i 为 $P(x)$ 的全部根（$i=1$，2，…，n），求这些根.

解 设 a_1，a_2，…，a_n，b_1，b_2，…，b_n 为复数，则有 Cauchy 不等式

$$\left|\sum_{i=1}^{n}a_ib_i\right|^2\leqslant\sum_{i=1}^{n}|a_i|^2\sum_{i=1}^{n}|b_i|^2$$

当且仅当有常数 $k\in\mathbf{C}$，使 $a_i=kb_i$ 时，上式等号成立.

反复应用该不等式得：

$$\begin{aligned}n^2&=|r_1+r_2+\cdots+r_n|^2\\&\leqslant n(|r_1|^2+|r_2|^2+\cdots+|r_n|^2),\end{aligned}\quad ①$$

$$\begin{aligned}n^4&=|r_1+r_2+\cdots+r_n|^4\\&\leqslant n^2(|r_1|^2+|r_2|^2+\cdots+|r_n|^2)^2\\&\leqslant n^3(|r_1|^4+|r_2|^4+\cdots+|r_n|^4),\end{aligned}\quad ②$$

$$\begin{aligned}n^8&=|r_1+r_2+\cdots+r_n|^8\\&\leqslant n^6(|r_1|^4+|r_2|^4+\cdots+|r_n|^4)^2\\&\leqslant n^7(|r_1|^8+|r_2|^8+\cdots+|r_n|^8),\end{aligned}\quad ③$$

$$\begin{aligned}n^{16}&=|r_1+r_2+\cdots+r_n|^{16}\\&\leqslant n^{14}(|r_1|^8+|r_2|^8+\cdots+|r_n|^8)^2\end{aligned}$$

$$\leqslant n^{15}(|r_1|^{16}+|r_2|^{16}+\cdots+|r_n|^{16}). \quad ④$$

但$|r_1|^{16}+|r_2|^{16}+\cdots+|r_n|^{16}=n$，所以在④中等号成立，从而$|r_1|^8+|r_2|^8+\cdots+|r_n|^8=n$.

再由③同样导出 $|r_1|^4+|r_2|^4+\cdots+|r_n|^4=n$.

由②得：$|r_1|^2+|r_2|^2+\cdots+|r_n|^2=n$.

最后由①中等号成立的条件得：$r_1=r_2=\cdots=r_n$.

由韦达定理知：

$$r_1+r_2+\cdots+r_n=-n.$$

故 $r_1=r_2=\cdots=r_n=-1$.

例 10 已知$a_1=5$，$a_i(i=1, 2, \cdots)$ 都是自然数，满足条件$a_1<a_2<\cdots<a_n<\cdots$，及$a_{i+a_i}=2a_i(i=1, 2, \cdots)$，试求$a_{1\,993}$.

解 先算几个特殊值$a_1=1+4$，$a_6=a_{1+a_1}=2a_1=10=6+4$，$a_{16}=a_{6+a_6}=20=16+4$，$\cdots$，由此猜想$a_n=n+4$，下面用数学归纳法证之.

当$n=1$时显然成立. 假设$a_n=n+4$，则$a_{2n+4}=2a_n=2(n+4)=(2n+4)+4$.

由于$n+4=a_n<a_{n+1}<a_{n+2}<\cdots<a_{2n+4}=(2n+4)+4$，所以$a_{n+1}=(n+1)+4$.

从而$a_n=n+4$对所有自然数n都成立.

所以$a_{1\,993}=1\,993+4=1\,997$.

评注 这里运用不等关系及自然数的性质导出结论，思路巧妙，耐人寻味.

3 由不等估计范围

估计变数或式子的取值范围，对有关整数的命题而言有着特殊的作用. 如能将取值范围确定在一个有限区间内，就能够对可能的情况逐一检验，以确定问题的解.

例 11 试确定形如$a_0x^n+a_1x^{n-1}+\cdots+a_{n-1}x+a_n(a_n=\pm1, 0\leqslant i\leqslant n)$的全体多项式，使多项式的根都是实数.

解 不妨先考虑$a_0=1$，设其n个根为x_1，x_2，$\cdots$，x_n，则

$$x_1+x_2+\cdots+x_n=-a_1, \quad ①$$

$$x_1x_2+x_1x_3+\cdots+x_{n-1}x_n=a_2, \quad ②$$

$$x_1x_2\cdots x_n=(-1)^na_n. \quad ③$$

由①②得

$$x_1^2+x_2^2+\cdots+x_n^2=(-a_1)^2-2a_2=1-2a_2\geqslant0.$$

于是$a_2\leqslant\frac{1}{2}$，故$a_2=-1$.

从而$x_1^2+x_2^2+\cdots+x_n^2=3$，又由③得$(x_1x_2\cdots x_n)^2=1$，再利用平均不等式得 $3\geqslant$

$n\sqrt[n]{(x_1x_2\cdots x_n)^2}=n$，所以 $n\leqslant 3$，即 $n=1$，2，3.

当 $n=1$ 时，所求多项式成为 $\pm(x-1)$，$\pm(x+1)$；

当 $n=2$ 时，所求多项式成为 $\pm(x^2+x-1)$，$\pm(x^2-x-1)$；

当 $n=3$ 时，所求多项式成为 $\pm(x^3+x^2-x-1)$，$\pm(x^3-x^2-x+1)$，$\pm(x^3+x^2-x+1)$（有虚根舍去），$\pm(x^3+x^2-x-1)$（有虚根舍去）.

综上，所求多项式共 12 个.

评注 此题中我们应用韦达定理和不等关系求出 n 的取值范围，进而求出 n 的值，确定出符合题设条件的全体多项式.

例 12 求出所有的正整数 n，使得方程

$$a_{n+1}x^2-2x\sqrt{a_1^2+a_2^2+\cdots+a_{n+1}^2}+a_1+a_2+\cdots+a_n=0$$

对所有实数 a_1，a_2，…，a_{n+1} 有实数解.

解 若 $a_{n+1}=0$，$\sum_{i=1}^{n+1}a_i^2\neq 0$，已知方程有实数解

$$x=\frac{\sum_{i=1}^{n}a_i}{2\left(\sum_{i=1}^{n+1}a_i^2\right)^{\frac{1}{2}}}.$$

而 $\sum_{i=1}^{n+1}a_i^2=0$ 时每个 $a_i=0$，任何实数 x 都是一个解.

若 $a_{n+1}\neq 0$，方程有实数解当且仅当判别式 $\Delta\geqslant 0$，即

$$\sum_{i=1}^{n+1}a_i^2\geqslant a_{n+1}\sum_{i=1}^{n}a_i.$$

亦即 $\left(a_{n+1}-\frac{1}{2}\sum_{i=1}^{n}a_i\right)^2+\sum_{i=1}^{n}a_i^2-\frac{1}{4}\left(\sum_{i=1}^{n}a_i\right)^2\geqslant 0.$

此式对所有实数 a_1，a_2，…，a_{n+1}，$a_{n+1}\neq 0$ 成立当且仅当

$$\sum_{i=1}^{n}a_i^2-\frac{1}{4}\left(\sum_{i=1}^{n}a_i\right)^2\geqslant 0. \quad ①$$

特别地，①对 $(a_1, a_2, \cdots, a_n)=(1, 1, \cdots, 1)$ 一定成立，所以 $n-\frac{1}{4}n^2\geqslant 0$，即 $n\leqslant 4$. 反之，若 $n\leqslant 4$，由 Cauchy 不等式有：

$$\left(\sum_{i=1}^{n}a_i\right)^2\leqslant\left(\sum_{i=1}^{n}1^2\right)\left(\sum_{i=1}^{n}a_i^2\right)\leqslant 4\sum_{i=1}^{n}a_i^2$$

对所有的 a_1，a_2，…，a_n 成立. 这显然与①等价，所以 $n=1$，2，3，4.

例 13 设 a，b 是正整数，a^2+b^2 被 $a+b$ 除得的商是 q，余数为 r，求出所有的使 $q^2+r=1\,977$ 的有序数对 (a, b).

解 由题设，$a^2+b^2=q(a+b)+r$（$0\leqslant r<a+b$）. 放缩估计得

$$\frac{(a+b)^2}{2}\leqslant a^2+b^2=q(a+b)+r$$
$$<(a+b)(q+1)\leqslant(\sqrt{1\,997}+1)(a+b).$$

可见数对（a，b）至多有有限多个. 要确定所有的（a，b），需要较为精细估计.

我们有 $r<a+b\leqslant\frac{2(a^2+b^2)}{a+b}=2q+\frac{2r}{a+b}<2q+2$，即 $r\leqslant 2q+1$.

于是 $(q+1)^2=q^2+2q+1\geqslant q^2+r=1\,997\geqslant q^2$.

从而 $q=[\sqrt{1\,997}]=44$，

$r=1\,997-q^2=41$，

$a^2+b^2=44\ (a+b)+41$.

配方得：$(a-22)^2+(b-22)^2=1\,009$.

不妨设 $(a-22)^2\geqslant(b-22)^2$，则 $1\,009\geqslant(a-22)^2\geqslant 500$，即 $31\geqslant|a-22|\geqslant 23$. 通过检验不难得到 $|a-22|=28$，$|b-22|=15$，即 $a=50$，$b=7$ 或 $a=50$，$b=37$. 所求的有序数对是 $(a,b)=(50,7)$，$(50,37)$，$(7,50)$，$(37,50)$.

评注 由以上几例我们看到，估计变数或式子的取值范围，对有关整数的命题而言有着特殊的作用. 如能将取值范围确定在一个有限区间内，就能够对可能的情况逐一检验，以确定问题的解.

4 其他

利用不等关系解题，技巧性强，灵活多样，变化多端，不可能一一归类，也没有一个固定模式可套，只有靠敏锐的思考、灵活的分析和精巧的构思. 下面再看两个例子.

例 14 求证：存在互不相同的正整数 n_1，n_2，…，n_k，使

$$\pi^{-1\,992}<33-\left(\frac{1}{n_1}+\frac{1}{n_2}+\cdots+\frac{1}{n_k}\right)<\pi^{-1\,959}.$$

分析 此题的难度在于已知信息少，而要我们"巧妇做无米之炊"，人为地构造出欲证不等式，仔细观察欲证不等式的结构发现，数 33，$\pi^{-1\,992}$，$\pi^{-1\,959}$ 都是"蒙"人的，只须找出适当的正整数 n_1，n_2，…，n_k，并给出和式$\frac{1}{n_1}+\frac{1}{n_2}+\cdots+\frac{1}{n_k}$的估计即可.

证明 设 a，b 都是已知实数，且 $0<a<b$，选择正整数 n，使得 $n>\frac{1}{a}$且$n>\frac{1}{b-a}$. 因为$\frac{1}{n}<a$ 且调和级数 $\sum\frac{1}{n}$ 是发散的，所以存在一个最大非负整数 x 使得

$$\sum_{i=0}^{x}\frac{1}{n+i}\leqslant a \text{ 且 } \sum_{i=0}^{x+1}\frac{1}{n+i}>a.$$

运用 $n>\frac{1}{b-a}$ 推出 $b-a>\frac{1}{n}$，即 $a+\frac{1}{n}<b$，则有

$$a<\sum_{i=0}^{x+1}\frac{1}{n+i}\leqslant a+\frac{1}{n+x+1}<a+\frac{1}{n}<b,$$

即 $a<\sum\limits_{i=0}^{x+1}\frac{1}{n+i}<b$.

令 $a=33-\pi^{-1\,959}$，$b=33-\pi^{-1\,992}$，选择如上定义的 n，x，则存在 $x+2$ 个不同的自然数 n，$n+1$，…，$n+x$，$n+x+1$，使得

$$33-\pi^{-1\,959}<\sum_{i=0}^{x+1}\frac{1}{n+i}<33-\pi^{-1\,992},$$

即 $\pi^{-1\,992}<33-\sum\limits_{i=0}^{x+1}\frac{1}{n+i}<\pi^{-1\,959}$.

例 15 试求最大正数 a 和最小的正数 A，使得：

(1) 任意有限多个正方形，只要面积之和不小于 A，就可将它们平行放置，覆盖单位正方形.

(2) 任意有限多个正方形，只要面积之和不大于 a，就可将它们不重叠地平行嵌入单位正方形中.

解 (1) 取三个边长为 $1-\varepsilon$ 的正方形，它们的面积之和 $3(1-\varepsilon)^2$ 小于 3，但可任意接近 3（当 $\varepsilon\to 0$ 时），每个这种正方形至多覆盖住单位正方形的一个顶点，故 $A\geqslant 3$. 下证 $A=3$.

如图 1 所示，设有正方形边长为 a_1，a_2，…，a_n，则 $a_1^2+a_2^2+\cdots+a_n^2\geqslant 3$. 不妨设 $a_1\geqslant a_2\geqslant\cdots\geqslant a_n$，可设 $a_1<1$（否则 a_1 就已盖住），将这些小正方形从大到小，底边对齐地接成行，每行长度到达或刚刚超过 1 即停止，另起一行，令各行的最后一个正方形边长为 h_1，h_2，…，h_k，h_{k+1}（最后一行可空），只要证明 $h_1+h_2+\cdots+h_k\geqslant 1$.

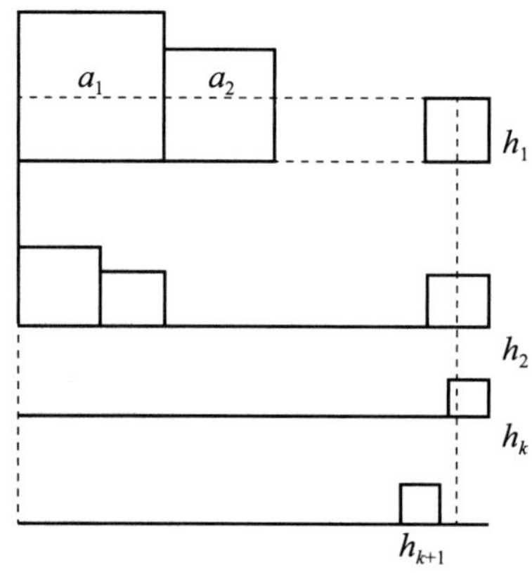

图 1

由面积关系知：

$$
\begin{aligned}
3&=a_1^2+a_2^2+\cdots+a_n^2\\
&\leqslant 1\cdot(1+h_1)+h_1(1+h_2)+\cdots+h_{k-1}(1+h_k)+1\cdot h_k\\
&\leqslant(1+h_1)+(h_1+h_2)+\cdots+(h_{k-1}+h_k)+h_k\\
&=1+2(h_1+h_2+\cdots+h_k).
\end{aligned}
$$

即 $h_1+h_2+\cdots+h_k\geqslant 1$.

(2) 取两个边长为$\frac{1}{2}+\varepsilon$ 的正方形，显然它们不能无重叠地嵌入单位正方形中，而面积之和可任意接近 1，故 $a\leqslant\frac{1}{2}$. 下证 $a=\frac{1}{2}$.

同上可令 $a_1\geqslant a_2\geqslant\cdots\geqslant a_n$ 且 $\sum\limits_{i=1}^{n}a_i^2\leqslant\frac{1}{2}$. 同上排列，但每一行不超过 1 为止，令各行最前面一个正方形边长 h_1，h_2，…，h_k，则只要证明 $H=\sum\limits_{i=1}^{k}h_i\leqslant 1$. 因为

$$
\begin{aligned}
\frac{1}{2}&\geqslant h_1^2+h_2(1-h_1)+h_3(1-h_1)+\cdots+h_k(1-h_1)\\
&=h_1^2+(1-h_1)(H-h_1),
\end{aligned}
$$

则 $H\leqslant\dfrac{\frac{1}{2}-h_1^2}{1-h_1}+h_1=1+2h_1-\dfrac{1}{2(1-h_1)}$.

因为 $h_1(1-h_1)\leqslant\frac{1}{4}$，所以 $2h_1\leqslant\frac{1}{2(1-h_1)}$.

故 $H\leqslant 1$.

评注 有关覆盖或嵌入问题常常用不等式作工具进行估计.

作者：朱华伟. 原载：《中学数学》1992 年第 7 期、第 8 期.

3-6 利用面积巧证不等式

面积法，作为一种古老的方法，是强有力的解题工具．张景中院士对面积法的研究几十年来可谓情有独钟，成果丰富且引人注目．特别地，学术研究上以面积法为基础的“消点法”在计算机上可以生成平面几何问题的“可读证明”，这一成果被称为计算机处理几何问题上的“里程碑”．教学研究上以面积为起点改造初中数学内部结构，在初一用面积引入正弦，然后以三角带动几何，串联代数，初中数学得以一线串通．这样的构想与方案得到中学教师的广泛认可并付诸教学实践，且取得了非常了不起的教学成绩．本文结合具体实例，谈谈面积法在代数不等式证明中的应用．

1 面积法证明三角不等式

自面积与三角诞生之初，它们都与测量问题脉脉相通，面积源于人们对土地或物件大小的度量，三角又源于对三角形或圆中边、角、弧长关系或天文、航海等实际测量问题的研究．又如三角形最常用的面积公式 $S=\frac{1}{2}ab\sin C$ 就沟通了面积与三角两大对象．不仅如此，利用面积法可以巧妙地证明很多与三角相关的不等式问题，譬如，被广大师生熟知的不等式：当 $0<x<\frac{\pi}{2}$ 时，有 $\sin x<x<\tan x$．一般在学习完三角函数定义的几何刻画“三角函数线”后即可作为挑战例题或练习．该不等式在学习完导数后当然可以给出简单一般的证明，但是或多或少损失了一些初等数学的巧妙美！下面再给出两例以展示面积法在证明三角不等式问题中的巧妙运用．

例 1 设 $0<\alpha<\beta<\frac{\pi}{2}$，求证：$\frac{\tan\beta}{\tan\alpha}>\frac{\beta}{\alpha}$．

证明 如图 1 所示，在 Rt△OAC 中，设 $\angle AOB=\alpha$，$\angle AOC=\beta$，以 OB 为半径画弧，与 OA，OC 分别交于点 E，D，则

$$\frac{\tan\beta}{\tan\alpha}=\frac{AC}{AB}=\frac{S_{\triangle OAC}}{S_{\triangle OAB}}=1+\frac{S_{\triangle OBC}}{S_{\triangle OAB}}>1+\frac{S_{\text{扇形}OBD}}{S_{\text{扇形}OBE}}=1+\frac{\beta-\alpha}{\alpha}$$
$$=\frac{\beta}{\alpha},$$

得证．

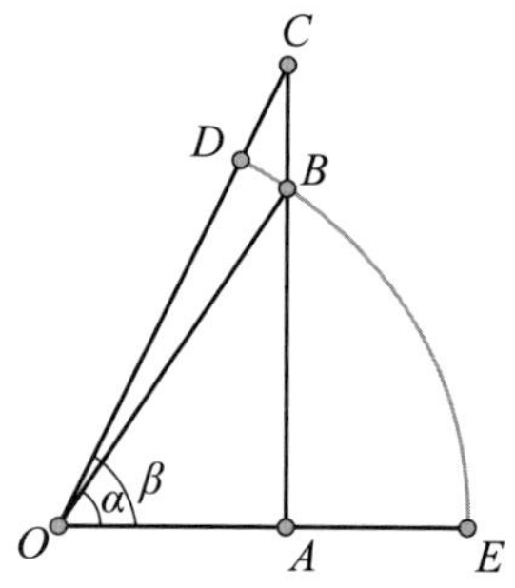

图 1

评注 其实原不等式可等价于：当 $0<\alpha<\beta<\frac{\pi}{2}$ 时，有 $\frac{\tan\beta}{\beta}>\frac{\tan\alpha}{\alpha}$．而这从正切函数 $y=\tan x\left(0<x<\frac{\pi}{2}\right)$ 图象上任意一点（x，$\tan x$）与原点（0，0）连线斜率的变化趋势可

直观得出，当然，通过导数工具即可既简单又严谨地论证出函数 $y=\frac{\tan x}{x}$ 在 $\left(0, \frac{\pi}{2}\right)$ 上单调递增.

例 2 设 x，y，z 为实数，$0<x<y<z<\frac{\pi}{2}$，试证：

$$\frac{\pi}{2}+2\sin x\cos y+2\sin y\cos z>\sin 2x+\sin 2y+\sin 2z.$$

证明 由二倍角公式知，原不等式等价于证明

$$\sin x(\cos x-\cos y)+\sin y(\cos y-\cos z)+\sin z\cos z<\frac{\pi}{4}. \quad ①$$

如图 2 所示，设 $A(\cos x, \sin x)$，$B(\cos y, \sin y)$，$C(\cos z, \sin z)$ 为单位圆上第一象限内的三个点，分别通过这三个点作 x 轴、y 轴的垂线得到三个矩形（图 2 中阴影部分），事实上，①式左端即表示图 2 中三个矩形的面积之和，它显然小于四分之一单位圆的面积 $\frac{\pi}{4}$，得证.

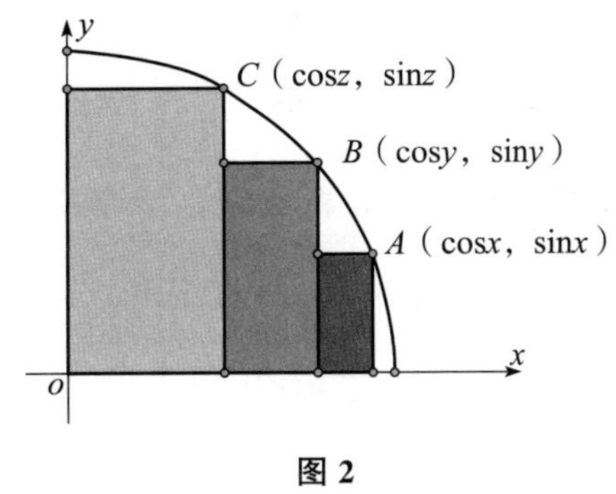

图 2

评注 (1) 单墫教授曾将该题在 1990 年国家奥林匹克集训队中做过试验与统计：被检测的 24 名优秀的中学生只有一个想到用面积法构图来解决，可见看似简洁、巧妙的解法有时并不容易被发现.

(2) 文 [2] 中用三角恒等变换的方法将该不等式加强为：若 $0<x<y<z<\frac{\pi}{2}$，则

$$\sqrt{2}+2\sin x\cos y+2\sin y\cos z>\sin 2x+\sin 2y+\sin 2z.$$

(3) 类似地，利用面积法容易将该不等式推广到 n 元情形：设 $0<x_1<x_2<\cdots<x_n<\frac{\pi}{2}$，则 $\frac{\pi}{2}+\sin x_1\cos x_2+\sin x_2\cos x_3+\cdots+\sin x_{n-1}\cos x_n>\sin 2x_1+\sin 2x_2+\cdots+\sin 2x_n$.

2 面积法证明函数不等式

随着微积分初步内容向高中的下放，及其一直以来在高考数学中压轴题的地位，函数不等式向中学的渗透也是水涨船高. 函数与面积的联系也是一直被数学家所重视，如前文提到的张景中院士就利用单位菱形的面积引入正弦，重构三角，全局皆活，将初中数学一线串通. 又如，克莱因在其《高观点下的初等数学》中就提倡利用函数 $y=\frac{1}{x}$ 在

区间 [1，x] 上与 x 轴围成曲边梯形的面积来定义对数函数 $y=\ln x$，该定义可以很直观地推导出对数的运算性质及对数相关的一些函数不等式，更为难得的是，这一函数的学习节点可以大大提前，甚至可以在初中学完反比例函数之后进行拓展，而且，张景中院士在其著作《从数学教育到教育数学》也就此设想给出了具体的知识框架与脉络，有兴趣的读者可以尝试在课堂上予以实践．下面再给出两例以展示面积法在证明函数不等式问题中的巧妙运用．

例 3　设 $x>0$，求证：$\dfrac{x}{1+x}<\ln(1+x)<x$．

分析与证明　如图 3 所示，已知 $f(x)=\dfrac{1}{x}$ 的图象经过点 $E(1,\ 1)$，$C\left(1+x,\ \dfrac{1}{1+x}\right)$，则由微积分基本定理可知，原不等式中间的 $\ln(1+x)=\int_{1}^{1+x}\dfrac{1}{x}\mathrm{d}x$ 表示曲边梯形 $ABCE$ 的面积，不等式左边的 $\dfrac{x}{1+x}$ 表示矩形 ABCF 的面积，不等式右边的 x 表示矩形 ABDE 的面积，显然有 $S_{矩形ABCF}<S_{曲边梯形ABCE}<S_{矩形ABDE}$，即 $\dfrac{x}{1+x}<\ln(1+x)<x$．

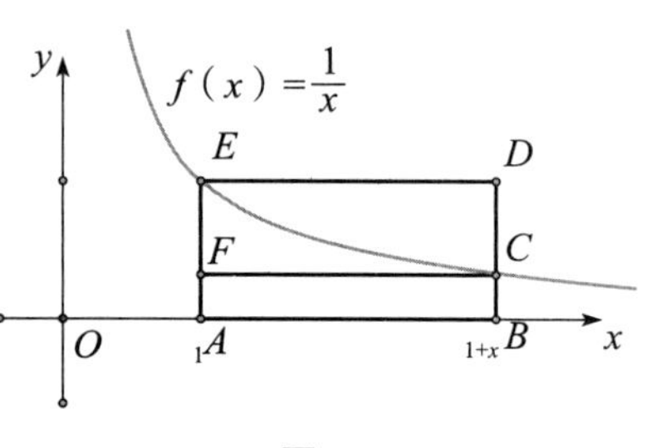

图 3

例 4　设 $a>b>0$，求证：$\sqrt{ab}<\dfrac{a-b}{\ln a-\ln b}<\dfrac{a+b}{2}$．

证明　如图 4 所示，过 $f(x)=\dfrac{1}{x}$ 上一点 $\left(\dfrac{a+b}{2},\ \dfrac{2}{a+b}\right)$ 作切线，由曲边梯形面积大于直角梯形面积，可得

$$(a-b)\cdot\frac{1}{\frac{a+b}{2}}<\int_{b}^{a}\frac{1}{x}\mathrm{d}x=\ln a-\ln b\text{，即}\frac{a-b}{\ln a-\ln b}<\frac{a+b}{2}.$$

如图 5 所示，由直角梯形面积大于曲边梯形面积，可得

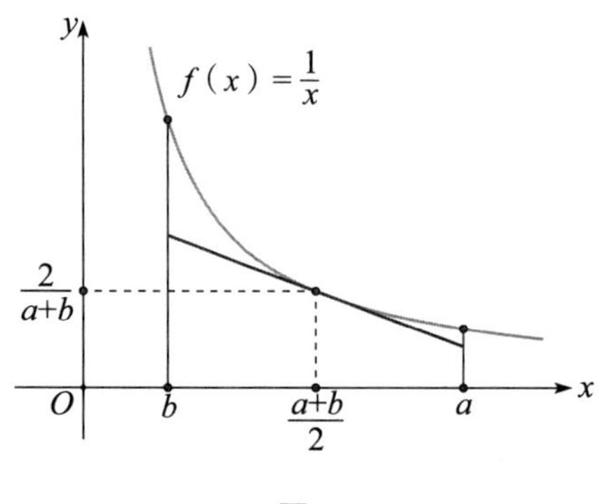

图 4

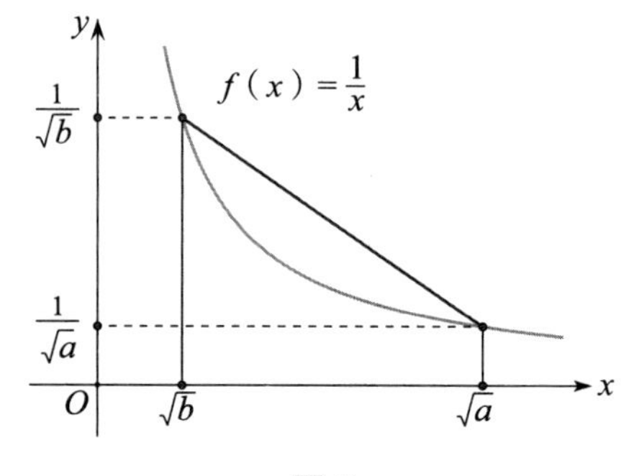

图 5

$$\int_{\sqrt{b}}^{\sqrt{a}} \frac{1}{x}\mathrm{d}x = \ln\sqrt{a} - \ln\sqrt{b} < \frac{1}{2}\left(\frac{1}{\sqrt{a}} + \frac{1}{\sqrt{b}}\right)(\sqrt{a} - \sqrt{b})\text{，即}\sqrt{ab} < \frac{a-b}{\ln a - \ln b}.$$

综上所述，$\sqrt{ab} < \frac{a-b}{\ln a - \ln b} < \frac{a+b}{2}$.

评注 （1）由对称性，原不等式中条件 $a>b>0$ 可简化为 a，$b>0$. 另外，该不等式一般被称为“对数平均不等式”，以揭示在我们熟知的“几何平均数$\sqrt{ab}$”和“算术平均数$\frac{a+b}{2}$”之间可插入“对数平均数$\frac{a-b}{\ln a - \ln b}$”，该不等式在对数相关不等式证明中应用广泛，譬如，若令 $a=x+1$，$b=1$，则可得到例 3 中不等式的加强：当 $x>0$，有$\frac{2x}{2+x} < \ln(1+x) < \frac{x}{\sqrt{1+x}}$.

（2）若令 $a=\mathrm{e}^x$，$b=\mathrm{e}^y$，则对数平均不等式变为：$\mathrm{e}^{\frac{x+y}{2}} < \frac{\mathrm{e}^x - \mathrm{e}^y}{x-y} < \frac{\mathrm{e}^x + \mathrm{e}^y}{2}$，该不等式被称为“指数平均不等式”.

3 面积法证明代数不等式

面积法与代数恒等式或不等式之间的关系在中学教材上屡次被关注，不论是初中学习平方差公式“$a^2-b^2=(a+b)(a-b)$”和完全平方公式“$(a\pm b)^2=a^2\pm 2ab+b^2$”等代数恒等式，还是高中学习的均值不等式“若 a，$b>0$，则$\frac{a+b}{2}\leqslant\sqrt{ab}$”和二维形式的柯西不等式“若 a，b，c，$d>0$，则 $(a^2+b^2)(c^2+d^2)\geqslant(ac+bd)^2$”等代数不等式，都有从几何直观的角度给出面积法证明，借以展示代数与几何的紧密相依. 下面再给出两例以展示面积法再证明代数不等式问题的巧妙运用.

例 5 设 $0<a_1$，a_2，a_3，$a_4\leqslant a$，证明：

$$\frac{a_1+a_2+a_3+a_4}{a} - \frac{a_1a_2+a_2a_3+a_3a_4+a_4a_1}{a^2} < 2.$$

证明 原不等式等价于

$$a_1(a-a_2)+a_2(a-a_3)+a_3(a-a_4)+a_4(a-a_1)<2a^2.$$

如图 6 所示，面积分别为 $a_1(a-a_2)$，$a_2(a-a_3)$ 的矩形互不重叠，其面积和小于大矩形面积 a^2；面积分别为 $a_3(a-a_4)$，$a_4(a-a_1)$ 的矩形也互不重叠，其面积和也小于 a^2，所以

$$a_1(a-a_2)+a_2(a-a_3)+a_3(a-a_4)+a_4(a-a_1)<2a^2.$$

评注 该题为第 32 届 IMO 一道预选题的第（1）问，此题还有第（2）问：

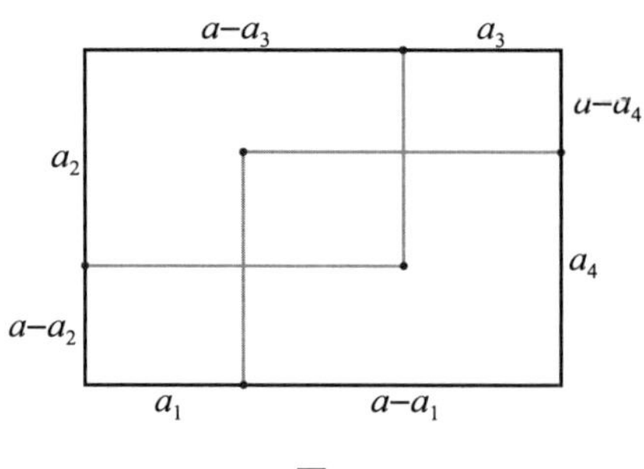

图 6

设 $0<a_1, a_2, a_3, a_4, a_5, a_6 \leqslant a$，证明：

$$\frac{a_1+a_2+a_3+a_4+a_5+a_6}{a}-\frac{a_1a_2+a_2a_3+a_3a_4+a_4a_5+a_5a_6+a_6a_1}{a^2}<3.$$

上例的构图方式可以将变形后的等价不等式左边拆分为三对矩形面积之和，其中每对面积之和均小于 a^2，读者可尝试补充完成其完整证明.

类似地，我们可以将该不等式推广到 $2n$ 元情形：设 $0<a_1, a_2, \cdots, a_{2n} \leqslant a$，$n \in \mathbf{N}$，则 $\frac{\sum_{k=1}^{2n} a_k}{a}-\frac{\sum_{k=1}^{2n} a_k a_{k+1}}{a^2}<n$.（其中 $a_{2n+1}=a_1$）

例 6　（1986 年环球城市数学奥林匹克竞赛）已知 $a_1, a_2, \cdots, a_{2n-1}$ 为实数，$a_1 \geqslant a_2 \geqslant \cdots \geqslant a_{2n-1} \geqslant 0$，求证：

$$a_1^2-a_2^2+a_3^2-\cdots+a_{2n-1}^2 \geqslant (a_1-a_2+a_3-\cdots+a_{2n-1})^2.$$

证明　如图 7 所示，不等式左边 $a_1^2-a_2^2+a_3^2-\cdots+a_{2n-1}^2$ 表示阴影部分的总面积. 将图 7 中无阴影部分去掉，而把阴影部分从第二块起的每块向右上方移动到与上一块合拢，得到图 8. 图 8 中阴影部分的面积为 $(a_1-a_2+a_3-\cdots+a_{2n-1})^2$，显然它小于或等于前项的总和. 当且仅当 $a_2=a_3$，$a_4=a_5$，$\cdots$，$a_{2n-2}=a_{2n-1}$ 时，等式成立.

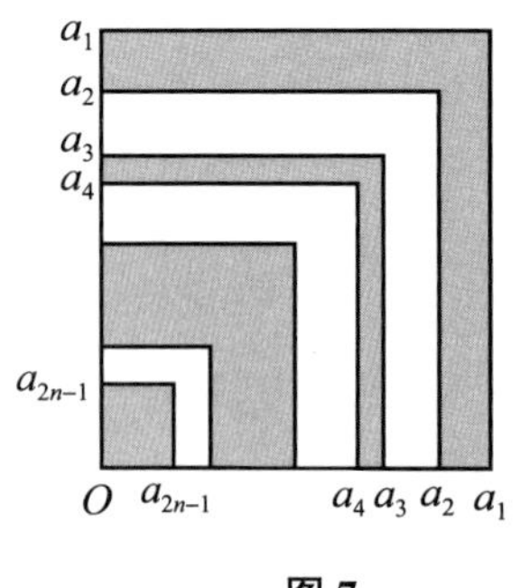

图 7

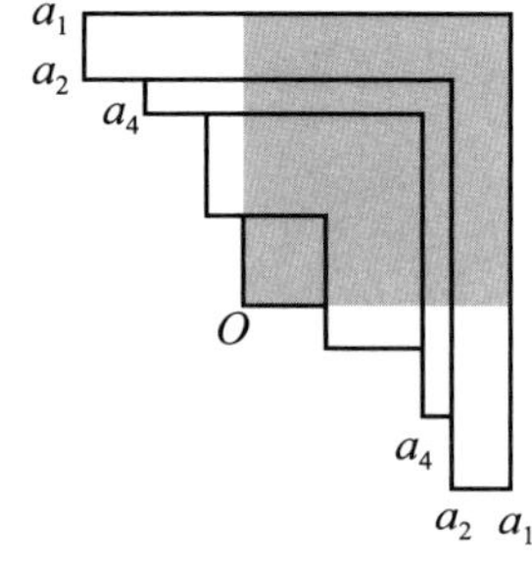

图 8

评注　(1) 该题也可以用数学归纳法给出证明，有兴趣的读者可以尝试.

(2) 类似地，面积可以迁移至体积的情形：已知 $a_1, a_2, \cdots, a_{2n-1}$ 为实数，$a_1 \geqslant$

$a_2 \geqslant \cdots \geqslant a_{2n-1} \geqslant 0$，求证：

$$a_1^3 - a_2^3 + a_3^3 - \cdots + a_{2n-1}^3 \geqslant (a_1 - a_2 + a_3 - \cdots + a_{2n-1})^3.$$

4 面积法与数列不等式

定积分的几何意义表示曲边梯形的面积，其定义涉及四个步骤：分割，近似代替，求和，取极限，在此即可窥见分割图形的面积之和与数列求和之间的联系. 借此联系辅助以几何直观，搁置定义中取极限这一最后环节，曲边梯形面积可放大或缩小为容易计算的一系列小矩形面积之和，进而可以得到定积分所表示面积的上界与下界. 这一想法的代数成果即可得到数列不等式，下面给出两例以展示面积法在证明代数不等式问题的巧妙运用.

例 7 （2010 年全国高中数学联赛江苏赛区复赛）在数列 $\{a_n\}$ 中，已知 $a_1 \in (1, 2)$，$a_{n+1} = a_n^3 - 3a_n^2 + 3a_n$，求证：

$$(a_1 - a_2)(a_3 - 1) + (a_2 - a_3)(a_4 - 1) + \cdots + (a_n - a_{n+1})(a_{n+2} - 1) < \frac{1}{4}.$$

证明 由 $a_{n+1} = a_n^3 - 3a_n^2 + 3a_n$ 得，$a_{n+1} - 1 = (a_n - 1)^3$. 令 $b_n = a_n - 1$，则 $b_{n+1} = b_n^3$，由 $a_1 \in (1, 2)$ 知 $b_1 \in (0, 1)$，故 $0 < b_{n+1} < b_n < 1$，所以

$$\begin{aligned} &(a_1 - a_2)(a_3 - 1) + (a_2 - a_3)(a_4 - 1) + \cdots + (a_n - a_{n+1})(a_{n+2} - 1) \\ =&(b_1 - b_2)b_3 + (b_2 - b_3)b_4 + \cdots + (b_n - b_{n+1})b_{n+2} \\ =&(b_1 - b_2)b_2^3 + (b_2 - b_3)b_3^3 + \cdots + (b_n - b_{n+1})b_{n+1}^3. \end{aligned}$$

如图 9 所示，上式表示一系列小矩形面积之和，它小于 $y = x^3$ 在$(0, 1)$上 x 轴围成的面积，即 $\int_0^1 x^3 \mathrm{d}x = \frac{1}{4}$. 所以，$\sum_{k=1}^{n} (a_k - a_{k+1})(a_{k+2} - 1) < \frac{1}{4}$，得证.

评注 （1）若用一系列比曲边梯形大的小矩形进行近似代替与求和，则可得到比 $\int_0^1 x^3 \mathrm{d}x = \frac{1}{4}$ 大的上界. 具体地，如图 9，$(b_1 - b_2)b_1^3 + (b_2 - b_3)b_2^3 + \cdots + (b_n - b_{n+1})b_n^3 > \int_0^1 x^3 \mathrm{d}x = \frac{1}{4}$，也即 $(a_1 - a_2)(a_2 - 1) + (a_2 - a_3)(a_3 - 1) + \cdots + (a_n - a_{n+1})(a_{n+1} - 1) > \frac{1}{4}$.

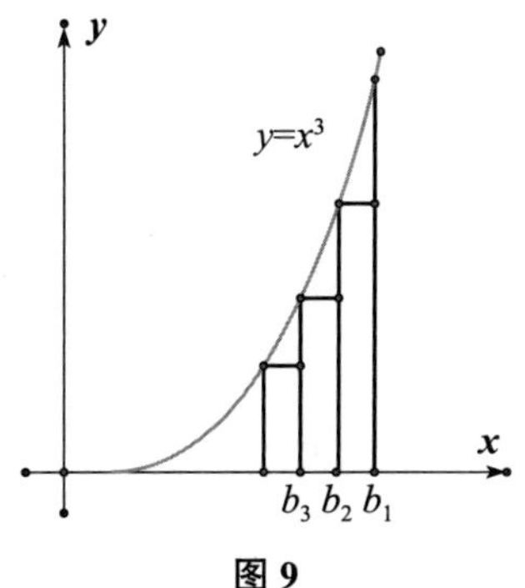

图 9

（2）类似地，读者可尝试解答 2011 年匈牙利数学奥林匹克试题：

设 $0 < x_1 < x_2 < \cdots < x_n < 1$，证明：

$$x_1(1 - x_1) + (x_2 - x_1)(1 - x_2) + \cdots + (x_n - x_{n-1})(1 - x_n) < \frac{1}{2}.$$

例 8 求证：不等式

$$-1<\sum_{k=1}^{n}\frac{k}{k^{2}+1}-\ln n\leqslant\frac{1}{2}(n=1,2,\cdots).$$

证明 不等式中 $\ln n=\int_{1}^{n}\frac{1}{x}\mathrm{d}x$ 表示函数 $y=\frac{1}{x}$ 的图象在［1，n］上与 x 轴围成的曲边梯形的面积，由图 10 与图 11 分别可知，该面积满足：

（1）小于以 1，$\frac{1}{2}$，…，$\frac{1}{n-1}$ 为高、以 1 为长的小矩形面积之和；

（2）大于以 $\frac{1}{2}$，$\frac{1}{3}$，…，$\frac{1}{n}$ 为高，以 1 为长的小矩形面积之和.

则

$$\frac{1}{2}+\frac{1}{3}+\cdots+\frac{1}{n}<\int_{1}^{n}\frac{1}{x}\mathrm{d}x=\ln n<1+\frac{1}{2}+\cdots+\frac{1}{n-1}(n>1),$$

即 $\sum_{k=1}^{n-1}\frac{1}{k+1}<\ln n<\sum_{k=1}^{n-1}\frac{1}{k}$. 则

$$\sum_{k=1}^{n}\frac{k}{k^{2}+1}-\ln n>\sum_{k=1}^{n}\frac{k}{k^{2}+1}-\sum_{k=1}^{n-1}\frac{1}{k}>\sum_{k=1}^{n}\frac{1}{k+1}-\sum_{k=1}^{n-1}\frac{1}{k}=\frac{1}{n+1}-1>-1,$$

$$\sum_{k=1}^{n}\frac{k}{k^{2}+1}-\ln n<\sum_{k=1}^{n}\frac{k}{k^{2}+1}-\sum_{k=1}^{n-1}\frac{1}{k+1}<\frac{1}{2}+\sum_{k=2}^{n}\frac{1}{k}-\sum_{k=1}^{n-1}\frac{1}{k+1}=\frac{1}{2}.$$

而当 $n=1$ 时，不等式显然成立. 所以原不等式得证.

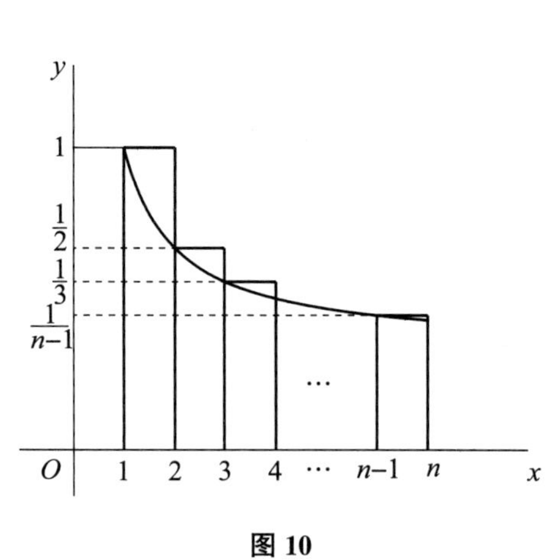

图 10

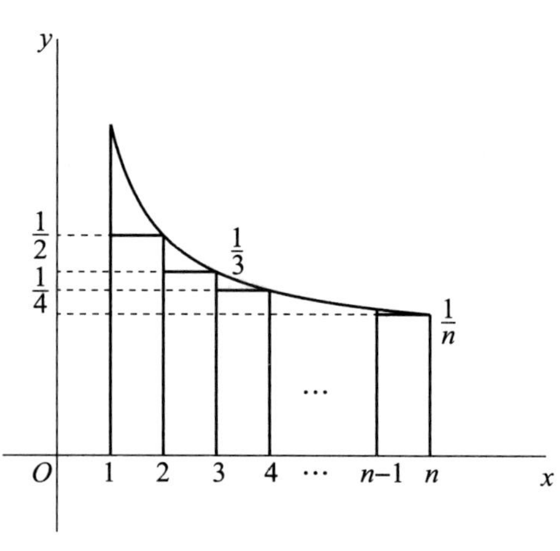

图 11

评注 一般地，若 $f(x)$ 在 $(0,+\infty)$ 上连续且可积，且 $f(x)>0$ 对所有 $x>0$ 成立，则：

（1）若 $f(x)$ 为增函数，则对任意的 $n>1$，有 $\int_{0}^{n}f(x)\mathrm{d}x<\sum_{k=1}^{n}f(k)<\int_{1}^{n+1}f(x)\mathrm{d}x$.

(2) 若 $f(x)$ 为减函数，则对任意的 $n>1$，有 $\int_1^{n+1} f(x)\mathrm{d}x<\sum_{k=1}^{n} f(k)<\int_0^n f(x)\mathrm{d}x$.

特别地，令 $f(x)=\dfrac{x}{1+x^2}$，易知 $f(x)$ 在 $[1,+\infty)$ 单调递减，并注意到 $\int \dfrac{x}{1+x^2}\mathrm{d}x=\dfrac{1}{2}\ln(1+x^2)$，所以

$$\sum_{k=1}^{n}\frac{k}{k^2+1}<\int_0^n \frac{x}{x^2+1}\mathrm{d}x=\frac{1}{2}\ln-(n^2+1)<\frac{1}{2}+\ln n,$$

$$\sum_{k=1}^{n}\frac{k}{k^2+1}>\int_1^{n+1} \frac{x}{x^2+1}\mathrm{d}k=\frac{1}{2}\ln\left[\frac{(n+1)^2+1}{2}\right]>-1+\ln n.$$

其中，以上两个不等式的最后一步均可由分析法证得.

由上观之，如果能够设法将欲证不等式以几何面积作为纽带，构造相应的几何图形，那么就可以将不等式的证明问题转化为几何图形面积的比较问题. 这种由抽象的“式”到直观的“形”的转化，有时可使问题化难为易，起到事半功倍的效果.

“数”与“形”是数学中两个最基本的研究对象，而面积非常好地承载了它们的双重特征与优势，“以形助数”或“以数解形”，把抽象的数学语言、数量关系与直观的几何图形、位置关系结合起来，使复杂问题简单化，抽象问题具体化，从而起到优化解题途径的目的. 在高等数学中，面积又以各种形式出现. 面积是积分，是测度，是外微分形式，是向量的外积，也是行列式. 因此，既古老又年轻的面积法，值得我们不断地学习与研究.

参考文献：

[1] 张景中. 一线串通的初等数学. 2 版. 北京：科学出版社，2015.
[2] 单墫. 算两次. 合肥：中国科学技术大学出版社，2009.
[3] 张景中. 从数学教育到教育数学. 北京：中国少年儿童出版社，2005.
[4] FELIX KLEIN. 高观点下的初等数学. 上海：复旦大学出版社，2008.
[5] 彭翕成，杨春波，程汉波. 不等式探秘. 长沙：湖南科学技术出版社，2015.
[6] 朱华伟，程汉波. 函数与思想方法. 合肥：中国科学技术大学出版社，2015.
[7] 朱华伟，刘江枫，孙文先. 环球城市数学竞赛试题分类、进阶与详解：第一册. 北京：科学出版社，2020.

作者：朱华伟，程汉波. 原载：《学数学》2021 年 3 月第 6 卷.

3-7 麻将桌上一个概率问题的初等解法

文［1］从概率论的视角分析了四人麻将游戏利用掷骰子定庄时，每人坐庄的机会是否均等这一趣味问题，最终得出实际生活中所采用的无论是同时掷两枚骰子还是一枚骰子定庄的策略，都无法保证四人坐庄的机会均等．作者进一步推广探究得出：无论采用同时掷多少枚骰子定庄的策略，都无法使四人坐庄机会均等．但是，该结论的证明方法并不初等，中间用到了母函数、离散傅立叶变换、卷积的性质以及线性方程组的求解等高等数学知识与工具，作者也希望寻求该初等趣味问题的初等解法，于是其在文［2］中又将这一趣味问题作为“概率论教学笔记四则”中的最后一个案例进行介绍，并抛出如下问题与读者交流：“这一貌似普通的初等问题的证明居然需要不少的比较高级的数学工具，有初等简单的证明方法吗?”，同时作者也自问自答道“似乎有点难”．本文拟给出这一趣味问题的初等解法，并尝试改良骰子的结构，使不论掷多少枚改良后的骰子，均可使四人坐庄机会均等.

定理 1　在四人麻将游戏中，无论一次同时掷多少枚骰子，都无法保证四人坐庄的机会均等.

证明　设随机变量 X 表示“同时掷 n 枚骰子所得点数之和除以 4 的余数”，则 X 的可能取值为 1，2，3，0，不妨设其分别表示面朝东方、南方、西方、北方的玩家坐庄.

由于每一枚骰子出现的点数只可能为 1，2，3，4，5，6，于是 n 枚骰子出现的点数之和 X 与多项式

$$(x+x^2+x^3+x^4+x^5+x^6)^n$$

的展开式 $a_1x+a_2x^2+a_3x^3+\cdots+a_{6n}x^{6n}$ 的次数相对应，该点数之和出现的情况数即是该项的系数.

记掷 n 枚骰子出现的点数之和 X 除以 4 的余数为 1，2，3，0 的情况数分别为 A，B，C，D，则 $A=a_1+a_5+a_9+\cdots$，$B=a_2+a_6+a_{10}+\cdots$，$C=a_3+a_7+a_{11}+\cdots$，$D=a_4+a_8+a_{12}+\cdots$.

为了求得 A，B，C，D，可在以上多项式中对 x 依次用四次单位根 $\varepsilon_k=\cos\frac{2k\pi}{4}+i\sin\frac{2k\pi}{4}(k=0，1，2，3)$进行赋值，也即依次用 $\varepsilon_0=1$，$\varepsilon_1=i$，$\varepsilon_2=-1$，$\varepsilon_3=-i$ 进行赋值，可得

$$\begin{cases}6^n=A+B+C+D,\\(i-1)^n=(A-C)i+(D-B),\\0=-A+B-C+D,\\(-i-1)^n=(C-A)i+(D-B).\end{cases}$$

由棣莫弗公式$(\cos\theta+i\sin\theta)^n=\cos n\theta+i\sin n\theta$可得

$$(i-1)^n=\left[\sqrt{2}\left(\cos\frac{3\pi}{4}+i\sin\frac{3\pi}{4}\right)\right]^n=(\sqrt{2})^n\left(\cos\frac{3n\pi}{4}+i\sin\frac{3n\pi}{4}\right),$$

$$(-i-1)^n=\left[\sqrt{2}\left(\cos\frac{5\pi}{4}+i\sin\frac{5\pi}{4}\right)\right]^n=(\sqrt{2})^n\left(\cos\frac{5n\pi}{4}+i\sin\frac{5n\pi}{4}\right).$$

因此，解以上方程组得

$$A=\frac{1}{4}\times 6^n+\frac{(\sqrt{2})^n}{2}\sin\frac{3n\pi}{4},B=\frac{1}{4}\times 6^n-\frac{(\sqrt{2})^n}{2}\cos\frac{3n\pi}{4},$$

$$C=\frac{1}{4}\times 6^n-\frac{(\sqrt{2})^n}{2}\sin\frac{3n\pi}{4},D=\frac{1}{4}\times 6^n+\frac{(\sqrt{2})^n}{2}\cos\frac{3n\pi}{4}.$$

又因为掷 n 枚骰子出现的点数共有 6^n 种可能，所以由古典概型可知

$$P(X=1)=\frac{1}{4}+\frac{(\sqrt{2})^n}{2\cdot 6^n}\sin\frac{3n\pi}{4},P(X=2)=\frac{1}{4}-\frac{(\sqrt{2})^n}{2\cdot 6^n}\cos\frac{3n\pi}{4},$$

$$P(X=3)=\frac{1}{4}-\frac{(\sqrt{2})^n}{2\cdot 6^n}\sin\frac{3n\pi}{4},P(X=0)=\frac{1}{4}+\frac{(\sqrt{2})^n}{2\cdot 6^n}\cos\frac{3n\pi}{4}.$$

对任意 $n\in\mathbf{N}^*$，以上四个概率值不可能同时等于$\frac{1}{4}$，所以，在四人麻将游戏中，无论一次同时掷多少枚骰子，都无法保证四人坐庄的机会均等. 另一方面，也不难发现，当 $n\to+\infty$时，$P(X=k)\to\frac{1}{4}$ $(k=0, 1, 2, 3)$，也就是说，四人麻将游戏中同时掷的骰子数越多，四人坐庄机会越近似相等. 比如，我们可以计算一下 $n=1, 2, 3, 4$ 四种情形，结果如下表所示：

n \ P	$P(X=1)$	$P(X=2)$	$P(X=3)$	$P(X=0)$
$n=1$	$\frac{1}{4}+\frac{1}{12}$	$\frac{1}{4}+\frac{1}{12}$	$\frac{1}{4}-\frac{1}{12}$	$\frac{1}{4}-\frac{1}{12}$
$n=2$	$\frac{1}{4}-\frac{1}{6^2}$	$\frac{1}{4}$	$\frac{1}{4}+\frac{1}{6^2}$	$\frac{1}{4}$
$n=3$	$\frac{1}{4}+\frac{1}{6^3}$	$\frac{1}{4}-\frac{1}{6^3}$	$\frac{1}{4}-\frac{1}{6^3}$	$\frac{1}{4}+\frac{1}{6^3}$
$n=4$	$\frac{1}{4}$	$\frac{1}{4}+\frac{2}{6^4}$	$\frac{1}{4}$	$\frac{1}{4}-\frac{2}{6^4}$

可以发现，当 $n=1$，2，3，4 时，坐庄的最大概率与最小概率之差分为：$\frac{1}{6}$，$\frac{1}{18}$，$\frac{1}{108}$，$\frac{1}{324}$，其值随着 n 的增大而较为迅速地减小，实际麻将游戏中，或许是为了使用和计算的方便，大都采取同时掷两枚骰子的策略. 当然地，假如你确实更加在意游戏坐庄的公平性，而且不嫌麻烦，也不畏惧计算，则可以采取同时掷三枚、四枚，甚至更多枚骰子去保证更公平的坐庄机会!

然而，即使不断增加同时掷出骰子的枚数，也无法保证数学上的“绝对公平”，更何况当骰子数量多到一定值时，一只手都无法一次性抓起并抛出这些骰子，麻将游戏的愉悦性将会大打折扣.

何不改良骰子的结构呢？比如将正六面体的骰子直接替换成正四面体的骰子，那么仅用一枚（或多枚）正四面体骰子就可以保证坐庄的公平性！但是，也许是因为正四面体骰子的滚动性能远不如正六面体骰子优良，它并未被广泛采用.

那么，有没有其他正多面体的骰子，可以在四人麻将游戏中被采用而使每人坐庄机会均等呢？由于三维空间中正多面体有且仅有正四、六、八、十二、二十面体这五种，因此可以按照定理 1 的推导方式分别进行计算再给出答案. 但是，鉴于现在电子计算机技术的普及，可大胆设想在麻将游戏中麻将桌自带一个按一次即可产生 $\{1, 2, 3, \cdots, k\}$ $(k\in\mathbf{N}^*)$ 中的随机数的“机器骰子”，那么，对于满足怎样条件的正整数 k，才能使得每局游戏中按 $n(n\in\mathbf{N}^*)$ 次“机器筛子”均可使四人坐庄的机会均等呢？若这一问题得以回答，则对于五种正多面体骰子，哪些可以保证在四人麻将游戏中的坐庄机会的均等性自然不在话下!

定理 2 在四人麻将游戏中，连续按可产生随机数 $\{1, 2, 3, \cdots, k\}(k\in\mathbf{N}^*)$ 的“机器骰子” $n(n\in\mathbf{N}^*)$ 次，当且仅当 k 是 4 的倍数时，才能使得四人坐庄的机会均等.

证明 同定理 1，设随机变量 X 表示“同时按 n 枚‘机器骰子’所得点数之和除以 4 的余数”，则 X 的可能取值为 1，2，3，0. 由于每一次按“机器骰子”出现的点数只可能为 $1, 2, 3, \cdots, k$，于是按 n 次“机器骰子”出现的点数之和 X 与多项式

$$(x+x^2+x^3+\cdots+x^k)^n$$

的展开式 $a_1x+a_2x^2+a_3x^3+\cdots+a_{kn}x^{kn}$ 的次数相对应，该点数之和出现的情况数即为该项的系数.

记按 n 次“机器骰子”出现的点数之和 X 除以 4 的余数为 1，2，3，0 的情况数分别为 A，B，C，D，则

$$A=a_1+a_5+a_9+\cdots, B=a_2+a_6+a_{10}+\cdots, C=a_3+a_7+a_{11}+\cdots,$$
$$D=a_4+a_8+a_{12}+\cdots.$$

在以上多项式中依次用 $\varepsilon_0=1$，$\varepsilon_1=i$，$\varepsilon_2=-1$，$\varepsilon_3=-i$ 进行赋值，可得

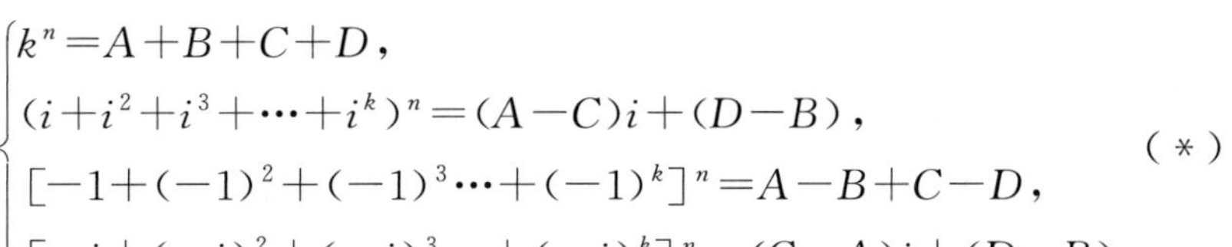

$$\begin{cases} k^n = A+B+C+D, \\ (i+i^2+i^3+\cdots+i^k)^n = (A-C)i+(D-B), \\ [-1+(-1)^2+(-1)^3\cdots+(-1)^k]^n = A-B+C-D, \\ [-i+(-i)^2+(-i)^3\cdots+(-i)^k]^n = (C-A)i+(D-B). \end{cases} \quad (*)$$

要使得四人坐庄机会均等，当且仅当 $A=B=C=D=\frac{k^n}{4}$，因此（*）式中后三个方程右边均为 0，所以

$i+i^2+i^3+\cdots+i^k=-1+(-1)^2+(-1)^3\cdots+(-1)^k=-i+(-i)^2+(-i)^3\cdots+(-i)^k=0$，

由此显然可以得到，k 是 4 的倍数. 另一方面，当 k 是 4 的倍数时，显然（*）式中后三个方程右边均为 0，此时容易解出 $A=B=C=D=\frac{k^n}{4}$，也就是 $P(X=0)=P(X=1)=P(X=2)=P(X=3)=\frac{1}{4}$，即四人坐庄的机会均等，均为 $\frac{1}{4}$. 综上所述，可知当且仅当 k 是 4 的倍数时，才能使得四人坐庄的机会均等.

当 k 不是 4 的倍数时，A，B，C，D 不可能全都相等，则随机变量 $X=1$，2，3，0 的概率值不可能都等于 $\frac{1}{4}$，也就是说，在四人麻将游戏中，无论按这种“机器骰子”多少次，都无法保证四人坐庄的机会均等. 当然类似于定理 1，可分别按 $k=4m+1$，$4m+2$，$4m+3$ 讨论得出：当 $n\to+\infty$ 时，$P(X=k)\to\frac{1}{4}(k=1, 2, 3, 0)$，也就是说，连续按这种“机器骰子”的次数越多，麻将游戏中四人坐庄的机会就越近似均等.

由定理 2 可知，对于正多面体形状的骰子，正四、八、十二、二十面体的骰子均可以保证麻将游戏中四人坐庄机会均等，颇为滑稽可笑的是，恰恰是被广泛使用的正六面体（正方体）骰子无法保证四人坐庄机会均等. 这也特别警示读者们，在日常生活、生产中司空见惯的一些现象，并不一定是科学或最优的，需要时刻用数学的眼光予以审视，这正是当下课程改革所特别提倡与推崇的数学核心素养：会用数学的眼光观察世界，用数学的思维分析世界，用数学的语言表达世界.

参考文献：

[1] 黄勇，尚亚东，陈秀华，邹宇，饶永生. 麻将桌上的一个概率问题. 数学的实践与认识，2015，45 (16)：132 - 136.

[2] 黄勇，黄伟亮，邹宇. 概率论教学笔记四则. 高等数学研究，2016 (1)：116 - 123.

作者：程汉波，朱华伟. 原载：《数学通报》2022 年第 8 期.

3-8 格点多边形存在性问题探究

我们平常作图用的方格坐标纸，是由两组互相垂直的平行线构成的，并且相邻的平行线之间的距离相等，我们把方格纸上横线与纵线的交点称作格点. 如果取一个格点作为坐标原点，以通过这个格点的横向与纵向两条直线分别作为平面直角坐标系的 x 轴和 y 轴，并设方格的边长为 1，那么格点就是平面直角坐标系中横、纵坐标都是整数的点. 所以格点又称整点. 用格点做顶点，在平面内可以作出许多特殊的多边形，如正（或等角）四边形、等角（或等边）八边形和等边六边形等. 同样地，也无法作出许多特殊的图形，如正三角形、正（或等角、等边）五边形、正（或等角、等边）七边形等. 本文拟对平面内格点正多边形、格点等角多边形和格点等边多边形的存在性问题进行探究，逐步深入，层层递进，然后将探究得到的结果推广到三维空间中去，最后谈谈数学探究活动的教育价值和意义.

1 平面内格点正多边形的存在性探究

当我们面对一个未知事物时，如何才能获得对它的认知呢？通常的规律是从简单到复杂，从特殊到一般. 这一规律运用到数学问题中，也即“从特殊对象着眼”和“从简单情形做起”，这样往往能够帮助我们在那些令人茫然不知所措的问题面前找到迈脚之处，在那些复杂繁难的问题里面找到突破口，进而步步逼近，层层深入，逐步接近问题的本质，找到解决它们的办法. 对于平面内格点正多边形的存在性问题，我们首先论证平面内格点正三角形的存在性问题，以期获得一般问题及方法的启发.

1.1 格点正三角形

问题 1 证明：平面内不存在格点正三角形.

要说明某元素存在，我们只需给出具体例证即可，例如格点正四边形的存在性. 但要说明某元素不存在，直接描述往往难以清晰表达，这启发我们从反证法的角度给出格点正三角形不存在的证明.

证法 1 假设存在格点正$\triangle ABC$. 由于向上、下或左、右平移整数个单位，格点仍为格点，因此不妨设顶点 A 为坐标原点，顶点 B，C 的坐标分别为 $B(a, b)$，$C(c, d)$，其中 $a, b, c, d \in \mathbf{Z}$. 一方面，由 $|AB|^2 = a^2 + b^2 \in \mathbf{Z}$ 得，$S_{\triangle ABC} = \frac{\sqrt{3}}{4}|AB|^2 = \frac{\sqrt{3}}{4}(a^2+b^2)$ 为无理数. 另一方面，由三角形面积与行列式的关系知，

$S_{\triangle ABC}=\frac{1}{2}\left\|\begin{matrix}1 & 0 & 0\\ 1 & a & b\\ 1 & c & d\end{matrix}\right\|=\frac{1}{2}|ad-bc|$为有理数．矛盾，故平面内不存在格点正三角形．

证法 2 假设存在格点正$\triangle ABC$，不妨设顶点坐标分别为$A(0,0)$，$B(a,b)$，$C(c,d)$．

（1）若直线AB与AC的斜率均存在，则$k_{AB}=\frac{b}{a}$，$k_{AC}=\frac{d}{c}$均为有理数，由两直线夹角公式知AB与AC的夹角正切值$\tan\theta=\left|\frac{k_{AC}-k_{AB}}{1+k_{AC}\cdot k_{AB}}\right|$为有理数．而$\tan\theta=\tan 60°=\sqrt{3}$为无理数，矛盾．

（2）若直线AB与AC中有一条直线的斜率不存在，不妨设其为AB，则直线AC的方程为$y=\pm\frac{\sqrt{3}}{3}x$．而直线$y=\pm\frac{\sqrt{3}}{3}x$上只有一个格点$(0,0)$，故A，C不可能均在它上面，矛盾．

综上所述，平面内不存在格点正三角形．

证法 3 假设存在格点正$\triangle ABC$，不妨设顶点A，B，C呈逆时针顺序且坐标分别为$A(0,0)$，$B(a,b)$，$C(c,d)$，其中a，b，c，$d\in\mathbf{Z}$，由复数乘法的几何意义得

$$c+d\mathrm{i}=(a+b\mathrm{i})\left(\cos\frac{\pi}{3}+\mathrm{i}\sin\frac{\pi}{3}\right)=\left(\frac{1}{2}a-\frac{\sqrt{3}}{2}b\right)+\left(\frac{\sqrt{3}}{2}a+\frac{1}{2}b\right)\mathrm{i}.$$

由c，$d\in\mathbf{Z}$得，$a=b=0$，则A，B两点重合，不可能．因此平面内不存在格点正三角形．

证法 4 假设存在格点正三角形，因为边长的平方是点整数，由最小数原理（自然数集的非空子集必有最小数）知，必存在边长最小的正$\triangle ABC$，不妨设其顶点坐标分别为$A(0,0)$，$B(a,b)$，$C(c,d)$，其中a，b，c，$d\in\mathbf{Z}$，则由$|AB|=|AC|=|BC|$得

$$a^2+b^2=c^2+d^2=(a-c)^2+(b-d)^2,$$

即

$$a^2+b^2=c^2+d^2=2(ac+bd).$$

因为$2(ac+bd)$为偶数，所以a，b同奇偶，c，d也同奇偶，下面分三种情况讨论：

（1）当a，b，c，d均为奇数时，$2(ac+bd)$能被4整除，由于奇数的平方被4除余1，故a^2+b^2和c^2+d^2均被4除余2，矛盾．

（2）当a，b的奇偶性与c，d的奇偶性不同时，不妨设a，b同为奇数，c，d同为偶数，则$a^2+b^2\equiv 2(\mathrm{mod}\,4)$，$c^2+d^2\equiv 0(\mathrm{mod}\,4)$，矛盾．

（3）当a，b，c，d均为偶数时，取AB，AC的中点B_1，C_1，则得到更小的格点正$\triangle AB_1C_1$，矛盾．

综上所述，平面内不存在格点正三角形.

以上四种证法均利用反证法，从格点正三角形的面积、角度和边长特征出发，利用行列式算面积、直线夹角公式、复数乘法的几何意义和奇偶性分析等手段推得矛盾. 实际上，由格点正三角形的不存在性，可以证得格点正六边形也不存在. 因为假若存在格点正六边形，则从它的某一顶点开始，首尾相连地每隔一个顶点作一条对角线，就得到一个格点正三角形，即得矛盾. 采用这种推理思路，可以证明：一般地，格点正 $3m$（$m\in\mathbf{N}^*$）边形均不存在.

1.2 格点正五边形

格点正四边形、正三角形、正 $3m$（$m\in\mathbf{N}^*$）边形的存在性问题均已探究清楚. 一般地，究竟存在哪些格点正多边形呢？若还没有思路，我们不妨继续“从特殊对象着眼”“从简单情形做起”，以期进一步寻求通性通法和一般结论. 特别地，下面我们证明平面内不存在格点正五边形.

问题 2 证明：平面内不存在格点正五边形.

证法 1 假设存在格点正五边形，由最小数原理，不妨设 $ABCDE$ 是其中边长最小的一个. 如图 1 所示，将点 A，B，C，D，E 分别绕着点 E，A，B，C，D 逆时针旋转 90°得到点 A_1，B_1，C_1，D_1，E_1，显然它们也为格点，且可以证得 $A_1B_1C_1D_1E_1$ 为正五边形，而边长却比正五边形 $ABCDE$ 的边长小，矛盾. 所以，平面内不存在格点正五边形.

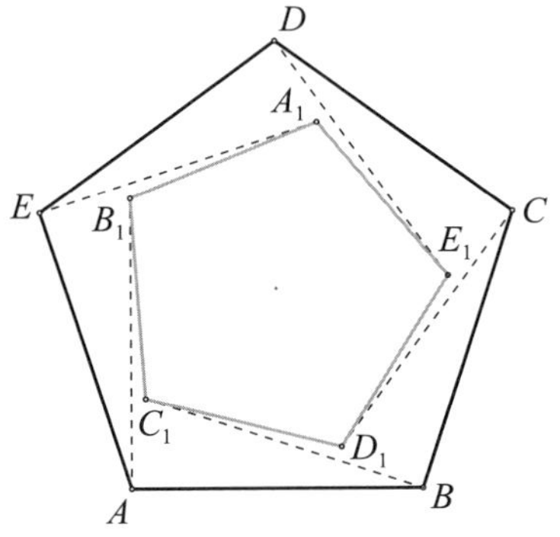

图 1

证法 2 假设存在格点正五边形，由最小数原理，不妨设 $ABCDE$ 是其中边长最小的一个. 如图 2 所示，以正五边形相邻三个顶点 E，A，B 为顶点作平行四边形，得到另一顶点 A_1，因为点 E，A，B 均为格点，易知点 A_1 也为格点. 同理，得到另外四个格点 B_1，C_1，D_1，E_1，且可以证得 $A_1B_1C_1D_1E_1$ 也为正五边形，而边长却比正五边形 $ABCDE$ 的边长小，矛盾. 所以，平面内不存在格点正五边形.

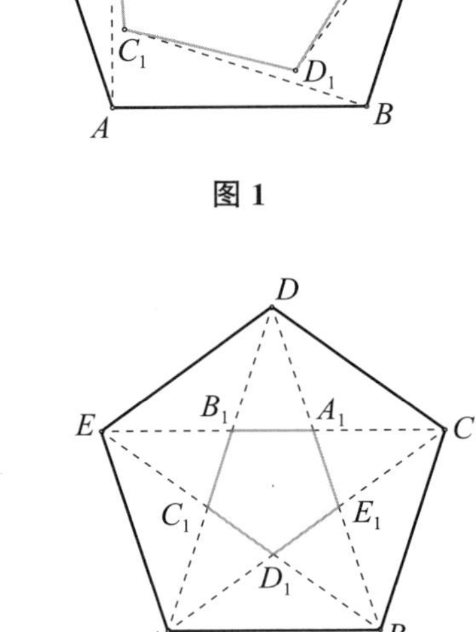

图 2

证法 3 假设存在格点正五边形 $ABCDE$，则由余弦定理知

$$\cos\angle ABC=\frac{AB^2+BC^2-CA^2}{2AB\cdot BC}=\frac{2AB^2-CA^2}{2AB^2}.$$

因为 AB^2，AC^2 均为整数，则 $\cos\angle ABC=\cos108^\circ=-\sin18^\circ$ 为有理数，下面计算出 $\sin18^\circ$ 为无理数，即可得到矛盾，也即证得平面内不存在格点正五边形.

因为 $5\times18^\circ=90^\circ$，则 $\sin(3\times18^\circ)=\sin(90^\circ-2\times18^\circ)=\cos(2\times18^\circ)$，则

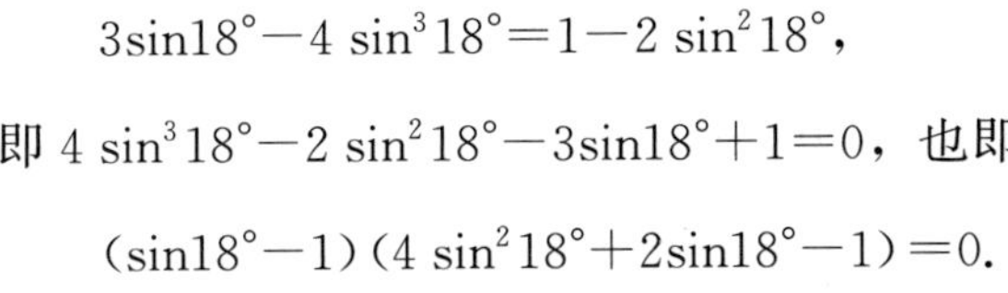

$$3\sin 18°-4\sin^3 18°=1-2\sin^2 18°,$$

即 $4\sin^3 18°-2\sin^2 18°-3\sin 18°+1=0$，也即

$$(\sin 18°-1)(4\sin^2 18°+2\sin 18°-1)=0.$$

解得 $\sin 18°=\dfrac{-1+\sqrt{5}}{4}\notin \mathbf{Q}$，得证.

证法 1、证法 2 巧妙地利用了最小数原理和无穷递降法，通过几何变换的方式，由已知格点正五边形构造出更小的格点正五边形，得到矛盾. 更为重要的是，它们均可以迁移至解决格点正 n 边形存在性问题. 证法 3 巧妙地利用了格点正五边形内角余弦值特征，从余弦定理和 sin18°的巧妙计算两方面推得矛盾，而且下面还将其改进推广到解决格点正 n 边形存在性问题.

类似地，由格点正五边形的不存在性，可知格点正十边形、格点正十五边形……均不存在. 一般地，格点正 $5m(m\in \mathbf{N}^*)$ 边形均不存在.

1.3 格点正 n 边形

著名数学家、数学教育家波利亚曾说：我们应该讨论一般化、特殊化和类比这些过程本身，它们是获得发现的伟大源泉. 现在，我们用通过特殊问题的解决而积累的一些思路和方法来处理一般情形：平面内究竟存在哪些格点正多边形呢?

问题 3 设 $n\geqslant 3$，$n\neq 4$，$n\in \mathbf{N}$，证明：平面内不存在格点正 n 边形.

其实，处理格点正五边形中存在性问题中的证法 1 与证法 2 巧妙地利用几何变换构造矛盾的方式具有一般性，可简单迁移到解决问题 3，限于篇幅，在此不再赘述. 下面再给出另外两种不同证法，其中证法 2 是问题 2 中证法 3 的一般化.

证法 1 前面已经证明了当 $n=3$，5，6 时，不存在格点正 n 边形. 下面用反证法证明当 $n\geqslant 7$ 时，也不存在格点正 n 边形.

假设存在格点正 $n(n\geqslant 7)$ 边形，由最小数原理，不妨设 $A_1A_2\cdots A_n$ 是其中边长最小的一个. 将有向线段 $\overrightarrow{A_1A_2}$，$\overrightarrow{A_2A_3}$，…，$\overrightarrow{A_nA_1}$ 平移，使得起点均为原点 O，终点分别为 B_1，B_2，…，B_n，显然这些点也均为格点，可以证得 $B_1B_2\cdots B_n$ 也为格点正 n 边形，其边长为 $2OB_1\sin\dfrac{\pi}{n}=A_1A_2\cdot 2\sin\dfrac{\pi}{n}$. 因为 $n\geqslant 7$，所以 $2\sin\dfrac{\pi}{n}<2\sin\dfrac{\pi}{6}=1$，则 $2OB_1\sin\dfrac{\pi}{n}<A_1A_2$，这与格点正 n 边形 $A_1A_2\cdots A_n$ 边长的最小性矛盾. 所以，平面内不存在格点正 n（$n\geqslant 3$，$n\neq 4$，$n\in \mathbf{N}$）边形.

证法 2 我们首先证明如下三个引理.

引理 1 对任意的正整数 n，必存在首项系数为 1 的 n 次整系数多项式 $f_n(x)=x^n+a_1x^{n-1}+a_2x^{n-2}+\cdots+a_{n-1}x+a_n$，使得 $2\cos nx=f_n(2\cos x)$ 成立，即

$$2\cos nx=(2\cos x)^n+a_1(2\cos x)^{n-1}+a_2(2\cos x)^{n-2}+\cdots+a_{n-1}(2\cos x)+a_n,$$

其中，a_1，a_2，…，a_n 为整数.

证明 (i) 当 $n=1$，取 $f_1(x)=x$，结论成立.

(ii) 假设当 $n\leqslant k$ 时结论成立，则当 $n=k+1$ 时，

$$\begin{aligned}2\cos(k+1)x&=2\cos(k-1)x\cos 2x-2\sin(k-1)x\sin 2x\\&=2\cos x[2\cos x\cos(k-1)x]-2\cos(k-1)x-\\&\quad 2\cos x[2\sin(k-1)x\sin x]\\&=2\cos x[\cos(k-2)x+\cos kx]-2\cos(k-1)x-\\&\quad 2\cos x[\cos(k-2)x-\cos kx]\\&=4\cos x\cos kx-2\cos(k-1)x\\&=2\cos x f_k(2\cos x)-f_{k-1}(2\cos x)\\&=f_{k+1}(2\cos x).\end{aligned}$$

由 (i)、(ii) 知，命题得证.

引理 2 首项系数为 1 的整系数多项式

$f(x)=x^n+a_1x^{n-1}+a_2x^{n-2}+\cdots+a_{n-1}x+a_n$

的所有有理根均为整数.

证明 设 x_0 为方程 $f(x)=0$ 的一个有理根. 若 $x_0=0$，显然成立；若 $x_0\neq 0$，可设 $x_0=\dfrac{q}{p}$（p 与 q 为互质整数，且 $q\neq 0$，$p\geqslant 1$），则

$$f\left(\frac{q}{p}\right)=\left(\frac{q}{p}\right)^n+a_1\left(\frac{q}{p}\right)^{n-1}+a_2\left(\frac{q}{p}\right)^{n-2}+\cdots+a_{n-1}\left(\frac{q}{p}\right)+a_n=0,$$

两边同时乘以 p^{n-1}，再移项得

$$a_1q^{n-1}+a_2pq^{n-2}+\cdots+a_{n-1}p^{n-2}q+a_np^{n-1}=-\frac{q^n}{p}.$$

由于以上等式左端是整数，则右端的$\dfrac{q^n}{p}$也要是整数，故$p\mid q^n$，又因为 p 与 q 互质，$p\geqslant 1$，所以 $p=1$，即方程 $f(x)=0$ 的有理根均为整数.

引理 3 设 n 为正整数，$\cos\dfrac{2\pi}{n}$为有理数，则 $n=1$，2，3，4，6.

证明 在引理 1 中，令 $x=\dfrac{2\pi}{n}$，则

$$2=\left(2\cos\frac{2\pi}{n}\right)^n+a_1\left(2\cos\frac{2\pi}{n}\right)^{n-1}+\cdots+a_{n-1}\left(2\cos\frac{2\pi}{n}\right)+a_n,$$

即 $2\cos\dfrac{2\pi}{n}$是一个首项系数为 1 的整系数多项式的根. 因为 $2\cos\dfrac{2\pi}{n}$为有理数，由引理 2 知，它只能是整数，则 $2\cos\dfrac{2\pi}{n}=0$，± 1，± 2，解得 $n=1$，2，3，4，6.

下面用反证法证明问题 3. 假设存在格点正 n 边形 $A_1A_2\cdots A_n$，则由余弦定理知，$\cos\angle A_1A_2A_3=\cos\dfrac{(n-2)\pi}{n}=-\cos\dfrac{2\pi}{n}$为有理数. 又因为 $n\geqslant 3$，$n\neq 4$，$n\in\mathbf{N}$，由引理 3 知，$n=3$，6，又因为平面内不存在格点正三角形和格点正六边形，所以，平面内不存在格点正 n（$n\geqslant 3$，$n\neq 4$，$n\in\mathbf{N}$）边形.

通过几何变换的工具进行巧妙构造，可以得到以上证法 1 以及类似于问题 2 中证法 1 和证法 2 三种证法，相对于以上证法 2，均无须烦琐复杂的计算. 但是，证法 2 揭示了这类问题的代数本质，将问题转化为判断 $\cos\dfrac{2\pi}{n}$何时为有理数的问题，可谓一语中的. 更为难能可贵的是，这一结果对后面探究格点等角多边形的存在性问题起到水到渠成之功效.

实际上，更为深刻地，也可以证明平面直角坐标系内不存在顶点横、纵坐标均为有理数的正 n（$n\geqslant 3$，$n\neq 4$，$n\in\mathbf{N}$）边形. 因为假如存在有理数坐标的正 n（$n\geqslant 3$，$n\neq 4$，$n\in\mathbf{N}$）边形，我们可以取所有这些坐标中分母的最小公倍数 k，将所有点的横、纵坐标都扩大 k 倍，就得到一个格点正 n 边形，矛盾.

2 平面内格点等角多边形的存在性探究

平面内格点正多边形的存在性问题已探究清楚. 若把格点正多边形条件放松，去掉正多边形中“等边”但保留“等角”条件，再来考究平面内是否存在格点等角多边形呢? 仍然“从特殊对象着眼”和“从简单情形做起”. 格点等角三边形就是格点正三角形，前文已证得其不存在性；格点等角四边形显然存在，格点正方形即是一种特殊的格点等角四边形；那么，是否与格点正多边形结论一致，仅仅存在格点等角四边形呢? 答案是否定的，因为可以构造出如图 3 所示格点等角八边形！还存在其他格点等角多边形吗? 究竟存在哪些格点等角多边形呢? 经历一番探究与论证，我们得到问题 4.

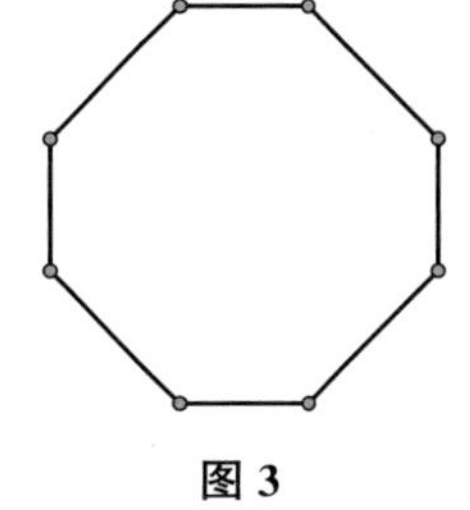

图 3

问题 4 设 $n\geqslant 3$，$n\neq 4$，$n\neq 8$，$n\in\mathbf{N}$，证明：平面内不存在格点等角 n 边形.

证明 我们首先证明如下引理：

引理 4 设 n 为不等于 4 的正整数，$\tan\dfrac{2\pi}{n}$为有理数，则 $n=1$，2，8.

证明 由万能公式 $\cos 2\theta=\dfrac{1-\tan^2\theta}{1+\tan^2\theta}$知，若 $\tan\dfrac{2\pi}{n}$为有理数，则 $\cos\dfrac{4\pi}{n}$为有理数，同引理 3 的证明，在引理 1 中令 $x=\dfrac{4\pi}{n}$可得，$2\cos\dfrac{4\pi}{n}$为整数，则 $2\cos\dfrac{4\pi}{n}=0$，± 1，± 2，解得 $n=1$，2，3，4，6，8，12. 因为 $n\neq 4$，且 $\tan\dfrac{2\pi}{3}=-\sqrt{3}$，$\tan\dfrac{2\pi}{6}=\sqrt{3}$，$\tan\dfrac{2\pi}{12}=$

$\frac{\sqrt{3}}{3}$均为无理数，所以 $n=1$，2，8.

下面用反证法证明问题 4. 假设存在格点等角 n 边形 $A_1A_2A_3\cdots A_n$. 不妨设顶点 A_1，A_2，A_3 的坐标分别为 $A_1(a,\ b)$，$A_2(0,\ 0)$，$A_3(c,\ d)$.

（1）若直线 A_2A_1 与 A_2A_3 的斜率均存在，则 $k_{A_2A_1}=\frac{b}{a}$，$k_{A_2A_3}=\frac{d}{c}$ 均为有理数，则直线 A_2A_1 与 A_2A_3 的夹角正切值 $\tan\theta=\left|\frac{k_{A_2A_1}-k_{A_2A_3}}{1+k_{A_2A_1}\cdot k_{A_2A_3}}\right|$ 为有理数. 而 $\tan\theta=\left|\tan\frac{(n-2)\pi}{n}\right|=\left|\tan\frac{2\pi}{n}\right|$ 为无理数，矛盾.

（2）若直线 A_2A_1 与 A_2A_3 中有一条直线的斜率不存在（不可能两条均不存在），不妨设 A_2A_1 斜率不存在，则直线 A_2A_3 的斜率为 $k_{A_2A_3}=\pm\tan\left[\frac{\pi}{2}-\frac{(n-2)\pi}{n}\right]=\pm\frac{1}{\tan\frac{2\pi}{n}}$ 为无理数，这与 $k_{A_2A_3}=\frac{d}{c}$ 为有理数矛盾.

综上所述，平面内不存在格点等角 n（$n\geqslant 3$，$n\neq 4$，$n\neq 8$，$n\in\mathbf{N}$）边形.

实际上，以上证明方法和过程对格点正多边形依然成立. 同样地，也可以证明平面直角坐标系内有理数坐标的等角 n（$n\geqslant 3$，$n\neq 4$，$n\in\mathbf{N}$）边形不存在. 因为假如存在有理数坐标的等角多边形，我们可以取所有这些坐标中分母的最小公倍数 k，将所有点坐标都扩大 k 倍就得到一个格点等角 n 边形，矛盾.

3 平面内格点等边多边形的存在性探究

平面内格点正多边形和格点等角多边形的存在性问题均已探究清楚. 类似地，若去掉格点正多边形中“等角”但保留“等边”条件，再次考究平面内是否存在格点等边多边形呢？首先，显然格点等边三边形不存在，但格点等边四边形存在，而且不难构造出如图 4 所示格点等边六边形和格点等边八边形. 但是，努力尝试构造格点等边五边形、格点等边七边形，发现总是不成功. 经历一番探究与论证，我们得到问题 5 和问题 6.

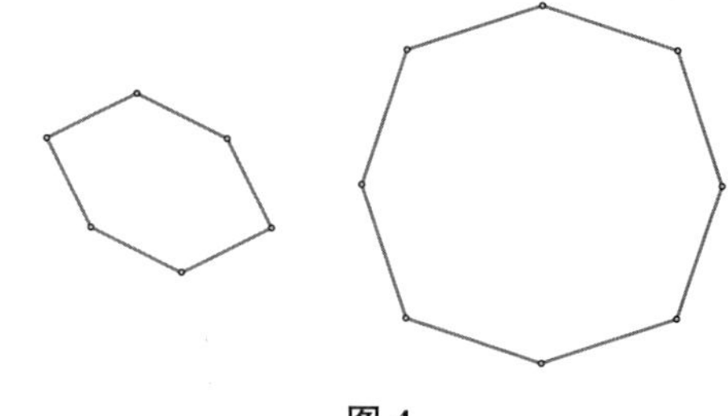
图 4

问题 5 设 $n\geqslant 2$，$n\in\mathbf{N}$，证明：平面内存在格点等边 $2n$ 边形.

证明 如图 5 所示，$A_1A_2A_3A_4$ 是边长为 5 的格点等边四边形（菱形），分别以 A_1A_4，A_3A_4 为边作两格点等边四边形 $A_1A_4A_5A_6$，$A_3A_4A_5A_4'$，则 $A_1A_2A_3A_4'A_5A_6$ 为格点等边六边形；再分别以 A_6A_5，$A_4'A_5$ 为边作两格点等边四边形 $A_6A_5A_6'A_7$，$A_4'A_5A_6'A_5'$，则 $A_1A_2A_3A_4'A_5'A_6'A_7A_6$ 为格点等边八边形；类似地，可以得到格点等边

十边形 $A_1A_2A_3A_4'A_5'A''_6A_7'A_8A_7A_6$，格点等边十二边形 $A_1A_2A_3A_4'A_5'A''_6A''_7A_8'A_9A_8A_7A_6$，……以此类推，可以得到平面内任意格点等边 $2n$（$n\geqslant 2$，$n\in\mathbf{N}$）边形.

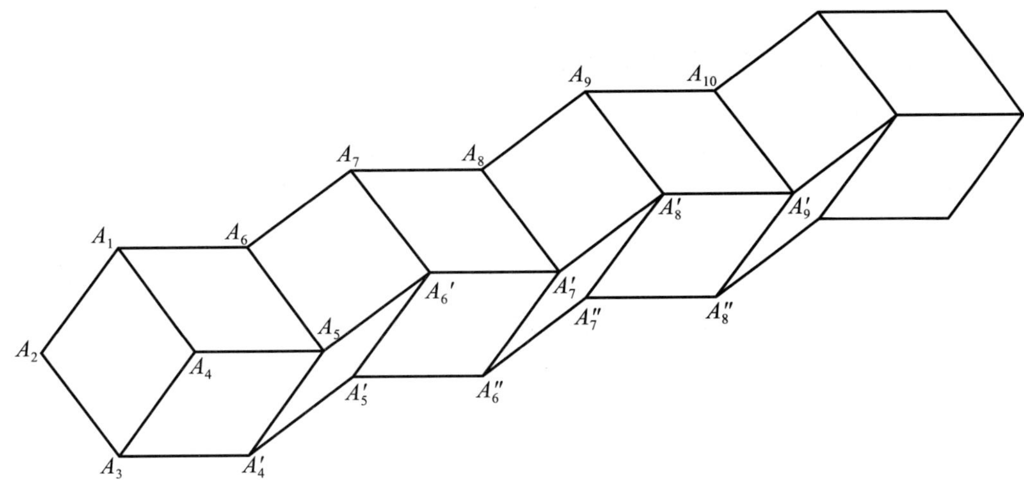

图 5

问题 6 设 $n\in\mathbf{N}^*$，证明：平面内不存在格点等边 $2n+1$ 边形.

证明 假设存在格点等边 $2n+1$ 边形，由最小数原理，不妨设 $A_1A_2\cdots A_{2n+1}$ 是其中边长最小的一个，设其边长为$\sqrt{a}$（$a\in\mathbf{N}^*$），将有向线段 $\overrightarrow{A_1A_2}$，$\overrightarrow{A_2A_3}$，…，$\overrightarrow{A_{2n+1}A_1}$ 平移，使得起点均为原点 O，终点分别为 B_1，B_2，…，B_{2n+1}，显然它们也均为格点，不妨设其坐标分别为 $B_1(x_1,\ y_1)$，$B_2(x_2,\ y_2)$，…，$B_{2n+1}(x_{2n+1},\ y_{2n+1})$，又由 $\overrightarrow{OB_1}+\overrightarrow{OB_2}+\cdots+\overrightarrow{OB_{2n+1}}=\vec{0}$ 知

$$\begin{cases}x_1+x_2+\cdots+x_{2n+1}=0, & ①\\ y_1+y_2+\cdots+y_{2n+1}=0, & ②\\ x_1^2+y_1^2=x_2^2+y_2^2=\cdots=x_{2n+1}^2+y_{2n+1}^2=a. & ③\end{cases}$$

下面我们证明以上方程组无整数解，分两种情形：

（1）当 a 为奇数时，由方程③可知，对所有的 $i=1,\ 2,\ 3,\ \cdots,\ 2n+1$，在每对 $(x_i,\ y_i)$中，必定是一奇一偶，则所有 x_i+y_i 为奇数，因此 $\sum\limits_{i=1}^{2n+1}(x_i+y_i)$ 也为奇数，而由方程①、②知，$\sum\limits_{i=1}^{2n+1}(x_i+y_i)=\sum\limits_{i=1}^{2n+1}x_i+\sum\limits_{i=1}^{2n+1}y_i=0$，矛盾，故原方程组无解.

（2）当 a 为偶数时，由方程③可知，对所有的 $i=1,\ 2,\ 3,\ \cdots,\ 2n+1$，在每对 $(x_i,\ y_i)$中，必定同为奇数或同为偶数. 假若存在 i_0，$j_0\in\{1,\ 2,\ 3,\ \cdots,\ 2n+1\}$，且 $i_0\neq j_0$，但$(x_{i_0},\ y_{i_0})$同为奇数，$(x_{j_0},\ y_{j_0})$同为偶数，则 $x_{i_0}^2+y_{i_0}^2\equiv 2(\bmod 4)$，$x_{j_0}^2+y_{j_0}^2\equiv 0$，与③矛盾，所以所有$(x_i,\ y_i)(i=1,\ 2,\ \cdots,\ 2n+1)$均同为奇数或同为偶数. 又由方程①、②知，所有$(x_i,\ y_i)$应同为偶数. 那么，令 $\vec{\xi_i}=\left(\frac{x_i}{2},\ \frac{y_i}{2}\right)$，则所有 $\vec{\xi_i}$ 首

尾相连会组成一个更小的格点等边 $2n+1$ 边形，矛盾，故原方程组也无解.

综上所述，平面内不存在格点等边 $2n+1$ 边形.

4 格点多边形问题在三维空间中的推广

有一些平面上颇为简单的问题，在空间会变得相当复杂，同样地，也有一些平面上尤其复杂的问题，在空间中会显得极其简单. 前文中平面内格点正多边形、格点等角多边形与格点等边多边形的存在性问题在三维空间中会发生哪些变化呢？显然，平面内存在的格点正（等角或等边）多边形在三维空间中依旧存在，而且在三维空间中可以构造出一些平面内不存在的格点正（等角或等边）多边形. 如图 6 所示，在棱长为 2 的正方体内很容易构造出格点正三角形、格点正六边形和格点等角十二边形，这比平面内它们不存在性的证明要简单得多（注意，图 6 中的等角十二边形并非平面图形）. 经历一番探究与论证，我们得到如下问题 7.

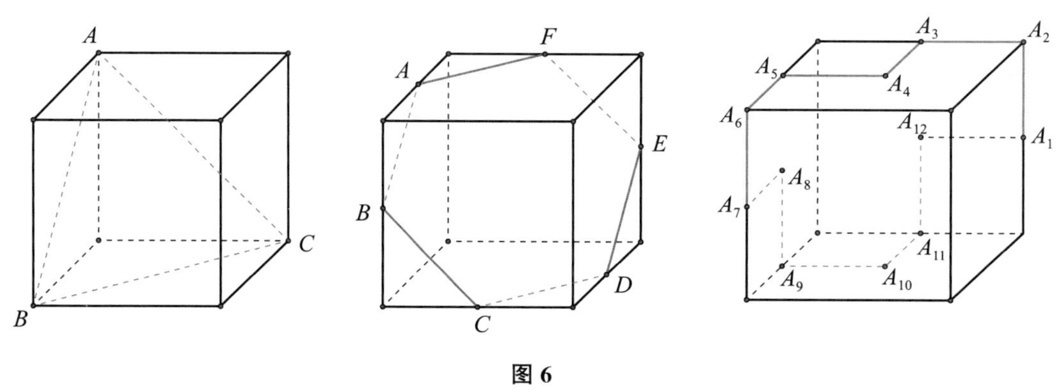

图 6

问题 7 证明：空间内仅存在格点正三角形、格点正四边形和格点正六边形这三种格点正多边形.

证明 图 6 已给出空间内格点正三角形和格点正六边形，而格点正四边形（正方形）显然存在. 假设空间中还存在其他格点正 n（$n\geqslant 3$，$n\neq 3$，4，6，$n\in\mathbf{N}$）边形 $A_1A_2\cdots A_n$，则由余弦定理知，$\cos\angle A_1A_2A_3=\cos\dfrac{(n-2)\pi}{n}=-\cos\dfrac{2\pi}{n}$为有理数，由引理 3 知，$n$ 无解，即空间内不存在其余格点正多边形.

5 结语

格点多边形问题不仅有趣，而且富有技巧性. 对于培养学生分析问题、解决问题的能力和训练思维的灵活性大有裨益，是提高学生数学核心素养的良好素材.

数学是思维的科学. 数学之所以在基础教育课程体系中成为最重要的课程之一，其地位具有无可替代性，是因为它是发展学生的智力、培养学生的逻辑思维能力的主要学

科，是锻炼学生思考力的最佳园地.

参考文献:

[1] 程汉波. 一次“格点正多边形”的探究之旅. 数学教学，2017 (8)：21－23.

[2] 程汉波. 有理度数的三角函数值何时为有理数及其应用. 数学通讯，2014 (12)：58－60.

[3] 严镇军. 从正五边形谈起. 上海：上海教育出版社，1980.

[4] 闵嗣鹤. 格点与面积. 北京：科学出版社，2002.

[5] 张景中. 从$\sqrt{2}$谈起. 北京：中国少年儿童出版社，2011.

[6] 中华人民共和国教育部. 普通高中数学课程标准：2017 年版. 北京：人民教育出版社，2018.

[7] 潘承洞，潘承彪. 初等数论. 3 版. 北京：北京大学出版社，2013.

[8] 朱华伟. 数学解题策略. 2 版. 北京：科学出版社，2015.

[9] 苏淳. 从特殊性看问题. 合肥：中国科学技术大学出版社，2015.

作者：程汉波，朱华伟. 原载：《数学教学》2022 年第 4 期.

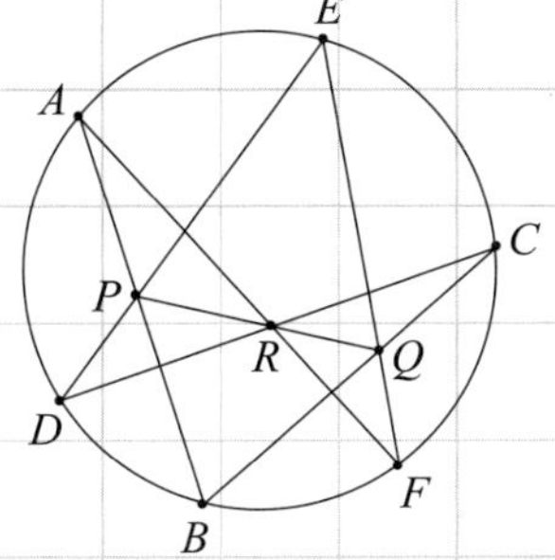

第四辑

数学奥林匹克

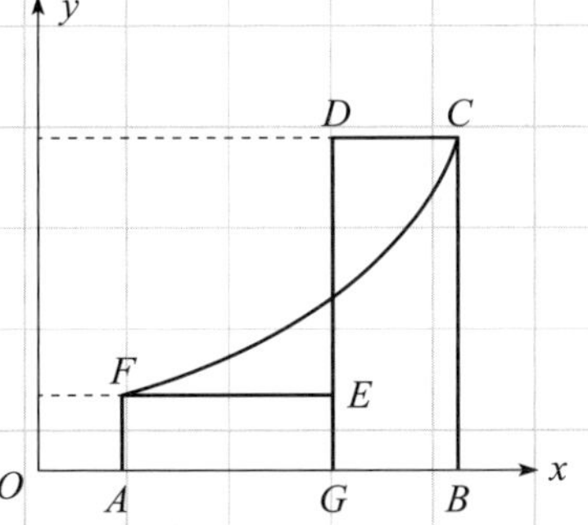

4

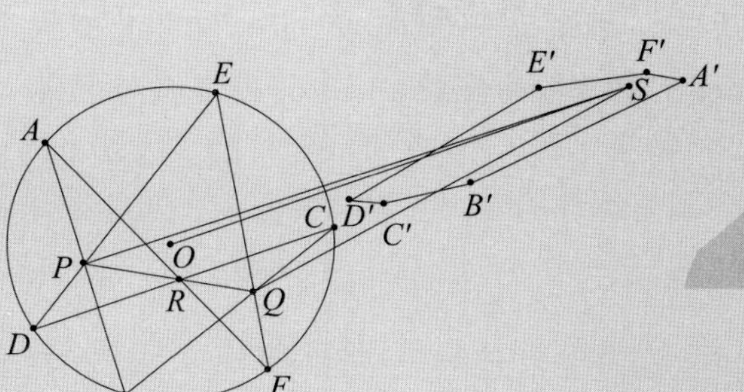

4-1 奥林匹克数学的形成背景

1 数学奥林匹克的历史

奥林匹克运动起源于古希腊的波罗奔尼撒半岛西北部（如今雅典西南 360km 处）的一座神庙——奥林匹亚，它是关于体能的竞赛. 数学奥林匹克与体育奥林匹克相类似，它是青少年智能的数学竞赛. 智能和体能都是创造人类文明的必要条件，所以苏联首创了“数学奥林匹克”这个名词.

1.1 溯源——解难题竞赛的来龙去脉

数学是锻炼思维的体操，而其核心则是问题. 解数学难题的竞赛和体育奥林匹克一样，有着悠久的历史. 古希腊时就有解几何难题的比赛，在我国战国时期则有齐威王与大将田忌赛马的对策故事. 在 16 世纪初期的意大利，不少数学家喜欢提出问题，向其他数学家挑战，以比高低，其中解三次方程比赛的有声有色的叙述，使人记忆犹新.

大约在 1515 年，波罗尼亚大学数学教授费罗（Scipione del Ferro）用代数方法解出了形如 $x^3+mx=n$ 类型的三次方程，并把方法秘密传给了他的得意门生菲奥（A. M. Fior）. 意大利数学家丰坦那（Niccolo Fontana），出身贫寒，自学成才，由于童年受伤影响了说话能力，人称“塔塔利亚”（Tartaglia，意为“口吃者”），后以教书为生. 他大约在 1535 年宣布：他发现了三次方程的代数解法. 菲奥认为此声明纯系欺骗，向丰坦那提出挑战，要求举行一次解三次方程的公开比赛.

1535 年 2 月 22 日，米兰大教堂里挤满了人，他们不是来做祈祷的，而是来看热闹的，因为丰坦那与菲奥的竞赛在此举行. 双方各给对方出 30 道题. 为迎接这场挑战，丰坦那做了充分准备，他冥思苦想，终于在比赛前十天掌握了三次方程的解法，因而大获全胜. 从此，丰坦那在米兰名声大振，如日中天.

有“天才怪人”之称的、既教数学又行医的数学家卡丹（Cardano）闻知此事后，屡次拜访丰坦那，目的是想从他那儿得到求解三次方程的公式——卡丹的虔诚与承诺（发誓保守秘密）使丰坦那放松了警惕，将公式给了卡丹. 1545 年，卡丹的《大法》（Ars magna）一书在德国纽伦堡出版，书中刊载了丰坦那的三次方程求根公式. 卡丹食言，丰坦那蒙受欺骗. 此后，人们将丰坦那发明的公式称作卡丹公式. 下面是一元三次方程卡丹公式.

方程 $x^3+px+q=0$ 的三个根分别为：

$$x_1=\sqrt[3]{-\frac{q}{2}+\sqrt{\Delta}}+\sqrt[3]{-\frac{q}{2}-\sqrt{\Delta}},$$

$$x_2=\omega^2\sqrt[3]{-\frac{q}{2}+\sqrt{\Delta}}+\omega\sqrt[3]{-\frac{q}{2}-\sqrt{\Delta}},$$

$$x_3=\omega\sqrt[3]{-\frac{q}{2}+\sqrt{\Delta}}+\omega^2\sqrt[3]{-\frac{q}{2}-\sqrt{\Delta}},$$

其中 $\Delta=\left(\frac{q}{2}\right)^2+\left(\frac{p}{3}\right)^3$，$\omega=\frac{-1+\sqrt{3}\mathrm{i}}{2}$.

一般地，一元三次方程 $ax^3+bx^2+cx+d=0$ 均可通过变换转化为

$$x^3+px+q=0$$

的形式. 意大利数学家发现的三次方程的代数解法被认为是 16 世纪最伟大的数学成就之一.

顺便指出，一元四次方程的求根公式是由卡丹的学生斐拉里给出的. 应强调的是，一般一元五次方程及五次以上的方程没有求根公式，这一点已由阿贝尔和伽罗华证得.

公开的解题竞赛无疑会引起数学家的注意和激发更多人的兴趣，随着学校教育的发展，教育工作者开始考虑在中学生中间举办解数学难题的竞赛，以激发中学生的数学才能和培养对数学的兴趣.

1.2 数学奥林匹克的先导——匈牙利数学竞赛

世界上真正意义上的数学竞赛源于匈牙利. 1894 年，匈牙利数学界为了纪念著名数学家、匈牙利数学会主席埃特沃斯（L. Eütvos）荣任匈牙利教育部长而组织了第一届中学生数学竞赛，这是真正意义上的数学竞赛的开端. 该竞赛本来称作 Eütvōs 竞赛，后来命名为 Józsefá Kórschak 竞赛.

这一活动除两次世界大战和 1956 年匈牙利事件中断七年外，每年十月举行一次，每次竞赛出三道题，限四小时做完，允许使用任何参考书. 这些试题难度适中，别具风格，虽然用中学生学过的初等数学知识就可以解答，但是又涉及许多高等数学的课题. 中学生通过做这些试题，不但可以检查自己对初等数学掌握的程度，提高灵活运用这些知识以及逻辑思维的能力，还可以接触到一些高等数学的概念和方法，对于以后学习高等数学有很大帮助.

匈牙利数学竞赛试题的上述特点，使得它的命题方向对世界各国数学竞赛，乃至国际数学奥林匹克（International Mathematics Olympiad，IMO）的命题都产生了重大的影响. 例如，1961 年匈牙利数学竞赛中有一个题目：

【题 1】 平面上的 4 个点可以连接成 6 条线段，证明最长线段和最短线段之比不小于$\sqrt{2}$.

此题受到各国命题者的青睐，以此为源头产生了一批赛题，比如：

【题 2】 （1962 年德国 MO 试题）证明：任意一个凸四边形的顶点之间的最大距离

与最小距离之比至少为$\sqrt{2}$.

【题 3】 （1991 年澳大利亚 MO 试题）设 $ABCD$ 为凸四边形，AB，AC，BC，BD，CD 中最长的为 g，最短的为 h. 证明：$g \geqslant \sqrt{2}h$.

【题 4】 （1985 年全国高中数学联赛试题）平面上任给 5 个相异的点，它们之间的最大距离与最小距离之比为 λ. 求证：$\lambda \geqslant 2\sin 54°$，并讨论等号成立的充要条件.

【题 5】 （1964 年第 25 届普特南数学竞赛试题，1965—1966 年波兰数学竞赛试题，1975 年奥地利数学竞赛试题）证明：平面上有 6 个不同的点，则这些点之间的最大距离与最小距离之比至少为$\sqrt{3}$.

一般地，给定平面上 n 个点，每两点之间有一个距离，最大距离与最小距离的比记为 λ_n，由上述几题知：$\lambda_4 \geqslant \sqrt{2}$，$\lambda_5 \geqslant 2\sin 54°$，$\lambda_6 \geqslant \sqrt{3}$. 由此归纳猜想：$\lambda_n \geqslant 2\sin \frac{n-2}{2n}\pi$. 这就是著名的 *Heilbron* 型猜想. 这个猜想已被我国数学工作者解决.

若假定这 n 个点在一条直线上，则有：

【题 6】 （1991 年湖南省数学奥林匹克夏令营竞赛试题）假定一条直线上有 n 个点，则其最大距离与最小距离之比 $\lambda_n \geqslant \sqrt{\frac{n(n+1)}{6}}$.

与距离类似，有人考虑了角度、面积，同样产生了一批问题.

匈牙利数学竞赛已有 120 多年的历史，在世界各国数学竞赛和 IMO 蓬勃发展的今天，我们尤为关切地认识到匈牙利数学竞赛在国际数学竞赛史册上占有的引人注目的一页. 1894—1974 年的试题与解答见《匈牙利奥林匹克数学竞赛题解》（N. 库尔沙克等著，胡湘陵译，科学普及出版社 1979 年出版）. 英文版的匈牙利数学竞赛试题与解答有：

（1）KURSCHAK J. Hungarian Problem Book，Volumes Ⅰ，New Mathematical Library，Vols. 11. Washington：Mathematical Association of America，1967.

（2）KURSCHAK J. Hungarian Problem Book，Volumes Ⅱ，New Mathematical Library，Vols. 12. Washington：Mathematical Association of America，1967.

（3）ANDY LIU. Hungarian Problem Book Ⅲ，Volumes 42. Washington：Mathematical Association of America，2001.

（4）ANDY LIU. Hungarian Problem Book Ⅳ. Washington：Mathematical Association of America，2011.

下面是 1894 年首届匈牙利数学竞赛试题：

（1）证明：若 x，y 为整数，则表达式 $2x+3y$，$9x+5y$ 或同时能被 17 整除或同时不能被 17 整除.

（2）给定一圆和圆内点 P，Q，求作圆内接直角三角形，使它的一直角边过点 P，另一直角边过点 Q. 点 P，Q 在什么位置时，本题无解？

（3）三角形的三边构成公差为 d 的等差数列，又其面积为 S. 求三角形的三边长和三内角大小，并对 $d=1$，$S=6$ 的特殊情形求解.

1.3 数学竞赛的兴起及其发展

数学竞赛的发展大致可以划分为以下三个阶段：

第一阶段（1894—1933 年）：数学竞赛的酝酿和发生时期.

这一阶段是自 1894 年匈牙利举办数学竞赛之后，罗马尼亚步匈牙利的后尘，于 1902 年开始举办全国性的数学竞赛，在以后的 30 年间没有其他国家举办过类似的活动.

第二阶段（1934—1958 年）：数学竞赛的萌芽和成长时期.

苏联自 1934 年列宁格勒（今圣彼得堡）举办数学竞赛开始，1935 年莫斯科、第比利斯、基辅等也举办了数学竞赛，并把数学竞赛与体育竞赛相提并论，而且与数学科学的发源地——古希腊联系在一起，称数学竞赛为数学奥林匹克，它形象地揭示了数学竞赛是选手间智力的角逐.

这期间，美国于 1938 年举办了大学低年级学生参加的普特南数学竞赛，吸引了美国、加拿大各大学成千上万的大学生参加.

到 20 世纪 40 年代以后，其他一些国家如保加利亚（1949 年）、波兰（1949 年）、捷克斯洛伐克（1951 年）、中国（1956 年）也举行了数学竞赛.

第三阶段（1959 年至今）：数学竞赛的发展与完善时期.

在上述背景下，1956 年罗马尼亚的罗曼（T. Roman）教授向东欧七国建议举办国际数学竞赛，并于 1959 年 7 月在罗马尼亚的古都布拉索夫（Brasov）举行了第一届国际数学奥林匹克（IMO），参加的七个国家都是东欧国家.

下面是第 1 届 IMO 试题：

1. 求证 $(21n+4)/(14n+3)$ 对每个自然数 n 都是最简分数.

2. 设$\sqrt{(x+\sqrt{2x-1})}+\sqrt{(x-\sqrt{2x-1})}=A$，试在以下 3 种情况下分别求出 x 的实数解：

（1）$A=\sqrt{2}$；（2）$A=1$；（3）$A=2$.

3. a，b，c 都是实数，已知 $\cos x$ 的二次方程

$$a\cos^2 x+b\cos x+c=0,$$

试用 a，b，c 作出一个关于 $\cos 2x$ 的二次方程，使它的根与原来的方程一样. 当 $a=4$，$b=2$，$c=$ 1 时比较 $\cos x$ 和 $\cos 2x$ 的方程式.

4. 试作一直角三角形，使其斜边为已知的 c，斜边上的中线是两直角边的几何平均值.

5. 在线段 AB 上任意选取一点 M，在 AB 的同一侧分别以 AM，MB 为底作正方形 $AMCD$，$MBEF$，这两个正方形的外接圆的圆心分别是 P，Q，设这两个外接圆又交于 M，N.

（1）求证：AF，BC 相交于 N 点；

(2) 求证：不论点 M 如何选取，直线 MN 都通过一定点 S；

(3) 当 M 在 A 与 B 之间变动时，求线段 PQ 的中点的轨迹.

6. 两个平面 P，Q 交于一线 P，A 为 P 上给定一点，C 为 Q 上给定一点，并且这两点都不在直线 P 上. 试作一等腰梯形 $ABCD$（AB 平行于 CD），使得它有一个内切圆，并且顶点 B，D 分别落在平面 P 和 Q 上.

在以后的几年中，参赛的国家并未增多，在 1963 年和 1964 年，南斯拉夫和蒙古先后开始加盟，1965 年波兰参加，1967 年法国、英国、意大利和瑞典等西方国家也参加了. 从此，参赛的国家逐渐增多，1971 年共有 15 个队，1974 年美国参赛，共有 18 个队，1977 年共有 21 个队，1981 年共有 27 队，1984 年有 34 个队，1986 年中国正式派队参加，1990 年在北京举行的第 31 届 IMO 有 54 个队，2021 年在俄罗斯圣彼得堡举办的第 62 届 IMO 有 107 个国家和地区的 619 名选手参加，基本囊括了世界上中学数学教育水准较高的国家和地区.

IMO 的目的是：激发青年人的数学才能；引起青年对数学的兴趣；发现科技人才的后备军；促进各国数学教育的交流与发展.

IMO 轮流做东，每年由各参赛国领队组成主试委员会，由东道国的数学权威任主试委员会主席，各项工作都贯穿着协商、信任的精神. IMO 的命题工作是由参赛国提出候选题，每个参赛国可提出 3～5 题，由东道国汇总后遴选出至少 20 个题目，最后由主试委员会敲定 6 道竞赛题. 竞赛题除第 2 届及第 4 届为 7 道题目之外，每届都是 6 道题目. 分两个上午进行，每次 3 道题目，用 4.5 小时答完. 自第 24 届（1983 年）以来，采用每题 7 分、满分 42 分的计分方法，每个国家的代表队由 6 人组成，团体总分为 252 分. 对成绩优秀的个人分别发给金牌、银牌和铜牌，还设有特别奖，奖给给出优秀解答和非平凡推广的选手. 如奥林匹克运动会一样，IMO 的表彰仪式上也并不排出国家的名次顺序，但是人们总是喜欢按总分排出各国的名次顺序来.

1.4 数学奥林匹克在中国

第一阶段（1956—1965 年）：花开花落.

我国的数学竞赛始于 1956 年. 1956 年，在著名数学家华罗庚教授的倡导下，首次在北京、天津、上海、武汉等四大城市举办了高中数学竞赛. 至 1965 年共举行过 6 届. 比赛前后，华罗庚等著名数学家直接给中学生作报告（当时称为“数学通俗讲演会”），在这些报告的基础上，出版了一批优秀的课外读物———数学小丛书，共计 13 册，如华罗庚的《从杨辉三角谈起》《从祖冲之的圆周率谈起》《从孙子的“神奇妙算”谈起》，段学复的《对称》，史济怀的《平均》，闵嗣鹤的《格点和面积》，姜伯驹的《一笔画及邮递线路问题》，蔡宗熹的《等周问题》，常庚哲和伍润生的《复数与几何》等. 数学家、教育家与优秀的大、中学校教师一起切磋交流，拟定了质量很高的试题.

赛后，数学家们又为同学们进行了高屋建瓴、深入浅出的试题分析与讲解. 这段时间，我国数学竞赛活动的势头很好，对我国的中等教育与人才培养起了很好的作用，引起各界的关注. 竞赛的方式、试题的难度、选手的水平等都与 IMO 相同或相近，我们完全可以走向世界，参加国际的角逐. 但是，受社会环境的影响，当时的数学竞赛在我国完全绝迹.

第二阶段（1978—1980 年）：枯木逢春.

“日出江花红胜火，春来江水绿如蓝.” 1978 年是科学的春天，我国的数学竞赛活动又重新开始，华罗庚教授亲自主持了规模空前的全国八省市数学竞赛，与此同时，许多省、市都恢复了数学竞赛. 1979 年从八省市的竞赛发展为除台湾以外的全国 29 个省、自治区、直辖市的竞赛. 由华罗庚教授任竞赛委员会主任，并主持命题工作. 竞赛分初赛和决赛两试进行. 1980 年全国竞赛暂停一年.

第三阶段（1980 年至今）：走向高峰.

1980 年，在大连召开了第一届全国数学普及工作会议，代表们着重研究了数学竞赛工作，把全国数学竞赛作为中国数学会及各省、自治区、直辖市数学会的一项经常性工作，并正式定名为“全国各省、市、自治区高中联合数学竞赛”. 确定每年 10 月在中国数学会的支持下，由一个省（自治区、直辖市）作为东道主举办联赛. 1981 年首届联赛由北京承办，以后依次由各省市承办. 每年试题的产生，采用了与 IMO 类似的方式：先由各省、自治区、直辖市提供一批候选题，寄给东道主数学会，然后由东道主数学会组织命题组进行初选，对提供的试题从内容、难度、方法与技巧等各方面进行分类研究，提出试卷的粗坯，最后召集命题会议确定试题. 参加命题会议的有中国数学会普及工作委员会的负责同志，上一届和下一届东道主数学会的负责同志和本届命题组成员，还邀请一些数学竞赛的专家.

全国高中数学联赛的命题贯彻“在普及基础上提高”的原则，要有利于促进中学数学教学改革、提高教学质量，有利于提高学生学习数学的兴趣，有利于发现人才、培养人才，有利于参加 IMO 队员的选拔工作. 试题的命题范围以高中数学竞赛大纲为准，在方法的要求上稍有提高.

1985 年，我国派出两名选手参加第 26 届 IMO，结果只获得一枚铜牌，与各国选手相比成绩处于中下，为了改变这一落后状况，提高我国在 IMO 中的成绩，加速培养数学人才，中国数学会决定：自 1986 年起，每年一月份由中国数学会和南开大学、北京大学、复旦大学、中国科技大学中的一所大学联合举办一次全国中学生数学冬令营. 冬令营邀请各省、自治区、直辖市上一年全国高中联赛的优胜者（每省、市、自治区至少一名）参加. 冬令营通常安排五天，第一天是开幕式，第二、三两天上午考试，第四天听学术报告、交流学习数学的体会或旅游，第五天宣布考试结果并发奖. 自 1991 年起，冬令营定名为“中国数学奥林匹克”（简称 CMO）. CMO 之前是在全国高中数学联赛下一年的年初举行，从 2013 年第 29 届开始提前至当年的年末，因此，2013 年举行了两届.

CMO 的考试方法类似于 IMO，两天共考 6 题，每天 3 题，要求在 4.5 小时内完成，试题的难度接近于 IMO，从中选拔出 20 余名队员组成国家集训队（现在已经扩大为 60 人），然后经过集训，最后通过考试选拔出 6 名选手参加当年 7 月举行的 IMO. 至此，我国金字塔式的各级竞赛和选拔体系及培训体系形成.

下面是 2012 年 CMO 试题.

第一天

1. 在圆内接三角形 ABC 中，$\angle A$ 为最大角，不含点 A 的 $\overset{\frown}{BC}$ 上两点 D，E 分别为 $\overset{\frown}{ABC}$ 与 $\overset{\frown}{ACB}$ 的中点. 记过点 A，B 且与 AC 相切的圆为$\odot O_1$；过点 A，E 且与 AD 相切的圆为$\odot O_2$，$\odot O_1$ 与$\odot O_2$ 交于点 A 和 P. 证明：AP 平分$\angle BAC$. （熊斌供题）

2. 给定素数 p. 设 $A=(a_{ij})$ 是一个 $p\times p$ 的矩阵，满足 $\{a_{ij}\mid 1\leqslant i,\ j\leqslant p\}=\{1,2,\cdots,p^2\}$. 允许对一个矩阵作如下操作：选取一行或一列，将该行或该列的每个数同时加上 1 或同时减去 1. 若可以通过有限多次上述操作将 A 中元素全变为 0，则称 A 是一个“好矩阵”. 求“好矩阵” A 的个数. （瞿振华供题）

3. 证明：对于任意实数 $M>2$，总存在满足下列条件的严格递增的正整数列 a_1，a_2，$\cdots$：

（1）对每个正整数 i，有 $a_i>M^i$.

（2）当且仅当整数 $n\neq 0$ 时，存在正整数 m 以及 b_1，b_2，$\cdots$，$b_m\in\{1,-1\}$，使得 $n=b_1a_1+b_2a_2+\cdots+b_ma_m$. （陈永高供题）

第二天

4. 设 $f(x)=(x+a)(x+b)$（a，b 是给定的正实数），$n\geqslant 2$ 为给定的整数. 对满足 $x_1+x_2+\cdots+x_n=1$ 的非负实数 x_1，x_2，$\cdots$，x_n，求 $F=\sum\limits_{1\leqslant i<j\leqslant n}\min\{f(x_i),\ f(x_j)\}$ 的最大值. （冷岗松供题）

5. 设 n 为无平方因子的正偶数，k 为整数，p 为素数，满足 $p<2\sqrt{n}$，$p\mid n$，$p\mid n+k^2$. 证明：n 可以表示为 $n=ab+bc+ca$，其中 a，b，c 为互不相同的正整数. （余红兵供题）

6. 求满足下面条件的最小正整数 k：对集合 $S=\{1,2,\cdots,2012\}$ 的任意一个 k 元子集 A，都存在 S 中的三个互不相同的元素 a，b，c，使得 $a+b$，$b+c$，$c+a$ 均在 A 中. （朱华伟供题）

下面是第 53 届 IMO 中国国家队选拔考试试题.

第一天

（2012 年 3 月 25 日　上午 8:00—12:30）

1. 在锐角$\triangle ABC$ 中，$\angle A>60^\circ$，H 为$\triangle ABC$ 的垂心，点 M，N 分别在边 AB，AC 上，$\angle HMB=\angle HNC=60^\circ$，$O$ 为$\triangle HMN$ 的外心. 点 D 与 A 在直线 BC 的同侧，使得$\triangle DBC$ 为正三角形. 证明：H，O，D 三点共线. （张思汇供题）

2. 证明：对任意给定的整数 $k\geqslant 2$，存在 k 个互不相同的正整数 a_1，a_2，$\cdots$，a_k，使得对任意整数 b_1，b_2，$\cdots$，b_k，$a_i\leqslant b_i\leqslant 2a_i$，$i=1$，$2$，$\cdots$，$k$，以及任意非负整数 c_1，c_2，$\cdots$，c_k，只要 $\prod\limits_{i=1}^{k}b_i^{c_i}<\prod\limits_{i=1}^{k}b_i$，就有 $k\prod\limits_{i=1}^{k}b_i^{c_i}<\prod\limits_{i=1}^{k}b_i$. （陈永高供题）

3. 求满足下面条件的最小实数 c：对任意一个首项系数为 1 的 2 012 次实系数多项式

$$P(x)=x^{2012}+a_{2011}x^{2011}+a_{2010}x^{2010}+\cdots+a_1x+a_0,$$

都可以将其中的一些系数乘以 -1，其余的系数不变，使得新得到的多项式的每个根 z 都满足 $|\mathrm{Im}z|\leqslant c|\mathrm{Re}z|$，这里 $\mathrm{Re}z$ 和 $\mathrm{Im}z$ 分别表示复数 z 的实部和虚部.　（朱华伟供题）

第二天

（2012 年 3 月 26 日　上午 8:00—12:30）

4. 给定整数 $n\geqslant4$，设 A，$B\subseteq\{1, 2, \cdots, n\}$，已知对任意 $a\in A$，$b\in B$，$ab+1$ 为平方数，证明：$\min\{|A|, |B|\}\leqslant\log_2 n$.　（熊斌供题）

5. 求所有具有下述性质的整数 $k\geqslant3$：存在整数 m，n，满足 $1<m<k$，$1<n<k$，$(m, k)=(n, k)=1$，$m+n>k$，且 $k\mid(m-1)(n-1)$.　（余红兵供题）

6. 由 2 012×2 012 个单位方格构成的正方形棋盘的一些小方格中停有甲虫，一个小方格中至多停有一只甲虫. 某一时刻，所有的甲虫飞起并再次全部落在这个棋盘的方格中，每一个小方格中仍至多停有一只甲虫. 一只甲虫飞起前所在小方格的中心指向再次落下后所在小方格的中心的向量称为该甲虫的“位移向量”，所有甲虫的“位移向量”之和称为“总位移向量”.

就甲虫的个数及始、末位置的所有可能情况，求“总位移向量”长度的最大值.

（瞿振华供题）

表 1 是中国代表队在第 26 届至第 62 届 IMO 获奖情况.

表 1　中国代表队在第 26 届至第 62 届 IMO 获奖情况

届次	获奖牌数	团体名次
26	1 铜	—
27	3 金 1 银 2 铜	4
28	2 金 2 银 2 铜	8
29	2 金 4 银	2
30	4 金 2 银	1
31	5 金 1 银	1
32	4 金 2 银	2
33	6 金	1
34	6 金	1
35	3 金 3 银	2
36	4 金 2 银	1
37	3 金 2 银 1 铜	6
38	6 金	1
39	未参加	—
40	4 金 2 银	1
41	6 金	1
42	6 金	1

续表

届次	获奖牌数	团体名次
43	6 金	1
44	5 金 1 银	2
45	6 金	1
46	5 金 1 银	1
47	6 金	1
48	4 金 2 银	2
49	5 金 1 银	1
50	6 金	1
51	6 金	1
52	6 金	1
53	5 金 1 铜	2
54	5 金 1 银	1
55	5 金 1 银	1
56	4 金 2 银	2
57	4 金 2 银	3
58	5 金 1 银	2
59	4 金 2 银	3
60	6 金	1
61	5 金 1 银	1
62	6 金	1

由表 1 可以看出，我国 IMO 代表队已登上国际数学奥林匹克的高峰，它充分显示了我国中学生数学教育的优秀成绩和华夏子孙卓越的数学才智. 正如 1989 年第 30 届 IMO 组委会主席恩格尔教授所说："中国人希望在 2000 年实现现代化，他们的学生今年就实现了这个目标，取得了 IMO 的世界第一." IMO 常务委员会主席、苏联数学家雅克夫列夫教授称赞道："中国古代数学的卓越成就，和如今在 IMO 中的辉煌成果，都给人留下了深刻的印象."

纵观历届 IMO 参赛国数、选手人数的统计资料（见朱华伟著《从数学竞赛到竞赛数学》P50 表 1－5－1，科学出版社 2015 年出版），可以看出，IMO 发展迅速，已成为当今数学教育中的一股潮流. 1980 年国际数学教育委员会成立了国际数学奥林匹克委员会，作为其下属的一个专业委员会，这在组织机构上保证了 IMO 的正常进行，也使得关于 IMO 及数学竞赛的研究成为数学教育研究中的一个重要课题.

2 数学奥林匹克与奥林匹克数学

在 IMO 刚兴起阶段，所选试题都是各参赛国中学数学共有的内容，如代数、平面几何、立体几何等，但现在很难划定共有的部分，因为许多参赛国家进行了课程改革，内容发生了变动. 近三十年来 IMO 的内容的深度、广度和试题的难度都有了较大的提高，难度较小的有固定模式可循的常规题目，如恒等变形和代数方程消失了，繁难的立体几何问题消失了，属于大学数学课程的矩阵试题消失了，而数列、不等式、多项式、函数方程、平面几何、数论、组合等方面的问题，出现的频率较高，这些领域正是目前中学数学中的薄弱环节，同时也是初等数学中技巧性最强、最能让学生发挥创造性的领域，尤其是数论问题、组合问题涉及的知识较少而包含的技巧性较强，理解和解决这类问题往往不需要很多专门的数学知识，而发现解法却相当困难，没有固定的模式可套用，它要求学生自己探索、尝试，通过观察、思考，利用归纳、类比、特殊化、一般化，发现规律，找到解决问题的门径，这恰恰是数学奥林匹克试题所应有的风格. 这也说明命题一方面提高了 IMO 问题的难度，另一方面又尽力避免超出中学生的知识范围，而在试题的创造性、灵活性等方面做文章.

IMO 所涉及的内容，走过了一段从古典传统到现代化的历程. IMO 以传统的初等数学内容为起点，逐步加深难度，不断淘汰一些较陈旧的传统内容，同时挖掘传统内容精华并加以改造，注入新的表现形式，用新的数学思想和方法重新处理，并逐步增加近现代数学内容，渗透近现代数学的思想和观点. 目前，IMO 命题的内容已稳定在代数（数列、不等式、多项式、函数方程）、几何、数论、组合等方面，但仅仅掌握试题所涉及的数学知识，学会一些解题技巧，对付 IMO 是远远不够的，而要求选手具有一定的创造能力、灵活分析问题的能力和一定的数学机智，赛题往往形式活泼、别具风格，虽然可以用中学数学的知识解答，但问题本身又往往有深刻的思想和背景，它最能代表奥林匹克数学. 但是我们也不能简单地把上述知识拼凑起来，然后将其理解为奥林匹克数学，而应该从创造性地应用这些知识进行命题与解题的研究中把握奥林匹克数学的特征和教育价值.

“奥林匹克数学不是大学数学，因为它的内容并不超过中学或中学生所能接受的范围”①，它所涉及的问题大多可用较初等的方法解决，它又服务于培养数学奥林匹克选手，服务于并服从于数学奥林匹克的发展；“它也不是中学数学，因为它有许多大学数学的背景，采用了许多现代数学思想和方法”②，这是一种大学数学的深刻思想与中学数学的精妙技巧相结合的“中间数学”，它起着联系中学数学与大学数学的作用，众多的现代数学知识、方法和思想，通过这一管道源源不断地输入中学数学，深化和延伸了中学数学，是中学数学现代化的一股重要动力和源泉.

作者：朱华伟. 原载：《中学数学》1995 年第 2 期.

①② 单墫. 数学竞赛史话. 南宁：广西教育出版社，1992：94.

4-2 奥林匹克数学的命题原则

命题是奥林匹克数学的中心环节，命题对数学竞赛活动的开展带有指导性作用，题目出得好坏是数学竞赛成败的关键. 正如数学大师华罗庚教授所言：“出题比做题更难，题目要出得妙、出得好、要测得出水平.”

奥林匹克数学的命题原则与通常数学考试的命题原则是一致的，但在灵活性和思维能力上有较高的要求. 笔者认为奥林匹克数学的命题原则主要包括科学性原则、新颖性原则、选拔性原则、能力性原则和界定性原则.

1 科学性原则

1.1 叙述的严谨性

题目的叙述应当要求语言精练、文字流畅、术语规范、叙述准确、插图精确，涉及的概念和关系要明确，不能有产生两种不同理解的可能.

【题 1】 （1991 年全国高中数学联赛试题）设 $S=\{1, 2, \cdots, n\}$，A 为至少含有两项的公差为正的等差数列，其项都在 S 中，且添加 S 的其他元素于 A 后均不能构成与 A 有相同公差的等差数列，求这种 A 的个数.

这里“添加 S 的其他元素于 A 后”的“后”字有两种理解：其一作时间状语理解，添加的元素在 A 中无位置约束，因而可以是新数列的首项或末项；其二作地点状语理解，添加的元素在 A 中有位置约束，只能为末项. 命题者的原意是前者，但后者也有道理. 这里为了使题目的叙述无歧义，应将“后”字改为“中”.

1.2 条件的恰当性

题目的条件应恰当，即题目的条件要充分、互容、不多余.

【题 2】 （1986 年全国高中数学联赛试题）已知实数列 a_0，a_1，a_2，…满足 $a_{v-1}+a_{i+1}=2a_i(i=1, 2, \cdots)$. 求证：对于任何正整数 n，

$$P(x)=a_0C_n^0(1-x)^n+a_1C_n^1x(1-x)^{n-1}+\cdots+a_nC_n^nx^n$$

是 x 的一次多项式.

这个题目的条件是不充分的. 因为如果给出的数列是一个常数列，即 $a_0=a_1=a_2=\cdots$，那么，虽然它满足条件 $a_{i-1}+a_{i+1}=2a_i$ $(i=1, 2, \cdots)$，但是，此时 $P(x)=a_0[(1-x)+x]^n=a_0$ 是一个常数，而不是 x 的一次多项式. 为了使题 2 中的条件充分，

需要添加一个条件：$a_0 \neq a_1$ 或者将结论改为 $P(x)$ 是 x 的一次多项式或零多项式.

【题 3】 （第 28 届 IMO 备选题）设 α，β，γ 是满足 $\alpha+\beta+\gamma<\pi$ 的正实数，证明：用长为 $\sin\alpha$，$\sin\beta$，$\sin\gamma$ 的线段可以构成一个三角形，且它的面积不大于 $\frac{1}{8}(\sin\alpha+\sin\beta+\sin\gamma)$.

这道题是由苏联提供的，供题者给出了一个构造性证明.

构作一个顶点处面角分别为 2α，2β，2γ，侧棱都为 1 的四面体，这个四面体的底面是一个三角形，它的边长分别为 $2\sin\alpha$，$2\sin\beta$，$2\sin\gamma$. 由此可证得第一个结论，即可构作一个三角形，其边长分别为 $\sin\alpha$，$\sin\beta$，$\sin\gamma$.

但问题就在于“四面体的存在性”，举反例如下：设 $\alpha=\frac{\pi}{12}$，$\beta=\frac{\pi}{6}$，$\gamma=\frac{\pi}{3}$，则 $\alpha+\beta+\gamma=\frac{7\pi}{12}<\pi$，故 α，β，γ 满足命题条件，但

$$\sin\frac{\pi}{3}=\frac{\sqrt{3}}{2}>\frac{1}{2}+\frac{\sqrt{6}-\sqrt{2}}{4}=\sin\frac{\pi}{6}+\sin\frac{\pi}{12},$$

不能构成三角形.

导致这一结果的原因是条件不足. 事实上，根据三面角的性质“三面角的任何面角小于其他两个面角之和，而大于其他两个面角之差”及“三面角之和小于四直角”（本题只注意考虑后者而忽视了前者，因而也就不能保证所构造的四面体存在了），只需将原题中增加条件“$\alpha+\beta>\gamma$，$\gamma+\alpha>\beta$，$\beta+\gamma>\alpha$”即可.

【题 4】 （1991 年南昌市初中数学竞赛试题）设 x，y，z 是三个实数，且有

$$\begin{cases}\frac{1}{x}+\frac{1}{y}+\frac{1}{z}=2,\\ \frac{1}{x^2}+\frac{1}{y^2}+\frac{1}{z^2}=1.\end{cases}$$

则 $\frac{1}{xy}+\frac{1}{yz}+\frac{1}{zx}$ 的值是（　　）.

(A) 1　　(B) $\sqrt{2}$　　(C) $\frac{3}{2}$　　(D) $\sqrt{3}$

如果仅从形式上推算，利用

$$ab+bc+ca=\frac{1}{2}[(a+b+c)-a^2-b^2-c^2],$$

可得欲求之值为 $\frac{3}{2}$，应该选 (C).

问题在于满足题设的实数 x，y，z 不存在——题设条件不相容. 这是因为对实数 x，y，z 有

$$4=\left(\frac{1}{x}+\frac{1}{y}+\frac{1}{z}\right)^2\leqslant 3\left(\frac{1}{x^2}+\frac{1}{y^2}+\frac{1}{z^2}\right)=3,$$

矛盾.

对原题的修订，可按不等式$\left(\frac{1}{x}+\frac{1}{y}+\frac{1}{z}\right)^2\leqslant 3\left(\frac{1}{x^2}+\frac{1}{y^2}+\frac{1}{z^2}\right)$予以赋值，可将已知二等式右边的 2 与 1 对调位置，这样便避免了题设条件不相容的错误.

【题 5】 （第 5 届美国数学奥林匹克试题）一个 4×7 的方格棋盘，每个方格染成黑色或白色. 求证：对任何一种染色方式，在棋盘中必定含有一个矩形，其四个角上的不同方格有相同的颜色. 图 1 中用虚线框出者即为一例.

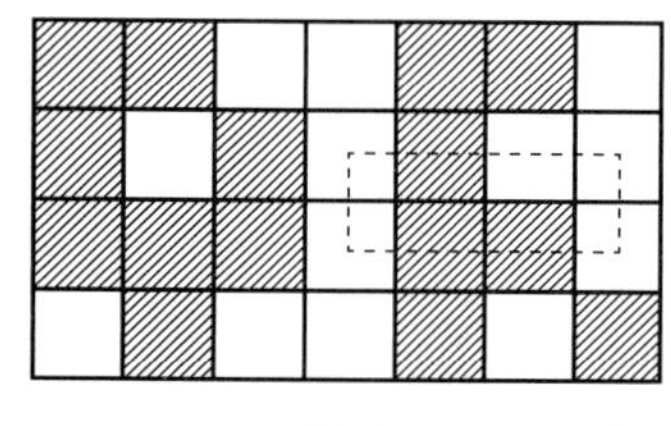

图 1

华罗庚教授曾指出本题存在多余的条件，即“4×7 的方格棋盘”可改为“3×7 的方格棋盘”，也就是说可以将棋盘中的方格去掉一行，其实“4×7 的方格棋盘”与“3×7 的方格棋盘”其证明都是应用抽屉原理，过程也完全一样，这一行多余的方格在证明过程中没有发挥作用，这种无缘无故的多余条件的存在，只能给解题者带来困惑，应当除去. 实际上，由图论知识可知，3×7 是在两染色的情况下存在四角同色矩形的最小格阵，在三染色的情况下则为 4×19. 命题者如能注意到这些，是完全可以避免上述多余条件的.

需要说明的是，从数学竞赛的命题的目的和涉及的对象看，对条件不多余的要求并不是绝对的. 有时考虑到选手的认识水平和接受能力，可以适当地给出一些较强或多余的条件. 这样可以降低题目的难度.

【题 6】 （第 20 届 IMO 试题）在$\triangle ABC$中，$AB=AC$，有一圆内切于$\triangle ABC$的外接圆，并且与AB，AC分别切于点P，Q. 求证：线段PQ的中点是$\triangle ABC$的内切圆圆心.

本题的条件$AB=AC$实际上是多余的，如果去掉这个条件，题目的难度就增加了，因为这一题是第二天的第 1 题，不宜过难，所以保留了$AB=AC$这一条件.

【题 7】 （第 30 届 IMO 试题）设n和k是正整数，S是平面上n个点的集合，满足

(i) S中任何三点不共线.

(ii) 对S中的每一个点P，S中至少存在k个点与P距离相等.

求证：$k<\frac{1}{2}+\sqrt{2}\text{n}$.

题目中的条件（i）是多余的，没有它结论仍然成立，但问题的难度也就增加了一些，有了（i)，解决这个问题的方法也多了，所以此处有保留的必要.

1.3 结论的可行性

这里所谓“可行”，就是证明题的结论是能够证明的；计算题的要求通过计算是能够达到的；平面几何中的作图题所要求作的图形是能够利用尺规作出来的.

【题 8】 （1981 年全国高中数学联赛试题）在圆 O 内，弦 CD 平行于弦 EF，且与直径 AB 交成 $45°$角，若 CD 与 EF 分别交直径 AB 于 P 和 Q，且圆 O 的半径长为 1. 求证：

$$PC \cdot QE + PD \cdot QF < 2.$$

本题的图形有多种情况，当 CD，EF 在圆心 O 两侧，且有相等的弦心距，而点 C，E 也在直径 AB 的两侧时（见图 2），结论不成立，应取等号.

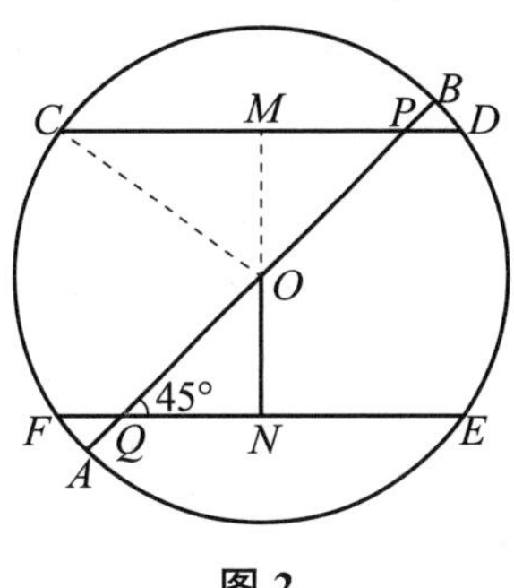

图 2

事实上，当 CD，EF 在弦心距相等时，有 $OM=ON$，$PC=QE$，$PD=QF$，$CM=MD$，又由 $\angle MPO=45°$ 知，$PM=MO$，所以有

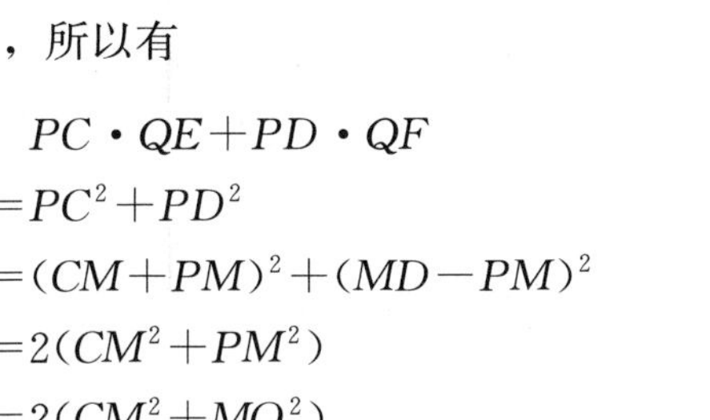

$$\begin{aligned}
&PC \cdot QE + PD \cdot QF\\
=&PC^2+PD^2\\
=&(CM+PM)^2+(MD-PM)^2\\
=&2(CM^2+PM^2)\\
=&2(CM^2+MO^2)\\
=&2CO^2=2.
\end{aligned}$$

故本题的结论是不可行的，应改为 $PC \cdot QE + \mathrm{PD} \cdot QF \leqslant 2$.

【题 9】 （1991 年四川省高中数学联赛决赛试题）设 $f(x)$ 为偶函数，$g(x)$ 为奇函数，且 $f(x)=-g(x+c)(c>0)$，则 $f(x)$ 是最小正周期为________的周期函数.

命题者给出的“标准答案”为 $4c$，其“来历”如下：

$$\begin{aligned}
f(x)&=-g(x+c)=-g[-c-(-2c-x)]\\
&=g[c+(-2c-x)]=-f(2c-x)=-f(-2c+x)\\
&=g(3c+x)=g[-c+(4c+x)]=-g[c-(4c+x)]\\
&=f[-(4c+x)]=f(x+4c),
\end{aligned}$$

故 $f(x)$ 的最小正周期为 $4c$.

上述解答，由 $f(x)=f(x+4c)$ 断定 $f(x)$ 的最小正周期为 $4c$，与最小正周期的定义不符. 由 $f(x)=f(x+4c)$ 只能断定 $f(x)$ 是周期函数，且 $4c$ 是 $f(x)$ 的一个周期，要说明 $4c$ 为最小正周期，必须证明比 $4c$ 小的正数都不是 $f(x)$ 的周期. 事实上，本题的函数 $f(x)$ 不一定有最小正周期，即使有，也不一定是 $4c$. 举反例如下：

设 $f(x)=\cos x$，$g(x)=\sin x$，则 $f(x)$ 是偶函数，$g(x)$ 是奇函数，且有

$$f(x)=\cos x=-\sin\left(x+\frac{3\pi}{2}\right)=-g\left(x+\frac{3\pi}{2}\right),$$

但 $4\times\dfrac{3\pi}{2}=6\pi$ 不是 $\cos x$ 的最小正周期.

综上所述，$4c$ 不一定是最小正周期，且 $f(x)$ 是否有最小正周期，最小正周期是什么均无法确定，故本题的结论是不可行的.

2 新颖性原则

命题的新颖性是数学奥林匹克的基本特征之一. 命题的关键在于创新，试卷必须由立意新颖、不落俗套的试题组成，以确保公平竞争，有利于考查选手的智力水平，提高学生学习数学的兴趣，不为题海战术开方便之门，遗憾的是，要做到这一点是非常困难的. 在国内外数学竞赛中经常出现陈题，就连 IMO 这种最高级别的竞赛也不例外.

【题 10】 （1985 年加拿大 *Crux Mathematicorum* 杂志征解题 270 题）设 k 为正奇数，试求所有函数 f：$N\to N$，使得

$$f(f(n))=n+k.$$

此题的答案发表在 1987 年 *Crux Mathematicorum* 第 5 期，然而 1987 年第 28 届 IMO 第 4 题恰是此题 $k=1\,987$ 的特殊情形.

【题 11】 （第 30 届 IMO 试题）设在凸四边形 $ABCD$ 中，$AB=AD+BC$，在此四边形内，距离 CD 为 h 的地方有一点 P，使得 $AP=h+AD$，$BP=h+BC$. 求证：

$$\frac{1}{\sqrt{h}}\geqslant\frac{1}{\sqrt{AD}}+\frac{1}{\sqrt{BC}}.$$

B. B. 波拉索洛夫所著《平面几何问题集及其解答》（中译本由东北师范大学出版社于 1988 年 4 月出版）一书中题 14.9 则是：

中心为 A，B，C 的三个圆彼此外切且都与直线 l 相切，其中圆 C 位于圆 A，B 及直线 l 所围成的曲边三角形中. 圆 A，B，C 的半径分别为 a，b，c. 求证

$$\frac{1}{\sqrt{c}}=\frac{1}{\sqrt{a}}+\frac{1}{\sqrt{b}}.$$

容易看出，前者是后者的一个推论，证明思路和图形都是完全一致的.

【题 12】 （第 32 届 IMO 试题）已给实数 $\alpha>1$，试构造一个有界无穷数列 x_0，x_1，x_2，…，x_n，…，使得对于每一对不同的非负整数 i，j，均有

$$|x_i-x_j||i-j|^{\alpha}\geqslant1.$$

1987 年全苏数学奥林匹克 9～10 年级第 4 题却是它的 $\alpha=1$ 的加强命题，因而在主试委员会的会议上引起了争论.

【题 13】 （第 33 届 IMO 试题）设 $oxyz$ 是空间直角坐标系，S 是空间中的有限点集，而 S_1，S_2，S_3 分别是 S 中所有的点在 oyz，ozx，oxy 坐标平面上的投影所成的点集. 求证这些集合的点数之间有如下关系：$|S|^2\leqslant|S_1|\cdot|S_2|\cdot|S_3|$.

此题是第 31 届 IMO 预选题的第 43 题.

【题 14】 求最小正数 λ，使对任意 $n\in\mathbf{N}$ 和 a_i，$b_i\in[1,2]$ $(i=1,2,\cdots,n)$，且 $\sum\limits_{i=1}^{n}a_i^2=\sum\limits_{i=1}^{n}b_i^2$，都有

$$\sum_{i=1}^{n}\frac{a_i^3}{b_i}\leqslant\lambda\sum_{i=1}^{n}a_i^2.$$

此题的答案是：$\frac{17}{10}$. 它曾作为《数学奥林匹克高中新版竞赛篇》（单墫主编，北京大学出版社 1993 年出版）P35 例 7，然而 1996IMO 中国国家集训队测试 2 第 3 题是：

【题 15】 对于正整数 n，求最小正数 λ，使得如果 a_1，a_2，$\cdots$，a_n 是 $[1,2]$ 中的任意实数，b_1，b_2，$\cdots$，b_n 是 a_1，a_2，$\cdots$，a_n 的一个排列，就有：

$$\frac{a_1^3}{b_1}+\frac{a_2^3}{b_2}+\cdots+\frac{a_n^3}{b_n}\leqslant\lambda(a_1^2+a_2^2+\cdots+a_n^2).$$

1998 年全国高中数学联赛第 2 试第 2 题是：

【题 16】 设 a_1，a_2，$\cdots$，a_n，b_1，b_2，$\cdots$，$b_n\in[1,2]$ 且 $\sum\limits_{i=1}^{n}a_i^2=\sum\limits_{i=1}^{n}b_i^2$，求证：

$$\sum_{i=1}^{n}\frac{a_i^3}{b_i}\leqslant\frac{17}{10}\sum_{i=1}^{n}a_i^2.$$

并问：等号成立的充要条件.

2001 年题 16 又被选为 IMO 新加坡国家队选拔考试题.

【题 17】 已知 H 是锐角三角形 ABC 的垂心，以边 BC 的中点为圆心，过点 H 的圆与直线 BC 相交于两点 A_1，A_2；以边 CA 的中点为圆心，过点 H 的圆与直线 CA 相交于两点 B_1，B_2；以边 AB 的中点为圆心，过点 H 的圆与直线 AB 相交于两点 C_1，C_2. 证明：六点 A_1，A_2，B_1，B_2，C_1，C_2 共圆.

此题是第 49 届 IMO 的第 1 题，它是《近代欧氏几何学》P226 的一个定理.

随着竞争类型的增多，题目的重复现象已难以避免. 怎样创造新的题目已经引起专家们的极大关注. 为解决这一问题，应当有一批数学家参加命题，首先要建立相应层次并具有检索功能的题库，其次要在试题编拟和试题评论方面进行深入研究.

3 选拔性原则

数学奥林匹克的目的之一就是选拔人才，所以试题必须具有良好的选拔功能，遵循选拔性原则. 在命题工作中这一原则主要体现在试题的客观性、试题的难度与试题的区分度等方面.

3.1 试题的客观性

数学奥林匹克试题不应是陈题，应当照顾多数参赛者的知识水平，即尽可能地保证对绝大部分参赛者是均权的. 如第 27 届 IMO 的候选题中曾出现二阶偏微分方程，因考虑到多数国家的中学生没有学过二阶偏微分方程，故该题未被选入.

3.2 试题的难度

试题的难度是根据参赛选手的水平及不同层次的数学奥林匹克的要求而确定的. 试题太难，则高水平的学生与低水平的学生都做不出，试题过于容易，则高水平的学生与低水平的学生都能做出，这样就很难区分不同水平的学生，不利于选拔人才. 例如，1989 年全国高中数学联赛试题，由于试题难度过低，结果选拔不出参加冬令营的选手，不得不在冬令营之前增加一次选拔考试，这在历史上是一次教训. 与此相反，1993 年全国高中数学联赛试题，尽管每道题都很精彩，但试卷分量太重，难度太大，与该项竞赛的普及性相悖. 其中二试的第二题的第一问是 Sperner 定理，做过此题的选手应对该题易如反掌，没有做过的选手应对该题则十分困难. 湖北省所有参赛的选手没有一人能完全解出此题. 以这样高难度的定理作为全国联赛题，是不妥当的.

3.3 试题的区分度

选拔的基础在于试题能够测定和区分出不同水平的学生. 试题的区分度是题目对于不同水平的选手加以区分的能力有多高的指标. 如果一个题目相对于水平高与水平低的学生其得分率差异不明显，那么这个题目的区分度是较低的. 例如，2006 年 CMO 第一天第 3 题只有一位选手做出，2007 年 IMO 第一天第 3 题仅有两位选手做出. 区分度高的试题，对选手水平有较好的鉴别力.

张君达、郭春彦二位先生曾以第 31 届 IMO 全部 308 名选手的每题得分为样本，计算每个题目的难度和区分度，统计分析如下（张君达，郭春彦. 关于第 31 届 IMO 的分析与评估：1990 年国际数学教育学术交流会大会宣读论文）：

本次统计采用积差相关系数的区分度计算公式. 用学生一（或二）试每题得分与一（或二）试总分求相关系数 r，r 值越大显示区分度越好，相关显著性标准如下：

$n=308$（人），当 $\alpha=0.01$ 时，相关系数 $r=0.148$.

即若计算得到实际相关系数 $r>0.148$ 时，说明两列分数在 $\alpha=0.01$ 水平上相关显著，达到区分出不同水平的学生的标准.

第 k 题的难度为 $P_i=\sum\limits_{i=1}^{308}\alpha_i\cdot 308^{-1}\cdot 7^{-1}$，$\alpha_i$ 为 i 号学生第 k 题得分. 难度与测验目的有关，$0\leqslant P_k\leqslant 1$，$P_k$ 越大显示该题相对参赛选手来说越容易.

第 31 届 IMO 的六道试题按平均数 $\overline{X}$，标准差 s，区分度 r，难度 p 四项列表如表 1 所示.

表 1 第 31 届 IMO 试题分析表

项目＼题号	1	2	3	4	5	6
平均数 $\overline{X}$	2.877	3.539	2.091	2.958	4.195	1.503
标准差 s	2.75	2.68	1.68	2.419	2.489	1.865
难度 p	0.41	0.51	0.299	0.423	0.599	0.215
区分度 r	0.77	0.74	0.68	0.79	0.78	0.71

第 i 题的平均数 $\overline{X}$ 表示选手们第 i 题得分集中趋势，而标准差 s 反映了第 i 题选手得分的分布特征，s 越小，则 $\overline{X}$ 的代表性越强，由表中可见，六道题由易到难的排序是：

第 5 题、第 2 题、第 4 题、第 1 题、第 3 题、第 6 题.

总平均难度是 0.409. $0.409<0.50$，表示对于 IMO 选手来说，本届试题是较难的，因此估计总体分布状态呈“正偏态”.

表中可见，每题的区分度都远远超出了 $\alpha=0.01$ 水平上的 $r=0.148$ 的显著性水平，这说明试题能较好地区分不同程度学生的水平.

4 能力性原则

数学竞赛的一个重要目的是尽早发现并培养有数学才能的青少年，因此数学竞赛的命题应以考查数学能力为重点.

4.1 基本能力

观察能力、联想能力、运算能力、抽象概括能力、逻辑推理能力、书写表达能力是数学基本能力的主要成分，是构成分析问题解决问题能力的基础，因此这六种能力是数学奥林匹克命题中的基本要求.

4.2 创造能力

著名数学家狄隆涅教授曾说过：“重大的科学发现，同解答一道好的奥林匹克试题的区别，仅仅在于解一道奥林匹克试题需要花 5 小时，而取得一项重大科研成果需要花费 5000 小时.”因此可以说，在解高水平的数学奥林匹克题与数学研究工作之间，仅仅是程度深浅和水平高低的差异，而性质是相似的. 由此可见，数学奥林匹克命题对选手的创造能力有较高的要求，具体说来主要包括：数学想象能力、数学直觉能力、数学猜测能力、数学转换能力和数学构造能力，由此构成解决非常规问题的能力.

5 界定性原则

根据竞赛的不同类型和参加对象，命题者对所命试题的范围和难度均有所界定．如 IMO，可在初等数学范围内任意命题，所命之题虽可有高等数学背景但必须可用初等方法来解．全国高中数学联赛的命题范围则以高中数学竞赛大纲为上限，第一试的命题范围不超出中学数学大纲的范围，第二试命题的基本原则是向 IMO 靠拢．

作者：朱华伟．原载：《中学数学》1995 年第 6 期．

4-3 数学奥林匹克对选手数学能力的要求

数学奥林匹克是智力的竞赛，它的一个重要目的是尽早地发现并培养有数学才能的青少年，因此数学奥林匹克命题的宗旨应以考查选手的数学能力为重点. 正如已故数学大师华罗庚教授所指出："数学竞赛的性质和学校中的考试是不同的，和大学的入学考试也是不同的，我们的要求是参加竞赛的同学不但会代公式会用定理，而且更重要的是能够灵活地掌握已知的原则和利用这些原则去解决问题的能力，甚至创造新的方法、新的原则去解决问题." 那么，数学奥林匹克的命题主要应考查选手哪些数学能力呢？本文将对此进行初步探讨.

1 数学能力概述

数学能力是一个人顺利完成数学活动的稳定的心理特征，那么数学能力的结构如何？由哪些主要成分组成？国内外数学家、数学教育家、心理学家从不同的角度进行了探讨，主要观点有以下几种：

苏联心理学家克鲁捷茨基通过对各类学生的广泛实验研究，系统地研究了数学能力的性质和结构，从数学思维的基本特征出发，提出数学能力的组成成分为[①]：

（1）把数学材料形式化、把形式从内容中分离出来、从具体的数值关系和空间形式中抽象出它们，以及用形式的结构（即关系和联系的结构）来进行运算的能力.

（2）概括数学材料，使自己摆脱无关的内容而找出最重要的东西，以及在外表不同的对象中发现共同点的能力.

（3）用数字和其他符号来进行运算的能力.

（4）进行"连贯而适当分段的逻辑推理"的能力，这种推理是证明、形式化和演绎所必需的.

（5）缩短推理过程，用缩短的结构来进行思维的能力.

（6）逆转心理过程（从顺向的思维系列转到逆向的思维系列）的能力.

（7）思维的灵活性，即从一种心理运算转到另一种心理运算的能力；从陈规俗套的约束中解脱出来. 思维的这一特性对一个数学家的创造性工作来说是重要的.

（8）数学记忆力. 可以这样假定，它的特征也是从数学到科学的特定的特征中产生的，是一种对于概括、形式化和逻辑模式的记忆力.

（9）形成空间概念的能力. 它与数学的一个分支如几何学（特别是立体几何学）的

① 克鲁捷茨基. 中小学生数学能力心理学. 上海：上海教育出版社，1983.

存在直接有关.

上述九种能力，概括起来就是“形式化”的抽象、记忆、推理能力. 它忽视数学建模、数学应用的能力.

苏联著名数学家柯尔莫戈罗夫从数学的特点出发，认为数学能力的成分包括以下几个部分：

(1) 算法能力，即对于复杂的式子作高明的变形，对于用标准方法解不了的方程作巧妙解决的能力.

(2) 对几何图形的想象力或对几何图形的直觉.

(3) 精通连贯而又适当分段的逻辑推理.

全美研究协会的数学科学教育委员会、数学科学委员会，从数学教育改革的角度出发，于 1989 年提出了一个《人人有份计算》的报告，该报告提出：数学教学从热衷于无数的常规练习转到发展有广阔基础的数学能力，学生的数学能力应该要求到能够辨明关系、逻辑推理，并能运用广阔的各种数学方法去解决广泛的、多种多样的非常规问题，要求今日的学生必须能够进行心算和有效的估算；能决定什么时候需要精确答案，什么时候宜于估算；知道在某一特定条件下适于使用哪种数学运算……能从模糊的实际课题中去形成一些特别的问题；会选择有效解决问题的策略.

2000 年，美国数学教师协会发布 *Principles and Standards for School Mathematics*(《数学课程标准》)，其中提到了 6 项能力：

(1) 数的运算能力.

(2) 问题解决的能力.

(3) 逻辑推理能力.

(4) 数学连接能力.

(5) 数学交流能力.

(6) 数学表示能力.

2003 年，我国教育部制定的《普通高中数学课程标准》(实验) 界定了数学思维能力，它包括直观感知、观察发现、归纳类比、空间想象、抽象概括、符号表示、运算求解、数据处理、演绎证明、体系构建等思维过程，这些过程是数学思维能力的具体体现. 这一提法涵盖了我国长期流行的提法：数学运算能力、空间想象能力和逻辑思维能力，逐步培养分析和解决实际问题的能力.

根据以上几种观点和数学奥林匹克的宗旨，数学奥林匹克的命题和选手的培养既要注重选手的基本能力，又要注重选手的创造能力.

2 基本能力

观察能力、联想能力、运算能力、抽象概括能力、逻辑推理能力、书写表达能力是数学基本能力的主要成分，是构成分析问题解决问题能力的基础，因此这六种能力是数学奥林匹克命题中的基本要求.

2.1 观察能力

人类的一切知识都是从观察入手而得到的. 数学这门科学也需要观察，高斯甚至说数学是一门观察的科学. 体现在数学领域中的观察能力主要表现在迅速观察事物的“数”和“形”，从问题所表现的形式和结构中发现其内在联系.

在数学奥林匹克中，观察能力主要表现为：

(1) 从数学关系中观察出它的结构特点和相互联系.

(2) 从几何图形中观察出某种特殊图形和关系.

【题 1】 如图 1 所示，把六边形划分成黑色或白色三角形，使得任意两个三角形或者有公共边（这时它们涂有不同颜色），或者有公共顶点，或者没有公共顶点，而六边形的每条边都是某个黑三角形的边. 求证：10 边形不能有这样的划分法.

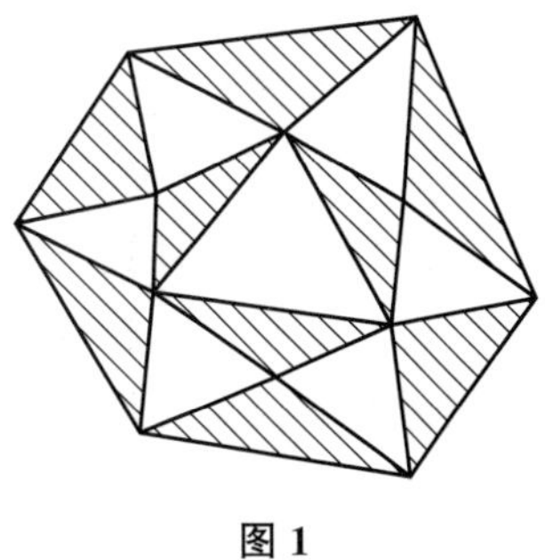

图 1

此题乍一看似乎很难下手，若细心观察图 1 的特点，从中不难看出黑三角形的边数与白三角形的边数之间的关系，这正是证明此题的关键. 若设 10 边形有这样的划分法，并设黑三角形的边数为 m，白三角形的边数为 n，则 $m-n=10$，又易知 $3|m$，$3|n$，从而 $3|10$ 矛盾！于是问题得证.

2.2 联想能力

联想是指感知或回忆某一事物，连带想起其他有关事物的心理过程. 联想是问题转化的桥梁. 数学奥林匹克题目与基础知识之间的联系是不明显的、间接的、复杂的. 因此，数学奥林匹克试题要求选手善于观察问题的结构特征，灵活运用有关知识，作出相应的联想，找到解决问题的路径.

例如，1990 年，我为准备参加 1991 年 CMO 的北京集训队选手出过这样一道题：

【题 2】 解方程 $\begin{cases} y=4x^3-3x, \\ z=4y^3-3y, \\ x=4z^3-3z. \end{cases}$

此题若按常规消元法来解将陷入复杂的计算，若观察到其结构的特殊性，联想到三倍角公式，运用变量代换来处理就可以得到简洁的解法.

2.3 运算能力

现在各种数学教育测量目标分类中，都程度不同地涉及考查运算能力的项目. 比如，IEA 国际数学教育调查认识领域方面的目标分类为：

(1) 计算：运用学过的法则，对问题的要素进行直接操作的能力，关于特定事实和用语的知识以及算法的实际应用能力.

（2）理解：概念、原理、法则、通则的掌握，以及对问题作各种转换的能力.

（3）应用：联系有关知识，选择适当的算法以完成运算的能力，以及用常规方法解题的能力.

（4）分析：对非常规方法的运用能力，发现模式、构成证明及批判的能力，这是具有较高层次的思维过程.

其中（1）、（2）、（3）具体涉及运算能力的考查，还有前面提到的三种观点中，都将运算能力作为单项列出，由此可见运算能力的重要性. 我们认为在数学奥林匹克命题中就主要考查学生运算的准确性、敏捷性与灵活性，具体表现为：

（1）对抽象的形式化符号语言的理解能力.

（2）对运算定义、公式、法则的记忆能力.

（3）变形能力.

（4）缩短运算过程的能力，即用简洁、跳跃性的形式进行运算.

（5）逆转运算过程的能力，包括运算中自验的能力. 数学运算中的许多公式、性质不仅需要学生会正用，还要会逆向运用.

（6）运算的灵活性，即运用公式、法则、概念的灵活性以及一种运算方式受阻迅速转向另一种运算方式的能力.

以上六种成分是构成运算能力的基本成分，也是衡量学生运算能力高低的重要因素. 但在数学奥林匹克中，运算能力的较高要求还体现在如下两种成分之中.

（7）估算和估计能力. 估算和估计要用到不等式的变换，而不等式的变换比等式的变换在能力上的要求高很多，它不仅要求有灵活地、敏捷地进行不等式的变换（放大、缩小等）的能力，还要有深刻的洞察能力. 正因为如此，在国内外数学奥林匹克中，除了经常出现传统的不等式证明题、不等式的讨论题外，近几年还常常出现利用不等式估计去解决多项式、方程、函数、几何、组合、数论的题目.

例如，第 33 届 IMO 第 1 题：

【题 3】 试求出所有的整数 a，b，c，其中 $1<a<b<c$，且使得 $(a-1)(b-1)(c-1)$ 是 $abc-1$ 的约数.

解答此题首先要估计出 $S=\dfrac{(abc-1)}{(a-1)(b-1)(c-1)}$ （$S\in\mathbf{N}$）的范围：$S<4$，然后对 $S=1$，2，3 逐一检验，以确定问题的解.

再如 1992 年的 CMO 第 1 题：

【题 4】 设方程

$$x^n+a_{n-1}x^{n-1}+\cdots+a_1x+a_0=0$$

的系数都是实数，且满足条件

$$0<a_0\leqslant a_1\leqslant\cdots\leqslant a_{n-1}\leqslant 1.$$

已知 λ 为此方程的复数根，且适合条件 $|\lambda|\geqslant 1$，试证：$\lambda^{n+1}=1$.

此题一方面要求选手具有较强的恒等变形能力，另一方面要求选手利用不等式估计的手段去处理. 由作者的统计知此题难度为 0.248，平均得分 5.521（本题满分 21 分）. 这反映了选手变形、估计方面的能力不强，今后需加强这方面的训练.

（8）递推、归纳计算能力. 这也是数学奥林匹克经常要求的一项重要运算能力. 它常常通过数列、函数方程等题型体现出来. 这两方面也是近年数学奥林匹克命题的热门专题.

2.4 抽象概括能力

抽象概括能力是指抽象概括各种数学对象、数的关系和空间的关系及运算的能力. 在数学奥林匹克中，主要考查以下三个方面：

第一，将实际问题抽象概括为数学问题，从包含数量关系和空间概念的具体材料中概括出具有数学意义的形式关系，也就是实际问题数学化、模型化，在以往国内外数学奥林匹克中出现过许多这方面的题目.

例如，1978 年全国八省市数学奥林匹克第二试的第 5 题：

【题 5】 设有十个人各拿提桶一只同到水龙头前打水，设水龙头注满第 i（$i=1$，2，…，10）个人的提桶需时 T_i 分钟，假定这些 T_i 各不相同，问：

（1）当只有一个水龙头可用时，应如何安排这十个人的次序，使他们的总的花费时间（包括各人自己接水所用的时间）为最少？这时间等于多少？（须证明你的论断）

（2）当有两个水龙头可用时，应如何安排这十个人的次序，使他们的总的花费时间最少？这时间等于多少？（须证明你的论断）.

此题要求选手由实际问题建立数学模型，并用排序不等式解决.

第二，从特殊中概括出一般规律，建立猜想，然后给出严格的证明.

例如，第 18 届 IMO 第 6 题：

【题 6】 一个数列 u_0，u_1，u_2，…定义如下：$u_0=2$，$u_1=\dfrac{5}{2}$，

$$u_n+1=n_n(u_{n-1}^2-2)-u_1, n=1,2,\cdots.$$

证明 $[u_n]=2^{\frac{2^n-(-1)^n}{3}}$（$n=1$，2，3，…），其中 $[x]$ 表示不大于 x 的最大整数.

题中的递推公式比较复杂，我们无法从这个式子预先推断出 u_n 的通项公式是什么样子，但是我们可以利用这个递推公式及初始值 u_0，u_1，逐步算出

$$u_2=\frac{5}{2}=2\frac{1}{2},\quad u_3=8\frac{1}{8},\quad u_4=32\frac{1}{32},\cdots$$

于是可以猜测（顺便利用结论提供的信息）

$$u_n=2^{\frac{2^n-(-1)^n}{3}}+2^{-\frac{2^n-(-1)^n}{3}},$$

然后用数学归纳法证明.

第三，用概括化形式解题即将特殊问题一般化，通过对具体问题的分析、综合，概括出抽象的结论后再运用到所需要解决的具体问题上.

例如，第 26 届 IMO 预选题：

【题 7】 1985 个点分布在一个圆周上，每一个点标上+1 或−1，一个点如果从它开始，依顺时针或逆时针方向，绕圆周前进到任何一点，所经各点的数之和都是正的，那么称它为“好的”. 证明若标上−1 的点数目小于 662，则圆周上至少有一点是好的.

只用证明：“恰好有 661 个−1 时，存在一个好点”就足够了. $1985=3\times661+2$. 因此，可以考虑证明一般性命题：“在 $3k+2$ 个点的任意排列中，其中有 k 个−1，则一定存在好点.”可用数学归纳法证之，然后再运用到原题上.

2.5 逻辑推理能力

逻辑推理能力是数学能力的核心，数学推理能力通常表现为以下方面：

(1) 理解形式表达式的语义内容，掌握概念系统中公式、法则、定理、公理之间的关系.

(2) 掌握有关的逻辑知识（如命题的四种形式、充分必要条件、演绎推理、归纳推理、类比推理、二难推理、逻辑划分、命题的等价与非等价转化等），并能进行正确的推理.

(3) 掌握常用的数学方法（如分析法、综合法、反证法、数学归纳法等）.

(4) 思维清晰，条理清楚，推理过程简缩和跳跃，用简缩的结构来进行思维的能力.

平面几何在 IMO 中占有重要的地位，而平面几何问题主要是考查选手严格、简洁、灵活的演绎推理能力. 近年来在国内外数学奥林匹克中出现了大量的组合、图论、逻辑等方面的题目，解决这些问题往往不需要高深的专门知识，但要求选手具有很强的逻辑推理能力.

例如，1992 年 CMO 第 5 题：

【题 8】 在有八个顶点的简单图中，没有四边形的图的边数的最大值是多少?

这是一道图论题，但解答并不需要高深的图论知识，却要求学生具有很强的逻辑推理能力.

2.6 书写表达能力

IMO 的一道难题，经简化后的证明要写三四页. 这就要求选手有较强的书写表达能力，因而清晰、严密、详略得当的书写表达对参赛者尤为重要，这一能力的培养应贯穿于对选手培训的全过程.

3 创造能力

3.1 数学想象能力

想象是人脑中对已有表象进行加工创造新形象的心理过程. 想象具有形象性、概括

性、整体自由性、灵活性，因此想象具有一定的创造能力. 数学想象是在数学认识活动中获得和运用形象思维的过程，数学想象要求具备必要的知识基础和一定的形象思维能力.

在数学奥林匹克中，数学想象主要表现为以下方面：

(1) 善于将数学问题与几何相联系（数形结合).

例如，1989 年 Iberoamerican M. O. 第 2 题：

【题 9】 设 x, y, z 为实数，$0<x<y<z<\frac{\pi}{2}$，试证：

$$\frac{\pi}{2}+2\sin x\cos y+2\sin y\cos z>\sin 2x+\sin 2y+\sin 2z.$$

分析 只需证

$$\frac{\pi}{4}+\sin x\cos y+\sin y\cos z>\sin x\cos x+\sin y\cos y+\sin z\cos z.$$

即证 $\frac{\pi}{4}>\sin x(\cos x-\cos y)+\sin y(\cos y-\cos z)+\sin z\cos z.$

上式右端含有 $(\cos x, \sin x)$，$(\cos y, \sin y)$，$(\cos z, \sin z)$，联想到在平面直角坐标系中构造以原点为圆心的单位圆，如图 2 所示，$(\cos x, \sin x)$，$(\cos y, \sin y)$，$(\cos z, \sin z)$ 为单位圆上三个点，分别通过这三个点作 x 轴、y 轴的垂线得到如图 2 中的三个矩形，事实上，上式右端是图 2 中三个矩形的面积之和，它显然小于$\frac{\pi}{4}$.

这一证法妙在解题者善于将代数问题与几何直观相联系，而这种联系并不是凭空产生的，而是建立在解题者所具有的较宽阔的知识领域和一定的形象思维能力的基础之上.

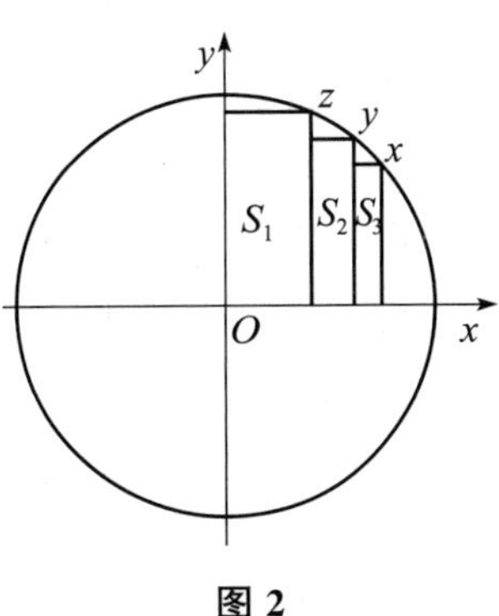

图 2

(2) 几何证题中添设辅助线的能力.

在国内外数学奥林匹克中，出现了大量的几何证明题，要完成这些题目的证明，除了要求选手具有较强的逻辑推理能力进行推理之外，常常要根据条件和结论添设辅助线构造出新的图形，而辅助线的“存在”及其与已知图形的联系，就是靠人为想象出来的.

3.2 数学直觉能力

直觉是对事物本质的直接领悟或洞察，数学直觉是对数学对象的直接领悟或洞察，IMO 试题的难度不在于所需数学知识的多少，而在于对数学本质的洞察力.

在数学奥林匹克中，数学直觉能力表现为以下方面：

(1) 从整体上直接领悟数学对象的本质.

(2) 对数学问题、数学结构和关系的洞察.

（3）直接领悟解题思路和问题结果.

例如，1990 年全国高中数学联赛二试第 1 题：

【题 10】 四边形 $ABCD$ 内接于圆 O，对角线 AC 与 BD 相交于 P，设$\triangle ABP$，$\triangle BCP$，$\triangle CDP$ 和$\triangle DAP$ 的外接圆圆心分别是 O_1，O_2，O_3，O_4.

求证：OP，O_1O_3，O_2O_4 三直线共点.

直觉判断：四边形 OO_1PO_3 和四边形 O_2PO_4O 是平行四边形，从而对角线 O_1O_3，OP 在交点 G 互相平分，对角线 O_2O_4，OP 在交点 G 互相平分，所以 OP，O_1O_3，O_2O_4 相交于同一点（OP 的中点G），然后设法证明四边形 OO_1PO_3 和四边形 O_2PO_4O 是平行四边形（证略）.

这里先猜后证，通过直觉猜想出四边形 OO_1PO_3 和四边形 O_2PO_4O 是平行四边形后，解题方向也就明确了. 猜，不能瞎猜，要猜得准，就要有较强的数学直觉能力.

3.3 数学猜测能力

猜测是根据某些已知事实和知识对未知事物及其规律性的似真推断. 数学猜测是根据已知数学条件和数学原理对未知的量及其相互关系的似真推断，它具有一定的科学性，又具有很大程度的假定性. 猜测可以通过实验、归纳、类比、特殊化得到，也可能通过想象、直觉、逆向思维等途径得到.

数学奥林匹克中，数学猜测能力主要表现为以下方面：

（1）猜测证题思路.

（2）猜测命题的结论. 这对处理“探索型”的问题尤为重要. 例如，1991CMO 第 1 题：

【题 11】 平面上有一个凸四边形 $ABCD$.

（1）如果平面上存在一点 P，使得$\triangle ABP$，$\triangle BCP$，$\triangle CDP$ 和$\triangle DAP$ 面积都相等，问四边形 $ABCD$ 要满足什么条件?

（2）满足（1）的点 P，平面上最多有几个？证明你的结论.

这是一道陈题，只是将结论隐去了，改由选手先猜后证，得分率之低出乎主试委员会的预料，如果告诉了结论让选手去证，恐怕很少有选手会弄错. 这说明学生不善于处理这种“探索型”问题，数学猜测能力不强. “探索型”问题对选手的创造能力提出了更高的要求.

3.4 数学转换能力

数学转换能力是从一种心理运算转变为另一种心理运算的能力，在某种程度上表现为思维的灵活性和创造性.

在数学奥林匹克中，数学转换能力主要表现为：

（1）当应用习惯思路和模式不能解决问题时，能冲破习惯的约束，寻找新的途径和方法.

（2）在解题时能顺利地从正向思维转向逆向思维.

【题 12】 用不相交的对角线把凸 n 边形划分成三角形，并且在多边形的每个顶点汇集奇数个三角形，试证：n 能被 3 整除.

学生习惯的思维定式是使用归纳法和切割法，但困难较大，不易解决. 此时若固执己见则会陷入被动；若转换能力较强，能冲破习惯的约束，用染色法证明则十分简洁.

3.5 数学构造能力

近年来需要运用构造性证法的数学奥林匹克试题越来越多，此类试题需要选手根据命题的要求将数学对象精心地设计构造出来，需要选手认真观察、精于实验、善于联想、努力想象、大胆猜测、灵活转换、严格推理，是对选手综合能力和创造能力的极好检验.

在数学奥林匹克中，数学构造能力主要表现为：

(1) 由命题的结构特征构造数学模型（如方程、函数、图形、算法等)，使条件与结论建立联系. 例如，前述 1989 年 Iberoamerican M. O 的第 2 题，就是根据欲证不等式的结构特征，构造几何图形，得到一个完美简洁的证明.

(2) 直接构造结论所述的数学对象.

例如，第 32 届 IMO 第 6 题：

【题 13】 已给实数 $a>1$，构造一个有界无穷数列 x_0，x_1，$x_2\cdots$，使得对每一对不同的非负整数 i，j 有

$$|x_i-x_j|\cdot|i-j|^a\geqslant1.$$

题目直接要求构造一个满足所述条件的数列.

(3) 构造一个符合条件但不满足结论的反例来否定结论.

例如，1979 年全国高中数学奥林匹克第二试第 2 题：

【题 14】 命题“一对对角边相等的四边形必为平行四边形”对吗？如果对，请证明；如果不对，请作一四边形满足已知条件，但它不是平行四边形，并证明你的作法.

以上能力构成数学奥林匹克命题对选手能力要求的主要成分，由于这些能力是互相联系、互相交叉、互相制约的，而数学奥林匹克命题对能力的要求也是综合的，而不是孤立的，有时一个题目要求综合几种能力，只是为了阐述的方便才有所侧重分类处置. 由此可见，数学奥林匹克对于培养数学能力有重大的教育价值和意义.

作者：朱华伟，何小亚. 原载：《中学数学》1993 年第 1 期.

4-4 谈数学奥林匹克试题的命制

秘鲁大学教授 J. N. Kapur 曾指出："在数学中，我们从明显的事实出发并从此推出不够明显的事实，再从此推出更不明显的事实，如此下去以至无穷."这也是数学命题的常用手法.

从一个基本问题、基本定理、基本公式、基本图形或一组条件出发，进行逻辑推理，从易到难，逐步演绎深化出一个较难的问题. 解题中的观察、联想、类比、化归、变换、赋值、放缩、构造、一般化、特殊化、数形结合等方法或技巧，都可以从相反的方向用于演绎深化命题之中，所不同的是：

命题着眼于扩大条件和结论之间的距离，力图掩盖条件和结论之间联系的痕迹，而解题则反之；

命题从已有的知识、方法出发，演绎出新题. 而解题则是把问题化归为与已有知识、方法有联系的问题；

命题是将较简单的问题、平凡的事实逐步演绎成复杂的、非平凡的问题，而解题则是把复杂的问题、非平凡的问题转化为简单的、基本的问题.

演绎深化的命题策略与通常的解题策略的思路恰好相反，德国著名数学奥林匹克教练、命题专家 Arthur Engel 教授曾言："设想遇到一个困难问题，你应当把它变成一个容易的题目，先解这个问题，进而得到那个难题的答案. 命题者通常遵循着相反的路线：从一个容易的问题开始把它转化为一个较难的问题. 把这个问题交给那些解题能手来做."

1. 我们知道，一些基本不等式，如$\frac{a+b}{2}\geqslant\sqrt{ab}$（$a$，$b\in\mathbf{R}^{+}$），$\frac{a+b+c}{3}\geqslant\sqrt[3]{abc}$（$a$，$b$，$c\in\mathbf{R}^{+}$），Cauchy 不等式等都是由已知恒等式去掉一些项而得到的. 事实上，这是构造不等式的基本方法之一. 一个恒等式去掉一些项，或对已知不等式某一端进行放大或缩小，就产生了一个不等式. 数学奥林匹克命题也不乏这方面的例子，即命题者通过放大或缩小已知恒等式的某一端，演绎成一个使人不易一眼看穿的不等式.

由恒等式

$$\cos(x+y)+2\cos x+2\cos y+3=\left(1+\cos\frac{x+y}{2}\right)^{2}\left(1-\cos\frac{x-y}{2}\right)+\left(1-\cos\frac{x+y}{2}\right)^{2}\left(1-\cos\frac{x-y}{2}\right)$$

得到 1988 年苏联数理化奥委会向各加盟共和国推荐的备选题：

【题 1】 试证：对任何实数 x，y，z，都有不等式 $\cos(x+y)+2\cos x+2\cos y+3\geqslant0$ 成立.

由恒等式

$$(a+b)^4=a^4+4a^3b+6a^2b^2+4ab^3+b^4,$$
$$(a-b)^4=a^4-4a^3b+6a^2b^2-4ab^3+b^4,$$

得恒等式

$$(a+b)^4+(a+c)^4+(a+d)^4+(b+c)^4+(b+d)^4+(c+d)^4+(a-b)^4+$$
$$(a-c)^4+(a-d)^4+(b-c)^4+(b-d)^4+(c-d)^4=6(a^2+b^2+c^2+d^2)^2.$$

于是有

$$(a+b)^4+(a+c)^4+(a+d)^4+(b+c)^4+(b+d)^4+(c+d)^4$$
$$\leqslant 6(a^2+b^2+c^2+d^2)^2.$$

若再限制 $a^2+b^2+c^2+d^2\leqslant 1$，则得到：

【题 2】 （第 28 届 IMO 预选题）设 a，b，c，$d\in\mathbf{R}$ 满足 $a^2+b^2+c^2+d^2\leqslant 1$，则

$$(a+b)^4+(a+c)^4+(a+d)^4+(b+c)^4+(b+d)^2+(c+d)^4\leqslant 6.$$

由恒等式

$$\frac{(z-z_1)(z-z_2)}{(z_3-z_1)(z_3-z_2)}+\frac{(z-z_2)(z-z_3)}{(z_1-z_2)(z_1-z_3)}+\frac{(z-z_3)(z-z_1)}{(z_2-z_3)(z_2-z_1)}=1, \quad ①$$

其中 z_1，z_2，z_3 是互不相等的复数，两边同乘以 $(z_3-z_1)(z_3-z_2)(z_1-z_2)$ 得

$$(z_1-z_2)(z-z_1)(z-z_2)+(z_2-z_3)(z-z_2)(z-z_3)+(z_3-z_1)(z-z_3)(z-z_1)$$
$$=(z_3-z_1)(z_3-z_2)(z_1-z_2).$$

两边取模，并运用已知不等式得

$$|z_1-z_2||z-z_1||z-z_2|+$$
$$|z_2-z_3||z-z_2||z-z_3|+|z_3-z_1||z-z_3||z-z_1|$$
$$\geqslant|z_3-z_1||z_3-z_2||z_1-z_2|.$$

如图 1 所示，若将 $z_1(A)$，$z_2(B)$，$z_3(C)$ 看作平面上三点，$z(P)$ 为$\triangle ABC$ 所在平面上任一点，则有

设 P 是$\triangle ABC$ 所在平面上任一点，求证：

$$a\cdot PB\cdot PC+b\cdot PC\cdot PA+c\cdot PA\cdot PB\geqslant abc. \quad ②$$

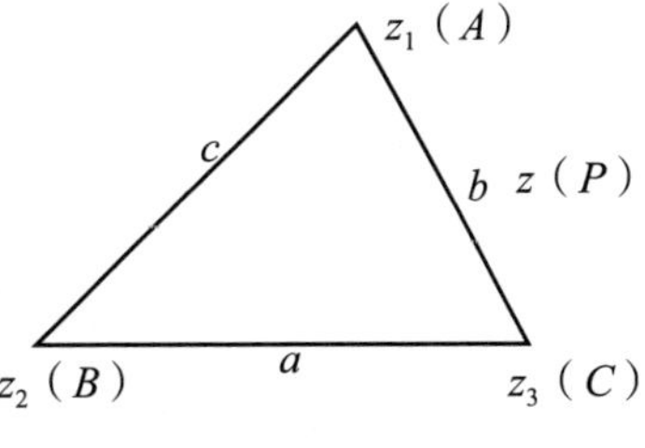

图 1

此题的特例是 1998 年 CMO 第 5 题：

【题 3】 设 D 为锐角$\triangle ABC$ 内部一点，且满足条件

$$DA\cdot DB\cdot AB+DB\cdot DC\cdot BC+DC\cdot DA\cdot CA=AB\cdot BC\cdot CA.$$

试确定点 D 的几何位置，并证明你的结论.

②式即

$$\frac{PB \cdot PC}{bc}+\frac{PC \cdot PA}{ca}+\frac{PA \cdot PB}{ab} \geqslant 1.$$

又　$(x+y+z)^2 \geqslant 3(xy+yx+zx)$,

即　$xy+yz+zx \leqslant \frac{1}{3}(x+y+z)^2$.

所以　$1 \leqslant \frac{PB}{b} \cdot \frac{PC}{c}+\frac{PC}{c} \cdot \frac{PA}{a}+\frac{PA}{a} \cdot \frac{PB}{b} \leqslant \frac{1}{3}\left(\frac{PB}{b}+\frac{PC}{c}+\frac{PA}{a}\right)^2$,

即　$\frac{PA}{a}+\frac{PB}{b}+\frac{PC}{c} \geqslant \sqrt{3}$.

从而得到另一个几何不等式.

【题 4】　设 P 是 $\triangle ABC$ 所在平面上任一点，则

$$\frac{PA}{a}+\frac{PB}{b}+\frac{PC}{c} \geqslant \sqrt{3}.$$

恒等式①可推广为

$$\sum_{i=1}^{n} \frac{(z-z_1)\cdots(z-z_{i-1})(z-z_{i+1})\cdots(z-z_n)}{(z_i-z_1)\cdots(z_i-z_{i-1})(z_i-z_{i+1})\cdots(z_i-z_n)}=1. \quad ③$$

令 $z=0$，得到恒等式

$$\sum_{i=1}^{n} \frac{z_1\cdots z_{i-1} z_{i+1}\cdots z_n}{(z_1-z_i)\cdots(z_{i-1}-z_i)(z_{i+1}-z_i)\cdots(z_n-z_i)}=1. \quad ④$$

其中 z_1，z_2，…，z_n 是互不相同的复数.

④式两边取模并运用已知不等式，得

$$1 \leqslant \sum_{i=1}^{n} \frac{|z_1|\cdots|z_{i-1}||z_{i+1}|\cdots|z_n|}{|z_1-z_i|\cdots|z_{i-1}-z_i||z_{i+1}-z_i|\cdots|z_n-z_i|}.$$

若限制 $|z_i|=1$，$i=1$，2，…，n，即考虑单位圆上的 n 个点，并将代数背景去掉则得到几何不等式.

【题 5】　任给单位圆上 n 个不同的点 P_1，P_2，…，P_n，取出 P_i（$i=1$，2，…，n），把 P_i 到其余各点的距离之积记为 d_i，即 $d_i=|P_iP_1| \cdot |P_iP_2|\cdots|P_iP_{i-1}| \cdot |P_iP_{i+1}|\cdots|P_iP_n|$. 求证：$\sum_{i=1}^{n}\frac{1}{d_i} \geqslant 1$. 并指出上式中等号成立的条件.

对于这道题目，若不知道其代数背景（恒等式③，④），还是有相当难度的.

2. 对于一个已知几何图形，深入挖掘其隐含的性质，有时可以得到有价值的新题.

第 30 届 IMO 的第 2 题是：

锐角 $\triangle ABC$ 中，角 A 的内角平分线与三角形的外接圆交于另一点 A_1，点 B_1，C_1 与此类似. 直线 AA_1 与 B，C 两角的外角平分线相交于 A_0，点 B_0，C_0 与此类似.

求证：

（1）$\triangle A_0B_0C_0$ 的面积是六边形 $AC_1BA_1CB_1$ 面积的两倍.

（2）$\triangle A_0B_0C_0$ 的面积至少是$\triangle ABC$ 面积的四倍.

记 $AA_1\cap B_1C_1=A_2$，$BB_1\cap C_1A_1=B_2$，$CC_1\cap A_1B_1=C_2$，笔者在探索此题的证明过程中，进一步挖掘出这个图形还具有性质：$\triangle ABC$ 与$\triangle A_2B_2C_2$ 的内心重合. 于是得到：

【题 6】 锐角$\triangle ABC$ 中，角 A 的内角平分线与$\triangle ABC$ 的外接圆交于另一点 A_1，点 B_1，C_1 与此类似. AA_1 与 B_1C_1 相交于 A_2，点 B_2，C_2 与此类似. 求证：$\triangle ABC$ 与$\triangle A_2B_2C_2$ 的内心重合.

后来我发现此题入口较宽，证法有十几种，就提供给 1992 年武汉市第四届高一数学邀请赛，作为第二试的第 1 题.

第 29 届 IMO 第 5 题是：

在 Rt$\triangle ABC$ 中，AD 是斜边上的高，连接$\triangle ABD$ 的内心与$\triangle ACD$ 的内心的直线分别与边 AB 及边 AC 相交于 K 及 L 点. $\triangle ABC$ 与$\triangle AKL$ 的面积分别记为 S 与 T. 求证：$S\geqslant 2T$.

若记$\triangle ABD$ 内切圆为$\odot O_1$，$\triangle ACD$ 的内切圆为$\odot O_2$，两圆的另一条外公切线分别交 AB，AC 于 P，Q. 深入探索此图形（图略）的性质发现 P，B，C，Q 四点共圆. 于是得到题目：

【题 7】 在 Rt$\triangle ABC$ 中，AD 是斜边上的高. $\odot O_1$ 和$\odot O_2$ 分别是$\triangle ABD$ 和$\triangle ACD$ 的内切圆，两圆的另外一条外公切线分别交 AB，AC 于 P，Q. 求证：P，B，C，Q 四点共圆.

此题也有多种证法，请读者给出证明.

3. 给出一个实系数多项式系数绝对值的和的估计.

实系数多项式可设为

$$a_0x^n+a_1x^{n-1}+\cdots+a_{n-1}x+a_n,$$

并设它的零点 x_1，x_2，…，x_n 全为正数，由韦达定理得

$$\begin{cases}\displaystyle\sum_{j=1}^{n}x_j=-\frac{a_1}{a_0},\\ \displaystyle\sum_{1\leqslant j_1<j_2\leqslant j_n}x_{j_1}x_{j_2}=\frac{a_2}{a_0},\\ \cdots\\ \displaystyle\sum_{1\leqslant j_1<j_2<\cdots<j_k\leqslant n}x_{j_1}x_{j_2}\cdots x_{j_k}=(-1)^k\frac{a_k}{a_0},\\ \cdots\\ x_1x_2\cdots x_n=(-1)^n\frac{a_n}{a_0}.\end{cases}\tag{*}$$

将（*）中左边所有项相加得

$$1+\sum x_j+\sum x_{j_1}x_{j_2}+\cdots+x_1x_2\cdots x_n\ ,$$

共 $1+C_n^1+C_n^2+\cdots+C_n^n=2^n$ 项.

利用平均值不等式得

$$\left(1+\sum x_j+\sum x_{j_1}x_{j_2}+\cdots+x_1x_2\cdots x_n\right)\cdot$$
$$\left(1+\sum\frac{1}{x_j}+\sum\frac{1}{x_{j_1}x_{j_2}}+\cdots+\frac{1}{x_1x_2\cdots x_n}\right)\geqslant(2^n)^2,$$

即 $$\frac{\left(1+\sum x_{j_1}+\sum x_{j_1}x_{j_2}+\cdots+x_1x_2\cdots x_n\right)^2}{x_1x_2\cdots x_n}\geqslant 2^{2n}.$$

将（*）代入上式得

$$\frac{\left(1-\frac{a_1}{a_0}+\frac{a_2}{a_0}-\cdots+(-1)^k\frac{a_k}{a_0}-\cdots+(-1)^n\frac{a_n}{a_0}\right)^2}{(-1)^n\frac{a_n}{a_0}}\geqslant 2^{2n}.$$

$$\frac{(a_0-a_1+a_2-\cdots+(-1)^k a_k+\cdots+(-1)^n a_n)^2}{(-1)^n a_0 a_n}\geqslant 2^{2n}.$$

由（*）知，$(-1)^n a_0 a_n=(-1)^n\frac{a_n}{a_0}a_0^2>0$. 上式可化为

$$a_0-a_1+a_2-\cdots+(-1)^k a_k+\cdots+(-1)^n a_n\geqslant 2^n\sqrt{(-1)^n a_0 a_n}.$$

为了扫除利用韦达定理的痕迹，再限制 $a_0>0$，由（*）知 $(-1)^k a_k>0$，上式即为

$$\sum_{k=0}^{n}|a_k|\geqslant 2^n\sqrt{(-1)^n a_0 a_n}\ .$$

至此我们得到和式 $\sum\limits_{k=0}^{n}|a_k|$ 的下界. 能否给出它的上界呢?

由因式分解定理知

$$a_0x^n+a_1x^{n-1}+\cdots+a_{n-1}x+a_n=a_0(x-x_1)(x-x_2)\cdots(x-x_n).$$

令 $x=-1$，得

$$a_0(-1)^n+a_1(-1)^{n-1}+\cdots+a_{n-1}(-1)+a_n=a_0(-1-x_1)(-1-x_2)\cdots(-1-x_n).$$

两端乘 $(-1)^n$ 得

$$a_0-a_1+a_2-\cdots+(-1)^{n-1}a_{n-1}+\cdots+(-1)^n a_n=a_0(1+x_1)(1+x_2)\cdots(1+x_n)$$
$$\leqslant a_0\left[\frac{(1+x_1)+(1+x_2)+\cdots+(1+x_n)}{n}\right]^n.$$

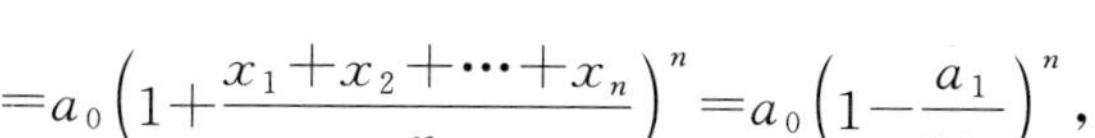

$$=a_0\left(1+\frac{x_1+x_2+\cdots+x_n}{n}\right)^n=a_0\left(1-\frac{a_1}{na_0}\right)^n,$$

即 $\sum\limits_{k=0}^{n}|a_k|\leqslant a_0\left(1-\frac{a_1}{na_0}\right)^n$.

于是得到下题：

【题 8】 设实系数多项式

$$a_0x^n+a_1x^{n-1}+\cdots+a_{n-1}x+a_n$$

的根全为正数，且 $a_0>0$. 求证：

$$2^n\sqrt{(-1)^na_0a_n}\leqslant\sum_{k=0}^{n}|a_k|\leqslant a_0\left(1-\frac{a_1}{na_0}\right)^n.$$

后来此题被选为第 33 届 IMO 中国集训队第二次测验的第 2 题.

4. 我们来看一道常见的平面几何问题.

如图 2 所示，P 是 $\triangle ABC$ 内任一点，连接 AP，BP，CP 并且延长分别交三边于 D，E，F，则

$$\frac{PD}{AD}+\frac{PE}{BE}+\frac{PF}{CF}=1. \quad ①$$

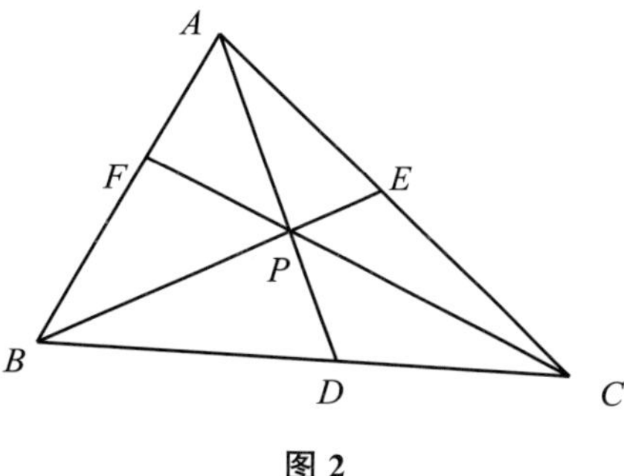

图 2

我们试图推出进一步的结论，提出进一步的问题.

由等式①，三个加项中至少有一个大于或者等于$\frac{1}{3}$，也至少有一个小于或者等于$\frac{1}{3}$，不妨设$\frac{PD}{AD}\geqslant\frac{1}{3}$，$\frac{PE}{BE}\leqslant\frac{1}{3}$，则

$$\frac{AP}{PD}\leqslant 2,\frac{BP}{PE}\geqslant 2.$$

于是得到第 3 届 IMO 第 2 题：

【题 9】 已知 $\triangle ABC$ 和其内的任一点 P，AP 交 BC 于 D，BP 交 AC 于 E，CP 交 AB 于 F，求证：$\frac{AP}{PD}$，$\frac{BP}{PE}$，$\frac{CP}{PF}$中至少有一个不大于 2，也至少有一个不小于 2.

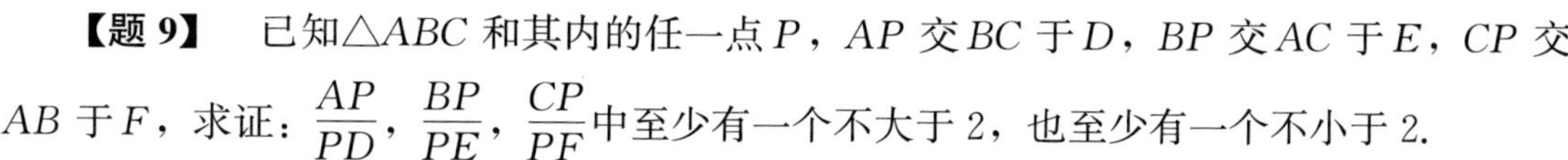

题 9 还可以换个说法，设 P 点到周界最近一点的距离为 d_1，到最远一点的距离为 d_2，则

$$d_2\geqslant BP\geqslant 2PE\geqslant 2d_1.$$

即 $d_1\leqslant\frac{1}{2}d_2$.

于是有

【题 10】 $\triangle ABC$ 内任一点 P，它到周界的最近一点的距离不超过它到最远一点距离的一半.

①还可变为

$$\frac{AP}{AD}+\frac{BP}{BE}+\frac{CP}{CF}=2. \qquad ②$$

将②左边利用算术-几何平均值不等式缩小得

$$2=\frac{AP}{AD}+\frac{BP}{BE}+\frac{CP}{CF}\geqslant 3\sqrt[3]{\frac{AP\cdot BP\cdot CP}{AD\cdot BE\cdot CF}},$$

即 $\dfrac{AP\cdot BP\cdot CP}{AD\cdot BE\cdot CF}\leqslant\dfrac{8}{27}$.

于是得到：

【题 11】 已给$\triangle ABC$ 和其内任一点 P，AP 交 BC 于 D，BP 交 AC 于 E，CP 交 AB 于 F，求证：

$$\frac{AP\cdot BP\cdot CP}{AD\cdot BE\cdot CF}\leqslant\frac{8}{27}.$$

特殊地，取 P 为内心，即为第 32 届 IMO 第 1 题.

在原题及 P 为内心的条件下，让我们继续往前走. 首先记 $BC=a$，$CA=b$，$AB=c$，易得$\dfrac{AP}{AD}=\dfrac{b+c}{a+b+c}$，$\dfrac{BP}{BE}=\dfrac{c+a}{a+b+c}$，$\dfrac{CP}{CF}=\dfrac{a+b}{a+b+c}$，则

$$\begin{aligned}&\frac{AP}{AD}\cdot\frac{BP}{BE}+\frac{BP}{BE}\cdot\frac{CP}{CF}+\frac{CP}{CF}\cdot\frac{AP}{AD}\\&=\frac{(b+c)(c+a)+(c+a)(a+b)+(a+b)(b+c)}{(a+b+c)^2}\\&=\frac{a^2+b^2+c^2+3ab+3bc+3ca}{(a+b+c)^2}\\&=1+\frac{ab+bc+ca}{(a+b+c)^2}.\end{aligned}$$

下面估计$\dfrac{ab+bc+ca}{(a+b+c)^2}$的取值范围.

因为 $a^2+b^2+c^2\geqslant ab+bc+ca$，

即 $(a+b+c)^2\geqslant 3\ (ab+bc+ca)$.

所以 $\dfrac{ab+bc+ca}{(a+b+c)^2}\leqslant\dfrac{1}{3}$.

又$|a-b|<c$，所以 $a^2-2ab+b^2<c^2$.

同理 $b^2-2bc+c^2<a^2$，$c^2-2ca+a^2<b^2$，

三式相加得

$$2(a^2+b^2+c^2)-2ab-2bc-2ca<a^2+b^2+c^2,$$
$$a^2+b^2+c^2\leqslant 2(ab+bc+ca),$$

所以 $(a+b+c)^2<4(ab+bc+ca)$,

即 $\dfrac{ab+bc+ca}{(a+b+c)^2}>\dfrac{1}{4}$.

从而 $\dfrac{5}{4}<\dfrac{AP}{AD}\cdot\dfrac{BP}{BE}+\dfrac{BP}{BE}\cdot\dfrac{CP}{CF}+\dfrac{CP}{CF}\cdot\dfrac{AP}{AD}\leqslant\dfrac{4}{3}$.

于是得到我提供给《数学通讯》数学竞赛之窗的一个问题：

【题 12】 已知$\triangle ABC$，设 P 是它的内心，角 A，B，C 的内角平分线分别与其对边交于D，E，F. 求证：

$$\frac{5}{4}<\frac{AP}{AD}\cdot\frac{BP}{BE}+\frac{BP}{BE}\cdot\frac{CP}{CF}+\frac{CP}{CF}\cdot\frac{AP}{AD}\leqslant\frac{4}{3}.$$

作者：朱华伟. 原载：《数学通讯》2004 年第 15 期.

4-5 1990 年北京数学奥林匹克集训班训练试题及解答

为了迎接第六届全国中学生数学冬令营（即 1991 年中国数学奥林匹克），北京市数学会于 1990 年 11—12 月在北大附中举办数学集训班. 现将集训班举行的前两次训练考试题给予解答，供读者参考.

试题 I

1. 解方程组：

$$\begin{cases} y=4x^3-3x, \\ z=4y^3-3y, \\ x=4z^2-3z. \end{cases}$$

2. 设 a_1，a_2，…，a_n 是 1，2，…，n 的一个排列. 求证：

$$\frac{1}{2}+\frac{2}{3}+\cdots+\frac{n-1}{n}\leqslant\frac{a_1}{a_2}+\frac{a_2}{a_3}+\cdots+\frac{a_{n-1}}{a_n}.$$

3. 设函数 f：$\mathbf{Q}\to\mathbf{R}$ 满足下列条件：

（ⅰ）对任意非零 $\alpha\in\mathbf{Q}$ 有 $f(\alpha)>0$ 且 $f(0)=0$，

（ⅱ）$f(\alpha\beta)=f(\alpha)\cdot f(\beta)$，

（ⅲ）$f(\alpha+\beta)\leqslant\max\{f(\alpha),\ f(\beta)\}$.

已知 x 是使 $f(x)\neq 1$ 的整数，求证：对任意正整数 n 有

$$f(1+x+\cdots+x^n)=1.$$

4.（1）设实数 $c>1$，实数序列 z_1，z_2，…满足 $1<z_n$ 且

$$z_1+\cdots+z_n<cz_{n+1}(n>1).$$

求证：存在一个常数 $a>1$，使得 $z_n>a^n$，$n\geqslant 1$.

（2）设正实数序列 z_1，z_2，…严格增加，且 $z_n>a^n(n\geqslant 1)$ 其中 a 是大于 1 的常数，问一定存在一个常数 c，对所有 $n\geqslant 1$ 使得 $z_1+\cdots+z_n<cz_{n+1}$ 吗？

试题 Ⅱ

1. 若函数 f：$\mathbf{N}\to\mathbf{N}$ 满足对任意的自然数 m，n 有

$$f[f(m)+f(n)]=m+n,$$

求 f.

2. 给定四面体 T，把 T 的面上的中线按下列方式写成“线对”，每一对中线是从同一边上引出的. 如果每一线对的长度相等，问最多有多少不同长度的中线？

3. 设 $0<m\leqslant x_1$，x_2，…，$x_{2n+1}\leqslant M$，求证：

$$(M-m)^2+4Mm\left(\sum_{k=1}^{2n+1}x_k\right)\left(\sum_{k=1}^{2n+1}\frac{1}{x_k}\right)\leqslant(2n-1)^2(M+m)^2.$$

4. 2^{n-1} 个由 0，1 组成的长度为 n 的数列各不相同，且满足下列条件（$n\geqslant3$）：对其中的任意三个数列，存在 p 使得这三个数列的第 p 项都为 1.

求证：存在 k 使这 2^{n-1} 个数列的第 k 项都为 1.

试题解答

试题 I

1. 首先证明 $|x|\leqslant1$. 若 $|x|>1$，则由 $y=x^3+3(x^3-x)$ 推出 $|y|>|x|$，同理 $|z|>|y|$，$|x|>|z|$.

所以 $|x|>|z|>|y|>|x|$ 矛盾. 因此，我们可设 $x=\cos\theta$，$0\leqslant\theta\leqslant\pi$，则

$$y=4\cos^3\theta-3\cos\theta=\cos3\theta,$$
$$z=\cos9\theta,$$
$$x=\cos27\theta.$$

所以 θ 是方程 $\cos\theta-\cos27\theta=0$，即 $\sin13\theta\sin14\theta=0$ 的解. 从而 θ 在 $[0,\pi]$ 上有 27 个解，即

$$\theta=\frac{k\pi}{13},k=0,1,2,\cdots,13.$$

$$\theta=\frac{k\pi}{14},k=1,2,\cdots,13.$$

故 $(x,y,z)=(\cos\theta,\cos3\theta,\cos9\theta)$，共 27 组解.

2. **证法 1**　设 b_1，b_2，…，b_{n-1} 是 a_1，a_2，…，a_{n-1} 的一个排列，且 $b_1<b_2<\cdots<b_{n-1}$；c_1，c_2，…，c_{n-1} 是 a_2，a_3，…，a_n 的一个排列，且 $c_1<c_2<\cdots<c_{n-1}$. 则

$$\frac{1}{c_1}>\frac{1}{c_2}>\cdots>\frac{1}{c_{n-1}},$$

且 $b_1\geqslant1$，$b_2\geqslant2$，…，$b_{n-1}\geqslant n-1$，$c_1\leqslant2$，$c_2\leqslant3$，…，$c_{n-1}\leqslant n$. 由排序不等式得

$$\frac{a_1}{a_2}+\frac{a_2}{a_3}+\cdots+\frac{a_{n-1}}{a_n}\geqslant\frac{b_1}{c_1}+\frac{b_2}{c_2}+\cdots+\frac{b_{n-1}}{b_{n-1}}\geqslant\frac{1}{2}+\frac{2}{3}+\cdots+\frac{n-1}{n}.$$

评注　这是南斯拉夫提供给第 31 届 IMO 的一道预选题，原证法是利用加强命题的手法，用数学归纳法给出证明. 一则加强命题，二则归纳证明要对脚标进行讨论，比较

麻烦. 1990 年笔者在北京 CMO 集训班选用此题时，引进两个新的排列，利用排序不等式的上述证法比原证法简练得多，而集训队里姚建钢同学（第 35 届 IMO 金牌得主）的证法，更是干脆、漂亮，出人意料. 请看：

证法 2 易证：

$$(a_1+1)(a_2+1)\cdots(a_{n-1}+1)\geqslant a_1a_2\cdots a_n,$$

故 $$\frac{a_1}{a_2}+\frac{a_2}{a_3}+\cdots+\frac{a_{n-1}}{a_n}+\left(\frac{1}{1}+\frac{1}{2}+\cdots+\frac{1}{n}\right)=\frac{1}{a_1}+\frac{a_1+1}{a_2}+\frac{a_2+1}{a_3}\cdots+\frac{a_{n-1}+1}{a_n}$$

$$\geqslant n\sqrt[n]{\frac{(a_1+1)(a_2+1)\ \cdots\ (a_{n-1}+1)}{a_1a_2\cdots a_n}}$$

$$\geqslant n=\left(1+\frac{1}{2}+\frac{1}{3}+\cdots+\frac{1}{n}\right)+\left(\frac{1}{2}+\frac{2}{3}+\cdots+\frac{n-1}{n}\right),$$

即得 $$\frac{a_1}{a_2}+\frac{a_2}{a_3}+\cdots+\frac{a_{n-1}}{a_n}\geqslant\frac{1}{2}+\frac{2}{3}+\cdots+\frac{n-1}{n}.$$

3. $f(1)=f(1\cdot 1)=f(1)\cdot f(1)\ \Rightarrow f(1)=1$,

$f(1)\ \ f((-1)(-1))=f(-1)\ \ f(-1)=1\Rightarrow f(-1)=1$,

$f(-a)=f(-1\cdot a)=f(-1)\cdot f(a)=f(a)$,

$f(2)=f(1+1)\ \leqslant\max\{f(1),\ f(1)\}=1$,

$f(3)=f(2+1)\ \leqslant\max\{f(2),\ f(1)\}=1$,

……

$f(m)=f((m-1)+1)\ \leqslant\max\{f(m-1),\ f(1)\}=1$,

其中 m 是正整数，所以对任意整数 m 有 $f(m)\leqslant 1$.

设 x 是使 $f(x)\neq 1$ 的整数 m，有 $f(m)\leqslant 1$.

因为 $1=f(1)=f((1+x)-x)\ \leqslant\max\{f(1+x),\ f(x)\}$，

所以 $f(1+x)=1$.

对 n 用数学归纳法，假设 $f(1+x+\cdots+x^{n-1})=1$，则

$$f(x+x^2+\cdots+x^n)=f(x)\cdot f(1+x+\cdots+x^{n-1})=f(x)<1.$$

设 $y=x+\cdots+x^n$，则 $f(y)=f(x)<1$，因此仿上讨论得：$f(1+y)=f(1+x+\cdots+x^n)=1$.

4. 设 $\theta=c^{-1}$，则 $0<\theta<1$，且对一切 $n\geqslant 2$ 有

$$z^n>\theta(z_1+z_2+\cdots+z_{n-1}).$$

于是

$$\begin{aligned}z^n&>\theta[z_1+\cdots+z_{n-2}+\theta(z_1+\cdots+z_{n-2})]\\&=\theta(1+\theta)(z_1+\cdots+z_{n-2}).\end{aligned}$$

用数学归纳法可证：对一切 k，$1\leqslant k\leqslant n-1$ 有

$$z_n>\theta(1+\theta)^{k-1}(z_1+\cdots+z_{n-2}).$$

特别地，取 $k=n-1$，有

$$z_n>\theta z_1(1+\theta)^{n-2}=D_n\lambda^n,$$

其中 $D_n=\dfrac{\theta z_1}{(1+\theta)^2}\left[\dfrac{1+\theta}{1+\dfrac{\theta}{2}}\right]^n$，$\lambda=1+\dfrac{\theta}{2}$.

取正整数 **N**，对一切 $n>\mathbf{N}$ 使得 $D_n\geqslant 1$. 所以对 $n>N$ 有 $z_n>\lambda^n$.

因为对一切 $n\geqslant 1$ 有 $z_n>1$，所以对一切 $n\in[1,\mathbf{N}]$，存在某个 $u>1$，使得 $z_n>u^n$，取 $a=\min\{\lambda, u\}$，则对所有 $n\geqslant 1$ 有 $z_n>a^n(a>1)$.

(2) 不一定. 只需构造一个反例即可.

取 z_1 对每一正整数 $k\geqslant 2$，设

$$z_i=\left(k+\frac{i}{(k-1)k(k+1)}\right)^{k(k+1)},$$

其中每一个整数 i 满足 $k(k-1)\leqslant i<k(k+1)$.

显然，对每一 i 有 $z_{i+1}>z_i\geqslant 2^i$.

设 $S_n=\sum\limits_{i=1}^{n}z_i$，$n\in N$. 对 $n=k(k+1)$，我们有

$$S_{n-2}>\sum_{i=k(k-1)}^{n-2}z_i>(2k-1)z_{k(k-1)}=(2k-1)\left(k+\frac{1}{k+1}\right)^{k(k+1)},$$

而 $z_{n-1}<\left(k+\dfrac{1}{k+1}\right)^{k(k+1)}$，所以

$$\frac{S_{n-2}}{z_{n-1}}>(2k-1)\left[\frac{(k^2+k+1)/(k^2-k+1)}{(k+1)/(k-1)}\right]^{k(k+1)}$$

$$=(2k-1)\frac{k^3-1}{k^3+1}\to\infty\quad(k\to\infty),$$

故 $\dfrac{S_n}{z_n}$ 无界.

试题Ⅱ

1. 首先注意：若 $f(m)=n$，则

$$f(2n)=f[f(m)+f(m)]=2m.$$

设 $f(1)=t$，则 $f(2t)=2$.

下面证明 $t=1$. 若不然，设 $t=b+1(b\in N)$，$f(b)=c$，则 $f(2c)=2b$，于是

$$2c+2t=f[f(2c)+f(2t)]=f(2b+2)=f(2t)=2.$$

即 $c+t=1$ 矛盾. 所以 $f(1)=1$,

$f(2)=f[f(1)+f(1)]=2.$

若 $f(n)=n$，则 $f(n+1)=f[f(n)+f(1)]=n+1.$

所以对一切 $n\in\mathbf{N}$，$f(n)=n.$

2. 如图，BC 边上的中线 m_a 与 m_d 是“线对”. 根据题意有 $m_a=m_d$. 根据中线的长度公式，有

$$\frac{2(AB^2+AC^2)-BC^2}{4}=\frac{2(DB^2+DC^2)-BC^2}{4}.$$

即　$AB^2+AC^2=DB^2+DC^2.$　　(1)

同理可得　$AB^2+BD^2=AC^2+CD^2.$　　(2)

(1)、(2) 两式的两端分别相减得：

$$AC^2-DB^2=DB^2-AC^2,$$

所以　$AC=DB.$

同理　$AB=DC$，$AD=BC.$

所以四面体的四个面全相等. 不同长度的中线最多只能有 3 条.

3. 首先证明：若 $x\in[m, M]$，$m>0$，则 $ax+\frac{b}{x}(a>0, b>0)$ 的最大值必在 $x=m$ 或 $x=M$ 时取到. 否则设在 $x=x_0(x_0\neq m, x_0\neq M)$ 取最大值，则一定存在实数 $t>0$ 使 $x_0\pm t\in[m, M]$. 但

$$a(x_0+t)+\frac{b}{x_0+t}+a(x_0-t)+\frac{b}{x_0-t}=2ax_0+\frac{2bx_0}{x_0^2-t^2}>2ax_0+\frac{2bx_0}{x_0^2}$$
$$=2\left(2ax_0+\frac{b}{x_0}\right)$$

与 $2ax_0+\frac{b}{x_0}$ 是最大值矛盾!

下面证明 $f(x_1, \cdots, x_{2n+1})=\left(\sum_{k=1}^{2n+1}x_k\right)\left(\sum_{k=1}^{2n+1}\frac{1}{x_k}\right)$ 的最大值在 $x_i=m$ 或 $x_i=M$ 取到 $(i=1, 2, \cdots, 2n+1)$. 否则，若在 x_1 处得最大值，其中 x_i $(1\leqslant l\leqslant 2n+1)$ 既不等于 m，也不等于 M. 固定 $x_1, \cdots, x_{l-1}, x_{l+1}, \cdots, x_{2n+1}$.

$$f(x_1,\cdots,x_{2n+1})=\left(\sum_{k=1}^{2n+1}x_k\right)\left(\sum_{k=1}^{2n+1}\frac{1}{x_k}\right)$$
$$=\left(x_l+\sum_{k=1}^{2n+1}x_k\right)\left(\frac{1}{x_l}+\sum_{k=1}^{2n+1}\frac{1}{x_k}\right)\qquad(k\neq l)$$
$$=x_l\left(\sum_{k=1}^{2n+1}\frac{1}{x_k}\right)+\frac{1}{x_l}\left(\sum_{k=1}^{2n+1}x_k\right)+\left[1+\left(\sum_{k=1}^{2n+1}x_k\right)\left(\sum_{k=1}^{2n+1}\frac{1}{x_k}\right)\right]\qquad(k\neq l)$$

由以上证明知 $f(x_1, \cdots, x_{l-1}, m, x_{l+1}, \cdots, x_{2n+1})$ 或 $f(x_1, \cdots, x_{l-1}, M,$

x_{l+1}，…，x_{2n+1}）大于 $f(x_1, \cdots, x_{l-1}, x_l, x_{l+1}, \cdots, x_{2n+1})$

设 x_i（$1\leqslant i\leqslant 2n+1$）其中有 p 个 M，q 个 m，则 $p+q=2n+1$. 只要证明：

$$(M-m)^2+4Mm(pM+qm)\left(\frac{p}{M}+\frac{q}{m}\right)\leqslant(2n+1)^2(M+m)^2.$$

整理得：$(M-m)^2\leqslant (p-q)^2(M-m)^2$.

因为 $p+q=2n+1$，所以 p，q 奇偶性不同，所以 $(p-q)^2\geqslant 1$. 于是上式成立. 故原不等式成立.

4. 先定义两个概念：

若数列 S_1 和 S_2 的每一对项数相同的项的和为 1，积为 0，则称 S_1 和 S_2 互补. 记为 $S_1=\overline{S_2}$，$S_2=\overline{S_1}$.

数列 S_1 和 S_2 的乘积 S 是一个长度为 n 的数列，它的第 k 项是 S_1 的第 k 项和 S_2 的第 k 项的乘积，记为 $S=S_1\cdot S_2$.

所以长度为 n 的 0，1 组成的数列可以分为 2^{n-1} 组，每组的两个数列是互补的. 我们给定的 2^{n-1} 个数列记为集合 M. 任一数列 S 的补列 $\overline{S}$ 有且仅有一个属于 M.

现在证明：若 $S_1\in M$，$S_2\in M$，则 $S_1\cdot S_2\in M$. 否则有 $\overline{S_1\cdot S_2}\in M$，则 (S_1S_2) $\overline{S_1S_2}=(0, 0, \cdots, 0)$，即 M 中有三个数列的乘积是各项为 0 的数列. 但这是不可能的，因为 M 中任三个数列有共同的项 1.

设 M 中的数列 S_1，S_2，$\cdots S_{2^{n-1}}$，据上知：$S_1\cdot S_2\cdots S_{2^{n-1}}\in M$，即 S_1，S_2，$\cdots S_{2^{n-1}}$ 中必有一项不为 0，设为第 k 项. 记 $S_i(i=1, \cdots, 2^{n-1})$ 的第 k 项为 a_1，则 a_1，a_2，$\cdots a_{2^{n-1}}=1$.

所以 $a_1=a_2=\cdots=a_{2^{n-1}}=1$，即这 2^{n-1} 个数列的第 k 项都为 1.

作者：高珍光，朱华伟. 原载：《中学数学》1991 年第 4 期.

4-6 1996 年汉城国际数学竞赛

首届国际数学竞赛于 1996 年 6 月 21 日至 26 日在韩国首都汉城举行，参加此项赛事的有来自中国、日本、韩国、新加坡等国家和地区的 136 名选手. 按竞赛规则，每个国家和地区派 4 名选手参赛，2 名初中生、2 名小学生. 中国队 4 名选手是由全国“华罗庚金杯”（华杯赛）少年数学邀请赛组委会和主试委员会根据以往“华杯赛”决赛成绩确定的，他们是：吴昊（江苏金坛华罗庚中学初二）、张磊（武汉二中初一）、刘梦龙（武汉市育才二小六年级）、林载辉（广东省潮州市新桥路小学六年级）.

竞赛试题由来自俄罗斯、日本和韩国的数学家组成的出题委员会负责编拟，竞赛分为小学组和初中组进行，每组分第一试和第二试，每试 3 题，限 1 小时完成，每题 10 分，满分 60 分.

为准备参赛，“华杯赛”组委会曾在武汉市育才二小对参赛选手进行为期 15 天的集中培训，集训工作自始至终得到“华杯赛”组委会领导和主试委员会专家的指导. 出国前，“华杯赛”组委会在北京召开了全队的赛前动员会，要求选手树立为国争光的思想，既要有“天降大任于是人”的责任心和使命感，又要防止过分焦虑和患得患失，做到沉着冷静、从容自如、正常发挥.

这次竞赛，我国队员经过奋力拼搏基本上发挥了自己的水平，取得了可喜的成绩. 4 名队员全部获奖，其中吴昊（52 分）、刘梦龙（48 分）分别夺得初中组金牌和小学组金牌，张磊（50 分）、林载辉（38 分）分别夺得初中组银牌和小学组铜牌. 我国代表队所取得的成绩，受到各参赛国领队和教练的高度赞扬. 香港英正集团董事长于少光女士还专程从香港赶到北京为 4 名选手和教练颁发了奖金和奖品.

这一成绩的取得，不仅为我国争得了荣誉，使我们增长了参加国际比赛的经验、锻炼了队伍，而且展示了我国少年的聪明才智和在国际比赛中的实力，同时也向世界证实了“华罗庚金杯”少年数学邀请赛达到了国际水平.

我能被“华杯赛”组委会任命为执教首届国际数学竞赛中国代表队的主教练，是我一生中的幸事. 下面给出笔者对本届初中组赛题的解答和评注.

第一试（60分钟）

1.（10分）9个自然数的乘积为64，这9个数分布在同一圆周上，对其中每一数A与下面两个数B，C（顺时针方向）的比值$\left(\frac{C}{B}或\frac{B}{C}\right)$相等，这9个数各是多少？

解 因为这9个数均为自然数，又为64的约数，所以其中至少有一个为1（否则，积将不小于$2^9>64$，矛盾）.

设1的后面两数为k，k，则这9个数为1，k，k，1，k，k，1，k，k. 从而$k^6=64$，则$k=2$.

所以，这9个数为1，2，2，1，2，2，1，2，2.

评注 我们在出国参赛前的训练中曾做过一道有类似背景的问题：

在一个圆周上写上n个不同的数，使其中任何一个数等于它相邻的两个数的积，问n的最大值是多少？

这里“使其中任何一个数等于它相邻的两个数的积”的说法是和题1中“对其中每一数A与下面两个数B，C（顺时针方向）的比值相等”等价的.

2.（10分）把三根长为1厘米的火柴杆和三根长为3厘米的火柴杆，摆放在如图1所示的圆周上构成六边形，此六边形的面积是由三根1厘米的火柴杆所构成的等边三角形面积的多少倍？

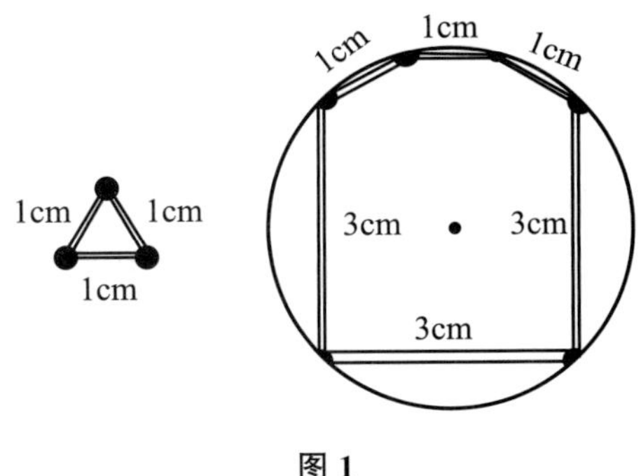

图1

解 如图2，因为六边形$ABCDEF$内接于$\odot O$，连接OA，OB，OC，OD，OE，OF. 显然

$$\triangle AOB\cong\triangle AOF\cong\triangle EOF,\triangle BOC\cong\triangle COD\cong\triangle DOE.$$

我们把底边长为1和3的等腰三角形作间隔排列拼成如图3所示，并向两端延长边长为3的边，得到边长为5的等边三角形.

边长为5的等边三角形可分割为25个边长为1的等边三角形，于是此六边形可分割为22个边长为1的等边三角形.

故此六边形的面积是边长为1的等边三角形面积的22倍.

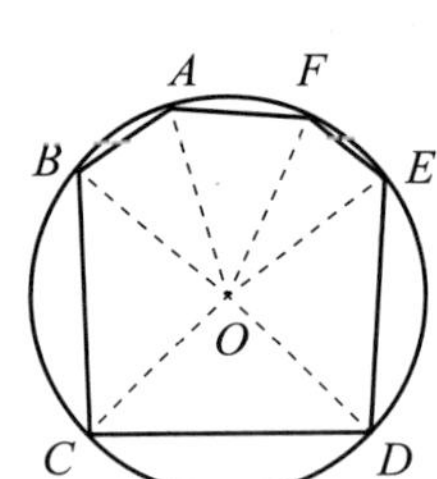

图 2

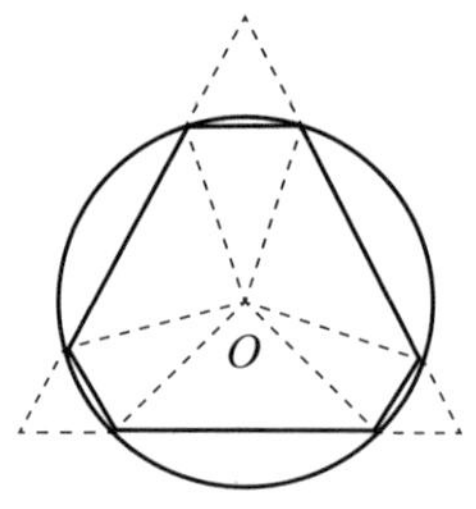

图 3

评注 此题有许多种解法，留给读者思考. 此题源于美国学者 L. C 拉松著《通过问题学解题》(陶懋颀等译，安徽教育出版社 1986 年出版) P357 题 8.1.1：

一内接于圆的凸八边形，它有四个相邻的边长为 3，其余的四边长为 2，求它的面积.

只是将八边形改为六边形而已，做法类似.

3. (10 分) 高为 50 厘米，底面周长为 50 厘米的圆柱，在此圆柱的侧面上划分（如图 4 所示）边长为 1 厘米的正方形，用四个边长为 1 厘米的 小正方形构成（如图 5 所示）“T”字形，用此图形是否能拼成圆柱侧面？并试说明其理由.

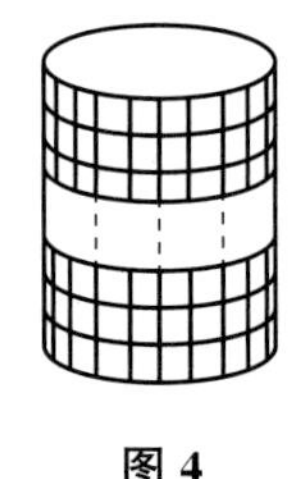

图 4

T 字形

图 5

解 不能.

因为圆柱侧面是 50×50 的正方形，将其黑白相间染色，则黑格与白格各有偶数个.

又因为每个“T”字形含有 3 个或 1 个黑格，若能用 T 字形纸片拼成 50×50 的正方形，则需要 (50×50) ÷4＝625 个 T 字形，而 625 个 T 字形含有奇数个黑格. 矛盾. 因此不可能拼成.

评注 我们在出国前的集训中曾做过一道类似的染色问题：

能否用若干块由 4 个方格组成的“T”字纸片，拼成一个 1994 ×1994 的国际象棋盘？

这里只是将平面棋盘改为圆柱侧面，实质是一样的.

第二试（60 分钟）

4. (10 分) 锐角三角形用度数来表示时，所有角的度数为正整数，最小角的度数是最大角的度数的$\frac{1}{4}$，求满足此条件的所有锐角三角形的度数.

解 设锐角三角形最小角的度数为 x. 最大角的度数为 $4x$，另一角为 y，则

$$\begin{cases} x+4x+y=180, & ① \\ x\leqslant y\leqslant 4x, & ② \\ 4x<90. & ③ \end{cases}$$

由①、②得，$20\leqslant x\leqslant 30$. 由③得，$x<22.5$. 所以，$20\leqslant x<22.5$.

又 x 为正整数，故 $x=20, 21, 22$.

所以，满足条件的锐角三角形的度数依次为

$$(20°,80°,80°),(21°,75°,84°),(22°,70°,88°).$$

5.（10 分）在四边形 $ABCD$ 中，$\overline{AB}=6\text{cm}$，$\overline{BC}=7\text{cm}$，$\overline{CD}=5\text{cm}$，$\overline{AD}=4\text{cm}$，这个四边形的面积为 26 平方厘米，由直线 AB，BC，AD 构成三角形时，证明四边形 $ABCD$ 有内切圆存在，并求该内切圆的半径.

证明　(1) 延长 AD，BC 交于 E；依题意作 $\triangle ABE$ 的内切圆 $\odot O$，这时 CD 可能与 $\odot O$ 不相交，或交于两点，或相切于一点.

(i) 设 CD 与 $\odot O$ 不相交（如图 6），过点 D 引 $\odot O$ 的切线交于 BC 于 C'. 因 $ABC'D$ 外切于 $\odot O$，故

$$AB+C'D=BC'+AD.$$

又由题意知，$AB+CD=BC+AD$，以上两式相减得，

$$CD-C'D=CC',$$

这与三角形两边之差小于第三边矛盾，所以 CD 不能和 $\odot O$ 不相交.

图 6　　　　图 7

(ii) 设 CD 与 $\odot O$ 交于两点（如图 7），过点 D 引 $\odot O$ 的切线交 BC 的延长线于 C'. 因 $ABC'D$ 外切于 $\odot O$，故知用和 (i) 同样的证明方法，可以证得 CD 不能和 $\odot O$ 交于两点.

从而证得 CD 必与 $\odot O$ 相切. 即四边形 $ABCD$ 有内切圆 $\odot O$.

(2) 设 $\odot O$ 的半径为 r，则

$$\frac{1}{2}r(AB+BC+CD+DA)=26.$$

即

$$\frac{1}{2}r\times 22=26.$$

所以

$$r=\frac{26}{11}\text{cm}.$$

评注　此题是平面几何中的一个常见结论，是几何教材中定理“圆的外切四边形的两组对边之和相等”的逆定理，遗憾的是许多选手没能很好地完成（1）的证明．其中有相当多的选手直接引用结论“若四边形两组对边之和相等，则这四边形可外切于圆”为论据，出题委员会的韩国数学家认为这样做是正确的，我和日本队主教练东京大学数学系中岛先生则持反对意见，经过辩论以赞成我方意见而告终．

6．（10 分）要把一个正方体分割成 49 个小正方体（小正方体大小可以不等），画图表示．

解　为方便起见，设正方体的棱长为 6 个单位，首先不能切出棱长为 5 的立方体，否则不可能分割成 49 个小正方体．

设切出棱长为 1 的正方体 a 个，棱长为 2 的正方体有 b 个，如果能切出 1 个棱长为 4 的正方体，则有

$$\begin{cases}a+8b+64=6^3,\\a+b=49-1.\end{cases}$$

解得，$b=\dfrac{104}{7}$．不合题意，所以切不出棱长为 4 的正方体．

设切出棱长为 1 的正方体有 a 个，棱长为 2 的正方体有 b 个，棱长为 3 的正方体有 c 个，则

$$\begin{cases}a+8b+27c=216,\\a+b+c=49.\end{cases}$$

解得，$a=36$，$b=9$，$c=4$．

所以，可分割棱长分别为 1、2 和 3 的正方体各有 36 个、9 个和 4 个，共计 49 个．分法如图 8 所示．

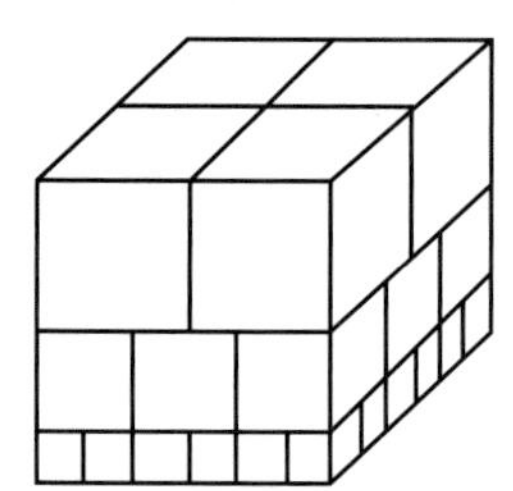

图 8

评注　我们在出国前的集训中曾做过一道与此题几乎一样的问题：

一个边长为 6 厘米的立方体，把它切开成 49 个小立方体，小立方体的大小不必相同，而小立方体的边长以厘米作单位必须是整数．

（1）请问可切出几种不同尺寸的立方体？每种立方体的个数各是多少？

（2）画出这些小立方体如何组成原来的大立方体的展开图．

这是一道空间图形与数论相结合（数形结合）的好题，解答此题需要较强的空间想象能力和推理论证能力，可惜是一道“陈题”（它曾作为 1993 年日本算术奥林匹克决赛的压轴题）．

作者：朱华伟．原载：《中学数学》1996 年第 12 期．

4-7 第6届中国女子数学奥林匹克概况及试题赏析

由中国数学会奥林匹克委员会主办的第6届女子数学奥林匹克（CGMO）于2007年8月11日至16日在湖北省武汉市华中师大一附中举行.

著名数学家王元院士题赠女子数学奥林匹克："索菲、热尔曼、索菲娅、柯瓦列夫斯卡娅、埃米、诺特，这些伟大女数学家的名字与她们的突出成就足以证明女子是有很高数学天才的，当然是很适宜于研究数学的."

来自我国内地、香港、澳门以及美国、俄罗斯、菲律宾的共45支代表队参加了这次活动，每支代表队包括一名领队、四名高中的女学生. 经过两场比赛（每次4个小时、做4道题），上海中学队取得团体总分第一名，16名同学取得个人一等奖，30名同学取得个人二等奖，46名同学取得个人三等奖. 总分前两名的同学直接进入2008年IMO中国国家集训队.

中国数学会奥林匹克委员会主席王杰教授担任组织委员会主任，主试委员会主任：朱华伟（广州大学计算机教育软件所所长、研究员）. 委员：李胜宏（浙江大学数学系教授），李伟固（北京大学数学学院教授），冯祖鸣（IMO美国队领队），王建伟（中国科技大学数学系），叶中豪（上海教育出版社副编审），边红平（武钢三中特级教师）. 另外，著名数学家张景中院士亲自为本次比赛命题（见第二天第7题）.

下面让我们来欣赏2007年的试题并给出不同于主试委员会的解法.

第一天

2007年8月13日　上午8:00—12:00

1. 设 m 为正整数，如果存在某个正整数 n，使得 m 可以表示为 n 和 n 的正约数个数（包括1和自身）的商，则称 m 为好数. 求证：

（1）1，2，…，17是好数.

（2）18不是好数.　　（李胜宏供题）

分析　对于每个 n，我们不难看出 n 和 n 的正约数个数都与 n 的质因数分解表示有关. 如果假设 $f(n)$ 为 n 和 n 的正约数个数的商，那么 $f(n)$ 有一些性质，从而可以试图证明（1）和（2）.

证明　对于给定的 n，我们假设 $n=\prod\limits_{1\leqslant i\leqslant k}p_i^{\alpha_i}$，那么 n 的正约数的个数应当为 $\prod\limits_{1\leqslant i\leqslant k}(\alpha_i+1)$. 不妨设 $f(n)$ 是它们的商，那么 $f(n)$ 有以下两条性质.

〈1〉：$f(n)$ 若是整数，应当是 n 的一个约数.

〈2〉：对于互素的 m 和 n，有 $f(mn)=f(m)\ f(n)$

由此两条，我们不难得出 1～17 的表达式.

$f(1)=1$，$f(8)=2$，又由于 $f(p)=\frac{p}{2}$，所以 $f(8p)=p$（p 是任意奇素数）

$f(4)=\frac{4}{3}$，又因为 $f(9)=3$，故 $f(36)=4$

$f(8)=2$，又 $f(9)=3$，故 $f(72)=6$

$f(16)=\frac{16}{5}$，又 $f(5)=\frac{5}{2}$，故 $f(80)=8$

$f(4)=\frac{4}{3}$，又 $f(27)=\frac{27}{4}$，故 $f(108)=9$

$f(36)=4$，又 $f(5)=\frac{5}{2}$，故 $f(180)=10$

$f(80)=8$，又 $f(3)=\frac{3}{2}$，故 $f(240)=12$

$f(36)=4$，又 $f(7)=\frac{7}{2}$，故 $f(252)=14$

$f(72)=6$，又 $f(5)=\frac{5}{2}$，故 $f(360)=15$

$f(32)=\frac{16}{3}$，又 $f(9)=3$，故 $f(288)=16$

综上我们证明了（1），下面来看（2）.

若存在一个 n 使得 $f(n)=18$，不妨设 $n=3^k b$，其中 b 不能被 3 整除，那么 $18=f(n)=\frac{3^k}{k+1}f(b)$.

若 $k>4$，则 $f(b)<1$ 矛盾.

若 $k=4$，则 $f(b)=\frac{10}{9}$，显然找不到这样的 b.

若 $k\leqslant 2$，则 $f(b)$ 化为最简分数后，分子依然是 3 的倍数，这与 b 不能被 3 整除矛盾！

因此 $k=3$，$f(b)=\frac{8}{3}$，再设 $b=2^l c$，其中 c 是奇数.

显然 $l\geqslant 3$，但是当 $l=3$ 时，$f(c)$ 的分子依然是偶数，也不可以.

若 $l\geqslant 4$，那么 $\frac{2^l}{l+1}\geqslant\frac{16}{5}>\frac{8}{3}$，这导致 $f(c)<1$，矛盾.

综上，18 不是好数.

评注 一道考基本功的数论题，对学生的构造和估算能力有一定的要求.

2. 设 $\triangle ABC$ 是锐角三角形，点 D，E，F 分别在 BC，CA，AB 边上，线段 AD，BE，CF 经过 $\triangle ABC$ 的外心 O. 已知以下六个比值

$$\frac{BD}{DC},\frac{CD}{DB},\frac{AE}{EC},\frac{CE}{EA},\frac{AF}{FB},\frac{BF}{FA}$$

中至少有两个是整数，求证：$\triangle ABC$ 是等腰三角形.（冯祖鸣供题）

分析 本题其实就是要证明三对互为倒数的比值中有一对是1.

在分析这六个比值的关系时，可以发现，它们其实就是三个三角形 AOB，BOC，COA 彼此的面积之比. 再结合$\triangle ABC$ 是锐角三角形，问题可迎刃而解.

证明 我们不难证明$\frac{BD}{DC}$，$\frac{CD}{DB}$，$\frac{AE}{EC}$，$\frac{CE}{EA}$，$\frac{AF}{FB}$，$\frac{BF}{FA}$是三个三角形 AOB，BOC，COA 面积彼此的比值，而当这三个三角形有两个面积相等时，$\triangle ABC$ 是等腰三角形. 现在假设$\triangle ABC$ 不是等腰三角形，但此六个比值却至少有两个是整数. 那么只有下面两种情况.

情况1：三个三角形 AOB，BOC，COA 的面积有一个是其他两个的倍数.

情况2：三个三角形 AOB，BOC，COA 的面积有两个同为第三个的倍数.

在上面两个情况中，两个“倍数”都不是一倍，也不能相同.

但是我们考虑到$\triangle ABC$ 是锐角三角形，我们知道三角形 AOB，BOC，COA 任意两个的面积之和都大于第三个. 比如说$\frac{S_{\triangle AOB}+S_{\triangle BOC}}{S_{\triangle AOC}}=\frac{BO}{OE}>1$（因为点 B 在劣弧 AC 关于 O 的对称的那段弧上）. 因此在情况1和情况2中，我们分别令三角形 AOB 的面积是另两个的 x 倍和 y 倍，以及三角形 AOB 的面积是另两个的$\frac{1}{x}$和$\frac{1}{y}$（其中 x 和 y 是不同且不为1的正整数）. 无论如何，总能得到$|x-y|<1$ 或者$\frac{1}{x}+\frac{1}{y}>1$ 这样的矛盾式，故我们的假设不成立，$\triangle ABC$ 是等腰三角形.

评注 能将比值转化为面积比，并得出面积间的关系，是解题的关键.

3. 设整数 $n>3$，非负实数 a_1，a_2，…，a_n 满足

$$a_1+a_2+\cdots+a_n=2$$

求$\frac{a_1}{a_2^2+1}+\frac{a_2}{a_3^2+1}+\cdots+\frac{a_n}{a_1^2+1}$的最小值.（朱华伟供题）

分析 首先不难看出欲求式的值显然小于2，并且在 a_1，a_2，…，a_n 中大数比较集中的时候，式子的值会相对小一些.

我们假设除了 a_1 和 a_2，其余的都是0，那么式子变为$\frac{2-a_2}{a_2^2+1}+a_2$，经计算其最小值为1.5，在 $a_2=1$ 的时候取到. 在几次特殊值尝试后，我们认定欲求式的最小值就是1.5.

那么，我们可以试图构造一个不等式，使其等号在1和0处成立，还能将原式简化.

解 当 $a_1=a_2=1$，其余的 a 均为0的时候，原式的值为1.5，下面将证明1.5就是原式最小值.

我们有不等式$\frac{1}{a_i^2+1}>1-\frac{a_i}{2}$对任意的 a_i 成立，这个不等式等价于$\frac{a_i(a_i-1)^2}{2}\geqslant 0$.

将此式代入原式，我们只需要证明：

$$a_1(1-\frac{a_2}{2})+a_2(1-\frac{a_3}{2})+\cdots+a_n\left(1-\frac{a_1}{2}\right)\geqslant 1.5$$

或者是 $a_1a_2+a_2a_3+\cdots+a_na_1\leqslant 1$ 即可.

当 $n=4$ 时，$a_1a_2+a_2a_3+a_3a_4+a_4a_1=(a_1+a_3)(a_2+a_4)\leqslant\left(\frac{a_1+a_2+a_3+a_4}{2}\right)^2=1$.

当 n 不小于 5 时，不妨设 $a_1\leqslant a_5$，我们可以将 a_2 调整成 0，a_4 调整成 a_2+a_4，这样 $a_1a_2+a_2a_3+\cdots+a_na_1$ 不比原来小，再把 a_2 这一项去掉，变成 $n-1$ 项，显然这样的乘积和又不比原来小，用无穷递降法知 $a_1a_2+a_2a_3+\cdots+a_na_1\leqslant 1$ 对任意的一组不少于 4 个且满足 $a_1+a_2+\cdots+a_n=2$ 的 a_1，a_2，…，a_n 成立，证毕.

评注 此题是本届得分率最低的题目，只有俄罗斯一位选手做出（2007 年 IMO34 分）. 将分式巧妙转换为整式，是本题的关键. 若想不到此点，估计证明会相当麻烦.

4. 平面内 n（$n\geqslant 3$）个点组成集合 S，P 是此平面里 m 条直线组成的集合，满足 S 关于 P 中的每一条直线对称. 求证：$m\leqslant n$，并问等号何时成立.（边红平供题）

分析 正 n 边形的顶点显然满足要求，我们来看它们有何性质. 不难看出，它们的对称直线都是过同一个点——正 n 边形的中心，而这 n 个点离中心的距离都彼此相等. 这样，我们就得出了找到等号成立条件的路线.

解 首先我们标出这 n 个点的重心 O，易见，P 里所有 m 条直线都必须过 O，否则 S 不可能关于这条直线对称. 这是因为，关于直线对称的每一对点，其重心必在直线上.

下面，找 S 中不同于 O 的一点 A，做 A 关于 P 中所有直线的对称点，设它们分别为 A_1，A_2，…，A_m，下面我们将证明 A_1，A_2，…，A_m 是彼此不同的点.

事实上，假设 A_1 和 A_2 是同一个点，如果它不与 A 重合，那么满足条件的直线只能是两点的垂直平分线这一条直线；若它与 A 重合，那么满足条件的直线则只能是过 A 和 O 的那唯一的一条直线.

所以 A_1，A_2，…，A_m 是彼此不同的点，也就是说 $m\leqslant n$.

下面我们假设 $m=n$. 也就是说，S 中全体点恰好是 A 点关于 P 中每条直线的对称点. 因此我们知道 S 中每个点与 O 的距离都相等，并且 O 不在 S 中.

考虑 S 中每个点关于 m 条直线的对称点，显然都是集合 S.

我们建立复平面，以 O 为原点，设 A 点代表 1，即 S 中所有的点都在 $|z|=1$ 这个单位圆上.

对于每一条直线，如果它把 A 点对称映到表示复数 z_0 的 B 点. 那么显而易见，它将单位圆上任意一点 z 对称映到 $\frac{z_0}{z}$. 所以，若是设 S 中所有的点所表示的复数分别是 z_1，z_2，…，z_m，那么我们可以得到如下方程：

$$\frac{z_1}{z_i}\frac{z_2}{z_i}\cdots\frac{z_m}{z_i}=z_1z_2\cdots z_m(i=1,2,\cdots,m)$$

即 $z_i^m=1$ $(i=1, 2, \cdots, m)$.

即 $z_1, z_2, \cdots, z_m$ 为1的所有 m 次单位根，故 S 是一个正 n 边形的所有顶点. 当然，正 n 边形的所有顶点显然是可以满足 $m=n$ 的. 因此等号成立当且仅当 S 是一个正 n 边形的所有顶点，P 是 S 所有的 n 条对称轴.

评注 考虑 n 个点的重心，并从其中一个点出发考虑关于所有直线的对称点，是解答的关键. 这道组合几何还是有一定的水准的.

第二天

2007年8月14日 上午8:00—12:00

5. 设 D 是 $\triangle ABC$ 内的一点，满足 $\angle DAC=\angle DCA=30°$，$\angle DBA=60°$，$E$ 是 BC 边的中点，F 是 AC 边的三等分点，满足 $AF=2FC$. 求证：$DE\perp EF$.（叶中豪供题）

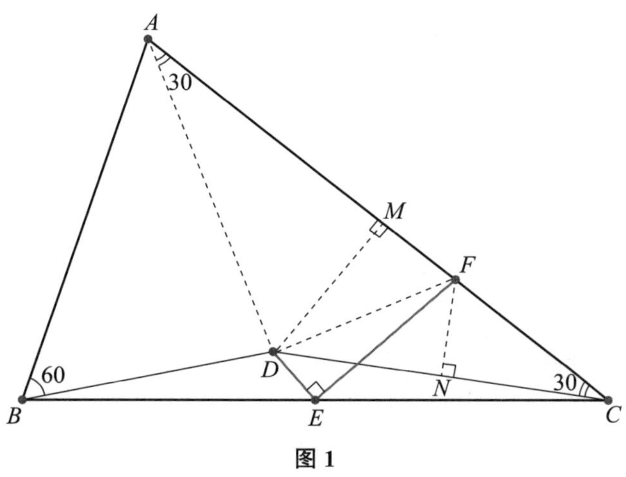

图1

分析 通过分析点之间的关系，可以看到，A，C，D 三个点，包括 F，它们的位置关系都是十分确定的，而 B 仅仅与 A 和 D 存在着一个关系，E 是 BC 中点. 因此，可以固定 A，C，D，F 来进行考虑.

证明 取 AC 中点 M，CD 中点 N. 容易算得 $FN\perp DN$，又显然有 $FM\perp DM$，故 F，N，D，M 四点共圆，其中 DF 为一条直径. 由 $\angle DCA=30°$ 知在此圆中，弧 MFN 对应的圆周角为 $60°$.

以 C 为位似中心，2为位似比例，作此圆的位似圆. 显然，A，D 都在这个位似圆上. 又因为劣弧 AD 所对应的圆周角为 $60°$，因此 B 也在这个位似圆上.

所以 BC 的中点 E，在 F，N，D，M 所确定的圆上. 有由于 DF 是直径，故 $DE\perp EF$.

评注 分清本末，用位似进行证明，是解决本题的捷径. 另外，用复数也可以得到同样的效果.

6. 已知 a，b，$c\geqslant 0$，$a+b+c=1$. 求证：

$$\sqrt{a+\frac{1}{4}(b-c)^2}+\sqrt{b}+\sqrt{c}\leqslant\sqrt{3}.$$（李伟固供题）

分析 这个不等式比起三个根号和不大于$\sqrt{3}$来，有所加强，重点在于如何处理好第一个括号里的东西. 这里我们采用无理化有理的方法去证明.

证明 不妨设$x=\sqrt{b}$，$y=\sqrt{c}$，那么$a=1-x^2-y^2$.

将原不等式移项，平方，它等价于$4(1-x^2-y^2)+(x^2-y^2)^2\leqslant 4(\sqrt{3}-x-y)^2$.

即
$$(x^2-y^2)^2\leqslant 4(1-\sqrt{3}x)^2+4(1-\sqrt{3}y)^2-4(x-y)^2.$$

右边的前两项，可以用$2(p^2+q^2)\geqslant(p\pm q)^2$来建立与其他项的关系.

$$
\begin{aligned}
\text{不等式右边}&\geqslant 2(\sqrt{3}x-\sqrt{3}y)^2-4(x-y)^2\\
&=2(x-y)^2\\
&\geqslant 2(x^2+y^2)(x-y)^2\\
&\geqslant(x+y)^2(x-y)^2\\
&=\text{左边，证毕.}
\end{aligned}
$$

评注 出题的思路相当不错，解决时如果再行设置一下b和c的大小，或许解法会更加漂亮一些.

7. 给定绝对值都不大于10的整数a，b，c，三次多项式$f(x)=x^3+ax^2+bx+c$满足条件

$$|f(2+\sqrt{3})|<0.001.$$

问 $2+\sqrt{3}$是否一定是这个多项式的根？（张景中供题）

分析 由于$2+\sqrt{3}$已经是一个首项系数为1的整系数二次多项式的根，我们只需要做一下带余除法，再进行讨论即可.

解 $2+\sqrt{3}$是多项式x^2-4x+1的根，我们用它去除$f(x)=x^3+ax^2+bx+c$.

$$f(x)=(x+a+4)(x^2-4x+1)+(4a+b+15)x+(c-a-4).$$
$$f(2+\sqrt{3})=(4a+b+15)(2+\sqrt{3})+(c-a-4).$$

因此$|(4a+b+15)(2+\sqrt{3})+(c-a-4)|<0.001$.

由题目条件知$|c-a-4|\leqslant 24$，因此$|4a+b+15|<\dfrac{24.001}{3.7}<7$.

由于$3.73<2+\sqrt{3}<3.74$，通过简单的计算检验，当$|4a+b+15|=1$，2，3，4，5，6时，都不可能找到适当的$c-a-4$使得上面的不等式成立.

因此$|4a+b+15|=0$，显然也有$c-a-4=0$.

所以$f(2+\sqrt{3})=0$，$2+\sqrt{3}$是这个多项式的根.

评注 本题考的是估算的技巧，如何进行最精确的放缩，是本题的要点.

8. n个棋手参加象棋比赛，每两个棋手比赛一局. 规定胜者得1分，负者得0分，平局各得0.5分. 如果赛后发现任何m个棋手中都有一个棋手胜了其余$m-1$个棋手，也有一个棋手输给了其余$m-1$个棋手，则称此赛况具有性质$P(m)$.

对给定的 m（$m\geqslant 4$），求 n 的最小值 $f(m)$，使得对具有性质 $P(m)$ 的任何赛况，都有所有 n 名棋手的得分各不相同.（王建伟供题）

分析 本题粗看起来比较乱，又是性质又是最小值. 我们先需要理清思路.

首先要看 $P(m)$ 说的是什么，其实 $P(m)$ 在感觉上就是说，可以存在平局 A 平 B，或者循环胜利（即 A 胜 B，B 胜 C，C 胜 A），但是这样的 A，B 或者 A，B，C 必然要处于“中等水平”，以便任意取包含他们的一个 m 棋手的集合，都有人胜了他们，也有人败给了他们.

而如果不出现平局，也没有循环胜利，显然可以给所有棋手排一个“序”，使得排序靠前的棋手在对排序靠后的棋手的比赛中，都是获胜的，那么所有棋手的得分当然不相同.

把这个思路反过来想，就是构造反例的思路.

解 我们将证明 $f(m)=2m-3$.

先构造一个 $2m-4$ 名棋手的反例. 设这 $2m-4$ 名棋手为 A_1，A_2，…，A_{m-3}，B_1，B_2，…，B_{m-3}，C_1，C_2，下面如此构造他们的比赛结果.

（1）A 中的任意一人胜了 B 和 C 中的所有人.

（2）B 中的任意一人败给了 C 中的两个人.

（3）对于 A_i 和 A_j（$i<j$），A_i 胜了 A_j.

（4）对于 B_i 和 B_j（$i<j$），B_i 胜了 B_j.

（5）C_1 和 C_2 战成平局.

那么我们可以看得出，C_1 和 C_2 的得分是完全相同的.

任意取 m 位棋手，设他们组成的集合为 S. 由于 A 和 C 一共 $m-1$ 人，B 和 C 也一共 $m-1$ 人，所以在 S 中，必然有 A 中的棋手，也有 B 中的棋手.

设 i 是最小的角标，使得 $A_i\in S$，j 是最大的角标，使得 $B_j\in S$，那么显而易见的有 A_i 胜了 S 中所有其他人，B_j 败给了 S 中所有其他人，即这 $2m-4$ 名棋手满足性质 $P(m)$，但并不是所有棋手的得分都不同.

当棋手总人数小于 $2m-4$ 时，我们可以依次去掉棋手 A_{m-3}，B_{m-3}，A_{m-2}，B_{m-2}，…，A_2，B_2，这样同上面的证明知性质 $P(m)$ 依然存在，但是还是有两名棋手的得分相同. 直到剩下不足 4 名棋手，那么 $P(m)$ 等于没有限制，结论显然不成立.

下面我们将证明，对于任意 $n=2m-3$ 名棋手的具有性质 $P(m)$ 的任何赛况，都有所有 n 名棋手的得分各不相同.

我们假设不然，即存在两名棋手的得分相同，我们下面将先证明，或者存在两名棋手打成平局，或者存在三名棋手循环胜负（即 A 胜 B，B 胜 C，C 胜 A）.

不妨设没有任何平局出现，且两名得分相同的棋手为 A 和 B，其中 A 胜了 B. 由于 A 和 B 积分相同，即他们获胜的场次数相同. 而 A 已经在与 B 的比赛中胜了一场，故在与其他 $n-2$ 名棋手的对弈中，A 胜的场数比 B 胜的场数少 1. 这就意味着，必然存在一个人 C，他胜了 A，但是败给了 B，这样我们就找到了三个人 A，B，C，A 胜 B，B 胜 C，C 胜 A.

回到原题，我们将证明这 n 个人不满足性质 $P(m)$. 分两种情况讨论：

（1）存在两人打成平局. 不妨设是 A 和 B 打成平局. 将剩下 $n-2$ 个人分成三个集

合 R，S，T. 所有赢了 A 和 B 的人分入集合 R，所有输给了 A 和 B 的人分入集合 S，剩下的人分入集合 T. 因为 R，S，T 一共只有 $2m-5$ 个人，由抽屉原理，R 或者 S 中至少有一个集合有不超过 $m-3$ 个人.

如果 R 不超过 $m-3$ 个人，那么取 A 和 B，以及 S 和 T 中的一些人，凑够 m 人，但是这 m 个人必然不满足性质 $P(m)$，因为没有人赢了 A 和 B，且 A 和 B 打成了平局.

如果 S 不超过 $m-3$ 个人，那么取 A 和 B，以及 R 和 T 中的一些人，凑够 m 人，但是这 m 个人必然不满足性质 $P(m)$，因为没有人输给了 A 和 B，且 A 和 B 打成了平局.

(2) 存在三个人循环胜负，不妨设是 A 胜 B，B 胜 C，C 胜 A. 将剩下 $n-3$ 个人分成三个集合 R，S，T. 所有赢了 A，B 和 C 的人分入集合 R，所有输给了 A，B 和 C 的人分入集合 S，剩下的人分入集合 T. 因为 R，S，T 一共只有 $2m-6$ 个人，由抽屉原理，R 或者 S 中至少有一个集合有不超过 $m-3$ 个人.

如果 R 不超过 $m-3$ 个人，那么取 A，B 和 C，以及 S 和 T 中的一些人，凑够 m 人，但是这 m 个人必然不满足性质 $P(m)$，因为没有人赢了 A，B 和 C，且 A，B 和 C 循环胜负.

如果 S 不超过 $m-3$ 个人，那么取 A，B 和 C，以及 R 和 T 中的一些人，凑够 m 人，但是这 m 个人必然不满足性质 $P(m)$，因为没有人输给了 A，B 和 C，且 A，B 和 C 循环胜负.

综上，假设并不成立，即 n 的最小值就是 $2m-3$.

评注 题目出得不错，需要选手抓住最本质的胜负关系进行讨论，方有结果.

作者：付云皓，朱华伟. 原载：《中学数学研究》2007 年第 10 期.

4-8 2008年中国西部数学奥林匹克

由中国数学会奥林匹克委员会主办的第8届中国西部数学奥林匹克（CWMO）于2008年10月30日至11月4日在贵州省贵阳市贵州师范大学附中举行.

来自我国内地、香港以及罗马尼亚、哈萨克斯坦、新加坡的共21支代表队参加了这次活动，每支代表队包括一名领队、四名高中学生. 经过两场比赛（每次4个小时、做4道题），四川省代表队取得团体总分第一名，12名同学取得个人一等奖，24名同学取得个人二等奖，36名同学取得个人三等奖. 总分前两名的同学直接进入2009年IMO中国国家集训队.

中国数学会奥林匹克委员会主席王杰教授担任组织委员会主任，主试委员会主任：朱华伟（广州大学教育软件所研究员）. 委员：陈永高（南京大学师范大学数学系教授），李胜宏（浙江大学数学系教授），刘诗雄（华南师范大学中山附属中学特级教师），冯志刚（上海中学特级教师），唐立华（华东师范大学二附中特级教师），边红平（武钢三中特级教师），石小康（贵州师范大学附中高级教师）.

下面让我们来欣赏2008年的试题，并给出我们的解法和评析.

第一天

2008年11月1日　上午8:00—12:00

1. 实数数列$\{a_n\}$满足：$a_0\neq 0$，1，$a_1=1-a_0$，$a_{n+1}=1-a_n(1-a_n)$，$n=1$，2，…. 求证：对任意正整数n，都有

$$a_0a_1\cdots a_n\left(\frac{1}{a_0}+\frac{1}{a_1}+\cdots+\frac{1}{a_n}\right)=1.$$（李胜宏供题）

分析　以欲证式的形式，不难想到应使用归纳法. 而将n和$n-1$代入欲证式之后所体现出的差异则可作为第一步的归纳结论.

证明　我们将先用归纳法证明对任意正整数n有$a_0a_1\cdots a_{n-1}=1-a_n$. 当$n=1$时显然，若$n=k$时成立，考虑$n=k+1$时有：$a_0a_1\cdots a_k=(1-a_k)\ a_k=1-a_{k+1}$也成立.

下面利用归纳法来证明原题，$n=1$时显然. 若$n=k$时成立，考虑$n=k+1$时：

$$\begin{aligned}&a_0a_1\cdots a_{k+1}\left(\frac{1}{a_0}+\frac{1}{a_1}+\cdots+\frac{1}{a_{k+1}}\right)\\=&a_{k+1}\cdot a_0a_1\cdots a_k\left(\frac{1}{a_0}+\frac{1}{a_1}+\cdots+\frac{1}{a_{k+1}}\right)\end{aligned}$$

$$=a_{k+1}\cdot\left(1+\frac{a_0a_1\cdots a_k}{a_{k+1}}\right)$$
$$=a_{k+1}\cdot\left(1+\frac{1-a_{k+1}}{a_{k+1}}\right)$$
$$=1$$

也成立. 这样就完成了证明.

评注 本题的逆命题亦成立. 即如果对任意正整数 n 都有 $a_0a_1\cdots a_n\left(\frac{1}{a_0}+\frac{1}{a_1}+\cdots+\frac{1}{a_n}\right)=1$，那么可推出 $a_0\neq0$，1，$a_1=1-a_0$，$a_{n+1}=1-a_n(1-a_n)$. 证明也很容易，因为原题结论式对每个变量均为一次函数.

2. 在$\triangle ABC$ 中，$AB=AC$，其内切圆⊙I 切边 BC，CA，AB 于点 D，E，F，P 为弧EF（不含点 D 的弧）上一点. 设线段 BP 交⊙I 于另一点 Q，直线 EP，EQ 分别交直线 BC 于点 M，N. 如图 1.

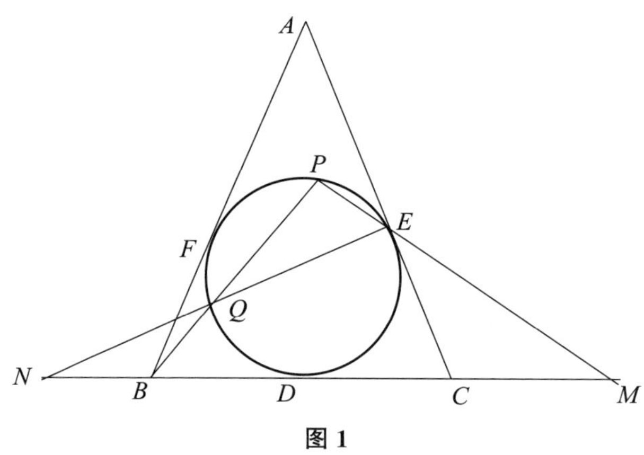

图 1

证明：(1) P，F，B，M 四点共圆；

(2) $\dfrac{EM}{EN}=\dfrac{BD}{BP}$.（边红平供题）

分析 第一问四点共圆显然是转化成角之间的关系. 第二问只要处理好$\dfrac{EM}{EN}$，也可迎刃而解.

证明 (1) 因为 $AB=AC$，故 $FE/\!/BC$.

由弦切角定理，$\angle FPE=\angle BFE=\pi-\angle ABC$，因此 P，F，B，M 四点共圆.

(2) $\dfrac{EM}{EN}=\dfrac{\sin\angle N}{\sin\angle M}=\dfrac{\sin\angle FEQ}{\sin\angle FEP}=\dfrac{FQ}{FP}$.

由弦切角定理有$\triangle BFQ\sim\triangle BPF$，因此$\dfrac{FQ}{FP}=\dfrac{BF}{BP}=\dfrac{BD}{BP}$，证毕.

评注 第一问其实简化了整个问题，题目主要考查圆的一些基本性质以及角和比例的简单代换.

3. 设整数 $m\geqslant 2$，a_1，a_2，…，a_m 都是正整数. 证明：存在无穷多个正整数 n，使得数 $a_1\cdot 1^n+a_2\cdot 2^n+\cdots+a_m\cdot m^n$ 都是合数.（陈永高供题）

分析 要证明某个数是合数，无非就是找到它的一个非 1 又非自身的因子（素因子）. 我们每找一个 n，就要找 $a_1\cdot 1^n+a_2\cdot 2^n+\cdots+a_m\cdot m^n$ 的一个素因子. 这样过于麻烦了，比较直接的想法就是能不能“一劳永逸”，选取一个适当的因子能够整除无穷多个形如 $a_1\cdot 1^n+a_2\cdot 2^n+\cdots+a_m\cdot m^n$ 的数.

证明 令 p 为 $a_1+2a_2+\cdots+ma_m$ 的一个素因子，那么当 $n=k(p-1)+1$（k 为正整数）时，$a_i\cdot i^n=a_i\cdot i^{k(p-1)+1}\equiv ia_i\ (\mathrm{mod}\,p)$（费马小定理），即 $a_1\cdot 1^n+a_2\cdot 2^n+\cdots+a_m\cdot m^n\equiv a_1+2a_2+\cdots+ma_m\equiv 0\ (\mathrm{mod}\,p)$.

由于 a_1，a_2，…，a_m 都是正整数，故当 k 为正整数时，$a_1\cdot 1^n+a_2\cdot 2^n+\cdots+a_m\cdot m^n$ 大于 p，是一个合数. 因此有无穷多个 n 使 $a_1\cdot 1^n+a_2\cdot 2^n+\cdots+a_m\cdot m^n$ 是合数，证毕.

评注 本题考查了数论中同余的基本知识与费马小定理的应用.

4. 设整数 $m\geqslant 2$，a 为正实数，b 为非零实数，数列 $\{x_n\}$ 定义如下：$x_1=b$，$x_{n+1}=ax_n^m+b$，$n=1$，2，…. 证明：

（1）当 $b<0$ 且 m 为偶数时，数列 $\{x_n\}$ 有界的充要条件是 $ab^{m-1}\geqslant -2$；

（2）当 $b<0$ 且 m 为奇数，或 $b>0$ 时，数列 $\{x_n\}$ 有界的充要条件是 $ab^{m-1}\leqslant\frac{(m-1)^{m-1}}{m^m}$.（朱华伟、付云皓供题）

分析 题目要证的结论比较复杂，需要先行解读 $ab^{m-1}\geqslant -2$ 和 $ab^{m-1}\leqslant\frac{(m-1)^{m-1}}{m^m}$ 所代表的含义. 结合数列的构成，并对几个简单情况进行试验过后，我们发现 $ab^{m-1}\geqslant -2$ 就是 $b\leqslant x_2\leqslant -b$（在第一问的条件下），而 $ab^{m-1}\leqslant\frac{(m-1)^{m-1}}{m^m}$ 则表示方程 $ax^m+b=x$ 有正根（$b>0$ 时）及 $ax^m+b=x$ 有负根（$b<0$ 且 m 为奇数时）. 这样，将数列是否有界与刚才得到的中间结论建立起关系，已经不算一个很难的问题了.

证明 （1）若 $ab^{m-1}\geqslant -2$，则 $b\leqslant x_2\leqslant -b$，下面利用归纳法证明数列的每一项都在 $[b,-b]$ 中. x_1 已经落在区间里，若 $x_k\in[b,-b]$，则 $b=0+b\leqslant ax_k^m+b\leqslant ab^m+b=-b$ 即 $x_{k+1}\in[b,-b]$，因此数列是有界的；若 $ab^{m-1}<-2$，则有 $x_2>-x_1>0$. 因此 $x_3=ax_2^m+b>ab^m+b=x_2$，再由 ax^m+b 在 $(0,\infty)$ 上的单调性知这个数列从第三项起是严格递增且大于 0 的. 对于任意 $i\geqslant 3$，$x_{i+2}-x_{i+1}=a(x_{i+1}^m-x_i^m)>ax_i^{m-1}(x_{i+1}-x_i)>ab^{m-1}(x_{i+1}-x_i)>x_{i+1}-x_i$，即数列相邻两项之间的差距越来越大，因此数列无界. 证毕.

（2）如果 $b<0$ 且 m 为奇数，我们可以令 $y_i=-x_i$，$\forall i$，那么数列 $\{y_n\}$ 由 $y_1=-b$，$y_{n+1}=ay_n^m+(-b)$ 给出，这样可以转化为讨论 $\{y_n\}$ 有界的充要条件，而 $ab^{m-1}\leqslant$

$\frac{(m-1)^{m-1}}{m^m}$是否成立，并不因 b 变了个符号而改变．因此，我们可以假设 b 是一个正数．

当 $b>0$ 时，$ab^{m-1}\leqslant\frac{(m-1)^{m-1}}{m^m}$等价于一个 a 与 $m-1$ 个$\frac{b}{m-1}$的几何平均值不大于$\frac{1}{m}$，也等价于方程 $ax^m+(m-1)\cdot\frac{b}{m-1}=x$ 有正根，即 $ax^m+b=x$ 有正根．那么，当 $ab^{m-1}\leqslant\frac{(m-1)^{m-1}}{m^m}$时，不妨设方程 $ax^m+b=x$ 的其中一个正根为 x_0．显然 $x_0>b=x_1$，再由 ax^m+b 在（0，∞）上的单调性和 $ax_0^m+b=x_0$ 知 $x_0>x_n$，$\forall n\in N$，即数列有界；当 $ab^{m-1}>\frac{(m-1)^{m-1}}{m^m}$时，方程 $ax^m+b=x$ 没有正根．设函数 $y=ax^m-x+b$ 在 $[0,\infty)$ 上的最小值为 k．那么显然数列中每一项均为正数，且 $x_{i+1}-x_i=ax_i^m-x_i+b\geqslant k$，这样的数列显然是无界的．证毕．

评注 题目很复杂，关键是在思考数列走向的时候脑子不要混乱．摸清楚数列的趋势后，题目便没有想象中的那么难了．

第二天

2008 年 11 月 2 日　上午 8:00—12:00

5．在一直线上相邻两点的距离都等于 1 的四个点上各有一只青蛙，允许任意一只青蛙以其余三只青蛙中的某一只为中心跳到其对称点上．证明：无论跳动多少次后，四只青蛙所在的点中相邻两点之间的距离不能都等于 2008．（刘诗雄供题）

分析 这种题目一般是找到每次操作后不变的性质，根据题目的操作，不难想到应当利用奇偶性来进行证明．

证明 不妨设青蛙们所在的直线为数轴，四只青蛙的原始位置分别为 0，1，2，3．显然青蛙们无论怎么跳，都只能落在整点上．每当一只青蛙从数 a 处以数 b 处的另一只青蛙为中心跳到其对称点时，它将跳到数 $2b-a$ 处．因为 $2b-a$ 与 a 奇偶性相同，所以无论如何跳动，四只青蛙始终有两只处于奇数的位置上，另两只处于偶数的位置上，故不可能相邻两点之间距离都是 2008．

6．设 x，y，$z\in(0,1)$，满足

$$\sqrt{\frac{1-x}{yz}}+\sqrt{\frac{1-y}{zx}}+\sqrt{\frac{1-z}{xy}}=2,$$

求 xyz 的最大值．（唐立华供题）

分析 对于这样的根式求和，再求最值．一般不好直接变换．在没有好的入手点时，应先通过尝试确定最值和取到的条件．由于是求乘积的最大值，我们先不妨设三个变元都相等，解出 $x=y=z=\frac{3}{4}$，此时三者乘积为$\frac{27}{64}$．下面再去证明这个便是所求最大值．

证明 当 $x=y=z=\frac{3}{4}$时，$xyz=\frac{27}{64}$，下面证明 xyz 不能比$\frac{27}{64}$再大了.

若不然，由条件式得$\sqrt{x(1-x)}+\sqrt{y(1-y)}+\sqrt{z(1-z)}=2\sqrt{xyz}>\frac{3}{4}\sqrt{3}$.

由柯西不等式有 $x(1-x)+y(1-y)+z(1-z)>\left(\frac{3}{4}\sqrt{3}\right)^2/3=\frac{9}{16}$.

另一方面，由 $xyz>\frac{27}{64}$得 $x+y+z>3\sqrt[3]{\frac{27}{64}}=\frac{9}{4}$，因此：

$$x(1-x)+y(1-y)+z(1-z)$$
$$\leqslant x+y+z-\frac{(x+y+z)^2}{3}=\frac{9}{16}-\frac{1}{3}\left(x+y+z-\frac{3}{4}\right)\left(x+y+z-\frac{9}{4}\right)<\frac{9}{16}$$

矛盾！综上 xyz 的最大值是$\frac{27}{64}$.

评注 这是一个需要利用反证法来简化问题的不等式题目，若不采取反证法，则证明难度会大大增加. 这个问题的原型是一个三角极值问题：

设 A、B、$C\in\left(0,\ \frac{\pi}{2}\right)$，且 $\sin 2A+\sin 2B+\sin 2C=4\cos A\cos B\cos C$，

求 $f=\cos A\cos B\cos C$ 的最大值.

7. 设 n 为给定的正整数，求最大的正整数 k，使得存在三个由非负整数组成的 k 元集 $A=\{x_1,\ x_2,\ \cdots,\ x_k\}$，$B=\{y_1,\ y_2,\ \cdots,\ y_k\}$ 和 $C=\{z_1,\ z_2,\ \cdots,\ z_k\}$ 满足：对任意 $1\leqslant j\leqslant k$，都有 $x_j+y_j+z_j=n$.（李胜宏供题）

分析 对较小的 n 逐一试验，在总结了规律后得出猜测，再去想办法构造就可以了.

解 首先，对于每一组 n 和k，应该满足 $3\sum_{i=0}^{k-1}i\leqslant kn$，其中式左是三个集合所有元素之和可能取到的最小值. 由上式解得 $3(k-1)\leqslant 2n$，即 $k\leqslant\left[\frac{2n}{3}\right]+1$，下面将证明 k 可以取到 $\left[\frac{2n}{3}\right]+1$.

当 $n=3m$ 时，令 $A=\{0,\ 1,\ 2,\ \cdots,\ 2m\}$，$B=\{m,\ m+1,\ m+2,\ \cdots,\ 2m,\ 0,\ 1,\ 2,\ \cdots,\ m-1\}$，$C=\{2m,\ 2m-2,\ 2m-4,\ \cdots,\ 2,\ 0,\ 2m-1,\ 2m-3,\ \cdots,\ 1\}$ 满足条件.

当 $n=3m+1$ 时，取 $n=3m$ 时的三个集合，再将集合 A 中每个元素都加上 1 即可.

当 $n=3m+2$ 时，取 $n=3(m+1)$ 时的三个集合，将每个集合的第一个元素去掉，再将集合 A 中每个元素都减去 1 即可.

综上所述，最大的 k 即为 $\left[\frac{2n}{3}\right]+1$.

评注 上限估计那部分比较简单，也比较容易想到. 相比来说，能够用一个简捷的方法给出构造，体现的是学生对数的排列组合的深刻的认识.

8. 设 P 为正 n 边形 $A_1A_2\cdots A_n$ 内的任意一点，直线 A_iP 交正 n 边形 $A_1A_2\cdots A_n$ 的

边界于另一点 B_i，$i=1$，2，…，n. 证明：$\sum_{i=1}^{n} PA_i \geqslant \sum_{i=1}^{n} PB_i$.（冯志刚供题）

分析 很明显，相比 $\sum_{i=1}^{n} PA_i$ 来说，右边的 $\sum_{i=1}^{n} PB_i$ 更加难以计算. 因此将问题转化成 $2\sum_{i=1}^{n} PA_i \geqslant \sum_{i=1}^{n} A_iB_i$ 是一个不错的主意. 由于 $\sum_{i=1}^{n} A_iB_i$ 有个明显的上限，我们可以依此来处理 $\sum_{i=1}^{n} PA_i$.

证明 我们将证明等价命题：$2\sum_{i=1}^{n} PA_i \geqslant \sum_{i=1}^{n} A_iB_i$. 设正 n 边形内最长的一条对角线（三角形的时候为边）长度为 l，那么 $\sum_{i=1}^{n} A_iB_i \leqslant nl$. 下证 $2\sum_{i=1}^{n} PA_i \geqslant nl$.

当 n 是偶数时，令 $n=2k$，那么对任意的 i 有 $A_iA_{i+k}=l$（记 $A_{n+p}=A_p$，下同），我们对所有的 i 求和得：$2\sum_{i=1}^{n} PA_i \geqslant \sum_{i=1}^{n} A_iA_{i+k}=nl$.

当 n 是奇数时，令 $n=2k+1$，那么对任意的 i 有 $A_iA_{i+k}=l$，同样对所有的 i 求和得：$2\sum_{i=1}^{n} PA_i \geqslant \sum_{i=1}^{n} A_iA_{i+k}=nl$. 证毕.

评注 转化成 $2\sum_{i=1}^{n} PA_i \geqslant \sum_{i=1}^{n} A_iB_i$ 是整个证明的关键. 从证明中我们可以看出当 n 是偶数时 $\sum_{i=1}^{n} PA_i$ 的最小值是当 P 为正 n 边形中心时取到. 当然，在 n 是奇数时也可以证明，$\sum_{i=1}^{n} PA_i$ 的最小值是在 P 为正 n 边形中心时取到，不过证明中将要用到三角或者复数，这里不再赘述.

作者：付云皓，朱华伟. 原载：《数学通讯》2009 年第 4 期（下半月）.

4-9 2009 年中国数学奥林匹克

2009 年中国数学奥林匹克暨第 24 届全国中学生数学冬令营于 2009 年 1 月 7 日至 12 日在海南省琼海市举行，由中国数学会主办，海南嘉积中学承办.

参加这次竞赛的有来自全国各省、自治区、直辖市、香港特别行政区、澳门特别行政区及俄罗斯的 200 余名中学生. 竞赛试题共 6 题，每天上午 3 题，限 4.5 小时完成. 庄梓铨等 46 位同学获得一等奖，黄宏等 75 位同学获得二等奖，朱文浩等 78 位同学获得三等奖. 北京市代表队、上海市代表队并列团体总分第一，获得"陈省身杯".

本次冬令营选拔了 34 人组成国家集训队，他们将参加 3 月 15 日至 4 月 2 日在湖北武钢三中举办的第 50 届国际数学奥林匹克中国国家集训队的训练与选拔.

中国科协青少年部副部长蒙星，中国数学会副理事长巩馥洲，中国数学会奥林匹克委员会主席王杰，中国科学院院士林群，中国数学会普及工作委员会主任吴建平等出席了本届冬令营.

本次冬令营主试委员会主任：朱华伟（广州大学）. 主试委员会委员（按拼音序）：陈永高（南京师范大学）、付云皓（广州大学）、纪春岗（南京师范大学）、冷岗松（上海大学）、李胜宏（浙江大学）、李伟固（北京大学）、刘诗雄（华南师范大学中山附中）、苏淳（中国科学技术大学）、熊斌（华东师范大学）、余红兵（苏州大学）.

下面让我们来欣赏 2009 年的试题，并给出我们的解法和评析.

1. 给定锐角三角形 PBC，$PB \neq PC$. 设 A，D 分别是边 PB，PC 上的点，连接 AC，BD，相交于点 O. 过点 O 分别作 $OE \perp AB$，$OF \perp CD$，垂足分别为 E，F，线段 BC，AD 的中点分别为 M，N. 如图 1.

（1）若 A，B，C，D 四点共圆，求证：$EM \cdot FN = EN \cdot FM$；

（2）若 $EM \cdot FN = EN \cdot FM$，是否一定有 A，B，C，D 四点共圆？证明你的结论.（熊斌供题）

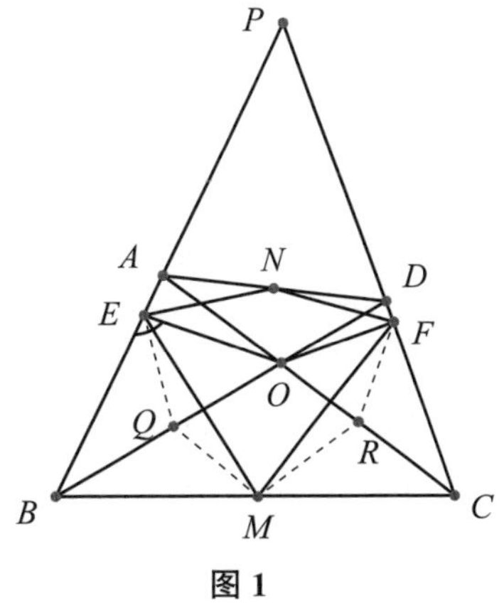

图 1

分析 画一个比较标准的图形不难看出 $EM = FM$，$EN = FN$，再结合 E，F，M，N 的取法容易想到作 OA，OB，OC，OD 的中点后可以利用三角形的中位线以及直角三角形的斜边中线来做一些文章. 若能想到这里，则第一问已然解决. 第二问虽然有些难，但是如果第一问是连接中点的做法，在第二问中很容易想到利用余弦定理来求等号成立的充要条件.

解 (1) 设 Q, R 分别是 OB, OC 的中点，连接 EQ, MQ, FR, MR，则

$$EQ=\frac{1}{2}OB=RM,\quad MQ=\frac{1}{2}OC=RF,$$

又 $OQMR$ 是平行四边形，所以$\angle OQM=\angle ORM$.

由题设 A, B, C, D 四点共圆，所以$\angle ABD=\angle ACD$.

于是 $\angle EQO=2\angle ABD=2\angle ACD=\angle FRO$.

所以 $\angle EQM=\angle EQO+\angle OQM=\angle FRO+\angle ORM=\angle FRM$.

故 $\triangle EQM\cong\triangle MRF$.

所以 $EM=FM$.

同理可得 $EN=FN$.

所以 $EM\cdot FN=EN\cdot FM$.

(2) 设 $OA=2a$, $OB=2b$, $OC=2c$, $OD=2d$, $\angle OAB=\alpha$, $\angle OBA=\beta$, $\angle ODC=\gamma$, $\angle OCD=\theta$，则

$$\cos\angle EQM=\cos(\angle EQO+\angle OQM)=\cos(2\beta+\angle AOB)=-\cos(\alpha-\beta).$$

因此 $EM^2=EQ^2+QM^2-2EQ\cdot QM\cdot\cos\angle EQM=b^2+c^2+2bc\cos(\alpha-\beta)$.

对 EN, FN, FM 有同样的等式. 因此我们有：

$$\begin{aligned}
&EN\cdot FM=EM\cdot FN\\
\Leftrightarrow&EN^2\cdot FM^2=EM^2\cdot FN^2\\
\Leftrightarrow&(a^2+d^2+2ad\cos(\alpha-\beta))(b^2+c^2+2bc\cos(\gamma-\theta))\\
=&(a^2+d^2+2ad\cos(\gamma-\theta))(b^2+c^2+2bc\cos(\alpha-\beta))\\
\Leftrightarrow&(\cos(\gamma-\theta)-\cos(\alpha-\beta))(ab-cd)(ac-bd)=0.
\end{aligned}$$

因为$\alpha+\beta=\gamma+\theta$，所以第一个因式等于 0 等价于$\alpha=\gamma$, $\beta=\theta$（这就是四点共圆）或者$\alpha=\theta$, $\beta=\gamma$（这代表$AB/\!/CD$，不可能）；第二个因式等于 0 等价于 $AD/\!/BC$；第三个因式等于 0 等价于四点共圆.

因此，当 $EM\cdot FN=EN\cdot FM$ 时，并不一定有 A, B, C, D 四点共圆. 事实上，当 $AD/\!/BC$ 时也有 $EM\cdot FN=EN\cdot FM$，且由 $PB\neq PC$ 知此时 A, B, C, D 四点必不共圆. 因此答案是否定的.

评注 作为 2009 年 CMO 的第一题，本题的第一问非常简单. 第二问的反例对于几何功底稍差的学生来说并不容易想到，但反例也在常理之中. 本题考查了考生几何的基本知识和功底.

2. 求所有的素数对 (p, q)，使得 $pq\mid 5^p+5^q$.（付云皓供题）

分析 题目的形式以及对解答的要求都明显地告诉我们需要频繁地使用 Fermat 小定理. 在去除了一些特殊情况后，不难得到像 $5^{q-1}\equiv-1\pmod p$ 这样的式子. 下面结合 Fermat 小定理，并借助阶的思想（这里直接使用阶反而会绕弯路）可以轻松得出解答.

解 若 $2\mid pq$，不妨设 $p=2$，则 $2q\mid 5^2+5^q$，故 $q\mid 5^q+25$.

由 Fermat 小定理，$q\mid 5^q-5$，得 $q\mid 30$，即 $q=2$，3，5. 易验证素数对（2，2）不合要求，（2，3），（2，5）合乎要求.

若 pq 为奇数且 $5\mid pq$，不妨设 $p=5$，则 $5q\mid 5^5+5^q$，故 $q\mid 5^{q-1}+625$.

当 $q=5$ 时素数对（5，5）合乎要求，当 $q\neq 5$ 时，由 Fermat 小定理有 $q\mid 5^{q-1}-1$，故 $q\mid 626$. 因为 q 为奇素数，而 626 的奇素因子只有 313，所以 $q=313$. 经检验素数对（5，313）合乎要求.

若 p，q 都不等于 2 和 5，则有 $pq\mid 5^{p-1}+5^{q-1}$，故

$$5^{p-1}+5^{q-1}\equiv 0(\bmod p). \qquad ①$$

由 Fermat 小定理，得 $$5^{p-1}\equiv 1(\bmod p), \qquad ②$$

故由①，②得

$$5^{q-1}\equiv -1(\bmod p). \qquad ③$$

设 $p-1=2^k(2r-1)$，$q-1=2^l(2s-1)$，其中 k，l，r，s 为正整数.

若 $k\leqslant l$，则由②，③易知

$$1=1^{2^{l-k}(2s-1)}\equiv(5^{p-1})^{2^{l-k}(2s-1)}=5^{2^l(2r-1)(2s-1)}=(5^{q-1})^{2r-1}\equiv(-1)^{2r-1}\equiv -1(\bmod p),$$

这与 $p\neq 2$ 矛盾！所以 $k>l$.

同理有 $k<l$，矛盾！即此时不存在合乎要求的（p，q）.

综上所述，所有满足题目要求的素数对（p，q）为

$$(2,3),(3,2),(2,5),(5,2),(5,5),(5,313)及(313,5).$$

评注 对于一个熟悉数论基本知识并能熟练运用的考生来说，本题不难. 很多考生在解题中利用了阶的性质，只可惜他们中有相当一部分同学对阶的掌握不够扎实，在顺理成章地使用时忘记去掉 $p=2(q=2)$ 的情况，以至于丢掉了（2，3）和（3，2）这两组显而易见的解答，出现了失误. 本题考查了考生的数论基本知识和方法.

3. 设 m，n 是给定的整数，$4<m<n$，$A_1A_2\cdots A_{2n+1}$ 是一个正 $2n+1$ 边形，$P=\{A_1, A_2, \cdots, A_{2n+1}\}$. 求顶点属于 P 且恰有两个内角是锐角的凸 m 边形的个数.（冷岗松供题）

分析 要解决这个组合几何计数问题，可以先对较小的 m，n 来画几个图找找规律. 不难发现顶点属于 P 的凸 m 边形最多有两个内角是锐角，而且若恰有两个则必须相邻. 这就为我们的计数打下了基础. 确定此事之后，需要解决的就是对哪几个点进行分析来计数了. 下面的解答中，将给出两种不同的计数方法.

解法 1 先证一个引理：顶点在 P 中的凸 m 边形至多有两个锐角，且有两个锐角时，这两个锐角必相邻.

事实上，设这个凸 m 边形为 $P_1P_2\cdots P_m$，只考虑至少有一个锐角的情况，此时不妨设 $\angle P_mP_1P_2<\frac{\pi}{2}$，则

$$\angle P_2P_jP_m=\pi-\angle P_2P_1P_m>\frac{\pi}{2}(3\leqslant j\leqslant m-1),$$

更有$\angle P_{j-1}P_jP_{j+1}>\dfrac{\pi}{2}(3\leqslant j\leqslant m-1)$.

而$\angle P_1P_2P_3+\angle P_{m-1}P_mP_1>\pi$，故其中至多一个为锐角，这就证明了引理.

由引理知，若凸m边形中恰有两个内角是锐角，则它们对应的顶点相邻.

在凸m边形中，设顶点A_i与A_j为两个相邻顶点，且在这两个顶点处的内角均为锐角. 设A_i与A_j的劣弧上包含了P的r条边（$1\leqslant r\leqslant n$），这样的（i，j）在r固定时恰有$2n+1$对.

（1）若凸m边形的其余$m-2$个顶点全在劣弧A_iA_j上，而A_iA_j劣弧上有$r-1$个P中的点，此时这$m-2$个顶点的取法数为C_{r-1}^{m-2}.

（2）若凸m边形的其余$m-2$个顶点全在优弧A_iA_j上，取A_i，A_j的对径点B_i，B_j，因为凸m边形在顶点A_i，A_j处的内角为锐角，所以，其余的$m-2$个顶点全在劣弧B_iB_j上，而劣弧B_iB_j上恰有r个P中的点，此时这$m-2$个顶点的取法数为C_r^{m-2}.

所以，满足题设的凸m边形的个数为

$$\begin{aligned}(2n+1)\sum_{r=1}^{n}(C_{r-1}^{m-2}+C_r^{m-2})&=(2n+1)\left(\sum_{r=1}^{n}C_{r-1}^{m-2}+\sum_{r=1}^{n}C_r^{m-2}\right)\\&=(2n+1)\left(\sum_{r=1}^{n}(C_r^{m-1}-C_{r-1}^{m-1})+\sum_{r=1}^{n}(C_{r+1}^{m-1}-C_r^{m-1})\right)\\&=(2n+1)(C_{n+1}^{m-1}+C_n^{m-1}).\end{aligned}$$

解法 2 引理同解法 1，下面直接进行计数.

对于一个满足条件的凸m边形，考虑与两个锐角顶点分别相邻的两个顶点A_i与A_j（两个锐角顶点本身相邻，它们各自还有一个其他的相邻顶点），它们将正$2n+1$边形的外接圆分为一优一劣两段弧. 显然两个锐角顶点在优弧A_iA_j上，且若锐角顶点A_k与A_i相邻，则它们在过A_j的直径的同一侧（否则无法形成锐角）. 其他的顶点都在劣弧A_iA_j上. 设劣弧A_iA_j上有r个P中的点（不含A_i与A_j），$1\leqslant r\leqslant n-1$，则其他顶点的取法总数为$C_r^{m-4}\cdot(n-r-1)^2$. 对于每个$1\leqslant r\leqslant n-1$，有$2n+1$组这样的$A_i$与$A_j$. 因此满足题设的凸$m$边形的个数为

$$\begin{aligned}&(2n+1)\sum_{r=1}^{n-1}C_r^{m-4}(n-r-1)^2\\=&(2n+1)\sum_{r=1}^{n-1}(C_r^{m-4}C_{n-r-1}^2+C_r^{m-4}C_{n-r}^2)\\=&(2n+1)\left(\sum_{r=1}^{n-1}C_r^{m-4}C_{n-r-1}^2+\sum_{r=1}^{n-1}C_r^{m-4}C_{n-r}^2\right)\\=&(2n+1)(C_{n+1}^{m-1}+C_n^{m-1}).\end{aligned}$$

这里用到了一个组合恒等式 $\sum_{r=0}^{n} C_r^a C_{n-r}^b = C_{n+1}^{a+b+1}$，它的组合诠释是在一排 $n+1$ 个物品里选取 $a+b+1$ 个，并考虑从左往右数第 $a+1$ 个被选取的物品．若此物品的位置是从左往右数的第 $r+1$ 个，则其他物品的选择方法数恰为 $C_r^a C_{n-r}^b$．

评注 要做出这个题目，引理中的内容必须得到．这个问题考查了考生基本的组合几何转化的能力，以及组合计数与组合计算的技巧．

4．给定整数 $n \geqslant 3$，实数 a_1，a_2，…，a_n 满足 $\min\limits_{1 \leqslant i < j \leqslant n} |a_i - a_j| = 1$．求 $\sum_{k=1}^{n} |a_k|^3$ 的最小值．（朱华伟供题）

分析 首先考虑等号成立的条件．在 a_1，a_2，…，a_n 两两的差有下限的前提下，要想使它们的绝对值的立方和尽量小，这些数应当集中在数轴上 0 的两侧且彼此之间尽量近．再结合对称性不难猜到在 $a_i = i - \frac{n+1}{2}$，$i=1$，2，…，n 时取到最小值．下面先给 a_1，a_2，…，a_n 排个序，再考虑为什么这样取就是最小值．我们发现，这样取使得 a_1 和 a_n，a_2 和 a_{n-1} 等彼此都互为相反数．由此出发，可得到问题的证明部分．

解 不妨设 $a_1 < a_2 < \cdots < a_n$，则对 $1 \leqslant k \leqslant n$，有

$$|a_k| + |a_{n-k+1}| \geqslant |a_{n-k+1} - a_k| \geqslant |n+1-2k|,$$

所以

$$\begin{aligned}
\sum_{k=1}^{n} |a_k|^3 &= \frac{1}{2} \sum_{k=1}^{n} (|a_k|^3 + |a_{n+1-k}|^3) \\
&= \frac{1}{2} \sum_{k=1}^{n} (|a_k| + |a_{n+1-k}|) \\
&\quad \left(\frac{3}{4} (|a_k| - |a_{n+1-k}|)^2 + \frac{1}{4} (|a_k| + |a_{n+1-k}|)^2 \right) \\
&\geqslant \frac{1}{8} \sum_{k=1}^{n} (|a_k| + |a_{n+1-k}|)^3 \geqslant \frac{1}{8} \sum_{k=1}^{n} |n+1-2k|^3.
\end{aligned}$$

当 n 为奇数时，$\sum_{k=1}^{n} |n+1-2k|^3 = 2 \cdot 2^3 \cdot \sum_{i=1}^{\frac{n-1}{2}} i^3 = \frac{1}{4}(n^2-1)^2$．

当 n 为偶数时，

$$\begin{aligned}
\sum_{k=1}^{n} |n+1-2k|^3 &= 2 \sum_{i=1}^{\frac{n}{2}} (2i-1)^3 \\
&= 2\left(\sum_{j=1}^{n} j^3 - \sum_{i=1}^{\frac{n}{2}} (2i)^3 \right) \\
&= \frac{1}{4} n^2 (n^2 - 2).
\end{aligned}$$

所以，当 n 为奇数时，$\sum_{k=1}^{n} |a_k|^3 \geqslant \frac{1}{32}(n^2-1)^2$，当 n 为偶数时，$\sum_{k=1}^{n} |a_k|^3 \geqslant$

$\frac{1}{32}n^2(n^2-2)$，等号均在 $a_i=i-\frac{n+1}{2}$，$i=1$，2，…，n 时成立.

因此，$\sum_{k=1}^{n}|a_k|^3$ 的最小值为 $\frac{1}{32}(n^2-1)^2$（n 为奇数），或者 $\frac{1}{32}n^2(n^2-2)$（n 为偶数）.

评注 相对于这个简单的配对方法来说，更多的考生在考场上选用了较为自然但是十分复杂的调整法. 不过条条大路通罗马，这个典型的不等式问题只要考生具备不等式的功底和基本技巧，均可以完成.

5. 凸 n 边形 P 中的每条边和每条对角线都被染为 n 种颜色中的一种颜色. 问：对怎样的 n，存在一种染色方式，使得对于这 n 种颜色中的任何 3 种不同颜色，都能找到一个三角形，其顶点为多边形 P 的顶点，且它的 3 条边分别被染为这 3 种颜色？（苏淳供题）

分析 成功地解出此问题有两个关键，其一是对较小的整数 n 进行试验，以猜测一般结论；其二则是发现以 P 的顶点为顶点的三角形个数恰好等于在 n 种颜色中选取 3 种不同颜色的方法数（都是 C_n^3）. 弄清楚了这两件事，本题即可迎刃而解.

解 当 $n\geqslant3$ 为奇数时，存在合乎要求的染法；当 n 为偶数，不存在所述的染法.

每 3 个顶点形成一个三角形，三角形的个数为 C_n^3 个，而颜色的三三搭配也刚好有 C_n^3 种，所以本题相当于要求不同的三角形对应于不同的颜色组合，即形成一一对应. 以下将多边形的边与对角线都称为线段.

对于每一种颜色，其余的颜色形成 C_{n-1}^2 种搭配，所以每种颜色的线段（边或对角线）都应出现在 C_{n-1}^2 个三角形中，而每一条线段都是 $n-2$ 个三角形的边，所以在合乎要求的染法中，每种颜色的线段都应当有

$$\frac{C_{n-1}^2}{n-2}=\frac{n-1}{2}$$

条. 当 n 为偶数时，$\frac{n-1}{2}$ 不是整数，所以不可能存在合乎条件的染法. 下设 n 为奇数，我们来给出一种染法，并证明它满足题中条件. 自某个顶点开始，按顺时针方向将凸 n 边形的各个顶点依次记为 A_1，A_2，…，A_n. 对于 $i\notin\{1, 2, \cdots, n\}$，按 $\bmod n$ 理解顶点 A_i. 再将 n 种颜色分别记为颜色 1，2，…，n.

下面，将线段 A_iA_j 染成颜色 k，当且仅当 $i+j\equiv2k\pmod n$. 由于 n 为奇数，2，4，6，…，$2n$ 亦为一个模 n 的完全剩余系，因此每条线段恰被染了一种颜色. 而对于三种不同的颜色 i，j，k，由 $i+j-k\equiv j+k-i\pmod n\Rightarrow i\equiv k\pmod n$ 及 $(i+j-k)+(j+k-i)=2j$ 以及对称的结论知三角形 $A_{i+j-k}A_{j+k-i}A_{k+i-j}$ 的三边就恰好被染为这三种颜色，因此这样的染色方式满足题目要求.

6. 给定整数 $n\geqslant3$，证明：存在 n 个互不相同的正整数组成的集合 S，使得对 S 的任意两个不同的非空子集 A，B，数

$$\frac{\sum_{x\in A} x}{|A|} \quad 与 \quad \frac{\sum_{x\in B} x}{|B|}$$

是互素的合数.（这里$\sum_{x\in X} x$与$|X|$分别表示有限数集X的所有元素之和及元素个数.）（余红兵供题）

分析 题目中对$\frac{\sum_{x\in A} x}{|A|}$与$\frac{\sum_{x\in B} x}{|B|}$的要求实际上有四点：（1）互不相同，（2）均为整数，（3）彼此互素，（4）均为合数. 不难想到当S作线性变换时它的每个非空子集的元素平均值也在作同样的线性变换. 因此在本问题中，我们应当先主后次，优先解决根本的要求，而对于可以利用线性变换来满足的要求则可以在主要部分构造出来后依次来满足. 经过简单的分析可以发现，只有（1）是光靠线性变换无法满足的，其他如（2）可以把S中的数都乘以$n!$，（3）则可以乘上一个足够大的整数阶乘后再加1，（4）更是可以利用中国剩余定理. 在四个要求的先后顺序排定后，即可整理出一套构造的步骤. 在接下来的解答中，笔者介绍一个自己想到的巧妙的构造方法. 为了体现步骤，下面的构造被分为四步，依次满足所需的每个条件.

证明 我们用f（X）表示有限数集X中元素的算术平均.

第一步，取n个大于n且互不相同的素数p_1，p_2，…，p_n，我们先证明，对集合$S_1=\left\{\frac{\prod_{i=1}^{n} p_i}{p_j}：1\leqslant j\leqslant n\right\}$的任意两个不同的非空子集$A$，$B$，有$f(A)\neq f(B)$.

事实上，因为A，B不同，故S_1中至少有一个元素恰出现在其中之一中. 不妨设$\frac{\prod_{i=1}^{n} p_i}{p_1}\in A$且$\frac{\prod_{i=1}^{n} p_i}{p_1}\notin B$，那么$B$中每个元素都被$p_1$整除，即$p_1|n!f(B)$. 但$A$中恰有一个元素不被$p_1$整除，并由$p_1>n$知$p_1$不整除$n!f(A)$. 因此$n!f(A)\neq n!f(B)$，得$f(A)\neq f(B)$.

第二步，令$S_2=\{n!x：x\in S_1\}$，则对于S_2的任意两个不同的非空子集A，B，有$f(A)$与$f(B)$为不同的正整数.

事实上，由S_2的构造易知存在S_1的两个不同的非空子集A_1，B_1，使$f(A)=n!f(A_1)$，$f(B)=n!f(B_1)$. 由$f(A_1)\neq f(B_1)$知$f(A)\neq f(B)$，再由$|A|$，$|B|\leqslant n$及S_1，S_2的构造知$f(A)$与$f(B)$均为正整数.

第三步，令K为S_2中的最大元，则对于集合$S_3=\{K!x+1：x\in S_2\}$的任意两个不同的非空子集A，B，有$f(A)$与$f(B)$为互素且均大于1的正整数.

首先由S_3的构造易知存在S_2的两个不同的非空子集A_1，B_1，使$f(A)=K!f(A_1)+1$，$f(B)=K!f(B_1)+1$. 由前面的结论可得$f(A)$与$f(B)$为不同且均大于1的正整数. 下证$f(A)$与$f(B)$互素. 若不然，则存在大于1的素数p为$f(A)$与

$f(B)$ 的公约数. 显然 $p\mid(K!\cdot|f(A_1)-f(B_1)|)$. 由 $0<f(A_1)$, $f(B_1)\leqslant K$ 及 $f(A_1)\neq f(B_1)$ 知 $1\leqslant|f(A_1)-f(B_1)|\leqslant K$，因此 $p\leqslant K$，即 $p\mid K!f(A_1)$，从而 $p\mid 1$ 矛盾！

第四步，令 L 为 S_3 中的最大元，则对于集合 $S_4=\{L!+x: x\in S_3\}$ 的任意两个不同的非空子集 A，B，有 $f(A)$ 与 $f(B)$ 为互素的合数.

首先由 S_4 的构造易知存在 S_3 的两个不同的非空子集 A_1，B_1，使 $f(A)=L!+f(A_1)$，$f(B)=L!+f(B_1)$. 由前面结论知 $f(A)$ 与 $f(B)$ 为不同的正整数. 因为 L 为 S_3 中的最大元，所以 $f(A_1)\mid L!$，即 $f(A_1)\mid f(A)$，再结合 $f(A_1)<f(A)$ 知 $f(A)$ 为合数，同理 $f(B)$ 为合数. 下面只需证 $f(A)$ 与 $f(B)$ 互素. 若不然，则存在大于 1 的素数 p 为 $f(A)$ 与 $f(B)$ 的公约数. 显然 $p\mid(L!\cdot|f(A_1)-f(B_1)|)$. 由 $0<f(A_1)$，$f(B_1)\leqslant L$ 及 $f(A_1)\neq f(B_1)$ 知 $1\leqslant|f(A_1)-f(B_1)|\leqslant L$，因此 $p\leqslant L$，即 $p\mid f(A_1)$ 且 $p\mid f(B_1)$，而这与 $f(A_1)$ 与 $f(B_1)$ 互素矛盾！

综上所述，我们分四步构造出的集合 S_4 满足问题的全部要求.

评注 这个看起来很难的构造题目，其实最难的部分却是分析中出现的列出四个条件并排好序. 很多考生在考场上或是忘记了元素的平均值应当彼此不同，或是同时考虑几个条件而顾此失彼. 本题考查了考生对于数论中一些技巧的熟练掌握、逻辑的严密性，以及少量的组合思维.

作者：朱华伟，付云皓. 原载：《中学数学教学参考》2009 年第 3 期（上旬）.

4-10 2009年第50届国际数学奥林匹克中国国家集训队选拔考试

第50届国际数学奥林匹克（IMO）中国国家集训队于2009年3月15日至4月2日在湖北武钢三中进行了集训和选拔. 主要任务是为中国参加2009年7月在德国不来梅举行的第50届IMO选拔中国国家队队员. 这次集训有34名队员参加. 集训期间经过6次小考（占50％总成绩）和2次大考（占50％总成绩）的选拔，最后选出了6名学生组成中国国家队，代表中国中学生参加第50届IMO. 这6名队员是：韦东奕（山东师大附中，高二），郑凡（上海市上海中学，高二），黄骄阳（四川省成都七中），郑志伟（浙江省温州乐清乐成公立寄宿学校），赵彦霖（吉林省长春东北师大附中），林博（北京市人大附中）. 数学奥林匹克协助体各校的队员及旁听生共173名同学也参加了集训. 国家集训队的教练是：朱华伟（广州大学软件所），冷岗松（上海大学数学系），余红兵（苏州大学数学系），陈永高（南京师范大学数学与计算机科学学院），熊斌（华东师范大学数学系），李伟固（北京大学数学学院），李胜宏（浙江大学数学系），梁应德（澳门大学数学系），付云皓（广州大学软件所）. 著名数学家齐民友，中国数学会奥林匹克委员会主席王杰，中国数学会普及工作委员会主任吴建平、副主任陈传理等出席并指导了本次活动.

下面让我们来欣赏2009年的选拔考试题，并给出我们的解法和评析.

第1天

2009年3月31日　8:00—12:30　湖北武汉

1. 设 D 是三角形 ABC 的 BC 边上一点，满足 $\angle CAD=\angle CBA$. 圆 O 经过 B，D 两点，并分别与线段 AB，AD 交于 E，F 两点，BF、DE 相交于 G 点. M 是 AG 的中点. 求证：$CM\perp AO$.（熊斌供题）

分析　由题目中的等角可以推出一个关于线段的二次等式，加上条件和结论中出现垂直及中点，不难想到可以用利用平方差判定垂直，并通过计算将问题倒推至一个较基本的定理.

证明　如图1所示，作三角形 BEG 的外接圆交 AG 的延长线于 Q 点. 连接 EQ，DQ. 由圆幂定理知 $AG\times AQ=AB\times AE=AD\times AF$，故 D，F，G，Q 四点共圆.
因此 $\angle FDQ=\angle BGQ=\angle BEQ$，即 A，D，Q，E 四点共圆，由圆幂定理知

$$EG\times GD=AG\times GQ. \qquad ①$$

设圆 O 的半径为 r，则在圆 O 中利用圆幂定理知 $EG\times GD=r^2-OG^2$，$AG\times AQ=AO^2-r^2$. 代入①中并整理得

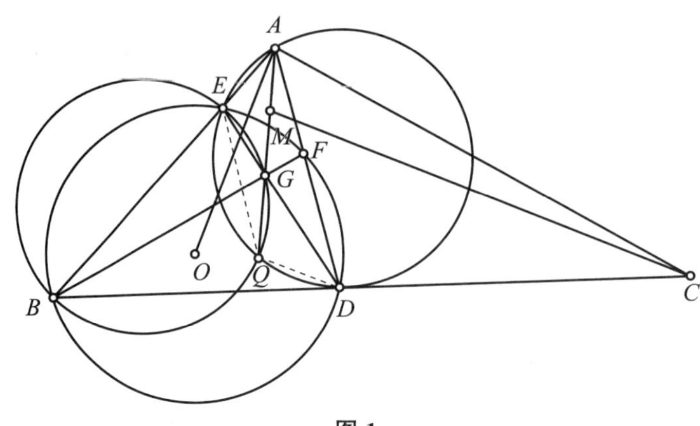

图 1

$$AO^2+GO^2=2r^2+AG^2. \quad ②$$

由中线长公式，得 $AO^2+GO^2=2(AM^2+OM^2)$，代入②并注意 $AG=2AM$，得

$$OM^2=AM^2+r^2. \quad ③$$

由$\angle CAD=\angle CBA$ 及$\angle ACD=\angle BCA$ 知三角形CAD 与三角形CBA 相似，故

$$CA^2=CB\times CD=CO^2-r^2. \quad ④$$

结合③④我们有 $AM^2-OM^2=AC^2-OC^2$，即 $CM\perp AO$，证毕.

评注 作为选拔考试的第一题，这个几何题目稍显容易，采用的方法对于较熟悉几何的学生来说都是常见的. 在证明中将分析中的思路反过来写可以使表达更加清楚. 即使没有想到这个方法，利用解析几何或者复数来计算也可以证明结论.

2. 给定整数$n\geqslant 2$，求具有下述性质的最大常数$\lambda(n)$：若实数序列a_0，a_1，a_2，…，a_n 满足 $0=a_0\leqslant a_1\leqslant a_2\leqslant\cdots\leqslant a_n$，$a_i\geqslant\frac{1}{2}(a_{i+1}+a_{i-1})$（$i=1, 2, \cdots, n-1$），则有

$$\left(\sum_{i=1}^{n} ia_i\right)^2\geqslant\lambda(n)\left(\sum_{i=1}^{n} a_i^2\right).$$ （朱华伟供题）

分析 对较小的 n 进行分析不难发现令 $a_1=a_2=\cdots=a_n>0$ 可得 $\lambda(n)\leqslant\frac{n(n+1)^2}{4}$，并且$\lambda(n)=\frac{n(n+1)^2}{4}$是满足题目条件的，下面的工作就是证明不等式了. 这个不等式的最大难度在于左边有乘积项而右边全是平方项，因此对给定的 a_i 和a_j，我们希望能得到 $a_ia_j\geqslant pa_i^2+qa_j^2$ 这样的局部不等式. 而要得到这样的不等式，就须先给出 a_i 和 a_j 之比（假设 a_i，a_j 均不为 0）.

解 $\lambda(n)$ 的最大值为$\frac{n(n+1)^2}{4}$.

首先，令 $a_1=a_2=\cdots=a_n=1$，得$\lambda(n)\leqslant\frac{n(n+1)^2}{4}$. 下面我们证明：对任何满足条件的序列 a_0，a_1，a_2，…，a_n，有不等式

$$\left(\sum_{i=1}^{n} i a_i\right)^2 \geqslant \frac{n(n+1)^2}{4}\left(\sum_{i=1}^{n} a_i^2\right). \qquad (*)$$

首先我们证明 $a_1 \geqslant \frac{a_2}{2} \geqslant \cdots \geqslant \frac{a_n}{n}$. 事实上，由条件有 $2ia_i \geqslant i(a_{i+1}+a_{i-1})$ 对任意 $i=1, 2, \cdots, n-1$ 成立. 对于给定的正整数 $1 \leqslant l \leqslant n-1$，将此式对 $i=1, 2, \cdots, l$ 求和得 $(l+1)a_l \geqslant l a_{l+1}$，即 $\frac{a_l}{l} \geqslant \frac{a_{l+1}}{l+1}$ 对任意 $l=1, 2, \cdots, n-1$ 成立.

下面我们证明，对于 $i, j, k \in \{1, 2, \cdots, n\}$，若 $i>j$，则 $\frac{2ik^2}{i+k} > \frac{2jk^2}{j+k}$.

事实上，上式等价于 $2ik^2(j+k) > 2jk^2(i+k)$，即 $(i-j)k^3>0$，显然成立. 现在我们来证明（$*$）. 首先对于 $1 \leqslant i < j \leqslant n$，来估计 $a_i a_j$ 的下界. 由前述，知 $\frac{a_i}{i} \geqslant \frac{a_j}{j}$，即 $ja_i - ia_j \geqslant 0$.

又因为 $a_i - a_j \leqslant 0$，故 $(ja_i - ia_j)(a_j - a_i) \geqslant 0$，即 $a_i a_j \geqslant \frac{i}{i+j} a_j^2 + \frac{j}{i+j} a_i^2$. 这样，我们有：

$$\begin{aligned}\left(\sum_{i=1}^{n} i a_i\right)^2 &= \sum_{i=1}^{n} i^2 a_i^2 + 2 \sum_{1 \leqslant i < j \leqslant n} ij a_i a_j \\ &\geqslant \sum_{i=1}^{n} i^2 \cdot a_i^2 + 2 \sum_{1 \leqslant i < j \leqslant n} \left(\frac{i^2 j}{i+j} a_j^2 + \frac{ij^2}{i+j} a_i^2\right) \\ &= \sum_{i=1}^{n} \left(a_i^2 \cdot \sum_{k=1}^{n} \frac{2ik^2}{i+k}\right).\end{aligned}$$

记 $b_i = \sum_{k=1}^{n} \frac{2ik^2}{i+k}$，由前面证明可知 $b_1 \leqslant b_2 \leqslant \cdots \leqslant b_n$. 又 $a_1^2 \leqslant a_2^2 \leqslant \cdots \leqslant a_n^2$，由切比雪夫不等式，有：

$$\sum_{i=1}^{n} a_i^2 b_i \geqslant \frac{1}{n}\left(\sum_{i=1}^{n} a_i^2\right)\left(\sum_{i=1}^{n} b_i\right).$$

这样 $$\left(\sum_{i=1}^{n} i a_i\right)^2 \geqslant \frac{1}{n}\left(\sum_{i=1}^{n} a_i^2\right)\left(\sum_{i=1}^{n} b_i\right).$$

而

$$\begin{aligned}\sum_{i=1}^{n} b_i &= \sum_{i=1}^{n} \sum_{k=1}^{n} \frac{2ik^2}{i+k} = \sum_{i=1}^{n} i^2 + 2 \sum_{1 \leqslant i < j \leqslant n} \left(\frac{i^2 j}{i+j} + \frac{ij^2}{i+j}\right) \\ &= \sum_{i=1}^{n} i^2 + 2 \sum_{1 \leqslant i < j \leqslant n} ij = \left(\sum_{i=1}^{n} i\right)^2 = \frac{n^2(n+1)^2}{4}.\end{aligned}$$

因此 $\left(\sum_{i=1}^{n} i a_i\right)^2 \geqslant \frac{n(n+1)^2}{4} \sum_{i=1}^{n} a_i^2$. 故（$*$）获证.

综上所述，可知$\lambda(n)$的最大值为$\frac{n(n+1)^2}{4}$.

评注 本题是反向不等式的典型，导出$a_ia_j \geqslant \frac{i}{i+j}a_j^2+\frac{j}{i+j}a_i^2$是整个问题证明的关键，若未能想到此点，则只能做原数列的差分数列甚至是二阶差分数列，并进行十分烦琐的计算.

3. 求证：对于任意的奇素数p，满足$p\mid n!+1$的正整数n的个数不超过$cp^{\frac{2}{3}}$，这里c是一个与p无关的常数.（余红兵供题）

分析 首先可以看出符合要求的n应满足$1\leqslant n\leqslant p-1$，但接下来便无从下手. 我们考虑这样的正整数$n$的个数不超过$cp^{\frac{2}{3}}$的原因，或者说这样的$n$为什么不能出现得这么频繁，一个比较自然的想法就是考虑相邻的两个符合要求的n之差的下限，但是一个差并不能进行下限估计，只能整体地考虑. 通过观察我们发现，为了考虑相邻两个符合要求的n之差，可以同时考虑这两个阶乘的商，由此可以得到本题的突破口.

证明 显然，符合要求的n应满足$1\leqslant n\leqslant p-1$. 设这样的$n$的全体是$n_1<n_2<\cdots<n_k$，我们只需要证明$k\leqslant 12p^{\frac{2}{3}}$，当$k\leqslant 12$时结论是显然成立的，下设$k>12$.

将$n_{i+1}-n_i(1\leqslant i\leqslant k-1)$重排成不减的数列$1\leqslant \mu_1\leqslant \mu_2\leqslant\cdots\leqslant\mu_{k-1}$. 则显然有

$$\sum_{i=1}^{k-1}\mu_i=\sum_{i=1}^{k}(n_{i+1}-n_i)=n_k-n_1<p. \quad ①$$

我们首先证明，对$s\geqslant 1$，有

$$|\{1\leqslant i\leqslant k-1\mid \mu_i=s\}|\leqslant s, \quad ②$$

即等于给定的s的μ_i至多有s个.

事实上，设$n_{i+1}-n_i=s$，则$n_i!+1\equiv n_{i+1}!+1\equiv 0(\bmod p)$，由此可知$(p, n_i!)=1$，故

$$(n_i+s)(n_i+s-1)\cdots(n_i+1)\equiv 1(\bmod p).$$

故n_i是s次同余方程

$$(x+s)(x+s-1)\cdots(x+1)\equiv 1(\bmod p)$$

的一个解. 由于p是素数，由拉格朗日定理知，上述同余方程至多有s个解，故满足$n_{i+1}-n_i=s$的n_i至多只有s个值，从而②得证.

现在我们证明，对任意的正整数l，只要$\frac{l(l+1)}{2}+1\leqslant k-1$，就有$\mu_{\frac{l(l+1)}{2}+1}\geqslant l+1$. 假设结论不成立，即$\mu_{\frac{l(l+1)}{2}+1}\leqslant l$，那么$\mu_1, \mu_2, \cdots, \mu_{\frac{l(l+1)}{2}+1}$都是1到$l$中的正整数. 而由②知，在$\mu_1, \mu_2, \cdots, \mu_{\frac{l(l+1)}{2}+1}$中，1至多出现1次，2最多出现2次，…，$l$至多出现$l$次，即从1到$l$的正整数总共至多出现$1+2+\cdots+l=\frac{l(l+1)}{2}$次，这与$\frac{l(l+1)}{2}+1$

个数 μ_1，μ_2，…，$\mu_{\frac{l(l+1)}{2}+1}$ 都是不超过 l 的正整数矛盾！

设 m 是满足$\frac{m(m+1)}{2}+1\leqslant k-1$ 的最大正整数，则

$$\frac{m(m+1)}{2}+1\leqslant k-1<\frac{(m+1)(m+2)}{2}+1. \tag{③}$$

我们有

$$\begin{aligned}\sum_{i=1}^{k-1}\mu_i &\geqslant \sum_{i=0}^{m-1}\left(\mu_{\frac{i(i+1)}{2}+1}+\mu_{\frac{i(i+1)}{2}+2}+\cdots+\mu_{\frac{(i+1)(i+2)}{2}}\right)\\ &\geqslant \sum_{i=0}^{m-1}(i+1)\mu_{\frac{i(i+1)}{2}+1}\geqslant \sum_{i=0}^{m-1}(i+1)^2\\ &=\frac{m(m+1)(2m+1)}{6}>\frac{m^3}{3}.\end{aligned}$$

由于 $k>12$，故 $m\geqslant 4$，因此，结合①，③可得

$$k<2+\frac{(m+1)(m+2)}{2}<4m^2<4\left(3\sum_{i=1}^{k-1}\mu_i\right)^{\frac{2}{3}}<4\cdot(3p)^{\frac{2}{3}}.$$

这就证明了结论.

评注 本题是典型的上手难的问题，如果能想到作差并重排，后面的拉格朗日定理和不等式都是水到渠成的. 但是对于组合能力较弱的学生来说，即使有两三个小时，也未见得能想到这样的一步，尽管这一步看起来是如此的简单. 本题充分考查了学生的组合感觉以及考场上的突破能力.

第2天

2009年4月1日 8:00—12:30 湖北武汉

4. 设正实数 a，b 满足 $b-a>2$. 求证：对区间 $[a, b)$ 中任意两个不同的整数 m，n，总存在一个由区间 $[ab,(a+1)(b+1))$ 中某些整数组成的（非空）集合 S，使得

$$\frac{\prod_{x\in S}x}{mn}$$

是一个有理数的平方.（余红兵供题）

分析 很难直接看出如何选取这个 S，先对基本情况进行分析或许能得到一些信息. 本题的基本情况应当是区间 $[a, b)$ 中只有两个整数时的情况，但在此种情况下，这两个整数的乘积即落在区间 $[ab,(a+1)(b+1))$ 中，看似没有什么意义. 当区间 $[a, b)$ 变长时，这个方法不再适用，但考虑相邻整数却给了我们一个重要的提示. 只要对相邻的整数命题成立，根据题目的要求可以将不相邻的整数“转化”成相邻的情况，由此得到解题的途径.

证明 我们需要一个引理.

引理 设整数 u 满足 $a\leqslant u<u+1<b$，则区间 $[ab,(a+1)(b+1))$ 中有两个不同整数 x，y，使得$\frac{xy}{u(u+1)}$是一个整数的平方.

引理的证明 取 v 是大于等于$\frac{ab}{u}$的最小整数，即整数 v 满足

$$\frac{ab}{u}\leqslant v<\frac{ab}{u}+1,$$

故

$$ab\leqslant uv<ab+u(<ab+a+b+1), \quad ①$$

从而

$$ab<(u+1)v=uv+v<ab+u+\frac{ab}{u}+1<ab+a+b+1(\text{因 } a\leqslant u<b). \quad ②$$

（这里，我们应用了一个熟知的事实，函数 $f(t)=t+\frac{ab}{t}(a\leqslant t\leqslant b)$ 在 $t=a$ 或 b 时取得最大值.）

由①，②可知，uv 和 $(u+1)v$ 为区间 $I=[ab,(a+1)(b+1))$ 中的两个不同整数，取 $x=uv$，$y=(u+1)v$ 即知$\frac{xy}{u(u+1)}=v^2$ 是一个整数的平方.

回到原题，设 $m<n$，则 $a\leqslant m\leqslant n-1<b$. 由引理可知，对于 $k=m$，$m+1$，…，$n-1$，分别有区间 $[ab,(a+1)(b+1))$ 中的两个不同整数 x_k，y_k，都存在一个整数 A_k，使得

$$\frac{x_ky_k}{k(k+1)}=A_k^2.$$

将所有这些等式相乘，得

$$\frac{\prod\limits_{k=m}^{n-1}x_ky_k}{mn(m+1)^2\cdots(n-1)^2}=\prod_{k=m}^{n-1}A_k^2.$$

是一个整数的平方.

令 S 为 x_i，$y_i(m\leqslant i\leqslant n-1)$ 中出现奇数次的数的集合，若 S 非空，则由上式易知$\frac{\prod\limits_{x\in S}x}{mn}$ 是一个有理数的平方.

若 S 是空集，则显然 mn 是一个整数的平方.

而由 $a+b>2\sqrt{ab}$ 知 $ab+a+b+1>ab+2\sqrt{ab}+1$，即$\sqrt{(a+1)(b+1)}>\sqrt{ab}+1$，

即区间 $[\sqrt{ab}, \sqrt{(a+1)(b+1)})$ 中至少有一个整数，故在区间 $[ab,(a+1)(b+1))$ 中至少有一个完全平方数. 设 $r^2\in[ab,(a+1)(b+1))(r\in Z)$，令 $S'=\{r^2\}$，则 $\frac{\prod\limits_{x\in S'}x}{mn}$ 是一个有理数的平方.

评注 引理的提出和证明是本题的关键，而提出引理的动机则是从基本情况入手而思考来的. 当然，对数字很敏感的学生可以从题目中的区间 $[ab,(a+1)(b+1))$ 得到更多的信息，本题考查了学生以小及大的能力.

5. 设 m 是大于 1 的整数，n 是一个奇数且 $3\leqslant n<2m$. 数 $a_{i,j}(i, j\in N, 1\leqslant i\leqslant m, 1\leqslant j\leqslant n)$ 满足

(1) 对于任意的 $1\leqslant j\leqslant n$，$a_{1,j}$，$a_{2,j}$，…，$a_{m,j}$ 是 1，2，…，m 的一个排列；

(2) 对于任意的 $1\leqslant i\leqslant m$，$1\leqslant j\leqslant n-1$，有 $|a_{i,j}-a_{i,j+1}|\leqslant 1$.

令 $M=\max\limits_{1\leqslant i\leqslant m}\sum\limits_{j=1}^{n}a_{i,j}$，求 M 的最小值.（付云皓供题）

分析 这是一个双变量的组合极值问题，先定出极值是关键，通过对较小的 m，n 的举例不仅可以猜出 M 的最小值，还可以得到 M 取最小值时 $a_{i,j}$ 的一些规律，由此可以给出下界证明与构造.

解 令 $n=2l+1$，由 $3\leqslant n<2m$ 得 $1\leqslant l\leqslant m-1$. 下面先估计 M 的下界.

由 (1) 知存在唯一的一个 $1\leqslant i_0\leqslant m$，使 $a_{i_0,l+1}=m$. 考虑 $a_{i_0,l}$ 与 $a_{i_0,l+2}$.

情况 1 $a_{i_0,l}$ 与 $a_{i_0,l+2}$ 中至少有一个为 m，由对称性不妨设 $a_{i_0,l}=m$. 由 (2) 我们有

$$a_{i_0,l-1}\geqslant m-1,\quad a_{i_0,l-2}\geqslant m-2,\cdots,\quad a_{i_0,1}\geqslant m-l+1,$$
$$a_{i_0,l+2}\geqslant m-1,\quad a_{i_0,l+3}\geqslant m-2,\cdots,\quad a_{i_0,2l+1}\geqslant m-l.$$

故

$$\begin{aligned}M&\geqslant\sum_{j=1}^{n}a_{i_0,j}\geqslant(m-l)+2((m-l+1)+(m-l+2)+\cdots+m)\\&=(2l+1)m-l^2.\end{aligned}$$

情况 2 $a_{i_0,l}$ 与 $a_{i_0,l+2}$ 都不为 m，则由 (1) 知存在 $1\leqslant i_1\leqslant m$，$i_1\neq i_0$，使 $a_{i_1,l}=m$. 由 (1)，(2) 易知 $a_{i_1,l+1}=m-1$，$a_{i_1,l+2}=m$. 再利用 (2) 我们有

$$a_{i_1,l-1}\geqslant m-1,\quad a_{i_1,l-2}\geqslant m-2,\cdots,\quad a_{i_1,1}\geqslant m-l+1,$$
$$a_{i_1,l+3}\geqslant m-1,\quad a_{i_1,l+4}\geqslant m-2,\cdots,\quad a_{i_1,2l+1}\geqslant m-l+1.$$

故

$$\begin{aligned}M&\geqslant\sum_{j=1}^{n}a_{i_1,j}\geqslant 2((m-l+1)+(m-l+2)+\cdots+m)+(m-1)\\&=(2l+1)m-(l^2-l+1).\end{aligned}$$

综合情况 1，2 知 $M \geqslant (2l+1)m-l^2$.

另一方面，令 $a_{i,j}=f(2i+j)=\begin{cases} 2i+j & (2i+j\leqslant m) \\ (2m+1)-(2i+j) & (m+1\leqslant 2i+j\leqslant 2m) \\ (2i+j)-2m & (2m+1\leqslant 2i+j\leqslant 3m) \\ (4m+1)-(2i+j) & (3m+1\leqslant 2i+j\leqslant 4m) \end{cases}$

则对于任意的 $1\leqslant i\leqslant m$，$1\leqslant j\leqslant n-1$，

若 $m \mid 2i+j$，则 $|a_{i,j}-a_{i,j+1}|=|f(2i+j)-f(2i+j+1)|=1$；

若 $m \mid 2i+j$，则 $|a_{i,j}-a_{i,j+1}|=|f(2i+j)-f(2i+j+1)|=0$.

即（2）成立.

下证（1）成立. 事实上，只需证明对任意的整数 $1\leqslant j\leqslant n$ 及 $1\leqslant k\leqslant m$，存在一个整数 $1\leqslant i\leqslant m$ 使得 $a_{i,j}=k$ 即可.

当 $j\equiv k(\mathrm{mod}2)$ 时，由 $1\leqslant j\leqslant n$，$1\leqslant k\leqslant m$ 及 $n<2m$ 知 $-2m<k-j<m$，故 $-m<\frac{k-j}{2}<m$ 且 $\frac{k-j}{2}$ 是一个整数. 因此 $\frac{k-j}{2}$ 和 $\frac{k-j}{2}+m$ 至少有一个在集合 $\{1, 2, \cdots, m\}$ 中，取这个数为 i 即可.

当 $j\equiv k(\mathrm{mod}2)$ 时，由 $1\leqslant j\leqslant n$，$1\leqslant k\leqslant m$ 及 $n<2m$ 知 $-2m<(2m+1)-(j+k)<2m$，故 $-m<\frac{(2m+1)-(j+k)}{2}<m$ 且 $\frac{(2m+1)-(j+k)}{2}$ 是一个整数. 因此 $\frac{(2m+1)-(j+k)}{2}$ 和 $\frac{(2m+1)-(j+k)}{2}+m$ 至少有一个在集合 $\{1, 2, \cdots, m\}$ 中，取这个数为 i 即可.

现在，我们来估计此时的 M. 由于（1）成立，故对任意的 $1\leqslant i_1<i_2\leqslant m$，$1\leqslant j\leqslant n-1$，有 $f(2i_1+j)\neq f(2i_2+j)$，即对于奇偶性相同且满足 $3\leqslant x<y\leqslant 2m+n$ 及 $y-x<2m$ 的整数 x，y，有 $f(x)\neq f(y)$. 因此对于给定的 i，$a_{i,1}$，$a_{i,3}$，$\cdots$，$a_{i,2l+1}$ 两两不同，$a_{i,2}$，$a_{i,4}$，$\cdots$，$a_{i,2l}$ 两两不同. 因此我们有

$$\sum_{j=1}^{n} a_{i,j} \leqslant (m-l)+2((m-l+1)+(m-l+2)+\cdots+m)=(2l+1)m-l^2.$$

故此时的 $M=\max\limits_{1\leqslant i\leqslant m}\sum\limits_{j=1}^{n} a_{i,j} \leqslant (2l+1)m-l^2$.

综上所述，M 的最小值为 $(2l+1)m-l^2=mn-\left(\frac{n-1}{2}\right)^2$.

评注 在这个问题中，下界证明虽然容易但其实是关键，相对地，上界构造本身并不难，难点在于如何说明这个构造满足题目要求并且 M 确实取到极值. 另外，当 n 是偶数时，M 的极值也可以确定，读者不妨自己思考一下（此时无须 $n<2m$）.

6. **求证：**在 40 个不同的正整数所组成的等差数列中，至少有一项不能表示成 2^k+3^l 的形式，其中 k，l 是非负整数.（陈永高供题）

分析 拿到这个问题，一般的想法是考虑模，但是当公差被 2 和 3 的几次幂都整除时，我们并不能得出矛盾，因此需要换一个角度去考虑. 题目实际上是在说，2^k+3^l 的

形式的数没有那么长的等差数列，究其原因，就是 2 的幂和 3 的幂都无法形成等差数列．从这里出发，我们可以想到，如果某一个 k 出现次数过多，将导致矛盾，同样的如果某一个 l 出现得过多也将导致矛盾．然而有什么办法可以限制不同的 k 和 l 的个数呢？由于 2 的幂和 3 的幂都比较“散”，故考虑较大的一部分，利用不等式辅助估计，是一条通向胜利的道路．

证明 假设存在一个各项不同，且均能表示成 2^k+3^l 的形式的 40 项等差数列，设这个等差数列为 a，$a+d$，$a+2d$，…，$a+39d$，其中 a，d 是正整数．

设 $m=[\log_2(a+39d)]$，$n=[\log_3(a+39d)]$，下面先证明 $a+26d$，$a+27d$，…，$a+39d$ 中至多有一个不能表示成 2^m+3^l 或者 2^k+3^n 的形式．（k，l 是非负整数）

若 $a+26d$，$a+27d$，…，$a+39d$ 中的某一个 $a+hd$ 不能表示成 2^m+3^l 或者 2^k+3^n 的形式，由假设，一定存在非负整数 b，c，使得 $a+hd=2^b+3^c$．由 m 和 n 的定义知 $b\leqslant m$，$c\leqslant n$，又因为 $a+hd$ 不能表示成 2^m+3^l 或者 2^k+3^n 的形式，故 $b\leqslant m-1$，$c\leqslant n-1$．若 $b\leqslant m-2$，则 $a+hd\leqslant 2^{m-2}+3^{n-1}=\frac{1}{4}\cdot 2^m+\frac{1}{3}\cdot 3^n\leqslant\frac{7}{12}\cdot(a+39d)<a+26d$，矛盾．若 $c\leqslant n-2$，则 $a+hd\leqslant 2^{m-1}+3^{n-2}=\frac{1}{2}\cdot 2^m+\frac{1}{9}\cdot 3^n\leqslant\frac{11}{18}\cdot(a+39d)<a+26d$，矛盾．因此只有 $b=m-1$，$c=n-1$，即 $a+26d$，$a+27d$，…，$a+39d$ 中至多有一个不能表示成 2^m+3^l 或者 2^k+3^n 的形式．

因此，这 14 个数中至少有 13 个可以写成 2^m+3^l 或者 2^k+3^n 的形式，由抽屉原理，至少有 7 个数可表示为同一种形式．下面分两种情况．

情况 1 有 7 个数可以表示成 2^m+3^l 的形式，设它们为 $2^m+3^{l_1}$，$2^m+3^{l_2}$，…，$2^m+3^{l_7}$，其中 $l_1<l_2<\cdots<l_7$．则 3^{l_1}，3^{l_2}，…，3^{l_7} 是某个公差为 d 的 14 项等差数列中的 7 项．

但 $13d\geqslant 3^{l_7}-3^{l_1}\geqslant\left(3^5-\frac{1}{3}\right)\cdot 3^{l_2}>13(3^{l_2}-3^{l_1})\geqslant 13d$，矛盾．

情况 2 有 7 个数可以表示成 2^k+3^n 的形式，设它们为 $2^{k_1}+3^n$，$2^{k_2}+3^n$，…，$2^{k_7}+3^n$，其中 $k_1<k_2<\cdots<k_7$．则 2^{k_1}，2^{k_2}，…，2^{k_7} 是某个公差为 d 的 14 项等差数列中的 7 项．

但 $13d\geqslant 2^{k_7}-2^{k_1}\geqslant\left(2^5-\frac{1}{2}\right)\cdot 2^{k_2}>13(2^{k_2}-2^{k_1})\geqslant 13d$，矛盾．

综上所述，假设不成立，原题得证．

评注 丢弃掉较小的一部分，以便对不同的 k，l 的个数进行估计，是本题的关键．这个问题难就难在不考虑较小的部分，并向 2 的幂和 3 的幂均不能独自形成等差数列这里去靠拢．在考场上，我们国家集训队的 34 名高手只有 4 名同学做出了这道题，其中还有两名同学是在放弃了第五题的基础上完成的，可见此题之难．

事实上，由 2^k+3^l 的形式的数组成的非常数等差数列最多只可能有 6 项（3，5，7，9，11，13 就是符合要求的一个例子），有兴趣的读者可以尝试证明之．

作者：付云皓，朱华伟．原载：《数学通讯》2009 年第 14 期、第 16 期．

4-11 2009年第50届国际数学奥林匹克

第50届国际数学奥林匹克（IMO 2009 Germany）于2009年7月10日至22日在德国不来梅（Bremen）雅各布大学（Jacobs University）举行，来自104个国家及地区的565名学生参加了这次比赛.

中国国家队由领队朱华伟（广州大学教授）、副领队冷岗松（上海大学教授）、观察员A熊斌（华东师范大学教授）、观察员B付云皓（广州大学研究生）带队，6位队员是韦东奕（山东省山东师大附中）、郑凡（上海市上海中学）、郑志伟（浙江省乐成公立寄宿学校）、林博（北京市人大附中）、赵彦霖（吉林省东北师大附中）、黄骄阳（四川省成都七中）.

7月10日早晨，吴建平教授开车送我和熊斌教授去北京机场，我们于10:30从北京起飞，经法兰克福转机到不来梅，当地时间7月10日晚上19:00抵达不来梅，7月11日、12日、13日参加领队会议、参与选题工作. 冷岗松教授和付云皓博士带领队员7月13日中午从北京出发，经慕尼黑转机到不来梅，当地时间13日晚上21:00到达不来梅.

7月14日上午11:00，举行第50届IMO开幕式，下图是中国代表队6名队员参加开幕式入场式.

7 月 15 日上午、7 月 16 日上午进行了两天各 4.5 小时的考试，每天 3 道题. 考场设在不来梅市一座宏伟的建筑内，在正式开始考试之前考试地点对选手和教练是保密的. 五百多名选手济济一堂，蔚为壮观. 每个人一张大桌子，放着一瓶矿泉水、一块巧克力、一小袋咸花生和一块葡萄糖.

考场规定非常严格，纸、三角板、量角器、计算器和电子物品不能带入考场，可带手表、直尺，所有带入考场的物品必须放在一个透明袋里. 每位选手发一个夹子，夹子里有本国语言试题和英语试题、一张提问纸、二十张答题纸和草稿纸、三个放答题纸的小夹子和放着五种不同颜色的卡片：分别代表上洗手间，喝水，更多的演算纸等，如果遇到问题，选手举起相应的卡片.

1. 第 50 届 IMO 试题

Language: Chinese (Simplified)

Day: 1

2009 年 7 月 15 日，星期三

1. 设 n 是一个正整数，a_1，a_2，…，$a_k(k\geqslant 2)$ 是集合 $\{1, \cdots, n\}$ 中的互不相同的整数，使得对于 $i=1$，…，$k-1$，都有 n 整除 $a_i(a_{i+1}-1)$. 证明：n 不整除 $a_k(a_1-1)$.

2. 设 O 是三角形 ABC 的外心. 点 P 和 Q 分别是边 CA 和 AB 的内点. 设 K，L 和 M 分别是线段 BP，CQ 和 PQ 的中点，Γ 是过点 K，L 和 M 的圆. 若直线 PQ 与圆 Γ 相切，证明：$OP=OQ$.

3. 设 s_1，s_2，s_3…是一个严格递增的正整数数列，使得它的两个子数列

$$s_{s_1}, s_{s_2}, s_{s_3}, \cdots \quad 和 \quad s_{s_1+1}, s_{s_2+1}, s_{s_3+1} \cdots$$

都是等差数列. 证明：数列 s_1，s_2，s_3…本身也是一个等差数列.

Language：Simplified Chinese　　　　考试时间：4 小时 30 分

每题 7 分

Language: Chinese (Simplified)

Day: 2

2009 年 7 月 16 日，星期四

4. 在三角形 ABC 中，$AB=AC$，$\angle CAB$ 和$\angle ABC$ 的内角平分线分别与边 BC 和 CA 相交于点 D 和 E. 设 K 是三角形 ADC 的内心. 若$\angle BEK=45°$，求$\angle CAB$ 所有可能的值.

5. 求所有从正整数集到正整数集上的满足如下条件的函数 f：对所有正整数 a 和 b，都存在一个以

$$a, f(b) \text{和 } f(b+f(a)-1)$$

为三边长的非退化三角形.
（称一个三角形为非退化三角形是指它的三个顶点不共线.）

6. 设 a_1，a_2，…，a_n 是互不相同的正整数. M 是有 $n-1$ 个元素的正整数集，且不含数 $s=a_1+a_2+\cdots+a_n$. 一只蚱蜢沿着实数轴从原点 0 开始向右跳跃 n 步，它的跳跃距离是 a_1，a_2，…，a_n 的某个排列. 证明：可以选择一种排列，使得蚱蜢跳跃落下的点所表示的数都不在集 M 中.

Language：Simplified Chinese　　　　考试时间：4 小时 30 分

每题 7 分

2. IMO 50 周年庆典

7 月 19 日下午 14:30，在不来梅音乐剧场举行 IMO 50 周年庆典，特别邀请当今 6 位著名数学家作大会报告，为 IMO 50 周年庆典献上一份特别的礼物.

Béla Bollobás（代表匈牙利参加了 1959 年第 1 届 IMO，获铜牌；1960 年第 2 届 IMO，获金牌；1961 年第 3 届 IMO，获金牌），报告题目：The Lion and the Christian, and Other Pursuit and Evasion Games.

Timothy Gowers（英国数学家，1996 年获得欧洲数学会奖，1998 年获得菲尔兹奖，与陶哲轩一起发表论文《存在任意长的素等差数列》的本·格林即为他的博士生），报告

题目：How do IMO Problems Compare with Research Problems?

László Lovász（1963 年、1964 年、1965 年、1966 年连续四届代表匈牙利参赛 IMO，分获银牌、金牌、金牌、金牌），报告题目：Graph Theory Over 45 Years.

Stanislav Smirnov（1986 年、1987 年代表苏联参赛 IMO，均以满分荣获金牌，他生于 1970 年，2001 年荣获 Salem 奖、凯莱研究奖，2002 年荣获 Rollo Davidson 奖，2004 年荣获欧洲数学会奖），报告题目：How do Research Problems，Compare with IMO Problems?

Terence Tao（陶哲轩，1975 年出生，1986 年铜牌、1987 年银牌、1988 年金牌，连续三年代表澳大利亚参赛 IMO，为 IMO 历史上年龄最小的选手. 2000 年荣获 Salem 奖，2002 年荣获 Bocher 奖，2003 年荣获凯莱研究奖，2005 年获得 Levi L. Conant 奖，2006 年获得拉马努江奖，2006 年获得菲尔兹奖），报告题目：Structure and Randomness in the Prime Numbers.

Jean-Christophe Yoccoz（法国数学家，1988 年获得 Salem 奖，1994 年获得菲尔兹奖），报告题目：Small Divisors：Number Theory in Dynamical Systems

在 IMO 50 周年庆典期间，陶哲轩会见中国队. 从左到右为：林博　赵彦霖　朱华伟　郑凡　韦东奕　陶哲轩　郑志伟　付云皓　黄骄阳　Chenshuai Sui（向导）　熊斌　冷岗松

3. 第50届IMO闭幕式

7月21日上午10:30，2009年第50届IMO闭幕式暨颁奖典礼在德国不来梅顺利举行. 来自104个国家和地区的参赛者及带队老师出席了闭幕式. 闭幕式上颁发了个人金牌、银牌、铜牌. 金牌分数线是32分，银牌分数线是24分，铜牌分数线是14分. 49人获金牌，98人获银牌，135人获铜牌. 其中中国队韦东奕、日本队Makoto Soejima以42分满分获得金牌.

中国队6名选手全部获得金牌，韦东奕（42分，满分，并列第1名），赵彦霖（38分，并列第8名），黄骄阳（36分，并列第12名），郑凡（35分，并列第14名），郑志伟（35分，并列第14名），林博（35分，并列第14名）. 中国队以221分获得团体总分第一名.

获得团体前6名的队是：

第一名　中国　221分　　第二名　日本　212分

第三名　俄罗斯　203分　　第四名　韩国　188分

第五名　朝鲜　183分　　第六名　美国　182分

这正好是"六方会谈"的六个国家.

三个最高分在台上：中国队韦东奕42分、日本队Makoto Soejima 42分、德国队Lisa Sauermann 41分.

4. 第50届IMO试题解答与评注

1. 设n是一个正整数，a_1，a_2，…，$a_k(k\geqslant 2)$是集合$\{1,\cdots,n\}$中的互不相同的整数，使得对于$i=1$，…，$k-1$，都有n整除$a_i(a_{i+1}-1)$. 证明：n不整除$a_k(a_1-$

1).（澳大利亚供题）

分析 由已知条件和要求的结论容易想到使用反证法来得到循环的条件，然后解读这个条件，即可得出矛盾.

证明 假设结论不成立，则对于任意 $1\leqslant i\leqslant k$，都有 $n\mid a_i(a_{i+1}-1)$，即 $a_i\equiv a_ia_{i+1}\mathrm{mod}n$，这里 $a_{k+1}=a_1$.

由上式可得

$$a_1\equiv a_1a_2\equiv\cdots\equiv a_1a_2\cdots a_k(\mathrm{mod}n).$$

同理，有

$$a_2\equiv a_2a_3\equiv\cdots\equiv a_2a_3\cdots a_{k+1}(\mathrm{mod}n).$$

上面两式说明 $a_1\equiv a_2(\mathrm{mod}n)$，但这与 a_1 和 a_2 是集合 $\{1,\cdots,n\}$ 中的两个不同整数矛盾.

因此假设不成立，原命题得证.

评注 利用好使用反证法后得到的循环条件，是解决问题的关键，本题还可以通过讨论素因子而得出矛盾，或者利用一次归纳法进行直接证明，属于“条条大路通罗马”类型的问题.

2. 设 O 是三角形 ABC 的外心. 点 P 和 Q 分别是边 CA 和 AB 的内点. 设 K，L 和 M 分别是线段 BP，CQ 和 PQ 的中点，Γ 是过点 K，L 和 M 的圆. 若直线 PQ 与圆 Γ 相切，证明：$OP=OQ$.（俄罗斯供题）

分析 容易看出 M 就是直线 PQ 与圆 Γ 的切点，利用弦切角定理和中位线定理可以得到一个相似形，再结合圆幂定理，问题迎刃而解.

证明 显然直线 PQ 与圆 Γ 相切于点 M，由弦切角定理知$\angle QMK=\angle MLK$.

由于点 K，M 分别是线段 BP，PQ 的中点，故 $KM/\!/BQ$，故$\angle QMK=\angle AQP$.

因此$\angle MLK=\angle AQP$，同理$\angle MKL=\angle APQ$.

因此$\triangle MKL\sim\triangle APQ$，故$\dfrac{MK}{ML}=\dfrac{AP}{AQ}$.

由于点 K，L 和 M 分别是线段 BP，CQ 和 PQ 的中点，故

$$KM=\frac{1}{2}BQ,LM=\frac{1}{2}CP.$$

代入上式得

$$\frac{BQ}{CP}=\frac{AP}{AQ},$$

即

$$AP\cdot CP=AQ\cdot BQ.$$

由圆幂定理知

$$OP^2=OA^2-AP\cdot CP=OA^2-AQ\cdot BQ=OQ^2.$$

因此 $OP=OQ$，证毕.

评注　将问题结论利用圆幂定理转化成比例式，并找出相似形，是解决问题的关键，本题是一道考查学生几何基本功的问题，但放在第2题稍显容易.

3. 设 s_1，s_2，s_3，…是一个严格递增的正整数数列，使得它的两个子数列

$$s_1, s_2, s_3, \cdots \quad 和 \quad s_{s_1+1}, s_{s_2+1}, s_{s_3+1}, \cdots$$

都是等差数列. 证明：数列 s_1，s_2，s_3，…本身也是一个等差数列.（美国供题）

分析　首先经过尝试不难发现题目中给出的两个等差数列应具有相同的公差，并可以立即想到数列 S_1，S_2，S_3，…中相邻两项之差有一个上限，故自然地考虑其中最大者与最小者（实际上只需证明它们相等），利用不等式估计不难得到下面的证明.

证明　由条件易知 S_{S_1}，S_{S_2}，…与 S_{S_1+1}，S_{S_2+1}，…均为严格递增的正整数数列.

设 $S_{S_k}=a+(k-1)d_1$，$S_{S_k+1}=b+(k-1)d_2$，$k=1$，2，…，其中 a，b，d_1，d_2 是正整数.

由 $S_k<S_k+1\leqslant S_{k+1}$ 及 $\{S_n\}$ 的单调性知对任意正整数 k，有 $S_{S_k}<S_{S_k+1}\leqslant S_{S_{k+1}}$，即 $a+(k-1)d_1<b+(k-1)d_2\leqslant a+kd_1$，即 $a-b<(k-1)(d_2-d_1)\leqslant a+d_1-b$.

由 k 的任意性知 $d_2-d_1=0$，即 $d_2=d_1$，记其为 d，并记 $b-a=c\in N^+$.

由于 $S_{k+1}-S_k$ 只能取整值，且对于给定的 k 均有 $S_{k+1}-S_k\leqslant S_{S_k+1}-S_{S_k}=d$，因此其中必有最小者与最大者. 不妨设 $S_{i+1}-S_i=c_0$ 最小，$S_{j+1}-S_j=c_1$ 最大，则

$$d-c=S_{S_{i+1}}-S_{S_i+1}=\sum_{x=S_i+1}^{S_{i+1}-1}(S_{x+1}-S_x)\leqslant\sum_{x=S_i+1}^{S_{i+1}-1}c_1=(c_0-1)c_1.$$

另一方面，

$$d-c=S_{S_{j+1}}-S_{S_j+1}=\sum_{y=S_j+1}^{S_{j+1}-1}(S_{y+1}-S_y)\geqslant\sum_{y=S_i+1}^{S_{j+1}-1}c_0=(c_1-1)c_0.$$

因此 $(c_0-1)c_1\geqslant(c_1-1)c_0$，即 $c_0\geqslant c_1$，再由假设知 $c_0\leqslant c_1$，因此 $c_0=c_1$，即对每个 $k\in N^+$，$S_{k+1}-S_k$ 为常数，故 $\{S_n\}$ 为等差数列，证毕.

评注　解决本题的关键就是得出 $d_2=d_1$，并在设出 $\{S_n\}$ 中相邻项的最大与最小差并做估计的时候注意减去公共部分 c，即可得出我们需要的不等式. 如果不去考虑最大与最小的差，解决这个带有组合味道的代数题目将变得很困难. 但本题的基本思路与关键点都很自然，因此放到第三题略显简单，一共有50多名考生在考场上圆满地解决了这道问题.

4. 在三角形 ABC 中，$AB=AC$，$\angle CAB$ 和 $\angle ABC$ 的内角平分线分别与边 BC 和 CA 相交于点 D 和 E. 设 K 是三角形 ADC 的内心. 若 $\angle BEK=45°$，求 $\angle CAB$ 所有可能的值.（比利时供题）

分析　显然 AD 与 BE 相交于 $\triangle ABC$ 的内心 I，并有 C，K，I 三点共线以及

$\angle IDK=45°$，这样以直线 CI 为对称轴，点 D 和点 E 就处在了一个“对称”的位置上，这样不难想到作其中一个点关于直线 CI 的对称点，由此打开突破口.

解 线段 AD 与 BE 为$\triangle ABC$ 的两条角平分线，它们相交于$\triangle ABC$ 的内心 I. 连接 CI，则 CI 平分$\angle ACB$. 由于 K 为$\triangle ADC$ 的内心，故 K 在线段 CI 上.

设点 D 关于直线 CI 的对称点为 D'，由 CI 平分$\angle ACB$ 知 D'在直线 AC 上，且

$$\angle ID'K=\angle IDK=\frac{1}{2}\cdot 90°=45°=\angle IEK.$$

若 D'，E 重合，则$\angle BEC=\angle ID'C=\angle IDC=90°$，即 $BE\perp AC$，故 $AB=BC$，因此$\triangle ABC$ 为正三角形，此时$\angle CAB=60°$.

若 D'，E 不重合，则 I，K，D'，E 四点共圆，故无论 D'，E 两点的位置如何，均有$\angle EKI=\angle AD'I=\angle BDI=90°$，因此

$$\angle EIC=180°-\angle IEK-\angle EKI=45°.$$

由于 I 是$\triangle ABC$ 的内心且 $AB=AC$，故

$$\angle ABC=\angle ACB=2\angle IBC=\angle EIC=45°.$$

故此时$\angle CAB=90°$.

当$\angle CAB=60°$时，易验证$\triangle IEC\cong\triangle IDC$，因此$\triangle IEK\cong\triangle IDK$，故$\angle BEK=\angle IDK=45°$.

当$\angle CAB=90°$时，$\angle EIC=90°-\frac{1}{2}\angle CAB=45°=\angle KDC$，又$\angle ICE=\angle DCK$，故$\triangle ICE\sim\triangle DCK$，这说明 $IC\cdot KC=DC\cdot EC$，因而$\triangle IDC\sim\triangle EKC$，故$\angle EKC=\angle IDC=90°$，故$\angle BEK=180°-\angle EIK-\angle EKI=45°$.

综上所述，$\angle CAB$ 的所有可能值为 60°和 90°.

评注 本题的纯几何解法关键在于观察并发现 D，E 两点间的关系. 相对来说，三角解法虽然烦琐，但更容易上手，也被大部分的学生所采用. 但是要注意，无论是哪种解法，得出角度后进行检验这个步骤必不可少，本题只有 100 名考生拿到满分，有 100 多名考生拿到 5 或 6 分，其中大多数都是因为没有检验或者检验中有错误所致.

5. 求所有从正整数集到正整数集上的满足如下条件的函数 f：对所有正整数 a 和 b，都存在一个以

$$a, f(b) \quad 和 \quad f(b+f(a)-1)$$

为三边长的非退化三角形.

(称一个三角形为非退化三角形是指它的三个顶点不共线.)(法国供题)

分析 不难发现 $f(n)=n$ 满足题目要求. 另一方面，利用整数的离散性可以得到比题目表面条件更强一些的结论. 下面就是从取特殊值开始，解决这个函数不等式问题了.

解 满足要求的 f 只能是 $f(n)=n$，$n\in N^{+}$.

由条件及整数的离散性知对任意正整数 a，b，都有

$$f(b)+f(b+f(a)-1)-1\geqslant a, \quad ①$$
$$f(b)+a-1\geqslant f(b+f(a)-1), \quad ②$$
$$f(b+f(a)-1)+a-1\geqslant f(b), \quad ③$$

在②和③中取 $a=1$，得 $f(b)=f(b+f(1)-1)$ 对任意 $b\in N^1$ 成立.

若 $f(1)\neq 1$，则上式说明 f 是一个周期函数，结合 f 的定义域知 f 有界，取正整数 M 使得 $M\geqslant f(n)$ 对所有正整数 n 成立（即 M 是 f 的一个上界），在①中取 $a=2M$ 即得矛盾.

因此 $f(1)=1$.

在①和②中取 $b=1$，得 $f(f(n))=n$，$n\in N^+$，由此易知 f 为单射.

设 $f(2)=t$，则 $f(t)=2$，且 $t\geqslant 2$. 下面用归纳法证明对任意非负整数 m，均有 $f(1+m(t-1))=1+m$. 当 $m=0$，1 时结论显然成立.

假设当 $m\leqslant k(k\geqslant 1, k\in N)$ 时结论都成立，在②中取 $a=2$，$b=1+k(t-1)$ 得：

$$1+k+2-1\geqslant f(1+(k+1)(t-1)).$$

此即 $f(1+(k+1)(t-1))\leqslant k+2$.

又由于 f 为单射，且 $1+(k+1)(t-1)$ 与 $1, 1+(t-1), 1+2(t-1), \cdots, 1+k(t-1)$ 均不同，因此 $f(1+(k+1)(t-1))$ 也与 $f(1), f(1+(t-1)), f(1+2(t-1)), \cdots, f(1+k(t-1))$ 均不同，由归纳假设知 $f(1+(k+1)(t-1))\geqslant k+2$，即此结论在 $m=k+1$ 时也成立，由归纳法知此结论对任意非负整数均成立.

特别地，取 $m=t-1$ 得 $f(1+(t-1)^2)=t$，再由 $f(2)=t$ 及 f 为单射得 $1+(t-1)^2=2$，解得 $t=2$($t=0$ 不合题意，舍去)，再由前面的结论知 $f(n)=n, n\in N^+$.

经检验 $f(n)=n$，$n\in N^+$ 满足题目要求，因此所求的 f 为 $f(n)=n$，$n\in N^+$.

评注 这个函数不等式的本质还是一个函数方程问题，与解决一般的函数方程类似，取特殊值、做假设等方法依然起作用. 精确的估计是解决这个问题必须用到的，但整个题目过于朴素，放第五题略显简单.

6. 设 a_1，a_2，…，a_n 是互不相同的正整数. M 是有 $n-1$ 个元素的正整数集，且不含数 $s=a_1+a_2+\cdots+a_n$. 一只蚱蜢沿着实数轴从原点 0 开始向右跳跃 n 步，它的跳跃距离是 a_1，a_2，…，a_n 的某个排列. 证明：可以选择一种排列，使得蚱蜢跳跃落下的点所表示的数都不在集 M 中.（俄罗斯供题）

分析 对于这样的问题，首先想到的是采用归纳法获得更多的条件. 进一步说，如果蚱蜢能够跳一步，跳过 M 中的一个数，那么就可以利用归纳假设. 如果这个情况不出现，就要采取别的方法了.

证明 采用数学归纳法对 n 进行归纳.

当 $n=1$ 时，M 中无元素，结论显然成立.

当 $n=2$ 时，M 至少不包含 a_1，a_2 中的一个数，则蚱蜢先跳这个数，再跳另一个数

即可.

假设当 $n\in N^{+}$，$n<m$ 时，本题结论均成立，这里 $m\geqslant 3$ 是整数，下证当 $n=m$ 时本题结论也成立.

不妨设 $a_1<a_2<\cdots<a_m$ 且 M 中所有的数均在区间 $(0, s)$ 中［若不然，则可去掉那些不在区间 $(0, s)$ 中的数，并任意添上区间 $(0, s)$ 中同样个数的数，并不影响最终的结论］. 设 M 中最小的数为 d，分两种情况讨论.

情况 1：$d<a_m$.

如果 $a_m\notin M$，则可让蚱蜢第一次跳 a_m，这样至少跳过了 M 中的一个数，由归纳假设易知存在合理的跳法.

如果 $a_m\in M$，则考虑 $2m-2$ 个数 a_i，$a_i+a_m(i=1, 2, \cdots, m-1)$，它们中至多有 $m-2$ 个在 M 中，因此至少存在一个 $1\leqslant i\leqslant m-1$，使得 a_i 和 a_i+a_m 都不在 M 中，则蚱蜢第一次跳 a_i，第二次跳 a_m，两次至少跳过了 M 中的两个数，由归纳假设易知存在合理的跳法.

情况 2：$d\geqslant a_m$.

令 $M'=M\setminus\{d\}$，显然 $a_m\notin M'$. 由归纳假设知存在蚱蜢的一种跳法，使得它第一次跳 a_m，且落下的点均不在 M' 中. 若这种跳法落下的点也不包括 d，则这就是一种满足要求的跳法. 若跳法落下的点包括 d，不妨设第 t 步后到达 d. 现在将第一步的 a_m 移动到第 $t+1$ 步，而将原来的第二步到第 $t+1$ 步各向前挪一步. 由 d 的最小性及 a_m 的最大性知此时前 t 步跳过的长度之和小于 d，因此前 t 步落下的点都不会在 M 中. 而从第 $t+1$ 步开始，这个跳法均与前面的跳法相同，落下的点不在 M' 中，且前 $t+1$ 步跳过的长度之和大于 d，因此这样的跳法满足题目要求.

综上所述，一定存在满足题目要求的跳法，证毕.

评注　这个组合问题的关键是如何应用归纳假设的条件. 尽管这个解法看起来很简单，但其中的分类十分的精巧，条件用得恰到好处. 在考场上，全世界 500 多名顶尖的选手中只有 3 人在本题上拿到 7 分（就是今年分数最高的三个人），足以说明此题之难.

作者：朱华伟，付云皓

第五辑

数学背景研究

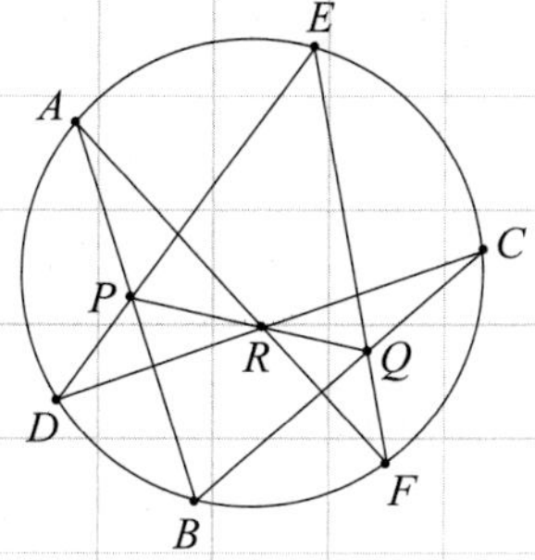

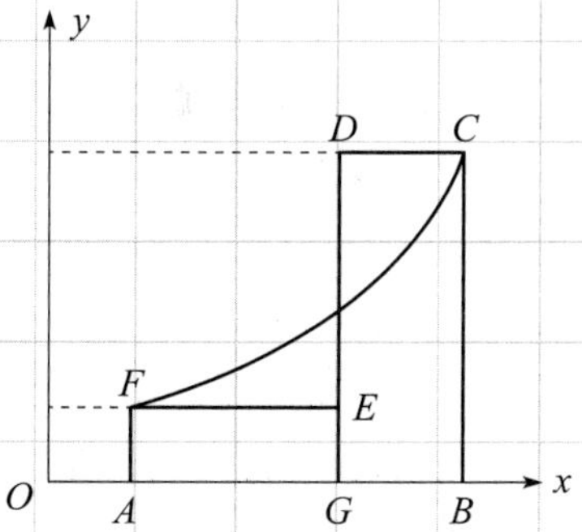

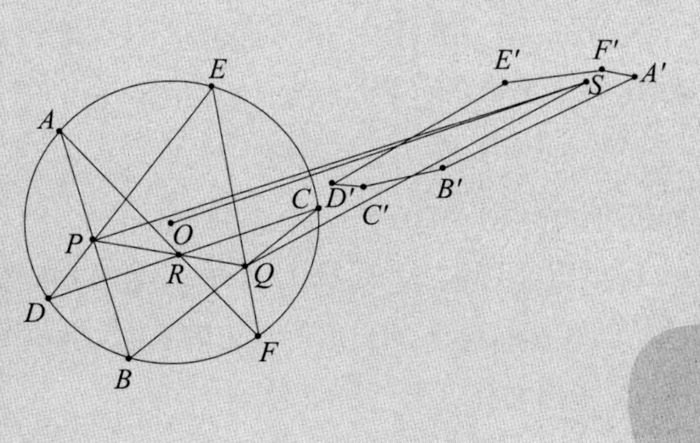

5

5-1 世界数学名题与数学竞赛命题研究随笔

随着世界各地数学奥林匹克活动广泛、深入、持续地开展，数学竞赛的命题研究已经成为数学奥林匹克工作者的重要研究课题. 在过去的几十年中外各级、各类数学竞赛中，有不少试题取材于世界数学名题或与数学名题有某种微妙的联系，数学历史上的著名问题，是历代数学大师的光辉杰作，是人类文明的宝贵财富，它们以别致、独到的构思，新颖、奇巧的方法和精美、漂亮的结论，使人赏心悦目、流连忘返. 同时也成为数学竞赛命题者挖掘数学竞赛试题的丰富矿藏之一.

数学名题在数学竞赛试题中的表现一般有三类：一是以其本来"面目"出现，二是经"改头换面"后出现在数学赛题之中，三是以数学名题为基本素材构造赛题. 本文通过若干中外数学竞赛题的分析研究，从数学名题的角度探讨数学竞赛的命题，从中我们也可以看出这些赛题的"背景".

1 直接采用数学名题

将当时鲜为人知（对参赛者而言）的数学名题，直接用来作为数学竞赛试题，在过去几十年的数学竞赛命题工作中屡见不鲜. 请看以下各例：

题 1.1（第 3 届莫斯科数学奥林匹克试题）如果 n 边形的任何 3 条对角线都不相交于一点，试问，这个 n 边形被它的对角线分成了多少部分？

1751 年欧拉向数学家哥德巴赫提出此题，它被后人称为欧拉关于多边形剖分问题.

题 1.2（第 4 届莫斯科数学奥林匹克试题）n 个平面最多可以将空间分成多少部分？

此题是初等几何中著名的斯坦纳用平面分割空间问题.

题 1.3（第 16 届美国普特南数学竞赛试题）把 n 个物体排为一行，如果这些物体的一个子集合中任何两个元素均不相邻，则称这个子集合为不亲切的，证明含有 k 个元素的不亲切子集合的个数是 C_{n+k-1}^{k}.

这就是组合数学中著名的卡普兰斯基（Kaplansky）定理.

题 1.4（第 22 届莫斯科数学奥林匹克试题）今有两组数 $a_1>a_2>\cdots>a_n$ 及 $b_1>b_2>\cdots>b_n$，则

$$a_1b_1+a_2b_2+\cdots+a_nb_n>a_1b_n+a_2b_{n-1}+\cdots+a_nb_1.$$

此题是著名的排序不等式.

题 1.5（第 3 届国际数学奥林匹克试题）已知 a，b，c 是三角形三边的长度，S 是该三角形的面积，求证：$a^2+b^2+c^2\geqslant 4\sqrt{3}S$，并指出在什么条件下等号成立.

这是著名的 Weitzenbock 不等式.

题 1.6（1963—1964 年波兰数学竞赛试题）已知两个有序实数组 $a_1<a_2<\cdots<a_n$ 及 $b_1<b_2<\cdots<b_n$，求证：

$$(a_1+a_2+\cdots+a_n)\cdot(b_1+b_2+\cdots+b_n)<n(a_1b_1+a_2b_2+\cdots+a_nb_n).$$

这是经典的契贝雪夫不等式.

题 1.7（1982 年上海市高中数学竞赛试题）已知 AE 和 AF，BF 和 BD，CD 和 CE 分别是$\triangle ABC$ 中$\angle A$，$\angle B$，$\angle C$ 的三等分线，求证：$\triangle DEF$ 是等边三角形.

这是被人们称为令人惊讶的结果的莫利定理，它是欧氏几何经过几千年的锤炼之后，所发现的为数极少的新定理之一，此定理直到 1900 年才被发现.

题 1.8（第 48 届莫斯科数学奥林匹克试题）求证：对于任何自然数 $n\geqslant 3$，数字 2^n 都可以表示成 $2^n=7x^2+y^2$ 的形式，其中 x 和 y 为奇数.

这是数论中著名的欧拉（Euler）问题.

题 1.9（1988 年数理化通讯赛面试题）设 a_1，a_2，…，a_n，b_1，b_2，…，b_n 都是实数，且 $b_1^2-b_2^2-\cdots-b_n^2>0$，求证：

$$(a_1^2-a_2^2-\cdots-a_n^2)(a_1^2-a_2^2-\cdots-a_n^2)\leqslant(a_1b_1-a_2b_2-\cdots-a_nb_n)^2.$$

这是著名的 Aczel 不等式.

题 1.10（第 29 届 IMO 备选题）在$\triangle ABC$ 中，D，E，F 为三边的中点，X，Y，Z 为三条高的垂足，H 为垂心，P，Q，R 为连结 H 与三个顶点的线段的中点. 证明九个点 D，E，F，P，Q，R，X，Y，Z 共圆.

这是平面几何中的著名定理——九点圆问题.

题 1.11（第 30 届 IMO 备选题）已知一锐角三角形，试在这三角形中求一点，使这点到三个顶点的距离之和为最小.

这是著名的费马问题，这个问题中所求的点称为费马点.

2　采用数学名题的变形

直接采用数学名题的原形，往往有不公平之嫌，因此更多情况下是将已有的数学名题进行认真解剖，通过归纳、类比、演绎、一般化、特殊化等手段对名题进行变形，使名题“旧貌换新颜”，构造出富有新意的赛题.

2.1　特殊化

对于一些著名的数学难题或较高级的数学名题（甚至迄今没有解决的名题），往往对其作特殊化处理，以适应参赛选手的知识水平，特殊处理的常见方式可归纳为：一般问题特殊化，抽象问题具体化，整体问题局部化，复杂问题简单化，高维问题低维化，高等问题初等化.

题 2.1（第 20 届美国普特南数学竞赛试题）设正无理数 α 与 β 满足等式$\frac{1}{\alpha}+\frac{1}{\beta}=1$，求证：两序列 $\{[n\alpha]\}$，$\{[n\beta]\}$ 合在一起恰好不重复地构成自然数集.

此题是 Beatty 定理：设 x 是任何一个正的无理数，y 是它的倒数，那么两个序列 $\{n(1+x)\}$，$\{n(1+y)\}$ 合起来，恰好包含了每对相邻正整数构成的区间 $(n, n+1)$ 中的一个数的特例，因为如果设 $\alpha=1+x$，$\beta=1+y$，则

$$\frac{1}{\alpha}+\frac{1}{\beta}=\frac{1}{1+x}+\frac{1}{1+y}=\frac{1}{1+x}+\frac{1}{1+\frac{1}{x}}=\frac{1}{1+x}+\frac{x}{1+x}=1.$$

题 2.2（1960—1961 年波兰数学竞赛试题）某人给六个不同的收信人写了六封信，并且准备了六个写有收信人地址的信封，有多少投放信笺的方法，使每封信与信封上的收信人都不相符？

此题是著名的欧拉-伯努利错放信笺问题当 $n=6$ 时的情形.

题 2.3（第 4 届 IMO 试题）已知一个等腰三角形，其外接圆的半径为 R，内切圆的半径为 r，求证：外接圆和内切圆的圆心距离为 $d=\sqrt{R(R-r)}$.

此题是平面几何中有名的欧拉定理的特例，原定理的结论对于任意三角形都成立.

题 2.4（第 7 届莫斯科数学奥林匹克试题；1971 年加拿大数学奥林匹克试题）设整系数多项式 $a_0x^n+a_1x^{n-1}+\cdots+a_{n-1}x+a_n$ 在 $x=0$ 和 $x=1$ 时的值为奇数，证明它无整数根.

题 2.5（1956 年上海市高中数学竞赛试题）设多项式 $f(x)=a_nx^n+a_{n-1}x^{n-1}+\cdots+a_1x+a_0$ 的系数都是整数，并且有一个奇数 α 及一个偶数β，使得 $f(\alpha)$ 及 $f(\beta)$ 都是奇数. 求证：多项式 $f(x)$ 没有整数根.

以上两题都是多项式理论中爱森斯坦定理的特殊形式.

题 2.6（1979 年北京市高中数学竞赛试题）已知 $0\leqslant a_1$，$0\leqslant a_2$，$0\leqslant a_3$，$a_1+a_2+a_3=1$，$0<\lambda_1<\lambda_2<\lambda_3$，求证：

$$(a_1\lambda_1+a_2\lambda_2+a_3\lambda_3)\left(\frac{a_1}{\lambda_1}+\frac{a_2}{\lambda_2}+\frac{a_3}{\lambda_3}\right)\leqslant\frac{(\lambda_1+\lambda_3)^2}{4\lambda_1\lambda_3}.$$

这道题是线性规划理论中一个重要不等式，即康托洛维奇不等式的特殊形式，其一般形式为：

若 $a_i>0$ $(i=1, 2, \cdots, n)$，$\sum\limits_{i=1}^{n}a_i=1$，又 $0<\lambda_1\leqslant\lambda_2\leqslant\cdots\lambda_i$，则

$$\left(\sum_{i=1}^{n}a_i\lambda_i\right)\left(\sum_{i=1}^{n}\frac{a_i}{\lambda_i}\right)\leqslant\frac{(\lambda_1+\lambda_n)^2}{4\lambda_1\lambda_n}.$$

题 2.7（第 11 届莫斯科数学奥林匹克试题）在平面上任作 n 条直线，它们将平面分割成一些区域，证明：只需两种颜色，就可使得将每一区域都涂上其中一种颜色后，每两个相邻（即具有公共线段）的区域的颜色都互不相同.

将直线改为圆即为 1962 年第 23 届美国普特南数学竞赛题.

这是著名难题“四色问题”的特例“两色问题”，在 1948 年举行第 11 届莫斯科数学奥林匹克时，“四色问题”还是悬而未决的著名猜想，但命题者巧妙地取其可以给出证明的特例作为竞赛试题，这在数学竞赛命题中常常出现，如著名的费马大定理.

当 $n\geqslant3$ 时，法国数学家费马猜测方程：

$$x^n+y^n=z^n$$

没有非零整数解. 这是一个闻名于世的数学难题，从 1637 年费马提出这个猜测，到 1993 年 6 月 23 日美国普林斯顿大学教授、英国数学家安德鲁·威尔斯在剑桥大学牛顿数学研究所宣布证明了费马大定理，这个问题困扰数学界长达三百多年之久. 但对费马大定理的一些特殊问题，通过恒等变形、估计、奇偶分析、同余、无穷递降法等可以判定不定方程的整数解是否存在，因而命题者常常在此涉足.

题 2.8（1909 年匈牙利数学竞赛试题）在三个连续的自然数中，最大的数的立方不可能等于其他两个数的立方和.

题 2.9（1958 年莫斯科数学奥林匹克试题）试求下列方程的正整数解：

$$x^{2y}+(x+1)^{2y}=(x+2)^{2y}.$$

题 2.10（1963 年莫斯科数学奥林匹克试题）求证：如果 $x+y$ 为质数，则对奇数 n，方程 $x^n+y^n=z^n$ 不可能有整数解.

题 2.11（1972 年加拿大数学奥林匹克试题）求证：方程 $x^3+11^3=y^3$ 无整数解.

题 2.12（1980 年英国数学竞赛试题）设 $n>1$，求证：不存在整数 x，y，z 使 $0<x\leqslant n$，$0<y\leqslant n$ 满足方程 $x^n+y^n=z^n$.

题 2.13（1996 年爱尔兰数学奥林匹克试题）设 p 为素数，且 w，n 为整数使得 $2^p+3^p=w^n$. 证明：$n=1$.

又如组合数学中著名的拉姆齐（Ramsey）问题颇受命题者的青睐，这类问题一般以“边染色”的形式出现，解答这类问题通常不要求有较多的特殊知识，但需要缜密的思考能力和较强的分析能力，其中某些简单的题目，浅显得连小学生都解得出来，稍加变化引申，就可提高到博士论文的水平. 21 世纪 50 年代后期，数学家们就开始对拉姆赛问题作认真的探索，但迄今为止，人们对这个问题的认识还是相当有限的.

题 2.14（1974 年匈牙利数学竞赛试题）在任意 6 个人中，总有 3 个人相互认识或相互不认识.

此题是组合数学中拉姆齐问题的最简单情形，以后几十年中这个题目被许多国家反复改造、变形、推广后用作竞赛试题. 比如：

题 2.15（第 13 届普特南数学竞赛试题）空间中 6 个点，任意 3 点不共线，任意 4 点不共面，成对地连接它们得 15 条线段，用红色或蓝色染这些线段（一条线段只染一种颜色）. 求证：无论如何染，恒存在单色三角形.

题 2.16（第 6 届 IMO 试题）有 17 位科学家，其中每一个人和其余科学家都通信，他们在通信中只讨论三个题目，而且每两个科学家之间只讨论一个题目．求证：至少有3个科学家相互之间只讨论同一个题目．

题 2.17（1967—1970年波兰数学竞赛试题）已知空间中6条直线，其中任何3条不平行，任何3条不交于一点，也不共面．求证：在这6条直线中总可选出3条，其中任2条异面．

题 2.18（1967—1970年波兰数学竞赛试题）平面上有6点，任何3点都是一个不等边三角形的顶点．求证：这些三角形中一个的最短边同时是另一个三角形的最长边．

题 2.19（1976年加拿大数学奥林匹克试题）连接圆周上9个不同点的36条线段，染成红色或蓝色．假定由9点中每3点所确定的三角形，都至少有一条红色边．证明：存在4点，其中每两点的连线都是红色的．

题 2.20（1988年加拿大数学奥林匹克试题）有6人聚会，任意2人要么认识，要么不认识．证明：必有两个组，每组3个人，同组的3个人要么彼此认识，要么不认识．

题 2.21（1989年全国初中数学联赛试题）设 A_1，A_2，A_3，A_4，A_5，A_6 是平面上的6个点，其中任3点不共线．

（1）如果这些点之间任意连接13条线段，证明：必存在4点，它们每两点之间都有线段连接．

（2）如果这些点之间只连12条线段，请你画出一个图形，说明（1）的结论不成立．

题 2.22（第33届IMO试题）给定空间中的9个点，其中任4点都不共面，在每一对点之间都连有一条线段，这些线段可染为蓝色或红色，也可不染色．试求出最小的 n 值，使得将其中任意 n 条线段中的每一条任意染为红蓝二色之一．在这 n 条线段的集合中都必然包含有一个各边同色的三角形．

题 2.23（第29届俄罗斯数学奥林匹克试题）某国有 N 个城市．每两个城市之间或者有公路，或者有铁路相连．一个旅行者希望到达每个城市恰好一次，并且最终回到他所出发的城市．证明：该旅行者可以挑选一个城市作为出发点，不但能够实现他的愿望，而且途中至多变换一次交通工具的种类．

2.2　一般化

一般化则是循着与特殊化相反的路线，对数学名题进行组合推广、深化、引申，常见的方式有：特殊问题一般化、具体问题抽象化、局部问题整体化、简单问题复杂化、低维问题高维化．

题 2.24（1986年上海市初中数学竞赛题试题）在 $\triangle ABC$ 中，X，Y 是 BC 上的两点，且 $\angle BAX=\angle CAY$，求证：$\dfrac{BX\cdot BY}{CX\cdot CY}=\dfrac{AB^2}{AC^2}$．

题 2.25（1986年全国初中数学联赛试题）设 P，Q 为线段 BC 上两定点，且 $BP=CQ$，A 为 BC 外一动点，当点 A 运动到使 $\angle BAP=\angle CAQ$ 时，$\triangle ABC$ 是什么三角形？试证你的结论．

此上两题的"原型"是"三角形内角平分线定理"，证明方法也类似于三角形内角平

分线定理的证明方法.

题 2.26（1908 年匈牙利数学竞赛试题）证明：当 $n>2$ 时，任意直角三角形的斜边长的 n 次幂大于两直角边的 n 次幂之和.

此题是勾股定理的推广. 关于商高定理 $3^2+4^2=5^2$ 有次之推广：

$$10^2+11^2+12^2=13^2+14^2.$$

一般地，有

$$\begin{aligned}&(2n^2+n)^2+(2n^2+n+1)^2+\cdots+(2n^2+2n)^2\\&=(2n^2+2n+1)^2+\cdots+(2n^2+3n)^2.\end{aligned}\tag{1}$$

将此题稍加“伪装”即为

题 2.27（第 29 届 IMO 预选题）设 k 是正整数，M_k 是 $2k^2+k$ 与 $2k^2+3k$ 之间（包括这两个数在内）的所有整数所组成的集，能否将 M_k 分拆两个子集 A，B 使得 $\sum\limits_{x\in A}x^2=\sum\limits_{x\in B}x^2$.

这里命题者只是将恒等式（1）隐藏起来，让选手自己去发现，从而增加了问题的难度.

2.3　类比

题 2.28（1990 年 CMO 选拔考试题）在“筝形”$ABCD$ 中，$AB=AD$，$BC=CD$，经 AC，BD 的交点 O 任作两条直线，分别交 AD 于 E，交 BC 于 F，交 AB 于 G，交 CD 于 H，GF，EH 分别交 BD 于 I，J. 如图 1. 求证：$IO=OJ$.

此题可看作由“蝴蝶定理”类比派生出来的.

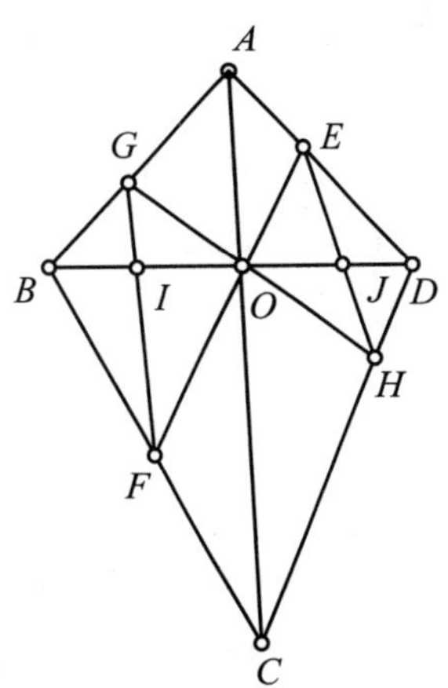

图 1

题 2.29（第 31 届 IMO 预选题）设 l 是经过点 C 且平行于 $\triangle ABC$ 的边 AB 的直线，$\angle A$ 的内角平分线交边 BC 于 D，交 l 于 E；$\angle B$ 的内角平分线交 AC 于 F，交 l 于 G. 如果 $GF=DE$，试证 $AC=BC$.

据命题者爱尔兰都柏林大学 Fergus Gaine 先生介绍，此题是受“斯坦纳-雷米欧司定理：两条内角平分线相等的三角形为等腰三角形”的启发而创作出的. 类似地，我们可以提出：

题 2.30　已知 AA_1，BB_1，CC_1 分别是$\triangle ABC$ 的角平分线. 如果具有下列条件之一，$\triangle ABC$ 能否是等腰三角形？

（1）$\angle A$，$\angle B$ 的外角平分线相等.

（2）三角形的内角平分线 AA_1，BB_1 交于点 K，且 $KA_1=KB_1$.

（3）点 C_1 到 CA，CB 的中点的距离相等.

（4）$C_1A_1=C_1B_1$.

（5）过 A_1，B_1，C_1 三点的圆与$\triangle ABC$ 的边 AB 相切.

上面的五种情形，答案都是否定的. 这就需要我们构造反例，其中（4）（5）的难度较大.

题 2.31（1946 年美国普特南数学竞赛试题）设 K 表示半径为 1 的一个圆盘的圆周，令 k 表示连接 K 上两点 a，b 且含于圆盘内部的一条圆弧. 假设 k 把圆盘分成面积相等的两部分. 试证 k 的长度大于 2.

此题的条件、结论、表述与下述乔治·波利亚问题非常相似：

两端点在定圆周上，并且将此圆分成面积相等的两部分的曲线中，以该圆的直径为最短.

把波利亚问题中的定圆改为单位正方形即得到：

题 2.32（1979 年全国高中数学联赛试题）单位正方形周界上任意两点之间连一曲线，如果它把这个正方形分成面积相等的两个部分，试证这个曲线段的长度不小于 1.

需要指出的是：波利亚问题中的定圆不仅可以改作单位正方形，而且可以改作任何中心对称图形，如正三角形、长方形、椭圆、中心对称的凸多边形等，其相应的结论仍成立. 不过需要定义“图形的最短直径”.

类比球的情形，则可得到：

题 2.33（1974 年美国数学奥林匹克试题）如果包含在单位球内的一条曲线连接球面上的两点，且它的长度小于 2，则这条曲线完全包含在这个球的某个半球内.

如果我们定义：“等分给定区域的面积的一条线，叫做等分弧”，那么一个圆的最短等分弧是直径，一个正方形的最短等分弧是过中心的一条高，中心对称区域的最短等分弧为经过对称中心的一条最短的弦.

波利亚还发现任何区域的最短等分弧是一条线段或一段圆弧. 然而，这和维纳的一篇少有人知的论文中的结果只是形式上不同. 维纳在论文中证明了一个区域的最短等分弧或者是一条有限圆弧或者是一条线段（也叫无限圆弧），或者是这种弧构成的一条链，并且两条相邻的弧只在区域的边界上相交. 维纳还评论说：“按给定比例分割一个凸区域的最短分割线是一段单独圆弧（有限的或无限的），这几乎是不证自明，但我不知道如何证明.”

3 以数学名题为基本素材

有些“名题”结构简洁优美，叙述方便，并为参赛者所熟悉，命题者常常以此为基本素材，构造、演化出一些新的题目. 如斐波那契数列就是一个典型例子. 其定义为：$F_1=F_2=1$，$F_{n+1}=F_n+F_{n-1}(n\geqslant 1)$，通项公式为 $F_n=\frac{1}{\sqrt{5}}\left[\left(\frac{1+\sqrt{5}}{2}\right)^n-\left(\frac{1-\sqrt{5}}{2}\right)^n\right]$. 以下 9 题都是以此为素材创造出的赛题.

题 3.1（第 22 届 IMO 第 3 题）设 m，$n\in\{1, 2, \cdots, 1981\}$，并且满足 $(n^2-mn-m^2)^2=1$. 试确定 m^2+n^2 的最大值.

题 3.2（第 22 届 IMO 备选题）设 $\{f_n\}$ 为斐波那契数列 $\{1, 1, 2, 3, 5, \cdots\}$.

(1) 求出所有的实数对 (a, b)，使得对于每一个 n，af_n+bf_{n+1} 为数列 $\{f_n\}$ 中的一项.

(2) 求出所有的正实数对 (u, v)，使得对每一个 n，$uf_n^2+vf_{n+1}^3$ 为数列 $\{f_n\}$ 中的一项.

题 3.3 (1983 年英国数学奥林匹克试题) 对于斐波那契数列 $\{f_n\}$，证明有唯一组正整数 a，b，m，使得 $0<a<m$，$0<b<m$，并且对一切整数 n，f_n-anb^n 都能被 m 整除.

题 3.4 (第 24 届 IMO 备选题) 一个 990 次幂的多项式 $P(x)$ 满足 $P(k)=f_k$，$k=992, 993, \cdots, 1\,982$，其中 f_k 为斐波那契数列. 求证：$P(1\,983)=f_{1\,983}-1$.

题 3.5 (第 26 届 IMO 备选题) 设 $a_0=a_1=1$，对所有 $n\geqslant 1$，$a_{n+1}=7a_n-a_{n-1}-2$. 求证：对所有 $n\geqslant 0$，数 $2a_n-1$ 是一个平方数.

题 3.6 (第 30 届 IMO 训练题，加拿大) 正方形的边长为斐波那契数列的项 1，1，2，3，5…，按下面的方式螺旋形地铺在平面上. 将 1×1 的正方形放在 xOy 平面的第一象限，一个顶点作为原点，另一个 1×1 的正方形放在它的上面组成一个 2×1 的矩形. 将 2×2 的正方形放在它们右边组成一个 2×3 的矩形. 将 3×3 的正方形放在它们下面组成一个 5×3 的矩形. 将 5×5 的正方形放在它们左面组成 5×8 的矩形. 如此继续下去.

(1) 证明这些正方形中有无限多个的中心在一条直线上.

(2) 其余的中心落在什么曲线上？这曲线与 (1) 中直线有什么关系？

题 3.7 (第 31 届 IMO 预选题) P 为一个平行四边形，它的四个顶点分别为 $(0, 0)$，$(0, t)$，(tF_{2n+1}, tF_{2n})，$(tF_{2n+1}, tF_{2n}+t)$，设 L 是 P 的内部的整点的个数，M 是 P 的面积 t^2F_{2n+1}.

(1) 求证：对任意整点 (a, b)，存在以唯一的一对整数 j，k，使得

$$j(F_{2n+1},F_n)+k(F_n,F_{n-1})=(a,b);$$

(2) 利用 (1) 或其他方法证明

$$\left|\sqrt{L}-\sqrt{M}\right|\leqslant\sqrt{2}.$$

其中 F_k 为斐波那契数. 可以不加证明地使用关于斐波那契数的恒等式.

题 3.8 (第 5 届友谊杯国际数学竞赛试题) 若 F_1，F_2，…及 L_1，L_2，…为斐波那契序列和吕卡序列，试证明，对任意两个自然数 n 和 p，关系式

$$\left(\frac{L_n+\sqrt{5}F_n}{2}\right)^p=\frac{L_{np}+\sqrt{5}F_{np}}{2}$$

成立.

评注 吕卡序列定义如下：$L_1=1$，$L_2=3$，$L_{n+1}=L_n+L_{n-1}$，$n=2, 3, 4, \cdots$. 通

项公式为 $L_n=\alpha^n+\beta^n$，其中 $\alpha=\frac{1+\sqrt{5}}{2}$，$\beta=\frac{1-\sqrt{5}}{2}$.

题 3.9（1991 年全国高中数学联赛试题）设 a_n 为下述正整数 N 的个数：N 的各位数字之和为 n，且每位数字只能取 1，3 或者 4. 求证 a_{2n} 是完全平方数.

由以上讨论可见，许多数学竞赛题目确有数学名题的背景，甚至有高等数学名题的背景，但解法却是初等的，可以这么说，许多竞赛题目是数学名题深刻思想与初等数学精妙技巧的完美结合.

作者：朱华伟. 原载：《中学数学》1992 年第 1 期.

5-2 斐波那契恒等式与一类数学奥林匹克问题

斐波那契（Fibonacci，1170—1250）恒等式

$$(a^2+b^2)(c^2+d^2)=(ac-bd)^2+(ad+bc)^2, \quad ①$$

$$(a^2+b^2)(c^2+d^2)=(ac+bd)^2+(ad-bc)^2. \quad ②$$

这两个恒等式是 1202 年斐波那契在他的《算盘书》中给出的．它们说明：如果两个数都能表示成两个平方数的和，那么它们的乘积也能表示成两个平方数的和．例如，

$$17=4^2+1^2, 13=2^2+3^2, \text{则 } 17\times13=221=14^2+5^2,$$

$$29=2^2+5^2, 13=2^2+3^2, \text{则 } 29\times13=337=11^2+16^2.$$

这两个恒等式可以直接由左边或右边展开给出证明，也可以通过构造几何图形给出证明，还可以利用复数的模，简证如下：

设 $z=a+bi$，$w=c+di$，则

$$|z|^2\cdot|w|^2=(a^2+b^2)(c^2+d^2),$$

$$|zw|^2=|(ac-bd)+(ad+bc)i|^2=(ac-bd)^2+(ad+bc)^2.$$

由 $|z|^2\cdot|w|^2=|zw|^2$ 知①式成立．同理可证②．

可以证明，这两个恒等式包含正弦和余弦的加法公式，这两个恒等式后来成为算术二次型的高斯理论以及现代代数中某些发展的起源．近年的国内外 MO 中频频出现以这两个恒等式为背景的问题．

例如，由斐波那契恒等式得

$$(x^2+y^2)(z^2+t^2)=(xz-yt)^2+(xt+yz)^2.$$

若设 $f(m)=m^2$，则上式可以化为

$$[f(x)+f(y)][f(z)+f(t)]=f(xz-yt)+f(xt+yz). \quad ③$$

反过来，若 x，y，z，t 为实数，求所有满足方程③的函数 $f(x)$，即得到 2002 年第 43 届 IMO 第 5 题：

求出所有从实数集 R 到 R 的函数 f，使得对所有 x，y，z，$t\in R$，有

$$[f(x)+f(z)][f(y)+f(t)]=f(xy-zt)+f(xt+yz).$$

下面给出更多的例子．

试题 1（1986 年全国初中数学联赛试题）设 a、b、c、d 都是正整数，且

$$m=a^2+b^2, n=c^2+d^2,$$

则 mn 也可表示成两个整数的平方和，其形式是：$mn=$________.

直接利用斐波那契恒等式即可.

试题 2（1963 年成都数学竞赛试题）设 a，b，x，y 都是实数，并且

$$a^2+b^2=1, x^2+y^2=1.$$

求证：$|ax+by|\leqslant 1$.

证明 构造等式

$$(ac+by)^2+(ay-bx)^2=(a^2+b^2)(x^2+y^2)=1.$$

所以 $\quad (ax+by)^2\leqslant(ax+by)^2+(ay-bx)^2=1.$

即 $\quad |ax+by|\leqslant 1.$

评注 此题的实质是柯西（Cauchy）不等式.

试题 3（1977 年纽约数学竞赛试题）每一个具有形式

$$a^2b^2+b^2c^2+c^2d^2+d^2a^2$$

的式子可以用至少两种不同的方式表示为两个平方的和，并求满足

$$x^2+y^2=44^2\times10^2+10^2\times33^2+33^2\times5^2+5^2\times44^2.$$

与 $x>y$ 的两种可能的有序正整数对（x，y）中的任何一对.

解

$$\begin{aligned}&a^2b^2+b^2c^2+c^2d^2+d^2a^2\\&=(a^2+c^2)(b^2+d^2)\\&=(ac\pm cd)^2+(bc\mp ad)^2.\end{aligned}$$

$$\begin{aligned}x^2+y^2&=(44^2+33^2)(10^2+5^2)\\&=(44\times10\pm33\times5)^2+(44\times5\mp33\times10)^2\\&=\begin{cases}605^2+110^2,\\275^2+550^2.\end{cases}\end{aligned}$$

所以$(x, y)=(605, 110)$或$(550, 275)$.

试题 4（USAMO Summer Program，1997）求证：存在无穷多个正整数 n，使得 $n^{19}+n^{99}$ 可以用两种不同的方式表示为两个完全平方数的和.

证明 显然，选取 n 是完全平方数是较为有利的，由

$$n^{19}+n^{99}=n[(n^9)^2+(n^{49})^2]$$

联想到斐波那契恒等式，考虑选择 n 为两个平方数的和，比如取

$$n=(k^2+1)^2=(k^2-1)^2+(2k)^2, k=1,2,3\cdots, \text{则}$$

$$n^{19}+n^{99}=[(k^2-1)^2+(2k)^2]\{[(k^2+1)^{18}]^2+[(k^2+1)^{98}]^2\}$$

$$=[(k^2-1)(k^2+1)^{18}\mp(2k)(k^2+1)^{98}]^2+$$
$$[(k^2-1)(k^2+1)^{98}\pm(2k)(k^2+1)^{18}]^2.$$

试题 5 设 m，n 是不同的正整数，试将 m^6+n^6 用异于 $(m^3)^2+(n^3)^2$ 的方式表示为两个完全平方数的和.

解 首先 $m^6+n^6=(m^2)^3+(n^2)^3$

$$=(m^2+n^2)(m^4-m^2n^2+n^4)$$
$$=(m^2+n^2)[(m^2-n^2)^2+(mn)^2].$$

由斐波那契恒等式①得

$$m^6+n^6=[m(m^2-n^2)-n(mn)]^2+[m(mn)+n(m^2-n^2)]^2$$
$$=(m^3-2mn^2)^2+(n^3-2m^2n)^2.$$

试题 6（第 6 届中国西部数学奥林匹克试题）设 $S=\{n\,|\,n-1,\ n,\ n+1$ 都可以表示为两个正整数的平方和$\}$. 证明：若 $n\in S$，则 $n^2\in S$.

证明 注意到若 x，y 是整数，则由奇偶性分析知

$$x^2+y^2\equiv0,1,2(\mathrm{mod}4).$$

若 $n\in S$，则由上知 $n\equiv1(\mathrm{mod}4)$. 于是可设

$$n-1=a^2+b^2,a\geqslant b,$$
$$n=c^2+d^2,c>d(c,d\ \text{不可能相等}),$$
$$n+1=e^2+f^2,e\geqslant f,$$

其中 a，b，c，d，e，f 都是正整数.

则 $n^2+1=n^2+1^2$，$n^2=(c^2+d^2)^2=(c^2-d^2)^2+(2cd)^2$，

$$n^2-1=(a^2+b^2)(e^2+f^2)=(ae-bf)^2+(af+be)^2.$$

假设 $b=a$，且 $f=e$，则 $n-1=2a^2$，$n+1=2e^2$，两式相减得，$e^2-a^2=1$，则 $e-a\geqslant 1$，而 $1=e^2-a^2=(e+a)(e-a)>1$，矛盾！

故 $b=a$，$f=e$ 不可能同时成立.

所以，$ae-bf>0$，于是 $n^2\in S$.

试题 7（第 6 届拉丁美洲 MO 试题）已知 $P(x,\ y)=2x^2-6xy+5y^2$，若存在整数 B，C，使得 $P(B,\ C)=A$，则称 A 为 P 的值.

(1) 在$\{1,\ 2,\ \cdots,\ 100\}$中，哪些元素是 P 的值？

(2) 证明 P 的值的积仍然是 P 的值.

解 易知，$P(x,\ y)=(x-y)^2+(x-2y)^2$，即如果 A 是 P 的值，则 A 是两个整数的平方和，反之，若 A 是两个整数的平方和，$A=u^2+v^2$，令 $x=2u-v$，$y=u-v$，则 x，y 均为整数，于是 A 为 P 的值.

因此，一个数是 P 的值的充要条件是这个数可写成两个整数的平方和.

(1) 在集合$\{1,\ 2,\ \cdots,\ 100\}$中，下列元素是 P 的值：

1,2,4,5,8,9,10,13,16,17,18,20,25,26,29,32,34,36,37,40,41,45,49,50,52,53,58,61,64,65,68,72,73,74,80,81,82,85,89,90,97,98,100.

(2) 设 A_1，A_2 是 P 的值，即 $A_1=u_1^2+v_1^2$，$A_2=u_2^2+v_2^2$，可得

$$\begin{aligned}A_1A_2&=(u_1^2+v_1^2)(u_2^2+v_2^2)\\&=(u_1u_2+v_1v_2)^2+(u_1v_2-u_2v_1)^2.\end{aligned}$$

从而 A_1A_2 也是P的值.

试题 8（第 2 届中国东南地区数学奥林匹克试题）试求满足 $a^2+b^2+c^2=2\,005$，且 $a\leqslant b\leqslant c$ 的所有三元正整数组（a，b，c）.

解 由于任何奇平方数被 4 除余 1，任何偶平方数是 4 的倍数，因 2 005 被 4 除余 1，故 a^2，b^2，c^2 三数中，必是两个偶平方数、一个奇平方数.

设 $a=2m$，$b=2n$，$c=2k-1$，m，n，k 为正整数，原方程化为：

$$m^2+n^2+k(k-1)=501. \tag{④}$$

又因任何平方数被 3 除的余数，或者是 0，或者是 1，今讨论 k：

(i) 若 $3|k(k-1)$，则由④，$3|m^2+n^2$，于是 m，n 都是 3 的倍数.

设 $m=3m_1$，$n=3n_1$，并且 $\dfrac{k(k-1)}{3}$ 是整数，由④

$$3m_1^2+3n_1^2+\frac{k(k-1)}{3}=167, \tag{⑤}$$

于是 $\dfrac{k(k-1)}{3}\equiv167\equiv2(\bmod 3)$.

设 $\dfrac{k(k-1)}{3}=3r+2$，则

$$k(k-1)=9r+6. \tag{⑥}$$

且由④，$k(k-1)<501$，所以 $k\leqslant22$.

故由⑥，k 可取 3，7，12，16，21，代入⑤分别得到如下情况：

$$\begin{cases}k=3\\m_1^2+n_1^2=55\end{cases},\quad\begin{cases}k=7\\m_1^2+n_1^2=51\end{cases},\quad\begin{cases}k=12\\m_1^2+n_1^2=41\end{cases},\quad\begin{cases}k=16\\m_1^2+n_1^2=29\end{cases},\quad\begin{cases}k=21\\m_1^2+n_1^2=9\end{cases}$$

由于 55、51 都是 $4N+3$ 形状的数，不能表为两个平方的和，并且 9 也不能表成两个正整数的平方和，因此只有 $k=12$ 与 $k=16$ 时有正整数解 m_1，n_1.

当 $k=12$，由 $m_1^2+m_2^2=41$，得 $(m_1, n_1)=(4, 5)$，则 $a=6m_1=24$，$b=6n_1=30$，$c=2k-1=23$，于是 $(a, b, c)=(24, 30, 23)$.

当 $k=16$ 时，由 $m_1^2+m_2^2=29$，得 $(m_1, n_1)=(2, 5)$，则 $a=6m_1=12$，$b=6n_1=30$，$c=2k-1=31$，因此 $(a, b, c)=(12, 30, 31)$.

(ii) 若 $3\nmid k(k-1)$ 时，由于任何三个连续数中必有一个是 3 的倍数，则 $k+1$ 是 3 的倍数，故 k 被 3 除余 2，因此 k 只能取 2，5，8，11，14，17，20 这些.

利用④式分别讨论如下：

若 $k=2$，则 $m_1^2+m_2^2=499$，而 $499\equiv3(\bmod 4)$，此时无解.

若 $k=5$，则 $m_1^2+m_2^2=481$，利用关系式

$$(\alpha^2+\beta^2)(x^2+y^2)=(\alpha x+\beta y)^2+(\alpha y-\beta x)^2=(\alpha x-\beta y)^2+(\alpha y+\beta x)^2,$$

可知 $$481=13\cdot37=(3^2+2^2)(6^2+1^2)=20^2+9^2=15^2+16^2.$$

所以 $(m,n)=(20,9)$ 或 $(15,16)$.

于是得两组解 $(a,b,c)=(2m,2n,2k-1)=(40,18,9)$ 或 $(30,32,9)$.

若 $k=8$，则 $m_1^2+m_2^2=445$，而 $445=5\cdot89=(2^2+1^2)(8^2+5^2)=21^2+2^2=18^2+11^2$.

所以 $(m,n)=(21,2)$ 或 $(18,11)$，得两组解 $(a,b,c)=(2m,2n,2k-1)=(42,4,15)$ 或 $(36,22,15)$.

若 $k=11$，有 $m_1^2+m_2^2=391$，而 $391\equiv3\ (\bmod 4)$，此时无解；

若 $k=14$，有 $m_1^2+m_2^2=319$，而 $319\equiv3\ (\bmod 4)$，此时无解；

若 $k=17$，有 $m_1^2+m_2^2=229$，而 $229=15^2+2^2$，得 $(m,n)=(15,2)$，得一组解 $(a,b,c)=(2m,2n,2k-1)=(30,4,33)$；

若 $k=20$，则 $m_1^2+m_2^2=121=11^2$，而 11^2 不能表示两个正整数的平方和，因此本题共有 7 组解为：$(23,24,30)$，$(12,30,31)$，$(9,18,40)$，$(9,30,32)$，$(4,15,42)$，$(15,22,36)$，$(4,30,33)$.

经检验，它们都满足方程.

试题 9（1995 年英国数学奥林匹克试题）求证：方程 $x^2+y^2=z^5+z$ 有无穷多组正整数解

$$x、y、z,使(x,y,z)=1.$$

证明 方程可改写为 $z[(z^2)^2+1]=x^2+y^2$，我们取 $z=a^2+b^2(a,b\in N)$，则由恒等式②得：

$$\begin{aligned}z(z^4+1)&=(a^2+b^2)[(z^2)^2+1]\\&=(az^2+b)^2+(bz^2-a)^2.\end{aligned}$$

故 $x=a(a^2+b^2)^2+b$，$y=b(a^2+b^2)^2-a$，$z=a^2+b^2$ 是给定方程的解. 当 $(x,y)=1$ 时，$(x,y,z)=1$.

为了证明有无穷多组满足 $(x,y)=1$ 的解，我们取 $b=1$ 来尝试，这时

$x=a^5+2a^3+a+1$，$y=a^4+2a^2-a+1$，$z=a^2+1$，a 为正整数.

设对某个 a，$(x,y)>1$，则 (x,y) 有质因子 p，故 $p\mid x-ay$，即 $p\mid a^2+1$. 但 $x=a^3(a^2+1)+a(a^2+1)+1$，而 $p\mid x$，故 $p\mid 1$，矛盾. 于是 $(x,y)=1$，这就得出了无穷多组符合要求的解.

评注 由上述讨论不难看出：对于方程

$$x^2+y^2=z^{2l+1}+z,$$

其中 l 是正整数，上述结论仍成立.

试题 10 求证：对任意正整数 k，关于 a，b，c 的方程 $a^2+b^2=c^k$ 均有正整数解.

证明 当 $k=1$ 时，命题是平凡的；当 $k=2$ 时，方程 $a^2+b^2=c^2$ 有正整数解 (3，4，5)；假设方程 $a^2+b^2=c^{2r}(r\geqslant 1)$ 有正整数解，则由斐波那契恒等式知 $c^2\cdot c^{2r}=c^{2(r+1)}$ 亦为两正整数的平方和，即方程 $a^2+b^2=c^{2(r+1)}$ 有正整数解，由数学归纳法，当 k 为偶数时命题成立；当 k 为奇数时，由于已证方程 $a^2+b^2=c^k$ 有正整数解（p，q，r^2），因而当 k 为奇数时命题亦成立.

试题 11 证明方程 $x^2-2y^2=1$ 有无穷组正整数解（x，y）.

证明 我们归纳地构造出方程的无穷组正整数解 $x=x_n$，$y=y_n(n\geqslant 1)$. 显然，第一组解可取为 $x_1=3$，$y_1=2$. 假设对 $n\geqslant 1$ 已作出了解（x_n，y_n），即 $x_n^2-2y_n^2=1$.

在恒等式①中取 $a=3$，$b=2\sqrt{-2}$，$c=x_n$，$d=y_n\sqrt{-2}$，并运用归纳假设得

$$(3x_n+4y_n)^2-2(2x_n+3y_n)^2=(x_n^2-2y_n^2)(3^2-2\times 2^2)=1.$$

这表明，可以取 $x_{n+1}=3x_n+4y_n$，$y_{n+1}=2x_n+3y_n$，因已假设 x_n，y_n 都是正整数，故 x_{n+1}，y_{n+1} 也都是正整数，又显然 $x_{n+1}>x_n$，$y_{n+1}>y_n$，所以由 $x_1=3$，$y_1=2$ 及递推公式

$$x_{n+1}=3x_n+4y_n, y_{n+1}=2x_n+3y_n, \quad (n\geqslant 1)$$

得出方程 $x_n^2-2y_n^2=1$ 的无穷正整数解 (x_1, y_1)，$(x_2, y_2)\cdots$.

试题 12（第 30 届 IMO 预选题）求证，数列 $a_n=[n\sqrt{2}]$，$n=0$，1，2，…有无穷多项是完全平方数.

证明 在试题 11 中，我们证明了方程 $x^2-2y^2=1$ 有无穷组正整数解 (x_n, y_n)，

在①中取 $a=1$，$b=\sqrt{-2}$，$c=x_n$，$d=y_n\sqrt{-2}$，得

$$(x_n+2y_n)^2-2(x_n+y_n)^2=(1^2-2\times 1^2)(x_n^2-2y_n^2)=-1.$$

这表明方程

$$x^2-2y^2=-1.$$

有无穷组正整数解 $x=x_n+2y_n$，$y=x_n+y_n(n\geqslant 1)$. 任取一组解 $x=u$，$y=v$，则

$$u^2-2v^2=-1.$$

从而 $\quad 2v^2=u^2+1.$

将上式两边同乘以 u^2 得

$$2(uv)^2=u^4+u^2$$

故 $u^2<\sqrt{2}uv<u^2+1$.

所以 $[\sqrt{2}uv]=u^2$ 为一个完全平方数，这样取 $n=uv$，则得无穷个正整数 n，使得 $[n\sqrt{2}]$ 为完全平方数.

评注 上述解法的困难在于不容易看出方程 $x^2-2y^2=-1$ 能够帮助构造.

试题 13（第 44 届普特南数学竞赛试题）设 k 是一个正整数，$m=2^k+1$，$r\neq1$ 是 $z^m-1=0$ 的一个复根，求证：存在整系数多项式 $P(z)$，$Q(z)$，使得

$$[P(r)]^2+[Q(r)]^2=-1.$$

证明 因为 $r\neq1$，

$$r^m-1=(r-1)(r^{m-1}+r^{m-2}+\cdots+1)=0.$$

所以
$$r^{m-1}+r^{m-2}+\cdots+1=0$$
$$-1=r(1+r+r^2+\cdots+r^{m-2})$$
$$-1=r(1+r)(1+r^2)(1+r^4)\cdots(1+r^{\frac{m-1}{2}})$$
$$-1=(r+r^2)(1+r^2)(1+r^4)\cdots(1+r^{\frac{m-1}{2}}).$$

因为 $r+r^2=r^{m+1}+r^2$，$m+1=2(2^{k-1}+1)$.

所以关于-1 的最后表达式之每个因子都是两个平方数的和，它们的乘积可重复应用恒等式①，表示为两个整系数多项式之平方和.

下面的例子是一个经典问题

试题 14 设 $P(x)$是实系数多项式，且对所有 $x\in R$ 有 $P(x)\geqslant0$，求证：存在实系数多项式 $Q_1(x)$和 $Q_2(x)$，使得对所有 x

$$P(x)=Q_1^2(x)+Q_2^2(x).$$

证明 由题设 $P(x)$ 可以表示为如下形式

$$c\cdot\prod_{k=1}^{n}(x^2+p_kx+q_k).$$

其中 c，p_k，q_k 是实数，且 $c\geqslant0$，$p_k^2-4q_k\leqslant0$，$k=1$，2，…，n.

注意到 $x^2+p_kx+q_k$ 可以表示为两个式子的平方和：

$$\left(x+\frac{p_k}{2}\right)^2+\left(\frac{\sqrt{4q_k-p_k^2}}{2}\right)^2=u_k^2(x)+v_k^2(x).$$

我们只需证明

$$[u_1^2(x)+v_1^2(x)][u_2^2(x)+v_2^2(x)]\cdots[u_n^2(x)+v_n^2(x)].$$

可以表示为两个实系数多项式的平方和. 这可由数学归纳法和斐波那契恒等式导出.

作者：朱华伟. 原载：《中学数学研究》2007 年第 1 期.

5-3 贝努利不等式是一批经典不等式的综合

一些经典不等式是证明不等式的常用工具. 形式简洁、概括性强的贝努利不等式可给出若干经典不等式简洁、优美的证明，并可对其中某些作出推广或加强，一线串通这些经典不等式.

应用微积分易证如下：**贝努利不等式**

若 $x>0$，则

当 $0<\alpha<1$ 时，$x^{\alpha}-\alpha x\leqslant 1-\alpha$ ①

当 $\alpha<0$ 或 $\alpha>1$ 时，$x^{\alpha}-\alpha x\geqslant 1-\alpha$ ②

两式中等式当且仅当 $x=1$ 时成立.

①，②两式给出了正数 x 的幂 x^{α}（$\alpha\neq 1$）与一次式之间的不等关系，因此常可用于解决与此有关的问题. 下面我们就来应用它证明某些经典不等式.

1. **裴蜀不等式**：设 n 为自然数，$a\geqslant b>0$，则 $n(a-b)b^{n-1}\leqslant a^n-b^n\leqslant n(a-b)a^{n-1}$.

证明 只需证明

$$a^n-nab^{n-1}\geqslant b^n-nb^n,$$
$$b^n-nba^{n-1}\geqslant a^n-na^n.$$

两式可统一成

$$y^n-nyz^{n-1}\geqslant z^n-nz^n \quad (y,z>0)$$

两边同除以 z^n，得 $\left(\frac{y}{z}\right)^n-n\frac{y}{z}\geqslant 1-n$.

此式正是 $x=\frac{y}{z}$（>0）的 n 次幂与 $x=\frac{y}{z}$ 的一次式之间的不等关系. 在②中 $x=\frac{y}{z}$，$\alpha=n$ 即得.

评注 利用贝努利不等式可将裴蜀不等式推广为：

若 $a\geqslant b>0$，则

当 $0<\alpha<1$ 时，$\alpha(a-b)a^{\alpha-1}\leqslant a^{\alpha}-b^{\alpha}\leqslant\alpha(a-b)b^{\alpha-1}$；

当 $\alpha<0$ 或 $\alpha>1$ 时，$\alpha(a-b)b^{\alpha-1}\leqslant a^{\alpha}-b^{\alpha}\leqslant\alpha(a-b)a^{\alpha-1}$.

2. **Young 不等式**：若 $a>0$，$b>0$，$\frac{1}{p}+\frac{1}{q}=1$，则

(1) 当 $p>1$ 时，$ab\leqslant\frac{a^p}{p}+\frac{b^q}{q}$；

（2）当 $0<p<1$ 时，$ab\geqslant\frac{a^p}{p}+\frac{b^q}{q}$.

证明 （仅证（1））在①中取 $x=\frac{a^p}{b^q}>0$. $0<\alpha=\frac{1}{p}<1$，应用 $\frac{1}{p}+\frac{1}{q}=1$ 化简并乘以 $b^q>0$ 即得.

3. **平均值不等式：** 若 a_1，a_2，…，$a_n>0$，$A_n=\frac{1}{n}\sum_{k=1}^{n}a_k$，$G_n=\left(\prod_{k=1}^{n}a_k\right)^{\frac{1}{k}}$，则 $A_n\geqslant G_n$.

证明 在②中取 $\alpha=k>1$ 变形，得

$$x(k-x^{k-1})\leqslant k-1\quad(k=2,3,\cdots,n).$$

取 $x=\left(\frac{a_k}{A_k}\right)^{\frac{1}{k-1}}>0$，代入之 $\left(\frac{a_k}{A_k}\right)^{\frac{1}{k-1}}\left(k-\frac{a_k}{A_k}\right)\leqslant k-1$，

$$\left(\frac{a_k^{\frac{1}{k-1}}}{A_k^{\frac{1}{k-1}}}\right)\cdot\frac{kA_k-a_k}{A_k}\leqslant k-1,$$

$$\frac{a_k^{\frac{1}{k-1}}(a_1+a_2+\cdots+a_{k-1})}{A_k^{\frac{k}{k-1}}}\leqslant k-1,$$

$$a_k^{\frac{1}{k-1}}A_{k-1}\leqslant A_k^{\frac{k}{k-1}}.$$

两端同乘 $k-1$ 次方即得 $A_k^k\geqslant A_{k-1}^{k-1}a_k$. 再应用数学归纳法证明 $A_n\geqslant G_n$.

4. **Popovic 不等式：** 设 $a_i>0$，$i=1$，2，…，n，$A_k=\frac{1}{k}\sum_{i=1}^{k}a_i$，$G_k=\left(\prod_{i=1}^{k}a_i\right)^{\frac{1}{k}}$，则

$$1=\frac{G_1}{A_1}\geqslant\left(\frac{G_2}{A_2}\right)^2\geqslant\cdots\geqslant\left(\frac{G_n}{A_n}\right)^n.$$

证明： 由 $A_k^k\geqslant A_{k-1}^{k-1}a_k$ 知 $A_k^kG_{k-1}^{k-1}\geqslant A_{k-1}^{k-1}G_{k-1}^{k-1}a_k$，即 $A_k^kG_{k-1}^{k-1}\geqslant A_{k-1}^{k-1}G_k^k$.

故 $\left(\frac{G_{k-1}}{A_{k-1}}\right)^{k-1}\geqslant\left(\frac{G_k}{A_k}\right)^k$，$k=2$，3，…，$n$. 得证.

5. **R · Rado 不等式：**

设 $a_i>0$，$i=1$，2，…，n. A_k，G_k 意同上，则

$$0=A_1-G_1\leqslant 2(A_2-G_2)\leqslant\cdots\leqslant n(A_n-G_n).$$

证明 首先易证明恒等式

$$A_k=\frac{G_{k-1}}{k}\left[(k-1)\frac{A_{k-1}}{G_{k-1}}+\left(\frac{G_k}{G_{k-1}}\right)^k\right].\qquad ③$$

取 $x=\frac{G_k}{G_{k-1}}>0$，由②式得 $\left(\frac{G_k}{G_{k-1}}\right)^k\geqslant k\frac{G_k}{G_{k-1}}-k+1$.

$$\therefore A_k=\frac{G_{k-1}}{k}\left[(k-1)\frac{A_{k-1}}{G_{k-1}}+\left(\frac{G_k}{G_{k-1}}\right)^k\right]$$
$$\geqslant\frac{G_{k-1}}{k}\left[(k-1)\ \frac{A_{k-1}}{G_{k-1}}+k\ \frac{G_k}{G_{k-1}}-k+1\right]$$
$$=\frac{k-1}{k}A_{k-1}+G_k-\frac{k-1}{k}G_{k-1}.$$

故 $(k-1)(A_{k-1}-G_{k-1})\leqslant k(A_k-G_k)$，$k=2$，3，…，$n$. 证毕.

6. **m 次平均不等式**：设 $a_i>0$，$i=1$，2，…，n. $A_n=\frac{1}{n}\sum_{i=1}^{n}a_i^m$，$B_n=\left(\frac{1}{n}\sum_{i=1}^{n}a_i\right)^m$，则

(1) 当 $0<m<1$ 时，$A_n\leqslant B_n$；

(2) 当 $m<0$ 或 $m>1$ 时，$A_n\geqslant B_n$.

证明 （仅证（2））在②中取 $x=\frac{a_i}{\sqrt[m]{B^n}}>0$，得 $\left(\frac{a_i}{\sqrt[m]{B_n}}\right)^m-m\frac{a_i}{\sqrt[m]{B_n}}\geqslant1-m$，

即 $\frac{a_i^m}{B_n}-mn\frac{a_i}{\sum\limits_{i=1}^{n}a_i}\geqslant1-m$.

两边对 i 求和，得 $\frac{\sum\limits_{i=1}^{n}a_i^m}{B_n}-mn\geqslant(1-m)n$，$\frac{\sum\limits_{i=1}^{n}a_i^m}{nB_n}\geqslant1$，即 $A_n\geqslant B_n$. 证毕.

评注 若令 $m=-1$，则得到算术-调和平均值不等式. 若令 $m=2$，则得到平方平均值不等式.

用贝努利不等式还可将它加强为：

7. **m 次平均不等式的加强**：设 $a_i>0$，$i=1$，2，…，n. $A_n=\frac{1}{n}\sum_{i=1}^{n}a_i^m$，$B_n=\left(\frac{1}{n}\sum_{i=1}^{n}a_i\right)^m$，则

(1) 当 $0<m<1$ 时，$0\leqslant B_1-A_1\leqslant2\ (B_2-A_2)\ \leqslant\cdots\leqslant n\ (B_n-A_n)\ \leqslant\cdots$.

(2) 当 $m<0$ 或 $m>1$ 时，$0\leqslant A_1-B_1\leqslant2\ (A_2-B_2)\ \leqslant\cdots\leqslant n\ (A_n-B_n)\ \leqslant\cdots$.

证明 （仅证（2））②中取 $x=\sqrt[m]{\frac{B_n}{B_{n+1}}}$，得

$$\left(\sqrt[m]{\frac{B_n}{B_{n+1}}}\right)^m-m\sqrt[m]{\frac{B_n}{B_{n+1}}}\geqslant1-m.$$

整理即得 $\frac{nB_n}{B_{n+1}}-m\frac{\sum\limits_{i=1}^{n}a_i}{\sqrt[m]{B_{n+1}}}\geqslant(1-m)n$.

再取 $x=\frac{a_{n+1}}{\sqrt[m]{B_{n+1}}}$，由②得 $\frac{a_{n+1}^m}{B_{n+1}}-m\frac{a_{n+1}}{\sqrt[m]{B_{n+1}}}\geqslant1-m$.

将以上两式相加得$\dfrac{nB_n+a_{n+1}^m}{B_{n+1}}-m(n+1)\geqslant(1-m)(1+n)$，

即 $nB_n+a_{n+1}^m\geqslant(n+1)B_{n+1}$.

所以 $nB_n+a_{n+1}^m+nA_n\geqslant(n+1)B_{n+1}+nA_n$，即 $nB_n+(n+1)A_{n+1}\geqslant(n+1)B_{n+1}+nA_n$.

所以 $n(A_n-B_n)\leqslant(n+1)(A_{n+1}-B_{n+1})$，$n=1$，2，…. 得证.

评注 文［1］中的幂指数限制在自然数范围内，这里我们将 m 推广为一切实数.

8. **幂平均不等式**：设 $a_i>0$，$i=1$，2，…，n. $\alpha>\beta$. $M_\alpha=\left(\dfrac{1}{n}\sum\limits_{i=1}^n a_i^\alpha\right)^{\frac{1}{\alpha}}$，$M_\beta=\left(\dfrac{1}{n}\sum\limits_{i=1}^n a_i^\beta\right)^{\frac{1}{\beta}}$，则 $M_\alpha\geqslant M_\beta$.

证明 （1）当 $\alpha>0$ 时，由 $\alpha>\beta$ 知$\dfrac{\alpha}{\beta}<0$ 或$\dfrac{\alpha}{\beta}>1$. ②中取 $x=\dfrac{a_i^\beta}{M_\beta^\beta}>0$，得

$$\left(\frac{a_i^\beta}{M_\beta^\beta}\right)^{\frac{\alpha}{\beta}}-\frac{\alpha}{\beta}\cdot\frac{a_i^\beta}{M_\beta^\beta}\geqslant1-\frac{\alpha}{\beta},\text{即}\frac{a_i^\alpha}{M_\beta^\alpha}-n\cdot\frac{\alpha}{\beta}\cdot\frac{a_i^\beta}{\sum\limits_{i=1}^n a_i^\beta}\geqslant1-\frac{\alpha}{\beta},$$

两边对 i 求和，得 $\dfrac{\sum\limits_{i=1}^n a_i^\alpha}{M_\beta^\alpha}-n\cdot\dfrac{\alpha}{\beta}\geqslant\left(1-\dfrac{\alpha}{\beta}\right)^n$，

即 $\dfrac{1}{n}\sum\limits_{i=1}^n a_i^\alpha\geqslant M_\beta^\alpha$，$\therefore M_\alpha\geqslant M_\beta$.

（2）当 $\alpha<0$ 时，由 $\alpha>\beta$ 知 $0<\dfrac{\alpha}{\beta}<1$. 仿上利用①式推得 $\dfrac{1}{n}\sum\limits_{i=1}^n a_i^\alpha\leqslant M_\beta^\alpha$.

因为 $\alpha<0$，所以 $M_\alpha\geqslant M_\beta$.

9. **Holder 不等式**：设 $a_i>0$，$b_i>0$，$i=1$，2，…，n. $\dfrac{1}{p}+\dfrac{1}{q}=1$，则

（1）当 $p>1$ 时，$\sum\limits_{i=1}^n a_ib_i\leqslant\left(\sum\limits_{i=1}^n a_i^p\right)^{\frac{1}{p}}\left(\sum\limits_{i=1}^n b_i^q\right)^{\frac{1}{q}}$；

（2）当 $0<p<1$ 时，$\sum\limits_{i=1}^n a_ib_i\geqslant\left(\sum\limits_{i=1}^n a_i^p\right)^{\frac{1}{p}}\left(\sum\limits_{i=1}^n b_i^q\right)^{\frac{1}{q}}$.

证明 ［仅证（1）］在①中取 $x=\dfrac{a_i^pb_i^{p-pq}\sum\limits_{i=1}^n b_i^q}{\sum\limits_{i=1}^n a_i^p}$，$0<\alpha=\dfrac{1}{p}<1$，得

$$\frac{a_ib_i^{1-q}\left(\sum\limits_{i=1}^n b_i^q\right)^{\frac{1}{p}}}{\left(\sum\limits_{i=1}^n a_i^p\right)^{\frac{1}{p}}}-\frac{1}{p}\cdot\frac{a_i^pb_i^{p-pq}\sum\limits_{i=1}^n b_i^q}{\sum\limits_{i=1}^n a_i^p}\leqslant1-\frac{1}{p}$$

两边同乘以 $b_i^q>0$，注意 $p+q-pq=0$，得

$$\frac{a_ib_i\left(\sum_{i=1}^{n}b_i^q\right)^{\frac{1}{p}}}{\left(\sum_{i=1}^{n}a_i^p\right)^{\frac{1}{p}}}-\frac{1}{p}\frac{a_i^p\sum_{i=1}b_i^q}{\sum_{i=1}^{n}a_i^p}\leqslant\left(1-\frac{1}{p}\right)\sum_{i=1}^{n}b_i^q$$，两边对 i 求和，得

$$\frac{\left(\sum_{i=1}^{n}a_ib_i\right)\left(\sum_{i=1}^{n}b_i^q\right)^{\frac{1}{p}}}{\left(\sum_{i=1}^{n}a_i^p\right)^{\frac{1}{p}}}-\frac{1}{p}\sum_{i=1}^{n}b_i^q\leqslant\left(1-\frac{1}{p}\right)\sum_{i=1}^{n}b_i^q,$$

即 $\left(\sum_{i=1}^{n}a_ib_i\right)\left(\sum_{i=1}^{n}b_i^q\right)^{\frac{1}{p}}\leqslant\left(\sum_{i=1}^{n}a_i^p\right)^{\frac{1}{p}}\left(\sum_{i=1}^{n}b_i^q\right)$，

所以 $\sum_{i=1}^{n}a_ib_i\leqslant\left(\sum_{i=1}^{n}a_i^p\right)^{\frac{1}{p}}\left(\sum_{i=1}^{n}b_i^q\right)^{\frac{1}{q}}$.

评注　在（1）中令 $p=q=2$ 即得柯西不等式.

10. **加权平均不等式**：设 $a_i>0$，$p_i>0$，$i=1$，2，…，n，则

$$\sum_{i=1}^{n}p_ia_i/\sum_{i=1}^{n}p_i\geqslant(a_1^{p_1}a_2^{p_2}\cdots a_n^{p_n})^{1/\sum_{i=1}^{n}p_i}.$$

证明　我们采取从特殊到一般的方法分三步：

（1）首先证明命题：若 a，b，α，β 均大于零，且 $\alpha+\beta=1$，则 $\alpha a+\beta b\geqslant a^{\alpha}b^{\beta}$. 事实上在①中取 $x=\dfrac{a}{b}$，立得.

（2）用数学归纳法不难将（1）推广为：

若 $\alpha_i>0$，$a_i>0$，$i=1$，2，…，n. 且 $\sum_{i=1}^{n}\alpha_i=1$. 则

$$\sum_{i=1}^{n}\alpha_ia_i\geqslant a_1^{\alpha_1}a_2^{\alpha_2}\cdots a_n^{\alpha_n}.$$

（3）令 $\alpha_i=\dfrac{p_i}{\sum_{i=1}^{n}p_i}$，则 $\sum_{i=1}^{n}\alpha_i=1$，代入（2）即得证.

评注　若令 $p_1=p_2=\cdots=p_n=1$，则得到算术几何平均值不等式.

若取 $a_i=\dfrac{1}{x_i}$，$p_i=x_i$，$x_i>0$，$i=1$，2，…，n，则有

$$\left[\left(\frac{1}{x_1}\right)^{x_1}\left(\frac{1}{x_2}\right)^{x_2}\cdots\left(\frac{1}{x_n}\right)^{x_n}\right]^{1/\sum_{i=1}^{n}x_i}\leqslant\frac{n}{x_1+x_2+\cdots+x_n}.$$

$$x_1^{x_1}x_2^{x_2}\cdots x_n^{x_n}\geqslant\left(\frac{1}{n}\sum_{i=1}^{n}x_i\right)^{\sum_{i=1}^{n}x_i}\geqslant(\sqrt[n]{x_1x_2\cdots x_n})^{\sum_{i=1}^{n}x_i}.$$

从而推得著名的不等式：

$x_1^{x_1}x_2^{x_2}\cdots x_n^{x_n}\geqslant(x_1x_2\cdots x_n)^{\frac{x_1+x_2+\cdots+x_n}{n}}$. 其中 $x_i>0, i=1,2,\cdots,n$.

11. **加权幂平均不等式**：设 $a_i>0$，$p_i>0$，$i=1$，2，…，n. $\alpha>\beta$，

$$M_\alpha(a, p)=\left[\frac{\sum\limits_{i=1}^{n}p_ia_i^\alpha}{\sum\limits_{i=1}^{n}p_i}\right]^{\frac{1}{\alpha}}, \quad M_\beta(a, p)=\left[\frac{\sum\limits_{i=1}^{n}p_ia_i^\beta}{\sum\limits_{i=1}^{n}p_i}\right]^{\frac{1}{\beta}}$$，则

$$M_\alpha(a,p)\geqslant M_\beta(a,p).$$

证明 （1）当 $\alpha>0$ 时，由 $\alpha>\beta$ 知 $\frac{\alpha}{\beta}<0$ 或 $\frac{\alpha}{\beta}>1$. 取 $x=\frac{a_i^\beta}{M_\beta^\beta(a, p)}$，由②得：

$$\left(\frac{a_i^\beta}{M_\beta^\beta(a,p)}\right)^{\frac{\alpha}{\beta}}-\frac{\alpha}{\beta}\cdot\frac{a_i^\beta}{M_\beta^\beta(a,p)}\geqslant1-\frac{\alpha}{\beta},$$

两边同乘以 $p_i>0$，得

$$\frac{p_ia_i^\alpha}{M_\beta^\alpha(a,\beta)}-\frac{\alpha}{\beta}\cdot\frac{p_ia_i^\beta\left(\sum\limits_{i=1}^{n}p_i\right)}{\sum\limits_{i=1}^{n}p_ia_i^\beta}\geqslant\left(1-\frac{\alpha}{\beta}\right)\sum_{i=1}^{n}p_i,$$

两边对 i 求和，得

$$\frac{\sum\limits_{i=1}^{n}p_ia_i^\alpha}{M_\beta^\alpha(a,p)}-\frac{\alpha}{\beta}\sum_{i=1}^{n}p_i\geqslant\left(1-\frac{\alpha}{\beta}\right)\sum_{i=1}^{n}p_i,$$

即 $\frac{\sum\limits_{i=1}^{n}p_ia_i^\alpha}{M_\beta^\alpha(a, p)}\geqslant\sum\limits_{i=1}^{n}p_i$. $\therefore M_\alpha(a, p)\geqslant M_\beta(a, p)$.

（2）当 $\alpha<0$ 时，由 $\alpha>\beta$ 知 $0<\frac{\alpha}{\beta}<1$，仿（1）利用①推得 $\frac{\sum\limits_{i=1}^{n}p_ia_i^\alpha}{\sum\limits_{i=1}^{n}p_i}\leqslant M_\beta^\alpha(a, p)$，

因为 $\alpha<0$，所以 $M_\alpha(a, p)\geqslant M_\beta(a, p)$，得证.

12. **权方和不等式**：设 $a_i>0$，$b_i>0$，$i=1$，2，…，n. 则

（1）当 $m>0$ 或 $m<-1$ 时，$\sum\limits_{i=1}^{n}\frac{a_i^{m+1}}{b_i^m}\geqslant\left(\sum\limits_{i=1}^{n}a_i\right)^{m+1}\Big/\left(\sum\limits_{i=1}^{n}b_i\right)^m$；

（2）当 $-1<m<0$ 时，$\sum\limits_{i=1}^{n}\frac{a_i^{m+1}}{b_i^m}\leqslant\left(\sum\limits_{i=1}^{n}a_i\right)^{m+1}\Big/\left(\sum\limits_{i=1}^{n}b_i\right)^m$.

证明 ［仅证（1）］在②中取 $x=\dfrac{b_i\sum\limits_{i=1}^{n}a_i}{a_i\sum\limits_{i=1}^{n}b_i}$，$\alpha=-m$，则 $\alpha<0$ 或 $\alpha>1$，得

$$\frac{a_i^m\left(\sum\limits_{i=1}^{n}b_i\right)^m}{b_i^m\left(\sum\limits_{i=1}^{n}a_i\right)^m}+m\cdot\frac{b_i\sum\limits_{i=1}^{n}a_i}{a_i\sum\limits_{i=1}^{n}b_i}\geqslant(1+m).$$

两边同乘 $a_i>0$ 得

$$\frac{a_i^{m+1}}{b_i^m}\cdot\frac{\left(\sum\limits_{i=1}^{n}b_i\right)^m}{\left(\sum\limits_{i=1}^{n}a_i\right)^m}+m\cdot\frac{b_i\sum\limits_{i=1}^{n}a_i}{\sum\limits_{i=1}^{n}b_i}\geqslant(1+m)a_i.$$

两边对 i 求和得

$$\left(\sum_{i=1}^{n}\frac{a_i^{m+1}}{b_i^m}\right)\left(\sum_{i=1}^{n}b_i\right)^m\Big/\left(\sum_{i=1}^{n}a_i\right)^m+m\sum_{i=1}^{n}a_i\geqslant(1+m)\sum_{i=1}^{n}a_i.$$

即 $\sum\limits_{i=1}^{n}\dfrac{a_i^{m+1}}{b_i^m}\geqslant\left(\sum\limits_{i=1}^{n}a_i\right)^{m+1}\Big/\left(\sum\limits_{i=1}^{n}b_i\right)^m$ 得证.

评注 （1）若取 $x=a_i\sum\limits_{i=1}^{n}b_i\Big/b_i\sum\limits_{i=1}^{n}a_i$，$\alpha=m+1$ 也可证得.

（2）文［2］中的 m 限制在正实数范围，这里我们拓广为一切实数.

从上述各例的证明可见，巧妙地构造数式 x 和 α 是应用贝努利不等式的关键. 贝努利不等式乃是一大批著名经典不等式的综合.

参考文献：

［1］ 叶军. 微微对偶不等式设计八例. 数学通报，1989（6）.

［2］ 李世杰. 一个不等式的证明、应用及推广. 数学通讯，1989（1）.

作者：朱华伟，汪江松. 原载：《中学数学》1991 年第 6 期.

5-4 嵌入不等式——数学竞赛命题的一个宝藏

1 关于嵌入不等式

在代数和三角中，如下不等式和等式是司空见惯的：

$$x^2+y^2+z^2\geqslant xy+yz+zx. \quad ①$$

$$a^2+b^2+c^2=2bc\cos A+2ca\cos B+2ab\cos C. \quad ②$$

如果我们这样思考：把②式中$\triangle ABC$的三边a，b，c换成任意三个实数x，y，z，会有怎样的结果？或者①式右边各项分别乘以$2\cos C$，$2\cos A$，$2\cos B$，不等号仍然成立吗？于是，就得到下面著名的嵌入不等式.

定理1 对$\triangle ABC$和任意实数x，y，z，不等式

$$x^2+y^2+z^2\geqslant 2yz\cos A+2zx\cos B+2xy\cos C. \quad ③$$

成立，其中等号成立当且仅当$x:y:z=\sin A:\sin B:\sin C$.

证法1 $x^2+y^2+z^2-(2yz\cos A+2zx\cos B+2xy\cos C)$

$=x^2-2x(y\cos C+z\cos B)+y^2+z^2-2yz\cos A$

$=(x-y\cos C-z\cos B)^2-(y\cos C+z\cos B)^2+y^2+z^2+2yz\cos(B+C)$

$=(x-y\cos C-z\cos B)^2+(y\sin C-z\sin B)^2\geqslant 0.$

等号当且仅当

$$\begin{cases}y\sin C-z\sin B=0,\\x-y\cos C-z\cos B=0.\end{cases}$$

即$x:y:z=\sin A:\sin B:\sin C$时成立.

证法2 设$f(x)=x^2-2(y\cos C+z\cos B)x+(y^2+z^2-2yz\cos A)$，则

$$\begin{aligned}\Delta&=4(y\cos C+z\cos B)^2-4(y^2+z^2-2yz\cos A)\\&=-4y^2\sin^2C-4z^2\sin^2B+8yz\sin B\sin C\\&=-4(y\sin C-z\sin B)^2\leqslant 0.\end{aligned}$$

所以恒有$f(x)\geqslant 0$，从而定理1成立.

证法3 考虑分别在线段AB，BC，CA上的点P，Q，R，使得$AP=BQ=CR=1$，且P，Q，R不在三角形ABC的三边上，则不等式③等价于

$$(x\cdot\overrightarrow{AP}+y\cdot\overrightarrow{BQ}+z\cdot\overrightarrow{CR})^2\geqslant 0,$$

此不等式显然成立.

显然，嵌入不等式中的条件 $A+B+C=\pi$，可以推广到 $A+B+C=(2k+1)\pi$.

嵌入不等式有一个形象的几何解释：如果 $0<A, B, C<\pi$，

且对任意实数 x，y，z，不等式③都成立，则 A，B，C 一定可成为某一个三角形的三个内角或某一个平行六面体共点的三个面两两所夹的内二面角.

嵌入不等式最早出现在英国数学家沃尔斯滕霍尔姆（J. Wolstenholme）1867 年的著作中，1971 年克莱姆金（M. S. Klamkin）将嵌入不等式推广为：

定理 2（J. Wolstenholme-Klamkin 加权三角不等式）对$\triangle ABC$ 和任意实数 x，y，z，n 为正整数，不等式

$$x^2+y^2+z^2\geqslant 2(-1)^{n+1}(yz\cos nA+zx\cos nB+xy\cos nC). \tag{④}$$

成立.

将④重新写成

$$x^2+2x(-1)^n(z\cos nB+y\cos nC)+y^2+z^2+2(-1)^n yz\cos nA\geqslant 0.$$

将 $x^2+2x(-1)^n(z\cos nB+y\cos nC)$ 配方，上式等价于

$$\begin{aligned}&[x+(-1)^n(z\cos nB+y\cos nC)]2+y^2+z^2+2(-1)^n yz\cos nA\\ \geqslant&(z\cos nB+y\cos nC)^2\\ =&z^2\cos^2 nB+y^2\cos^2 nC+2yz\cos nB\cos nC.\end{aligned}$$

只需要证明下式就可以了

$$y^2+z^2+2(-1)^n yz\cos nA\geqslant z^2\cos^2 nB+y^2\cos^2 nC+2yz\cos nB\cos nC.$$

或者

$$y^2\sin^2 nC+z^2\sin^2 nB+2yz[(-1)^n\cos nA-\cos nB\cos nC]\geqslant 0. \tag{⑤}$$

如果 $n=2k$ 是偶数，则 $nA+nB+nC=2k\pi$，所以

$$\cos nA=\cos(nB+nC)=\cos nB\cos nC-\sin nB\sin nC.$$

不等式⑤可以化为

$$\begin{aligned}&y^2\sin^2 nC+z^2\sin^2 nB-2yz\sin nB\sin nC\\ =&(y\sin nC-z\sin nB)^2\geqslant 0.\end{aligned}$$

这是显而易见的.

如果 $n=2k+1$ 为奇数，则 $nA+nB+nC=(2k+1)\pi$，所以

$$\cos nA=-\cos(nB+nC)=-\cos nB\cos nC+\sin nB\sin nC.$$

不等式⑤可以化为

$$y^2\sin^2 nC+z^2\sin^2 nB-2yz\sin nB\sin nC$$

$$=(y\sin nC-z\sin nB)^2\geqslant 0.$$

这也是显而易见的.

在以上的证明中，我们注意到不等式④中等号成立：当且仅当 $(y\sin nC-z\sin nB)^2=0$，即 $y\sin nC=z\sin nB$，或者 $\frac{y}{\sin nB}=\frac{z}{\sin nC}$. 根据对称性，当且仅当 $\frac{x}{\sin nA}=\frac{y}{\sin nB}=\frac{z}{\sin nC}$ 时等式成立. 证毕.

不等式④称为“非对称三角不等式”，即关于 A，B，C 三角函数的加权不等式. 当 $n=1$ 时即为③.

2 以嵌入不等式为源头的几何不等式

在不等式③、④中，只要求 A，B，C 满足 $A+B+C=(2k+1)\pi$，x，y，z 可以为任意实数，因而 x，y，z 也可以为任一三角形的三条边，所以它们是非常有用的不等式，是产生新的几何不等式的一个源头（又称为“母”不等式），是近年来几何不等式研究中的一个重要角色.

例如，在③中设 $x=\cos A$，$y=\cos B$，$z=\cos C$，并利用熟知的恒等式

$$\cos^2 A+\cos^2 B+\cos^2 C+2\cos A\cos B\cos C=1.$$

则有

试题 1 在 $\triangle ABC$ 中，求证：$\cos A\cos B\cos C\leqslant\frac{1}{8}$.

在③中设 x，y，z 是三角形的三条边，且这三条边所对的角分别为 α，β，γ，取 $\alpha=\frac{\pi}{2}$，$\beta=\gamma=\frac{\pi}{4}$，并应用正弦定理推演，则得到几何不等式：

试题 2 在 $\triangle ABC$ 中，求证：

$$\cos A+\sqrt{2}(\cos B+\cos C)\leqslant 2,$$

等号成立当且仅当 $A=\frac{\pi}{2}$，$B=C$.

在③中设 x，y，z 是三角形的三条边，且这三条边所对的角分别为 α，β，γ，取 $\alpha=\frac{2\pi}{3}$，$\beta=\gamma=\frac{\pi}{6}$，并应用正弦定理推演，则得到：

试题 3 在 $\triangle ABC$ 中，求证：

$$\cos A+\sqrt{3}(\cos B+\cos C)\leqslant\frac{5}{2},$$

等号成立当且仅当 $A=\frac{2\pi}{3}$，$B=C=\frac{\pi}{6}$.

在③中令 $x=1$，$y=\frac{\sqrt{3}}{2}$，$z=\frac{1}{2}$，则得到2021年中国科学技术大学少年班入学考试题：

试题 4 在$\triangle ABC$ 中，求证：

$$\frac{\sqrt{3}}{2}\cos A+\cos B+\sqrt{3}\cos C\leqslant 2.$$

设 p，q，r 是正实数，在③中取（x，y，z）$=\left(\sqrt{\frac{qr}{p}},\ \sqrt{\frac{rp}{q}},\ \sqrt{\frac{pq}{r}}\right)$，则有：

试题 5 对$\triangle ABC$ 和正实数 p，q，r，不等式

$$p\cos A+q\cos B+r\cos C\leqslant\frac{1}{2}\left(\frac{qr}{p}+\frac{rp}{q}+\frac{pq}{r}\right)$$

成立.

3 以嵌入不等式为背景的竞赛题

在近年的国内外数学竞赛中，频频出现以不等式③、④为背景的问题，因而它们也是数学竞赛命题的宝藏.

试题 6（1965年德国数学奥林匹克试题）在$\triangle ABC$ 中，求证：

$$\cos A+\cos B+\cos C\leqslant\frac{3}{2}.$$

证明 在③中取 $x=y=z=1$ 即可.

试题 7（韩国，1998）已知正数 a，b，c 满足 $a+b+c=abc$，求证：

$$\frac{1}{\sqrt{1+a^2}}+\frac{1}{\sqrt{1+b^2}}+\frac{1}{\sqrt{1+c^2}}\leqslant\frac{3}{2}.$$

并判断等号在何时成立.

证明 设 $a=\tan A$，$b=\tan B$，$c=\tan C$，则欲证不等式可变为

$$\cos A+\cos B+\cos C\leqslant\frac{3}{2}.$$

已知等式可以变为

$$\tan A+\tan B+\tan C=\tan A\tan B\tan C.$$

或

$$-\tan A=\frac{\tan B+\tan C}{1-\tan B\tan C}=\tan(B+C).$$

因此 $A+B+C=(2n+1)\pi$，在③中取 $x=y=z=1$，即得到所要证明的不等式.

评注 此题可进一步推广为：

已知正数 a，b，c 满足 $a+b+c=abc$，实数 u，w，v 满足 $uwv>0$，求证：

$$\frac{u}{\sqrt{1+a^2}}+\frac{v}{\sqrt{1+b^2}}+\frac{w}{\sqrt{1+c^2}}\leqslant\frac{1}{2}\left(\frac{vw}{u}+\frac{wu}{v}+\frac{uv}{w}\right).$$

根据上面的代换，欲证不等式可以变为

$$u\cos A+v\cos B+w\cos C\leqslant(vw/u+wu/v+uv/w)/2.$$

设 $u=yz$，$v=zx$，$w=xy$，即得到所要证明的不等式.

试题 8（MOSP2000）设$\triangle ABC$ 为锐角三角形，求证：

$$\left(\frac{\cos A}{\cos B}\right)^2+\left(\frac{\cos B}{\cos C}\right)^2+\left(\frac{\cos C}{\cos A}\right)^2+8\cos A\cos B\cos C\geqslant 4.$$

证明 很容易将以上的不等式重新写成关于$\cos^2 A$，$\cos^2 B$，$\cos^2 C$ 的形式，由恒等式

$$\cos^2 A+\cos^2 B+\cos^2 C+2\cos A\cos B\cos C=1.$$

我们可以得到

$$4-8\cos A\cos B\cos C=4(\cos^2 A+\cos^2 B+\cos^2 C).$$

因而只要证明$\left(\frac{\cos A}{\cos B}\right)^2+\left(\frac{\cos B}{\cos C}\right)^2+\left(\frac{\cos C}{\cos A}\right)^2\geqslant 4(\cos^2 A+\cos^2 B+\cos^2 C)$.

设 $x=\frac{\cos B}{\cos C}$，$y=\frac{\cos C}{\cos A}$，$z=\frac{\cos A}{\cos B}$，则由嵌入不等式得

$$\begin{aligned}&\left(\frac{\cos A}{\cos B}\right)^2+\left(\frac{\cos B}{\cos C}\right)^2+\left(\frac{\cos C}{\cos A}\right)^2\\&=x^2+y^2+z^2\\&\geqslant 2(yz\cos A+zx\cos B+xy\cos C)\\&=2\left[\frac{\cos C\cos A}{\cos B}+\frac{\cos A\cos B}{\cos C}+\frac{\cos B\cos C}{\cos A}\right].\end{aligned}$$

再设 $x=\sqrt{\frac{\cos B\cos C}{\cos A}}$，$y=\sqrt{\frac{\cos A\cos B}{\cos C}}$，$z=\sqrt{\frac{\cos C\cos A}{\cos B}}$，则由嵌入不等式得

$$\begin{aligned}&2\left[\frac{\cos C\cos A}{\cos B}+\frac{\cos A\cos B}{\cos C}+\frac{\cos B\cos C}{\cos A}\right]\\&=2(x^2+y^2+z^2)\\&\geqslant 4(yz\cos A+zx\cos B+xy\cos C)\\&=4(\cos^2 A+\cos^2 B+\cos^2 C).\end{aligned}$$

其中 $yz\cos A=\cos A\sqrt{\frac{\cos A\cos B}{\cos C}\frac{\cos C\cos A}{\cos B}}=\cos^2 A$，同理，$zx\cos B$，$xy\cos C$ 也类似. 证毕.

试题 9（第 29 届 IMO 预选题）设 $\alpha_i>0$，$\beta_i>0$（$1\leqslant i\leqslant n$，$n>1$），且 $\sum\limits_{i=1}^{n}\alpha_i=\sum\limits_{i=1}^{n}\beta_i=\pi$. 则

$$\sum_{i=1}^{n}\frac{\cos\beta_i}{\sin\alpha_i}\leqslant\sum_{i=1}^{n}\cot\alpha_i. \qquad ⑥$$

证明 当 $n=2$ 时，$\dfrac{\cos\beta_1}{\sin\alpha_1}+\dfrac{\cos\beta_2}{\sin\alpha_2}=\dfrac{\cos\beta_1}{\sin\alpha_1}-\dfrac{\cos\beta_1}{\sin\alpha_1}=0=\cot\alpha_1+\cot\alpha_2$.

当 $n=3$ 时，即证：已知两个三角形的内角分别为 α，β，γ 和 α_1，β_1，γ_1. 则

$$\frac{\cos\alpha_1}{\sin\alpha}+\frac{\cos\beta_1}{\sin\beta}+\frac{\cos\gamma_1}{\sin\gamma}\leqslant\cot\alpha+\cot\beta+\cot\gamma.$$

由 $\cot\alpha=\dfrac{b^2+c^2-a^2}{4\Delta}$知，上式等价于

$$\frac{4\Delta\cos\alpha_1}{\sin\alpha}+\frac{4\Delta\cos\beta_1}{\sin\beta}+\frac{4\Delta\cos\gamma_1}{\sin\gamma}\leqslant a^2+b^2+c^2.$$

又由 $\Delta=\dfrac{1}{2}ab\sin\gamma$ 知，上式等价于

$$2bc\cos\alpha_1+2ca\cos\beta_1+2ab\cos\gamma_1\leqslant a^2+b^2+c^2.$$

此即嵌入不等式.

假设原不等式对于 $n-1(\geqslant 3)$ 成立，则对于 n，

$$\begin{aligned}
&\sum_{i=1}^{n}\frac{\cos\beta_i}{\sin\alpha_i}=\frac{\cos\beta_1}{\sin\alpha_1}+\frac{\cos\beta_2}{\sin\alpha_2}+\sum_{i=3}^{n}\frac{\cos\beta_i}{\sin\alpha_i}\\
&=\left(\frac{\cos\beta_1}{\sin\alpha_1}+\frac{\cos\beta_2}{\sin\alpha_2}+\frac{-\cos(\beta_1+\beta_2)}{\sin(\alpha_1+\alpha_2)}\right)+\left(\sum_{i=3}^{n}\frac{\cos\beta_i}{\sin\alpha_i}+\frac{\cos(\beta_1+\beta_2)}{\sin(\alpha_1+\alpha_2)}\right)\\
&=\left(\frac{\cos\beta_1}{\sin\alpha_1}+\frac{\cos\beta_2}{\sin\alpha_2}+\frac{\cos(\pi-(\beta_1+\beta_2))}{\sin(\pi-(\alpha_1+\alpha_2))}\right)+\left(\sum_{i=3}^{n}\frac{\cos\beta_i}{\sin\alpha_i}+\frac{\cos(\beta_1+\beta_2)}{\sin(\alpha_1+\alpha_2)}\right)\\
&\leqslant(\cot\alpha_1+\cot\alpha_2+\cot(\pi-\alpha_1-\alpha_2))+\left(\sum_{i=3}^{n}\cot\alpha_i+\cot(\alpha_1+\alpha_2)\right)\\
&=\sum_{i=1}^{n}\cot\alpha_i.
\end{aligned}$$

因此，不等式⑥对一切 $n\geqslant 2$ 成立.

试题 10（第 36 届 IMO 预选题）设 a，b，c 为已知正数，求所有正实数 x，y，z，满足

$$x+y+z=a+b+c,$$
$$4xyz-(a^2x+b^2y+c^2z)=abc.$$

解 首先证明下述引理

引理 方程

$$x^2+y^2+z^2+xyz=4, \tag{⑦}$$

有正实数解 x，y，z 当且仅当存在一个锐角$\triangle ABC$ 使得 $x=2\cos A$，$y=2\cos B$，$z=2\cos C$.

我们要证明方程⑦解的集合是三元数组（$2\cos A$，$2\cos B$，$2\cos C$）的集合，其中 A，B，C 为锐角三角形 ABC 的内角. 首先，让我们证明所有的三元数组（$2\cos A$，$2\cos B$，$2\cos C$）是方程⑦的解. 即证明恒等式

$$\cos^2 A+\cos^2 B+\cos^2 C+2\cos A\cos B\cos C=1.$$

利用和差化积公式很容易就能证明这个恒等式，这里我们利用几何和线性代数的知识给出一个精彩的证明. 显然，在$\triangle ABC$ 中有

$$\begin{cases} a=c\cos B+b\cos C, \\ b=a\cos C+c\cos A, \\ c=b\cos A+a\cos B. \end{cases}$$

现在，让我们思考方程组

$$\begin{cases} x-y\cos C-z\cos B=0, \\ -x\cos C+y-z\cos A=0, \\ -x\cos B+y\cos A-z=0. \end{cases}$$

通过观察可以得到：这个方程组有一个非平凡解（a，b，c），所以我们得到

$$\begin{vmatrix} 1 & -\cos C & -\cos B \\ -\cos C & 1 & -\cos A \\ -\cos B & -\cos A & 1 \end{vmatrix}=0,$$

展开可以得到

$$\cos^2 A+\cos^2 B+\cos^2 C+2\cos A\cos B\cos C=1.$$

反之，我们容易看出 $0<x$，y，$z<2$，因此，存在数 A，$B\in\left(0,\ \dfrac{\pi}{2}\right)$使得 $x=2\cos A$，$y=2\cos B$. 解关于 z 的方程⑦，其中 $z\in(0,\ 2)$，我们得到 $z=-2\cos(A+B)$. 于是，我们可以令 $C=\pi-A-B$，则有 $(x,\ y,\ z)=(2\cos A,\ 2\cos B,\ 2\cos C)$. 引理证毕.

回到原题. 将第二个方程变形为

$$\frac{a^2}{yz}+\frac{b^2}{zx}+\frac{c^2}{xy}+\frac{abc}{xyz}=4.$$

令 $u=\dfrac{a}{\sqrt{yz}}$，$v=\dfrac{b}{\sqrt{zx}}$，$w=\dfrac{c}{\sqrt{xy}}$，则

$$u^2+v^2+w^2+uvw=4.$$

根据引理，存在一个锐角$\triangle ABC$满足$u=2\cos A$，$v=2\cos B$，$w=2\cos C$.

于是，由第一个方程推出

$$x+y+z=2\sqrt{xy}\cos C+2\sqrt{yz}\cos A+2\sqrt{zx}\cos B.$$

即
$$\sqrt{x}^2+\sqrt{y}^2+\sqrt{z}^2=2\sqrt{xy}\cos C+2\sqrt{yz}\cos A+2\sqrt{zx}\cos B.$$

此即嵌入不等式③中等号成立的情形，所以

$$\frac{\sqrt{x}}{\sin A}=\frac{\sqrt{y}}{\sin B}=\frac{\sqrt{z}}{\sin C}.$$

平方后，并利用

$$\cos A=\frac{a}{2\sqrt{yz}},\quad \cos B=\frac{b}{2\sqrt{zx}},\quad \cos C=\frac{c}{2\sqrt{xy}}.$$

及余弦定理可以解出

$$x=\frac{b+c}{2},\quad y=\frac{c+a}{2},\quad z=\frac{a+b}{2}.$$

容易验证这个三元数组满足原方程组.

试题 11（1998 年印度数学奥林匹克试题）已知x，y，z为正实数，$xy+yz+zx+xyz=4$. 求证：

$$x+y+z\geqslant xy+yz+zx.$$

证明 把$xy+yz+zx+xyz=4$写成以下的形式

$$\sqrt{xy}^2+\sqrt{yz}^2+\sqrt{yz}^2+\sqrt{xy}\sqrt{yz}\sqrt{zx}=4.$$

由例 10 引理知，存在一个锐角$\triangle ABC$，使得

$$\begin{cases}\sqrt{yz}=2\cos A,\\ \sqrt{zx}=2\cos B,\\ \sqrt{xy}=2\cos C.\end{cases}$$

解这个方程组得

$$(x,y,z)=\left(\frac{2\cos B\cos C}{\cos A},\frac{2\cos A\cos C}{\cos B},\frac{2\cos A\cos B}{\cos C}\right).$$

因此，只要证明

$$\frac{2\cos B\cos C}{\cos A}+\frac{2\cos A\cos C}{\cos B}+\frac{2\cos A\cos B}{\cos C}\geqslant 4(\cos^2 A+\cos^2 B+\cos^2 C).$$

在嵌入不等式③中，取

$$x=\sqrt{\frac{2\cos B\cos C}{\cos A}},\quad y=\sqrt{\frac{2\cos A\cos C}{\cos B}},\quad z=\sqrt{\frac{2\cos A\cos B}{\cos C}}$$

即得证.

把此题稍加改造，即为：

试题 12（2007 年 IMO 中国国家集训队测试题）设正数 u，v，w 满足

$$u+v+w+\sqrt{uvw}=4. \tag{8}$$

求证：$\sqrt{\dfrac{vw}{u}}+\sqrt{\dfrac{uw}{v}}+\sqrt{\dfrac{uv}{w}}\geqslant u+v+w.$

证明 把⑧式写成

$$\sqrt{u}^2+\sqrt{v}^2+\sqrt{w}^2+\sqrt{uvw}=4.$$

由试题 10 引理，存在一个锐角$\triangle ABC$，使得

$$\begin{cases}\sqrt{u}=2\cos A,\\ \sqrt{v}=2\cos B,\\ \sqrt{w}=2\cos C.\end{cases}$$

于是只需证明

$$\frac{2\cos B\cos C}{\cos A}+\frac{2\cos A\cos C}{\cos B}+\frac{2\cos A\cos B}{\cos C}\geqslant 4(\cos^2 A+\cos^2 B+\cos^2 C).$$

在嵌入不等式③中，取

$$x=\sqrt{\frac{2\cos B\cos C}{\cos A}},\quad y=\sqrt{\frac{2\cos A\cos C}{\cos B}},\quad z=\sqrt{\frac{2\cos A\cos B}{\cos C}}$$

即得证.

下面的问题供读者研讨.

1. 设 a，b，c 是三角形的三边长，x，y，z 为任意实数，求证：

$$a^2(x-y)(x-z)+b^2(y-z)(y-x)+c^2(z-x)(z-y)\geqslant 0.$$

2. 在$\triangle ABC$ 中，若 λ 为实数，求证：

$$\cos A+\lambda(\cos B+\cos C)\leqslant 1+\frac{\lambda^2}{2}.$$

3. 求证：在$\triangle ABC$ 中，

(1) $x^2+y^2+z^2\geqslant 2yz\sin A+2zx\sin B-2xy\cos C.$

(2) $x^2+y^2+z^2\geqslant 2yz\sin\dfrac{A}{2}+2zx\sin\dfrac{B}{2}+2xy\sin\dfrac{C}{2}.$

其中 x，y，z 为实数.

4. (2009 年北京大学自主招生试题) 已知 $\alpha+\beta+\gamma=180°$，α，β，$\gamma\geqslant 0$，求 $3\cos\alpha+4\cos\beta+5\cos\gamma$ 的最大值.

5. 已知 A，B，C 为三角形的三个角，x，y，z 为实数. 求证：

$$x^2+y^2+z^2 \geqslant 2yz\sin(A-30^\circ)+2zx\sin(B-30^\circ)+2xy\sin(C-30^\circ).$$

6. 在$\triangle ABC$中，求证：

$$\frac{\cos\frac{B-C}{2}}{\cos\frac{A}{2}}+\frac{\cos\frac{C-A}{2}}{\cos\frac{B}{2}}+\frac{\cos\frac{A-B}{2}}{\cos\frac{C}{2}} \leqslant 2(\cot A+\cot B+\cot C).$$

7. (Barrow's Inequality) 设P是$\triangle ABC$的内心，U，V，W分别是$\angle BPC$，$\angle CPA$，$\angle APB$的内角平分线与边BC，CA，AB的交点. 求证：

$$PA+PB+PC \geqslant 2(PU+PV+PW).$$

8. 设$\triangle ABC$和$\triangle A'B'C'$的边长分别为a，b，c及a'，b'，c'，对应内角平分线长度分别为t_a，t_b，t_c及t'_a，t'_b，t'_c，求证：

$$t_at'_a+t_bt'_b+t_ct'_c \leqslant \frac{3}{4}(aa'+bb'+cc').$$

9. 设P为$\triangle ABC$内部或边上任一点，$PA=x$，$PB=y$，$PC=z$，求证：

$$x^2+y^2+z^2 \geqslant \frac{1}{3}(a^2+b^2+c^2).$$

10. 设x_1，…，x_4是正数，实数θ_1，…，θ_4满足$\theta_1+\cdots+\theta_4=\pi$. 求证：

$$x_1\cos\theta_1+x_2\cos\theta_2+x_3\cos\theta_3+x_4\cos\theta_4 \leqslant \sqrt{\frac{(x_1x_2+x_3x_4)(x_1x_3+x_2x_4)(x_1x_4+x_2x_3)}{x_1x_2x_3x_4}}.$$

11. (2005年全国高中数学联赛试题) 设正数a，b，c，x，y，z满足$cy+bz=a$，$az+cx=b$，$bx+ay=c$，

求函数

$$f(x,y,z)=\frac{x^2}{1+x}+\frac{y^2}{1+y}+\frac{z^2}{1+z}$$

的最小值.

12. (IMO美国国家队训练题) 求证：对$\triangle ABC$和任意实数x，y，z，n为正整数，下列两个不等式成立

(1) [O. Bottema] $yza^2+zxb^2+xyc^2 \geqslant R^2\ (x+y+z)^2$.

(2) [A. Oppenheim] $xa^2+yb^2+zc^2 \geqslant 4S_{\triangle ABC}\sqrt{xy+yz+zx}$.

有兴趣的读者还可以在国内外数学竞赛中找出更多的以嵌入不等式为背景的问题，同时也可以编拟出以嵌入不等式为背景的问题.

作者：朱华伟. 原载：《中等数学》2010年第1期.

5-5 Schur 不等式及其应用

若 x，y，z 为非负实数，则对任意 $r>0$ 都有

$$x^r(x-y)(x-z)+y^r(y-z)(y-x)+z^r(z-x)(z-y)\geqslant 0. \tag{①}$$

等号成立当且仅当 $x=y=z$ 或者 x，y，z 中有两个相等，第三个为 0.

不等式①是舒尔（I. Schur）大约在 1934 年或更早些时候得到的.

因为不等式关于三个变元是对称的，不失一般性，我们可以假设 $x\geqslant y\geqslant z$. 则不等式①可以重新写成

$$(x-y)[x^r(x-z)-y^r(y-z)]+z^r(x-z)(y-z)\geqslant 0.$$

从而不等式①成立.

当 $r=1$ 时，由①可以推出 Schur 不等式的特例：

$$x(x-y)(x-z)+y(y-z)(y-x)+z(z-x)(z-y)\geqslant 0. \tag{②}$$

近年的国内外 MO 中频频出现以 Schur 不等式①②为背景的问题.

首先，让我们看看 2008 年女子数学奥林匹克第 2 题的命题思路：由 Schur 不等式的变式②可推出：

$$4(x+y+z)(xy+yz+zx)\leqslant(x+y+z)^3+9xyz. \tag{③}$$

由不等式③中的对称式 $x+y+z$，$xy+yz+zx$ 和 xyz，我们联想到一元三次多项式的根与系数的关系（韦达定理）. 我们用四个字母 a，b，c，d 来表示一个一元三次多项式的系数，只要这个多项式有三个正根 x，y，z 且 $a>0$，即可用 a，b，c，d 表示③式：

$$4\left(-\frac{b}{a}\right)\left(\frac{c}{a}\right)\leqslant\left(-\frac{b}{a}\right)^3+9\left(-\frac{d}{a}\right).$$

化简可得 $b^3+9a^2d-4abc\leqslant 0$.

根据命题要求和整套试题结构的安排，需要一个更为简单的问题，经过推演发现 $2b^3+9a^2d-7abc\leqslant 0$ 很容易证明.

多项式 $\varphi(x)=ax^3+bx^2+cx+d$ 有三个正根，且 $\varphi(0)<0$，可保证 $a>0$. 于是得到 2008 年女子数学奥林匹克第 2 题：

已知实系数多项式 $\varphi(x)=ax^3+bx^2+cx+d$ 有三个正根，且 $\varphi(0)<0$. 求证：

$$2b^3+9a^2d-7abc\leqslant 0.$$

请看更多的例子.

试题 1（2010 年全国高中数学联赛广东省预赛试题）设非负实数 a，b，c 满足 $a+b+c=1$，求证：

$$9abc\leqslant ab+bc+ca\leqslant\frac{1}{4}(1+9abc).$$

证明 先证左边的不等式，利用 AM-GM 不等式可得

$$\begin{aligned}ab+bc+ca&=(ab+bc+ca)(a+b+c)\\&=a^2b+ab^2+b^2c+bc^2+c^2a+ca^2+3abc\\&\geqslant 6abc+3abc=9abc.\end{aligned}$$

再证右边的不等式，不妨设 $a\geqslant b\geqslant c$，利用条件 $a+b+c=1$，得

$$\begin{aligned}&1-4(ab+bc+ca)+9abc\\&=(a+b+c)^3-4(a+b+c)(ab+bc+ca)+9abc\\&=a^3+b^3+c^3+3abc-ab(a+b)-bc(b+c)-ca(c+a)\\&=a(a-b)(a-c)+b(b-c)(b-a)+c(c-a)(c-b)\\&=(a-b)[a(a-c)-b(b-c)]+c(c-a)(c-b)\geqslant 0,\end{aligned}$$

所以 $ab+bc+ca\leqslant\frac{1}{4}(1+9abc)$.

评注 右边的不等式也可以避开 Schur 不等式，这个解答利用了韦达定理. 考虑根为 a，b，c 的三次多项式

$$P(x)=(x-a)(x-b)(x-c)=x^3-x^2+(ab+bc+ca)x-abc.$$

因为 $a+b+c=1$，那么 a，b，c 中至多有一个数大于或等于 $\frac{1}{2}$. 设存在一个数大于 $\frac{1}{2}$，那么

$$P\left(\frac{1}{2}\right)=\left(\frac{1}{2}-a\right)\left(\frac{1}{2}-b\right)\left(\frac{1}{2}-c\right)<0.$$

即 $\frac{1}{8}-\frac{1}{4}+\frac{1}{2}(ab+bc+ca)-abc<0$，即 $4(ab+bc+ca)-8abc<1$，不等式得证.

若 $\frac{1}{2}-a\geqslant 0$，$\frac{1}{2}-b\geqslant 0$，$\frac{1}{2}-c\geqslant 0$，那么

$$2\sqrt{\left(\frac{1}{2}-a\right)\left(\frac{1}{2}-b\right)}\leqslant\left(\frac{1}{2}-a\right)+\left(\frac{1}{2}-b\right)=1-a-b=c.$$

类似地，

$$2\sqrt{\left(\frac{1}{2}-b\right)\left(\frac{1}{2}-c\right)}\leqslant a,\quad 2\sqrt{\left(\frac{1}{2}-c\right)\left(\frac{1}{2}-a\right)}\leqslant b.$$

得到

$8\left(\frac{1}{2}-a\right)\left(\frac{1}{2}-b\right)\left(\frac{1}{2}-c\right)\leqslant abc$，等价于 $ab+bc+ca\leqslant\frac{1}{4}(1+9abc)$. 原不等式得证.

试题 2（IMO 美国国家队训练题）证明：在任意锐角三角形 ABC 中，有

$$\cot^3A+\cot^3B+\cot^3C+6\cot A\cot B\cot C\geqslant\cot A+\cot B+\cot C.$$

证明 令 $\cot A=x$，$\cot B=y$，$\cot C=z$，因为 $xy+yz+zx=1$，所以只要证明下面齐次不等式即可

$$x^3+y^3+z^3+6xyz\geqslant(x+y+z)(xy+yz+zx).$$

这等价于

$$x(x-y)(x-z)+y(y-z)(y-x)+z(z-x)(z-y)\geqslant0.$$

这是 Schur 不等式.

试题 3（2003 年 IMO 美国国家队选拔考试题）设 a，b，c 为区间 $\left(0,\frac{\pi}{2}\right)$ 上的实数.

证明

$$\frac{\sin a\sin(a-b)\sin(a-c)}{\sin(b+c)}+\frac{\sin b\sin(b-c)\sin(b-a)}{\sin(c+a)}+\frac{\sin c\sin(c-a)\sin(c-b)}{\sin(a+b)}\geqslant0.$$

证明 由积化和差公式和二倍角公式，我们有

$$\begin{aligned}\sin(\alpha-\beta)\sin(\alpha+\beta)&=\frac{1}{2}[\cos2\beta-\cos2\alpha]\\&=\sin^2\alpha-\sin^2\beta.\end{aligned}$$

从而，我们得到

$$\begin{aligned}&\sin a\sin(a-b)\sin(a-c)\sin(a+b)\sin(a+c)\\=&\sin a(\sin^2a-\sin^2b)(\sin^2a-\sin^2c).\end{aligned}$$

令 $x=\sin^2a$，$y=\sin^2b$，$z=\sin^2c$，则欲证不等式等价于

$$x^{\frac{1}{2}}(x-y)(x-z)+y^{\frac{1}{2}}(y-z)(y-x)+z^{\frac{1}{2}}(z-x)(z-y)\geqslant0.$$

这是 Schur 不等式的一个特例（$r=\frac{1}{2}$）.

评注 也可以令 $x=\sin a$，$y=\sin b$，$z=\sin c$，x，y，$z>0$，则欲证不等式等价于

$$x(x^2-y^2)(x^2-z^2)+y(y^2-z^2)(y^2-x^2)+z(z^2-x^2)(z^2-y^2)\geqslant0,$$

因为上式是关于 x，y，z 对称的，所以我们假设 $x\geqslant y\geqslant z>0$. 只要证明

$$x(y^2-x^2)(z^2-x^2)+z(z^2-x^2)(z^2-y^2)\geqslant y(z^2-y^2)(y^2-x^2),$$

这是显然的，因为

$$z(z^2-x^2)(z^2-y^2)\geqslant 0,$$
$$x(y^2-x^2)(z^2-x^2)\geqslant x(y^2-x^2)(z^2-y^2)\geqslant y(y^2-x^2)(z^2-y^2).$$

试题 4（2001 年 IMO 罗马尼亚国家队选拔考试）已知 a，b，c 是一个三角形的三边长，证明：

$$\begin{aligned}&(-a+b+c)(a-b+c)+(a-b+c)(a+b-c)+(a+b-c)(-a+b+c)\\ \leqslant&\sqrt{abc}(\sqrt{a}+\sqrt{b}+\sqrt{c}).\end{aligned}$$

证明 假设 a，b，c 是任意正数，经过标准化运算，原不等式变成

$$2(ab+bc+ca)\leqslant a^2+b^2+c^2+a\sqrt{bc}+b\sqrt{ca}+c\sqrt{ab}.$$

令 $a=x^2$，$b=y^2$，$c=z^2$，则上式等价于

$$x^4+y^4+z^4+x^2yz+xy^2z+xyz^2\geqslant 2(x^2y^2+y^2z^2+z^2x^2).$$

由 AM-GM 不等式，我们得到

$$2x^2y^2\leqslant x^3y+xy^3,$$

从而只要证明下面不等式即可

$$x^4+y^4+z^4+x^2yz+xy^2z+xyz^2\geqslant x^3y+y^3z+z^3x+xy^3+yz^3+zx^3.$$

这可以写成下面形式

$$x^2(x-y)(x-z)+y^2(y-z)(y-x)+z^2(z-x)(z-y)\geqslant 0.$$

这是 Schur 不等式的一个特例（$r=2$），所以结论成立.

试题 5（2008 年马其顿王国 MO）如果 a，b，c 是正实数，求证：

$$\left(1+\frac{4a}{b+c}\right)\left(1+\frac{4b}{c+a}\right)\left(1+\frac{4c}{a+b}\right)>25.$$

证明 所证不等式等价于

$$(b+c+4a)(c+a+4b)(a+b+4c)>25(a+b)(b+c)(c+a).$$

令 $a+b+c=s$，则上式又等价于

$$\begin{aligned}&(s+3a)(s+3b)(s+3c)>25(s-a)(s-b)(s-c)\\ \Leftrightarrow&4s^3+9s\sum ab+27abc>25(s\sum ab-abc)\\ \Leftrightarrow&s^3+13abc>4s\sum ab.\end{aligned}$$

又由 $s^3=(a+b+c)^3=\sum a^3+3\sum ab(a+b)+6abc$，$s\sum ab=\sum ab(a+b)+3abc$，则

$$s^3+13abc>4s\sum ab$$

$$\Leftrightarrow\sum a^3+3\sum ab(a+b)+6abc+13abc>4\left(\sum ab(a+b)+3abc\right)$$

$$\Leftrightarrow\sum a^3-\sum ab(a+b)+7abc>0$$

$$\Leftrightarrow\sum a(a-b)(a-c)+4abc>0.$$

由 Schur 不等式知最后一式成立，故所证得证.

试题 6（伊朗，2008）设 a，b，$c>0$，且 $ab+bc+ca=1$，求证：

$$\sqrt{a^3+a}+\sqrt{b^3+b}+\sqrt{c^3+c}\geqslant 2\sqrt{a+b+c}.$$

证明 由 $ab+bc+ca=1$，用$\sum$表示循环和，得

$$原式\Leftrightarrow\sum\sqrt{a(a+b)(a+c)}\geqslant 2\sqrt{(a+b+c)(ab+bc+ca)}$$

$$\Leftrightarrow\sum a(a+b)(a+c)+2\sum\sqrt{a(a+b)(a+c)}\sqrt{b(b+a)(b+c)}$$

$$\geqslant 4\sum a\cdot\sum ab$$

$$\Leftrightarrow\sum a^3+\sum ab(a+b)+3abc+$$

$$2\sum\sqrt{a(a+b)(a+c)}\sqrt{b(b+a)(b+c)}\geqslant 4\sum ab(a+b)+12abc$$

$$\Leftrightarrow\sum a^3-3\sum ab(a+b)-9abc+2\sum\sqrt{a(a+b)(a+c)}\cdot$$

$$\sqrt{b(b+a)(b+c)}\geqslant 0. \qquad ①$$

由柯西不等式得

$$\sqrt{a(a+b)(a+c)}\cdot\sqrt{b(b+a)(b+c)}=\sqrt{a^3+a^2c+a^2b+abc}\cdot$$

$$\sqrt{ab^2+b^2c+b^3+abc}$$

$$\geqslant a^2b+abc+ab^2+abc.$$

则 $\sum\sqrt{a(a+b)(a+c)}\cdot\sqrt{b(b+a)(b+c)}\geqslant\sum ab(a+b)+6abc.$

故 $\sum a^3-3\sum ab(a+b)-9abc+2\sum\sqrt{a(a+b)(a+c)}\cdot\sqrt{b(b+a)(b+c)}$

$$\geqslant\sum a^3-3\sum ab(a+b)-9abc+2\sum ab(a+b)+12abc$$

$$=\sum a^3-\sum ab(a+b)+3abc$$

$$=\sum a(a-b)(a-c)\geqslant 0.$$

最后一步是由舒尔不等式得到的.

所以①得证，进而原式成立.

试题 7（Crux 2006：415－416）设 $k>-1$ 为一固定的实数，a，b，c 为非负实数，满足 $a+b+c=1$ 且 $ab+bc+ca>0$. 求：

$$\min\left\{\frac{(1+ka)(1+kb)(1+kc)}{(1-a)(1-b)(1-c)}\right\}.$$

解 所求的最小值是 $\min\left\{\frac{1}{8}(k+3)^3,\ (k+2)^2\right\}$.

首先，我们证明下面不等式：

$$4(ab+bc+ca)\leqslant 1+9abc. \tag{①}$$

利用条件 $a+b+c=1$，我们得到

$$\begin{aligned}&1-4(ab+bc+ca)+9abc\\&=(a+b+c)^3-4(a+b+c)(ab+bc+ca)+9abc\\&=a(a-b)(a-c)+b(b-c)(b-a)+c(c-a)(c-b)\geqslant 0,\end{aligned}$$

最后一行是 Schur 不等式，这就证明了①成立.

我们也断定

$$ab+bc+ca\geqslant 9abc. \tag{②}$$

其实，利用 AM-GM 不等式可得

$$\begin{aligned}ab+bc+ca&=(ab+bc+ca)(a+b+c)\\&=a^2b+ab^2+b^2c+bc^2+c^2a+ca^2+3abc\\&\geqslant 6abc+3abc=9abc.\end{aligned}$$

回到原来的问题，我们发现 a，b 或 c 不能等于 1. 例如，如果 $a=1$，则 $b=c=0$，这意味着 $ab+bc+ca=0$，矛盾. 这样，a，b，$c\in[0,1)$，令

$$\begin{aligned}Q(a,b,c)&=\frac{(1+ka)(1+kb)(1+kc)}{(1-a)(1-b)(1-c)}\\&=\frac{k^3abc+k^2(ab+bc+ca)+k+1}{ab+bc+ca-abc}\\&=k^2+(k+1)\frac{k^2abc+1}{ab+bc+ca-abc}.\end{aligned}$$

注意到 $Q\left(\frac{1}{3},\frac{1}{3},\frac{1}{3}\right)=\frac{1}{8}(k+3)^3$ 和 $Q\left(0,\frac{1}{2},\frac{1}{2}\right)=(k+2)^2$.

情况 1：$k^2\leqslant 5$

我们证明 $Q(a,b,c)\geqslant Q\left(\frac{1}{3},\frac{1}{3},\frac{1}{3}\right)$，因为 $k+1>0$，直接计算可以得到这个不等式等价于

$$k^2(ab+bc+ca-9abc)+27(ab+bc+ca-abc)\leqslant 8. \tag{③}$$

由②可知 $k^2(ab+bc+ca-9abc)\geqslant 0$. 因为 $k^2\leqslant 5$，③的左边至多为 $8(4(ab+bc+ca)-9abc)$，所以由①可得③成立.

这样，$Q\left(\frac{1}{3}, \frac{1}{3}, \frac{1}{3}\right)=\frac{1}{8}(k+3)^3$ 是 Q 的最小值.

情况 2：$k^2 \geqslant 5$

我们证明 $Q(a, b, c) \geqslant Q\left(0, \frac{1}{2}, \frac{1}{2}\right)$，因为 $k+1>0$，我们推出这个不等式等价于

$$1+4(abc-(ab+bc+ca))+k^2abc \geqslant 0.$$

因为 $k^2 \geqslant 5$，由①可得这个不等式成立. 这样，$Q\left(0, \frac{1}{2}, \frac{1}{2}\right)=(k+2)^2$ 是 Q 的最小值.

注意到

$$\frac{1}{8}(k+3)^3-(k+2)^2=\frac{1}{8}(k+1)(k^2-5),$$

我们发现，如果 $k^2 \geqslant 5$，则 $\frac{1}{8}(k+3)^3 \geqslant (k+2)^2$；如果 $k^2 \leqslant 5$，则 $\frac{1}{8}(k+3)^3 \leqslant (k+2)^2$. 结论成立.

试题 8（Crux 2006：190－191）设 a，b，c 是非负实数，满足 $a^2+b^2+c^2=1$，证明

$$\frac{1}{1-ab}+\frac{1}{1-bc}+\frac{1}{1-ca} \leqslant \frac{9}{2}.$$

证明 原不等式逐个与下列不等式等价

$$2(1-ab)(1-bc)+2(1-bc)(1-ca)+2(1-ca)(1-ab) \leqslant 9(1-ab)(1-bc)(1-ca),$$
$$6-4(ab+bc+ca)+2abc(a+b+c) \leqslant 9-9(ab+bc+ca)+9abc(a+b+c)-9a^2b^2c^2,$$
$$0 \leqslant 3-5(ab+bc+ca)+7abc(a+b+c)-9a^2b^2c^2,$$
$$0 \leqslant 3-5(ab+bc+ca)+6abc(a+b+c)+abc(a+b+c-9abc). \quad ①$$

由 AM-GM 不等式，我们有

$$\begin{aligned} a+b+c-9abc &= (a+b+c)(a^2+b^2+c^2)-9abc \\ &\geqslant 3\sqrt[3]{abc} \cdot 3\sqrt[3]{a^2b^2c^2}-9abc=0. \end{aligned} \quad ②$$

另一方面，

$$\begin{aligned} &3-5(ab+bc+ca)+6abc(a+b+c) \\ &=3(a^2+b^2+c^2)^2-5(ab+bc+ca)(a^2+b^2+c^2)+6abc(a+b+c) \\ &=3(a^4+b^4+c^4)+6(a^2b^2+b^2c^2+c^2a^2)+abc(a+b+c)- \\ &\quad 5(ab(a^2+b^2)+bc(b^2+c^2)+ca(c^2+a^2)) \\ &=[2(a^4+b^4+c^4)+6(a^2b^2+b^2c^2+c^2a^2)-4ab(a^2+b^2)- \\ &\quad 4bc(b^2+c^2)-4ca(c^2+a^2)]+ \end{aligned}$$

$$
\begin{aligned}
&[a^4+b^4+c^4+abc(a+b+c)-\\
&ab(a^2+b^2)-bc(b^2+c^2)-ca(c^2+a^2)]\\
=&[(a-b)^4+(b-c)^4+(c-a)^4]+[a^2(a-b)(a-c)+\\
&b^2(b-c)(b-a)+c^2(c-a)(c-b)]\geqslant 0
\end{aligned} \tag{③}
$$

因为 $(a-b)^4+(b-c)^4+(c-a)^4\geqslant 0$，和

$$a^2(a-b)(a-c)+b^2(b-c)(b-a)+c^2(c-a)(c-b)\geqslant 0$$

是著名的 Schur 不等式，由②和③得①成立．我们看到原不等式等号成立当且仅当 $a=b=c=\frac{\sqrt{3}}{3}$.

试题 9（1996 年伊朗数学奥林匹克试题）证明：对正实数 x，y，z，下面不等式成立

$$(xy+yz+zx)\left(\frac{1}{(x+y)^2}+\frac{1}{(y+z)^2}+\frac{1}{(z+x)^2}\right)\geqslant\frac{9}{4}.$$

证明　通过去分母，原不等式变成

$$\sum_{sym}(4x^5y-x^4y^2-3x^3y^3+x^4yz-2x^3y^2z+x^2y^2z^2)\geqslant 0,$$

这里 $\sum\limits_{sym}$ 跑遍 x，y，z 的所有排列.（特别是，这意味着 x^3y^3 在最后的表达式中的系数是 -6，$x^2y^2z^2$ 的系数是 6.）

由此想到 Schur 不等式：

$$x(x-y)(x-z)+y(y-z)(y-x)+z(z-x)(z-y)\geqslant 0.$$

该不等式乘以 $2xyz$，合并对称项，我们得到

$$\sum_{sym}x^4yz-2x^3y^2z+x^2y^2z^2\geqslant 0.$$

另一方面，

$$\sum_{sym}(x^5y-x^4y^2)+3(x^5y-x^3y^3)\geqslant 0.$$

通过两次利用 AM-GM 不等式，结合后面两个不等式即可得到所要证的不等式.

试题 10（1997 年日本数学奥林匹克试题）设 a，b，c 为正实数，求证：

$$\frac{(b+c-a)^2}{(b+c)^2+a^2}+\frac{(c+a-b)^2}{(c+a)^2+b^2}+\frac{(a+b-c)^2}{(a+b)^2+c^2}\geqslant\frac{3}{5},$$

并决定等号成立的条件.

证明　当所有方法都失败了，只有靠一股蛮劲了．首先稍微化简原不等式：

$$\sum_{cyclic}\frac{2ab+2ac}{a^2+b^2+c^2+2bc}\leqslant\frac{12}{5}.$$

记 $s=a^2+b^2+c^2$，通过去分母变成

$$5s^2\sum_{sym}ab+10s\sum_{sym}a^2bc+20\sum_{sym}a^3b^2c$$
$$\leqslant 6s^3+6s^2\sum_{sym}ab+12s\sum_{sym}a^2bc+48a^2b^2c^2.$$

简化一些就是

$$6s^3+s^2\sum_{sym}ab+2s\sum_{sym}a^2bc+8\sum_{sym}a^2b^2c^2\geqslant 20\sum_{sym}a^3b^2c.$$

现在我们展开 s 的次幂得到

$$\sum_{sym}3a^6+2a^5b-2a^4b^2+3a^4bc+2a^3b^3-12a^3b^2c+4a^2b^2c^2\geqslant 0.$$

证明这个不等式的棘手地方是 $a^2b^2c^2$ 的系数是正的，因为它有最多的偶次数指数. 我们利用 Schur 不等式挽回这个遗憾：

$$a(a-b)(a-c)+b(b-c)(b-a)+c(c-a)(c-b)\geqslant 0.$$

该不等式乘以 $4abc$，合并对称项，我们得到

$$\sum_{sym}4a^4bc-8a^3b^2c+4a^2b^2c^2\geqslant 0,$$

这样题目结论就可以转化成证明

$$\sum_{sym}3a^6+2a^5b-2a^4b^2-a^4bc+2a^3b^3-4a^3b^2c\geqslant 0.$$

幸运的是，这是四个非负加权 AM-GM 不等式的和：

$$0\leqslant 2\sum_{sym}(2a^6+b^6)/3-a^4b^2$$
$$0\leqslant\sum_{sym}(4a^6+b^6+c^6)/6-a^4bc$$
$$0\leqslant 2\sum_{sym}(2a^3b^3+c^3a^3)/3-a^3b^2c$$
$$0\leqslant 2\sum_{sym}(2a^5b+a^5c+ab^5+ac^5)/6-a^3b^2c.$$

每种情况等号成立都是当且仅当 $a=b=c$.

以下两个不等式的形式与 Schur 不等式类似，有趣的是其证明方法也与 Schur 不等式的证明类似.

试题 11 设实数 $a\geqslant b\geqslant c$，非负实数 x，y，z，满足 $x+z\geqslant y$. 求证：

$$x^2(a-b)(a-c)+y^2(b-c)(b-a)+z^2(c-a)(c-b)\geqslant 0$$

证明 因为 $x+z\geqslant y$，且 $(b-c)(b-a)\leqslant 0$，所以

$$x^2(a-b)(a-c)+y^2(b-c)(b-a)+z^2(c-a)(c-b)$$
$$\geqslant x^2(a-b)(a-c)+(x+z)^2(b-c)(b-a)+z^2(c-a)(c-b)$$

$$=x^2(a-b)(a-c)+(x^2+2xz+z^2)(b-c)(b-a)+z^2(c-a)(c-b)$$
$$=x^2(a-b)^2+2xz(b-c)(b-a)+z^2(c-b)^2$$
$$=[x(a-b)+z(c-b)]^2\geqslant 0.$$

当 $x+z=y$ 且 $x(a-b)=z(b-c)$ 时等号成立.

试题 12 已知实数 a，b，c，x，y，z. 满足 $a\geqslant b\geqslant c$ 且 $x\geqslant y\geqslant z$ 或 $x\leqslant y\leqslant z$，k 是正整数. $f:\mathbf{R}\to\mathbf{R}^+$ 是单调或凸函数，求证：

$$f(x)(a-b)^k(a-c)^k+f(y)(b-c)^k(b-a)^k+f(z)(c-a)^k(c-b)^k\geqslant 0.$$

证明 当 k 为偶数时，不等式显然成立.

当 k 为奇数时，因为 $f:\mathbf{R}\to\mathbf{R}^+$ 是单调或凸函数，且 $x\geqslant y\geqslant z$ 或 $x\leqslant y\leqslant z$，所以 $f(x)\geqslant f(y)$ 和 $f(z)\geqslant f(y)$ 必有一个成立，不妨设 $f(x)\geqslant f(y)$.

因为 $a\geqslant b\geqslant c$，所以 $(a-c)^k\geqslant(b-c)^k$，从而 $f(x)(a-c)^k-f(y)(b-c)^k\geqslant 0$. 由此可得，

$$f(x)(a-b)^k(a-c)^k+f(y)(b-c)^k(b-a)^k+f(z)(c-a)^k(c-b)^k$$
$$=(a-b)^k[f(x)(a-c)^k-f(y)(b-c)^k]+f(z)(c-a)^k(c-b)^k\geqslant 0.$$

成立.

下面的问题供读者研讨.

1. 若 x，y，z 为非负实数，则

(1)（第 9 届全苏 MO 试题）$x^3+y^3+z^3+3xyz\geqslant xy(x+y)+yz(y+z)+zx(z+x)$；

(2)（1983 年瑞士）$(y+z-x)(x+z-y)(x+y-z)\leqslant xyz$；

(3) $4(x+y+z)(xy+yz+zx)\leqslant(x+y+z)^3+9xyz$；

(4) $2(xy+yz+zx)-(x^2+y^2+z^2)\leqslant\dfrac{9xyz}{x+y+z}$；

(5) $x^2+y^2+z^2+3\sqrt[3]{x^2y^2z^2}\geqslant 2(xy+yz+zx)$.

2. 设三角形三条边的长分别为 a，b，c. 求证：

$$a^3(s-a)+b^3(s-b)+c^3(s-c)\leqslant abcs.$$

3. 证明：在$\triangle ABC$ 中有

$$\sum a^3-2\sum a^2(b+c)+9abc\leqslant 0.$$

4.（欧拉不等式）设 R，r 分别是$\triangle ABC$ 的外接圆和内切圆的半径. 求证：$R\geqslant 2r$. 等号成立时当且仅当 ABC 是等边三角形.

5. 设 a，b，c 是三角形的三边长，证明：

$$\frac{a}{b+c-a}+\frac{b}{c+a-b}+\frac{c}{a+b-c}\geqslant 3.$$

6.（2005 年全国高中数学联赛试题）设正数 a，b，c，x，y，z 满足 $cy+bz=a$，

$az+cx=b$，$bx+ay=c$，求函数

$$f(x,y,z)=\frac{x^2}{1+x}+\frac{y^2}{1+y}+\frac{z^2}{1+z}$$

的最小值.

7. 设 a，b，c 是非负实数，证明：对所有实数 k，有

$$\sum_{cyc}\frac{\max(a^k,b^k)(a-b)^2}{2}\geqslant\sum_{cyc}a^k(a-b)(a-c)\geqslant\sum_{cyc}\frac{\min(a^k,b^k)(a-b)^2}{2}.$$

8. （2000 年 IMO Shortlist）设正实数 a，b，c，求证：

$$\left(a+\frac{1}{b}-c\right)\left(b+\frac{1}{c}-a\right)+\left(b+\frac{1}{c}-a\right)\left(c+\frac{1}{a}-b\right)+\left(c+\frac{1}{a}-b\right)\left(a+\frac{1}{b}-c\right)\geqslant 3.$$

9. （2008 年加拿大 MO 试题）正实数 a，b，c 满足 $a+b+c=1$，求证：

$$\frac{a-bc}{a+bc}+\frac{b-ca}{b+ca}+\frac{c-ab}{c+ab}\leqslant\frac{3}{2}.$$

10. （2008 年塞尔维亚 MO 试题）已知 a，b，c 是正实数，且 $a+b+c=1$，证明：

$$\sum\frac{1}{bc+a+\frac{1}{a}}\leqslant\frac{27}{31}.$$

11. 设 x，y，$z\geqslant 0$，又

$$S_c(t,u)=\sum_{cyc}(x-ty)(x-tz)(x-uy)(x-uz).$$

（1）试证：当 $t\geqslant 1$，$u\geqslant 1$ 时，有 $S_c(t,u)\geqslant 0$.

（2）试求使 $S_c(t,u)\geqslant 0$ 恒成立的实数 t，u 的取值范围.

有兴趣的读者还可以在国内外数学竞赛中找出更多的以 Schur 不等式为背景的问题，同时也可以编拟出以 Schur 不等式为背景的问题.

作者：朱华伟，尚强. 原载：《中学数学教学参考》2010 年第 4 期（上旬）.

5-6 Schur 不等式及其变式

若 x，y，z 为非负实数，则对任意 $r>0$ 都有

$$x^r(x-y)(x-z)+y^r(y-z)(y-x)+z^r(z-x)(z-y)\geqslant 0. \quad ①$$

等号成立当且仅当 $x=y=z$ 或者 x，y，z 中有两个相等，第三个为 0.

不等式①是舒尔（I. Schur）大约在 1934 年或更早些时候得到的.

因为不等式关于三个变元是对称的，不失一般性，我们可以假设 $x\geqslant y\geqslant z$. 则不等式①可以重新写成

$$(x-y)[x^r(x-z)-y^r(y-z)]+z^r(x-z)(y-z)\geqslant 0.$$

从而不等式①成立.

由①可以推出 Schur 不等式的几种变式：

(1) 当 $r=1$ 时，

$$x(x-y)(x-z)+y(y-z)(y-x)+z(z-x)(z-y)\geqslant 0. \quad ②$$

(2) $$x^3+y^3+z^3+3xyz\geqslant x^2y+xy^2+y^2z+yz^2+z^2x+zx^2. \quad ③$$

(3) $$(y+z-x)(x+z-y)(x+y-z)\leqslant xyz. \quad ④$$

(4) $$4(x+y+z)(xy+yz+zx)\leqslant(x+y+z)^3+9xyz. \quad ⑤$$

(5) $$2(xy+yz+zx)-(x^2+y^2+z^2)\leqslant\frac{9xyz}{x+y+z}. \quad ⑥$$

又 $\frac{9xyz}{x+y+z}\leqslant 3\sqrt[3]{x^2y^2z^2}\Rightarrow 2(xy+yz+zx)-(x^2+y^2+z^2)\leqslant 3\sqrt[3]{x^2y^2z^2}$，即

(6) $$x^2+y^2+z^2+3\sqrt[3]{x^2y^2z^2}\geqslant 2(xy+yz+zx). \quad ⑦$$

近年的国内外 MO 中频频出现以 Schur 不等式及其变式为背景的问题.

让我们首先看看 2008 年女子数学奥林匹克第 2 题的命题思路：由 Schur 不等式的变式⑤中的对称式 $x+y+z$，$xy+yz+zx$ 和 xyz，联想到一元三次多项式的根与系数的关系（韦达定理）. 我们用四个字母 a，b，c，d 来表示一个一元三次多项式的系数，只要这个多项式有三个正根且 $a>0$ 即可用 a，b，c，d 表示⑤式：

$$4\left(-\frac{b}{a}\right)\left(\frac{c}{a}\right)\leqslant\left(-\frac{b}{a}\right)^3+9\left(-\frac{d}{a}\right).$$

化简可得 $b^3+9a^2d-4abc\leqslant 0$. 根据命题要求和整套试题结构的安排，需要一个更为简单的问题，经过推演发现 $2b^3+9a^2d-7abc\leqslant 0$ 很容易证明.

多项式 $\varphi(x)=ax^3+bx^2+cx+d$ 有三个正根，且 $\varphi(0)<0$，可保证 $a>0$. 于是得到 2008 年女子数学奥林匹克第 2 题：

已知实系数多项式 $\varphi(x)=ax^3+bx^2+cx+d$ 有三个正根，且 $\varphi(0)<0$. 求证：

$$2b^3+9a^2d-7abc\leqslant 0.$$

请看更多的例子.

试题 1 设 x，y，z 是非负实数，则我们有

$$3xyz+x^3+y^3+z^3\geqslant 2((xy)^{\frac{3}{2}}+(yz)^{\frac{3}{2}}+(zx)^{\frac{3}{2}}).$$

证明 利用 Schur 不等式变式③和 AM-GM 不等式，我们有

$$3xyz+\sum_{cyclic}x^3\geqslant\sum_{cyclic}x^2y+xy^2\geqslant\sum_{cyclic}2(xy)^{\frac{3}{2}}.$$

试题 2 设 a，b，c 是正实数，且满足 $ab+bc+ca=3$，求证：

$$a^3+b^3+c^3+6abc\geqslant 9.$$

证明 由变式③可得

$$a^3+b^3+c^3+6abc\geqslant(a+b+c)(ab+bc+ca).$$

我们知道

$$(a+b+c)^2\geqslant 3(ab+bc+ca)=9$$
$$\Rightarrow a+b+c\geqslant 3, \text{所以 } a^3+b^3+c^3+6abc\geqslant 9.$$

原不等式等号成立当且仅当 $a=b=c=1$.

试题 3（1984 年 IMO 试题）已知 x，y，z 是满足 $x+y+z=1$ 的非负实数，试证：

$$0\leqslant xy+yz+zx-2xyz\leqslant\frac{7}{27}.$$

证明 先证前面一部分

$$\begin{aligned}&xy+yz+zx-2xyz\\=&(x+y+z)(xy+yz+zx)-2xyz\\=&x^2y+xy^2+y^2z+yz^2+z^2x+zx^2+xyz\geqslant 0.\end{aligned}$$

接下来证后面一部分

$$xy+yz+zx-2xyz\leqslant\frac{7}{27}$$

$$\Leftrightarrow(x+y+z)(xy+yz+zx)-2xyz\leqslant\frac{7}{27}(x+y+z)^3$$

$$\Leftrightarrow 7(x^3+y^3+z^3)+15xyz\geqslant 6(x^2y+xy^2+y^2z+yz^2+z^2x+zx^2).\qquad⑧$$

由变式③可得

$$6(x^3+y^3+z^3+3xyz)\geqslant 6(x^2y+xy^2+y^2z+yz^2+z^2x+zx^2).$$

结合 $x^3+y^3+z^3\geqslant 3xyz$，由此可知⑧成立．且⑧式的等号成立当且仅当 $x=y=z=\dfrac{1}{3}$.

试题 4（2000 年 IMO 试题）设正数 a，b，c 满足 $abc=1$，求证：

$$\left(a-1+\frac{1}{b}\right)\left(b-1+\frac{1}{c}\right)\left(c-1+\frac{1}{a}\right)\leqslant 1. \tag{⑨}$$

证法 1　令 $x=a$，$y=1$，$z=\dfrac{1}{b}=ac$，则 $a=\dfrac{x}{y}$，$b=\dfrac{y}{z}$，$c=\dfrac{z}{x}$.

$$⑨\Leftrightarrow\frac{(x-y+z)(y-z+x)(z-x+y)}{yzx}\leqslant 1 \tag{⑩}$$

由变式④，也就是⑩，可得⑨式成立．⑨式的等号成立当且仅当 $a=b=c=1$.

证法 2　原不等式等价于下面的齐次不等式：

$$\left(a-(abc)^{1/3}+\frac{(abc)^{2/3}}{b}\right)\left(b-(abc)^{1/3}+\frac{(abc)^{2/3}}{c}\right)\left(c-(abc)^{1/3}+\frac{(abc)^{2/3}}{a}\right)\leqslant abc.$$

通过作代换 $a=x^3$，$b=y^3$，$c=z^3$，其中 x，y，$z>0$，它变成

$$\left(x^3-xyz+\frac{(xyz)^2}{y^3}\right)\left(y^3-xyz+\frac{(xyz)^2}{z^3}\right)\left(z^3-xyz+\frac{(xyz)^2}{x^3}\right)\leqslant x^3y^3z^3,$$

化简可得

$$(x^2y-y^2z+z^2x)(y^2z-z^2x+x^2y)(z^2x-x^2y+y^2z)\leqslant x^3y^3z^3.$$

或

$$3x^3y^3z^3+\sum_{cyclic}x^6y^3\geqslant\sum_{cyclic}x^4y^4z+\sum_{cyclic}x^5y^2z^2.$$

或

$$3(x^2y)(y^2z)(z^2x)+\sum_{cyclic}(x^2y)^3\geqslant\sum_{sym}(x^2y)^2(y^2z).$$

这是 Schur 不等式变式③.

试题 5　求出所有的正整数 k，使得对任意正数 a，b，c 满足 $abc=1$，都有下面不等式成立：

$$\frac{1}{a^2}+\frac{1}{b^2}+\frac{1}{c^2}+3k\geqslant(k+1)(a+b+c). \tag{⑪}$$

解　令 $a=b=\dfrac{1}{n+1}$，$c=(n+1)^2(n\in\mathbf{N}^*)$，由⑪可得

$$k\leqslant\frac{n^2+2n+1+\frac{1}{(n+1)^4}-\frac{2}{n+1}}{n^2+2n+\frac{2}{n+1}-2}.$$

而 $$\lim_{n\to+\infty}\frac{n^2+2n+1+\frac{1}{(n+1)^4}-\frac{2}{n+1}}{n^2+2n+\frac{2}{n+1}-2}=1,$$

故 $k\leqslant1$，因为 k 是正整数，所以只能有 $k=1$，这时不等式⑪变成

$$\frac{1}{a^2}+\frac{1}{b^2}+\frac{1}{c^2}+3\geqslant2(a+b+c). \qquad ⑫$$

令 $x=\frac{1}{a}$，$y=\frac{1}{b}$，$z=\frac{1}{c}$，这样 x，y，z 也满足 $xyz=1$. 不等式⑫等价于

$$\begin{aligned}&x^2+y^2+z^2+3\geqslant2(xy+yz+zx)\\ \Leftrightarrow&(x+y+z)(x^2+y^2+z^2+3)\geqslant2(xy+yz+zx)(x+y+z)\\ \Leftrightarrow&x^3+y^3+z^3+3(x+y+z)\geqslant x^2y+xy^2+y^2z+yz^2+z^2x+zx^2+6. \qquad ⑬\end{aligned}$$

由变式③和 $x+y+z\geqslant3\sqrt[3]{xyz}=3$. 可知⑬成立.

试题 6（2008 年 IMO 中国国家集训队测试题）设 x，y，$z\in\mathbf{R}^+$，求证：

$$\frac{xy}{z}+\frac{yz}{x}+\frac{zx}{y}>2\sqrt[3]{x^3+y^3+z^3}.$$

证明 记 $\frac{xy}{z}=a^2$，$\frac{yz}{x}=b^2$，$\frac{zx}{y}=c^2$，则 $y=ab$，$z=bc$，$x=ca$. 原不等式等价于

$$(a^2+b^2+c^2)^3>8(a^3b^3+b^3c^3+c^3a^3).$$

$$\begin{aligned}左边&=\sum a^6+3\sum(a^4b^2+a^2b^4)+6a^2b^2c^2\\&\geqslant4\sum(a^4b^2+a^2b^4)+3a^2b^2c^2 \quad (\text{Schur 不等式变式③}),\end{aligned}$$

而 $4\sum(a^4b^2+a^2b^4)\geqslant$ 右边，所以原不等式成立.

下面这个问题相当难. 这道题是由 Hojoo Lee 为 2004 年亚太地区数学奥林匹克而命制的.

试题 7（2004 年亚太地区数学奥林匹克试题）设 a，b，c 是正实数，求证：

$$(a^2+2)(b^2+2)(c^2+2)\geqslant9(ab+bc+ca). \qquad ⑭$$

证明 ⑭式等价于

$$\begin{aligned}&a^2b^2c^2+2(a^2b^2+b^2c^2+c^2a^2)+4(a^2+b^2+c^2)+8\\ \geqslant&9(ab+bc+ca).\end{aligned}$$

我们知道

$$a^2+b^2+c^2\geqslant ab+bc+ca;$$
$$(a^2b^2+1)+(b^2c^2+1)+(c^2a^2+1)\geqslant 2(ab+bc+ca);$$
$$a^2b^2c^2+1+1\geqslant 3\sqrt[3]{a^2b^2c^2}\geqslant\frac{9abc}{a+b+c}\geqslant 4(ab+bc+ca)-(a+b+c)^2(\text{变式⑥})$$
$$\Rightarrow a^2b^2c^2+2\geqslant 2(ab+bc+ca)-(a^2+b^2+c^2).$$

所以

$$\begin{aligned}&(a^2b^2c^2+2)+2(a^2b^2+b^2c^2+c^2a^2+3)+4(a^2+b^2+c^2)\\ \geqslant&2(ab+bc+ca)+4(ab+bc+ca)+3(a^2+b^2+c^2)\\ \geqslant&9(ab+bc+ca).\end{aligned}$$

因此⑭式得证，等号成立当且仅当 $a=b=c$.

试题 8 对任意正数 a，b，c，求证：下面不等式成立

$$a^2+b^2+c^2+2abc+1\geqslant 2(ab+bc+ca).\tag{15}$$

证明 解答用到 Schur 不等式的变式⑥

$$2(ab+bc+ca)-(a^2+b^2+c^2)\leqslant\frac{9abc}{a+b+c}.\tag{16}$$

和 AM-GM 不等式

$$2abc+1=abc+abc+1\geqslant 3\sqrt[3]{a^2b^2c^2}.\tag{17}$$

由⑯和⑰，不等式⑮转化成

$$3\sqrt[3]{a^2b^2c^2}\geqslant\frac{9abc}{a+b+c},$$

这等价于 $a+b+c\geqslant 3\sqrt[3]{abc}$，再次利用到 AM-GM 不等式.

试题 9（2001 年 IMO 罗马尼亚国家队选拔考试）设 a，b，c 为正实数，证明：

$$\sum_{cyc}(b+c-a)(c+a-b)\leqslant\sqrt{abc}(\sqrt{a}+\sqrt{b}+\sqrt{c}).\tag{18}$$

证明 通过简单的计算就可以验证

$$\sum_{cyc}(b+c-a)(c+a-b)=2(ab+bc+ca)-(a^2+b^2+c^2).$$

现在，由⑦，我们只要证明

$$3\sqrt[3]{a^2b^2c^2}\leqslant\sqrt{abc}(\sqrt{a}+\sqrt{b}+\sqrt{c}).\tag{19}$$

这由 AM-GM 不等式可得：$\sqrt{a}+\sqrt{b}+\sqrt{c}\geqslant 3\sqrt[3]{\sqrt{abc}}=3\sqrt[6]{abc}$.

试题 10（2004 年罗马尼亚国家数学奥林匹克预选题）设 a，b，c 为正实数，证明：

$$\sqrt{abc}(\sqrt{a}+\sqrt{b}+\sqrt{c})+(a+b+c)^2\geqslant 4\sqrt{3abc(a+b+c)}. \tag{20}$$

证明 由试题 9 有

$$\sqrt{abc}(\sqrt{a}+\sqrt{b}+\sqrt{c})\geqslant 2(ab+bc+ca)-(a^2+b^2+c^2). \tag{21}$$

现在，我们只需证明

$$ab+bc+ca\geqslant\sqrt{3abc(a+b+c)}. \tag{22}$$

这显然成立.

下面一道题来自罗马尼亚杂志 *Gazeta Matematică*，2005 年第 9 期. 这道题由 Mircea Lasscu 命制.

试题 11 设 x，y，z 为正实数，证明：

$$\frac{x^3+y^3+z^3}{3xyz}+\frac{3\sqrt[3]{xyz}}{x+y+z}\geqslant 2. \tag{23}$$

证明 由 Schur 不等式变式③得

$$\frac{x^3+y^3+z^3}{3xyz}\geqslant\frac{y+z}{3x}+\frac{z+x}{3y}+\frac{x+y}{3z}-1,$$

即 $\dfrac{x^3+y^3+z^3}{3xyz}\geqslant\dfrac{x+y+z}{3x}+\dfrac{x+y+z}{3y}+\dfrac{x+y+z}{3z}-2.$

欲证㉓，则只需证

$$\frac{x+y+z}{3x}+\frac{x+y+z}{3y}+\frac{x+y+z}{3z}+\frac{3\sqrt[3]{xyz}}{x+y+z}\geqslant 4. \tag{24}$$

由平均值不等式得

$$㉔\text{左边}\geqslant 4\sqrt[4]{\frac{(x+y+z)^2}{9x^{\frac{2}{3}}y^{\frac{2}{3}}z^{\frac{2}{3}}}}=4\sqrt{\frac{x+y+z}{3x^{\frac{1}{3}}y^{\frac{1}{3}}z^{\frac{1}{3}}}}\geqslant 4.$$

故得证.

下面的问题是由蒂图·安德雷斯库（Titu Andreescu）为 2000 年 IMO 美国国家队选拔赛（USA，TST）而命制的.

试题 12 证明：对任意正实数 a，b，c，下面不等式成立

$$\frac{a+b+c}{3}-\sqrt[3]{abc}\leqslant\max\{(\sqrt{a}-\sqrt{b})^2,(\sqrt{b}-\sqrt{c})^2,(\sqrt{c}-\sqrt{a})^2\}. \tag{25}$$

证法 1 显然

$$\frac{(\sqrt{a}-\sqrt{b})^2+(\sqrt{b}-\sqrt{c})^2+(\sqrt{c}-\sqrt{a})^2}{3}\leqslant\max\{(\sqrt{a}-\sqrt{b})^2,(\sqrt{b}-\sqrt{c})^2,(\sqrt{c}-\sqrt{a})^2\}.$$

我们证明一个更强的不等式

$$a+b+c-3\sqrt[3]{abc}\leqslant(\sqrt{a}-\sqrt{b})^2+(\sqrt{b}-\sqrt{c})^2+(\sqrt{c}-\sqrt{a})^2. \qquad ㉖$$

剩下我们只要证明

$$a+b+c+3\sqrt[3]{abc}\geqslant 2(\sqrt{ab}+\sqrt{bc}+\sqrt{ca}),$$

这是试题 1，问题到此得到解决.

证法 2 我们同样证明更强的不等式㉖，这可以重新写成

$$\sum_{sym}[a-2(ab)^{1/2}+(abc)^{1/3}]\geqslant 0,$$

这里的求和来自 a，b，c 的所有 6 个排列. 这个不等式由下列两个不等式相加得到

$$\sum_{sym}[a-2a^{2/3}b^{1/3}+(abc)^{1/3}]\geqslant 0$$

和

$$\sum_{sym}[a^{2/3}b^{1/3}+a^{1/3}b^{2/3}-2a^{1/2}b^{1/2}]\geqslant 0.$$

第一个不等式是 Schur 不等式，只要令 $x=a^{1/3}$，$y=b^{1/3}$，$z=c^{1/3}$，而第二个不等式由 AM-GM 不等式可得.

评注 更一般地，对非负实数 a_1，a_2，…，a_n，我们有

$$\frac{m}{2}\leqslant\frac{a_1+a_2+\cdots+a_n}{n}-\sqrt[n]{a_1a_2\cdots a_n}\leqslant\frac{(n-1)M}{2}, \qquad ㉗$$

其中 $m=\min\limits_{1\leqslant i<j\leqslant n}\{(\sqrt{a_i}-\sqrt{a_j})^2\}$ 和 $M=\max\limits_{1\leqslant i<j\leqslant n}\{(\sqrt{a_i}-\sqrt{a_j})^2\}$.

利用上面的证法 2 可以证明右边的不等式. 我们把证明的详细过程留给读者.

当我们用 $(\sqrt{a_i}-\sqrt{a_j})^2$ $(1\leqslant i<j\leqslant n)$ 的平均值 c 来代替 m 时，左边的不等式就分解开来了. 因为

$$\begin{aligned}\frac{m}{2}\leqslant\frac{c}{2}&=\frac{\sum\limits_{1\leqslant i<j\leqslant n}(\sqrt{a_i}-\sqrt{a_j})^2}{2\binom{n}{2}}\\&=\frac{\sum\limits_{1\leqslant i<j\leqslant n}(\sqrt{a_i}-\sqrt{a_j})^2}{n(n-1)}\\&=\frac{(n-1)(a_1+a_2+\cdots+a_n)-2\sum\limits_{1\leqslant i<j\leqslant n}(\sqrt{a_i}-\sqrt{a_j})^2}{n(n-1)}.\end{aligned}$$

不等式现在变成

$$\sum_{1\leqslant i<j\leqslant n}\sqrt{a_ia_j}\geqslant\frac{n(n-1)\sqrt[n]{a_1a_2\cdots a_n}}{2}.$$

这由 AM-GM 不等式可得.

我们也可以把 m 替换成

$$m'=\min_{1\leqslant k\leqslant n}\{(\sqrt{a_k}-\sqrt{a_{k+1}})^2\}.$$

在某种程度上，可以得到㉗的一个更强的下界，证明方法类似. 我们留给读者去练习.

更一般的情况是，我们可以比较 n 个非负实数的算术平均值和几何平均值的大小，也可以求 k 元子集的算术平均值与几何平均值的差的最大值.

试题 13（1996 年越南数学奥林匹克试题）已知 a，b，c，d 是四个非负实数，满足

$$2(ab+ac+ad+bc+bd+cd)+abc+abd+acd+bcd=16.$$

证明

$$a+b+c+d\geqslant\frac{2}{3}(ab+ac+ad+bc+bd+cd).$$

并且确定等号成立的条件.

证明 对 $i=1$，2，3 定义 s_i 为 $\{a，b，c，d\}$ 的 i 元子集的元素乘积的平均值. 现在我们必须证明

$$3s_2+s_3=4\Rightarrow s_1\geqslant s_2.$$

现在只要证明下面的齐次不等式（没有条件限制）成立即可

$$3s_2^2s_1^2+s_3s_1^3\geqslant 4s_2^3,$$

因为，这样由 $3s_2+s_3=4$ 可以推出 $(s_1-s_2)^3+3(s_1^3-s_2^3)\geqslant 0$.

现在我们回想两个关于非负实数的对称均值的基本不等式. 第一个是 Schur 不等式：

$$3s_1^3+s_3\geqslant 4s_1s_2,$$

第二个，$s_1^2\geqslant s_2$ 是麦克劳林（Maclaurin）不等式 $s_i^{i+1}\geqslant s_{i+1}^i$ 的一个特例. 结合这两个不等式得到：

$$3s_2^2s_1^2+s_3s_1^3\geqslant 3s_2^2s_1^2+\frac{s_2^2s_3}{s_1}\geqslant 4s_2^3.$$

评注 最后，对于只见过三个变量的 Schur 不等式的读者，注意到一般包括 s_1，…，s_k（其中 $n\geqslant k$）的不等式对 $n+1$ 个变量也成立，只要用多项式 $(x-x_1)\cdots(x-x_{n+1})$ 求导后的根代替 x_1，…，x_n 即可.

另外，笔者这里给出一个不利用 Schur 不等式，而利用导函数的证明方法.

首先假设 a，b，c，d 是一元四次方程 $x^4-px^3+qx^2-rx+s=0$ 的四个根，那么左边的四次多项式求导后所得的三次多项式也应有三个非负根. 而这个三次多项式是 $4x^3-$

$3px^2+2qx-r$，设其三根为 k，l，m，则问题变为已知 $kl+lm+mk+klm=4$，求证 $k+l+m\geqslant kl+lm+mk$．由条件可知三个变量中有不小于 1 的，也有不大于 1 的．可以假设 $k\geqslant 1$，$l\leqslant 1$，那么将 $m=\dfrac{4-kl}{k+l+kl}$ 代入欲证式后，欲证式变为 $(k+l-2)^2+kl(k-1)(1-l)\geqslant 0$ 显然，证毕．

下面的问题供读者研讨．

1．（1964 年 IMO 试题）若 a，b，c 为三角形三边长，则

$$a^2(b+c-a)+b^2(c+a-b)+c^2(a+b-c)\leqslant 3abc.$$

2．设 a，b，c 是一个三角形的三条边，求证：

$$a^2b+a^2c+b^2c+b^2a+c^2a+c^2b>a^3+b^3+c^3+2abc.$$

3．设 a，b，c 是正数，求证：

$$27+\left(2+\frac{a^2}{bc}\right)\left(2+\frac{b^2}{ca}\right)\left(2+\frac{c^2}{ab}\right)\geqslant 6(a+b+c)\left(\frac{1}{a}+\frac{1}{b}+\frac{1}{c}\right).$$

4．设正数 x，y，z 满足 $xyz=x+y+z+2$，求证：

$$xy+yz+zx\geqslant 2(x+y+z).$$

5．（2002 年美国国家集训队试题）在 $\triangle ABC$ 中求证：

$$\sin\frac{3A}{2}+\sin\frac{3B}{2}+\sin\frac{3C}{2}\leqslant\cos\frac{A-B}{2}+\cos\frac{B-C}{2}+\cos\frac{C-A}{2}.$$

6．（1998 年韩国数学奥林匹克试题）设 I 是 $\triangle ABC$ 的内心，求证：

$$IA^2+IB^2+IC^2\geqslant\frac{BC^2+CA^2+AB^2}{3}.$$

7．设 a，b，c 是正数，求证：

$$\frac{a^2+bc}{b+c}+\frac{b^2+ca}{c+a}+\frac{c^2+ab}{a+b}\geqslant a+b+c.$$

8．设 a，b，c 是正数，求证：

$$a^3+b^3+c^3+3abc\geqslant ab\sqrt{2a^2+2b^2}+bc\sqrt{2b^2+2c^2}+ca\sqrt{2c^2+2a^2}.$$

9．求最大的实数 k，使得对所有正数 a，b，c 都有

$$\frac{(b-c)^2(b+c)}{a}+\frac{(c-a)^2(c+a)}{b}+\frac{(a-b)^2(a+b)}{c}\geqslant k(a^2+b^2+c^2-ab-bc-ca).$$

10．设 a，b，c 是正数，求证：

$$\frac{a^3}{b^2-bc+c^2}+\frac{b^3}{c^2-ac+a^2}+\frac{c^3}{a^2-ab+b^2}\geqslant\frac{3(ab+bc+ca)}{a+b+c}.$$

11. 设 $t\in(0,3]$，a，b，$c\geqslant 0$，求证：

$$(3-t)+t(abc)^{\frac{2}{t}}+\sum_{cyclic}a^2\geqslant 2\sum_{cyclic}ab.$$

12. 设 a，b，c 是非负实数，求证：

$$\begin{aligned}&(a+b+c+d)(abc+bcd+cda+dac)\\ \geqslant&(a+b+c-d)(b+c+d-a)(c+d+a-b)(d+a+b-c).\end{aligned}$$

有兴趣的读者还可以在国内外数学竞赛中找出更多的以 Schur 不等式及其变式为背景的问题，同时也可以编拟出以 Schur 不等式及其变式为背景的问题.

作者：朱华伟. 原载：《数学通报》2009 年第 48 卷第 10 期.

5-7 共边定理与一类几何命题的变形

张景中院士利用他提出的共边定理实现了计算机自动生成几何定理的可读证明. 从张院士的几本关于面积法解题的著作中也可以看出共边定理作为一种传统的几何证明方法，也能收到简洁巧妙的效果. 共边定理有一条有趣的性质：共边定理不依赖具体图形，只与某点是某两直线的交点有关. 我们发现利用这条性质可以对一类几何命题进行变形. 这类几何命题是：可单独用共边定理证明的命题（也就是证明过程中只用到共边定理）. 例如纯粹的交点定理，即定理中只含有关于点和直线的位置关联及关于直线平行性的叙述，而不用其他关系（如垂直、等角、等长等度量关系）. 下面先从共边定理谈起：

共边定理：若直线 PQ 和 AB 交于点 M，则（如图 1，有四种情形）

$$\frac{\triangle PAB}{\triangle QAB}=\frac{PM}{QM}.$$

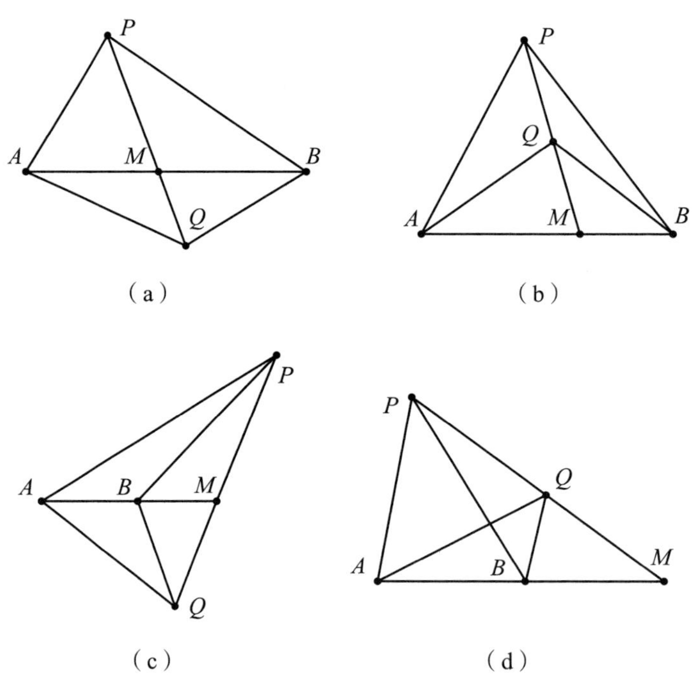

图 1

由图 1 可以看出，共边定理的成立并不依赖 PQ 和 AB 的具体位置关系. 下面来看一个深刻的例子，这是华罗庚教授在《1978 年中学生数学竞赛题解》这本书的前言中谈到的一个问题：

【例 1】$ABNM$ 是平面上的任意四边形．直线 AB，MN 交于 R，AM 和 BN 交于 P，AN 和 BM 交于 O，PO 交 MN 于 S，PO 交 AB 于 Q，求证：

$$\frac{AQ}{BQ}=\frac{AR}{BR}. \qquad ①$$

在那篇前言中，华罗庚教授还用中学生可以理解的方法给出了①式的证明，那个证明长达一页．张院士应用共边定理，用更简单的方法得到更一般的结果：

如图 2，下列三个等式都成立：

$$\frac{AQ}{BQ}=\frac{AR}{BR}, \qquad ①$$

$$\frac{PS}{OS}=\frac{PQ}{OQ}, \qquad ②$$

$$\frac{MS}{NS}=\frac{MR}{NR}. \qquad ③$$

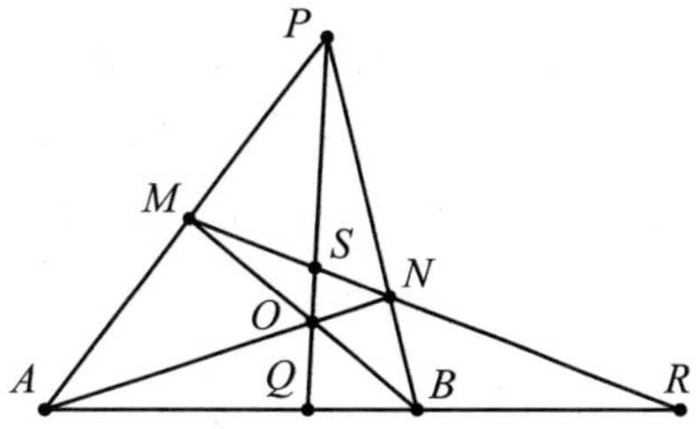

图 2

对①式的证明：只要证明$\frac{AQ}{BQ}\cdot\frac{BR}{AR}=1$ 即可．用共边定理可得：

$$\frac{AQ}{BQ}\cdot\frac{BR}{AR}=\frac{\triangle AOP}{\triangle BOP}\cdot\frac{\triangle BMN}{\triangle AMN}=\frac{\triangle AOP}{\triangle ABP}\cdot\frac{\triangle ABP}{\triangle BOP}\cdot\frac{\triangle BMN}{\triangle OMN}\cdot\frac{\triangle OMN}{\triangle AMN}$$

$$=\frac{MO}{MB}\cdot\frac{NA}{NO}\cdot\frac{MB}{MO}\cdot\frac{NO}{NA}=1.$$

有趣的是，证明完①式，②③式也就证明完了，只要我们把图 2 中的字母标注的方式改变一下，②③式的证明就可以完全套用①式的证明，连式子中的字母都不用改变．下面的图 3 和图 4 分别对应②③式：

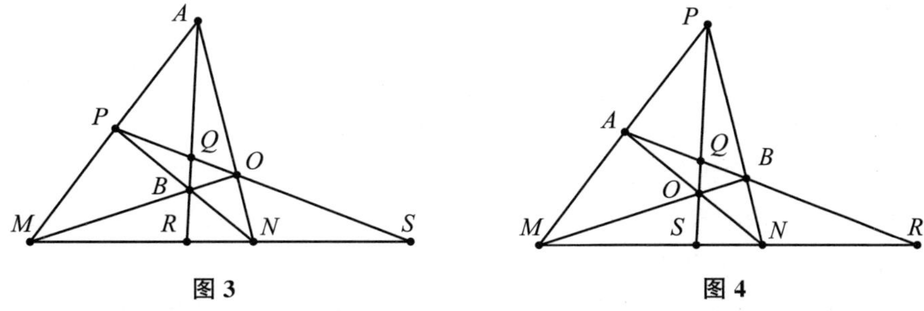

图 3　　　　图 4

这是因为①式的证明中只用到共边定理，而题目中的图形是由 M，N，A，B 确定的（由题目中的作图规则可知），图 2、图 3、图 4 的区别在于 M，N，A，B 四点的相对位置变了，而其他各点与这四点的关系没有变．由上面提到的共边定理的性质，②③式的证明就可以完全套用①式的证明了．

下面是这个性质在另外一道题上的应用：

【例 2】在$\triangle ABC$ 内任取一点 P，连接 AP，BP，CP 并延长，分别交对边于 X，Y，

Z. 求证：

$$\frac{PX}{AX}+\frac{PY}{BY}+\frac{PZ}{CZ}=1.$$

如图 5，用共边定理证明这道题是：

$$\frac{PX}{AX}+\frac{PY}{BY}+\frac{PZ}{CZ}=\frac{\triangle PBC}{\triangle ABC}+\frac{\triangle PCA}{\triangle ABC}+\frac{\triangle PAB}{\triangle ABC}=\frac{\triangle ABC}{\triangle ABC}=1.$$

这道题的证明只用到共边定理，所以点 P 的位置应该不影响结论，现在我们把点 P 取在$\triangle ABC$ 外面看看如何：在$\triangle ABC$ 外取一点 P，连 AP，BP，CP 分别交对边于 X，Y，Z（当然要保证 AP，BP，CP 与对边有交点，所以点 P 不能任取），如图 6.

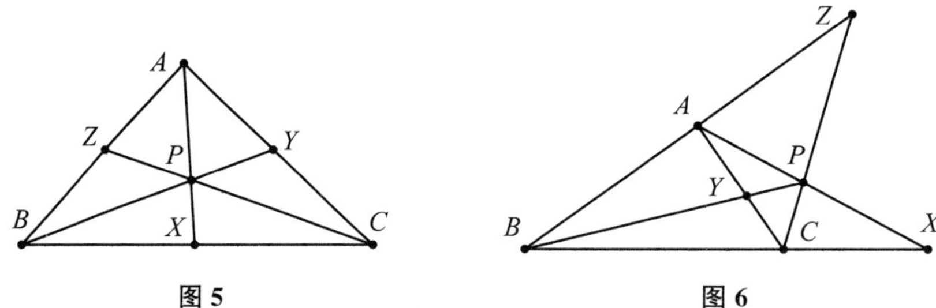

图 5　　图 6

我们发现$\frac{PX}{AX}+\frac{PY}{BY}+\frac{PZ}{CZ}=1$ 并不成立，而是$\frac{PX}{AX}-\frac{PY}{BY}+\frac{PZ}{CZ}=1$，并且随点 P 的位置不同，负号出现的位置也会变化. 不过只要我们引进张院士用于机器证明的有向线段和带号面积，就不用考虑点 P 的位置，而把它们统一为：

在$\triangle ABC$ 所在的平面上取一点 P，连 AP，BP，CP 分别交对边于 X，Y，Z. 求证：

$$\frac{\overline{PX}}{\overline{AX}}+\frac{\overline{PY}}{\overline{BY}}+\frac{\overline{PZ}}{\overline{CZ}}=1.$$

证明和例 2 的证明完全一样，只是三角形面积用了带号面积. 所谓带号面积就是通常的面积添上正号或负号，通常的约定是：如果指定的边界走向是逆时针方向，面积为正；反之，顺时针方向面积为负. 例如在图 6 中，$\triangle PAC$ 为正，而$\triangle PCA=-\triangle PAC$.

最后我们利用共边定理的这一性质对一些著名的几何定理作变形，有兴趣的读者可以尝试用其他方法作出证明：

【塞瓦定理】在$\triangle ABC$ 内任取一点 P，连 AP，BP，CP 分别交对边于 X，Y，Z（如图 5）. 求证：

$$\frac{AZ}{ZB}\cdot\frac{BX}{XC}\cdot\frac{CY}{YA}=1.$$

【塞瓦定理的变形】在$\triangle ABC$ 外取一点 P，连 AP，BP，CP 分别交对边于 X，Y，Z（如图 6）. 求证：

$$\frac{AZ}{ZB}\cdot\frac{BX}{XC}\cdot\frac{CY}{YA}=1.$$

【帕普斯定理】已知 A，B，C 三点在一直线上，X，Y，Z 三点也在一直线上．直线 BX，AY 交于 P，BZ，CY 交于 Q，AZ，CX 交于 R（如图 7）．求证：P，Q，R 三点共线．

【帕普斯定理的变形】已知 A，B，C 三点在一直线上，Z，Y，X 三点也在一直线上．直线 BX，AY 交于 P，BZ，CY 交于 Q，AZ，CX 交于 R（如图 8）．求证：P，Q，R 三点共线．

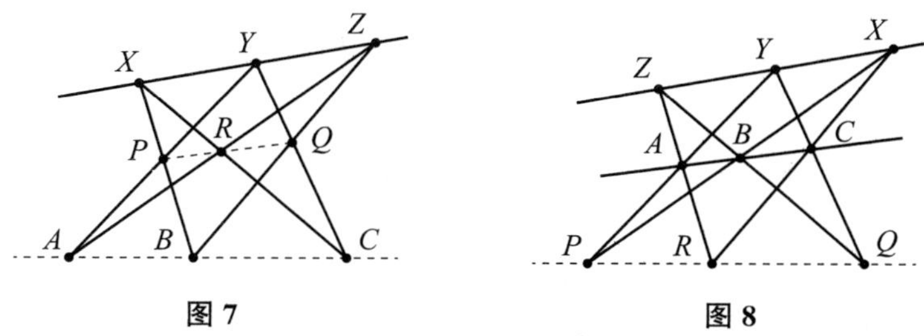

图 7　　图 8

【德沙格定理】已知直线 AX，BY，CZ 交于 S，BC 与 YZ 交于 P，AC 与 XZ 交于 Q，AB 与 XY 交于 R（如图 9）．则 P，Q，R 三点共线．

【德沙格定理的变形】已知直线 AX，BY，CZ 交于 S，BC 与 YZ 交于 P，AC 与 XZ 交于 Q，AB 与 XY 交于 R（如图 10）．则 P，Q，R 三点共线．（题目叙述完全一样，但图形位置不同）

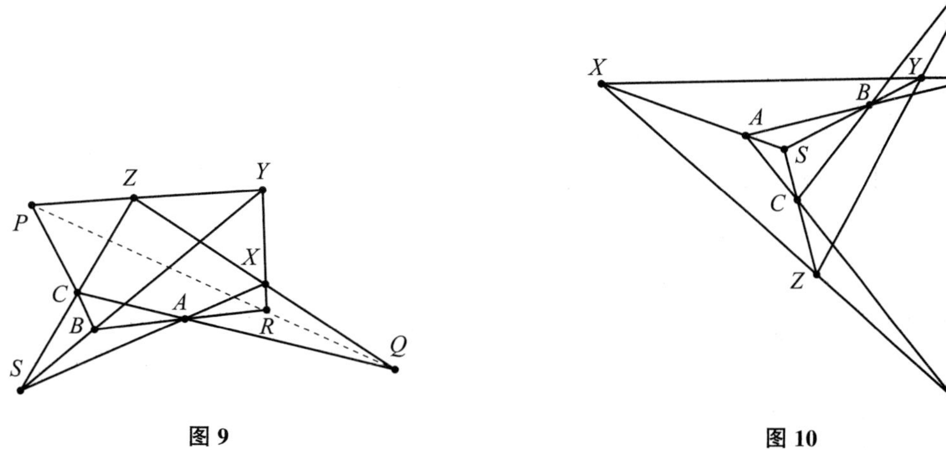

图 9　　图 10

参考文献：

［1］ 张景中．计算机怎样解几何题：谈谈自动推理．广州：暨南大学出版社，2000.

［2］ 张景中．新概念几何．北京：中国少年儿童出版社，2002.

作者：郑焕，朱华伟．原载：《中学数学研究》2008 年第 3 期．

5-8 一道 MMO 试题的背景问题探析

莫斯科数学奥林匹克（MMO）始于 1935 年，是苏联最富有特色和最引人注目的竞赛活动之一. 其试题许多出自名家之手，不仅形式活泼、结构优美，而且往往具有深刻的数学背景.

第 35 届 MMO 有一道试题为：

【题 1】 设两组实数 x_1，x_2，…，x_n 和 y_1，y_2，…，y_n 满足条件

(1) $x_1>x_2>\cdots>x_n>0$，$y_1>y_2>\cdots>y_n>0$；

(2) $x_1\geqslant y_1$，

$$x_1+x_2\geqslant y_1+y_2,$$

……

$$x_1+x_2+\cdots+x_n\geqslant y_1+y_2+\cdots+y_n.$$

求证：对于任何正整数 k，都有如下的不等式成立

$$x_1^k+x_2^k+\cdots+x_n^k>y_1^k+y_2^k+\cdots+y_n^k.$$

正如德国教练 Engel 教授所言："大多数好题（指数学竞赛题）来自对已知结果的推广、特殊化及微小的改变. 这至少是我为 IMO 及德国的数学竞赛提供题目时采用的路线." 而上面的题目正是对已知结果采用特殊化的手法得到的. 1932 年卡拉玛特（Karamata）证明了优超不等式：

设两组实数 x_1，x_2，…，x_n 和 y_1，y_2，…，y_n 满足条件：

(1) $x_1\geqslant x_2\geqslant\cdots\geqslant x_n$，$y_1\geqslant y_2\geqslant\cdots\geqslant y_n$；

(2) $x_1\geqslant y_1$，

$$x_1+x_2\geqslant y_1+y_2,$$

……

$$x_1+x_2+\cdots+x_n=y_1+y_2+\cdots+y_n.$$

则对任意凸函数 $f(x)$，都有如下的不等式成立：

$$f(x_1)+f(x_2)+\cdots+f(x_n)\geqslant f(y_1)+f(y_2)+\cdots+f(y_n).$$

若 $f(x)$ 为凹函数，其他条件不变，则上式中的不等号反向.

显然前面的试题是优超不等式的特例. 优超不等式概括性很强，利用它可以编拟出很多不等式赛题. 取 $f(x)=x^k$，$x\in R^+$，$k\in N$，则 $f'(x)=kx^{k-1}$，$f''(x)=k(k-1)x^{k-2}\geqslant 0$，即 $f(x)$ 是凸函数，于是得到：

对两组实数 a_1，a_2，…，a_n 和 b_1，b_2，…，b_n，若令 $a_1 \geqslant a_2 \geqslant \cdots a_n > 0$，$b_1 \geqslant b_2 \geqslant \cdots b_n > 0$，则 $\ln a_1 \geqslant \ln a_2 \geqslant \cdots \geqslant \ln a_n$，$\ln b_1 \geqslant \ln b_2 \geqslant \cdots \geqslant \ln b_n$. 又设

$$\ln b_1 \geqslant \ln a_1,$$
$$\ln b_1 + \ln b_2 \geqslant \ln a_1 + \ln a_2,$$
$$\ln b_1 + \ln b_2 + \ln b_3 \geqslant \ln a_1 + \ln a_2 + \ln a_3,$$
$$\cdots\cdots$$
$$\ln b_1 + \ln b_2 + \cdots + \ln b_n \geqslant \ln a_1 + \ln a_2 + \cdots + \ln a_n,$$

取 $f(x)=e^x$，则 $f(x)$ 是单调增的凸函数，从而有

$$f(\ln b_1)+f(\ln b_2)+\cdots+f(\ln b_n) \geqslant f(\ln a_1)+f(\ln a_2)+\cdots+f(\ln a_n),$$

即
$$b_1+b_2+\cdots+b_n \geqslant a_1+a_2+\cdots+a_n$$

将以上过程整理即得到下面的问题：

设两组实数 a_1，a_2，…，a_n 和 b_1，b_2，…，b_n 满足条件：

（1）$a_1 \geqslant a_2 \geqslant \cdots \geqslant a_n > 0$，$b_1 \geqslant b_2 \geqslant \cdots \geqslant b_n > 0$；

（2）$b_1 \geqslant a_1$，

$$b_1 b_2 \geqslant a_1 a_2,$$
$$b_1 b_2 b_3 \geqslant a_1 a_2 a_3,$$
$$\cdots\cdots$$
$$b_1 b_2 \cdots b_n \geqslant a_1 a_2 \cdots a_n$$

则 $b_1+b_2+\cdots+b_n \geqslant a_1+a_2+\cdots+a_n$.

经过仔细推敲发现条件 $b_1 \geqslant b_2 \geqslant \cdots \geqslant b_n > 0$ 可以去掉，这样得到一个精彩的题目：

【题 2】（第 29 届 IMO 加拿大训练题）设两组数 a_1，a_2，…，a_n 和 b_1，b_2，…，b_n 满足条件：

$$a_1 \geqslant a_2 \geqslant \cdots \geqslant a_n > 0,$$
$$b_1 \geqslant a_1,$$
$$b_1 b_2 \geqslant a_1 a_2,$$
$$b_1 b_2 b_3 \geqslant a_1 a_2 a_3,$$
$$\cdots\cdots$$
$$b_1 b_2 \cdots b_n \geqslant a_1 a_2 \cdots a_n$$

则
$$b_1+b_2+\cdots+b_n \geqslant a_1+a_2+\cdots+a_n.$$

类似的还可以编拟出：

【题 3】（IMO 罗马尼亚国家队选拔考试题）已知 a_1，a_2，…，a_n 为正实数，$0 \leqslant b_1 \leqslant b_2 \leqslant \cdots \leqslant b_n$，且对任意 $k \leqslant n$，都有

$$a_1+a_2+\cdots+a_k \leqslant b_1+b_2+\cdots+b_k,$$

则 $$\sqrt{a_1}+\sqrt{a_2}+\cdots+\sqrt{a_n}\leqslant\sqrt{b_1}+\sqrt{b_2}+\cdots+\sqrt{b_n}.$$

【题 4】（罗马尼亚，1999）已知 x_1，x_2，$\cdots x_n$ 和 y_1，y_2，$\cdots$，y_n 为两组正实数，且满足

(i) $x_1y_1<x_2y_2<\cdots<x_ny_n$，

(ii) $x_1+x_2+\cdots+x_k\geqslant y_1+y_2+\cdots+y_k$，$1\leqslant k\leqslant n$.

(1) 求证：$\frac{1}{x_1}+\frac{1}{x_2}+\cdots+\frac{1}{x_n}\leqslant\frac{1}{y_1}+\frac{1}{y_2}+\cdots+\frac{1}{y_n}$.

(2) $A=\{a_1, a_2, \cdots, a_n\}$ 是一个元素为正整数的集合，且对 A 的任意两个不同的子集 B 和 C 都有 $\sum\limits_{x\in B}x\neq\sum\limits_{x\in C}x$. 求证：$\frac{1}{a_1}+\frac{1}{a_2}+\cdots+\frac{1}{a_n}<2$.

当然，上述四题都有不依赖于优超不等式的、巧妙的初等证法.

若在优超不等式的条件中取 $x_1+x_2+\cdots+x_n=y_1+y_2+\cdots+y_n$，$y_1=y_2=\cdots=y_n=\frac{1}{n}\sum\limits_{i=1}^{n}x_i$，则得到 Jensen 不等式：

设 $f(x)$ 是 $[a, b]$（或 (a, b)）内的凸函数，则对于 $[a, b]$（或 (a, b)）中任意 n 个数 x_1，x_2，$\cdots$，x_n 有 $\frac{1}{n}(f(x_1)+f(x_2)+\cdots+f(x_n))\geqslant f\left(\frac{x_1+x_2+\cdots+x_n}{n}\right)$ 等号成立当且仅当 $x_1=x_2=\cdots=x_n$ 时成立.

作者：朱华伟. 原载：《中等数学》1991 年第 6 期.

5-9 一道 IMO 预选题的溯源与推广

第 28 届国际数学奥林匹克有如下一道预选题：

试证：若 a、b、c 是三角形的三边，且 $2s=a+b+c$，则

$$\frac{a^n}{b+c}+\frac{b^n}{a+c}+\frac{c^n}{a+b}\geqslant\left(\frac{2}{3}\right)^{n-2}s^{n-1},n\geqslant 1. \tag{①}$$

运用契贝雪夫不等式：

若序列 a_i 和 $b_i(i=1,2,\cdots,n)$ 为同序，即满足 $a_1\leqslant a_2\leqslant\cdots\leqslant a_n$ 且 $b_1\leqslant b_2\leqslant\cdots\leqslant b_n$ 或 $a_1\geqslant a_2\geqslant\cdots\geqslant a_n$ 且 $b_1\geqslant b_2\geqslant\cdots\geqslant b_n$，则

$$\frac{1}{n}\sum_{i=1}^{n}a_ib_i\geqslant\left(\frac{1}{n}\sum_{i=1}^{n}a_i\right)\cdot\left(\frac{1}{n}\sum_{i=1}^{n}b_i\right).$$

若序列 a_i 和 $b_i(i=1,2,\cdots,n)$ 为反序，则上式中的不等号反向.

不难给出①的证明，此略.

首先让我们来追溯一下命题者可能的构思路线，即来看一看命题者是如何构想出不等式①的.

我们知道，1963 年第 26 届莫斯科数学奥林匹克有这样一道试题：

若 a，b，c 为任意正数，求证：

$$\frac{a}{b+c}+\frac{b}{a+c}+\frac{c}{a+b}\geqslant\frac{3}{2}. \tag{②}$$

而下面的题目是流传甚广的.

若 a、b、c 是三角形的三边，且 $2s=a+b+c$，则

$$\frac{a^2}{b+c}+\frac{b^2}{a+c}+\frac{c^2}{a+b}\geqslant s. \tag{③}$$

这样一来，通过观察②、③的结构特点，可归纳出不等式①，从而我们可以认为①是由②、③推广而得到的，也就是说可以把②、③看作是①的“源”或“本”. 那么①是否可以进一步推广呢?

为此，我们先研究②的背景，事实上，②是下述著名的循环不等式当 $m=3$，$k=1$ 时的特例：

$$\frac{x_1+\cdots+x_k}{x_{k+1}+\cdots+x_m}+\frac{x_2+\cdots+x_{k+1}}{x_{k+2}+\cdots+x_1}+\cdots+\frac{x_m+x_1+\cdots+x_{k-1}}{x_k+\cdots+x_{m-1}}\geqslant\frac{mk}{m-k}. \tag{④}$$

其中 x_1，…，x_m 为正数，且 $m>k\geqslant 1$.

为了方便起见，在④中令 $k=1$，则得④的推论：

$$\frac{x_1}{x_2+\cdots+x_m}+\frac{x_2}{x_3+\cdots+x_m+x_1}+\cdots+\frac{x_m}{x_1+\cdots+x_{m-1}}\geqslant\frac{m}{m-1}. \quad ⑤$$

这里⑤可看作②从 3 元（a，b，c）向 m 元（x_1，x_2，…，x_m）的推广．由类比猜测①也可以从 3 元推广到 m 元.

推广 1 若 x_1，x_2，…，x_m 为正数，$m>1$，且（$m-1$）$s=x_1+x_2+\cdots+x_m$，则

$$\frac{x_1^n}{x_2+\cdots+x_m}+\frac{x_2^n}{x_3+\cdots+x_m+x_1}+\cdots+\frac{x_m^n}{x_1+\cdots+x_{m-1}}\geqslant\left(\frac{m-1}{m}\right)^{n-2}s^{n-1}. \quad ⑥$$

其中 $n\geqslant 1$.

证明 不妨设 $x_1\geqslant x_2\geqslant\cdots\geqslant x_m>0$，则

$$x_1^n\geqslant x_2^n\geqslant\cdots\geqslant x_m^n>0,$$
$$0<x_2+\cdots+x_m\leqslant x_3+\cdots+x_m+x_1\leqslant x_1+\cdots+x_{m-1},$$
$$\frac{x_1^n}{x_2+\cdots+x_m}\geqslant\frac{x_2^n}{x_3+\cdots+x_m+x_1}\geqslant\cdots\geqslant\frac{x_m^n}{x_1+\cdots+x_{m-1}}>0.$$

由契贝雪夫不等式得；

$$(x_2+\cdots x_m)\frac{x_1^n}{x_2+\cdots+x_m}+(x_3+\cdots+x_m+x_1)\cdot\frac{x_2^n}{x_3+\cdots+x_m+x_1}+\cdots+$$
$$(x_1+\cdots+x_{m-1})\frac{x_m^n}{x_1+\cdots+x_{m-1}}$$
$$\leqslant\frac{1}{m}[(x_2+\cdots+x_m)+(x_3+\cdots+x_m+x_1)+\cdots+(x_1+\cdots+x_{m-1})]\cdot$$
$$\left(\frac{x_1^n}{x_2+\cdots+x_m}+\frac{x_2^n}{x_3+\cdots+x_m+x_1}+\cdots+\frac{x_m^n}{x_1+\cdots+x_{m-1}}\right).$$

从而⑥式左边$\geqslant\frac{m}{m-1}\cdot\frac{1}{x_1+x_2+\cdots+x_m}(x_1^n+x_2^n+\cdots+x_m^n)$.

又因为$\frac{1}{m}(x_1^n+x_2^n+\cdots+x_m^n)\geqslant\left(\frac{x_1+x_2+\cdots+x_m}{m}\right)^n$，所以

$$⑥式左边\geqslant\frac{m}{m-1}\cdot\frac{1}{x_1+x_2+\cdots+x_m}\cdot m\cdot\left(\frac{x_1+x_2+\cdots+x_m}{m}\right)^n$$
$$=\frac{1}{(m-1)m^{n-2}}(x_1+x_2+\cdots+x_m)^{n-1}=\frac{1}{(m-1)m^{n-2}}[(m-1)s]^{n-1}$$
$$=\left(\frac{m-1}{m}\right)^{n-2}s^{n-1}.$$

注：显然当 $m=3$ 时，⑥即为①，当 $n=1$ 时，⑥即为⑤，因此⑥既是①的推广，又是⑤的推广．⑥式左边分母中的各项指数都为 1，能否对指数进行推广呢？请看

推广 2 若 x_1，x_2，…，x_m 是正数，$m>1$，$(m-1)s=x_1+x_2+\cdots+x_m$，则

$$\frac{x_1^n}{x_2^j+\cdots+x_m^j}+\frac{x_2^n}{x_3^j+\cdots+x_m^j+x_1^j}+\cdots+\frac{x_m^n}{x_1^j+\cdots+x_{m-1}^j}\geqslant\left(\frac{m-1}{m}\right)^{n-j-1}s^{n-j}, \quad ⑦$$

其中 $n\geqslant j\geqslant 1$，$n-j\geqslant 1$.

证明 不妨设 $x_1\geqslant x_2\geqslant\cdots\geqslant x_m>0$，则 $x_1^{n-j}\geqslant x_2^{n-j}\geqslant\cdots\geqslant x_m^{n-j}>0$，$\frac{x_1^j}{x_2^j+\cdots+x_m^j}\geqslant\frac{x_2^j}{x_3^j+\cdots+x_m^j+x_1^j}\geqslant\cdots\geqslant\frac{x_m^j}{x_1^j+\cdots+x_{m-1}^j}>0$.

由契贝雪夫不等式及⑤得：

$$\begin{aligned}
&x_1^{n-j}\frac{x_1^j}{x_2^j+\cdots+x_m^j}+x_2^{n-j}\frac{x_2^j}{x_3^j+\cdots+x_m^j+x_1^j}+\cdots+x_m^{n-j}\frac{x_m^j}{x_1^j+\cdots+x_{m-1}^j}\\
\geqslant&\frac{1}{m}(x_1^{n-j}+x_2^{n-j}+\cdots+x_m^{n-j})\cdot\\
&\left(\frac{x_1^j}{x_2^j+\cdots+x_m^j}+\frac{x_2^j}{x_3^j+\cdots+x_m^j+x_1^j}+\cdots+\frac{x_m^j}{x_1^j+\cdots+x_{m-1}^j}\right)\\
\geqslant&\frac{1}{m}\cdot\frac{m}{m-1}(x_1^{n-j}+x_2^{n-j}+\cdots+x_m^{n-j})\\
\geqslant&\frac{m}{m-1}\cdot\left(\frac{x_1+x_2+\cdots+x_m}{m}\right)^{n-j}\text{（幂平均不等式）}\\
=&\frac{m}{m-1}\left[\frac{(m-1)s}{m}\right]^{n-j}=\left(\frac{m-1}{m}\right)^{n-j-1}s^{n-j}.
\end{aligned}$$

故⑦式左边$\geqslant\left(\frac{m-1}{m}\right)^{n-j-1}s^{n-j}$.

注：此命题也可采用证明推广 1 的方法证，请读者给出.

若把④看作⑤的推广，则由类比猜测⑥可推广为：

推广 3 若 x_1，x_2，…，x_m 为正数，且 $(m-k)s=x_1+x_2+\cdots+x_m$，则

$$\frac{x_1^n+\cdots+x_k^n}{x_{k+1}+\cdots+x_m}+\frac{x_2^n+\cdots+x_{k+1}^n}{x_{k+2}+\cdots+x_m+x_1}+\cdots+\frac{x_m^n+x_1^n+\cdots+x_{k-1}^n}{x_k+\cdots+x_{m-1}}\geqslant k\left(\frac{m-k}{m}\right)^{n-2}s^{n-1}. \quad ⑧$$

其中 $n\geqslant 1$，$m>k\geqslant 1$.

证明 不妨设 $x_1^n+\cdots+x_k^n\geqslant x_2^n+\cdots+x_{k+1}^n\geqslant\cdots\geqslant x_m^n+x_1^n+\cdots+x_{k-1}^n$，则 $x_1\geqslant x_{k+1}$，$x_2\geqslant x_{k+2}$，…，$x_{m-1}\geqslant x_{k-1}$.

从而 $x_{k+1}+\cdots+x_m\leqslant x_{k+2}+\cdots+x_m+x_1\leqslant\cdots\leqslant x_k+\cdots+x_{m-1}$，故有

$$\frac{x_1^n+\cdots+x_k^n}{x_{k+1}+\cdots+x_m}\geqslant\frac{x_2^n+\cdots+x_{k+1}^n}{x_{k+2}+\cdots+x_m+x_1}\geqslant\cdots\geqslant\frac{x_m^n+x_1^n\cdots+x_{k-1}^n}{x_k+\cdots+x_{m-1}}.$$

由契贝雪夫不等式得

$$(x_{k+1}+\cdots+x_m)\frac{x_1^n+\cdots+x_k^n}{x_{k+1}+\cdots+x_m}+(x_{k+2}+\cdots+x_m+x_1)\frac{x_2^n+\cdots+x_{k+1}^n}{x_{k+2}+\cdots+x_m+x_1}+\cdots+$$
$$(x_k+\cdots+x_{m-1})\cdot\frac{x_m^n+x_1^n+\cdots+x_{k-1}^n}{x_k+\cdots+x_{m-1}}$$
$$\leqslant\frac{1}{m}[(x_{k+1}+\cdots+x_m)+(x_{k+2}+\cdots+x_m+x_1)+\cdots+(x_k+\cdots+x_{m-1})]\cdot$$
$$\left(\frac{x_1^n+\cdots+x_k^n}{x_{k+1}+\cdots+x_m}+\frac{x_2^n+\cdots+x_{k+1}^n}{x_{k+2}+\cdots+x_m+x_1}+\cdots+\frac{x_m^n+x_1^n+\cdots+x_{k-1}^n}{x_k+\cdots+x_{m-1}}\right),$$

即

$$k(x_1^n+x_2^n+\cdots+x_m^n)\leqslant\frac{1}{m}(m-k)(x_1+x_2+\cdots+x_m)$$
$$\left(\frac{x_1^n+\cdots+x_k^n}{x_{k+1}+\cdots+x_m}+\frac{x_2^n+\cdots+x_{k+1}^n}{x_{k+2}+\cdots+x_m+x_1}+\cdots+\frac{x_m^n+x_1^n+\cdots+x_{k-1}^n}{x_k+\cdots+x_{m-1}}\right)$$

从而⑧式左边$\geqslant\frac{mk}{m-k}\cdot\frac{x_1^n+x_2^n+\cdots+x_m^n}{x_1+x_2+\cdots+x_m}$

$$\geqslant\frac{mk}{m-k}\cdot\frac{1}{x_1+x_2+\cdots+x_m}m\left(\frac{x_1+x_2+\cdots+x_m}{m}\right)^n$$
$$=k\frac{1}{(m-k)m^{n-2}}(x_1+x_2+\cdots+x_m)^{n-1}$$
$$=k\left(\frac{m-k}{m}\right)^{n-2}s^{n-1}.$$

仿照⑥向⑦的推广，⑧还可推广为：

推广 4 若 x_1，x_2，…，x_m 为正数，且$(m-k)s=x_1+x_2+\cdots+x_m$，则

$$\frac{x_1^n+\cdots+x_k^n}{x_{k+1}^j+\cdots+x_m^j}+\frac{x_2^n+\cdots+x_{k+1}^n}{x_{k+2}^j+\cdots+x_m^j+x_1^j}+\cdots+\frac{x_m^n+x_1^n+\cdots+x_{k-1}^n}{x_k^j+\cdots+x_{m-1}^j}$$
$$\geqslant k\left(\frac{m-k}{m}\right)^{n-j-1}s^{n-j}. \quad ⑨$$

其中 $n\geqslant j\geqslant 1$，$n-j\geqslant 1$，$m>k\geqslant 1$.

提示：仿推广 3 的证法可推得

⑨式左边$\geqslant\frac{mk}{m-k}\cdot\frac{x_1^n+\cdots+x_m^n}{x_1^j+\cdots+x_m^j}$，

由契贝雪夫不等式易证

$$x_1^{n-j}x_1^j+\cdots+x_m^{n-j}x_m^j\geqslant\frac{1}{m}(x_1^{n-j}+\cdots+x_m^{n-j})(x_1^j+\cdots+x_m^j),$$

所以$\dfrac{x_1^n+\cdots+x_m^n}{x_1^j+\cdots+x_m^j}\geqslant\dfrac{1}{m}(x_1^{n-j}+\cdots+x_m^{n-j})\geqslant\left(\dfrac{x_1+\cdots+x_m}{m}\right)^{n-j}=\left(\dfrac{m-k}{m}\right)^{n-j-1}s^{n-j}$.

故⑨式左边$\geqslant k\left(\dfrac{m-k}{m}\right)^{n-j-1}s^{n-j}$.

以上我们应用特殊化、归纳、类比、一般化的手段，从特殊到一般逐层次地研究了一道 IMO 预选题的推广，实际上我们也完成了对著名的循环不等式的推广. 初看起来这道 IMO 预选题与循环不等式毫无联系，通过以上的研究使我们颇有“异邦闻乡音”之感，从而我们也认清了①的背景与发展，由此使我们认识到，即使在初等数学领域内，只要我们不满足于已有的结果，不断地探求新的更理想、更一般的结果，总会有所收获、有所创新、有所发现的，甚至会有出人意料的发现.

作者：朱华伟. 原载：《中学数学》1991 年第 3 期.

5-10 正弦多倍角公式与高次方程的解及其应用

文［1］针对《数学通报》2015 年 10 月号问题 2268（下文例 1）的解答中反复利用正弦、余弦的积化和差等三角恒等变换公式，以及运算过程蕴含较多技巧的问题，另寻解题路径，从余弦 7 倍角公式出发，给出了一个一元七次方程的解，然后分解该一元七次方程进而得到几个一元三次方程的解，最后根据一元三次方程根与系数的关系（韦达定理）证得原问题，而且给出了几个类似的变式问题.

文［2］利用一个经典的三角结论优化了原问题 2268 的解答中多次利用“积化和差”“添加分母 $\sin\frac{\pi}{7}$”等技巧，并且，从解法联想、方程联想、结构联想和对偶联想四个方面阐述了作者的思考过程.

并且，文［1］作者在文末指出并呼吁：关于正弦、余弦多倍角公式的应用，人们研究的更多是二倍角公式和三倍角公式的情形，希望通过文［1］抛砖引玉的作用，有更多数学爱好者对正弦、余弦多倍角公式有更多的研究并产生更好的结论. 文［2］作者将问题 2268 进行推广，并利用对偶思想提出了两个一般性的猜想.

本文利用文［1］中的思想和方法对正弦多倍角公式及其应用进行拓广研究，作为研究的副产品，给出了文［2］中两个猜想的证明，并由此给出系列三角恒等式及其应用案例.

首先，我们给出正弦多倍角公式及其证明，并在文末给出了两个命题：

命题 1 对任意的 $m\in\mathbf{N}$，$\theta\in\mathbf{R}$，有

$$\begin{aligned}\sin m\theta=&\mathrm{C}_m^1\cos^{m-1}\theta\sin\theta-\mathrm{C}_m^3\cos^{m-3}\theta\sin^3\theta+\cdots+\\&(-1)^{k+1}\mathrm{C}_m^{2k-1}\cos^{m-2k+1}\theta\sin^{2k-1}\theta+\cdots.\end{aligned}$$

证明 由棣莫弗公式及二项式定理知，对任意正整数 m 及实数 θ，有

$$\begin{aligned}\cos m\theta+\mathrm{i}\sin m\theta&=(\cos\theta+\mathrm{i}\sin\theta)^m\\&=\mathrm{C}_m^0\cos^m\theta+\mathrm{C}_m^1\cos^{m-1}\theta(\mathrm{i}\sin\theta)+\mathrm{C}_m^2\cos^{m-2}\theta(\mathrm{i}\sin\theta)^2+\cdots,\end{aligned}$$

对比等式两端虚部可得

$$\begin{aligned}\sin m\theta=&\mathrm{C}_m^1\cos^{m-1}\theta\sin\theta-\mathrm{C}_m^3\cos^{m-3}\theta\sin^3\theta+\cdots\\&+(-1)^{k+1}\mathrm{C}_m^{2k-1}\cos^{m-2k+1}\theta\sin^{2k-1}\theta+\cdots.\end{aligned}$$

其实，不难发现，从严格意义上说，命题 1 并未给出 $\sin m\theta$ 展开的完整公式，仅仅显示了展开式的规律，因为 $(\cos\theta+\mathrm{i}\sin\theta)^m$ 的二项展开式中最后一项 $(\mathrm{i}\sin\theta)$ m 是否为实数取决于自然数 m 的奇偶性，鉴于此，我们在命题 1 中分别令 $m=2n$ 和 $m=2n+1$，

可得以下使用起来更为方便的命题 2.

命题 2 对任意的 $n\in\mathbf{N}$，$\theta\in\mathbf{R}$，有

$$\sin 2n\theta=C_{2n}^{1}\cos^{2n-1}\theta\sin\theta-C_{2n}^{3}\cos^{2n-3}\theta\sin^{3}\theta+\cdots+(-1)^{n+1}C_{2n}^{2n-1}\cos\theta\sin^{2n-1}\theta,\quad(1)$$

$$\sin(2n+1)\theta=C_{2n+1}^{1}\cos^{2n}\theta\sin\theta-C_{2n+1}^{3}\cos^{2n-2}\theta\sin^{3}\theta+\cdots+(-1)^{n+1}C_{2n+1}^{2n+1}\sin^{2n+1}\theta.\quad(2)$$

在（1）式中，分别令 $\theta=\frac{\pi}{2n},\frac{2\pi}{2n},\cdots,\frac{(n-1)\pi}{2n}$，均有 $\sin 2n\theta=0$，且 $\sin\theta$，$\cos\theta$ 都不等于 0，再将（1）式两端同时除以 $\sin\theta\cos\theta$ 得，对 $\theta=\frac{\pi}{2n},\frac{2\pi}{2n},\cdots,\frac{(n-1)\pi}{2n}$，均有

$$C_{2n}^{1}\cos^{2n-2}\theta-C_{2n}^{3}\cos^{2n-4}\theta\sin^{2}\theta+\cdots+(-1)^{n+1}C_{2n}^{2n-1}\sin^{2n-2}\theta=0,\quad(3)$$

令$\sin^{2}\theta=x$，则关于 x 的 $n-1$ 次方程

$$f(x)=C_{2n}^{1}(1-x)^{n-1}-C_{2n}^{3}(1-x)^{n-2}x+\cdots+(-1)^{n+1}C_{2n}^{2n-1}x^{n-1}=0,$$

有 $n-1$ 个互不相同的实根 $x_k=\sin^{2}\frac{k\pi}{2n}(k=1,2,\cdots,n-1)$.

记 $f(x)=a_{n-1}x^{n-1}+a_{n-2}x^{n-2}+\cdots+a_1x+a_0$，则

$$\begin{aligned}
&a_0=C_{2n}^{1}=2n,a_{n-1}=(-1)^{n-1}(C_{2n}^{1}+C_{2n}^{3}+\cdots+C_{2n}^{2n-1})=(-1)^{n-1}\cdot 2^{2n-1},\\
&a_{n-2}=(-1)^{n-2}[(n-1)C_{2n}^{1}+(n-2)C_{2n}^{3}+(n-3)C_{2n}^{5}+\cdots+C_{2n}^{2n-3}]\\
&\quad=\frac{(-1)^{n-2}}{2}\{[(n-1)C_{2n}^{1}+(n-2)C_{2n}^{3}+\cdots+C_{2n}^{2n-3}]+\\
&\qquad[(n-1)C_{2n}^{2n-1}+(n-2)C_{2n}^{2n-3}+\cdots+C_{2n}^{3}]\}\\
&\quad=\frac{(n-1)(-1)^{n-2}}{2}(C_{2n}^{1}+C_{2n}^{3}+\cdots+C_{2n}^{2n-1})\\
&\quad=(-1)^{n-2}\cdot(n-1)\cdot 2^{2n-2},
\end{aligned}$$

由韦达定理知

$$\sin^{2}\frac{\pi}{2n}+\sin^{2}\frac{2\pi}{2n}+\cdots+\sin^{2}\frac{(n-1)\pi}{2n}=-\frac{a_{n-2}}{a_{n-1}}=\frac{n-1}{2},\quad①$$

$$\sin\frac{\pi}{2n}\sin\frac{2\pi}{2n}\cdots\sin\frac{(n-1)\pi}{2n}=\sqrt{(-1)^{n-1}\cdot\frac{a_0}{a_{n-1}}}=\frac{\sqrt{n}}{2^{n-1}},\quad②$$

又根据同角三角函数平方关系式$\sin^{2}\alpha+\cos^{2}\alpha=1$ 及诱导公式 $\cos\alpha=\sin\left(\frac{\pi}{2}-\alpha\right)$知，由①、②两式分别可得

$$\cos^{2}\frac{\pi}{2n}+\cos^{2}\frac{2\pi}{2n}+\cdots+\cos^{2}\frac{(n-1)\pi}{2n}=\frac{n-1}{2},\quad③$$

$$\cos\frac{\pi}{2n}\cos\frac{2\pi}{2n}\cdots\cos\frac{(n-1)\pi}{2n}=\frac{\sqrt{n}}{2^{n-1}}. \quad ④$$

类似地，若将（3）式两端同时再除以$\cos^{2n-2}\theta$得，对$\theta=\frac{\pi}{2n}$，$\frac{2\pi}{2n}$，…，$\frac{(n-1)\pi}{2n}$，有

$$C_{2n}^{1}-C_{2n}^{3}\tan^{2}\theta+\cdots+(-1)^{n+1}C_{2n}^{2n-1}\tan^{2n-2}\theta=0,$$

令$\tan^{2}\theta=x$，则关于x的$n-1$次方程

$$f(x)=C_{2n}^{1}-C_{2n}^{3}x+\cdots+(-1)^{n+1}C_{2n}^{2n-1}x^{n-1}=0.$$

有$n-1$个互不相同的实根$x_k=\tan^{2}\frac{k\pi}{2n}(k=1，2，\cdots，n-1)$. 由韦达定理知

$$\tan^{2}\frac{\pi}{2n}+\tan^{2}\frac{2\pi}{2n}+\cdots+\tan^{2}\frac{(n-1)\pi}{2n}=\frac{(n-1)(2n-1)}{3}, \quad ⑤$$

$$\tan\frac{\pi}{2n}\tan\frac{2\pi}{2n}\cdots\tan\frac{(n-1)\pi}{2n}=1. \quad ⑥$$

由诱导公式$\tan\alpha=\cot\left(\frac{\pi}{2}-\alpha\right)$知⑥式是平凡的，且⑤式等价于

$$\cot^{2}\frac{\pi}{2n}+\cot^{2}\frac{2\pi}{2n}+\cdots+\cot^{2}\frac{(n-1)\pi}{2n}=\frac{(n-1)(2n-1)}{3}. \quad ⑦$$

同样地，我们在（2）式中分别令$\theta=\frac{\pi}{2n+1}$，$\frac{2\pi}{2n+1}$，…，$\frac{n\pi}{2n+1}$，均有$\sin(2n+1)\theta=0$，且$\sin\theta$不等于0，再将（2）式两端同时除以$\sin\theta$得，对$\theta=\frac{\pi}{2n+1}$，$\frac{2\pi}{2n+1}$，…，$\frac{n\pi}{2n+1}$，均有

$$C_{2n+1}^{1}\cos^{2n}\theta-C_{2n+1}^{3}\cos^{2n-2}\theta\sin^{2}\theta+\cdots+(-1)^{n+1}C_{2n+1}^{2n+1}\sin^{2n}\theta=0, \quad (5)$$

令$\sin^{2}\theta=x$，则关于x的n次方程

$$f(x)=C_{2n+1}^{1}(1-x)^{n}-C_{2n+1}^{3}(1-x)^{n-1}x+\cdots+(-1)^{n+1}C_{2n+1}^{2n+1}x^{n}=0.$$

有n个互不相同的实根$x_k=\sin^{2}\frac{k\pi}{2n+1}(k=1，2，\cdots，n)$.

记$f(x)=a_nx^{n}+a_{n-1}x^{n-1}+\cdots+a_1x+a_0$，则易得

$$a_0=C_{2n+1}^{1}=2n+1, a_n=(-1)^{n}(C_{2n+1}^{1}+C_{2n+1}^{3}+\cdots+C_{2n+1}^{2n-1})=(-1)^{n}\cdot 2^{2n},$$

$$\begin{aligned}a_{n-1}&=(-1)^{n-1}[nC_{2n+1}^{1}+(n-1)C_{2n+1}^{3}+(n-2)C_{2n+1}^{5}+\cdots+C_{2n+1}^{2n-1}]\\&=(-1)^{n-1}(C_{2n+1}^{2}+2C_{2n+1}^{4}+3C_{2n+1}^{6}+\cdots+nC_{2n+1}^{2n})\\&=\frac{(-1)^{n-1}}{2}\cdot(2C_{2n+1}^{2}+4C_{2n+1}^{4}+6C_{2n+1}^{6}+\cdots+2nC_{2n+1}^{2n})\text{（用组合恒等式 }kC_n^k=nC_{n-1}^{k-1}\text{）}\end{aligned}$$

$$=\frac{(-1)^{n-1}\cdot(2n+1)}{2}\cdot(C_{2n}^{1}+C_{2n}^{3}+C_{2n}^{5}+\cdots+C_{2n}^{2n-1})$$
$$=(-1)^{n-1}\cdot(2n+1)2^{2n-2}.$$

由韦达定理知

$$\sin^2\frac{\pi}{2n+1}+\sin^2\frac{2\pi}{2n+1}+\cdots+\sin^2\frac{n\pi}{2n+1}=-\frac{a_{n-1}}{a_n}=\frac{2n+1}{4}, \quad ⑧$$

$$\sin\frac{\pi}{2n+1}\sin\frac{2\pi}{2n+1}\cdots\sin\frac{n\pi}{2n+1}=\sqrt{(-1)^n\cdot\frac{a_0}{a_n}}=\frac{\sqrt{2n+1}}{2^n}, \quad ⑨$$

类似地，我们容易将（5）式构造成关于 x 的分别以 $x_k=\cos^2\frac{k\pi}{2n+1}$，$\tan^2\frac{k\pi}{2n+1}$，$\cot^2\frac{k\pi}{2n+1}(k=1，2，\cdots，n)$为根的一元 n 次方程，由韦达定理分别得到如下恒等式

$$\cos^2\frac{\pi}{2n+1}+\cos^2\frac{2\pi}{2n+1}+\cdots+\cos^2\frac{n\pi}{2n+1}=\frac{2n-1}{4}, \quad ⑩$$

$$\cos\frac{\pi}{2n+1}\cos\frac{2\pi}{2n+1}\cdots\cos\frac{n\pi}{2n+1}=\frac{1}{2^n}, \quad ⑪$$

$$\tan^2\frac{\pi}{2n+1}+\tan^2\frac{2\pi}{2n+1}+\cdots+\tan^2\frac{n\pi}{2n+1}=n(2n+1), \quad ⑫$$

$$\tan\frac{\pi}{2n+1}\tan\frac{2\pi}{2n+1}\cdots\tan\frac{n\pi}{2n+1}=\sqrt{2n+1}, \quad ⑬$$

$$\cot^2\frac{\pi}{2n+1}+\cot^2\frac{2\pi}{2n+1}+\cdots+\cot^2\frac{n\pi}{2n+1}=\frac{n(2n-1)}{3}, \quad ⑭$$

$$\cot\frac{\pi}{2n+1}\cot\frac{2\pi}{2n+1}\cdots\cot\frac{n\pi}{2n+1}=\frac{1}{\sqrt{2n+1}}. \quad ⑮$$

我们将上面得到的一些重要结果整理成命题 3：

命题 3 对任意的 $n\in\mathbf{N}$，有

$$\sum_{k=1}^{n-1}\sin^2\frac{k\pi}{2n}=\frac{n-1}{2},\quad \sum_{k=1}^{n-1}\cos^2\frac{k\pi}{2n}=\frac{n+1}{2},\quad \prod_{k=1}^{n-1}\sin\frac{k\pi}{2n}=\prod_{k=1}^{n-1}\cos\frac{k\pi}{2n}=\frac{\sqrt{n}}{2^{n-1}},$$

$$\sum_{k=1}^{n}\sin^2\frac{k\pi}{2n+1}=\frac{2n+1}{4},\quad \sum_{k=1}^{n}\cos^2\frac{k\pi}{2n+1}=\frac{2n-1}{4},\quad \prod_{k=1}^{n}\sin\frac{k\pi}{2n+1}=\frac{\sqrt{2n+1}}{2^n},$$

$$\prod_{k=1}^{n}\cos\frac{k\pi}{2n+1}=\frac{1}{2^n},$$

$$\sum_{k=1}^{n-1}\tan^2\frac{k\pi}{2n}=\sum_{k=1}^{n-1}\cot^2\frac{k\pi}{2n}=\frac{(n-1)(2n-1)}{3},\quad \prod_{k=1}^{n-1}\tan\frac{k\pi}{2n}=1,$$

$$\sum_{k=1}^{n}\tan^2\frac{k\pi}{2n+1}=n(2n+1),\quad \sum_{k=1}^{n}\cot^2\frac{k\pi}{2n+1}=\frac{n(2n-1)}{3},$$

$$\prod_{k=1}^{n}\tan\frac{k\pi}{2n+1}=\sqrt{2n+1}\ .$$

值得一提的是，限于篇幅，我们并没有列出相应正割和余割的结果，这是因为它们的结果容易利用 $\sec\alpha=\frac{1}{\cos\alpha}$，$\csc\alpha=\frac{1}{\cos\alpha}$，$\sec^2\alpha=1+\tan^2\alpha$，$\csc^2\alpha=1+\cot^2\alpha$ 从命题 3 中推出. 下面结合具体案例谈谈这些结果的巧妙应用.

例 1 求证：$\sin^2\frac{\pi}{7}+\sin^2\frac{2\pi}{7}+\sin^2\frac{3\pi}{7}=16\sin^2\frac{\pi}{7}\sin^2\frac{2\pi}{7}\sin^2\frac{3\pi}{7}$.

证明 在命题 3 中，令 $n=3$ 得，

$$\sin^2\frac{\pi}{7}+\sin^2\frac{2\pi}{7}+\sin^2\frac{3\pi}{7}=\frac{7}{4},\sin^2\frac{\pi}{7}\sin^2\frac{2\pi}{7}\sin^2\frac{3\pi}{7}=\frac{7}{64},$$

所以，$\sin^2\frac{\pi}{7}+\sin^2\frac{2\pi}{7}+\sin^2\frac{3\pi}{7}=16\sin^2\frac{\pi}{7}\sin^2\frac{2\pi}{7}\sin^2\frac{3\pi}{7}=\frac{7}{4}$.

评注 一般地，我们利用命题 3 可以得到如下结论：设 $n\in\mathbf{N}$，则

$$\sin^2\frac{\pi}{2n+1}+\sin^2\frac{2\pi}{2n+1}+\cdots+\sin^2\frac{n\pi}{2n+1}=4^{n-1}\cdot\sin^2\frac{\pi}{2n+1}\sin^2\frac{2\pi}{2n+1}\cdots\sin^2\frac{n\pi}{2n+1}.$$

例 2（2016 年北京大学博雅计划）求 $\cos\frac{\pi}{11}\cos\frac{2\pi}{11}\cdots\cos\frac{10\pi}{11}$的值.

解 在命题 3 中，令 $n=5$ 得，$\cos\frac{\pi}{11}\cos\frac{2\pi}{11}\cdots\cos\frac{5\pi}{11}=\frac{1}{2^5}$，由诱导公式

$$\cos(\pi-\alpha)=-\cos\alpha\text{ 知},\cos\frac{\pi}{11}\cos\frac{2\pi}{11}\cdots\cos\frac{10\pi}{11}=-\left(\cos\frac{\pi}{11}\cos\frac{2\pi}{11}\cdots\cos\frac{5\pi}{11}\right)^2=-\frac{1}{2^{10}}.$$

评注 一般地，我们利用命题 3 可以得到如下结论：设 $n\in\mathbf{N}$，则

$$\cos\frac{\pi}{2n+1}\cos\frac{2\pi}{2n+1}\cdots\cos\frac{2n\pi}{2n+1}=\frac{(-1)^n}{2^{2n}}.$$

例 3（2011 年清华大学金秋营）已知 $n\in\mathbf{N}$，$n\geqslant2$，求 $\sin\frac{\pi}{n}\sin\frac{2\pi}{n}\cdots\sin\frac{(n-1)\pi}{n}$的值.

解 当 $n=2m(m\in\mathbf{N})$ 时，由诱导公式 $\sin(\pi-\alpha)=\sin\alpha$ 及命题 3 知，

$$\begin{aligned}&\sin\frac{\pi}{n}\sin\frac{2\pi}{n}\cdots\sin\frac{(n-1)\pi}{n}=\sin\frac{\pi}{2m}\sin\frac{2\pi}{2m}\cdots\sin\frac{(2m-1)\pi}{2m}\\&=\left[\sin\frac{\pi}{2m}\sin\frac{2\pi}{2m}\cdots\sin\frac{(m-1)\pi}{2m}\right]^2=\frac{m}{2^{2m-2}}=\frac{n}{2^{n-1}},\end{aligned}$$

当 $n=2m+1(m\in\mathbf{N})$ 时，同理可得，

$$\sin\frac{\pi}{n}\sin\frac{2\pi}{n}\cdots\sin\frac{(n-1)\pi}{n}=\left[\sin\frac{\pi}{2m+1}\sin\frac{2\pi}{2m+1}\cdots\sin\frac{m\pi}{2m+1}\right]^2=\frac{2m+1}{2^{2m}}=\frac{n}{2^{n-1}},$$

所以，对 $n\in\mathbf{N}$，$n\geqslant 2$，有 $\sin\frac{\pi}{n}\sin\frac{2\pi}{n}\cdots\sin\frac{(n-1)\pi}{n}=\frac{n}{2^{n-1}}$.

例 4 求$\tan^2 1°+\tan^2 3°+\tan^2 5°+\cdots+\tan^2 87°+\tan^2 89°$的值.

解 $\tan^2 1°+\tan^2 3°+\tan^2 5°+\cdots+\tan^2 87°+\tan^2 89°$

$$=\tan^2\frac{\pi}{180}+\tan^2\frac{3\pi}{180}+\tan^2\frac{5\pi}{180}+\cdots+\tan^2\frac{87\pi}{180}+\tan^2\frac{89\pi}{180}$$

$$=\left(\tan^2\frac{\pi}{180}+\tan^2\frac{2\pi}{180}+\cdots+\tan^2\frac{89\pi}{180}\right)-\left(\tan^2\frac{2\pi}{180}+\tan^2\frac{4\pi}{180}+\cdots+\tan^2\frac{88\pi}{180}\right)$$

$$=\frac{89\times 179}{3}-\frac{44\times 89}{3}=4005.$$

例 5（2016 年山东高考）观察下列等式：

$$\left(\sin\frac{\pi}{3}\right)^{-2}+\left(\sin\frac{2\pi}{3}\right)^{-2}=\frac{4}{3}\times 1\times 2;$$

$$\left(\sin\frac{\pi}{5}\right)^{-2}+\left(\sin\frac{2\pi}{5}\right)^{-2}+\left(\sin\frac{3\pi}{5}\right)^{-2}+\left(\sin\frac{4\pi}{5}\right)^{-2}=\frac{4}{3}\times 2\times 3;$$

$$\left(\sin\frac{\pi}{7}\right)^{-2}+\left(\sin\frac{2\pi}{7}\right)^{-2}+\left(\sin\frac{3\pi}{7}\right)^{-2}+\cdots+\left(\sin\frac{6\pi}{7}\right)^{-2}=\frac{4}{3}\times 3\times 4;$$

$$\left(\sin\frac{\pi}{9}\right)^{-2}+\left(\sin\frac{2\pi}{9}\right)^{-2}+\left(\sin\frac{3\pi}{9}\right)^{-2}+\cdots+\left(\sin\frac{8\pi}{9}\right)^{-2}=\frac{4}{3}\times 4\times 5;$$

……

照此规律，

$$\left(\sin\frac{\pi}{2n+1}\right)^{-2}+\left(\sin\frac{2\pi}{2n+1}\right)^{-2}+\left(\sin\frac{3\pi}{2n+1}\right)^{-2}+\cdots+\left(\sin\frac{2n\pi}{2n+1}\right)^{-2}=\_\_\_\_\_\_.$$

分析 作为山东高考卷的一道填空题，考查合情推理，容易类比猜得答案为 $\frac{4n(n+1)}{3}$. 然而，对于很多师生来说，不禁会思考，类比出来的结果能否给出严格的演绎证明呢？利用命题 3 中结果，我们容易给出如下解答.

解 $\left(\sin\frac{\pi}{2n+1}\right)^{-2}+\left(\sin\frac{2\pi}{2n+1}\right)^{-2}+\left(\sin\frac{3\pi}{2n+1}\right)^{-2}+\cdots+\left(\sin\frac{2n\pi}{2n+1}\right)^{-2}$

$$=\csc^2\frac{\pi}{2n+1}+\csc^2\frac{2\pi}{2n+1}+\csc^2\frac{3\pi}{2n+1}+\cdots+\csc^2\frac{2n\pi}{2n+1}$$

$$=\cot^2\frac{\pi}{2n+1}+\cot^2\frac{2\pi}{2n+1}+\cot^2\frac{3\pi}{2n+1}+\cdots+\cot^2\frac{2n\pi}{2n+1}+2n$$

$$=2\left(\cot^2\frac{\pi}{2n+1}+\cot^2\frac{2\pi}{2n+1}+\cot^2\frac{3\pi}{2n+1}+\cdots+\cot^2\frac{n\pi}{2n+1}\right)+2n$$

$$=2\cdot\frac{n(2n-1)}{3}+2n=\frac{4n(n+1)}{3}.$$

评注 类似地，我们可以得到如下结果：设 $n\in\mathbf{N}$，则

$$\left(\cos\frac{\pi}{2n+1}\right)^{-2}+\left(\cos\frac{2\pi}{2n+1}\right)^{-2}+\cdots+\left(\cos\frac{2n\pi}{2n+1}\right)^{-2}=4n(n+1).$$

例 6（2011 年清华大学金秋营）设 $\varepsilon_n=\cos\frac{2\pi}{n}+i\sin\frac{2\pi}{n}$，求 $\sum\limits_{k=1}^{n-1}\frac{1}{(1-\varepsilon_n^k)(1-\varepsilon_n^{-k})}$.

解

$$\sum_{k=1}^{n-1}\frac{1}{(1-\varepsilon_n^k)(1-\varepsilon_n^{-k})}=\sum_{k=1}^{n-1}\frac{1}{\left(1-\cos\frac{2k\pi}{n}-i\sin\frac{2k\pi}{n}\right)\left(1-\cos\frac{2k\pi}{n}+i\sin\frac{2k\pi}{n}\right)}$$

$$=\sum_{k=1}^{n-1}\frac{1}{\left(1-\cos\frac{2k\pi}{n}\right)^2+\left(\sin\frac{2k\pi}{n}\right)^2}=\sum_{k=1}^{n-1}\frac{1}{2-2\cos\frac{2k\pi}{n}}=\sum_{k=1}^{n-1}\frac{1}{4\sin^2\frac{k\pi}{n}}$$

$$=\frac{1}{4}\sum_{k=1}^{n-1}\csc^2\frac{k\pi}{n}=\frac{1}{4}\sum_{k=1}^{n-1}\left(1+\cot^2\frac{k\pi}{n}\right)=\frac{n-1}{4}+\frac{1}{4}\sum_{k=1}^{n-1}\cot^2\frac{k\pi}{n},$$

当 $n=2m(m\in\mathbf{N})$ 时，

$$\sum_{k=1}^{n-1}\cot^2\frac{k\pi}{n}=\sum_{k=1}^{2m-1}\cot^2\frac{k\pi}{2m}=2\sum_{k=1}^{m-1}\cot^2\frac{k\pi}{2m}=\frac{2(m-1)(2m-1)}{3}=\frac{(n-1)(n-2)}{3},$$

当 $n=2m+1(m\in\mathbf{N})$ 时，

$$\sum_{k=1}^{n-1}\cot^2\frac{k\pi}{n}=\sum_{k=1}^{2m}\cot^2\frac{k\pi}{2m+1}=2\sum_{k=1}^{m}\cot^2\frac{k\pi}{2m+1}=\frac{2m(2m-1)}{3}=\frac{(n-1)(n-2)}{3},$$

所以，$\sum\limits_{k=1}^{n-1}\frac{1}{(1-\varepsilon_n^k)(1-\varepsilon_n^{-k})}=\frac{n-1}{4}+\frac{1}{4}\sum\limits_{k=1}^{n-1}\cot^2\frac{k\pi}{n}=\frac{n-1}{4}+\frac{1}{4}\cdot\frac{(n-1)(n-2)}{3}=\frac{1}{12}(n^2-1)$.

例 7 求证：$\sum\limits_{n=1}^{\infty}\frac{1}{n^2}=\lim\limits_{n\to+\infty}\left(1+\frac{1}{2^2}+\frac{1}{3^2}+\cdots+\frac{1}{n^2}\right)=\frac{\pi^2}{6}$.

分析 熟悉数学史的读者知道，著名数学家雅各布·伯努利、约翰·伯努利等均研究过该级数 $\sum\limits_{n=1}^{\infty}\frac{1}{n^2}$ 的求和问题，但都无功而返. 善于计算的欧拉利用 $\sin x$ 的级数展开式给出了一个极其巧妙的解答，在数学史上堪称佳话并广为流传. 孪生兄弟数学家 Akiva 和 Isaak Yalom 从命题 3 中部分结果出发也得到一个非常好的初等证明如下.

证明 容易证明如下常用结论：当 $0<x<\frac{\pi}{2}$时，有 $0<\sin x<x<\tan x$. 即 $0<\cot x<\frac{1}{x}<\csc x$，也即$\cot^2 x<\frac{1}{x^2}<\csc^2 x$.

在上式中分别令 $x=\frac{\pi}{2n+1}$，$\frac{2\pi}{2n+1}$，…，$\frac{n\pi}{2n+1}$，并将所得不等式累加得，

$$\cot^2\frac{\pi}{2n+1}+\cot^2\frac{2\pi}{2n+1}+\cdots+\cot^2\frac{n\pi}{2n+1}<\left(\frac{2n+1}{\pi}\right)^2+\left(\frac{2n+1}{2\pi}\right)^2+\cdots+\left(\frac{2n+1}{n\pi}\right)^2<$$

$$\csc^2\frac{\pi}{2n+1}+\csc^2\frac{2\pi}{2n+1}+\cdots+\csc^2\frac{n\pi}{2n+1},$$

即

$$\frac{n(2n-1)}{3}<\left(\frac{2n+1}{\pi}\right)^2+\left(\frac{2n+1}{2\pi}\right)^2+\cdots+\left(\frac{2n+1}{n\pi}\right)^2<\frac{n(2n+2)}{3},$$

也即

$$\frac{\pi^2 n(2n-1)}{3(2n+1)^2}<\frac{1}{1^2}+\frac{1}{2^2}+\cdots+\frac{1}{n^2}<\frac{\pi^2 n(2n+2)}{3(2n+1)^2},$$

令 $n\to+\infty$，则$\frac{1}{1^2}+\frac{1}{2^2}+\cdots+\frac{1}{n^2}\to\frac{\pi^2}{6}$，证毕.

例 8 证明：$\sqrt[3]{\cos\frac{2\pi}{9}}+\sqrt[3]{\cos\frac{4\pi}{9}}+\sqrt[3]{\cos\frac{8\pi}{9}}=\sqrt[3]{\frac{3}{2}(\sqrt[3]{9}-2)}$.

分析 该恒等式由印度天才数学家拉马努金提出，数学家 V. I. Levin 评论道：该等式极其基本，但非常深奥. 它拥有一种无与伦比的内在对称性，这需要一流数学家的洞察力才能证明它们的存在. 而且，该等式的发现毫无疑问是拉马努金所知道的更为普遍结论的特殊情况，但他没有向任何人提起一般情形.

证明 记 $\alpha=\cos\frac{2\pi}{9}$，$\beta=\cos\frac{4\pi}{9}$，$\gamma=\cos\frac{8\pi}{9}$，在命题 3 中令 $n=4$ 得，

$$\sin^2\frac{\pi}{9}+\sin^2\frac{2\pi}{9}+\sin^2\frac{3\pi}{9}+\sin^2\frac{4\pi}{9}=\frac{9}{4},\cos\frac{\pi}{9}\cos\frac{2\pi}{9}\cos\frac{3\pi}{9}\cos\frac{4\pi}{9}=-\frac{1}{16}.$$

则

$$\begin{aligned}\alpha+\beta+\gamma&=\cos\frac{2\pi}{9}+\cos\frac{4\pi}{9}+\cos\frac{8\pi}{9}=3-2\left(\sin^2\frac{\pi}{9}+\sin^2\frac{2\pi}{9}+\sin^2\frac{4\pi}{9}\right)\\&=\frac{9}{2}-2\left(\sin^2\frac{\pi}{9}+\sin^2\frac{2\pi}{9}+\sin^2\frac{3\pi}{9}+\sin^2\frac{4\pi}{9}\right)=\frac{9}{2}-2\cdot\frac{9}{4}=0,\end{aligned}$$

$$\begin{aligned}\alpha\beta+\beta\gamma+\gamma\alpha&=\cos\frac{2\pi}{9}\cos\frac{4\pi}{9}+\cos\frac{4\pi}{9}\cos\frac{8\pi}{9}+\cos\frac{8\pi}{9}\cos\frac{2\pi}{9}\\&=\frac{1}{2}\left[\left(\cos\frac{2\pi}{9}+\cos\frac{6\pi}{9}\right)+\left(\cos\frac{4\pi}{9}+\cos\frac{12\pi}{9}\right)+\left(\cos\frac{6\pi}{9}+\cos\frac{10\pi}{9}\right)\right]\\&=\frac{1}{2}\left(\cos\frac{2\pi}{9}+\cos\frac{4\pi}{9}+\cos\frac{8\pi}{9}-\frac{3}{2}\right)=-\frac{3}{4},\end{aligned}$$

$$\alpha\beta\gamma=\cos\frac{2\pi}{9}\cos\frac{4\pi}{9}\cos\frac{8\pi}{9}=-2\cos\frac{\pi}{9}\cos\frac{2\pi}{9}\cos\frac{3\pi}{9}\cos\frac{4\pi}{9}=-\frac{1}{8}.$$

所以，α，β，γ 为一元三次方程 $x^3-\frac{3}{4}x+\frac{1}{8}=0$ 的三个根.

注意到$\sqrt[3]{\alpha\beta\gamma}=-\frac{1}{2}$，设以$\sqrt[3]{\alpha}$，$\sqrt[3]{\beta}$，$\sqrt[3]{\gamma}$为根的一元三次方程为 $y^3+my^2+ny+\frac{1}{2}=$

0，则 $y^3+\frac{1}{2}=y(my+n)$，则 $\left(y^3+\frac{1}{2}\right)^3=y^3(my+n)^3$，即

$$y^9+\frac{3}{2}y^6+\frac{3}{2}y^3+\frac{1}{8}=m^3y^6+n^3y^3+3my^3(my^2+ny)$$
$$=m^3y^6+n^3y^3+3mny^3\left(y^3+\frac{1}{2}\right),$$

也即

$$y^9+\left(\frac{3}{2}-m^3-3mn\right)y^6+\left(\frac{3}{2}-n^3-\frac{3mn}{2}\right)y^3+\frac{1}{8}=0,$$

令 $y^3=t$，则关于 t 的一元三次方程三根分别为 α，β，γ，则 $\begin{cases}\frac{3}{2}-m^3-3mn=0\\ \frac{3}{2}-n^3-\frac{3mn}{2}=-\frac{3}{4}\end{cases}$. 消掉 n 后得到关于 m 的方程 $\left(\frac{3-2m^3}{6m}\right)^3-\frac{m^3}{2}-\frac{3}{2}=0(*)$.

注意到我们欲证明的结论为 $\sqrt[3]{\alpha}+\sqrt[3]{\beta}+\sqrt[3]{\gamma}=-m=\sqrt[3]{\frac{3}{2}(\sqrt[3]{9}-2)}$，即证 $m=-\sqrt[3]{\frac{3}{2}(\sqrt[3]{9}-2)}$，可以验证将其代入（$*$）式中等式成立，即证得 $\sqrt[3]{\cos\frac{2\pi}{9}}+\sqrt[3]{\cos\frac{4\pi}{9}}+\sqrt[3]{\cos\frac{8\pi}{9}}=\sqrt[3]{\frac{3}{2}(\sqrt[3]{9}-2)}$.

例 9 求证：$\tan\frac{3\pi}{11}+4\sin\frac{2\pi}{11}=\sqrt{11}$.

证明 记 $t=\tan\frac{\pi}{11}$，则

$$\tan\frac{3\pi}{11}+4\sin\frac{2\pi}{11}=\frac{3\tan\frac{\pi}{11}-\tan^3\frac{\pi}{11}}{1-\tan^2\frac{\pi}{11}}+\frac{8\sin\frac{\pi}{11}\cos\frac{\pi}{11}}{\sin^2\frac{\pi}{11}+\cos^2\frac{\pi}{11}}=\frac{3t-t^3}{1-t^2}+\frac{8t}{1+t^2},$$

易知上式大于零，于是要证明的结论等价于

$$\left(\frac{3t-t^3}{1-t^2}+\frac{8t}{1+t^2}\right)^2-11=0,$$

整理成多项式方程即为

$$t^{10}-55t^8+330t^6-462t^4+165t^2-11=0.$$

因为 $\tan\left(11\cdot\frac{\pi}{11}\right)=0$，即 $\frac{C_{11}^1t-C_{11}^3t^3+C_{11}^5t^5-C_{11}^7t^7+C_{11}^9t^9-C_{11}^{11}t^{11}}{C_{11}^0-C_{11}^2t^2+C_{11}^4t^4-C_{11}^6t^6+C_{11}^8t^8-C_{11}^{10}t^{10}}=0$，则

$$11t-165t^3+462t^5-330t^7+55t^9-t^{11}=0,$$

因为 $t\neq0$，所以 $t^{10}-55t^8+330t^6-462t^4+165t^2-11=0$，原问题得证.

最后，笔者同样地期待有更多数学爱好者对正弦、余弦多倍角公式的应用有更多的研究并产生更好的结论.

参考文献：

[1] 黄盛清. 基于余弦 7 倍角公式求几个一元三次方程的解及其应用. 数学通报，2017 (6)：59 - 60.

[2] 崔志荣. “数学通报问题 2268”的解题联想. 数学通报，2017 (3)：60 - 62.

[3] 柳冉. 数学问题解答. 数学通报，2015 (1)：64.

[4] 朱尧辰. 怎样证明三角恒等式（第 2 卷）. 合肥：中国科学技术大学出版社，2014：133 - 139.

[5] John Stillwell. 数学及其历史. 袁向东，冯绪宁，译. 北京：高等教育出版社，2011：145 - 146.

[6] Martin Aigner，Günter M Ziegler. 数学天书中的证明. 5 版. 冯荣权，宋春伟，宗传明，李璐，译. 北京：高等教育出版社，2016：64 - 66.

[7] Serge Tabachnikov，Kvant Selecta. Algebra and Analysis，I. American Mathematcial Society，1999：139 - 144.

作者：程汉波，朱华伟，杨春波. 原载：《数学通讯》2021 年第 10 期（下半月）.

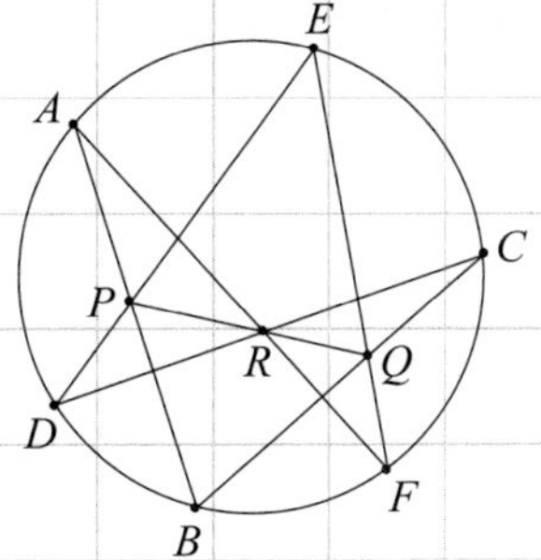

第六辑

数学问题探索

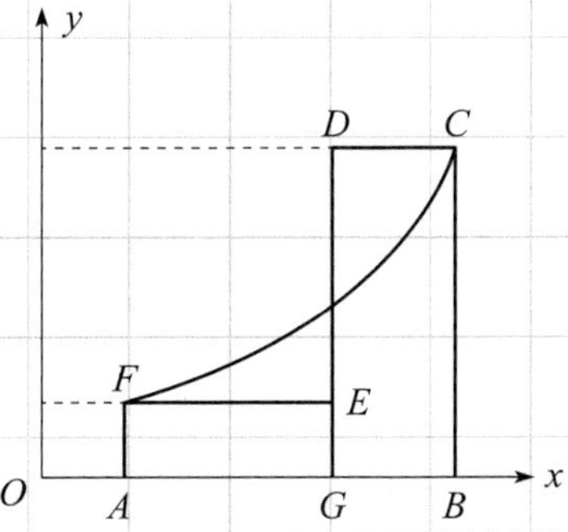

6

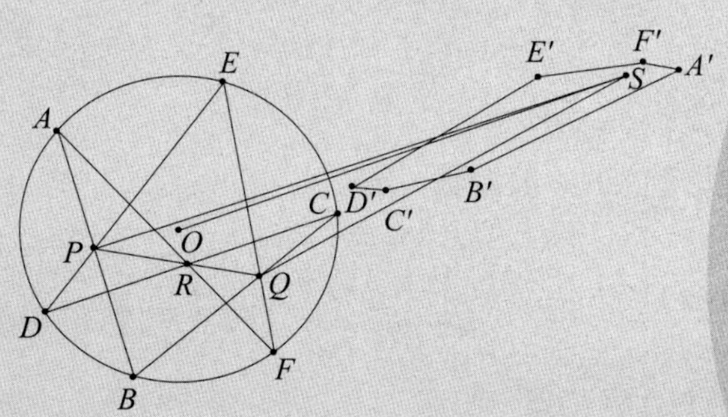

6-1 对 1990 年高考数学（理科）压轴题的探究

1990 年全国高考数学试题（理工农医类）的压轴题（第 26 题）：

设 $f(x)=\lg\dfrac{1+2^x+\cdots+(n-1)^x+n^xa}{n}$，其中 a 是实数，n 是任意给定的自然数，且 $n\geqslant 2$.

（1）如果 $f(x)$ 当 $x\in(-\infty,\ 1]$ 时有意义，求 a 的取值范围；

（2）如果 $a\in(0,\ 1]$，证明 $2f(x)<f(2x)$ 当 $x\neq 0$ 时成立.

该题是考生失分率最高的一道题，特别是第（2）问很多人不能动笔. 不少同志惋惜地说，这道题既难住了一般学生也难住了成绩好的学生. 有人还风趣地说，这题难得“残酷”. 标准答案证法一是利用数学归纳法，证法二是多次应用不等式：$a^2+b^2\geqslant 2ab$. 本文先利用柯西不等式给出（2）的一种简捷证明，然后将其推广.

证明 易见，只需证明 $n\geqslant 2$ 时，

$$[1+2^x+\cdots+(n-1)^x+n^xa]^2<n[1+2^{2x}+\cdots+(n-1)^{2x}+n^{2x}a],$$

其中 $a\in(0,\ 1]$，$x\neq 0$.

我们知道柯西（Cauchy）不等式

$$\left(\sum_{i=1}^{n}a_ib_i\right)^2\leqslant\left(\sum_{i=1}^{n}a_i^2\right)\left(\sum_{i=1}^{n}b_i^2\right),$$

当且仅当 $\dfrac{a_i}{b_i}=k(i=1,\ 2,\ \cdots,\ n)$ 时，等号成立.

而当 $a\in(0,\ 1]$，$x\neq 0$ 时，显然 $\dfrac{1}{1}=\dfrac{2^x}{1}=\cdots=\dfrac{(n-1)^x}{1}=\dfrac{n^xa}{1}$ 不成立，且此时 $a^2\leqslant a$.

所以

$$\begin{aligned}[1+2^x+\cdots+(n-1)^x+n^xa]^2&=[1\cdot 1+1\cdot 2^x+\cdots+1\cdot(n-1)^x+1\cdot n^xa]^2\\&<(\underbrace{1^2+1^2+\cdots+1^2}_{n\text{个}1})[1+2^{2x}+\cdots+(n-1)^{2x}+n^{2x}a^2]\\&\leqslant n[1+2^{2x}+\cdots+(n-1)^{2x}+n^{2x}a^2].\end{aligned}$$

即当 $a\in(0,\ 1]$，$x\neq 0$ 时，$2f(x)<f(2x)$.

显然，上面的常用对数可以推广为底大于 1 的一般对数，而 $2f(x)<f(2x)$ 能否推广为 $kf(x)<f(kx)$ 呢？请看

命题 1 设 $f(x)=\log_b\dfrac{1+2^x+\cdots+(n-1)^x+n^xa}{n}$，其中 $a\in(0,\ 1]$，$b\in(1,\ +\infty)$，n 为任意给定的不小于 2 的自然数，若 $k\in N$ 且 $k\geqslant 2$，则

$$kf(x)<f(kx),$$

当 $x\neq 0$ 时成立.

证明 只需证明 $n\geqslant 2$，$k\geqslant 2$（n，$k\in N$）时，

$$\left[\frac{1+2^x+\cdots+(n-1)^x+n^x a}{n}\right]^k<\frac{1+2^{kx}+\cdots+(n-1)^{kx}+n^{kx}a}{n},$$

即

$$\frac{1+2^x+\cdots+(n-1)^x+n^x a}{n}<\sqrt[k]{\frac{1+2^{kx}+\cdots+(n-1)^{kx}+n^{kx}a}{n}},$$

其中 $a\in(0,1]$，$x\neq 0$.

我们知道，k 次幂平均不等式

$$\frac{a_1+a_2+\cdots+a_n}{n}\leqslant\sqrt[k]{\frac{a_1^k+a_2^k+\cdots+a_n^k}{n}}.$$

仅当 $a_1=a_2=\cdots=a_n$ 时，等号才成立.

当 $a\in(0,1]$，$x\neq 0$ 时，显然 $1=2^x=\cdots=(n-1)^x=n^x$ 不成立，且 $a^k\leqslant a$，（$n\geqslant 2$，$k\geqslant 2$）.

所以

$$\begin{aligned}\frac{1+2^x+\cdots+(n-1)^x+n^x a}{n}&<\sqrt[k]{\frac{1+2^{kx}+\cdots+(n-1)^{kx}+n^{kx}a^k}{n}}\\&\leqslant\sqrt[k]{\frac{1+2^{kx}+\cdots+(n-1)^{kx}+n^{kx}a}{n}},\end{aligned}$$

故有 $kf(x)<f(kx)$.

当 $b=10$，$k=2$ 时，即为原题.

现在我们再将 a 的定义域改变，则有

命题 2 设 $f(x)=\log_b\dfrac{1+2^x+\cdots+(n-1)^x+n^x a}{n}$，其中 $a\in[0,+\infty)$，$b\in(1,+\infty)$，n 为任意给定的不小于 2 的自然数，当 x_1、$x_2\in R$ 且 $x_1\neq x_2$ 时，则

$$f\left(\frac{x_1+x_2}{2}\right)<\frac{1}{2}[f(x_1)+f(x_2)].$$

证明 只需证明 $n\geqslant 2$ 时，

$$\begin{aligned}&[1+2^{\frac{x_1+x_2}{2}}+\cdots+(n-1)^{\frac{x_1+x_2}{2}}+n^{\frac{x_1+x_2}{2}}a]^2\\&<[1+2^{x_1}+\cdots+(n-1)^{x_1}+n^{x_1}a]\cdot[1+2^{x_2}+\cdots+(n-1)^{x_2}+n^{x_2}a].\end{aligned}$$

因为 $x_1\neq x_2$，所以$\frac{1}{1}\neq\frac{2^{\frac{x_1}{2}}}{2^{\frac{x_2}{2}}}\neq\cdots\neq\frac{(n-1)^{\frac{x_1}{2}}}{(n-1)^{\frac{x_2}{2}}}\neq\frac{n^{\frac{x_1}{2}}a^{\frac{1}{2}}}{n^{\frac{x_2}{2}}a^{\frac{1}{2}}}$.

由柯西（Cauchy）不等式，有

$$\begin{aligned}&[1+2^{\frac{x_1+x_2}{2}}+\cdots+(n-1)^{\frac{x_1+x_2}{2}}+n^{\frac{x_1+x_2}{2}}a]^2\\=&[1\cdot 1+2^{\frac{x_1}{2}}\cdot 2^{\frac{x_2}{2}}+\cdots+(n-1)^{\frac{x_1}{2}}\cdot(n-1)^{\frac{x_2}{2}}+(n^{\frac{x_1}{2}}a^{\frac{1}{2}})\cdot(n^{\frac{x_2}{2}}a^{\frac{1}{2}})]^2\\<&[1+2^{x_1}+\cdots+(n-1)^{x_1}+n^{x_1}a]\cdot[1+2^{x_2}+\cdots+(n-1)^{x_2}+n^{x_2}a],\end{aligned}$$

显然，当 $a\geqslant 0$ 时，上式成立.

故 $f\left(\frac{x_1+x_2}{2}\right)<\frac{1}{2}[f(x_1)+f(x_2)]$.

进一步有

命题 3 设 $f(x)=\log_b\frac{1+2^x+\cdots+(n-1)^x+n^xa}{n}$，其中 $a\in[0,+\infty)$，$b\in(1,+\infty)$. n、k 为任意给定的自然数，$n\geqslant 2$，$k\geqslant 2$. x_1，x_2，…，$x_k\in R$ 且 x_1，x_2，…，x_k 不全相等，则

$$f\left(\frac{x_1+x_2+\cdots+x_k}{k}\right)<\frac{1}{k}[f(x_1)+f(x_2)+\cdots+f(x_k)].$$

其证明较繁，限于篇幅略去证明.

命题 4 设 $f(x)=\log_b\frac{1+2^x+\cdots+(n-1)^x+n^xa}{n}$，其中 $a\in[c,1]$，$c=\max\left\{\left(1-\frac{1}{n}\right)^{x_1},\left(1-\frac{1}{n}\right)^{x_2}\right\}$，$x_1$、$x_2\in R^+$，$b\in(1,+\infty)$，$n$ 为任意给定的自然数，$n\geqslant 2$. 则

(1) $f(x_1)+f(x_2)<f(x_1+x_2)$；

(2) 对于任意给定的自然数 k_1、k_2，有 $k_1f(x_1)+k_2f(x_2)<f(k_1x_2+k_2x_2)$.

证明 (1) 只需证明

$$\begin{aligned}&\frac{1+2^{x_1}+\cdots+(n-1)^{x_1}+n^{x_1}a}{n}\cdot\frac{1+2^{x_2}+\cdots+(n-1)^{x_2}+n^{x_2}a}{n}\\<&\frac{1+2^{x_1+x_2}+\cdots+(n-1)^{x_1+x_2}+n^{x_1+x_2}a}{n}.\end{aligned}$$

由切比雪夫（Chebyshev）不等式，设 $a_i>0$，$b_i>0$，$(i=1,2,\cdots,n)$，若 $a_1\leqslant a_2\leqslant\cdots\leqslant a_n$，且 $b_1\leqslant b_2\leqslant\cdots\leqslant b_n$，或 $a_1\geqslant a_2\geqslant\cdots\geqslant a_n$，且 $b_1\geqslant b_2\geqslant\cdots\geqslant b_n$，则

$$\left(\frac{1}{n}\sum_{i=1}^{n}a_i\right)\left(\frac{1}{n}\sum_{i=1}^{n}b_i\right)\leqslant\frac{1}{n}\sum_{i=1}^{n}a_ib_i,$$

等号当且仅当 $a_1=a_2=\cdots=a_n$，或 $b_1=b_2=\cdots=b_n$ 时成立.

当 $a=1$，$x_1>0$，$x_2>0$ 时，$1<2^{x_1}<\cdots<(n-1)^{x_1}<n^{x_1}$，$1<2^{x_2}<\cdots<(n-1)^{x_2}<n^{x_2}$，

所以有

$$\frac{1+2^{x_1}+\cdots+(n-1)^{x_1}+n^{x_1}}{n}\cdot\frac{1+2^{x_2}+\cdots+(n-1)^{x_2}+n^{x_2}}{n}$$
$$<\frac{1+2^{x_1+x_2}+\cdots+(n-1)^{x_1+x_2}+n^{x_1+x_2}}{n},$$

当 $c\leqslant a<1$，$x_1>0$，$x_2>0$ 时，$a^2<a$，因为 $n^{x_1}a\geqslant n^{x_1}c\geqslant n^{x_1}\left(1-\frac{1}{n}\right)^{x_1}=(n-1)^{x_1}$，所以 $1<2^{x_1}<\cdots<(n-1)^{x_1}\leqslant n^{x_1}a$，同理 $1<2^{x_2}<\cdots<(n-1)^{x_2}\leqslant n^{x_2}a$，所以有

$$\frac{1+2^{x_1}+\cdots+(n-1)^{x_1}+n^{x_1}a}{n}\cdot\frac{1+2^{x_2}+\cdots+(n-1)^{x_2}+n^{x_2}a}{n}$$
$$<\frac{1+2^{x_1+x_2}+\cdots+(n-1)^{x_1+x_2}+n^{x_1+x_2}a^2}{n}$$
$$<\frac{1+2^{x_1+x_2}+\cdots+(n-1)^{x_1+x_2}+n^{x_1+x_2}a}{n},$$

故有 $f(x_1)+f(x_2)<f(x_1+x_2)$.

（2）由命题1知 $k_1f(x_1)\leqslant f(k_1x_1)$，$k_2f(x_2)\leqslant f(k_2x_2)$，其中当且仅当 $k_1=k_2=1$ 等号成立．故

$$k_1f(x_1)+k_2f(x_2)\leqslant f(k_1x_1)+f(k_2x_2).$$

今取 $c_1=\max\left\{\left(1-\frac{1}{n}\right)^{k_1x_1},\ \left(1-\frac{1}{n}\right)^{k_2x_2}\right\}$，则当 $a\in[c_1,\ 1]$ 时，由（i）知

$$f(k_1x_1)+f(k_2x_2)<f(k_1x_1+k_2x_2),$$

从而 $k_1f(x_1)+k_2f(x_2)<f(k_1x_1+k_2x_2)$（*）

因为 $c_1\leqslant c$，所以 $[c,\ 1]\subseteq[c_1,\ 1]$，故当 $a\in[c,\ 1]$ 时，（*）式亦成立.

命题 5　设 $f(x)=\log_b\frac{1+2^x+\cdots+(n-1)^x+n^xa}{n}$，其中 $a\in[c,\ 1]$，$c=\max\left\{\left(1-\frac{1}{n}\right)^{x_1},\ \left(1-\frac{1}{n}\right)^{x_2},\ \cdots,\ \left(1-\frac{1}{n}\right)^{x_m}\right\}$，$m$、$n$ 是任意给定的不小于 2 的自然数，$x_i\in R^+(i=1,\ 2,\ \cdots,\ m)$，$b\in(1,\ +\infty)$，则

（1）$f(x_1)+f(x_2)+\cdots+f(x_m)<f(x_1+x_2+\cdots+x_m)$；

（2）对于任意给定的自然数 $k_i(i=1,\ 2,\ \cdots,\ m)$，有

$$k_1f(x_1)+k_2f(x_2)+\cdots+k_mf(x_m)<f(k_1x_1+k_2x_2+\cdots+k_mx_m).$$

可用数学归纳法或 m 个数组情形的切比雪夫（Chebyshev）不等式证，证明略.

评注　当 x_1，x_2，x_2，$\cdots$，$x_m\in R^-$，$a\in[1,\ c]$，
$c=\min\left\{\left(1-\frac{1}{n}\right)^{x_1},\ \left(1-\frac{1}{n}\right)^{x_2},\ \cdots,\ \left(1-\frac{1}{n}\right)^{x_m}\right\}$时，命题 4、命题 5 亦成立.

作者：汪江松，朱华伟．原载：《中学数学》1991 年第 1 期.

6-2 2016年全国卷Ⅰ压轴题的解法赏析、探究与思考

1 试题呈现

题目（2016年新课标全国卷Ⅰ压轴题）

已知函数 $f(x)=(x-2)e^x+a(x-1)^2$ 有两个零点.

(1) 求 a 的取值范围；

(2) 设 x_1，x_2 是 $f(x)$ 的两个零点，证明：$x_1+x_2<2$.

2 解法探究

本题题面言简意赅，主要考查导数在研究函数性质与证明不等式中的应用. 第（1）问由函数零点个数确定参数的取值范围，直接带参分类讨论或参变量分离（完全分离或部分分离）均可完成，通性通法彰显威力. 第（2）问求证一个二元不等式，巧妙构造才可简单证明，巧思妙想展示魅力. 综合考查学生分析问题、解决问题的能力，渗透转化与化归、函数与方程、数形结合、分类讨论等数学思想，凸显了压轴题的选拔功能.

下面对该题的解（证）法进行探究，也是笔者对该问题的整个思考探究过程，展示出来与读者分享.

2.1 分类讨论彰显基本功力

第（1）问的三种解法

解法1（含参分类讨论）

求导得 $f'(x)=(x-1)e^x+2a(x-1)=(x-1)(e^x+2a)$.

1）若 $a=0$，则 $f(x)=(x-2)e^x$，此时 $f(x)$ 只有1个零点 $x=2$，不合题意；

2）若 $a>0$，则 $e^x+2a>0$，故当 $x<1$ 时，$f'(x)<0$，当 $x>1$ 时，$f'(x)>0$，所以 $f(x)$ 在 $(-\infty, 1)$ 上单调递减，在 $(1, +\infty)$ 上单调递增.

又 $f(1)=-e$，$f(2)=a>0$，当 $x\to-\infty$ 时，$f(x)\to+\infty$，由零点存在性定理知，此时 $f(x)$ 有2个零点，符合题意；

3）若 $a<0$，由 $f'(x)=0$ 得 $x=1$ 或 $x=\ln(-2a)$.

①若 $a\geqslant-\dfrac{e}{2}$，则 $\ln(-2a)\leqslant1$，故当 $x>1$ 时，$f'(x)>0$，$f(x)$ 在 $(1, +\infty)$ 上单调递增. 又当 $x\leqslant1$ 时，$f(x)<0$，所以 $f(x)$ 不会有2个零点，不合题意；

② 若 $a<-\frac{e}{2}$，则 $\ln(-2a)>1$，故当 $x\in(1,\ln(-2a))$ 时，$f'(x)<0$；当 $x\in(\ln(-2a),+\infty)$ 时，$f'(x)>0$. 因此 $f(x)$ 在 $(1,\ln(-2a))$ 上单调递减，在 $(\ln(-2a),+\infty)$ 上单调递增. 又当 $x\leqslant1$ 时，$f(x)<0$，所以 $f(x)$ 不会有 2 个零点，不合题意.

综上，a 的取值范围是 $(0,+\infty)$.

评注 导函数 $f'(x)$ 含有因子 e^x+2a，故对 a 以 0 为分界线进行讨论；而当 $a<0$ 时，$f'(x)$ 有两个零点 1 和 $\ln(-2a)$，故又对 a 以 $-\frac{e}{2}$ 为分界线进行讨论. 讨论标准的确立是整个分类讨论过程的伊始，也是关键，要求做到“不重不漏”. 讨论过程中，每种情形在数形结合的观点下利用零点存在性定理分而破之，最终完成整个问题的解决. 分类讨论对逻辑思维能力的培养有很大好处，在日常教学中应引起重视，切忌嫌烦琐而一味规避分类讨论，而丧失良好的训练素材.

解法 2（参变量完全分离）

$f(x)=(x-2)e^x+a(x-1)^2=0$，显然 $x\neq1$，则 $a=\frac{e^x(2-x)}{(x-1)^2}$.

记 $g(x)=\frac{e^x(2-x)}{(x-1)^2}$，则 $g'(x)=-\frac{e^x[(x-2)^2+1]}{(x-1)^3}$，因此

当 $x<1$ 时，$g'(x)>0$，$g(x)$ 在 $(-\infty,1)$ 上单调递增. 而当 $x\to-\infty$ 时，$g(x)\to0$；当 $x\to1^-$ 时，$g(x)\to+\infty$，即 $g(x)$ 在 $(-\infty,1)$ 上的值域为 $(0,+\infty)$.

当 $x>1$ 时，$g'(x)<0$，$g(x)$ 在 $(1,+\infty)$ 上单调递减，而当 $x\to1^+$ 时，$g(x)\to+\infty$；当 $x\to+\infty$ 时，$g(x)\to-\infty$，即 $g(x)$ 在 $(1,+\infty)$ 上的值域为 $(-\infty,+\infty)$. 故 $g(x)$ 的图像如图 1 所示.

所以，若函数 $f(x)$ 有两个零点，即方程 $a=g(x)$ 有两个实根，则 a 的取值范围为 $(0,+\infty)$.

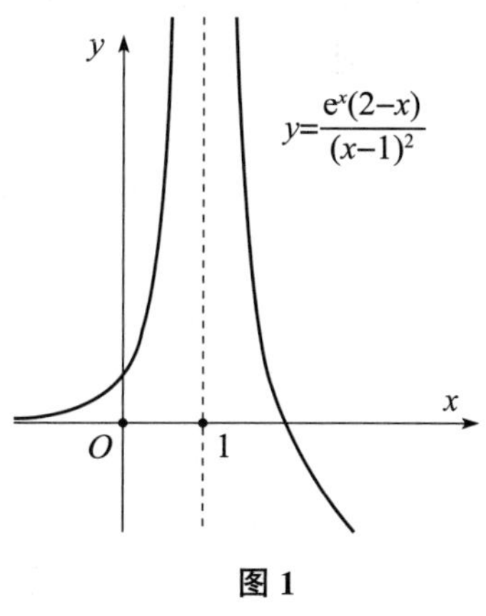

图 1

评注 参变量分离免去了对参数的讨论，显得直截了当. 对分离后所得函数 $g(x)$ 的图像的研究成为问题的核心，其中用到了简单的极限分析，可用高等数学中洛比达法则严格处理，也可用中学生易于接受的指数函数与幂函数（多项式函数）增长速度的比较定性分析. 善于从极限分析的角度考虑问题，能帮助我们快速把握函数图像的变化趋势，对解题起到事半功倍的功效，日常教学中应加强引导与渗透.

解法 3（参变量部分分离）

$f(x)=(x-2)e^x+a(x-1)^2=0$，显然 $x\neq1$，则 $a(x-1)=\frac{e^x(2-x)}{x-1}$.

记 $h(x)=\frac{e^x(2-x)}{x-1}$，则 $h'(x)=-\frac{e^x(x^2-3x+3)}{(x-1)^2}<0$，因此 $h(x)$ 在 $(-\infty,1)$，$(1,+\infty)$ 上均单调递减.

当 $x\to-\infty$ 时，$h(x)\to 0$，当 $x\to 1^-$ 时，$h(x)\to-\infty$；当 $x\to 1^+$ 时，$h(x)\to+\infty$，当 $x\to+\infty$ 时，$h(x)\to-\infty$，故 $h(x)$ 的图像如图 2 所示.

所以，若函数 $f(x)$ 有两个零点，即动直线 $y=a(x-1)$ 与函数 $h(x)$ 的图像有两个不同的交点，由图 2 可知 a 的取值范围为 $(0,+\infty)$.

评注 参变量部分分离是对完全分离的变通处理，可以灵活分配左右两端的式子结构，达到以简驭繁的解题功效，分配的原则是容易画出两端函数的图像，并观察两者之间的联系. 值得一提的是，笔者曾将函数 $f(x)$ 有两个零点等价转化为方程 $(x-2)\mathrm{e}^x=-a(x-1)^2$ 或方程 $-\dfrac{1}{a}\mathrm{e}^x=(x-2)+\dfrac{1}{x-2}+2$ 有两个根，进而利用左右两端的函数有两个交点求出 a 的取值范围，可喜的是，对于 $a>0$ 的情形有两个交点均直观明了；遗憾的是，对于 $a<0$ 的情形却有失严谨或过于繁杂.

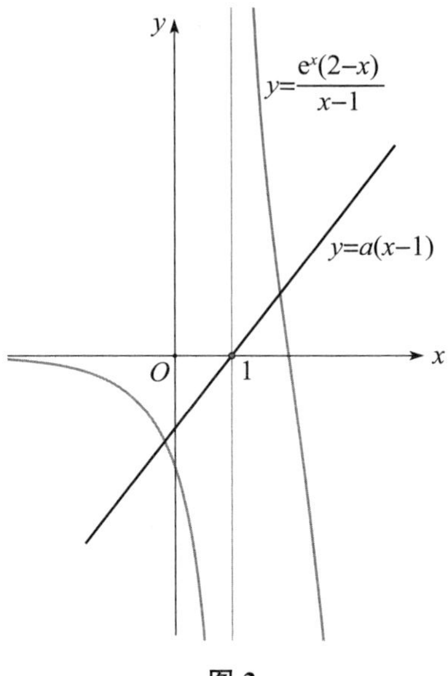

图 2

2.2 巧妙构造化解极值点偏移

第（2）问的四种证法

消元是处理多元问题的常用策略，自变量间的不等关系 $x_1+x_2<2$ 如何与函数 $f(x)$ 联系起来呢？可逆用函数的单调性转化为函数值之间的不等关系！基于如此分析，我们得到以下证法 1、2，与第（1）问的解法 1、2 相对应.

证法 1 根据（1）的结果，不妨设 $x_1<1<x_2$，要证明 $x_1+x_2<2$，即证 $x_2<2-x_1$，而 x_2，$2-x_1$ 均大于 1，由 $f(x)$ 在 $(1,+\infty)$ 上单调递增，知只需证明 $0=f(x_2)<f(2-x_1)$.

由 $f(x_1)=0$ 得 $(x_1-2)\mathrm{e}^{x_1}+a(x_1-1)^2=0$，$a(x_1-1)^2=-(x_1-2)\mathrm{e}^{x_1}$，则

$$f(2-x_1)=-x_1\mathrm{e}^{2-x_1}+a(1-x_1)^2=-x_1\mathrm{e}^{2-x_1}-(x_1-2)\mathrm{e}^{x_1},$$

设函数 $\varphi(x)=-x\mathrm{e}^{2-x}-(x-2)\mathrm{e}^x$，则 $\varphi'(x)=(x-1)(\mathrm{e}^{2-x}-\mathrm{e}^x)$，所以当 $x<1$ 时，$\varphi'(x)<0$，$\varphi(x)$ 在 $(-\infty,1)$ 上单调递减，故此时 $\varphi(x)>\varphi(1)=0$，于是 $\varphi(x_1)=f(2-x_1)>0$，得证.

证法 2 根据（1）的结果，不妨设 $x_1<1<x_2$，要证明 $x_1+x_2<2$，即证 $x_2<2-x_1$，而 x_2，$2-x_1$ 均大于 1，由 $g(x)$ 在 $(1,+\infty)$ 上单调递减，知只需要证 $g(x_2)>g(2-x_1)$，而 $g(x_1)=g(x_2)$，即证 $g(x_1)>g(2-x_1)$，即

$$\frac{\mathrm{e}^{x_1}(2-x_1)}{(x_1-1)^2}-\frac{x_1\mathrm{e}^{2-x_1}}{(1-x_1)^2}=\frac{-x_1\mathrm{e}^{2-x_1}-(x_1-2)\mathrm{e}^{x_1}}{(x_1-1)^2}>0,$$

由证法 1 知该式成立，得证.

评注 我们知道，$x=1$是函数$f(x)$的极值点. 因此，要证$x_1+x_2<2$，即证$\frac{x_1+x_2}{2}<1$. 也就是证$f(x)$的极值点$x=1$在其两个零点x_1，x_2的中点$\frac{x_1+x_2}{2}$的右侧. 从高等数学的角度来看，这是对拉格朗日中值定理的结果更精细化的探讨，因为$f'(1)=\frac{f(x_1)-f(x_2)}{x_1-x_2}=0$已经刻画出$x=1$处切线斜率等于$(x_1, f(x_1))$与$(x_2, f(x_2))$两点割线的斜率（即拉格朗日中值定理的结果），但我们要对$x=1$与中点$\frac{x_1+x_2}{2}$进行大小的比较. 我们常称这类问题为“极值点偏移（中点）”问题，证法1、2中的“对称化构造”具有一般性，是处理这类问题的通性通法.

不等式的问题，自然可以考虑从不等式的方法与技巧出发. 结合反证法，笔者利用“对数平均不等式”给出了该问题的另一证法.

证法3 根据（1）的结果，不妨设$x_1<1<x_2<2$，$f(x_1)=f(x_2)=0$即

$$(x_1-2)e^{x_1}+a(x_1-1)^2=0,(x_2-2)e^{x_2}+a(x_2-1)^2=0,$$

两式相减得

$$(x_1-2)e^{x_1}-(x_2-2)e^{x_2}=a(x_2-1)^2-a(x_1-1)^2=a(x_2-x_1)(x_1+x_2-2).$$

假设$x_1+x_2\geqslant 2$，则$a(x_2-x_1)(x_1+x_2-2)\geqslant 0$，则$(x_1-2)e^{x_1}\geqslant(x_2-2)e^{x_2}$，即

$$(2-x_1)e^{x_1}\leqslant(2-x_2)e^{x_2}.$$

两边同时取对数得，$\ln(2-x_1)+x_1\leqslant\ln(2-x_2)+x_2$，即

$$\frac{x_2-x_1}{\ln(2-x_1)-\ln(2-x_2)}\geqslant 1. \quad ①$$

而由对数平均不等式知，

$$\frac{x_2-x_1}{\ln(2-x_1)-\ln(2-x_2)}=\frac{(2-x_1)-(2-x_2)}{\ln(2-x_1)-\ln(2-x_2)}<\frac{(2-x_1)+(2-x_2)}{2}\leqslant 1, \quad ②$$

与①式矛盾，故假设不成立，所以，$x_1+x_2<2$.

评注 对数平均不等式的巧妙运用，可谓独辟蹊径，令人回味. 其实，这也是处理这类“极值点偏移”问题的通法，与证法1、证法2消元后构造函数不同是，它是直接利用二元的结果处理二元问题，正所谓学习数学就是一个不断利用已知去探求未知的过程.

拉格朗日中值定理的背景，自然想从高观点下看这类问题的解法. 利用泰勒展开式，这类问题也愈加清晰了，解法也更加深刻了.

证法4 由$f'(x)=(x-1)(e^x+2a)$知$f(x)$有极小值点$x=1$，于是要证$x_1+x_2<2$，即证x_1，x_2的中点$x_0=\frac{x_1+x_2}{2}$在极小值点$x=1$的左侧，也就是证$f'(x_0)<0$.

根据（1）的结果知，$a>0$，且不妨设 $x_1<1<x_2<2$.

（1）当 $x_1<0$ 时，由 $x_2<2$ 得，$x_1+x_2<2$，得证；

（2）当 $x_1\geqslant 0$ 时，将 $f(x_1)$ 与 $f(x_2)$ 分别在 $x=x_0$ 处泰勒展开知，

$$f(x_1)=f(x_0)+f'(x_0)(x_1-x_0)+\frac{f''(x_0)}{2}(x_1-x_0)^2+\frac{f'''(\xi_1)}{6}(x_1-x_0)^3,x_1<\xi_1<x_0,$$

$$f(x_2)=f(x_0)+f'(x_0)(x_2-x_0)+\frac{f''(x_0)}{2}(x_2-x_0)^2+\frac{f'''(\xi_2)}{6}(x_2-x_0)^3,x_0<\xi_2<x_2,$$

注意到 $x_1-x_0=-(x_2-x_0)$，且 $f(x_1)=f(x_2)$，故以上两式相减可得

$$0=f'(x_0)(x_1-x_2)+\frac{f'''(\xi_1)+f'''(\xi_2)}{6}\cdot\left(\frac{x_1-x_2}{2}\right)^3,$$

也即

$$f'(x_0)=-\frac{f'''(\xi_1)+f'''(\xi_2)}{6}\cdot\frac{(x_1-x_2)^2}{8}.$$

而由 $f'''(x)=(x+1)\mathrm{e}^x$，且 $0\leqslant x_1<\xi_1<x_0<\xi_2$，故 $f'''(\xi_1)>0$，$f'''(\xi_2)>0$，因此 $f'(x_0)<0$，所以，$x_0<1$，即 $x_1+x_2<2$.

评注 由上可知，$f'\left(\frac{x_1+x_2}{2}\right)$的正负可由 $f'''(x)$ 在 (x_1,x_2) 上的正负确定，对于仅有一个极值点的函数 $f(x)$，$f'\left(\frac{x_1+x_2}{2}\right)$的正负确定之后，就意味着$\frac{x_1+x_2}{2}$与极值点的大小关系可以确定，进而问题得以解决. 不难发现，这也是处理这类“极值点偏移”问题的通法.

3 变式探究

一道好题，犹如一块璀璨的碧玉，折射出人类智慧的光辉；一种妙解，犹如一弯绚丽的彩虹，撑起一片湛蓝的天空.

我们已经证得了 $x_1+x_2<2$，自然地会思考：x_1+x_2 的取值范围是多少呢？它能够取遍 $(-\infty,2)$ 内的所有实数吗？从图 1 的直观感觉出发，应该是可以的，但如何严格证明呢？于是提出如下问题：

问题 1 已知 x_1，x_2 是函数 $f(x)=(x-2)\mathrm{e}^x+a(x-1)^2$ 有两个零点. 求 x_1+x_2 的取值范围.

解 由前文知，设 $x_1+x_2=t<2$，要说明 t 可以取遍 $(-\infty,2)$ 内的所有实数，只需要说明对于任意给定的 $t\in(-\infty,2)$，均存在实数 $a>0$，使得 $f(x)$ 有两个零点 x_1，

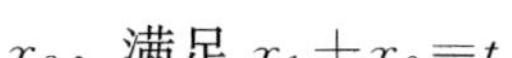

x_2，满足 $x_1+x_2=t$.

由 $f(x_1)=f(x_2)=0$ 得，

$$(x_1-2)e^{x_1}+a(x_1-1)^2=0, \quad ③$$

$$(t-x_1-2)e^{t-x_1}+a(t-x_1-1)^2=0. \quad ④$$

由③得，$a=\frac{(2-x_1)e^{x_1}}{(x_1-1)^2}$，代入④式中得，

$$(t-x_1-2)e^{t-x_1}+\frac{(2-x_1)e^{x_1}}{(x_1-1)^2}\cdot(t-x_1-1)^2=0, \quad ⑤$$

因为 $x_1<1<x_2<2$，于是由 $x_1+x_2=t<2$ 可得，$t-2<x_1<t-1$，所以，我们只需要说明关于 x_1 的方程⑤在（$t-2$，$t-1$）内存在根即可.

令 $g(x)=(t-x-2)e^{t-x}+\frac{(2-x)e^x}{(x-1)^2}\cdot(t-x-1)^2$，$t-2<x<t-1$. 因为 $t<2$，所以 $g(x)$ 在（$t-2$，$t-1$）上连续，且 $g(t-2)=\frac{(4-t)e^{t-2}}{(t-3)^2}>0$，$g(t-1)=-e<0$. 因此，由零点存在定理知，$g(x)$在$(t-2, t-1)$上存在零点 x_1，另取 $x_2=t-x_1$，则 x_1，x_2 为 $f(x)$的两个零点，且满足 $x_1+x_2=t$. 所以，x_1+x_2 的取值范围是（$-\infty$，2）.

其实，由 x_1+x_2 的取值范围是（$-\infty$，2），且 $x_1<1<x_2<2$，我们容易得到 x_1x_2 的取值范围是（$-\infty$，1），于是可以得到如下具有挑战性的问题：

问题 2　已知 x_1，x_2 是函数 $f(x)=(x-2)e^x+a(x-1)^2$ 有两个零点. 求 x_1x_2 的取值范围.

4　追本溯源

说起极值点偏移问题，以及对称化构造的处理策略，我们可以追溯到 2010 年高考天津卷理数第 21 题，读者可仿照上文中四种证法给出第（3）问对应的四种证法.

已知函数 $f(x)=xe^{-x}(x\in\mathbf{R})$.

（1）求函数 $f(x)$ 的单调区间和极值；

（2）已知函数 $y=g(x)$ 的图像与函数 $y=f(x)$ 的图像关于直线 $x=1$ 对称. 证明当 $x>1$ 时，$f(x)>g(x)$；

（3）如果 $x_1\neq x_2$，且 $f(x_1)=f(x_2)$，证明 $x_1+x_2>2$.

5　总结反思

近两年，全部或部分采用教育部统一命题的省份在原来 18 个的基础上，2016 年新加入了广东、福建、湖南、湖北等省份，达到了 26 个. 就数学学科而言，除了北京、上

海、天津、江苏、浙江、四川、山东 7 个省、直辖市自主命题外，其余省份均使用教育部考试中心统一命制的新课标卷.

客观地讲，教育部考试中心具有更加完备和强劲的命题力量——数学专家、教育专家和测量与评价专家. 10 年来新课标卷逐步形成了自己的独特风格：

平和——表述简明，言简意赅；

稳定——稳中求新，风采依旧；

独创——背景深刻，思想丰富.

如何更有效地备考全国卷的高考是各地教师和教研员共同思考与探索的一个话题，近两年引起了广泛的交流与学习热潮.

罗增儒教授从几十年的解题实践中总结了学会解题的四步骤程式：简单模仿—变式联系—自发领悟—自觉分析. 并指出，当前的重点是加强第四阶段的教学与研究. 笔者深感认同，要提高解题能力一定要培养“自觉分析”的解题习惯.

以本文的探究为例，笔者认为，当我们看到一个数学问题之后，不应该仅仅停留或满足于解决该问题，而应该以该问题为支撑尽可能地发散与探究：首先可进行有效的联想，有时不妨去翻翻历史，检索一番，在前人经验的基础上，自己再尝试去做一做（解答或证明），变一变（变式训练等），拓一拓（对问题进行改进、加强、推广等），研一研（深入挖掘问题的本质）. 这样下来，每一个数学问题才会显得丰满和立体，于无形之中将隐性的解题经验显性化、算法化.

“不积跬步，无以至千里，不积小流，无以至江海”，我想，加强对典型例题、习题的自觉分析，形成习惯，是快速适应全国卷并取得成效的一条有效途径.

参考文献：

[1] 邢友宝. 极值点偏移问题的处理策略. 中学数学教学参考（上旬），2014（7）：19－22.

[2] 朱红岩. 极值点偏移的判定方法和运用策略. 中学数学教学参考（上旬），2016（3）：27－28，34.

[3] 赖淑明. 极值点偏移问题的另一本质回归. 中学数学教学参考（上旬），2015（4）：49－51.

作者：朱华伟，程汉波，杨春波. 原载：《数学通讯》2017 年第 22 期.

6-3 一道环球城市数学竞赛题的另解与推广

1993 年环球城市数学竞赛初中组秋季赛第 2 题：

如图 1，在 $ABCD$ 内的正方形 $PQRS$ 使得线段 AP，BQ，CR 和 DS 互相不交. 试证四边形 $ABQP$ 和 $CDSR$ 的面积和等于四边形 $BCRQ$ 和 $DAPS$ 的面积和.

如图 2，文［1］中的证明方法是过点 P 作 $PT\perp AB$，$PK\perp AD$，过点 Q 作 $QL\perp AB$，$QU\perp BC$，过点 R 作 $RM\perp BC$，$RV\perp CD$，作点 S 作 $SN\perp CD$，$SW\perp AD$. 延长 KP 交 QL 于点 F，延长 LQ 交 RM 于点 G，延长 MR 交 SN 于点 H，延长 NS 交 PK 于点 E. 下面用［S］表示多边形 S 的面积，例如，四边形 $ABQP$ 面积记为［$ABQP$］. 容易证明

$$\triangle PQF\cong\triangle QRG\cong\triangle RSH\cong\triangle SPE,$$

因此 $[PQF]=[QRG]=[RSH]=[SPE]$.

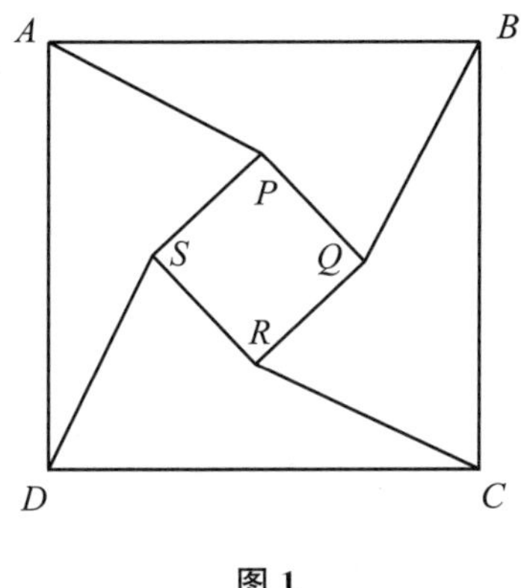

图 1

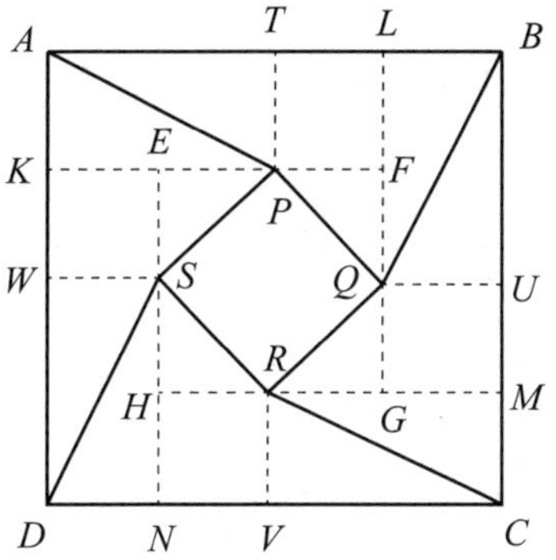

图 2

显然 $AKPT$，$LQUB$，$RVCM$，$DNSW$ 都是矩形，矩形的对角线平分它的面积. 所以问题转化为证明

$$[UMGQ]+[WKES]=[TLFP]+[VNHR],$$

由因为 $UMGQ$，$WKES$，$TLFP$ 和 $VNHR$ 也都是矩形，所以要使上式成立，即要证

$$QU\cdot QG+SW\cdot SE=PT\cdot PF+RV\cdot RH.$$

已知 $QG=SE=PF=RH$，$QU+SW=PT+RV$.

故命题得证.

下面我们从另一个角度出发，用更具一般性的方法证明这道题目.

证明 先考虑特殊情况，当正方形 $ABCD$ 与正方形 $PQRS$ 的中心重合时，四边形 $ABQP$，$BCRQ$，$CDSR$ 和 $DAPS$ 之间有什么关系？如图 3，连接两个正方形的对角线 AC，BD，SQ 和 PR，交点为 O. 因为 $AC\perp BD$，$PR\perp SQ$，所以

$$\angle AOP=\angle BOQ=\angle COR=\angle DOS,$$

又对角线互相平分，所以 $AO=BO=DO=CO$，$PO=QO=RO=SO$，因此 $\triangle AOP\cong\triangle BOQ\cong\triangle COR\cong\triangle DOS$，由此可得 $PA=QB=RC=SD$. 连接 PB，QC，RD 和 SA，同理可证 $PB=QC=RD=SA$，因而

$$\triangle APB\cong\triangle BQC\cong\triangle CRD\cong\triangle DSA,\triangle BPQ\cong\triangle CQR\cong\triangle DRS\cong\triangle ASP.$$

所以

$$[ABQP]=[BCRQ]=[CDSR]=[DAPS],$$

显然题设结论成立.

如果它们的中心不重合，平移正方形 $PQRS$ 使得它的中心与正方形 $ABCD$ 的中心重合，假如在移动的过程中，面积和 $[ABQP]+[CDSR]$ 与 $[BCRQ]+[DAPS]$ 不变，说明只要正方形 $PQRS$ 在正方形 $ABCD$ 内，就有

$$[ABQP]+[CDSR]=[BCRQ]+[DAPS].$$

如图 4，连接 PB 和 RD 将四边形 $ABPQ$ 和四边形 $CDRS$ 各划分成两个三角形. 此时

$$[ABQP]=[PAB]+[BPQ],[CDSR]=[RCD]+[DSR].$$

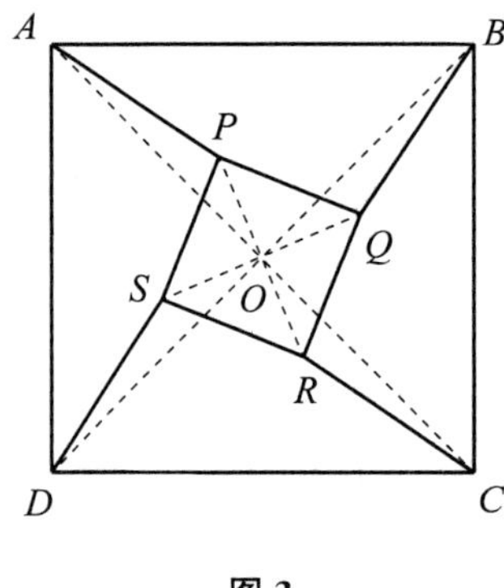

图 3

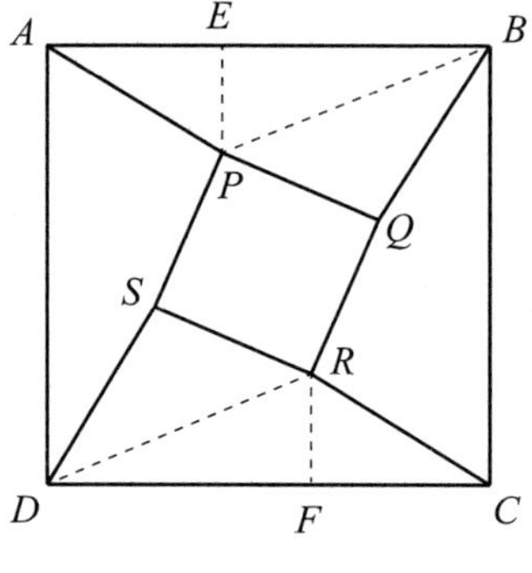

图 4

我们先尝试证明 $[PAB]+[RCD]$ 为定值. 过点 P 作 AB 的垂线，垂足为点 E，过点 R 作 CD 的垂线，垂足为点 F. 由于$\triangle APB$ 和$\triangle CRD$ 的底都是正方形 $ABCD$ 的边，因此问题转为证明在正方形 $ABCD$ 内平移正方形 $PQRS$，$PE+RF$ 的值不变.

已知任何平移都由左右平移和上下平移构成，显然点 P 和点 R 随着正方形 $PQRS$ 左右平移，$PE+RF$ 的值不变；由于 AB 平行于 CD，因此点 P 和点 R 随着正方形 $PQRS$ 上下平移，$PE+RF$ 的值也不变. 所以无论点 P 和点 E 在正方形 $ABCD$ 内如何移动，

$PE+RF$ 的值不变. 由此可得 $[PAB]+[RCD]$ 为定值，同理可证 $[BPQ]+[DSR]$ 为定值. 所以当正方形 $PQRS$ 在正方形 $ABCD$ 内移动时，$[ABPQ]+[CDSR]$ 的值不变，显然 $[BCRQ]+[DAPS]$ 的值也不变. 综上所述，可将正方形 $PQRS$ 平移，使得其中心与正方形 $ABCD$ 的中心重合，这时

$$[ABQP]=[BCRQ]=[CDSR]=[DAPS],$$

因此结论得证.

评注 实际上 $[ABQP]+[CDSR]$ 和 $[BCRQ]+[DAPS]$ 的值都等于 $\frac{1}{2}([ABCD]-[PQRS])$，只要不改变正方形 $ABCD$ 和正方形 $PQRS$ 的大小，$[ABQP]+[CDSR]$ 和 $[BCRQ]+[DAPS]$ 的值就不会改变.

我们可以对上述问题进行推广，证明对于正 $2n$（$n\geqslant 2$）边形该结论也成立.

命题 如图 5，在正 $2n(n\geqslant 2)$ 边形 $A_1A_2\cdots A_{2n}$ 内放置一个小正 $2n$ 边形 $B_1B_2\cdots B_{2n}$ 使得线段 A_1B_1，A_2B_2，…，$A_{2n}B_{2n}$ 互相不交. 设四边形 $A_iA_{i+1}B_{i+1}B_i$（$1\leqslant i\leqslant 2n$，其中 $A_{2n+1}=A_1$，$B_{2n+1}=B_1$，下同）的面积为 S_i. 求证：

$$\sum_{j=1}^{n}S_{2j-1}=\sum_{j=1}^{n}S_{2j}.$$

证明 用 A 表示正 $2n$ 边形 $A_1A_2\cdots A_{2n}$，用 B 表示正 $2n$ 边形 $B_1B_2\cdots B_{2n}$，当 A 和 B 的中心重合时，由前面易知

$$S_1=S_2=\cdots=S_{2n}.$$

命题显然成立. 那么当 A 和 B 的中心不重合的时候，我们通过平移 B，使得它的中心与 A 的中心重合，在平移的过程中，如果 $\sum_{j=1}^{n}S_{2j-1}$，$\sum_{j=1}^{n}S_{2j}$ 都是定值，那么结论成立.

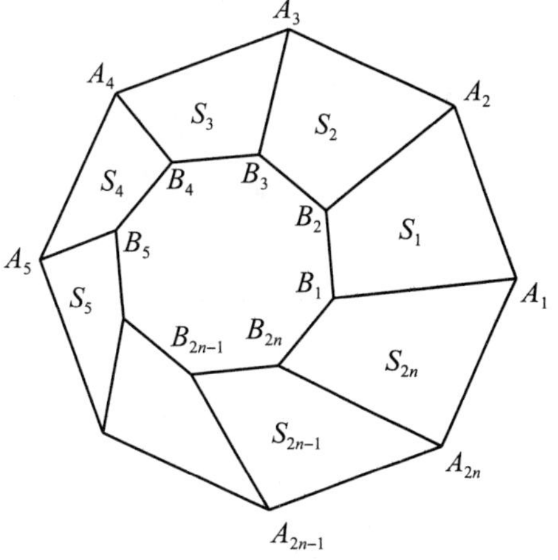

图 5

下面证明 $\sum_{j=1}^{n}S_{2j-1}$，$\sum_{j=1}^{n}S_{2j}$ 都为定值.

首先，与前面的分析方法相同，连接 B_iA_{i+1} 将 S_i 分成两个三角形 $B_iA_iA_{i+1}$ 和 $B_iB_{i+1}A_{i+1}$ 的面积之和，设 $\Delta B_iA_iA_{i+1}$ 中 A_iA_{i+1} 边上的高为 h_i. 因此要证明 $\sum_{j=1}^{n}S_{2j-1}$ 是定值，只需证明 $\sum_{j=1}^{n}[B_{2j-1}A_{2j-1}A_{2j}]$ 和 $\sum_{j=1}^{n}[B_{2j-1}B_{2j}A_{2j}]$ 为定值. 证明 $\sum_{j=1}^{n}[B_{2j-1}A_{2j-1}A_{2j}]$ 为定值，等价于证明 $\sum_{j=1}^{n}h_{2j-1}$ 为定值.

如图 6 所示，以 A 的中心为原点，以正 $2n$ 边形的一条主对角线为 x 轴，建立直角坐标系，不妨设正 $2n$ 边形在 x 轴正半轴上的顶点为 A_1. 同样，我们只需考虑左右平移和上下平移. 因此设 B 向上平移 d 个单位长度，计算 $\sum_{j=1}^{n}h_{2j-1}$ 的变化情况.

记B平移后各顶点为B_i'，设B_i'到边A_iA_{i+1}的距离为h_i'过B_1作$B_1H_1\perp A_1A_2$，过B_1'作$B_1'H_1'\perp A_1A_2$，过B_1'作$B_1'E_1\perp B_1H_1$．观察可知$\angle B_1B_1'E_1$等于A_1A_2与y轴的夹角，即$\angle B_1B_1'E_1=\frac{\pi}{2}-\frac{(2n-2)\pi}{2n}\cdot\frac{1}{2}=\frac{\pi}{2n}$．所以在$Rt\Delta B_1E_1B_1'$中，

$$B_1E_1=h_1-h_1'=d\sin\frac{\pi}{2n}.$$

由正$2n$边形的性质可知，它的每条边都可以由前一条边逆时针旋转$\frac{\pi}{n}$度得到，因此$A_{2i-1}A_{2i}$与y轴的夹角为$\frac{\pi}{2n}+(2i-2)\frac{\pi}{n}$．而

$$h_1-h_1'=d\sin\frac{\pi}{2n},$$

$$h_3-h_3'=d\sin\left(\frac{\pi}{2n}+2\cdot\frac{\pi}{n}\right),$$

……

$$h_{2n-1}-h_{2n-1}'=d\sin\left(\frac{\pi}{2n}+(2n-2)\cdot\frac{\pi}{n}\right).$$

将这些式子相加，即得到$\sum_{j=1}^{n}h_{2j-1}-\sum_{j=1}^{n}h'_{2j-1}$的值，

$$\begin{aligned}&\sum_{j=1}^{n}h_{2j-1}-\sum_{j=1}^{n}h'_{2j-1}\\&=d_1-d_1'+d_3-d_3'+\cdots+d_{2j-1}-d'_{2j-1}\\&=d\sin\frac{\pi}{2n}+d\sin\left(\frac{\pi}{2n}+2\cdot\frac{\pi}{n}\right)+\cdots+d\sin\left(\frac{\pi}{2n}+(2n-2)\cdot\frac{\pi}{n}\right)\\&=d\left(\sin\frac{\pi}{2n}+\sin\frac{5\pi}{2n}+\cdots+\sin\frac{(4n-3)\pi}{2n}\right).\end{aligned}$$

设$\omega=\cos\frac{\pi}{2n}+i\sin\frac{\pi}{2n}$，由此可得

$$\omega^5=\cos\frac{5\pi}{2n}+i\sin\frac{5\pi}{2n},$$

……

$$\omega^{4n-3}=\cos\frac{(4n-3)\pi}{2n}+i\sin\frac{(4n-3)\pi}{2n},$$

因此

$$\omega+\omega^5+\cdots+\omega^{4n-3}=\omega(1+\omega^4+\cdots+\omega^{4n-4})=\omega\frac{(\omega^4)^n-1}{\omega^4-1},$$

由于$\omega^{4n}=1$，因此$\omega+\omega^5+\cdots+\omega^{4n-3}=0$，所以

$$\sin\frac{\pi}{2n}+\sin\frac{5\pi}{2n}+\cdots+\sin\frac{(4n-3)\pi}{2n}=0.$$

由此可得 $\sum_{j=1}^{n}h_{2j-1}-\sum_{j=1}^{n}h'_{2j-1}=0$，说明 B 向上平移 d 个单位后，$\sum_{j=1}^{n}[B_{2j-1}A_{2j-1}A_{2j}]$ 的值不变，同理向下平移和左右平移后，$\sum_{j=1}^{n}[B_{2j-1}A_{2j-1}A_{2j}]$ 的值不变，所以 B 在 A 内平移 $\sum_{j=1}^{n}[B_{2j-1}A_{2j-1}A_{2j}]$ 的值不变. 同理可证 $\sum_{j=1}^{n}[B_{2j-1}B_{2j}A_{2j}]$ 的值也不变，即 $\sum_{j=1}^{n}S_{2j-1}$ 为定值.

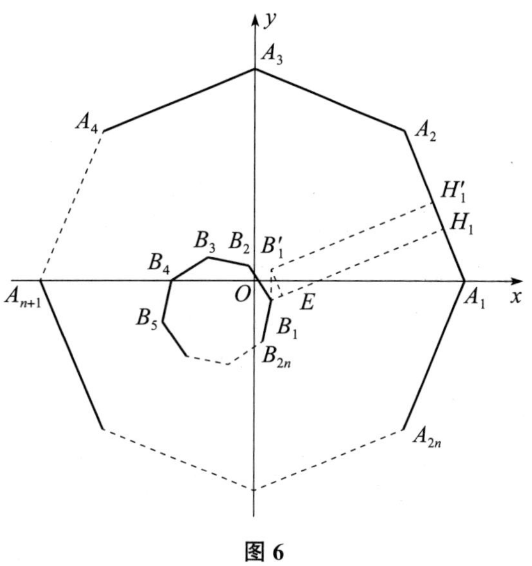

图 6

如果 $\sum_{j=1}^{n}S_{2j-1}$ 为定值，显然 $\sum_{j=1}^{n}S_{2j}$ 也为定值. 因此无论 B 在 A 内如何移动，都有 $\sum_{j=1}^{n}S_{2j-1}=\sum_{j=1}^{n}S_{2j}$.

综上所述，命题成立.

我们进一步思考，将小正 $2n$ 边形缩小至一点，那么由该命题还可以得到以下推论.

推论 如图 7，在正 $2n$ 边形（$n\geqslant 2$）$A_1A_2\cdots A_{2n}$ 内任取一点 P，连接 PA_i（$1\leqslant i\leqslant 2n$），将该正 $2n$ 边形分成 $2n$ 个三角形 PA_iA_{i+1}（记 $n+1$ 为 1）. 如果用 $[PA_iA_{i+1}]$ 表示该三角形的面积，那么

$$\sum_{j=1}^{n}[PA_{2j-1}A_{2j}]=\sum_{j=1}^{n}[PA_{2j}A_{2j+1}].$$

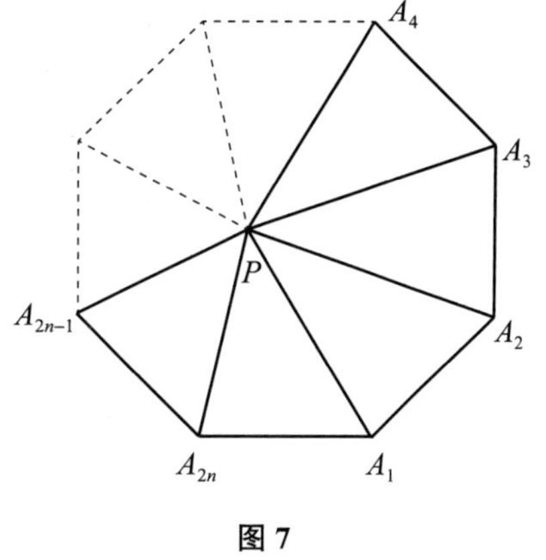

图 7

参考文献：

[1] 中国数学奥林匹克委员会. 环球城市数学竞赛问题与解答. 第 2 册. 北京：开明出版社，2004.

作者：刘凤鸣，朱华伟. 原载：《中等数学》2014 年第 5 期.

6-4 一道环球城市数学竞赛题的推广

1983 年环球城市数学竞赛初中组秋季赛第一题：

题目 考虑正方形 $ABCD$ 中的一点 M，证明：$\triangle ABM$，BCM，CDM 和 DAM 的中线交点构成一个正方形.

证明 如图 1，设 E，F，G，H 分别是$\triangle ABM$，$\triangle BCM$，$\triangle CDM$ 和$\triangle DAM$ 的重心，P，Q，R，S 分别是 AB，BC，CD，DA 边的中点，显然，$PQRS$ 是正方形. 因为三角形的重心为 E，F，G，H 满足

$$\frac{ME}{MP}=\frac{MF}{MQ}=\frac{MG}{MR}=\frac{MH}{MS}=\frac{2}{3},$$

所以 $EFGH$ 是 $PQRS$ 的位似图形，位似中心是点 M，位似比为$\frac{2}{3}$. 故 $EFGH$ 是正方形.

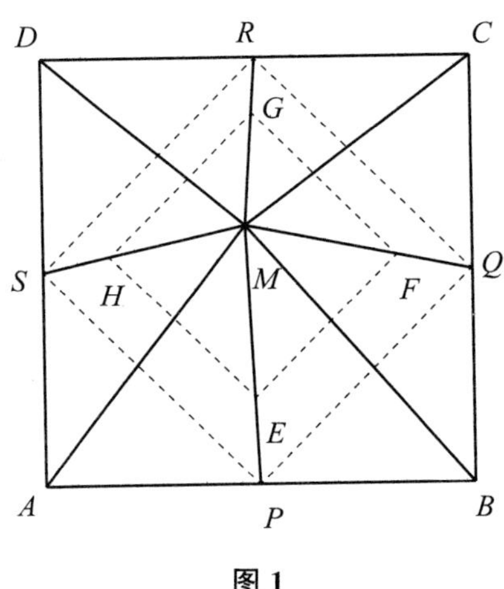

图 1

评注 通过观察发现，当点 M 不在正方形 $ABCD$ 内时，这个结论仍然成立，证明的方法同上.

下面我们来讨论对于正三角形这一结论是否成立？如果成立的话，重心所构成的正三角形与原三角形是相似的，它们的面积比又等于多少呢？

命题 1 已知正$\triangle ABC$ 和平面上一点 M（不与点 A，B，C 重合），那么$\triangle ABM$，$\triangle BCM$ 和$\triangle CAM$ 的重心构成一个正三角形.

证明 如图 2，设点 O，P，Q 分别是$\triangle ABM$，$\triangle BCM$ 和$\triangle CAM$ 的重心，点 X，Y，Z 分别是 AB，BC 和 CA 边的中点.

设$\triangle OPQ$表示其面积. 易知

$$\frac{\triangle XYZ}{\triangle ABC}=\frac{1}{4},$$

由于$\triangle OPQ$是$\triangle XYZ$关于点M的位似图形，位似比为$\frac{2}{3}$，因此$\frac{\triangle OPQ}{\triangle XYZ}=\frac{4}{9}$. 综上所述$\frac{\triangle OPQ}{\triangle ABC}=\frac{1}{9}$.

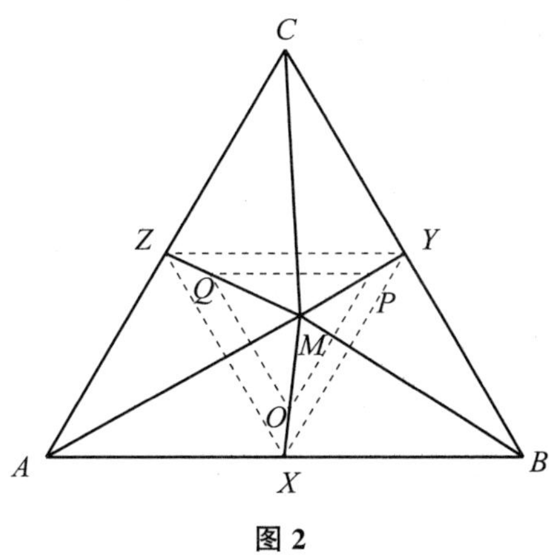

图 2

我们不妨对原题进行推广，看看其他正多边形是否也有这种性质，并进一步思考，连接重心得到的正多边形与原正多边形的面积比为多少？

命题 2 已知正n边形$A_1A_2\cdots A_n$和平面上一点P（不与点A_1，A_2，…，A_n重合）. 求证：ΔPA_1A_2，ΔPA_2A_3，…，ΔPA_nA_1的重心也构成一个正n边形.

证明 如图 3，设G_1，G_2，…，G_n为ΔPA_1A_2，ΔPA_2A_3，…，ΔPA_nA_1的重心，点M_1，M_2，…，M_n为A_1A_2，A_2A_3，…，A_nA_1的中点. 所以

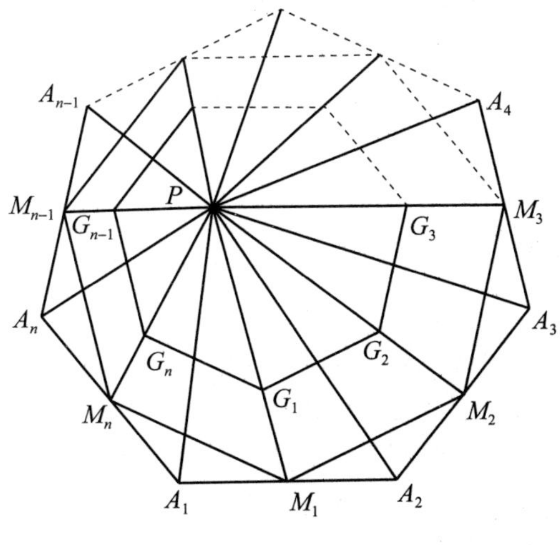

图 3

$$\frac{PG_1}{PM_1}=\frac{PG_2}{PM_2}=\cdots=\frac{PG_n}{PM_n}=\frac{2}{3},$$

又因为 $M_1M_2\cdots M_n$ 为正 n 边形，所以 $G_1G_2\cdots G_n$ 为正 n 边形 $M_1M_2\cdots M_n$ 的位似图形，位似中心是点 P，位似比为$\frac{2}{3}$. 故 $G_1G_2\cdots G_n$ 为正 n 边形.

那么正 n 边形 $G_1G_2\cdots G_n$ 与正 n 边形 $A_1A_2\cdots A_n$ 的面积又有什么联系呢？设正 n 边形 $A_1A_2\cdots A_n$ 的面积为 S_A，正 n 边形 $G_1G_2\cdots G_n$ 的面积为 S_G，正 n 边形 $M_1M_2\cdots M_n$ 的面积为 S_M.

由文［2］可得

$$\frac{S_M}{S_A}=\sin^2\left[\frac{(n-2)\pi}{2n}\right],$$

又正 n 边形 $G_1G_2\cdots G_n$ 是正 n 边形 $M_1M_2\cdots M_n$ 关于点 P 的位似图形，位似比为$\frac{2}{3}$，所以$\frac{S_G}{S_M}=\frac{4}{9}$，故

$$\frac{S_G}{S_A}=\frac{4}{9}\sin^2\left[\frac{(n-2)\pi}{2n}\right].$$

参考文献：

［1］ 中国数学奥林匹克委员会. 环球城市数学竞赛问题与解答. 第 1 册. 北京：开明出版社，2004.

［2］ 包恩萍. 正 n 边形中关于面积的一个数列通项. 读写算（教育教学研究），2011（16）.

作者：刘凤鸣，朱华伟. 原载：《中学数学》2014 年第 3 期.

6-5 一道关于三角形内接矩形问题的推广与应用

1985 年第 46 届普特南数学竞赛 A 试第二题：

设 T 是一个锐角三角形，如图 1 所示，在 T 中放入两个矩形 R，S. 设 $A(X)$ 表示多边形 X 的面积. 求出$\dfrac{A(R)+A(S)}{A(T)}$的最大值或证明最大值不存在.

如图 1 所示，$a+b+c=h$. 文［1］中运用相似三角形把面积比表示成

$$\frac{A(R)+A(S)}{A(T)}=\frac{2}{h^2}(ab+bc+ac),$$

然后再用局部调整法，如果先固定 a 值，那么 $ab+bc+ac=a(h-a)+bc$，且 $b+c$ 为定值，当 $b=c$ 时，bc 取得最大值. 故转化为在 $a+2b=h$ 条件下求 $2ab+b^2$ 的最大值，把 $a=h-2b$ 代入得到关于 b 的二次函数 $-3b^2+2bh$，经过配方得出当 $a=b=c=\dfrac{h}{3}$时，$\dfrac{A(R)+A(S)}{A(T)}$取得最大值$\dfrac{2}{3}$.

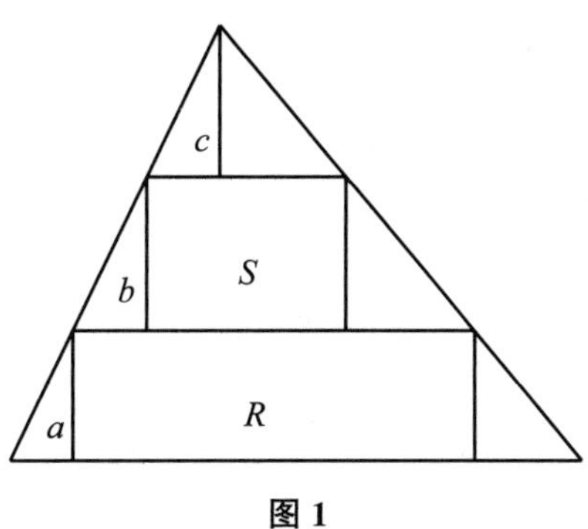

图 1

评注 求$\dfrac{2}{h^2}(ab+bc+ac)$ 最大值时，也可以用不等式得到

$$\frac{2(ab+bc+ac)}{h^2}\leqslant\frac{2\times\dfrac{1}{3}(a+b+c)^2}{h^2}=\frac{2}{3},$$

当且仅当 $a=b=c=\dfrac{h}{3}$时，等号成立. 故$\dfrac{A(R)+A(S)}{A(T)}$的最大值是$\dfrac{2}{3}$.

如果在 T 中只放入一个矩形 R，求$\dfrac{A(R)}{A(T)}$的最大值，就等价于一个很常见的问题：

如何在三角形中裁得面积最大的矩形. 我们知道当内接矩形的一边为三角形的中位线时，内接矩形的面积最大，且最大值等于三角形面积的一半，即$\frac{A(R)}{A(T)}$的最大值为$\frac{1}{2}$.

在这两个问题的基础上我们进一步思考如果在锐角三角形中放入三个矩形，那么三个矩形的面积和与三角形的面积比的最大值存在吗？如果存在，那么最大值是多少呢？于是我们把上述题目改编如下：

命题 1 设 T 是一个锐角三角形，如图 2 所示，在 T 中放入三个矩形 X_1，X_2，X_3. 设 $A(X)$ 表示矩形 X 的面积. 请问：$\frac{A(X_1)+A(X_2)+A(X_3)}{A(T)}$的最大值存在吗？如果存在求出最大值？

解 如图 2 所示，将矩形 X_1 的长所在的边记为三角形的底边，设三角形的底边为 a_1，底边上的高为 h，矩形 X_1，X_2，X_3 与三角形底边平行的边长分别设为 a_2，a_3，a_4，与三角形底边垂直的边分别设为 b_1，b_2，b_3，底边所对的顶点到矩形 X_3 的距离为 b_4.

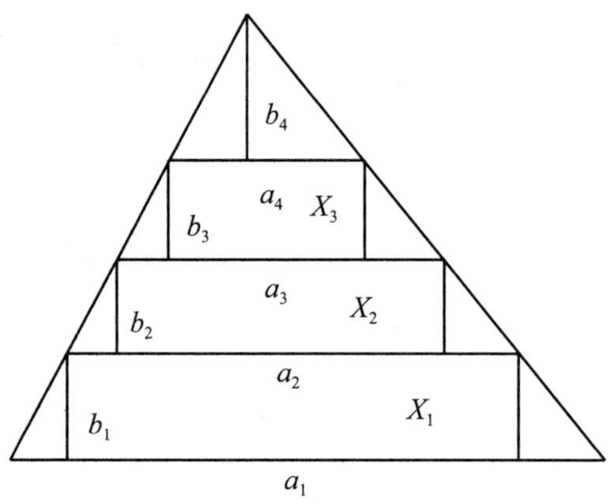

图 2

则$$\frac{A(X_1)+A(X_2)+A(X_3)}{A(T)}=\frac{a_2b_1+a_3b_2+a_4b_3}{ha_1/2},\qquad ①$$

其中 $h=b_1+b_2+b_3+b_4$，由图 4 中的相似三角形可知

$$\frac{a_1}{h}=\frac{a_2}{b_2+b_3+b_4}=\frac{a_3}{b_3+b_4}=\frac{a_4}{b_4},$$

故 $a_2=\frac{a_1(b_2+b_3+b_4)}{h}$，$a_3=\frac{a_1(b_3+b_4)}{h}$，$a_4=\frac{a_1b_4}{h}$.

代入①式得

$$\frac{A(X_1)+A(X_2)+A(X_3)}{A(T)}=\frac{\frac{a_1(b_2+b_3+b_4)}{h}b_1+\frac{a_1(b_3+b_4)}{h}b_2+\frac{a_1b_4}{h}b_3}{ha_1/2}.$$

$$=\frac{2(b_1b_2+b_1b_3+b_1b_4+b_2b_3+b_2b_4+b_3b_4)}{h^2}$$

$$=\frac{(b_1+b_2+b_3+b_4)^2-(b_1^2+b_2^2+b_3^2+b_4^2)}{h^2}$$

$$\leqslant\frac{h^2-\frac{1}{4}(b_1+b_2+b_3+b_4)^2}{h^2}=\frac{3}{4},$$

当且仅当 $b_1=b_2=b_3=b_4=\frac{h}{4}$ 时，等号成立. 故 $\frac{A(X_1)+A(X_2)+A(X_3)}{A(T)}$ 的最大值是 $\frac{3}{4}$.

观察上面三种情况，我们发现比值的分母等于内接矩形的个数加 1，分子等于内接矩形的个数，因此我们猜想：当三角形中内接 n 个矩形时，矩形的面积和与三角形的面积比的最大值是 $\frac{n}{n+1}$. 下面证明这个猜想，因此把上述命题推广如下：

命题 2 设 T 是一个锐角三角形，如图 3 所示，在 T 中放入 n 个矩形 X_1，X_2，…，X_n. 设 $A(X)$ 表示矩形 X 的面积. 请问：$\frac{A(X_1)+A(X_2)+\cdots+A(X_n)}{A(T)}$ 的最大值存在吗？如果存在，求出最大值？

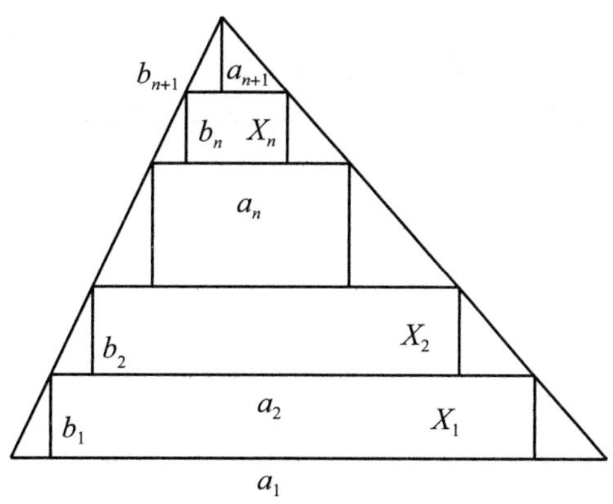

图 3

解 如图 3 所示，用字母表示图中各线段的长度，则

$$\frac{A(X_1)+A(X_2)+\cdots+A(X_n)}{A(T)}=\frac{a_2b_1+a_3b_2+\cdots+a_{n+1}b_n}{ha_1/2},$$

其中 $h=b_1+b_2+\cdots+b_n+b_{n+1}$，由图 3 中的相似三角形可知

$$\frac{a_1}{h}=\frac{a_2}{\sum\limits_{i=2}^{n+1}b_i}=\frac{a_3}{\sum\limits_{i=3}^{n+1}b_i}=\cdots=\frac{a_k}{\sum\limits_{i=k}^{n+1}b_i}=\cdots=\frac{a_{n+1}}{b_{n+1}},$$

故 $a_k=\dfrac{a_1\sum\limits_{i=k}^{n+1}b_i}{h}(k=2,3,\cdots,n+1)$. 于是

$$\begin{aligned}&\frac{A(X_1)+A(X_2)+\cdots+A(X_n)}{A(T)}\\=&\frac{\dfrac{a_1\sum\limits_{i=2}^{n+1}b_i}{h}b_1+\dfrac{a_1\sum\limits_{i=3}^{n+1}b_i}{h}b_2+\cdots+\dfrac{a_1\sum\limits_{i=k}^{n+1}b_i}{h}b_{k-1}+\cdots+\dfrac{a_1b_{n+1}}{h}b_n}{ha_1/2}\\=&\frac{\left(\sum\limits_{k=1}^{n+1}b_k\right)^2-\sum\limits_{k=1}^{n+1}b_k^2}{h^2}\\\leqslant&\frac{h^2-\dfrac{\left(\sum\limits_{k=1}^{n+1}b_k\right)^2}{n+1}}{h^2}=\frac{n}{n+1},\end{aligned}$$

当且仅当 $b_1=b_2=\cdots=b_{n+1}=\dfrac{h}{n+1}$ 时，等号成立. 故 $\dfrac{A(X_1)+A(X_2)+\cdots+A(X_n)}{A(T)}$ 的最大值是 $\dfrac{n}{n+1}$. 命题得证.

前面我们只是探讨了锐角三角形中的内接矩形，其实在直角三角形和钝角三角形中，这个结论仍然成立. 只是钝角三角形的内接矩形的边只能在三角形最长边上，锐角三角形和直角三角形内接矩形的边可以在任意一条边上，但不论是哪一种情况，n 个内接矩形的面积和与三角形的面积最大比值都是 $\dfrac{n}{n+1}$.

参考文献：

［1］ 刘培杰. 历届PTN美国大学生数学竞赛试题集（1938—2007). 哈尔滨：哈尔滨工业大学出版社，2009.

［2］ 顾长亮. 三角形内接矩形中的线段关系式及其应用. 初中数学教与学，2012（12).

作者：刘洋，朱华伟. 原载：《中等数学》2014 年第 3 期.

6-6 一道几何竞赛题的探究与推广

平面几何试题浩如烟海且富于变化，解决方法灵活多样. 它经常出现在各类数学竞赛活动中，其中又不乏以高等几何为背景的试题. 极点与极线是射影几何中的重要内容，与调和点列、完全四边形有着紧密的联系，在处理几何问题时有着广泛的应用.

1 提出问题

2013 年美国国家队选拔考试第 6 题是一道背景深刻的几何试题：

题目 1 如图 1 所示，在锐角$\triangle ABC$中，以AC为直径的圆Γ_1与边BC交于点F（异于点C），以BC为直径的圆Γ_2与边AC交于点E（异于点C），射线AF与圆Γ_2交于两点K，M，且$AK<AM$，射线BE与圆Γ_1交于两点L，N，且$BL<BN$. 证明：直线AB，ML，NK三线交于一点. [1]

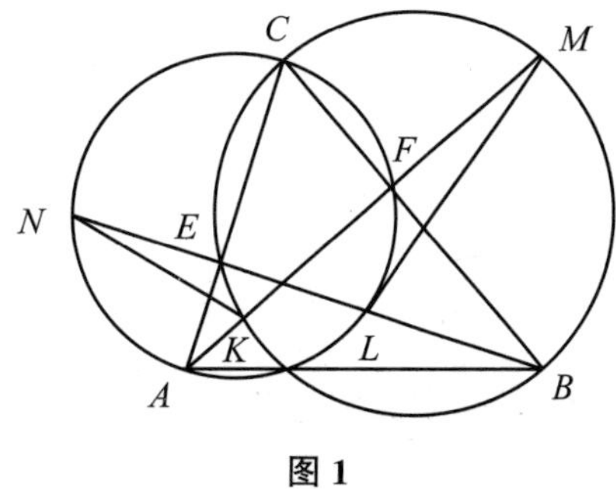

图 1

本文在极点极线的观点下，通过分析和挖掘其命题背景，进而加强并推广得到一些结论.

2 背景分析

不妨设AF，BE交于点H，延长CH交AB于点D，如图 2 所示.

考虑到AC，BC分别为圆Γ_1，Γ_2的直径，由 Thales 定理可知

$$\angle AFC=90^\circ, \angle BEC=90^\circ,$$

故H为$\triangle ABC$的垂心.

于是圆Γ_1和圆Γ_2均与AB交于点D，由圆幂定理可得

$$KH\cdot HM=CH\cdot HD=LH\cdot HN,$$

故K，L，M，N四点共圆，不妨记为圆Γ_3.

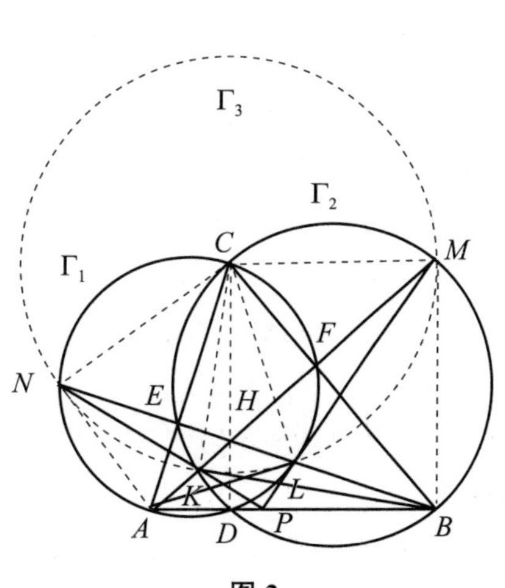

图 2

注意到AC，BC分别是LN，KM的中垂线，

则圆 Γ_3 的圆心为点 C.

又由于

$$\angle ANC=\angle ALC=90^\circ,\angle BMC=\angle BKC=90^\circ,$$

可知 AN，AL，BM，BK 分别与圆 Γ_3 相切于点 N，L，M，K.

于是所证直线 AB，ML，NK 三线交于一点，等价于要证直线 ML 和 NK 的交点，圆 Γ_3 上切线 AN 和 AL 的交点，切线 BK 和 BM 的交点，即 P，A，B 三点共线. 这实质上转化成了麦克劳林（Maclaurin）定理的一种特殊形式.

Maclaurin 定理 如图 3 所示，设 K，L，M，N 是内接于圆 Γ 上的四点，则圆 Γ 在 K，M 两点处的切线的交点，L，N 两点处的切线的交点，KN 与 LM 的交点，KL 与 MN 的交点，凡四点共线.[2]

若考虑对 Maclaurin 定理进行加强，则有

Maclaurin 定理的加强 设 K，L，M，N 是内接于圆 Γ 上的四点，则圆 Γ 在 K，M 两点处的切线的交点为 A，L，N 两点处的切线的交点为 B，KN 与 LM 的交点为 P，KL 与 MN 的交点为 Q，则 A，B，P，Q 成调和点列.

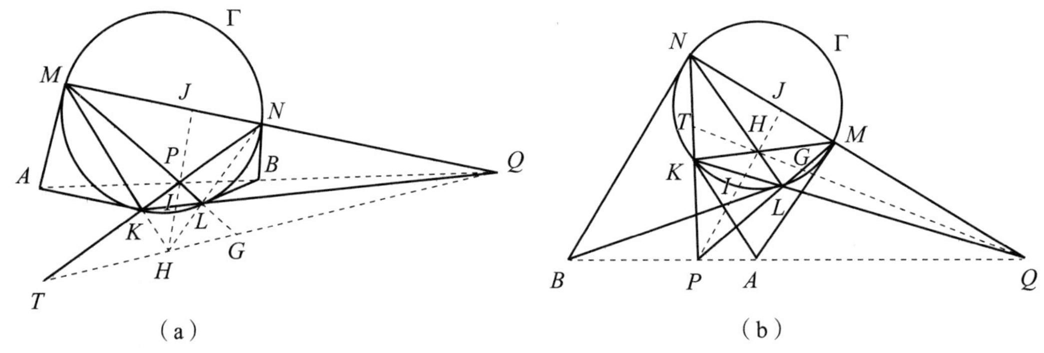

图 3

证明 设直线 KM 和 LN 交于点 H，直线 PH 分别交 QL，QM 于点 I，J，直线 QH 分别交 PM，PN 于点 G，T，则考虑截线 PKN 与 $\triangle LMQ$，应用 Menelaus 定理得

$$\frac{QK}{KL}\cdot\frac{LP}{PM}\cdot\frac{MN}{NQ}=1,$$

对点 H 和 $\triangle LMQ$，应用 Ceva 定理得

$$\frac{QK}{KL}\cdot\frac{LG}{GM}\cdot\frac{MN}{NQ}=1,$$

两式相除可得 $\frac{LP}{PM}\cdot\frac{GM}{LG}=1$，即 $\frac{PL}{PM}=\frac{GL}{GM}$，知 P，G 调和分割 LM，故 P，G 关于圆 Γ 共轭.

于是，点 G 在点 P 关于圆 Γ 的极线上；同理，点 T 在点 P 关于圆 Γ 的极线上.

从而点 P 关于圆 Γ 的极线为 QG.

类似地，点 I，J 都在点 Q 关于圆 Γ 的极线上，故点 Q 关于圆 Γ 的极线为 PJ；

由极点极线的定义，知点 A 和点 B 关于圆 Γ 的极线分别为 NL，MK.

注意到四条极线 PJ，MK，QG，NL 交于点 H，故由极点极线的性质，知点 A，B，P，Q 四点共线.

考虑经过点 H 的四条线束 HM，HN，HJ，HQ，即 HA，HB，HP，HQ 为调和线束，它们被直线 BQ 所截，故 A，B，P，Q 成调和点列.

3 加强与推广

通过上述背景分析及 Maclaurin 定理的加强形式，可对原赛题加强并推广得到命题 1.

命题 1 如图 4 所示，在锐角$\triangle ABC$ 中，以 AC 为直径的圆 Γ_1 与边 BC 交于点 F（异于点 C），以 BC 为直径的圆 Γ_2 与边 AC 交于点 E（异于点 C），射线 AF 与圆 Γ_2 交于两点 K，M，且 $AK<AM$，射线 BE 与圆 Γ_1 交于两点 L，N，且 $BL<BN$. 若直线 AM 与 BN 交于点 H，直线 NK 与 ML 交于点 P，直线 MN 与 LK 交于点 Q，直线 AL 与 BK 交于点 R，直线 AN 与 BM 交于点 S，直线 BK 与 AN 交于点 X，直线 AL 与 BM 交于点 Y，则

（1）A，B，P，Q 成调和点列；

（2）H，P，R，S 成调和点列；

（3）Q，H，X，Y 成调和点列.

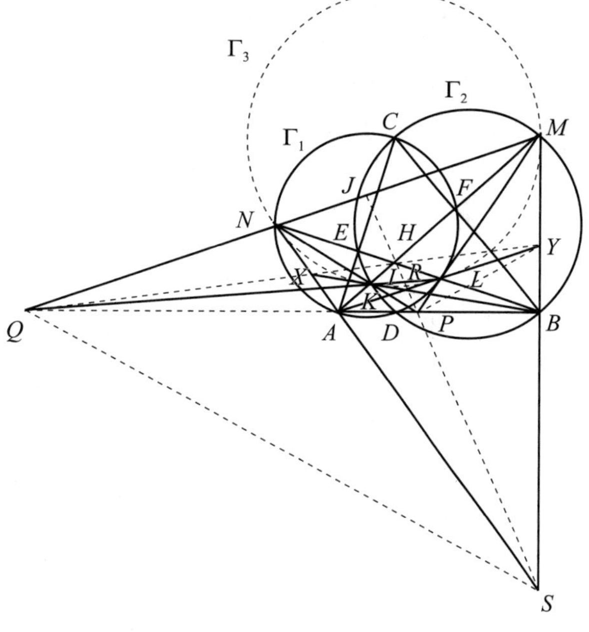

图 4

分析 事实上，由上述分析知 K，L，M，N 是内接于圆 Γ_3 上的四点，且 AN，AL，BM，BK 分别与圆 Γ_3 相切于点 N，L，M，K.

于是命题 1 转化为证明圆 Γ_3 在 K，M 两点处的切线的交点，L，N 两点处的切线的交点，KN 与 LM 的交点，KL 与 MN 的交点，凡四点能构成调和点列. 这实质上是 Maclaurin 定理的加强形式.

事实上，这三个结论是等价的，下面仅讨论其等价关系：

先证（1）⇒（2）.

由于 A，B，P，Q 成调和点列，则过点 Y 的调和线束 YQ，YA，YP，YB 被直线 HS 所截，截点分别为 H，R，P，S.

故 H，P，R，S 成调和点列.

然后证（2）⇒（3）.

由于 H，P，R，S 成调和点列，则过点 B 的调和线束 BH，BR，BP，BS 被直线 QY 所截，截点分别为 H，X，Q，Y.

故 Q，H，X，Y 成调和点列.

再证（3）⇒（1）.

由于 Q，H，X，Y 成调和点列，则过点 S 的调和线束 SQ，SX，SH，SY 被直线 BQ 所截，截点分别为 Q，A，P，B.

故 A，B，P，Q 成调和点列.

因此，（1），（2），（3）相互等价.

评注 事实上，图 4 的几何构形中蕴含多个完全四边形，根据其调和性质可发现诸多“共线点”“点共线”的位置关系，是数学竞赛命题的一个丰富宝藏. 例如 $MNQKPL$ 和 $MNQASB$ 均为完全四边形，知 M，N，J，Q；M，K，H，A；J，P，H，S；K，L，I，Q；N，L，H，B 等均成调和点列.

在命题 1 中，注意到 CD，KM，BN 分别为圆 Γ_1 与 Γ_2，Γ_2 与 Γ_3，Γ_3 与 Γ_3 的根轴，它们的交点 H 为三圆的根心. 而点 H 为$\triangle ABC$ 的垂心，CD 为$\triangle ABC$ 的高. 若考虑将三圆的根心 H 由垂心推广至高线 CD 上的任一点，则得到命题 1 的推广形式：

命题 2 如图 5 所示，在$\triangle ABC$ 中，以 AC 为直径的圆 Γ_1 与以 BC 为直径的圆 Γ_2 交于另一点 D，H 为 CD 上任一点，过 H 分别作 AC，BC 的垂线，与圆 Γ_1 交于两点 L，N，与圆 Γ_2 交于两点 K，M. 若直线 NK 与 ML 交于点 P，直线 MN 与 LK 交于点 Q，直线 AL 与 BK 交于点 R，直线 AN 与 BM 交于点 S，直线 BK 与 AN 交于点 X，直线 AL 与 BM 交于点 Y，则

（1）A，B，P，Q 成调和点列；

（2）H，P，R，S 成调和点列；

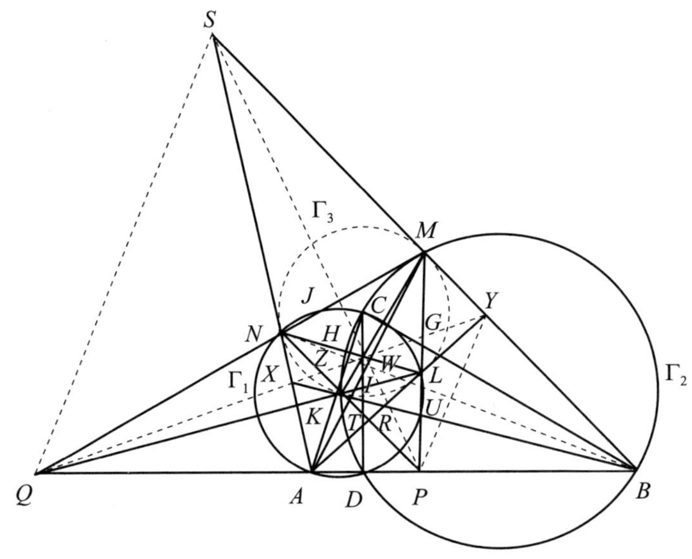

图 5

(3) Q，H，X，Y 成调和点列.

证明 (1) 注意到 H 在圆 Γ_1 与圆 Γ_2 的根轴 CD 上，可知点 H 关于两圆的幂相等，于是 $NH \cdot HL = KH \cdot HM$，故 K，L，M，N 四点共圆.

不妨记此四点所共圆为 Γ_3，如图 5 所示.

注意到 AC，BC 分别是 LN，KM 的中垂线，则圆 Γ_3 的圆心为点 C.

又由于

$$\angle ANC = \angle ALC = 90^\circ, \angle BMC = \angle BKC = 90^\circ,$$

知 AN，AL，BM，BK 分别与圆 Γ_3 相切于点 N，L，M，K，于是 NL，MK 分别是点 A 和点 B 关于圆 Γ_3 的极线.

设直线 QH 分别交 PM，PN 于点 G，Z，直线 PH 分别交 QL，QM 于点 I，J，则由完全四边形 $MNQKPL$ 的调和性质，知 Q，J 调和分割 NM，P，G 调和分割 LM，故 Q，J，P，G 均关于圆 Γ_3 共轭.

由极点极线的定义，知点 G，Z 均在点 P 关于圆 Γ_3 的极线上，故点 P 关于圆 Γ_3 的极线为 QG；又点 I，J 均在点 Q 关于圆 Γ_3 的极线上，故点 Q 关于圆 Γ_3 的极线为 PJ.

注意到 MK，QG，NL，PJ 四条极线交于点 H，故由极点与极线的性质，知点 A，B，P，Q 四点共线.

设 AN 与 BM 交于点 S，连接 AM，BN，PS，AM 与 BN 交于点 W，AM 与 PN 交于点 T，BN 与 PM 交于点 U.

如图 6 所示，设 NY 交 MX 于点 V，BX 交 AY 于点 R，则由 Maclaurin 定理知 P，R，S 三点共线.

注意到圆 Γ_3 的外切四边形 $SXRY$，根据退化的 Brianchon 定理可知 SR，MX，NY 三线共点，故 S，V，R 三点共线.

考虑到 $AY \times BX = R$，$AM \times BN = W$，$XM \times YN = V$，则由 Pappus 定理知 R，W，V 三点共线.

从而 P，W，S 三点共线，故 AM，BN，PS 三条直线交于点 W.

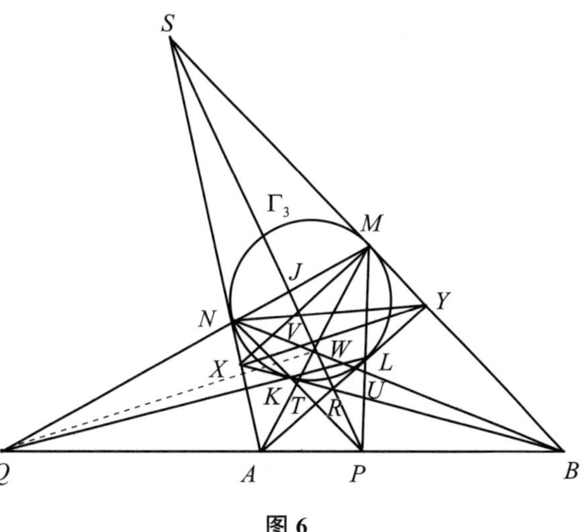

图 6

考虑经过点 W 的四条线束 WM，WN，WJ，WQ，即 WA，WB，WP，WQ 为调和线束，它们被直线 BQ 所截，故 A，B，P，Q 成调和点列.

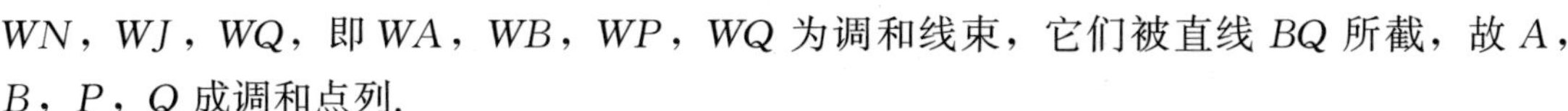

(2) 如图 5 所示，连接 PY，则由 (1) 知 A，B，P，Q 成调和点列.

由 Maclaurin 定理知，P，R，H，S；Q，X，H，Y 均四点共线.

考虑经过点 Y 的四条线束 YB，YP，YA，YQ，即 YS，YP，YR，YH 为调和线束，

它们被直线 PS 所截，故 H，P，R，S 成调和点列.

(3) 如图 5 所示，连接 QS，则由 (1) 知 A，B，P，Q 成调和点列.

注意到 P，R，H，S 四点共线，则 AN，PH，BM 三线交于点 S.

又由 Maclaurin 定理知，Q，X，H，Y 均四点共线.

考虑经过点 S 的四条线束 SB，SP，SA，SQ，即 SY，SH，SX，SQ 为调和线束，它们被直线 QY 所截，故 Q，H，X，Y 成调和点列.

评注 事实上，利用 Maclaurin 定理和完全四边形的调和性质是将命题 1 推广到命题 2 的有效工具，并且很自然地把条件“锐角△ABC”推广为“任一△ABC”.

4 进一步反思

考虑针对命题 2 及其证明过程还可发现一些有意义的结论，据此可编拟设计出一些问题. 例如，根据命题 2 可拆分组合成以下新问题：

题目 1 如图 7 所示，以△ABC 的一边 BC 为直径作圆，分别交 AB，AC 所在直线于 E，F，过 E，F 分别作圆的切线交于一点 P，直线 AP 与 BF 交于一点 D. 证明：D，C，E 三点共线.

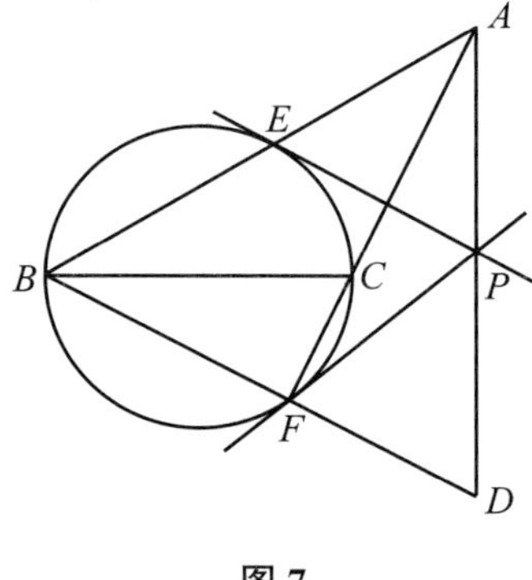

图 7

题目 2 如图 8 所示，在△ABC 中，以 AC 为直径的圆 Γ_1 与以 BC 为直径的圆 Γ_2 交于另一点 D，H 为 CD 上任一点，过 H 分别作 AC，BC 的垂线，与圆 Γ_1 交于两点 L，N，与圆 Γ_2 交于两点 K，M，直线 NK 与 ML 交于点 P，直线 MN 与 BA 的延长线交于点 Q，直线 AN 与 BM 交于点 S. 证明：(1) L，K，Q 三点共线；(2) KM，LN，PS 三线共点.

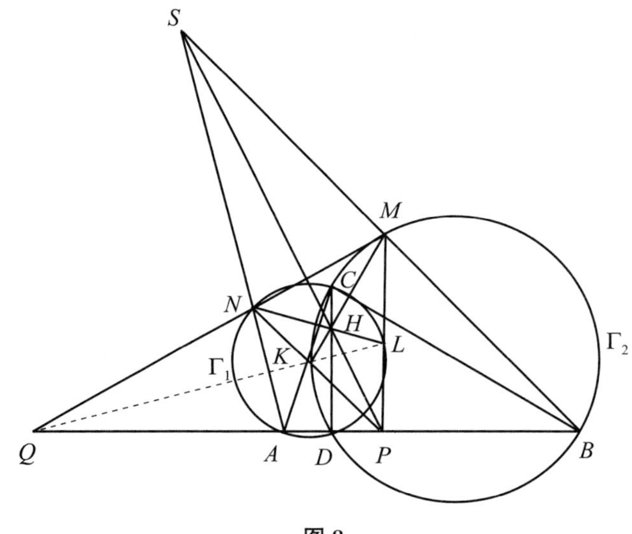

图 8

进一步地，若直线 BN 与 PM 交于点 G，则“AM、PN、GQ 三线共点”，从而由命题 2 的（3）及证明过程可衍生出以下结论：

题目 3 如图 9 所示，在 $\triangle ABC$ 中，以 AC 为直径的圆 Γ_1 与以 BC 为直径的圆 Γ_2 交于另一点 D，H 为 CD 上任一点，过 H 分别作 AC，BC 的垂线，与圆 Γ_1 交于两点 L，N，与圆 Γ_2 交于两点 K，M，直线 BM 与 LK 交于点 E，直线 BK 分别与 MN，AN 交于点 F，I，直线 AL 与 BM 交于点 J. 证明：（1）IJ，KL，NM 三线共点；（2）E，H，F 三点共线.

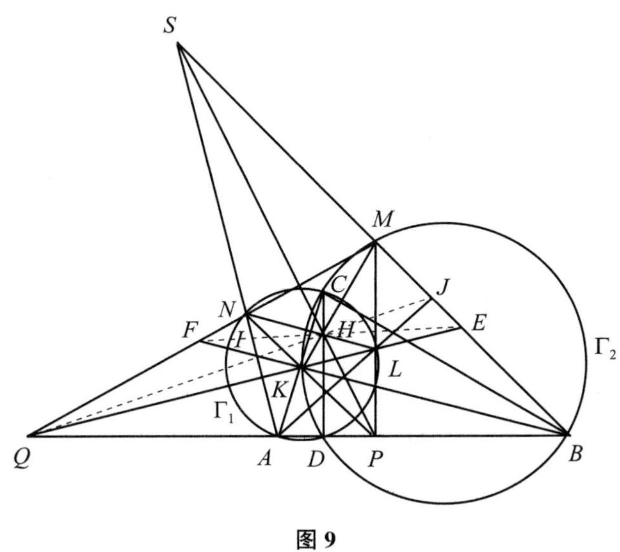

图 9

分析 由命题 2 的（3）及证明可知 Q，H，I，J 四点共线，即 IJ，KL，NM 三线交于点 Q；注意到 $MFQKBE$ 为完全四边形，则 Q，H，I，J 成调和点列，故 E，H，F 三点共线.

根据命题 2 的（1）及证明过程，还可衍生出以下结论：

题目 4 如图 10 所示，在 $\triangle ABC$ 中，以 AC 为直径的圆 Γ_1 与以 BC 为直径的圆 Γ_2 交于另一点 D，H 为 CD 上任一点，过 H 分别作 AC，BC 的垂线，与圆 Γ_1 交于两点 L，N，与圆 Γ_2 交于两点 K，M，若直线 AM 与 PN 交于点 R，直线 BN 与 PM 交于点 T，直线 MN 与 AB 交于点 Q. 证明：Q，R，T 三点共线.

分析 设直线 NK 与 ML 交于点 P，直线 AN 与 BM 交于点 S，直线 AM 与 BN 交于点 W，则由命题 2 的（1）及证明过程知 P，W，S 三点共线，即 AM，BN，PS 三线共点.

注意到 $\triangle ARN$ 与 $\triangle BTM$ 为透视三角形，则

$$NR\times MT=P, AR\times BT=W, AN\times BM=S,$$

即三对对应边的交点为 P，W，S.

由 Desargues 定理的逆定理，知 MN，TR，BA 三线共点，故 Q，R，T 三点共线.

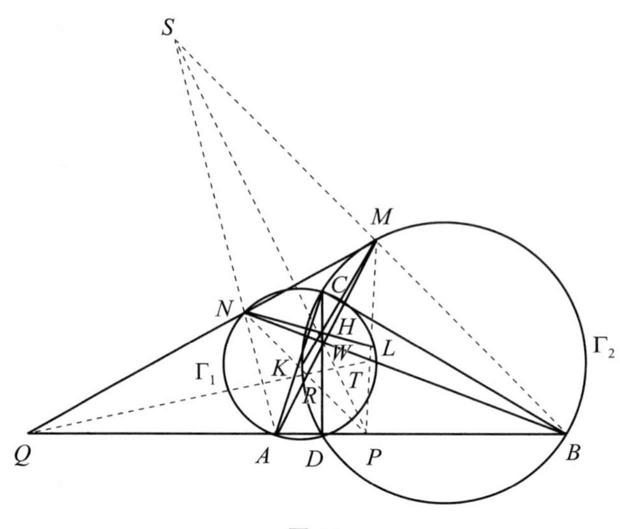

图 10

评注 事实上，PS 是$\triangle ARN$ 与$\triangle BTM$ 的透视轴，点 Q 是透视中心. 应用 Desargues 定理及其逆定理的关键在于寻找两个三点形的透视轴或透视中心，这往往能有效处理“线共点”与“点共线”问题.

参考文献：

[1] 2013 美国国家队选拔考试. 中等数学，2014 (8).

[2] 萧振纲. 几何变换与几何证题. 哈尔滨：哈尔滨工业大学出版社，2010.

[3] 第 47 届奥地利数学奥林匹克 (2016). 中等数学，2017 (增刊 2).

作者：邱际春，朱华伟. 原载《中等数学》2022 年第 8 期.

6-7 一道不等式竞赛题的探究与推广

1 问题的提出

2014 年第 63 届捷克和斯洛伐克数学奥林匹克决赛第 6 题是一道具有轮换对称性的无理不等式.

题目 设 a、b 为非负实数. 证明：$\frac{a}{\sqrt{b^2+1}}+\frac{b}{\sqrt{a^2+1}}\geqslant\frac{a+b}{\sqrt{ab+1}}$，并指出等号成立的条件.[1]

对于二元情形，文［1］给出了一个很好的证明，笔者尝试将其初步推广至三元，如下：

设 a，b，c 为非负实数. 证明：

$$\frac{a}{\sqrt{b^2+1}}+\frac{b}{\sqrt{c^2+1}}+\frac{c}{\sqrt{a^2+1}}\geqslant\frac{a+b+c}{\sqrt{abc+1}},\tag{①}$$

并指出等号成立的条件.

笔者在证明不等式①的过程中发现，“a，b，c 为非负实数”这一条件过于“宽泛”而不再适用. 例如，当 $a=b=c=\frac{1}{3}$ 时，不等式左边$=\frac{1}{\sqrt{\frac{1}{3^2}+1}}$，不等式右边$=\frac{1}{\sqrt{\frac{1}{3^3}+1}}$，而$\frac{1}{\sqrt{\frac{1}{3^2}+1}}<\frac{1}{\sqrt{\frac{1}{3^3}+1}}$，这与所要证明的结果相矛盾.

于是，考虑对限定条件进行探究.

若 a，b，c 至少有两个为 0，不等式①显然成立；

若 a，b，c 恰有一个为 0，不妨设 $a=0$，则$\frac{b}{\sqrt{c^2+1}}+c\geqslant b+c$，即 $b\geqslant b\sqrt{c^2+1}$，矛盾，不等式①不成立；

若 $0<a$，b，$c<1$，由上述反例可知不等式①显然不成立；

若 a，b，c 恰有一个大于 1，不妨设 $0<a$，$b<1<c$，取 $a=\frac{1}{10}$，$b=\frac{1}{10^4}$，$c=10$ 代入①式，可得

$$\text{不等式左边}=\frac{\frac{1}{10}}{\sqrt{\frac{1}{10^8}+1}}+\frac{\frac{1}{10^4}}{\sqrt{10^2+1}}+\frac{10}{\sqrt{\frac{1}{10^2}+1}}<\frac{\frac{1}{10}+\frac{1}{10^4}+10}{\sqrt{\frac{1}{10}\times\frac{1}{10^4}\times 10+1}}=\text{右边},$$

矛盾，不等式①不成立；

若 a，b，c 恰有两个大于 1，不妨设 $0<a<1<b$、c，取 $a=\frac{1}{10^2}$，$b=c=10$ 代入①式，可得

$$\text{不等式左边}=\frac{\frac{1}{10^2}}{\sqrt{10^2+1}}+\frac{10}{\sqrt{10^2+1}}+\frac{10}{\sqrt{\frac{1}{10^4}+1}}<\frac{\frac{1}{10^2}+10+10}{\sqrt{\frac{1}{10^2}\times 10\times 10+1}}=\text{右边},$$

矛盾，不等式①不成立.

接下来，提出猜想：若 a，b，c 均大于等于 1 时，有不等式①成立.

2 猜想的论证

首先，将上述猜想重新表述为下面的命题 1，并证明之.

命题 1 若 a，b，c 均为大于等于 1 的正实数，则

$$\frac{a}{\sqrt{b^2+1}}+\frac{b}{\sqrt{c^2+1}}+\frac{c}{\sqrt{a^2+1}}\geqslant\frac{a+b+c}{\sqrt{abc+1}}.$$

证明 由柯西不等式，得

$$\left(\frac{a}{\sqrt{b^2+1}}+\frac{b}{\sqrt{c^2+1}}+\frac{c}{\sqrt{a^2+1}}\right)(a\sqrt{b^2+1}+b\sqrt{c^2+1}+c\sqrt{a^2+1})\geqslant(a+b+c)^2. \quad ②$$

故

$$\frac{a}{\sqrt{b^2+1}}+\frac{b}{\sqrt{c^2+1}}+\frac{c}{\sqrt{a^2+1}}\geqslant\frac{(a+b+c)^2}{a\sqrt{b^2+1}+b\sqrt{c^2+1}+c\sqrt{a^2+1}}.$$

又由柯西不等式，可得

$$\begin{aligned}(a\sqrt{b^2+1}+b\sqrt{c^2+1}+c\sqrt{a^2+1})^2&=(\sqrt{a}\sqrt{ab^2+a}+\sqrt{b}\sqrt{bc^2+b}+\sqrt{c}\sqrt{ca^2+c})^2\\&\leqslant(a+b+c)(ab^2+bc^2+ca^2+a+b+c). \quad ③\end{aligned}$$

由于 $a\geqslant1$，$b\geqslant1$，$c\geqslant1$，即 $a-1\geqslant0$，$b-1\geqslant0$，$c-1\geqslant0$.

从而，

$$ca^2(b-1)+ab^2(c-1)+bc^2(a-1)\geqslant0.$$

于是，

$$ab^2+bc^2+ca^2+a+b+c\leqslant(a+b+c)(abc+1). \quad ④$$

故

$$\left(a\sqrt{b^2+1}+b\sqrt{c^2+1}+c\sqrt{a^2+1}\right)^2\leqslant(a+b+c)^2(abc+1).$$

因此，

$$\frac{a}{\sqrt{b^2+1}}+\frac{b}{\sqrt{c^2+1}}+\frac{c}{\sqrt{a^2+1}}\geqslant\frac{a+b+c}{\sqrt{abc+1}}.$$

由②，③式中等号成立时，有

$$\begin{cases}\dfrac{\frac{a}{\sqrt{b^2+1}}}{a\sqrt{b^2+1}}=\dfrac{\frac{b}{\sqrt{c^2+1}}}{b\sqrt{c^2+1}}=\dfrac{\frac{c}{\sqrt{a^2+1}}}{c\sqrt{a^2+1}},\\ \dfrac{\sqrt{ab^2+a}}{\sqrt{a}}=\dfrac{\sqrt{bc^2+b}}{\sqrt{b}}=\dfrac{\sqrt{ca^2+c}}{\sqrt{c}},\end{cases}$$

化简可得，$a=b=c$.

由于④式中等号成立时，有

$$a^2c(b-1)+ab^2(c-1)+bc^2(a-1)=0.$$

从而，$a=b=c=1$.

故当且仅当 $a=b=c=1$，命题 1 中不等式的等号成立.

轮换 a、b、c 可得推论 1 和推论 2，证明方法与命题 1 类似.

推论 1 若 a，b，c 均为大于等于 1 的正实数，则

$$\frac{a}{\sqrt{c^2+1}}+\frac{b}{\sqrt{a^2+1}}+\frac{c}{\sqrt{b^2+1}}\geqslant\frac{a+b+c}{\sqrt{abc+1}}.$$

推论 2 若 a，b，c 均为大于等于 1 的正实数，则

$$\frac{a}{\sqrt{a^2+1}}+\frac{b}{\sqrt{b^2+1}}+\frac{c}{\sqrt{c^2+1}}\geqslant\frac{a+b+c}{\sqrt{abc+1}}.$$

3 不等式的推广与证明

在命题 1 的基础上，从三元推广到 n 元情形得到命题 2.

命题 2 若 a_1，a_2，…，a_n 均为大于等于 1 的正实数，则

$$\frac{a_1}{\sqrt{a_2^2+1}}+\frac{a_2}{\sqrt{a_3^2+1}}+\cdots+\frac{a_n}{\sqrt{a_1^2+1}}\geqslant\frac{a_1+a_2+\cdots+a_n}{\sqrt{a_1a_2\cdots a_n+1}}.$$

证明 由柯西不等式，得

$$\left(\frac{a_1}{\sqrt{a_2^2+1}}+\frac{a_2}{\sqrt{a_3^2+1}}+\cdots+\frac{a_n}{\sqrt{a_1^2+1}}\right)\left(a_1\sqrt{a_2^2+1}+a_2\sqrt{a_3^2+1}+\cdots+a_n\sqrt{a_1^2+1}\right)\geqslant$$

$$(a_1+a_2+\cdots+a_n)^2. \qquad ⑤$$

故

$$\frac{a_1}{\sqrt{a_2^2+1}}+\frac{a_2}{\sqrt{a_3^2+1}}+\cdots+\frac{a_n}{\sqrt{a_1^n+1}}\geqslant\frac{(a_1+a_2+\cdots+a_n)^2}{a_1\sqrt{a_2^2+1}+a_2\sqrt{a_3^2+1}+\cdots+a_n\sqrt{a_1^n+1}}.$$

又由柯西不等式，可得

$$\begin{aligned}&\left(a_1\sqrt{a_2^2+1}+a_2\sqrt{a_3^2+1}+\cdots+a_n\sqrt{a_1^2+1}\right)^2\\=&\left(\sqrt{a_1}\sqrt{a_1a_2^2+a_1}+\sqrt{a_2}\sqrt{a_2a_3^2+a_2}+\cdots+\sqrt{a_n}\sqrt{a_na_1^2+a_n}\right)^2\\\leqslant&(a_1+a_2+\cdots+a_n)(a_1a_2^2+a_2a_3^2+\cdots+a_na_1^2+a_1+a_2+\cdots+a_n) \qquad ⑥\\\leqslant&(a_1+a_2+\cdots+a_n)^2(a_1a_2\cdots a_n+1). \qquad ⑦\end{aligned}$$

于是，

$$\frac{(a_1+a_2+\cdots+a_n)^2}{a_1\sqrt{a_2^2+1}+a_2\sqrt{a_3^2+1}+\cdots+a_n\sqrt{a_1^2+1}}\geqslant\frac{a_1+a_2+\cdots+a_n}{\sqrt{a_1a_2\cdots a_n+1}}.$$

从而，

$$\frac{a_1}{\sqrt{a_2^2+1}}+\frac{a_2}{\sqrt{a_3^2+1}}+\cdots+\frac{a_n}{\sqrt{a_1^2+1}}\geqslant\frac{a_1+a_2+\cdots+a_n}{\sqrt{a_1a_2\cdots a_n+1}}.$$

由⑤、⑥式中等号成立时，有

$$\begin{cases}\dfrac{\frac{a_1}{\sqrt{a_2^2+1}}}{a_1\sqrt{a_2^2+1}}=\dfrac{\frac{a_2}{\sqrt{a_3^2+1}}}{a_2\sqrt{a_3^2+1}}=\cdots=\dfrac{\frac{a_n}{\sqrt{a_1^2+1}}}{a_n\sqrt{a_1^2+1}},\\\dfrac{\sqrt{a_1a_2^2+a_1}}{\sqrt{a_1}}=\dfrac{\sqrt{a_2a_3^2+a_2}}{\sqrt{a_2}}=\cdots=\dfrac{\sqrt{a_na_1^2+a_n}}{\sqrt{a_n}},\end{cases}$$

化简可得，

$$a_1=a_2=\cdots=a_n.$$

由于⑦式中等号成立时，有

$$a_na_1^2(a_2\cdots a_{n-1}-1)+a_1a_2^2(a_3\cdots a_n-1)+\cdots+a_{n-1}a_n^2(a_1\cdots a_{n-2}-1)=0.$$

从而，有

$$a_1=a_2=\cdots=a_n=1.$$

故当且仅当 $a_1=a_2=\cdots=a_n=1$ 时，命题 2 中不等式等号成立.

从上述过程容易看出，对分母$\sqrt{a_i^2+1}$进行 $j-1$ 次轮换得到下面的推论 3.

推论 3 若 a_1，a_2，…，a_n 均为大于等于 1 的正实数，则

$$\sum_{i=1}^{n}\frac{a_i}{\sqrt{a_{i+j}^2+1}}\geqslant\frac{\sum_{i=1}^{n}a_i}{\sqrt{\prod_{i=1}^{n}a_i+1}},\text{其中 } a_{n+j}=a_j,j\in\{1,2,\cdots,n\}.$$

进一步地，对命题 2 中分母的指数进行推广得到命题 3.

命题 3 若 a_1，a_2，…，a_n 均为大于等于 1 的正实数，$k\in N_+$，则

$$\frac{a_1}{\sqrt[k]{(a_2^k+1)^{k-1}}}+\frac{a_2}{\sqrt[k]{(a_3^k+1)^{k-1}}}+\cdots+\frac{a_n}{\sqrt[k]{(a_1^k+1)^{k-1}}}\geqslant\frac{a_1+a_2+\cdots+a_n}{\sqrt[k]{(a_1a_2\cdots a_n+1)^{k-1}}}.$$

先给出下面的引理：

引理 设 $a_{ij}\in R^+$（$i=1$，2，…，n；$j=1$，2，…，m），则

$$(a_{11}^m+a_{21}^m+\cdots+a_{n1}^m)(a_{12}^m+a_{22}^m+\cdots+a_{n2}^m)\cdots(a_{1m}^m+a_{2m}^m+\cdots+a_{nm}^m)$$
$$\geqslant(a_{11}a_{12}\cdots a_{1m}+a_{21}a_{22}\cdots a_{2m}+\cdots+a_{n1}a_{n2}\cdots a_{nm})^m.\text{[2]}$$

此引理为柯西不等式的推广形式，详细证明过程参见文［2］.

证明 由引理，得

$$\left(\frac{a_1}{\sqrt[k]{(a_2^k+1)^{k-1}}}+\frac{a_2}{\sqrt[k]{(a_3^k+1)^{k-1}}}+\cdots+\frac{a_n}{\sqrt[k]{(a_1^k+1)^{k-1}}}\right)(a_1\sqrt[k]{a_2^k+1}+a_2\sqrt[k]{a_3^k+1}+\cdots$$
$$+a_n\sqrt[k]{a_1^k+1})^{k-1}\geqslant(a_1+a_2+\cdots+a_n)^k.\qquad ⑧$$

故

$$\frac{a_1}{\sqrt[k]{(a_2^k+1)^{k-1}}}+\frac{a_2}{\sqrt[k]{(a_3^k+1)^{k-1}}}+\cdots+\frac{a_n}{\sqrt[k]{(a_1^k+1)^{k-1}}}$$
$$\geqslant\frac{(a_1+a_2+\cdots+a_n)^k}{(a_1\sqrt[k]{a_2^k+1}+a_2\sqrt[k]{a_3^k+1}+\cdots+a_n\sqrt[k]{a_1^k+1})^{k-1}}.$$

再次利用引理，可得

$$(a_1\sqrt[k]{a_2^k+1}+a_2\sqrt[k]{a_3^k+1}+\cdots+a_n\sqrt[k]{a_1^k+1})^k$$
$$=((\sqrt[k]{a_1})^{k-1}\sqrt[k]{a_1a_2^k+a_1}+(\sqrt[k]{a_2})^{k-1}\sqrt[k]{a_2a_3^k+a_2}+\cdots+(\sqrt[k]{a_n})^{k-1}\sqrt[k]{a_na_1^k+a_n})^k$$
$$\leqslant(a_1+a_2+\cdots+a_n)^{k-1}(a_1a_2^k+a_2a_3^k+\cdots+a_na_1^k+a_1+a_2+\cdots+a_n)\qquad ⑨$$
$$\leqslant(a_1+a_2+\cdots+a_n)^k(a_1a_2\cdots a_n+1).\qquad ⑩$$

于是，

$$\frac{(a_1+a_2+\cdots+a_n)^k}{(a_1\sqrt[k]{a_2^k+1}+a_2\sqrt[k]{a_3^k+1}+\cdots+a_n\sqrt[k]{a_1^k+1})^{k-1}}\geqslant\frac{a_1+a_2+\cdots+a_n}{\sqrt[k]{(a_1a_2\cdots a_n+1)^{k-1}}}.$$

从而，

$$\frac{a_1}{\sqrt[k]{(a_2^k+1)^{k-1}}}+\frac{a_2}{\sqrt[k]{(a_3^k+1)^{k-1}}}+\cdots+\frac{a_n}{\sqrt[k]{(a_1^k+1)^{k-1}}}\geqslant\frac{a_1+a_2+\cdots+a_n}{\sqrt[k]{(a_1a_2\cdots a_n+1)^{k-1}}}.$$

由⑧、⑨式中等号成立时，有

$$\begin{cases}\dfrac{\dfrac{a_1}{\sqrt[k]{(a_2^k+1)^{k-1}}}}{a_1\sqrt[k]{a_2^k+1}}=\dfrac{\dfrac{a_2}{\sqrt[k]{(a_3^k+1)^{k-1}}}}{a_2\sqrt[k]{a_3^k+1}}=\cdots=\dfrac{\dfrac{a_n}{\sqrt[k]{(a_1^k+1)^{k-1}}}}{a_n\sqrt[k]{a_1^k+1}},\\ \dfrac{\sqrt[k]{a_1a_2^k+a_1}}{\sqrt[k]{a_1}^{k-1}}=\dfrac{\sqrt[k]{a_2a_3^k+a_2}}{\sqrt[k]{a_2}^{k-1}}=\cdots=\dfrac{\sqrt[k]{a_na_1^k+a_n}}{\sqrt[k]{a_2}^{k-1}},\end{cases}$$

化简，可得

$$a_1=a_2=\cdots=a_n.$$

由于不等式⑩中等号成立的条件是

$$a_1^2(a_2a_3\cdots a_n-a_na_1^{k-2})+a_2^2(a_1a_3\cdots a_n-a_1a_2^{k-2})+\cdots+a_n^2(a_1a_2\cdots a_{n-1}-a_{n-1}a_n^{k-2})=0$$

即

$$\begin{cases}a_2a_3\cdots a_n-a_na_1^{k-2}=0,\\ a_1a_3\cdots a_n-a_1a_2^{k-2}=0,\\ \cdots\\ a_1a_2\cdots a_{n-1}-a_{n-1}a_n^{k-2}=0.\end{cases}$$

解之得

$$\begin{cases}a_1=a_2=\cdots=a_n,n=k,\\ a_1=a_2=\cdots=a_n=1,n\neq k.\end{cases}$$

因此，若 $n=k$，则当且仅当 $a_1=a_2=\cdots=a_n$ 时，命题 3 中不等式的等号成立；若 $n\neq k$，则当且仅当 $a_1=a_2=\cdots=a_n=1$ 时，命题 3 中不等式的等号成立.

仿照推论 3，对分母 $\sqrt{a_i^k+1}$ 进行 $j-1$ 次轮换得到下面的推论 4，证明过程留给读者.

推论 4 若 a_1，a_2，…，a_n 均为大于等于 1 的正实数，$k\in N_+$ 则

$$\sum_{i=1}^{n}\frac{a_i}{\sqrt[k]{(a_{i+j}^k+1)^{k-1}}}\geqslant\frac{\sum\limits_{i=1}^{n}a_i}{\sqrt[k]{\left(\prod\limits_{i=1}^{n}a_i+1\right)^{k-1}}},其中 a_{n+j}=a_j,j\in\{1,2,\cdots,n\}.$$

参考文献：

[1] 第 63 届捷克和斯洛伐克数学奥林匹克（2014）. 中等数学，2015（增刊 2）.

[2] 蔡玉书. 数学奥林匹克不等式证明方法和技巧（上）. 哈尔滨：哈尔滨工业大学出版社，2011.

作者：邱际春，朱华伟，郑焕. 原载：《数学通讯》2017 年第 6 期.

6-8 一道荷兰赛题的探究与推广

2014 年第 53 届荷兰数学奥林匹克第二轮决赛第 4 题是一道关于四元数组的数论试题.

题目 将满足以下条件的四元正整数组(p, a, b, c)称为“莱顿四元组”:

(ⅰ) p 为奇素数;

(ⅱ) a, b, c 互不相同;

(ⅲ) $p\mid(ab+1)$, $p\mid(bc+1)$, $p\mid(ca+1)$.

(1) 证明:对每个莱顿四元组(p, a, b, c),均有 $p+2\leqslant\frac{a+b+c}{3}$;

(2) 若莱顿四元组(p, a, b, c)满足 $p+2=\frac{a+b+c}{3}$,求 p 的所有值.[1]

从形式上看,满足条件的“莱顿四元组”具有一定意义上的轮换对称性. 因此,为了便于表述和发现这一四元数组的内在规律,我们重新定义并拓展如下:

定义 1 若四元正整数组(p, a_1, a_2, a_3)满足以下三条性质:

(ⅰ) p 为奇素数;

(ⅱ) a_1, a_2, a_3 互不相同;

(ⅲ) $p\mid(a_1a_2+1)$, $p\mid(a_2a_3+1)$, $p\mid(a_3a_1+1)$.

则称四元正整数组(p, a_1, a_2, a_3)为“莱顿四元组”.

定义 2 若 k 元正整数组$(p, a_1, a_2, \cdots, a_k)$满足以下三条性质:.

(ⅰ) p 为奇素数;

(ⅱ) a_1, a_2, $\cdots$, a_k 互不相同;

(ⅲ) $p\mid(a_1a_2+1)$, $p\mid(a_2a_3+1)$, $\cdots$, $p\mid(a_{k-1}a_k+1)$, $p\mid(a_ka_1+1)$.

则称 k 元正整数组$(p, a_1, a_2, \cdots, a_k)$为“莱顿 k 元组”.

于是,对原题进行探究后,得到下面的命题 1.

命题 1 对每个莱顿四元组(p, a_1, a_2, a_3),都有$\frac{a_1+a_2+a_3}{3}\geqslant p+2$;当且仅当 $p=5$ 时,等号成立.

证明 不妨设 $a_1<a_2<a_3$.

由(ⅲ)知 p 不整除 a_1, a_2, a_3.

又由(ⅲ)知 $p\mid(a_2a_3+1)-(a_3a_1+1)$,即 $p\mid(a_2-a_1)a_3$.

故 $p\mid(a_2-a_1)$.

由对称性得 $p\mid(a_3-a_2)$.

注意到,$a_2=a_1+(a_2-a_1)\geqslant a_1+p$.

$$a_3=a_2+(a_3-a_2)\geqslant a_2+p\geqslant a_1+2p.$$

若 $a_1=1$，则由（iii）知 $p\mid(a_2-1)$，$p\mid(a_2+1)$.

从而，$p\mid a_2+1-(a_2-1)$，即 $p\mid 2$.

与题设条件（i）矛盾，故 $a_1\geqslant 2$.

从而，$\dfrac{a_1+a_2+a_3}{3}\geqslant\dfrac{a_1+(a_1+p)+(a_1+2p)}{3}=p+a_1\geqslant p+2$.

等号成立的条件是 $a_2=a_1+p$，$a_3=a_1+2p$，$a_1=2$.

于是，由（iii）知 $p\mid(a_1a_2+1)=2p+5$，故 $p\mid 5$.

代入，得 $(p, a_1, a_2, a_3)=(5, 2, 7, 12)$.

检验知，$a_1a_2+1=15$，$a_3a_1+1=25$，$a_2a_3+1=85$ 均可被 5 整除.

因此，当且仅当 $p=5$ 时，有莱顿四元组 $(5, 2, 7, 12)$.

推广到 k 元数组的情形，尝试得到下面的命题 2.

命题 2 对每个莱顿 k 元组 $(p, a_1, a_2, \cdots, a_k)$，都有 $\dfrac{a_1+a_2+\cdots+a_k}{k}>p+k-1$.

证明 不妨设 $a_1<a_2<\cdots<a_k$.

由（iii）知 p 不整除 $a_1, a_2, \cdots, a_k$.

又由（iii）知，$p\mid(a_2a_3+1)-(a_3a_1+1)=(a_2-a_1)a_3$.

故 $p\mid(a_2-a_1)$，且 $a_2-a_1\geqslant p$.

同理，有 $p\mid(a_3-a_2)$，…，$p\mid(a_k-a_{k-1})$.

于是，$a_2=a_1+(a_2-a_1)\geqslant a_1+p$.

$$a_3=a_2+(a_3-a_2)\geqslant a_2+p\geqslant a_1+2p.$$

…

$$a_k=a_{k-1}+(a_k-a_{k-1})\geqslant a_{k-1}+p\geqslant a_1+(k-1)p.$$

若 $a_1=1$，则有 $p\mid(a_2-1)$.

又由（iii）知 $p\mid(a_2+1)$.

从而，$p\mid a_2+1-(a_2-1)=2$.

与题设条件（i）矛盾，故 $a_1\geqslant 2$.

因此，
$$\begin{aligned}\frac{a_1+a_2+\cdots+a_k}{k}&\geqslant\frac{a_1+(a_1+p)+\cdots+[a_1+(k-1)p]}{k}\\&=\frac{ka_1+\frac{k(k-1)}{2}p}{k}=a_1+\frac{k-1}{2}p\\&\geqslant a_1+\frac{k-3}{2}p+p\\&>2+k-3+p=p+k-1.\end{aligned}$$

通过上述推算，我们发现命题 2 中的不等式还不够“紧凑”. 因此，对不等式右边加强和推广，得到下面一系列的推论.

推论 1 对每个莱顿 k 元组 $(p, a_1, a_2, \cdots, a_k)$，都有 $\frac{a_1+a_2+\cdots+a_k}{k} \geqslant 2+\frac{k-1}{2}p$；当且仅当 $p=5$ 时，等号成立.

容易看出，推论 1 的证明同命题 2，不等式取等号时 p 的取值可仿照命题 1 的证明过程得出，读者可自行完成.

推论 2 对每个莱顿 k 元组 $(p, a_1, a_2, \cdots, a_k)$，都有 $\frac{a_1^2+a_2^2+\cdots+a_k^2}{k} > \frac{[4+(k-1)p]^2}{4}$.

证明 由柯西不等式，可得

$$(a_1^2+a_2^2+\cdots+a_k^2)(1^2+1^2+\cdots+1^2) \geqslant (a_1+a_2+\cdots+a_k)^2,$$

即

$$\begin{aligned} a_1^2+a_2^2+\cdots+a_k^2 &\geqslant \frac{1}{k}(a_1+a_2+\cdots+a_k)^2 \\ &\geqslant k\left(\frac{a_1+a_2+\cdots+a_k}{k}\right)^2 \\ &\geqslant k\left(2+\frac{k-1}{2}p\right)^2. \end{aligned}$$

又 $a_1, a_2, \cdots, a_k$ 互不相同，不等式中的等号取不到.

因此，$\frac{a_1^2+a_2^2+\cdots+a_k^2}{k} > \frac{[4+(k-1)p]^2}{4}$.

推论 3 对每个莱顿 k 元组 $(p, a_1, a_2, \cdots, a_k)$，且 $n \in N^*$，都有

$$\frac{a_1^n+a_2^n+\cdots+a_k^n}{k} > \left(\frac{4+(k-1)p}{2k}\right)^n.$$

证明 由 Hölder 不等式，得

$$(a_1^n+a_2^n+\cdots+a_k^n)^{\frac{1}{n}}\left(1^{\frac{n}{n-1}}+1^{\frac{n}{n-1}}+\cdots+1^{\frac{n}{n-1}}\right)^{\frac{n-1}{n}} \geqslant a_1+a_2+\cdots+a_k.$$

即

$$\begin{aligned} (a_1^n+a_2^n+\cdots+a_k^n)^{\frac{1}{n}} &\geqslant \frac{a_1+a_2+\cdots+a_k}{k^{\frac{n-1}{n}}} \\ &\geqslant \frac{2+\frac{k-1}{2}p}{k^{\frac{n-1}{n}}}. \end{aligned}$$

于是，$a_1^n+a_2^n+\cdots+a_k^n \geqslant \frac{\left(2+\frac{k-1}{2}p\right)^n}{k^{n-1}}$.

又 $a_1, a_2, \cdots, a_k$ 互不相同，不等式中的等号取不到.

因此，$\dfrac{a_1^n+a_2^n+\cdots+a_k^n}{k}>\left(\dfrac{4+(k-1)p}{2k}\right)^n$.

参考文献：

第 53 届荷兰数学奥林匹克（2014）. 中等数学，2016（增刊 2）.

作者：邱际春，朱华伟. 原载：《中等数学》2017 年第 2 期.

6-9 一道中国数学奥林匹克题的推广

第 31 届中国数学奥林匹克的第 3 题是一道涉及数论中的同余理论的多项式问题.

题目 设 p 是奇素数，a_1，a_2，…，a_p 是整数. 证明以下两个命题等价：

（1）存在一个次数不超过$\frac{p-1}{2}$的整系数多项式 $f(x)$，使得对每个不超过 p 的正整数i，均有 $f(i)\equiv a_i(\bmod p)$.

（2）对每个不超过$\frac{p-1}{2}$的正整数d，均有 $\sum\limits_{i=1}^{p}(a_{i+d}-a_i)^2\equiv 0(\bmod p)$，其中，下标按模 p 理解，即 $a_{p+n}=a_n$. [1]

此题的关键在于构造整系数多项式，利用差分算子和整系数多项式的同余性质化解这一存在性问题. 详细证明过程可见文 [1].

下面将这一多项式同余问题推广.

命题 设 p 是奇素数，r 是正整数，a_1，a_2，…，a_p 是整数. 证明以下两个命题等价：

（1）存在一个次数不超过$\frac{p-1}{r}$的整系数多项式 $f(x)$，使得对每个不超过 p 的正整数i，均有 $f(i)\equiv a_i(\bmod p)$.

（2）对每个不超过$\frac{p-1}{r}$的正整数d，均有 $\sum\limits_{i=1}^{p}(a_{i+d}-a_i)^r\equiv 0(\bmod p)$，其中，下标按模 p 理解，即 $a_{p+n}=a_n$.

在证明上述命题之前，我们先来证明以下引理：

引理 1 设 $f(x)$ 为整系数多项式.

（1）对每个整数 d，定义 $T_d=\sum\limits_{x=1}^{p}(f(x+d)-f(x))^r$，则有

$$T_0=0,T_{p-d}\equiv T_d\equiv T_{p+d}(\bmod p);$$

（2）对每个正整数 i，$j_i\in N_+$，定义

$$S_j=\sum_{x=1}^{p}\left\{\sum_{j_i\geqslant 0 j_0+j_1+\cdots+j_d=j}\frac{j!}{j_0!j_1!\cdots j_d!}\prod_{i=0}^{d}\left[\binom{d}{i}\Delta^i f(x)\right]^{j_i}\right\}f^{r-j}(x),$$

则有

$$T_d=\sum_{j=0}^{r}(-1)^{r-j}\binom{r}{j}S_j.$$

引理 1 的证明 对于（1），由题设条件容易证明，下面证明（2）的结论. 事实上，我们由文［1］定理 3 及多项式定理得

$$\begin{aligned} T_d &= \sum_{x=1}^{p}\sum_{j=0}^{r}(-1)^{r-j}\binom{r}{j}f^j(x+d)f^{r-j}(x) \\ &= \sum_{x=1}^{p}\sum_{j=0}^{r}(-1)^{r-j}\binom{r}{j}\left[\sum_{i=0}^{d}\binom{d}{i}\Delta^i f(x)\right]^j f^{r-j}(x) \\ &= \sum_{x=1}^{p}\sum_{j=0}^{r}(-1)^{r-j}\binom{r}{j}\left\{\sum_{j_0+j_1+\cdots+j_d=j}\frac{j!}{j_0!j_1!\cdots j_d!}\prod_{i=0}^{d}\left[\binom{d}{i}\Delta^i f(x)\right]^{j_i}\right\}f^{r-j}(x) \\ &= \sum_{j=0}^{r}(-1)^{r-j}\binom{r}{j}S_j. \end{aligned}$$

引理 2 设整系数多项式 $g(x)=B_kx^k+\cdots+B_1x+B_0$，则有

$$\sum_{x=1}^{p}g(x)\equiv\begin{cases}0\pmod p, & k=0,1,\cdots,p-2;\\ -B_{p-1}\pmod p, & k=p-1.\end{cases}$$

特别地，当 $\deg g\leqslant p-2$ 时，有 $\sum\limits_{x=1}^{p}g(x)\equiv 0\pmod p$.

引理 2 的证明 当 $k=0$ 时，$\sum\limits_{x=1}^{p}g(x)=pB_0$；

当 $1\leqslant k\leqslant p-2$ 时，由费马小定理知，至多有 k 个 $x\in\{1,2,\cdots,p\}$ 满足

$$x^k-1\equiv 0\pmod p,$$

故存在 $a\in\{1,2,\cdots,p-1\}$ 使得 $a^k-1\not\equiv 0\pmod p$.

注意到 $a\cdot 1$，$a\cdot 2$，…，$a\cdot p$ 模 p 的余数遍历 1，2，…，p，故有

$$\sum_{x=1}^{p}x^k\equiv\sum_{x=1}^{p}(ax)^k\equiv a^k\sum_{x=1}^{p}x^k\pmod p,$$

从而

$$\sum_{x=1}^{p}x^k\equiv 0\pmod p.$$

因此，$\sum\limits_{x=1}^{p}g(x)\equiv 0\pmod p$，$k=0,1,\cdots,p-2$.

当 $k=p-1$ 时，

$$\begin{aligned}\sum_{x=1}^{p}g(x)&\equiv\sum_{x=1}^{p}\left(\sum_{k=1}^{p-1}B_kx^k\right)\equiv\sum_{x=1}^{p}\left(B_{p-1}x^{p-1}+\sum_{k=1}^{p-2}B_kx^k\right)\\ &\equiv\sum_{x=1}^{p}(B_{p-1}x^{p-1})+\sum_{x=1}^{p}\left(\sum_{k=1}^{p-2}B_kx^k\right)\equiv\sum_{x=1}^{p}(B_{p-1}x^{p-1})\\ &\equiv B_{p-1}\sum_{x=1}^{p}x^{p-1}\equiv -B_{p-1}\pmod p,\end{aligned}$$

证毕.

引理 2 的另证 易知对 $i=0,1,\cdots,p-1$，有

$$\binom{p-1}{i} \equiv (-1)^i (\bmod p).$$

故由文［1］定理 3 知

$$\Delta^{p-1} g(x) = \sum_{i=0}^{p-1} (-1)^{p-1-i} \binom{p-1}{i} E^k g(x)$$
$$\equiv \sum_{i=0}^{p-1} E^k g(x) \equiv \sum_{x=1}^{p} g(x) (\bmod p).$$

又当 $k \leqslant p-2$ 时，$\Delta^{p-1} g(x) = 0$；

当 $k = p-1$ 时，由威尔逊定理将 $\Delta^{p-1} g(x) = (p-1)! B_{p-1} \equiv -B_{p-1} (\bmod p)$.

利用上述引理得到下面的证明.

证明　先证“(1)⇒(2)”.

当 $\deg f = 0$ 时，$T_d = 0$，显然（2）成立；

当 $1 \leqslant \deg f \leqslant \dfrac{p-1}{r}$ 时，由文［1］定理 4 可知对每个不超过 p 的正整数 i，有.

$$\deg\left\{ \sum_{j_0+j_1+\cdots+j_d=j} \frac{j!}{j_0!j_1!\cdots j_d!} \prod_{i=0}^{d} \left[\binom{d}{i} \Delta^i f(x) \right]^{j_i} \right\} f^{r-j}(x)$$
$$\leqslant \sum_{i=0}^{d} [j_i \cdot (\deg f - i)] + (r-j) \cdot \deg f$$
$$\leqslant \sum_{i=0}^{d} j_i \cdot \deg f - \sum_{i=0}^{d} (i \cdot j_i) + (r-j) \cdot \deg f$$
$$= j \cdot \deg f - \sum_{i=0}^{d} (i \cdot j_i) + (r-j) \cdot \deg f$$
$$= r \cdot \deg f - \sum_{i=0}^{d} (i \cdot j_i)$$
$$\leqslant r \cdot \deg f - 1 \leqslant p - 2.$$

由引理 2 得

$$S_j = \sum_{x=1}^{p} \left\{ \sum_{j_0+j_1+\cdots+j_d=j} \frac{j!}{j_0!j_1!\cdots j_d!} \prod_{i=0}^{d} \left[\binom{d}{i} \Delta^i f(x) \right]^{j_i} \right\} f^{r-j}(x) \equiv 0 (\bmod p).$$

从而，由引理 1 可得 $T_d \equiv 0 (\bmod p)$.

因此，对 $\forall d \in N^*$，$d \leqslant \dfrac{p-1}{r}$，均有

$$\sum_{i=1}^{p} (a_{i+d} - a_i)^r \equiv 0 (\bmod p),$$

即（2）成立.

再证“(2)⇒(1)”.

对每个 $i\in\{1, 2, \cdots, p\}$，取整数 λ_i 使得

$$\lambda_i\prod_{\substack{1\leqslant j\leqslant p\\ j\neq i}}(i-j)\equiv 1(\bmod p).$$

令 $f(x)\equiv\sum_{i=1}^{p}\left[a_i\lambda_i\prod_{\substack{1\leqslant j\leqslant p\\ j\neq i}}(x-j)\right](\bmod p)$，则 f 的首项系数不为 p 的倍数.

显然，整系数多项式 f 满足 $\deg f\leqslant p-1$，且

$$f(i)\equiv a_i(\bmod p), i=1,2,\cdots,p.$$

设非零多项式 $f(x)=\sum_{i=0}^{m}B_ix^i(B_m\not\equiv 0(\bmod p))$.

下面用反证法证明 $m\leqslant\frac{p-1}{r}$.

设 $m>\frac{p-1}{r}$，则对 $\forall d\in\left\{1, 2, \cdots, \frac{p-1}{r}\right\}$，都有

$$\begin{aligned}T_d&=\sum_{x=1}^{p}(f(x+d)-f(x))^r\\&\equiv\sum_{i=1}^{p}(a_{i+d}-a_i)^r\equiv 0(\bmod p).\end{aligned}$$

由引理 1 知

$$T_{p-d}\equiv T_d\equiv T_{p+d}(\bmod p),$$

故 $\forall d\in\mathbf{N}^+$，有 $T_d\equiv 0(\bmod p)$.

从而

$$\sum_{j=0}^{r}(-1)^{r-j}\binom{r}{j}S_j\equiv 0(\bmod p),$$

即

$$S_r\equiv-\sum_{j=0}^{r-1}(-1)^{r-j}\binom{r}{j}S_j(\bmod p).$$

令 $r=1$，则有 $S_1\equiv 0(\bmod p)$.

取遍 r，可知

$$S_r\equiv-\sum_{j=0}^{r-1}(-1)^{r-j}\binom{r}{j}S_j\equiv 0(\bmod p).$$

因此，$\forall j\in N^*$，均有 $S_j\equiv 0(\bmod p)$.

由文 [1] 定理 4 可知 $\Delta^k f$ 的首项系数为

$$m(m-1)\cdots(m-k+1)B_m=[m]_kB_m,$$

且

$$\deg\Delta^k f = m-k.$$

故 $\left\{\sum\limits_{j_0+j_1+\cdots+j_d=j}\dfrac{j!}{j_0!j_1!\cdots j_d!}\prod\limits_{k=0}^{d}\left[\binom{d}{k}\Delta^k f(x)\right]^{j_k}\right\}f^{r-j}(x)$ 的首项系数为

$$\left\{\sum_{j_0+j_1+\cdots+j_d=j}\frac{j!}{j_0!j_1!\cdots j_d!}\prod_{k=0}^{d}\left[\binom{d}{k}[m]_k B_m\right]^{j_k}\right\}B_m^{r-j}$$
$$=\left\{\sum_{j_0+j_1+\cdots+j_d=j}\frac{j!}{j_0!j_1!\cdots j_d!}\prod_{k=0}^{d}\left[\binom{d}{k}[m]_k\right]^{j_k}\right\}B_m^{r},$$

且

$$\deg\left\{\sum_{j_0+j_1+\cdots+j_d=j}\frac{j!}{j_0!j_1!\cdots j_d!}\prod_{k=0}^{d}\left[\binom{d}{k}\Delta^k f(x)\right]^{j_k}f^{r-j}(x)\right\}$$
$$=\sum_{k=0}^{d}(m-k)\cdot j_k+m(r-j)$$
$$=m\sum_{k=0}^{d}j_k-\sum_{k=0}^{d}k\cdot j_k+m(r-j)$$
$$=rm-\sum_{k=0}^{d}k\cdot j_k$$
$$\geqslant rm-d\sum_{k=0}^{d}j_k=rm-dj$$
$$\geqslant rm-dr.$$

由于在上式中，取 $m=d+\dfrac{p-1}{r}$，则有

$$rm-dr=p-1,$$

从而存在 $m\in\left(\dfrac{p-1}{r},\ \dfrac{2(p-1)}{r}\right)$时，有

$$\deg\left\{\sum_{j_0+j_1+\cdots+j_d=j}\frac{j!}{j_0!j_1!\cdots j_d!}\prod_{k=0}^{d}\left[\binom{d}{k}\Delta^k f(x)\right]^{j_k}f^{r-j}(x)\right\}=p-1$$

成立.

此时，由引理2可得

$$S_k=\sum_{x=1}^{p}\left\{\sum_{j_0+j_1+\cdots+j_d=j}\frac{j!}{j_0!j_1!\cdots j_d!}\prod_{k=0}^{d}\left[\binom{d}{k}\Delta^k f(x)\right]^{j_k}\right\}f^{r-j}(x)$$
$$\equiv-\prod_{k=0}^{d}\left[\binom{d}{k}[m]_k\right]^{j_k}B_m^{r}\not\equiv 0\pmod{p},$$

矛盾.

故 $\deg f=m\leqslant\frac{p-1}{r}$.

综上所述，命题（1）与命题（2）等价.

参考文献：

邱际春，付云皓. 利用差分算子解多项式竞赛题. 中等数学，2016（11）.

作者：邱际春，朱华伟，付云皓. 原载：《中等数学》2019 年第 2 期.

6-10 一道罗马尼亚国家队选拔考试题的分析与推广

1 问题提出

下面是第 66 届罗马尼亚国家队选拔考试中的一道数列与整除相结合的赛题：

问题 1 已知整数数列$\{a_n\}$：

$$a_0=1,a_n=\sum_{k=0}^{n-1}\binom{n}{k}a_k(n\geqslant 1).$$

令 m 为正整数，p 为素数，q，r 为非负整数. 证明：两项之差 $a_{p^m q+r}-a_{p^{m-1}q+r}$ 被 p^m 整除.[1]

这是一道内涵丰富、背景深刻的好题，涉及知识要点较为综合且解法多样，既可用初等方法来解决，又可联系高等数学中的有关内容加以深度挖掘. 本文对这一赛题进行溯源，分析其命题背景，并加以探究推广得到一些结论.

2 问题溯源

笔者几经研究后，发现问题 1 是源于 1975 年米洛克斯·史怀哲竞赛的第 2 题[2]：

问题 2 设 A_n 表示所有映射 f：$\{1,2,\cdots,n\}\to\{1,2,\cdots,n\}$中满足

$$f^{-1}(j)\neq\varnothing,j\in\{1,2,\cdots,i\}$$

的映射构成的集合，证明：$|A_n|=\sum_{k=0}^{\infty}\frac{k^n}{2^{k+1}}$.

这是因为若令 a_n 表示集合 A_n 的基数，则对既定的 l 个整数 i，$f\in A_n$ 使得 $f(i)=1$ 的映射个数是$\binom{n}{l}a_{n-l}$. 又由于对于任一映射 f，l 均为正整数，故

$$a_n=\sum_{l=1}^{n}\binom{n}{l}a_{n-l}=\sum_{l=0}^{n-1}\binom{n}{l}a_l,$$

其中 $n\geqslant 1$.

这与问题 1 的题设条件不谋而合，可见这道罗马尼亚国家队选拔考试题是由 1975 年米洛克斯·史怀哲竞赛第 2 题演绎深化而来.

注意到问题 2 中的集合 A_n 表示的是集合$\{1,2,\cdots,n\}$到自身的所有满射构成集

合，若将条件进一步收紧，将满射变为双射，则等价于将集合{1，2，…，n}中的元素进行排列，故由问题 2 还可演绎出下面一道第 42 届国际数学奥林匹克竞赛题：

问题 3 设 n 为大于 1 的奇数，k_1，k_2，…，k_n 为给定的整数，对于 1，2，…，n 的 $n!$ 个排列中的每一个排列 $a=(a_1, a_2, \cdots, a_n)$，记

$$S(a)=\sum_{i=1}^{n} k_i a_i.$$

求证：有两个排列 b 和 c，且 $b\neq c$，使得 $S(b)-S(c)$ 能被 $n!$ 整除.[3]

上述问题 1 还考查了整数序列{a_n}的模 p 方幂的同余性质，这在数学竞赛中也时常出现，例如 2010 年第 10 届中国西部地区数学奥林匹克的第 1 题：

设 m，k 为给定的非负整数，$p=2^{2^m}+1$ 为素数，求证：

（1）$2^{2^{m+1}p^k}\equiv 1(\mathrm{mod}\, p^{k+1})$；

（2）满足同余方程 $2^n\equiv 1(\mathrm{mod}\, p^{k+1})$ 的最小整数 n 为 $2^{m+1}p^k$.[4]

3 背景分析

文［1］给出了问题 1 的解答，但解题思路是构造性的. 首先观察结论，考虑构造一个从向量空间 R[x]到实数 R 上的线性算子

$$L: Lx^n=a_n, n=0,1,2,\cdots$$

使得要证 $a_{p^m q+r}-a_{p^{m-1}q+r}$ 被 p^m 整除等价于证明

$$f(x)=\frac{x^{p^m q+r}-x^{p^{m-1}q+r}}{p^m}$$

是整值多项式. 然后分析算子 L 的线性性质，并利用整值多项式的有关性质证明这一赛题.

从解题过程来看，直接构造一个从向量空间 R[x]到实数 R 上的线性算子 L 是非常突兀的，但熟悉 Stirling 数的参赛者就会发现，题设条件中的 $a_n=\sum_{k=0}^{n-1}\binom{n}{k}a_k$ 与两类 Stirling 数的定义[5] 及第二类 Stirling 数的性质

$$S_2(n+1,m)=\sum_{k=0}^{n}\binom{n}{k}S_2(k,m-1)$$

在形式上极为相似，遗憾的是上式多了个变量 m，又注意到 Bell 数的递推关系式

$$B_{n+1}=\sum_{k=0}^{n}\binom{n}{k}B_k,$$

在形式上与问题 1 的题设条件非常相近，可见这道赛题的背景是极为深刻的.

下面我们试图找出 a_n 与第二类 Stirling 数 $S_2(n,k)$ 或 Bell 数 B_n 之间的联系.

先从问题 2 入手，不妨设 $s(n,i)$ 表示集合 $\{1,2,\cdots,n\}$ 到集合 $\{1,2,\cdots,i\}$ 的满射的个数，则集合 A_n 的基数为 $\sum_{i=1}^{n}s(n,i)$，于是集合 $\{1,2,\cdots,n\}$ 到集合 $\{1,2,\cdots,k\}$ 的映射的个数为

$$k^n=\sum_{i=1}^{k}\binom{k}{i}s(n,i),$$

又因为 $\binom{k}{i}=\frac{[k]_i}{i!}$，所以

$$k^n=\sum_{i=1}^{k}\frac{1}{i!}s(n,i)\,[k]_i,$$

所以由第二类 Stirling 数的定义[5] 可知

$$S_2(n,i)=\frac{1}{i!}s(n,i).$$

由此可见，问题 2 中的集合 A_n 的基数 a_n 与第二类 Stirling 数 $S_2(n,k)$ 有如下关系式：

$$a_n=\sum_{i=1}^{n}s(n,i)=\sum_{i=1}^{n}i!S_2(n,i)=\sum_{i=0}^{n}i!S_2(n,i).$$

又 Bell 数 $B_n=\sum_{i=0}^{n}S_2(n,i)$，故可将 a_n 看成是与第二类 Stirling 数和 Bell 数 B_n 有着深刻联系的组合数.

接下来，根据第二类 Stirling 数的性质容易得到问题 1 的另证.

由文［5］可知

$$S_2(n,i)=\frac{1}{i!}\Delta^i 0^n=\frac{1}{i!}\sum_{j=0}^{i}(-1)^{i-j}\binom{i}{j}j^n,$$

所以

$$a_n=\sum_{i=0}^{n}\sum_{j=0}^{i}(-1)^{i-j}\binom{i}{j}j^n.$$

由文［2］及欧拉定理可知，对每个整数 j，有

$$j^{p^mq+r}\equiv j^{p^{m-1}q+r}\pmod{p^m},$$

所以

$$a_{p^mq+r}\equiv a_{p^{m-1}q+r}\pmod{p^m}.$$

4 问题探究

下面我们先来探讨 a_n 的一些性质.

由前面的分析我们知道

$$a_n=\sum_{k=0}^{n}k!S_2(n,k),$$

又考虑到问题 1 的题设条件给出的递归式形似 Bell 数 B_n 的递推关系式.

于是仿 Bell 数 B_n 的定义[5] 有:

定义 1 我们对组合数 A_n 定义如下:

$$A_n=|P(n)|=\sum_{k=0}^{n}k!S_2(n,k),$$

其中 $|P(n)|$ 表示含有 n 个元素的集合 X 的所有有序划分的个数.

接下来,将上面关于组合数 A_n 的结论表述为下面的命题:

命题 1 对所有的 n,$k\geqslant 0$,有

$$A_{n+1}=\sum_{k=0}^{n}\binom{n+1}{k}A_k,$$

其中 $A_1=1$.

命题 2 对所有的 n,k,$j\geqslant 0$,有

$$A_n=\sum_{k=0}^{n}\sum_{j=0}^{k}(-1)^{k-j}\binom{k}{j}j^n.$$

命题 3 对所有的 n,$k\geqslant 0$,有

$$A_n=\sum_{k=0}^{\infty}\frac{k^n}{2^{k+1}}.$$

证明 由命题 1 知

$$A_{n+1}=\sum_{k=0}^{n}\binom{n+1}{k}A_k,$$

其中 $A_1=1$.

令 $C_n=\dfrac{A_n}{n!}$,则有

$$C_n=\sum_{k=0}^{n-1}\frac{1}{(n-k)!}C_k,$$

其中 $C_1=1$.

由 C_n 的组合意义可知，$C_n<2^n$，因而若 $|x|<\frac{1}{2}$，则级数 $\sum_{n=0}^{\infty}C_nx^n$ 绝对收敛.

于是，我们有

$$\begin{aligned}f(x)&=\sum_{n=0}^{\infty}C_nx^n=1+\sum_{n=1}^{\infty}\sum_{k=0}^{n-1}\frac{1}{(n-k)!}C_kx^n\\&=1+\sum_{k=0}^{\infty}\left[\sum_{n=k+1}^{\infty}\frac{1}{(n-k)!}x^n\right]C_k\\&=1+\sum_{k=0}^{\infty}(\mathrm{e}^x-1)C_kx^k\\&=1+(\mathrm{e}^x-1)f(x).\end{aligned}$$

整理可得

$$\begin{aligned}f(x)&=\frac{1}{2}\cdot\frac{1}{1-\frac{\mathrm{e}^x}{2}}=\sum_{k=0}^{\infty}\frac{\mathrm{e}^{kx}}{2^{k+1}}\\&=\sum_{k=0}^{\infty}\sum_{n=0}^{\infty}\frac{1}{n!}\cdot\frac{k^n}{2^{k+1}}x^n\\&=\sum_{n=0}^{\infty}\left(\frac{1}{n!}\sum_{n=0}^{\infty}\frac{k^n}{2^{k+1}}\right)x^n.\end{aligned}$$

从而

$$C_n=\frac{1}{n!}\sum_{n=0}^{\infty}\frac{k^n}{2^{k+1}},$$

因此，

$$A_n=\sum_{k=0}^{\infty}\frac{k^n}{2^{k+1}}.$$

由上述证明过程，我们还可得到

命题 4 对所有的 $n\geqslant 0$，有

$$\sum_{n=0}^{\infty}\frac{A_n}{n!}x^n=\frac{1}{2-\mathrm{e}^x}.$$

根据上述命题，我们可以得到下面与问题 1 和问题 2 等价的问题.

问题 4 设 A_n 表示所有的映射 f：$\{1,2,\cdots,n\}\to\{1,2,\cdots,n\}$ 中满足

$$f^{-1}(j)\neq\varnothing,j\in\{1,2,\cdots,i\}$$

的映射构成的集合，证明：$|A_n|=\sum_{k=0}^{n}\sum_{j=0}^{k}(-1)^{k-j}\binom{k}{j}j^n$.

问题 5 设 A_n 表示所有的映射 f：$\{1,2,\cdots,n\}\to\{1,2,\cdots,n\}$ 中满足

$$f^{-1}(j)\neq\varnothing, j\in\{1,2,\cdots,i\}.$$

的映射构成的集合，证明：$\sum\limits_{n=0}^{\infty}\frac{A_n}{n!}x^n=\frac{1}{2-\mathrm{e}^x}$.

问题 6 已知 m 为正整数，p 为素数，q，r 为非负整数. 证明：

$$p^m\left|\sum_{k=0}^{\infty}\frac{k^{p^mq+r}-k^{p^{m-1}q+r}}{2^{k+1}}\right..$$

问题 7 已知 m 为正整数，p 为素数，q，r 为非负整数，整数数列 $\{a_n\}$ 满足

$$a_0=1,\sum_{n=0}^{\infty}\frac{a_n}{n!}x^n=\frac{1}{2-\mathrm{e}^x}.$$

证明 两项之差 $a_{p^mq+r}-a_{p^{m-1}q+r}$ 被 p^m 整除.

上述问题 6 是一道关于级数求和的整除性问题，曾在 1968 年第 10 届 IMO 中出现过一道类似的赛题：

设 $[x]$ 表示不超过 x 的最大整数. 试求

$$\sum_{k=0}^{\infty}\left[\frac{n+2^k}{2^{k+1}}\right]$$

的值，其中 n 是任意自然数.[3]

无独有偶，《美国数学月刊》（AMM）在卷 1 月号问题 4346 也曾刊出一道与之相似的问题：

求证：对一切正整数 n，有

$$n-1=\sum_{r=1}^{\infty}\left[\frac{n+2^{r-1}-1}{2^r}\right].$$

5 推广

下面对结论进行拓展延伸，考虑到在问题 1 中得到的同余式

$$a^{p^mq+r}\equiv a^{p^{m-1}q+r}(\bmod p^m),$$

则对任意的正整数 $l\leqslant m$，有

$$a^{p^mq+r}\equiv a^{p^{l-1}q+r}(\bmod p^l),$$

这里可通过累加后化简得到，于是上述问题可推广为：

问题 8 已知 p 为素数，q，r 为非负整数，l，m 均为正整数，且 $l\leqslant m$. 整数数列 $\{a_n\}$ 满足

$$a_0=1,a_n=\sum_{k=0}^{n-1}\binom{n}{k}a_k(n\geqslant 1).$$

证明 两项之差 $a_{p^m q+r}-a_{p^{l-1}q+r}$ 被 p^l 整除.

问题 9 已知 p 为素数，q，r 为非负整数，l，m 均为正整数，且 $l\leqslant m$. 证明：

$$p^l \left| \sum_{k=0}^{\infty}\frac{k^{p^m q+r}-k^{p^{l-1}q+r}}{2^{k+1}}\right. .$$

问题 10 已知 p 为素数，q，r 为非负整数，l，m 均为正整数，且 $l\leqslant m$，整数数列 $\{a_n\}$ 满足

$$a_0=1,\sum_{n=0}^{\infty}\frac{a_n}{n!}x^n=\frac{1}{2-\mathrm{e}^x}.$$

证明 两项之差 $a_{p^m q+r}-a_{p^{l-1}q+r}$ 被 p^l 整除.

又注意到，对任意的正整数 l_1，…，l_n，m_1，…，m_n 满足

$$l_i\leqslant m_i(i=1,2,\cdots,n),$$

则有

$$\sum_{i=1}^{n}a_{p^{m_i}q+r}\equiv\sum_{i=1}^{n}a_{p^{l_i-1}q+r}(\bmod p^{\gcd(l_1,l_2,\cdots,l_n)}),$$

因此，可将问题 8 至问题 10 进一步推广为：

问题 11 已知 p 为素数，q，r 为非负整数，l_1，…，l_n，m_1，…，m_n 均为正整数，且 $l_i\leqslant m_i(i\in\{1,\cdots,n\})$，整数数列 $\{a_n\}$ 满足

$$a_0=1,a_n=\sum_{k=0}^{n-1}\binom{n}{k}a_k(n\geqslant 1).$$

证明 两项之差 $\sum_{i=1}^{n}(a_{p^{m_i}q+r}-a_{p^{l_i-1}q+r})$ 被 $p^{\gcd(l_1,\cdots,l_n)}$ 整除.

问题 12 已知 p 为素数，q，r 为非负整数，l_1，…，l_n，m_1，…，m_n 均为正整数，且 $l_i\leqslant m_i(i\in\{1,\cdots,n\})$. 证明：

$$p^{\gcd(l_1,\cdots,l_n)} \left| \sum_{k=0}^{\infty}\sum_{i=1}^{n}\frac{k^{p^{m_i}q+r}-k^{p^{l_i-1}q+r}}{2^{k+1}}\right. .$$

问题 13 已知 p 为素数，q，r 为非负整数，l_1，…，l_n，m_1，…，m_n 均为正整数，且 $l_i\leqslant m_i(i\in\{1,\cdots,n\})$，整数数列 $\{a_n\}$ 满足

$$a_0=1,\sum_{n=0}^{\infty}\frac{a_n}{n!}x^n=\frac{1}{2-\mathrm{e}^x}.$$

证明 两项之差 $\sum_{i=1}^{n}(a_{p^{m_i}q+r}-a_{p^{l_i-1}q+r})$ 被 $p^{\gcd(l_1,\cdots,l_n)}$ 整除.

参考文献：

[1] 第 66 届罗马尼亚国家队选拔考试（2015）. 中等数学，2016（增刊 2）.

[2] Gabor J Szekely. Contests in Higher Mathematics Miklós Schweitzer Competitions 1962－1991. Springer Science＋Business Media，New York，1996.

[3] 熊斌，田廷彦. 国际数学奥林匹克研究. 上海：上海教育出版社，2008.

[4] 2011 年 IMO 中国国家集训队教练组. 走向 IMO·数学奥林匹克试题集锦. 上海：华东师范大学出版社，2011.

[5] 毛经中. 组合数学基础. 武汉：华中师范大学出版社，1990.

作者：朱华伟，邱际春. 原载：《中等数学》2020 年第 4 期.

6-11 一道 IMO 预选题的探究与思考

1 问题的提出

第 19 届国际数学奥林匹克预选题中有下面一道经典赛题：

题目 证明恒等式：

$$(z+a)^n=z^n+a\sum_{k=1}^{n}\binom{n}{k}(a-kb)^{k-1}(z+kb)^{n-k}.$$

熟悉 Abel 恒等式的参赛者容易看出此题是以 Abel 多项式和 Abel 恒等式为背景的，笔者以为这是一道值得深究的好题.

2 定义与定理

下面笔者分别给出 Abel 多项式的定义和 Abel 恒等式：

定义 我们称

$$a_k(x,z)=\frac{x(x-kz)^{k-1}}{k!}$$

为 Abel 多项式，记为 $a_k(x,\ z)$，其中 $k\geqslant 1$，$a_0(x,\ z)=1$.

定理（Abel 恒等式） 设 x，y，$z\in \mathrm{R}$ 且 $x\neq 0$，则有

$$(x+y)^n=\sum_{k=0}^{n}\binom{n}{k}x(x-kz)^{k-1}(y+kz)^{n-k}.$$

文献［1］中先后分别引入 Abel 多项式及其性质结合求偏导的方法来完成 Abel 恒等式的证明，并且还给出了 Abel 恒等式的两种组合证法，对此有兴趣的读者可进一步了解.

3 探究与思考

众所周知，Abel 恒等式作为 Newton 二项式公式的推广，是发现新的组合恒等式的重要工具，也是将较难证明的恒等式转化为较易证明的恒等式的重要方法.

下面笔者对上述定理（Abel 恒等式）进行赋值探究，从而得到一些结论.

若令 $z=0$，则 Abel 恒等式即为 Newton 二项式公式.

若令 $x+y=-1$，$z=-1$，则可得到错排数的表达式为

$$D(n)=\sum_{k=0}^{n}\binom{n}{k}(-1)^{n-k}(x+k)^{k}(x+k+1)^{n-k}.$$

在上式中分别取 $x=0$，1 便可推出错排数的递推公式[2]：

$$D(n+1)=(n+1)D(n)+(-1)^{n+1},D(0)=1,$$

进一步可求出

$$D(n)=n!\left(1-\frac{1}{1!}+\frac{1}{2!}-\frac{1}{3!}+\cdots+\frac{(-1)^{n}}{n!}\right).$$

在第19届普特南（Putnam）数学竞赛中的一道试题便是以此为背景：

设 n 阶行列式主对角线上的元素全为零，其余元素全不为零. 求证：它的展开式中不为零的项数等于下式的值

$$n!\left(1-\frac{1}{1!}+\frac{1}{2!}-\frac{1}{3!}+\cdots+\frac{(-1)^{n}}{n!}\right).$$

若令 $x=a$，$y=z$，$z=b$，则可得到一道第19届IMO预选题[3]：

命题1 证明恒等式：$(z+a)^{n}=z^{n}+a\sum_{k=1}^{n}\binom{n}{k}(a-kb)^{k-1}(z+kb)^{n-k}$.

（第19届国际数学奥林匹克预选题）

此命题既可用上述方法推得，还可用数学归纳法证明，详见文［3］.

若令 $y=n$，则整理后可得下面的命题2：

命题2 证明恒等式：$(x+n)^{n}=\sum_{k=0}^{n}\binom{n}{k}(x+k)(x+n)^{n-k-1}k!$.

证明 在文［4］定理3的（2）中取 $f(x)=x^{n}$，可得

$$\sum_{k=0}^{n}(-1)^{n-k}\binom{n}{k}(x+k)^{n}=n!,$$

用 $-x$ 替换 x，可得

$$\sum_{k=0}^{n}\binom{n}{k}(x+k)^{n-k}(-x+k)^{k}=n!.$$

原恒等式等价于

$$\begin{aligned}(-x+n)^{n}&=\sum_{k=0}^{n}\binom{n}{k}(-x+k)(-x+n)^{n-k-1}k!\\&=\sum_{k=0}^{n}\binom{n}{k}(-x+k)(-x+n)^{n-k-1}\sum_{l=0}^{k}\binom{k}{l}(x-l)^{k-l}(-x+l)^{l}\\&=\sum_{l=0}^{n}\left(\sum_{k=l}^{n}(-1)^{n-k}\binom{n}{k}\binom{k}{l}(x-k)(x-n)^{n-k-1}(x-l)^{k-l}\right)(-x+l)^{l},\end{aligned}$$

即只需证

$$\sum_{k=l}^{n}(-1)^{n-k}\binom{n}{k}\binom{k}{l}(x-k)(x-n)^{n-k-1}(x-l)^{k-l}=\delta_{ln},$$

其中 δ_{ln} 是 Kronecker 符号，且 $\delta_{ln}=\begin{cases}1, & l=n;\\ 0, & l\neq n.\end{cases}$

注意到

$$\binom{n}{k}\binom{k}{l}=\binom{n}{l}\binom{n-l}{k-l}.$$

令 $k-l=j$，则上式等价于

$$\sum_{j=0}^{n-l}(-1)^{n-l-j}\binom{n}{l}\binom{n-l}{j}(x-l-j)(x-n)^{n-l-j-1}(x-l)^{j}=\delta_{ln};$$

令 $n-l=m$，则上式又等价于

$$\sum_{j=0}^{m}(-1)^{m-j}\binom{l+m}{l}\binom{m}{j}(x-l-j)(x-l-m)^{m-j-1}(x-l)^{j}=\delta_{m0},$$

即

$$(-1)^{m}\binom{l+m}{l}(x-l-m)^{m-1}\sum_{j=0}^{m}(-1)^{j}\binom{m}{j}(x-l-j)\left(\frac{x-l}{x-l-m}\right)^{j}=\delta_{m0}(*),$$

当 $m=0$ 时，上式两边均为 1，等式（$*$）成立；

当 $m\neq 0$ 时，取 $g(j)=(x-l-j)\left(\frac{x-l}{x-l-m}\right)^{j}$，则

$$\Delta^{m}g(j)=\sum_{j=0}^{m}(-1)^{j}\binom{m}{j}(x-l-j)\left(\frac{x-l}{x-l-m}\right)^{j}.$$

注意到 $g(j)$ 是 j 的一次多项式，故

若 $m=1$，则有

$$\Delta g(j)=\binom{1}{0}(x-l)+(-1)\binom{1}{1}(x-l-1)\frac{x-l}{x-l-1}=0,$$

即等式（$*$）成立；

若 $m\geqslant 2$，则由文［4］定理 4 的（3）可知

$$\Delta^{m}g(j)=\sum_{j=0}^{m}(-1)^{j}\binom{m}{j}g(j)=0,$$

即等式（$*$）成立.

综上所述，原恒等式成立.

如果在命题 1 和命题 2 中分别对变量进行赋值，那么还可得到一系列的恒等式. 例如：

在命题 1 中取 $z=0$，整理可得

推论 1 $\sum_{k=1}^{n}\binom{n}{k}(a-kb)^{k-1}(kb)^{n-k}=a^{n-1}$.

在推论 1 中取 $b=1$ 可得

推论 2 $\sum_{k=1}^{n}\binom{n}{k}(a-k)^{k-1}(k)^{n-k}=a^{n-1}$.

在命题 1 中取 $z=1$，整理可得

推论 3 $a\sum_{k=1}^{n}\binom{n}{k}(a-kb)^{k-1}(kb)^{n-k}=(1+a)^{n}-1$.

在命题 1 中取 $z=n$，整理可得

推论 4 $a\sum_{k=1}^{n}\binom{n}{k}(a-kb)^{k-1}(n+kb)^{n-k}=(n+a)^{n}-n^{n}$.

在命题 1 中取 $z=a$，整理可得

推论 5 $\sum_{k=1}^{n}\binom{n}{k}(a-kb)^{k-1}(kb)^{n-k}=(2^{n}-1)a^{n-1}$.

在推论 5 中取 $b=a$，整理可得

推论 6 $\sum_{k=1}^{n}\binom{n}{k}(1-k)^{k-1}k^{n-k}=2^{n}-1$.

在命题 2 中取 $x=0$，整理可得

推论 7 $\sum_{k=0}^{n}\binom{n}{k}kn^{-k}k!=n$.

在命题 2 中取 $x=1$，整理可得

推论 8 $\sum_{k=0}^{n}(n+1)^{-k}(k+1)!=n+1$.

在命题 2 中取 $x=a$，整理可得

推论 9 $\sum_{k=0}^{n}(k+a)^{n-k-1}(n+a)^{-k}k!=n+a$.

在命题 2 中取 $x=n$，整理可得

推论 10 $\sum_{k=0}^{n}\binom{n}{k}(n+k)^{n-k-1}(2n)^{-k-1}k!=1$.

参考文献：

[1] 许定亮. 关于 Abel 恒等式和它的两个组合证法. 常州技术师范学院学报，2000 (12)：41－43.

[2] Richard P Stanley. 计数组合学：第 4 卷. 付梅，等译. 北京：高等教育出版社，2009.

[3] 佩捷，冯贝叶. IMO 50 年：第 4 卷. 哈尔滨：哈尔滨工业大学出版社，2016.

[4] 邱际春，付云皓. 利用差分算子解多项式竞赛题. 中等数学，2016 (11).

作者：邱际春，朱华伟. 原载：《中等数学》2018 年第 11 期.

6-12 一道IMO中国国家队选拔考试题的推广

1 问题的提出

差分算子是算子理论中的一种较为具体化、初等化的线性算子，它在代数学、分析学、组合数学以及特殊函数中有着重要的应用. 在各类数学竞赛的命题和解题中时有涉及高等数学中的差分算子，笔者以 2000 年 IMO 中国国家队选拔考试中的一道竞赛题为例，利用有限差分方法进行分析、探究和推广，得到一些结论.

题目 给定正整数 k，m，n，满足 $1\leqslant k\leqslant m\leqslant n$，试求

$$\sum_{i=0}^{n}(-1)^{i}\frac{1}{n+k+i}\cdot\frac{(m+n+i)!}{i!(n-i)!(m+i)!}$$

的值，并写出推算过程.[1]

解析 考虑到所求级数的分式形式，构造函数

$$f(x)=\frac{(x+m+1)(x+m+2)\cdots(x+m+n)}{x+n+k}.$$

由条件 $1\leqslant k\leqslant m\leqslant n$ 可知

$$m+1\leqslant n+k\leqslant m+n,$$

所以 $f(x)$ 是关于 x 的多项式，且 $\deg f(x)=n-1$，

在文［2］定理 3 的（2）中取 $x=0$ 可得

$$\begin{aligned}\Delta^{n}f(0)&=\sum_{i=0}^{n}(-1)^{i}\binom{n}{i}f(i)\\&=\sum_{i=0}^{n}(-1)^{i}\frac{n!}{i!(n-i)!}\cdot\frac{(m+n+i)!}{(m+i)!}\cdot\frac{1}{n+k+i}.\end{aligned}$$

又由文［2］定理 4 可知 $\Delta f(x)=0$，故

$$\sum_{i=0}^{n}(-1)^{i}\frac{(m+n+i)!}{i!(n-i)!(m+i)!}\cdot\frac{1}{n+k+i}=\frac{\Delta^{n}f(0)}{n!}=0.$$

2 分析与推广

接下来我们将上述试题重新表述为如下命题：

命题 1 若 k，m，n 均为正整数，且满足 $1\leqslant k\leqslant m\leqslant n$，则

$$\sum_{i=0}^{n}(-1)^{i}\frac{1}{n+k+i}\cdot\frac{(m+n+i)!}{i!(n-i)!(m+i)!}=0.$$

事实上，上述解析中还蕴含如下恒等式：

命题 2 若 k，m，n 均为正整数，且满足 $1\leqslant k\leqslant m\leqslant n$，则

$$\sum_{i=0}^{n}(-1)^{i}\binom{n}{i}\cdot\frac{(m+n+i)!}{(n+k+i)\cdot(m+i)!}=0.$$

考虑到当 $p(x)$ 是次数为 n 的首一多项式，则有 $\Delta^{n}p(x)=n!$，于是令

$$f(x)=(x+m+1)(x+m+2)\cdots(x+m+n),$$

容易推出

命题 3 若 m，n 均为正整数，则

$$\sum_{i=0}^{n}(-1)^{i}\frac{(m+n+i)!}{i!(n-i)!(m+i)!}=1.$$

又注意到 $\Delta^{n+1}p(x)=0$，从而有

命题 4 若 m，n 均为正整数，且满足 $1\leqslant m\leqslant n$，则

$$\sum_{i=0}^{n+1}(-1)^{i}\frac{(m+n+i)!}{i!(n+1-i)!(m+i)!}=0.$$

若令 $f(x)=\dfrac{1}{x+m}$，则由差分算子的定义[2] 及归纳法可得

$$\Delta^{n}f(x)=\frac{(-1)^{n}n!}{(x+m)(x+m+1)\cdots(x+m+n)},$$

又由文［2］定理3可知

$$\Delta^{n}f(x)=\sum_{i=0}^{n}(-1)^{n-i}\binom{n}{i}f(x+i),$$

比较上述两式，并取 $x=0$ 可得

命题 5 若 m，n 均为正整数，则有

$$\sum_{i=0}^{n}(-1)^{i}\binom{n}{i}\frac{1}{m+i}=\frac{1}{m}\binom{m+n}{m}^{-1}.$$

类似地，计算 $f(x)=\dfrac{1}{x+m}$ 的 $n-m$ 阶差分可得

命题 6 若 m，n 均为正整数，且满足 $1\leqslant m\leqslant n$，则有

$$\sum_{i=0}^{n-m}(-1)^i\binom{n-m}{i}\cdot\frac{1}{m+i}=\frac{1}{m}\binom{n}{m}^{-1}.$$

此即是单墫编著的《数学竞赛研究教程》[3] 下册第 23 页的例 11. 同样地，分别取 $x=m$，n 还可得到

命题 7 若 m，n 均为正整数，则有

$$\sum_{i=0}^{n}(-1)^i\binom{n}{i}\frac{1}{2m+i}=\frac{n!}{\prod\limits_{i=0}^{n}(2m+i)}.$$

命题 8 若 m，n 均为正整数，则有

$$\sum_{i=0}^{n}(-1)^i\binom{n}{i}\frac{1}{n+m+i}=\frac{n!}{\prod\limits_{i=0}^{n}(n+m+i)}.$$

若令 $f(x)=\dfrac{1}{mx+1}$，则由差分算子的定义及归纳法可得

$$\Delta^n f(x)=\frac{(-1)^n m^n\cdot n!}{(mx+1)[m(x+1)+1]\cdots[m(x+n)+1]},$$

又由文 [2] 定理 3 可知

$$\Delta^n f(x)=\sum_{i=0}^{n}(-1)^{n-i}\binom{n}{i}f(x+i),$$

比较上述两式，并取 $x=0$ 可得

命题 9 若 m，n 均为正整数，则有

$$\sum_{i=0}^{n}(-1)^i\binom{n}{i}\frac{1}{mi+1}=\frac{m^n\cdot n!}{\prod\limits_{i=0}^{n}(mi+1)}.$$

同样地，分别取 $x=m$，n，便可分别得到

命题 10 若 m，n 均为正整数，则有

$$\sum_{i=0}^{n}(-1)^i\binom{n}{i}\frac{1}{m^2+mi+1}=\frac{m^n\cdot n!}{\prod\limits_{i=0}^{n}(m^2+mi+1)}.$$

命题 11 若 m，n 均为正整数，则有

$$\sum_{i=0}^{n}(-1)^i\binom{n}{i}\frac{1}{m(n+i)+1}=\frac{m^n\cdot n!}{\prod\limits_{i=0}^{n}[m(n+i)+1]}.$$

特别地，在命题 8 或命题 11 中取 $m=1$，化简整理后还可得到一个简洁优美的组合

恒等式：

命题 12 若 n 为正整数，则有

$$\sum_{i=0}^{n}(-1)^{i}\binom{n}{i}\frac{1}{n+i+1}=\frac{(n!)^{2}}{(2n+1)!}.$$

3 进一步推导

对于上述命题，还可进一步推导出新的组合恒等式，这里我们需要用到组合变换的互逆公式. 下面以引理的形式给出：

引理（组合变换的互逆公式） 设$\{a_n\}_{n\geqslant 0}$是一个给定的数列，若

$$b_k=\sum_{l=0}^{k}(-1)^{l}\binom{k}{l},k=0,1,2,\cdots$$

则

$$a_n=\sum_{k=0}^{n}(-1)^{k}\binom{n}{k}b_k,n=0,1,2$$[4]

我们有了这个引理之后，便可将上述命题统一推导出一系列的恒等式.

容易看出，命题 3 中的恒等式等价于

$$\sum_{i=0}^{n}(-1)^{i}\binom{n}{i}\frac{(m+n+i)!}{(m+i)!}=n!,$$

应用组合变换的互逆公式可得

命题 13 若 m，n 均为正整数，则有

$$\sum_{i=0}^{n}(-1)^{i}\binom{n}{i}i!=\frac{(m+2n)!}{(m+n)!}.$$

在命题 5 中应用组合变换的互逆公式可得

命题 14 若 m，n 均为正整数，则有

$$\sum_{i=0}^{n}(-1)^{i}\binom{n}{i}\frac{1}{\binom{m+i}{m}}=\frac{m}{m+n}.$$

在命题 7 中应用组合变换的互逆公式可得

命题 15 若 m，n 均为正整数，则有

$$\sum_{i=0}^{n}(-1)^{i}\binom{n}{i}\frac{i!}{2m(2m+1)\cdots(2m+i)}=\frac{1}{2m+n}.$$

在命题 8 中应用组合变换的互逆公式可得

命题 16 若 m，n 均为正整数，则有

$$\sum_{i=0}^{n}(-1)^{i}\binom{n}{i}\frac{i!}{(m+i)(m+i+1)\cdots(m+2i)}=\frac{1}{m+2n}.$$

在命题 9 中应用组合变换的互逆公式可得

命题 17 若 m，n 均为正整数，则有

$$\sum_{i=0}^{n}(-1)^{i}\binom{n}{i}\frac{m^{i}\cdot i!}{(m+1)(2m+1)\cdots(mi+1)}=\frac{1}{mn+1}.$$

在命题 10 中应用组合变换的互逆公式可得

命题 18 若 m，n 均为正整数，则有

$$\sum_{i=0}^{n}(-1)^{i}\binom{n}{i}\frac{m^{i}\cdot i!}{(m^{2}+1)(m^{2}+m+1)\cdots(m^{2}+mi+1)}=\frac{1}{m^{2}+mn+1}.$$

在命题 11 中应用组合变换的互逆公式可得

命题 19 若 m，n 均为正整数，则有

$$\sum_{i=0}^{n}(-1)^{i}\binom{n}{i}\frac{m^{i}\cdot i!}{(mn+1)[m(n+1)+1]\cdots[m(n+i)+1]}=\frac{1}{2mn+1}.$$

特别地，在命题 16 或命题 19 中取 $m=1$ 后，化简可得

命题 20 若 m，n 均为正整数，则有

$$\sum_{i=0}^{n}(-1)^{i}\binom{n}{i}\frac{(i!)^{2}}{(2i+1)!}=\frac{1}{2n+1}.$$

参考文献：

[1] 南秀全，黄振国．多项式理论．哈尔滨：哈尔滨工业大学出版社，2016.

[2] 邱际春，付云皓．利用差分算子解多项式竞赛题．中等数学，2016（11）.

[3] 单墫．数学竞赛研究教程．南京：江苏教育出版社，2009.

[4] 史济怀．组合恒等式．合肥：中国科学技术大学出版社，2009.

作者：朱华伟，邱际春．原载：《数学通讯》2018 年第 11 期（下半月）.

6-13 两道数学竞赛题的分析与推广

数学奥林匹克中存在大量具有高等数学背景的试题，这是与 IMO 的宗旨相契合的，即希望参赛者能够解决有高等数学背景的初等问题.

1 第一题

1.1 问题提出

题目 已知实数列 a_0，a_1，a_2，…满足

$$a_{i-1}+a_{i+1}=2a_i \quad (i=1,2,3,\cdots).$$

求证：对于任何自然数 n，有

$$f(x)=\sum_{k=0}^{n}a_k\binom{n}{k}x^k(1-x)^{n-k}$$

是 x 的一次多项式或常数.[1]

(1986 年全国高中数学联合竞赛)

文 [1] 分析了它的命题背景，指出王玉怀先生将这一问题推广到 $\deg f(x)\leqslant 2$ 的情形，利用数学归纳法结合等差数列的性质和组合关系式进行证明. 文 [2] 给出了此问题的一般形式，并利用差分算子和差分多项式的性质对推广情形作了证明.

推广 1 若对任何自然数 n 和 r，数列 a_0，a_1，a_2，…满足

$$a_{i-1}+a_{i+1}=2a_i \quad (i=1,2,3,\cdots),$$

则

$$f(x)=\sum_{k=0}^{n}a_k^r\binom{n}{k}x^k(1-x)^{n-k}$$

是 x 的次数不超过 r 的多项式或零多项式.

笔者将在此基础上进一步分析其背景，并推广得到新的结论.

1.2 背景分析

下面我们先来看 Bernstein 基函数和 Bernstein 多项式的定义：

定义 1 设 n，$k\in\mathbf{N}$，我们称

$$b_{n,k}(x)=\binom{n}{k}x^k(1-x)^{n-k},k=0,1,\cdots,n$$

为 Bernstein 基函数.

定义 2 设 $f(x)\in\mathbf{C}[0,1]$，我们称

$$B_n(f(x),x)=\sum_{k=0}^{n}f\left(\frac{k}{n}\right)\binom{n}{k}x^k(1-x)^{n-k},k=0,1,\cdots,n$$

为 $f(x)$ 的 Bernstein 多项式，简记为 $B_n(f,x)$ 或 $B_n(x)$.

从形式上看，Bernstein 多项式是 Bernstein 基函数的线性组合.

事实上，Bernstein 多项式与 Abel 恒等式也有着内在的联系.

下面给出 Abel 恒等式：

定理 设 x，y，$z\in\mathbf{R}$ 且 $x\neq0$，则

$$(x+y)^n=\sum_{k=0}^{n}\binom{n}{k}x(x-kz)^{k-1}(y+kz)^{n-k}.$$ [3]

我们在上述定理中取 $z=0$，$y=1-x$，可得

$$1=\sum_{k=0}^{n}\binom{n}{k}x^k(1-x)^{n-k},$$

此即为在定义 2 中取 $f(x)=1$ 所得 $B_n(1,x)=1$.

又如果在原题中取数列 $\{a_n\}_{n\geqslant0}$ 为常数数列，特别地，取 $a_n=1$ 时，有

$$f(x)=\sum_{k=0}^{n}\binom{n}{k}x^k(1-x)^{n-k}=B_n(1,x).$$

由此可以看出，这是一道以 Bernstein 多项式和 Abel 恒等式为背景命制的赛题.

1.3 推广及证明

考虑对原题目的题设条件进行推广，对应结论依然成立.

推广 2 若对任何自然数 n 和 m，数列 a_0，a_1，a_2，…满足

$$\sum_{i=0}^{m+1}(-1)^{m-i+1}\binom{m+1}{i}a_{n+i}=0,n=0,1,2,\cdots$$

则

$$f(x)=\sum_{k=0}^{n}a_k\binom{n}{k}x^k(1-x)^{n-k}$$

是 x 的次数不超过 m 的多项式或零多项式.

证明 由差分算子的定义[4] 可知

$$Ea_i=a_{i+1},\Delta=E-I,$$
$$\Delta a_i=(E-I)a_i=Ea_i+Ia_i=a_{i+1}-a_i,$$
$$\Delta^2a_i=(E-I)^2a_i=E^2a_i-2EIa_i+I^2a_i=a_{i+2}-2a_{i+1}+a_i,$$

$\cdots,$

归纳可得

$$\Delta^m a_i=(E-I)^m a_i=\sum_{k=0}^{m}(-1)^{m-k}\binom{m}{k}a_{i+k},$$

所以

$$\Delta^{m+1}a_i=\sum_{k=0}^{m+1}(-1)^{m-k+1}\binom{m+1}{k}a_{i+k}=0,$$

所以 $\Delta^{m+1}a_i=\Delta^m(\Delta a_i)=\Delta^m(a_{i+1}-a_i)$，即

$$\Delta^m a_{i+1}=\Delta^m a_i.$$

注意到当 $k\geqslant m+1$ 时，$\Delta^k a_0=0$，于是

$$\begin{aligned}f(x)&=\sum_{k=0}^{n}\binom{n}{k}x^k(1-x)^{n-k}(E^k a_0)\\&=\sum_{k=0}^{n}\binom{n}{k}(Ex)^k[(1-x)I]^{n-k}a_0\\&=[xE+(1-x)I]^n a_0=(I+\Delta x)^n a_0\\&=\sum_{k=0}^{n}\binom{n}{k}x^k\Delta^k a_0=\sum_{k=0}^{m}\binom{n}{k}x^k\Delta^k a_0,\end{aligned}$$

因此，$f(x)$是 x 的次数不超过 m 的多项式或零多项式.

评注 若取 $m=r$，则推广 2 与推广 1 实质上是两个等价的命题.

若对推广 2 中的结论进行推广，即将 $f(x)$中的 a_k 推广至 a_k^r，从而得到：

推广 3 若对任何自然数 m，n 和 r，数列 a_0，a_1，a_2，…满足

$$\sum_{i=0}^{m+1}(-1)^{m-i+1}\binom{m+1}{i}a_{n+i}=0,n=0,1,2,\cdots$$

则

$$f(x)=\sum_{k=0}^{n}a_k^r\binom{n}{k}x^k(1-x)^{n-k}$$

是 x 的次数不超过 mr 的多项式或零多项式.

证明 由推广 2 的证明，有

$$\Delta^{m+1}a_i=\sum_{k=0}^{m+1}(-1)^{m-k+1}\binom{m+1}{k}a_{i+k}=0,$$

因而由文［4］的定理 4 可知 a_n 关于 n 的次数不大于 m，即

$$\deg a_n\leqslant m,$$

所以 $\deg a_n^r \leqslant mr$.

不妨设 $a_n^r=\sum\limits_{i=0}^{mr}b_in^i$，其中 b_i 为实数.

考虑到恒等式

$$\sum_{k=0}^{n}\binom{n}{k}z^k=(1+z)^n,$$

两边对 z 求导后乘以 z，得

$$\sum_{k=0}^{n}k\binom{n}{k}z^k=nz(1+z)^{n-1},$$

再次求导并乘以 z 可得

$$\sum_{k=0}^{n}k^2\binom{n}{k}z^k=nz(1+2z)(1+z)^{n-2},$$

依此类推，逐步求导 mr 次且每次都乘以 z 得

$$\sum_{k=0}^{n}k^{mr}\binom{n}{k}z^k=(1+z)^{n-mr}P_{mr}(z),$$

其中 $P_{mr}(z)$是关于 z 的 mr 次多项式.

令 $z=\dfrac{x}{1-x}$，则

$$\sum_{k=0}^{n}k^{mr}\binom{n}{k}\left(\frac{x}{1-x}\right)^k=\left(1+\frac{x}{1-x}\right)^{n-mr}P_{mr}\left(\frac{x}{1-x}\right),$$

两边同乘以$(1-x)^n$，得

$$\sum_{k=0}^{n}k^{mr}\binom{n}{k}x^k(1-x)^{n-k}=(1-x)^{mr}P_{mr}\left(\frac{x}{1-x}\right),$$

故

$$\begin{aligned}\sum_{k=0}^{n}a_k^r\binom{n}{k}x^k(1-x)^{n-k}&=\sum_{k=0}^{n}\sum_{i=0}^{mr}b_ik^i\binom{n}{k}x^k(1-x)^{n-k}\\&=\sum_{i=0}^{mr}b_i(1-x)^iP_i\left(\frac{x}{1-x}\right).\end{aligned}$$

由于多项式$(1-x)^{mr}P_{mr}\left(\dfrac{x}{1-x}\right)$的次数为 mr，从而 $\sum\limits_{i=0}^{mr}b_i(1-x)^iP_i\left(\dfrac{x}{1-x}\right)$ 的次数最多为 mr.

因此，$f(x)$是 x 的次数不超过 mr 的多项式或零多项式.

评注 事实上，由题设条件知高阶等差数列$\{a_n\}_{n\geqslant 0}$ 的阶数不大于 m，于是其通项

是关于 n 的次数不超过 m 的多项式或零多项式，进而 a_n^r 是关于 n 的次数不超过 mr 次多项式或零多项式，故由定义 2 可知 $f(x)$是 x 的次数不超过 mr 的多项式或零多项式.

2 第二题

2.1 问题提出

题 2 设 n 是一个正整数，考虑

$$S=\{(x,y,z)\mid x,y,z\in\{0,1,\cdots,n\},x+y+z>0\}$$

是三维空间中 $(n+1)^3-1$ 个点的集合. 试求其并集包含 S 但不含（0，0，0）的平面个数的最小值.[4]

文［5］和文［6］运用实系数多项式的有关性质给出两种初等解法，文［6］指出了这一赛题的二维情形和背景，此恰为文［7］中的编拟题.

题 3 已知平面上 $(n+1)^2-1$ 个点的集合

$$S=\{(x,y)\mid x,y\in\{0,1,\cdots,n\},x+y>0\}.$$

设若干直线的并集包含 S，但不含有原点. 试求直线条数的最小值.[4]

文［7］通过借助组合恒等式来证明此题.

笔者从差分的角度出发，利用多项式的差分性质对上述赛题进行推广.

考虑到三维空间推广到 k 维空间时，二维平面相应地推广到 $k-1$ 维超平面，故有：

推广 4 设 n 是一个正整数，考虑

$$S=\{(x_1,x_2,\cdots,x_k)\mid x_1,x_2,\cdots,x_k\in\{0,1,\cdots,n\},x_1+x_2+\cdots+x_k>0\}$$

是 k 维空间中 $(n+1)^k-1$ 个点的集合. 试求其并集包含 S 但不含（0，0，…，0）的超平面个数的最小值.

先对文［4］给出的定义作进一步拓展，并摘录两个必要的定理：

定义 3 对于 $\mathrm{R}[x]$上的函数 $f(x_1,x_2,\cdots,x_k)$，有一阶偏差分

$$\Delta_{x_1}f=f(x_1+1,x_2,\cdots,x_k)-f(x_1,x_2,\cdots,x_k),$$
$$\Delta_{x_2}f=f(x_1,x_2+1,\cdots,x_k)-f(x_1,x_2,\cdots,x_k),$$
$$\cdots\cdots$$
$$\Delta_{x_k}f=f(x_1,x_2,\cdots,x_k+1)-f(x_1,x_2,\cdots,x_k).$$

称 $\Delta\in\{\Delta_{x_1},\Delta_{x_2},\cdots,\Delta_{x_k}\}$为偏差分算子.

定理 2 牛顿公式：$\Delta^n=\sum\limits_{i=0}^{n}(-1)^{n-i}C_n^iE^i$，其中 $n=0，1，2，\cdots$.[4]

定理 3 设 $f(x)$是首项系数为 a_n 的 m 次多项式，若正整数 $n>m$，则 $\Delta^nf(x)\equiv0$，且 $\sum\limits_{i=0}^{n}(-1)^{n-i}C_n^if(i)=0$.[4]

回到推广 4：

证明 假设存在 m 个超平面

$$a_{1i}x_1+a_{2i}x_2+\cdots+a_{ki}x_k-a_{k+1,i}=0(1\leqslant i\leqslant m),a_{k+1,i}\neq 0$$

满足条件.

构造 m 次多项式 $f(x_1,x_2,\cdots,x_k)=\prod_{i=1}^{m}(a_{1i}x_1+a_{2i}x_2+\cdots+a_{ki}x_k-a_{k+1,i})$.

由题意可知，对任意 $(x_1,x_2,\cdots,x_k)\in S$，有 $f(x_1,x_2,\cdots,x_k)\equiv 0$，但 $f(0,0,\cdots,0)\neq 0$.

若 $m<kn$，由定理 2 容易推得 $\Delta_{x_1}^{n}\Delta_{x_2}^{n}\cdots\Delta_{x_k}^{n}f\equiv 0$.

又由定理 2 可得

$$\Delta^{n}f(x)=\sum_{i=0}^{n}(-1)^{n-i}C_n^i f(x+i),$$

推广到 k 维，有

$$\Delta_{x_1}^{n}\Delta_{x_2}^{n}\cdots\Delta_{x_k}^{n}f(x_1,x_2,\cdots,x_k)=\sum_{(j_1,j_2,\cdots,j_k)\in S\cup\{(0,0,\cdots,0)\}}(-1)^{kn-j_1-j_2-\cdots-j_k}C_n^{j_1}C_n^{j_2}\cdots C_n^{j_k}f(x_1+j_1,x_2+j_2,\cdots,x_k+j_k).$$

令 $x_1=x_2=\cdots=x_k=0$，得

$$f(0,0,\cdots,0)=\sum_{(j_1,j_2,\cdots,j_k)\in S}(-1)^{j_1+j_2+\cdots+j_k+1}C_n^{j_1}C_n^{j_2}\cdots C_n^{j_k}f(j_1,j_2,\cdots,j_k)=0,$$

与题设矛盾.

因此，$m\geqslant kn$.

接下来，构造 kn 个超平面包含 S 中所有的点.

注意到，S 中的每个点都至少有一个坐标为 1，2，…，n.

于是，kn 个超平面

$$x_1-j_1=0(1\leqslant j_1\leqslant n),x_2-j_2=0(1\leqslant j_2\leqslant n),\cdots,x_k-j_k=0(1\leqslant j_k\leqslant n)$$

显然符合要求.

故满足条件的超平面的最少个数是 kn.

评注 上述证明过程的关键是巧妙运用差分算子及其性质，使得这个看似组合几何的问题，转化成代数多项式来解决. 另外，该推广命题的又一个特例是超平面集

$$x_1+x_2+\cdots+x_k=m(m=1,2,\cdots,kn).$$

参考文献：

[1] 刘培杰. 数学奥林匹克试题背景研究. 上海：上海教育出版社，2006.

[2] 南秀全，黄振国. 多项式理论. 哈尔滨：哈尔滨工业大学出版社，2016.

[3] 邱际春，朱华伟．一道 IMO 预选题的探究及思考．中等数学，2018（11）．

[4] 邱际春，付云皓．利用差分算子解多项式竞赛题．中等数学，2016（11）．

[5] 2007 年 IMO 中国国家集训队教练组．走向 IMO・数学奥林匹克试题集．上海：华东师范大学出版社，2007．

[6] 朱华伟，付云皓．第 48 届国际数学奥林匹克概况及试题赏析．数学通讯，2008（1）．

[7] 刘康宁，杨运新．全国高中数学联赛模拟题（10）．中等数学，2018 增刊．

作者：邱际春，朱华伟．原载：《中等数学》2020 年第 8 期．

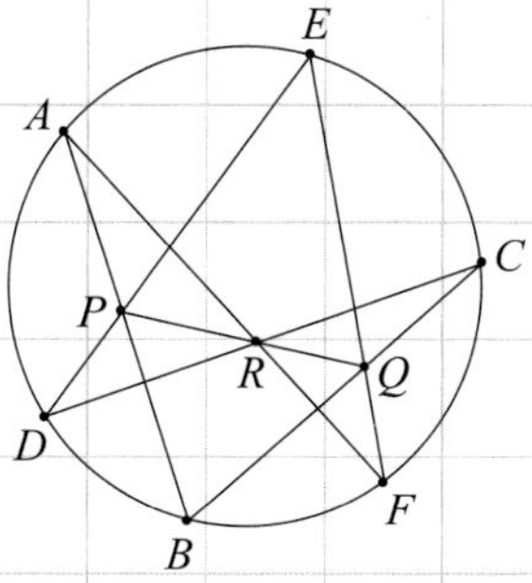

附　录

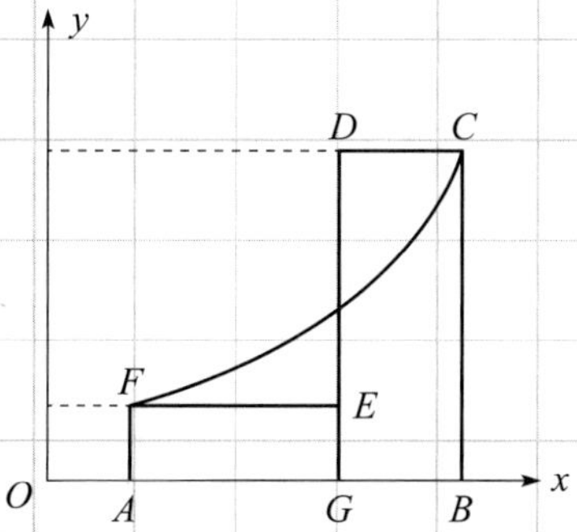

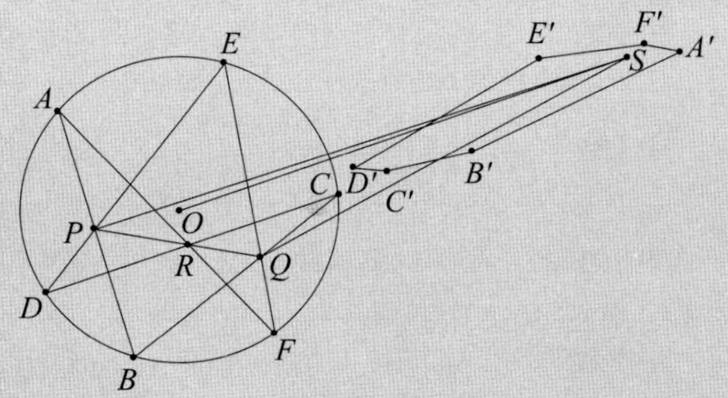

附录 1 我的教研探索与实践：报刊文章

一、数学奥林匹克理论研究

序号	论文题目	发表刊物名称	年份（期号）、页码	作者
1	世界数学名题与数学竞赛的命题——数学奥林匹克命题背景研究随笔	中学数学	1992（1）：35-38	朱华伟
2	演绎深化 生成新题	中等数学	1993（1）：11-13	朱华伟
3	数学奥林匹克对选手数学能力的要求	中学数学	1993（1）：14-18	朱华伟、何小亚
4	数学奥林匹克命题的内容与能力要求	武汉教育学院学报（自然科学版）	1993（3）：21-28	朱华伟
5	奥林匹克数学的形成背景	中学数学	1995（2）：34-37	朱华伟
6	奥林匹克数学的基本特征（一）——内容的广泛性	中学数学	1995（3）：35-38	朱华伟
7	奥林匹克数学的基本特征（二）——命题的新颖性与解法的创造性	中学数学	1995（4）：37-39	朱华伟
8	奥林匹克数学的基本特征（三）——问题的研究性	中学数学	1995（5）：39-42	朱华伟
9	奥林匹克数学的命题原则	中学数学	1995（6）：36-39	朱华伟
10	奥林匹克数学的命题方法（一）——演绎深化	中学数学	1995（7）：31-34	朱华伟
11	奥林匹克数学的命题方法（二）——直接移用	中学数学	1995（9）：27-28	朱华伟
12	奥林匹克数学的命题方法（三）——改造变形	中学数学	1995（10）：29-31	朱华伟
13	奥林匹克数学的命题方法（四）——构造模型	中学数学	1995（11）：33-35	朱华伟
14	推广陈题　生成新题	中学数学	1996（1）：4-7	朱华伟

续表

序号	论文题目	发表刊物名称	年份（期号）、页码	作者
15	谈数学奥林匹克试题的命制	数学通讯	2004（15）：42－45	朱华伟
16	论数学奥林匹克的教育价值	光明日报	2005－10－12（5）	朱华伟
17	斐波那契恒等式与一类数学奥林匹克问题	中学数学研究	2007（1）：14－17	朱华伟
18	试论数学奥林匹克的教育价值	数学教育学报	2007（2）：12－15	朱华伟
19	Schur 不等式及其变式	数学通报	2009（10）：54－57	朱华伟
20	一个与切割线有关的图形性质与竞赛题的命制	数学通讯	2010（1）：57－59	邹宇、朱华伟
21	嵌入不等式——数学竞赛命题的一个宝藏	中等数学	2010（1）：14－17	朱华伟
22	Schur 不等式及其应用	中学数学教学参考	2010（4）：58－60	朱华伟、尚强

二、数学教育教学探索

序号	论文题目	发表刊物名称	年份（期号）、页码	作者
1	集合思想解题浅说	中学数学	1990（8）：12－14	朱华伟
2	也谈最小数原理与存在性命题	数学通讯	1990（8）：11－13	朱华伟
3	正整数剖分的存在问题	中学数学	1990（10）：44－46	朱华伟
4	正整数剖分问题的计数方法	湖南数学通讯	1991（2）：7－9	朱华伟
5	从不同角度看问题	中学数学	1991（11）：17－19	朱华伟
6	不等关系帮你解题（待续）	中学数学	1992（7）：40－42	朱华伟
7	不等关系帮助解题（续完）	中学数学	1992（8）：34－36	朱华伟
8	不等关系在解题中的应用	数学通讯	1993（3）：28－37	朱华伟
9	正弦函数和余弦函数的周期性	中学数学	1993（8）：10－12	朱华伟
10	数学形象思维的心理元素及其特征	数学通报	1993（10）：2－5	何小亚、朱华伟

续表

序号	论文题目	发表刊物名称	年份（期号）、页码	作者
11	来自武汉老师的忠告	华罗庚少年数学	1997（1）：37－49	朱华伟、胡兴虎、徐宇珊
12	论数学教学中的迁移	数学教育学报	2004（4）：17－19	朱华伟、张景中
13	论欧拉的数学思想	数学通讯	2004（13）：46－49	朱华伟
14	吉尔福特的创造力理论与奥林匹克数学学习	湖北师范学院学报（自然科学版）	2005（1）：90－94	朱华伟、李小平
15	论数学教学中的迁移	人大复印报刊资料《中学数学教与学（高中读本）》	2005（3）：10－13	朱华伟、张景中
16	论推广	数学通报	2005（4）：55－57＋28	朱华伟、张景中
17	高中数学新课程标准中的归纳	数学通讯	2005（13）：8－9	朱华伟、史亮
18	高中数学新课程标准中的归纳	人大复印报刊资料《中学数学教与学（高中读本）》	2005（11）：40－41	朱华伟、史亮
19	高中数学新课程标准中的类比	数学通讯	2006（1）：1－3	史亮、朱华伟
20	共边三角形面积不等式及其应用	中学数学研究	2007（11）：36	蔡琳、朱华伟
21	简评《怎样学会解数学题》	中学数学	2008（8）：44－45	郑焕、朱华伟
22	如何在解题过程中积累例子	中学数学	2008（9）：6－7＋20	郑焕、朱华伟
23	无字证明集锦（1）两角和的正弦与余弦公式	中学生数学	2008（5）：33	朱华伟
24	无字证明集锦（2）两角差的正弦与余弦公式	中学生数学	2008（7）：25	朱华伟
25	无字证明集锦（3）两角和的正切公式	中学生数学	2008（9）：16	朱华伟
26	无字证明集锦（4）两角差的正切公式	中学生数学	2008（11）：28	朱华伟
27	二倍角的正弦、余弦公式的无字证明	中学生数学	2008（5）：33	朱华伟

续表

序号	论文题目	发表刊物名称	年份（期号）、页码	作者
28	张景中的共边定理和一类几何命题的变形	中学数学研究	2008（3）：34－35	郑焕、朱华伟
29	简评威克尔格伦的《怎样解题》	中学数学研究	2008（7）：47－48	郑焕、朱华伟
30	和化积公式的无字证明	中学生数学	2009（7）：封三	朱华伟
31	三角代换在竞赛中的应用	数学通讯	2009（Z4）：77－80	范端喜、朱华伟
32	《中小学生数学能力心理学》中蕴含的解题思想	数学教育学报	2010（2）：11－14	朱华伟、郑焕
33	井田问题的探究	中学数学	2012（22）：29－30	曹路路、朱华伟
34	初等数学新体系的教学实验调查与分析	数学教育学报	2015（2）：26－29	李苹芳、朱华伟
35	影响初中数学课堂教学效果因素的调查分析——以江西省某县为例	课程教学研究	2015（3）：26－30	罗芳、朱华伟
36	教育数学：缘起、旨趣、现状和意蕴	数学教育学报	2015（4）：30－32	朱华伟、徐章韬
37	如何在高中数学课堂激发优等生对高等数学的学习兴趣	数学通报	2015（7）：38－43	付云皓、朱华伟、郑焕
38	关于教育数学成果判别标准的初探	课程教学研究	2015（8）：38－42	俞健、朱华伟
39	基于CD－CAT的多策略RRUM模型及其选题方法开发	心理学报	2015（12）：1511－1519	戴步云、张敏强、焦璨、黎光明、朱华伟、张文怡
40	教育数学：缘起、旨趣、现状和意蕴	人大复印报刊资料《初中数学教与学》	2016（1）：3－5	朱华伟、徐章韬
41	教育数学的行动：寻找初中数学课程的焦点	课程·教材·教法	2016（9）：58－62	朱华伟、徐章韬
42	“重建三角”初等数学新体系的由来及其教学实验分析	开封教育学院学报	2016（9）：219－220	俞健、朱华伟、张东方

续表

序号	论文题目	发表刊物名称	年份（期号）、页码	作者
43	教育数学的行动：寻找初中数学课程的焦点	人大复印报刊资料《初中数学教与学》	2017（1）：3－6	朱华伟、徐章韬
44	正弦多倍角公式与高次方程的解及其应用	数学通讯	2021（10）：56－61	程汉波、朱华伟、杨春波
45	格点多边形存在性问题探究	数学教学	2022（4）：26－31	程汉波、朱华伟
46	麻将桌上一个概率问题的初等解法	数学通报	2022（8）：55－57	程汉波、朱华伟

三、数学问题探究

序号	论文题目	发表刊物名称	年份（期号）、页码	作者
1	一个条件不等式的推广	中学数学	1990（7）：30－31	朱华伟
2	对1990年高考数学（理科）压轴题的探究	中学数学	1991（1）：43－45	汪江松、朱华伟
3	一道IMO预选题的溯源及推广	中学数学	1991（3）：45－46	朱华伟
4	关于一道MMO试题的背景问题	中等数学	1991（6）：16	朱华伟
5	一道不等式问题的多种证法	中学教研（数学）	2007（6）：39－42	朱华伟
6	2006全国高中数学联赛的函数迭代题	数学通讯	2009（8）：44－46	许苏华、朱华伟
7	一道普特南数学竞赛题的改编及推广	数学通讯	2013（6）：63－64	李苹芳、朱华伟
8	对一道平面几何题的引申	中学数学教学参考	2013（6）：47－48	李苹芳、朱华伟
9	一道环球城市数学竞赛题的推广	中学数学	2014（3）：82	刘凤鸣、朱华伟
10	一个与正n边形面积有关的问题的几何证法	中学数学	2014（7）：84－85	刘洋、朱华伟
11	一道关于三角形内接矩形问题的推广及应用	中等数学	2014（3）：14－16	刘洋、朱华伟
12	一道环球城市数学竞赛题的另解和推广	中等数学	2014（5）：10－12	刘凤鸣、朱华伟

续表

序号	论文题目	发表刊物名称	年份（期号）、页码	作者
13	一道荷兰赛题的探究与推广	中等数学	2017（2）：13－14	邱际春、朱华伟
14	一道预赛试题的八种证法	数学教学	2017（4）：38－40	朱华伟、程汉波
15	一道不等式竞赛题的探究及推广	数学通讯	2017（6）：41－44	邱际春、朱华伟、郑焕
16	一对三角不等式的类比及推广	数学通讯	2017（18）：39－40	邱际春、朱华伟、罗芳
17	2016 年全国卷Ⅰ压轴题的解法赏析、探究与思考	数学通讯	2017（22）：26－30	朱华伟、程汉波、杨春波
18	一道中国国家队选拔考试题的推广	数学通讯	2018（22）：61－63	邱际春、朱华伟
19	一道 IMO 预选题的探究及思考	中等数学	2018（11）：11－13	邱际春、朱华伟
20	一道中国数学奥林匹克题的推广	中等数学	2019（2）：8－10	邱际春、朱华伟、付云皓
21	一道罗马尼亚竞赛题的分析与推广	中等数学	2020（4）：7－10	朱华伟、邱际春
22	一道不等式竞赛题的演变与推广	中等数学	2020（5）：9－10	邱际春、朱华伟、郑焕
23	两道数学竞赛题的分析与推广	中等数学	2020（8）：12－15	邱际春、朱华伟
24	一道中国国家队选拔考试题的再推广	数学通讯	2020（6）：60－63	朱华伟、邱际春
25	一道不等式竞赛题的再推广	数学通讯	2020（16）：60－61	邱际春、朱华伟
26	一类组合恒等式的再探讨	数学通讯	2020（18）：65－66	邱际春、朱华伟
27	一道俄罗斯奥数试题的类比及推广	中学数学	2021（3）：36－37	邱际春、朱华伟

续表

序号	论文题目	发表刊物名称	年份（期号）、页码	作者
28	两道猜想三角不等式的探究与思考	数学通讯	2021（22）：40－42	邱际春、朱华伟
29	一道几何竞赛题的探究与推广	中等数学	2022（8）：7－12	邱际春、朱华伟
30	一个无理分式不等式的变形与推广	中等数学	2022（10）：12－15	邱际春、朱华伟

四、数学研究

序号	论文题目	发表刊物名称	年份（期号）、页码	作者
1	贝努利不等式是一批经典不等式的综合	中学数学	1991（6）：25－28	朱华伟、汪江松
2	由秩为 r 的幂等元生成的保向部分变换半群 $V(n, r)$	西南大学学报（自然科学版）	2013（8）：72－76	张传军、朱华伟
3	半群 SOP_n 的平方幂等元秩	数学的实践与认识	2015（13）：210－214	张传军、朱华伟、肖宏治
4	奇异变换半群 Sing_n 的非群平方幂等元秩	数学的实践与认识	2015（13）：284－288	张传军、朱华伟、肖宏治
5	半群 PO_n（k，m）的秩	西南师范大学学报（自然科学版）	2016（6）：6－11	张传军、朱华伟、肖宏治
6	半群 Oε_n 的极大幂等元生成子半群	西南师范大学学报（自然科学版）	2016（12）：11－15	张传军、朱华伟
7	半群 Tn（k）的正则性和 Green 的关系	东北师大学报（自然科学版）	2017（1）：38－42	张传军、朱华伟
8	半群 Sn（k）的秩	西南大学学报（自然科学版）	2017（6）：60－68	张传军、朱华伟

五、英文论文

序号	论文题目	发表刊物名称	年份（期号）、页码	作者
1	Abilites Tested by Mathematics Olympiads Mathematics Competitions	World Federation of National Mathematics Competitions	2002，15（2）：66－82	Zhu Huawei

续表

序号	论文题目	发表刊物名称	年份（期号）、页码	作者
2	Applications of the Bernoulli Inequality	Octagon Mathematical Magazine	2004，12（2）：635－638	Zhu Huawei
3	The Art of Problem Proposing Integral	Integral	2006（10）：58－64	Zhu Huawei
4	Inequalities for Star Duals of Intersection Bodies	Journal of the Korean Mathematical Society	2007，44（2）：297－306	Yuan Jun，Zhu Huawei，Leng Gangsong
5	An Innovative Contest	Mathematics Competitions	2014（1）：58－64	Zhu Huawei
6	Solution to Inequality Problems from the Chinese Mathematical Olympiad Ⅰ	Crux－Mathematicorum	2015，41（7）：299－302	Zhu Huawei
7	Solution to Inequality Problems from the Chinese Mathematical Olympiad Ⅱ	Crux－Mathematicorum	2015，41（8）：341－345	Zhu Huawei
8	On the Dual p-Measures of Asymmetry for Star Bodies	Wuhan University Journal of Natural Sciences	2018，23（6）：465－470	Zhu Huawei
9	Mixers and Sorters	Mathematics Competitions	2021，34（2）：65－69	Li Zhichao，Zhu Huawei
10	A Trigonometric Inequality	Mathematics Competitions	2022，35（1）：70－81	Cheng Hanbo，Zhu Huawei

六、数学奥林匹克专题讲座

序号	论文题目	发表刊物名称	年份（期号）、页码	作者
1	整数的分类	中学数学	1993（2）：31－34	朱华伟
2	反证法	中学数学	1994（5）：34－38	朱华伟
3	数列的单调性	数学通讯	1994（11）：32－35	朱华伟
4	数列的有界性	数学通讯	1995（1）：29－32	朱华伟
5	观察、归纳与猜想	中学生数理化（初中版）	2003（9）：56－59	朱华伟
6	代数初步知识	中学生数理化（初中版）	2003（10）：58－60	朱华伟
7	整式的加减	中学生数理化（初中版）	2003（11）：59－61	朱华伟

续表

序号	论文题目	发表刊物名称	年份（期号）、页码	作者
8	一元一次方程	中学生数理化（初中版）	2003（12）：56-59	朱华伟
9	一次方程组	中学生数理化（初中版）	2004（2）：57-59	朱华伟
10	一次方程组的应用	中学生数理化（初中版）	2004（3）：58-60	朱华伟
11	一元一次不等式（上）	中学生数理化（初中版）	2004（4）：59-60	朱华伟、朱晓
12	一元一次不等式（下）	中学生数理化（初中版）	2004（5-6）：115-116	朱华伟
13	一次方程组	中学生数理化（初中版）	2004（6）：59-61	朱华伟
14	有理数的意义	中学生数理化（初中版）	2004（9）：41-47+60	朱华伟
15	有理数的运算	中学生数理化（初中版）	2004（10）：44-50+42	朱华伟
16	一元一次方程的应用	中学生数理化（初中版）	2004（11）：42-49	朱华伟
17	立体图形	中学生数理化（初中版）	2004（12）：43-50	朱华伟、齐世荫
18	图形的计数	中学生数理化（初中版）	2005（4）：52-60	朱华伟
19	图形的面积	中学生数理化（初中版）	2005（5）：81-86	朱华伟
20	平面直角坐标系与实数	中学生数理化（初中版）	2005（6）：53-56	朱华伟
21	等差数列与等比数列	数学通讯	2006（17）：43-46	朱华伟、符开广
22	抽屉原理	数学通讯	2006（19）：42-44	朱华伟、符开广
23	集合的概念与运算	数学通讯	2007（18）：43-46	朱华伟、符开广
24	从整体上看问题	小学数学教师	2008（7）：177-185	朱华伟
25	观察、归纳与猜想	小学数学教师	2008（10）：84-94	朱华伟
26	构造法	小学数学竞赛	2008（11）：79-86	朱华伟
27	枚举与筛选	小学数学教师	2009（1）：163-172	蔡亲鹏、朱华伟
28	不变量原理	小学数学教师	2009（4）：87-94	朱华伟
29	奇偶分析	小学数学教师	2009（6）：87-94	朱华伟
30	反证法	小学数学教师	2009（9）：89-94	朱华伟
31	从简单情形看问题	小学数学教师	2010（1）：178-186	朱华伟

续表

序号	论文题目	发表刊物名称	年份（期号）、页码	作者
32	极端原理	小学数学教师	2010（7－8）：174－180	朱华伟
33	变换和操作	小学数学教师	2010（4）：87－94	朱华伟
34	递推法与逐点累计法	小学数学教师	2010（6）：85－94	朱华伟
35	构造法在数学竞赛中的应用	中等数学	2010（4）：2－6	朱华伟
36	数学竞赛中的染色问题与染色方法	中等数学	2010（7）：2－5	朱华伟
37	整数几何	中等数学	2010（9）：2－5	朱华伟
38	组合几何初步	中等数学	2010（12）：2－5	朱华伟
39	极端原理	中等数学	2011（4）：2－5	朱华伟
40	从整体上看问题	中等数学	2011（7）：2－5	朱华伟
41	赋值法	中等数学	2011（11）：2－6	朱华伟

七、数学奥林匹克试题及解答

序号	论文题目	发表刊物名称	年份（期号）、页码	作者
1	1990 年北京数学奥林匹克集训班训练试题及解答	中学数学	1991（4）：44－46	高珍光、朱华伟
2	数学奥林匹克问题选登	中学数学	1991（6）：50	朱华伟
3	第 51 届普特南数学竞赛的两个初等数学问题	中学数学	1992（3）：40	朱华伟
4	数学奥林匹克高中训练题（9）	中学数学	1994（4）：35－37	朱华伟
5	数学奥林匹克初中训练题（14）	中等数学	1995（3）：33－35	朱华伟
6	数学奥林匹克初中训练题（17）	中等数学	1995（6）：32－34	朱华伟、张京明
7	1996 年汉城国际数学竞赛试题解答与评注（初中部）	中学数学	1996（12）：35－37	朱华伟
8	首届汉城国际数学竞赛试题（小学部分）及解答与评注	华罗庚少年数学	1997（1）：102－109	朱华伟
9	数学奥林匹克高中训练题（27）	中等数学	1997（4）：44－48	朱华伟

续表

序号	论文题目	发表刊物名称	年份（期号）、页码	作者
10	第5届中国西部数学奥林匹克试题与解答	中学数学研究	2005（12）：33-34	朱华伟
11	2005女子数学奥林匹克	中等数学	2005（12）：32-34	朱华伟
12	2005中国西部数学奥林匹克	中等数学	2006（4）：28-30	朱华伟
13	2006女子数学奥林匹克	中等数学	2006（11）：32-34	朱华伟
14	2006年青少年数学国际城市邀请赛概况及个人赛试题解答	中学数学研究	2006（12）：42-44	朱华伟
15	第6届女子数学奥林匹克概况及试题赏析	中学数学研究	2007（10）：38-40	付云皓、朱华伟
16	2007中国数学奥林匹克	中等数学	2007（4）：25-28	朱华伟
17	2006中国西部数学奥林匹克	中等数学	2007（5）：33-36	朱华伟
18	2007女子数学奥林匹克	中等数学	2007（12）：32-36	朱华伟
19	第48届国际数学奥林匹克概况及试题赏析	数学通讯	2008（1）：44-49	朱华伟、付云皓
20	第7届女子数学奥林匹克概况及试题赏析	数学通讯	2008（19）：44-48	付云皓、朱华伟
21	2008年中国西部数学奥林匹克试题评析	数学通讯	2009（4）：43-45	付云皓、朱华伟
22	2009年第8届中国女子数学奥林匹克在厦门举行	数学通报	2009（10）：59-60	朱华伟
23	2009年IMO中国国家集训队概况及选拔考试题目评析	数学通讯	2009（14）：43-45	付云皓、朱华伟
24	2009年IMO中国国家集训队概况及选拔考试题目评析（续）	数学通讯	2009（16）：44-46	付云皓、朱华伟
25	2009年中国数学奥林匹克概况及试题赏析	中学数学教学参考	2009（3）：19-22	朱华伟、付云皓
26	2009中国数学奥林匹克	中等数学	2009（3）：19-22	朱华伟
27	2008女子数学奥林匹克	中等数学	2009（5）：21-24	朱华伟
28	2008中国西部数学奥林匹克	中等数学	2009（6）：39-41	朱华伟
29	2009年IMO中国国家队选拔考试	中等数学	2009（7）：25-30	朱华伟
30	第50届IMO试题	中等数学	2009（8）：50	朱华伟

续表

序号	论文题目	发表刊物名称	年份（期号）、页码	作者
31	第 50 届 IMO 试题解答	中等数学	2009（9）：18－21	朱华伟、付云皓
32	2010 女子数学奥林匹克	中等数学	2010（11）：26－30	朱华伟
33	2011 女子数学奥林匹克	中等数学	2011（10）：24－29	朱华伟
34	2012 女子数学奥林匹克	中等数学	2012（10）：25－30	朱华伟
35	2013 中国女子数学奥林匹克	中等数学	2013（11）：31－35	朱华伟
36	2014 中国女子数学奥林匹克	中等数学	2014（11）：27－30＋48	朱华伟
37	2015 中国女子数学奥林匹克	中等数学	2015（12）：27－31	朱华伟

附录 2 我的教研探索与实践：出版著作

一、数学专著

序号	书名	出版社	出版时间	备注
1	函数·思想·方法	河南教育出版社	1994.05	与祝融、林六十合著
2	奥林匹克数学教程	湖北人民出版社	1996.02	独著
3	从数学竞赛到竞赛数学（第二版）	科学出版社	2015.07	独著
4	数学解题策略（第二版）	科学出版社	2015.07	与钱展望合著
5	函数与函数思想	中国科学技术大学出版社	2016.06	与程汉波合著
6	竞赛数学问题解答（第二版）	科学出版社	2018.05	独著
7	数学解题策略问题解答（第二版）	科学出版社	2018.05	与钱展望合著

二、高中数学教材

序号	书名	出版社	出版时间	备注
1	普通高中课程标准实验教科书：不等式选讲	湖南教育出版社	2005.06	主编
2	普通高中课程标准实验教科书：数学	湖南教育出版社	2005.06	参编，必修、选修、专题共 24 册
3	普通高中课程标准实验教科书：数学第一册（必修）教师用书	湖南教育出版社	2006.03	主编
4	普通高中教科书：数学	湖南教育出版社	2019.11	副主编，高中必修第一、二册，选择性必修第一、二册，共 4 册

三、编译图书

序号	书名	出版社	出版时间	备注
1	美国数学奥林匹克试题汇编	北京大学出版社	1992.01	与张君达合著
2	美国数学邀请赛试题解答与评注	湖北教育出版社	2002.02	独著
3	俄国青少年数学俱乐部	湖北教育出版社	2002.02	与苏淳合著
4	青少年数学国际城市邀请赛 1999—2011 试题详解	九章出版社（台湾）	2012.06	与孙文先合著
5	国际小学数学竞赛试题详解（2003—2012）	九章出版社（台湾）	2013.04	与孙文先合著
6	澳大利亚数学能力检测试题解析与评注	科学出版社	2014.04	与孙文先合著，小学中年级卷、小学高年级卷、中学初级卷、中学中级卷、中学高级卷，共 5 册
7	国际小学数学竞赛试题解答（第二版）	科学出版社	2018.05	与孙文先合著
8	青少年国际城市数学邀请赛试题解答（第二版）	科学出版社	2018.05	与孙文先合著
9	美国数学邀请赛试题解答（第二版）（上册、下册）	科学出版社	2018.05	与付云皓等合著
10	环球城市数学竞赛试题分类、进阶与详解	科学出版社	2020.06	与刘江枫、孙文先合著，第 1、2、3、4、5、6、7 册，共 7 册

四、数学竞赛

（一）小学

序号	书名	出版社	出版时间	备注
1	夺取冠军的奥秘	湖北人民出版社	1993.10	主编
2	小学数学竞赛全真梯级训练	湖北人民出版社	1994.08	独著，A、B、C级，共 3 册

续表

序号	书名	出版社	出版时间	备注
3	96’汉城国际数学竞赛中国选手训练题集（小学部）	知识出版社	1997.08	主编
4	竞赛数学	知识出版社	2000.03	与钱展望合著，小学四、五、六年级，提高分册，共4册
5	华罗庚金杯赛集训教程（小学卷）	珠海出版社	2004.02	主编
6	小学奥数超级教程	九章出版社（台湾）	2005.03	独著，小学三、四、五、六年级，提高册，共5册
7	小学奥数超级测试	九章出版社（台湾）	2005.03	独著小学五、六年级，提高册；小学三年级与文昌才合著，小学四年级与闫志来、周银林合著
8	小学数学世界邀请赛试题详解（第一届至第十三届）	九章出版社（台湾）	2011.06	与孙文先合著
9	台湾小学数学竞赛试题详解（2000—2016）	华东师范大学出版社	2017.08	与孙文先合著，第一、二辑，共2册
10	小学数学世界邀请赛试题解答（第二版）	科学出版社	2018.05	与孙文先合著
11	数学培优竞赛讲座	清华大学出版社	2021.08	独著，小学三、四、五、六年级，共4册
12	数学培优竞赛一讲一练	清华大学出版社	2021.08	主编，小学三、四、五、六年级，共4册

（二）初中

序号	书名	出版社	出版时间	备注
1	数学奥林匹克丛书：初中	武汉出版社	1994.04	参编，初中第一、二册，共2册
2	华罗庚金杯赛应试指南	湖北人民出版社	1998.08	主编
3	96’汉城国际数学竞赛中国选手训练题集（初中部）	知识出版社	1998.12	主编
4	奥林匹克数学	湖北教育出版社	2002.03	与钱展望合著，初一、二、三分册，共3册

续表

序号	书名	出版社	出版时间	备注
5	奥林匹克数学训练题集	湖北教育出版社	2002.03	与钱展望合著，初一、二、三分册，共 3 册
6	华罗庚金杯赛集训教程（初中卷）	珠海出版社	2004.02	主编
7	初中奥数超级教程	九章出版社（台湾）	2007.03	独著，初中一、二、三年级，提高册，共 4 册
8	初中奥数超级测试	九章出版社（台湾）	2007.03	主编，初中一、二、三年级，提高册，共 4 册
9	华罗庚金杯少年数学邀请赛赛前教程（初中版）	开明出版社	2008.01	主编
10	奥数讲义	广东教育出版社	2016.08	主编，初一、二、三分册，共 3 册
11	数学培优竞赛讲座	清华大学出版社	2021.08	独著，七、八、九年级，共 3 册
12	数学培优竞赛一讲一练	清华大学出版社	2021.08	主编，七、八、九年级，共 3 册
13	An In-Depth Study of the International Mathematics Competition（Junior High School Division 1999－2013）	Chiu Chang Math Books & Puzzles Co.	2014.08	与孙文先、郑焕、刘江枫合著

（三）高中

序号	书名	出版社	出版时间	备注
1	数学奥林匹克丛书：高中第二册	武汉出版社	1994.04	与田化澜合著
2	奥林匹克数学	湖北教育出版社	2002.03	与钱展望合著，高一、二、三分册，共 3 册
3	奥林匹克数学训练题集	湖北教育出版社	2002.03	与钱展望合著，高一、二、三分册，共 3 册
4	全国高中数学联赛模拟试题	河海大学出版社	2002.09	参编
5	大学自主招生与奥数讲义	广东教育出版社	2016.08	主编，第一、二、三分册，共 3 册
6	中国女子数学奥林匹克试题解答	科学出版社	2018.05	独著

续表

序号	书名	出版社	出版时间	备注
7	数学培优竞赛讲座	清华大学出版社	2022.09	主编，高一、二、三年级，共 3 册
8	数学培优竞赛一讲一练	清华大学出版社	2022.09	主编，高一、二、三年级，共 3 册

五、数学培优

（一）小学

序号	书名	出版社	出版时间	备注
1	小学数学培优竞赛三星级题库	机械工业出版社	2016.01	独著
2	数学阶梯教室	广州出版社	2016.08	主编，小学三、四、五、六年级，共 4 册
3	优等生数学（第三版）	华东师范大学出版社	2017.06	主编，小学一、二、三、四、五、六年级，共 6 册
4	国际中小学数学能力检测试题解答（小学中年级）	科学出版社	2018.01	与孙文先、陈泽桐合著
5	国际中小学数学能力检测试题解答（小学高年级）	科学出版社	2018.01	与孙文先、郑焕合著

（二）初中

序号	书名	出版社	出版时间	备注
1	初中数学知识·方法·应用	湖北人民出版社	2000.01	主编
2	初中数学培优竞赛三星级题库	机械工业出版社	2015.01	与张京明合著
3	数学阶梯教室	广州出版社	2016.08	主编，七、八、九年级，共 3 册
4	优等生数学（8 年级）	华东师范大学出版社	2017.06	与李苹芳合著
5	国际中小学数学能力检测试题解答（初中组）	科学出版社	2018.01	与孙文先、付云皓合著

（三）高中

序号	书名	出版社	出版时间	备注
1	高中优等生数学	华东师范大学出版社	2015.05	主编，高中必修第一、二、三、四、五共 5 册；高中选修第一、二、三共 3 册，共 8 册
2	高中优等生数学一课一练	华东师范大学出版社	2015.05	主编，高中必修第一、二、三、四、五共 5 册；高中选修第一、二、三共 3 册，共 8 册
3	数学培优教程（高中上册、下册）	机械工业出版社	2017.09	主编

六、数学题典

序号	书名	出版社	出版时间	备注
1	多功能题典小学数学竞赛（全新修订）	华东师范大学出版社	2013.05	独著
2	初中数学解题辞典	广东教育出版社	2016.09	主编
3	高中数学解题辞典	广东教育出版社	2016.09	主编
4	小学数学分类题典	广州出版社	2018.03	与胡兴虎合著
5	小学数学竞赛分类题典	广州出版社	2018.03	与胡兴虎合著
6	初中数学分类题典	广州出版社	2018.03	与胡兴虎合著
7	初中数学竞赛分类题典	广州出版社	2018.03	与胡兴虎合著

七、中考、高考研究

序号	书名	出版社	出版时间	备注
1	2014 年广州市初中毕业生学业考试年报	广东教育出版社	2015.03	主编
2	2015 年广州市普通高中毕业班综合测试（一）分析报告	广东教育出版社	2015.03	主编
3	2015 年广州市初中毕业生学业考试年报	广东教育出版社	2015.12	主编
4	2016 年广州市普通高中毕业班综合测试（一）分析报告	广东教育出版社	2016.03	主编
5	2016 年广州市初中毕业生学业考试年报	广东教育出版社	2016.11	主编

附录 3 向朱华伟致敬

各位读者朋友们，大家一定知道了武汉的一件大喜事——武汉代表队从北京代表队手里夺回了“华罗庚金杯”！

因为我在 5 月初就离开了武汉，所以知道这个喜讯最迟，可也格外兴奋！

武汉代表队能够在“第五届华罗庚金杯少年数学赛”中，以压倒性优势拿到三块金牌、一块银牌，取得团体总分第一的好成绩，朱华伟老师应居首功.

根据新华社 5 月 10 日的报道，参加这次比赛的，光是中国就有 86 个大中城市的代表队，外加日本和韩国等外国队伍，因此，武汉代表队的辉煌成就也就更加难能可贵了.

但是，胜利得来不易. 据我所知，朱华伟老师早在第四届武汉代表队输给北京代表队之后，就开始广泛搜集国内外各种风格的训练资料，取百家之长，补自己之短，废寝忘食，全心全力投入，编好了大量的训练试题，并且针对本届选手的特点和国内外 MO（数学奥林匹克，也就是“数学世界运动会”）命题的最新趋势，制定了“切实可行、利于实战”的训练方案.

最近，从我的五弟祝融教授的来信中，进一步了解了朱华伟老师的“千辛万苦”.

原来，从去年（1994 年）12 月初在北京出席了第五届“华杯赛”的预备会之后，直到今年 5 月看到武汉代表队拿到金杯，朱华伟老师才算喘了口气而“享受到第一个周末假日”！

由于长期的劳心劳力，朱华伟老师“以至于口腔溃烂、心悸气短、肝火上升、脾胃不和……”

为了武汉夺得这一座金杯，朱华伟老师放弃了到国外执教的良机，这种无私奉献、鞠躬尽瘁的精神，实在令人既感动又敬佩！

回忆当年武汉市委诸公慧眼独具，授予朱华伟“特级教师”荣衔，真是高瞻远瞩，用人唯才.

最后，我想提一件往事. 有一年夏天，我应邀赴美国出席一项国际学术会议，当我从台湾桃园“中正国际机场”飞经日本东京的“成田国际机场”转机时，邂逅华罗庚先生，畅谈约半小时之久. 能与这位一代大师有一面之缘，令人一生难忘！今天大家正在追随他、效法他，并且以比赛的方式提升中国数学水平的时候，华老可以含笑九泉了！

作者：（台湾）老康——1995 年 6 月 15 日于台湾大屯山脚之“逆风书廊”

原载：《长江日报》2009 年 7 月 3 日

附录 4　全国 34 名数学尖子武汉集训

昨日，全国 34 名中学数学尖子生来到武钢三中，参加第 50 届国际数学奥林匹克中国国家集训队.

据了解，这次集训结束后将选出 6 名选手组成国家队，出征 7 月在德国举行的第 50 届国际数学奥林匹克.

这是我省中学首次承办该赛事国家集训队的集训. 本届国际数学奥林匹克中国代表队领队朱华伟介绍，“今年将国家集训队的集训安排到武钢三中，是因为该校是全国获金牌数最多的学校，一共 9 枚”.

本届奥数国家集训队中，来自成都七中的黄骄阳和黄政宇是一对双胞胎. 兄弟俩同时入选国家集训队，这在我国参加国际数学奥林匹克以来还是第一次.

今年读高二的黄骄阳和黄政宇，已经两次参加全国高中数学联赛，2007 年两人均获一等奖，去年兄弟俩分别获一、二等奖.

黄骄阳昨日告诉记者，他和弟弟读小学时从来没有到社会上的培训机构学习奥数，小学五年级时，学校组织奥数兴趣班，兄弟俩就一起参加了. “五年级之前，我们都不知道什么叫奥数. 后来一直学下去，也就是一种爱好”.

弟弟黄政宇说，解数学题、看与数学有关的书籍，是他和哥哥的业余爱好，平时做与课本无关的奥数题，也都是写完其他作业之后做着玩，没把它当作一种负担.

兄弟俩现在的年级排名 50 名左右，其他科目的成绩并不差，也没有偏科现象. 黄政宇还告诉记者：“以后不一定把数学作为专业，我认为它只是一种工具.”

10 万人初选 6 个人胜出

我国每年有 10 万人参加全国高中数学联赛，共产生 1 000 名至 1 200 名一等奖.

从联赛中选拔出来的 180 名成绩优异的学生，有资格参加由中国数学会主办的中国数学奥林匹克暨全国中学生数学冬令营.

今年国家集训队的 34 名队员，则是从冬令营选手中产生的.

国家集训队再选出国家队选手，出征国际竞赛，今年为 6 人.

我国 1986 年正式参加国际数学奥林匹克，20 多年来共获得 132 枚奖牌，其中金牌 101 枚.

领队揭秘奥数集训，18 天要考试 8 次

34 名正式队员，173 名旁听生……昨日，来自全国各地的中学“数学尖子”在武钢

三中正式开始集训和学习.

国际奥数国家集训队是如何开展集训的？记者昨日到武钢三中探营.

中国数学奥委会委员、中国代表队领队朱华伟介绍，在武汉集训的 18 天时间，34 名队员将参加 8 次考试. “前 6 次是小考，考试时间为上午 8 时至 12 时，占总成绩的 50%. 后两次为大考，完全按照国际奥数的竞赛时间，从 8 时考到 12 时 30 分，这两次的成绩也占 50%.”

为了让队员们劳逸结合，集训队安排他们考两天，休息两天，并将组织他们参加武汉一日游.

集训期间，中国数学奥林匹克委员会还将安排几名教授进行数学讲座，他们大都是大学的博导，也是奥数的教练. 今年，国际奥数美国国家集训队领队冯祖鸣也将到武钢三中开展讲座.

朱华伟说：“来自全国的 173 名旁听生是明年参赛的‘后备队’，他们必须听讲座，正式队员可以有选择地听.”

据了解，在考试以外的时间，教练们将有针对性地为队员进行辅导. 队员们也可以自己做练习，或与其他队员交流.

记者昨日在武钢三中看到，上午的开幕式结束后，不少队员已经开始了自习和交流.

最小选手 12 岁，集训后参加中考

12 岁的陈鳞是本届国际奥数中国国家集训队年龄最小的孩子，现在还在人大附中读初三.

陈鳞昨日告诉记者，他 4 岁时就被父母送进了小学. 尽管比其他孩子早上两年学，小陈鳞看上去却比较成熟. 他说：“上幼儿园学加减法时，我对数学就产生了兴趣. 上学后，我在课余时间喜欢做各种数学题，看一些和数学有关的书籍.”

除了数学以外，陈鳞对历史、地理等也很感兴趣，其他学科的成绩比较均衡. 他认为学奥数并不影响其他学科的学习，现在，他的成绩在全年级前 10 名.

陈鳞说：“参加完集训后，我还要回学校复习，准备参加中考. 这次进集训队是一个很好的学习机会，我希望能和哥哥姐姐们多交流.”

高三女选手：我爸劝我多读文学

本届国际奥数中国国家集训队的 34 名队员中，有 4 名是女生.

来自广州的女生胡扬舟告诉记者，她对奥数产生兴趣是在小学三年级时，“父母一位朋友的孩子比我大 4 岁，这个大哥哥数学很好，他经常把自己学奥数的书拿来给我看，我就试着做里面的题目，慢慢就有兴趣了.”

胡扬舟表示，从小到大，她都是在学校的兴趣班学习，没有额外参加社会培训，父母也从来没有逼过自己，“我爸爸倒是常劝我，多读点文学作品，拓宽一下视野”.

因为数学成绩好，经常有熟人找她父母，希望她给自己孩子当家教，都被她拒绝了．“现在广州一些所谓的奥数班，就是让二年级孩子学三年级的课程，这哪里是奥数呢？”胡扬舟认为，学奥数还是要看孩子的兴趣和特长，家长从各方面引导是应该的，但没必要强迫孩子学．

每年千余名选手获保送资格

权威专家：这并非奥数办赛初衷．

“学生参加数学奥林匹克，主要还是看孩子是否有兴趣，是否学有余力．把奥数成绩与升学挂钩不是我们办赛的初衷．”昨日，中国数学奥林匹克委员会专家在汉表示，现在我国从小学甚至幼儿园就开始的奥数热“走偏了”．

奥赛偏离原来的方向

中国数学奥林匹克委员会主席、北京大学教授王杰昨日介绍，一直以来，我国这项赛事都是为那些学有余力、学有兴趣的孩子开办的，而且是课外活动，主要目的是发掘他们的数学潜力．但近几年，数学和其他学科一样，“奥赛热”愈演愈烈，偏离了原来的方向．

据了解，过去奥数成绩与高中升学没有直接挂钩．2001 年，教育部规定，在全国高中数学联赛中获一等奖的学生可获得保送资格，从联赛中选拔出来的优秀选手则有资格参加中国数学奥林匹克竞赛（暨全国中学生数学冬令营）．目前，我国每年有 10 万名中学生参加中国数学奥林匹克竞赛，有 1 000 至 1 200 人获得一等奖，并具备保送重点大学的资格．

奥赛中数学最热

专家们认为，正是这种刚性的政策，为“奥数热”不断加温．

中国数学奥林匹克委员会副主席吴建平介绍，在 5 个学科的中学奥林匹克竞赛中，数学最热，因为数学的学习时间最长．许多家长不顾孩子的兴趣爱好，在他们很小的时候就不惜花钱花时间，把他们送进培训班．他说：“我曾在一些幼儿园里看到小学奥数班的招收广告，就觉得奇怪，在幼儿园里能教什么奥数呢？”

学奥数也需要天分

吴建平认为，奥数是针对在学习上“吃不饱”的学生，孩子是否适合学习，一定要看其是否有兴趣．此外，学奥数除了勤奋，也需要天分．

朱华伟则表示，奥数对一些学有余力的学生来说是一种“副食”，不能当“主食”吃. 他说：“数学竞赛有一定普及面，但决不能‘全学奥数’，现在的‘奥数热’该降降温了.”

撰文：黄征　林中卉

原载：《长江日报》2009 年 3 月 17 日

附录 5　朱华伟率奥数国家队出征不来梅

4 日，6 名国际数学奥赛国家队队员结束在汉 18 天的集训，赴京短暂休整后，13 日将飞赴德国不来梅，参加在那里举行的第 50 届国际数学奥林匹克.

第 50 届国际数学奥林匹克中国国家队领队、主教练朱华伟昨日介绍，比赛在 15 日、16 日的两个上午进行，分别用时 4 个半小时.

曾长期在武汉指导奥数竞赛的朱华伟，现任广州大学计算机教育软件研究所所长.

本届国家队的 6 名队员分别是：来自北京人大附中的林博、山东师大附中的韦东奕、上海中学郑凡、四川成都七中的黄骄阳、浙江乐清乐成公立寄宿学校的郑志伟、吉林长春东北师大附中的赵彦霖.

他们在武汉集训基地除上课外，有 10 天模拟考试. 来自全国高校、科研机构的 6 名奥数专家每人出两套试题供队员模拟训练，效果不错.

朱华伟说，目前集训已达到预期目标，队员状态良好. 在北京休整期间队员将登长城、游颐和园，把精神调整到最佳状态. 在德国不来梅，21 日可知比赛成绩.

对话朱华伟

学奥数需要天赋

记者：奥数近年“高烧”不退，社会和媒体有很多质疑的声音，有的称其对青少年的危害甚于“黄赌毒”，您怎么看？

朱华伟：现在媒体上所说的“奥数”，实际上多指小学数学竞赛．一些学校为区分尖子生，将数学竞赛成绩与升学挂钩，导致奥数培训大爆．

记者：那么奥数的本来面貌究竟是什么？

朱华伟：数学是重要的基础学科，真正意义上的奥数是奥林匹克数学的简称，应该是围绕国际数学奥林匹克命题与解题而形成的一门学科，它的学习对象主要是中学生．

国内外100多年的实践证明，奥数有利于发掘学生潜能，也利于选拔、发现优秀人才．

目前的状态与奥数本来的目的有偏差，大面积地与升学挂钩，奥数本身没有责任．奥数从本质上看是一项智力活动．

记者：什么样的学生适合学奥数呢？

朱华伟：一是对各门学科学有余力，二是对数学有兴趣．但现在不少家长只是把学奥数拿竞赛名次作为升学的敲门砖，很少考虑孩子是否真的喜欢数学．对于不同的学生，一定要分层辅导，一窝蜂搞奥数实在没必要，也不可行．

记者：学奥数应抱有什么样的心态？

朱华伟：学习奥数要有一定的数学天赋，和弹钢琴要有音乐天赋是一样的道理．可以把学习奥数当作益智游戏，开发智力．比如乒乓球是我国的国球，但对于大多数人来说，打乒乓球只是因为兴趣爱好，不可能要求打乒乓球的人都要拿世界冠军．

记者：如何看待本次参加国际奥赛的6名队员？

朱华伟：不可否认，他们在数学思维和智力方面确实强于普通人，仅就数学解题能力而言，他们已经超过了数学专业大部分硕士研究生的水平．但中学阶段只是人生的一个起步，即使拿到国际数学奥林匹克金牌也需要继续努力．每个人都有自己的舞台，不可能每个人都成为全才，但每个人都应该有自己的特长，在喜欢的领域尽情发展．

专访朱华伟

人生最好时光在武汉

“我在武汉求学、工作的时间加起来有15年，从30岁到45岁，人生最好的时光在武汉．”

朱华伟昨日说，武汉的基础教育好，武汉培养了我．作为主教练，我选择把第50届国际数学奥赛中国队队员选拔和集训放在武汉．

时间回溯到1979年，当年在家乡河南省汝南县读师范一年级的朱华伟，考得全校数学竞赛第一名，并把第二名甩得很远．

1989年考入湖北大学数学系，朱华伟与国际数学奥林匹克“接上轨”．

1992年，读硕士研究生的他，入选第33届国际数学奥赛中国国家队教练．

昨日下午简短的采访中，朱华伟给人印象最突出的是一个字——忙．不断地接听电话，为队员定做的队服送过来让他过目，到上海办签证的一名队员飞回武汉要人去接机……

朱华伟笑着说，光在广州大学他就有 3 个头衔，好在学校体谅他，有会要开尽量派副职去．“忙中业务也不能丢，活到老，学到老，奥数的前沿知识、授课、出题、出书，一直没敢丢业务，7 月 4 日队员在汉的最后一次课就由我讲．”朱华伟说．

集训现场探班

奥数金牌是这样炼成的

“队员们状态很好，每天下午 5 点还打乒乓球、羽毛球呢!”奥数国家队出征在即，主教练朱华伟信心满怀．为了在集训中取得最佳效果，国家队的负责老师们在队员的日常安排上下足了功夫．

老师都是全国数学专家

为保证课堂教学质量，给队员上课的老师都是从全国各地选聘的知名数学专家．

“今天正在上课的是上海教育出版社的专家叶中豪老师，他在平面几何领域造诣很深．”朱华伟说．

“由于每个队员对国际数学奥林匹克的知识和方法都掌握得差不多了，所以我们主要是对他们进行创新意识的培养．最后阶段的课堂教学，以师生相互讨论的形式为主．”

每天坚持体育锻炼

因为考试要连续考四个半小时，所以我们每天上午也要训练四个小时左右．在让队员适应考试的同时，我们也注意时间安排的科学性，如每天都有体育活动时间，晚上熄灯也较早．

“大量的模拟训练是集训的重要内容，正式的模拟考试举行了 10 次，18 天的教学时间，有 10 天在进行模拟训练，6 名老师每人出 2 份卷子．”朱华伟说，大量的强化训练提高了队员们的考试应对能力．

游木兰湖、爬长城，放松身心

因为面对的是国际竞争，队员们都承受着不小的压力．对此，除了日常的心理辅导，带队老师们还组织了用以放松队员身心的户外活动．

上月 29 日，6 名队员刚刚到木兰湖游玩了一圈．“到了北京，我们还打算爬长城，游故宫，让队员们尽量调整好心态．”朱华伟说．

资料链接

中国奥数 101 金 武汉伢夺得 14 枚

中国自 1986 年正式组队参加国际数学奥林匹克竞赛以来，累计有 134 名学生参加比赛，获 101 枚金牌，无论是获得奖牌数还是获奖比例，都在世界上处于领先地位.

武汉伢一直是中国军团的重要力量，在中国获得的 101 枚金牌中，14 枚是武汉学生获得的，其中武钢三中 12 枚、华师一附中 2 枚.

撰文：万建辉整理

照片：邱焰

原载：《长江日报》2009 年 7 月 3 日

图书在版编目（CIP）数据

数学为美：我的教研探索与实践 / 朱华伟著. --北京：中国人民大学出版社，2022.10
ISBN 978-7-300-31056-5

Ⅰ.①数… Ⅱ.①朱… Ⅲ.①数学教学－教学研究－文集 Ⅳ.①O1-4

中国版本图书馆 CIP 数据核字（2022）第 173820 号

数学为美
——我的教研探索与实践
朱华伟 著
Shuxue wei Mei

出版发行	中国人民大学出版社		
社　　址	北京中关村大街 31 号	**邮政编码**	100080
电　　话	010－62511242（总编室）		010－62511770（质管部）
	010－82501766（邮购部）		010－62514148（门市部）
	010－62515195（发行公司）		010－62515275（盗版举报）
网　　址	http://www.crup.com.cn		
经　　销	新华书店		
印　　刷	涿州市星河印刷有限公司		
规　　格	185 mm×260 mm　16 开本	**版　　次**	2022 年 10 月第 1 版
印　　张	29.5 插页 2	**印　　次**	2025 年 4 月第 8 次印刷
字　　数	642 000	**定　　价**	88.00 元